人民交通出版社"十二五"
高职高专土建类专业规划教材

建筑施工技术

（第二版）

主　编　危道军
副主编　程红艳　史国丽　谢祥富
主　审　杨军霞　秦　堃

人民交通出版社
China Communications Press

内 容 提 要

本教材是按照全国高等学校土建学科教学指导委员会高等职业教育专业委员会审定的“建筑施工技术”教学大纲和国家有关标准及相关专业施工规范，以常见分部分项工程施工为主线进行编写的，其内容包括：土方工程、地基基础工程、混凝土结构工程、预应力混凝土工程、砌筑工程、结构安装工程、钢结构工程、防水工程、装饰装修工程、建筑节能工程、季节性施工。通过对本课程的学习，学生能够掌握建筑施工主要工种的施工方法和施工工艺知识，具备选择施工方案，指导现场施工，进行质量控制等技能。

本系列教材适用于土建类高职高专院校、成人教育及本科院校举办的二级职业技术学院、继续教育学院和民办高校使用，也可作为现场施工技术人员的培训教材。

图书在版编目(CIP)数据

建筑施工技术/危道军主编. —2版. —北京：人民交通出版社，2011.8

ISBN 978-7-114-09269-5

Ⅰ.①建… Ⅱ.①危… Ⅲ.①建筑工程—工程施工—施工技术—高等职业教育—教材 Ⅳ.①TU74

中国版本图书馆CIP数据核字(2011)第139553号

Jianzhu Shigong Jishu

书　　名：建筑施工技术(第二版)
著 作 者：危道军
责任编辑：邵　江　刘彩云
责任校对：孙国靖
责任印制：刘高彤
出版发行：人民交通出版社股份有限公司
地　　址：(100011)北京市朝阳区安定门外外馆斜街3号
网　　址：http://www.ccpcl.com.cn
销售电话：(010)59757973
总 经 销：人民交通出版社股份有限公司发行部
经　　销：各地新华书店
印　　刷：北京虎彩文化传播有限公司
开　　本：787×1092　1/16
印　　张：28
字　　数：658千
版　　次：2007年2月　第1版　2011年8月　第2版
印　　次：2022年7月　第13次印刷　累计第24次印刷
书　　号：ISBN 978-7-114-09269-5
定　　价：49.00元

高职高专土建类专业规划教材出版说明

近年来我国职业教育蓬勃发展，教育教学改革不断深化，国家对职业教育的重视达到前所未有的高度。为了贯彻落实《国务院关于大力发展职业教育的决定》的精神，提高我国土建领域的职业教育水平，培养出适应新时期职业需要的高素质人才，人民交通出版社深入调研，周密组织，在全国高职高专教育土建类专业教学指导委员会的热情鼓励和悉心指导下，发起并组织了全国四十余所院校一大批骨干教师，编写出版本系列教材。

本套教材以《高等职业教育土建类专业教育标准和培养方案》为纲，结合专业建设、课程建设和教育教学改革成果，在广泛调查和研讨的基础上进行规划和展开编写工作，重点突出企业参与和实践能力、职业技能的培养，推进教材立体化开发，鼓励教材创新，教材组委会、编审委员会、编写与审稿人员全力以赴，为打造特色鲜明的优质教材做出了不懈努力，希望以此能够推动高职土建类专业的教材建设。

本系列教材先期推出建筑工程技术、工程监理和工程造价三个土建类专业共计四十余种主辅教材，随后在2~3年内全面推出土建大类中7类方向的全部专业教材，最终出版一套体系完整、特色鲜明的优秀高职高专土建类专业教材。

本系列教材适用于高职高专院校、成人高校及二级职业技术学院、继续教育学院和民办高校的土建类各专业使用，也可作为相关从业人员的培训教材。

人民交通出版社

2011年6月

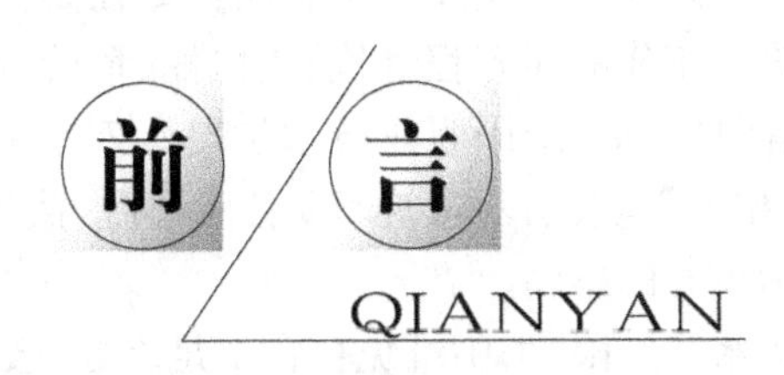

前言

“建筑施工技术”是建筑工程技术专业和土建类其他相关专业的一门主干专业课程。其主要内容是建筑工程各分部分项工程的施工工艺、施工方法、技术措施和要求、质量验收标准等。通过本课程的学习,使学生掌握建筑施工技术方法和手段,培养学生独立分析和解决建筑施工中有关技术问题的职业能力,为施工技术应用性人才的培养目标服务。

本书第一版为“十一五”高职高专土建类专业规划教材,在教材定位、结构体系、难易程度、适应性、应用性等方面都能准确符合高职教材的特点,自 2007 年 2 月出版以来,受到广大读者的一致好评,四年来多次重印。但随着社会的发展,建筑施工新技术、新工艺、新方法、新材料不断涌现,高等职业教育教学改革不断深入,必须对该教材进行修订,以满足教学需求。利用这次修订的机会,编者对原书做了较大修改,加入了几年教学改革的成果和建筑施工中的新规范、新方法,适当降低了难度,增加了案例教学的力度,使之更加贴近教学要求和工程实际。

本次教材修订的重点是:

1. 注重优化课程结构,调整了章节顺序。既考虑到建筑工程施工的工作过程、基本顺序,又兼顾课程内容先后贯穿的要求,以及由简单到复杂、整体到局部的规律。

2. 注重推陈出新,增减了课程内容。将最新的知识写到教材中,并且将未来的发展趋势以及一些前沿知识也介绍给学生。同时,删减相当部分使用很少的技术和做法。

3. 简化理论讲解,强化了案例教学。将理论讲解简单化,注重讲解理论的用处,而不去进行过多的推导与介绍。有机融入最新的实例以及操作性较强的案例,并对实例进行有效的分析,以应用实例或生活类比案例来引出全章的知识点,从而提高教材的可读性和实用性。

4. 重新编写了第七章“钢结构工程”的内容,增加了第十章“建筑节能工程”。

“建筑施工技术”是一门综合性很强的职业技术课。它与建筑材料、房屋建筑构造、建筑测量、建筑力学、建筑结构、地基与基础、建筑机械、施工组织设计与管理、建筑工程预算等课程有密切的关系。它们既相互联系,又相互影响。因此,要学好建筑施工技术课,还应学好上述相关课程。除此之外,还必须掌握国家颁布的建筑工程施工及验收规范,这些既是国家的技术标准,更是学生今后工作的准则。

由于本学科涉及的知识面广、实践性强,而且技术发展迅速,学习中必须坚持理论联系实际的学习方法。除了对基本理论、基本知识加强理解和掌握外,更应重视习题和课程基本训练、现场学习、生产实践、职业技能训练等实践性环节的练习,做到学以致用,达到培养职业能力的目的。

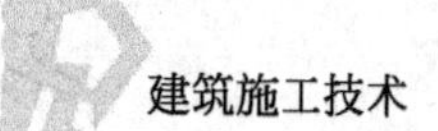

本书由湖北城市建设职业技术学院危道军任主编,湖北城市建设职业技术学院程红艳、山西建筑职业技术学院史国丽、广东建设职业技术学院谢祥富任副主编。本书由危道军对全书进行全面的修订,参加本书修订工作的还有程红艳、史国丽、危莹、胡永骁、万宇鸿、邹清选、龙黎黎等。本书由北京城建集团杨军霞、绵阳职业技术学院秦堃主审。此外,本书修订过程中,还得到了湖北城市建设职业技术学院、山西建筑职业技术学院、武汉建工集团以及人民交通出版社等的大力支持,在此表示衷心的感谢。

由于修订时间仓促,编者水平有限,书中难免存在不足之处,敬请读者批评指正。

编者

2011 年 6 月

目　录

MULU

第一章 土方工程

【职业能力目标】

学完本章,你应会:

1. 现场鉴别土的种类。
2. 进行边坡的稳定分析,掌握质量事故预防以及根治的方法。
3. 进行土方工程施工方案设计。

【学习要求】

1. 了解土方的种类和鉴别方法,以及常用施工机械的性能和选用方法。
2. 熟悉边坡失稳的原因和流沙防治。
3. 掌握土方的调配和土方量的计算方法。
4. 了解深基坑支护类型,掌握常用深基坑支护的施工工艺。
5. 掌握土方工程常见质量事故的预防措施和根治方法。
6. 掌握土方开挖和回填的方法。

第一节 概 述

土方工程包括土(或石)的开挖、运输、填筑、平整和压实等主要施工过程,以及排水、降水和土壁支撑等准备工作和辅助工作。

一 土方工程的施工特点

土方工程的工程量大,施工工期长,劳动强度大。建筑工地的场地平整,土方工程量可达数百立方米以上,施工面积达数平方千米。高层建筑大型基坑的开挖,有的深达几十米。

土方工程施工条件复杂,又多为露天作业,受地区气候条件、地质和水文条件的影响很大,难以确定的因素较多。因此在组织土方工程施工前,必须做好施工组织设计,合理地选择施工方法和机械设备，实行科学管理，对缩短工期、降低工程成本、保证工程质量有很重要的意义。

 土的工程分类与现场鉴别方法

土的分类方法较多，如根据土的颗粒级配或塑性指数分类；根据土的沉积年代分类和根据土的工程特点分类等。在土方工程施工中，根据开挖的难易程度（坚硬程度），将土分为松软土、普通土、坚土、砂砾坚土、软石、次坚石、坚石、特坚石共8类土。前4类属一般土，后4类属岩石，其分类和现场鉴别方法如表1-1。

土的工程分类与现场鉴别方法 表1-1

土的分类	土的名称	坚实系数 f	密度 (t/m^3)	开挖方法及工具
一类土（松软土）	砂土、粉土、冲积砂土层、疏松的种植土、淤泥（泥炭）	0.5~0.6	0.6~1.5	用锹、锄头挖掘，少许用脚蹬
二类土（普通土）	粉质黏土；潮湿的黄土；夹有碎石、卵石的砂；粉土混卵（碎）石；种植土、填土	0.6~0.8	1.1~1.6	用锹、锄头挖掘，少许用镐翻松
三类土（坚土）	软及中等密实黏土；重粉质黏土、砾石土；干黄土、含有碎石卵石的黄土、粉质黏土；压实的填土	0.8~1	1.75~1.9	主要用镐，少许用锹、锄头挖掘，部分用撬棍
四类土（砂砾坚土）	坚硬密实的黏性土或黄土；含碎石卵石的中等密实的黏性土或黄土；粗卵石；天然级配砂石；软泥灰岩	1~1.5	1.9	先用镐、撬棍，后用锹挖掘，部分用楔子及大锤
五类土（软石）	硬质黏土；中密的页岩、泥灰岩、白垩土；胶结不紧的砾岩；软石灰及贝壳石灰石	1.5~4	1.1~2.7	用镐或撬棍、大锤挖掘，部分使用爆破方法
六类土（次坚石）	泥岩、砂岩、砾岩；坚实的页岩、泥灰岩、密实的石灰岩；风化花岗岩、片麻岩及正长岩	4~10	2.2~2.9	用爆破方法开挖，部分用风镐
七类土（坚石）	大理石；辉绿岩；玢岩；粗、中粒花岗岩；坚实的白云岩、砂岩、砾岩、片麻岩、石灰岩；微风化安山岩；玄武岩	10~18	2.5~3.1	用爆破方法开挖
八类土（特坚石）	安山岩；玄武岩；花岗片麻岩；坚实的细粒花岗岩、闪长岩、石英岩、辉长岩、辉绿岩、玢岩、角闪岩	18~25	2.7~3.3	用爆破方法开挖

注：坚实系数 f 为相当于普氏岩石强度系数。

三 土的工程性质

土一般由土颗粒(固相)、水(液相)和空气(气相)三部分组成,这三部分之间的比例关系随着周围条件的变化而变化,三者间比例不同,反映出土的物理状态不同,如干燥、稍湿或很湿,密实、稍密或松散。这些指标是最基本的物理性质指标,对评价土的工程性质,进行土的工程分类具有重要意义。

土的三相物质是混合分布的,为阐述方便,一般用三相图表示(图1-1),三相图中把土的固体颗粒、水、空气各自划分开来。

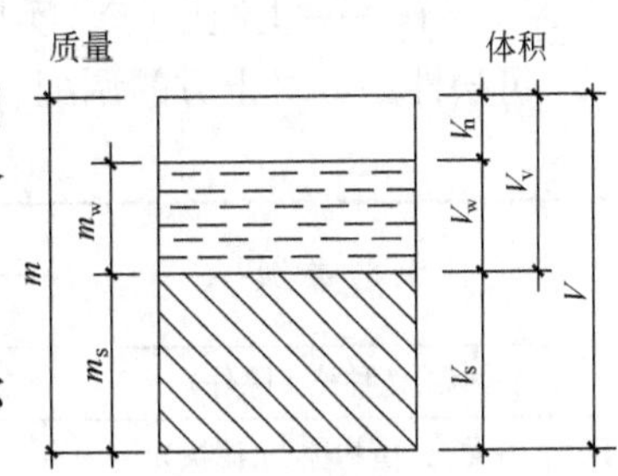

图1-1 土的三相示意图

m-土的总质量($m = m'_s + m'_w$)(kg);m_s-土中固体颗粒的质量(kg);m_w-土中水的质量(kg);V-土的总体积($V = V_s + V_w + V_n$)(m^3);V_n-土中空气体积(m^3);V_s-土中固体颗粒体积(m^3);V_w-土中水所占的体积(m^3);V_v-土中孔隙体积($V_v = V_n + V_w$)(m^3)

1.土的天然密度和干密度

土在天然状态下单位体积的质量,叫土的天然密度(简称密度),通常用环刀法测定。一般黏土的密度为1 800 ~ 2 000kg/m^3,砂土为1 600 ~ 2 000kg/m^3。土的密度按下式计算:

$$\rho = \frac{m}{V} \tag{1-1}$$

式中:m——土的总质量(kg);

V——土的体积(m^3)。

干密度是土的固体颗粒质量与总体积的比值,用下式表示:

$$\rho_d = \frac{m_s}{V} \tag{1-2}$$

式中:m_s——土中固体颗粒的质量(kg)。

干密度的大小反映了土颗粒排列的紧密程度。干密度越大,土体就越密实。填土施工中的质量控制通常以干密度作为指标。干密度常用环刀法和烘干法测定。

2.土的天然含水率

在天然状态下,土中水的质量与固体颗粒质量之比的百分率叫土的天然含水率,反映了土的干湿程度,用w表示,即:

$$w = \frac{m_w}{m_s} \times 100\% \tag{1-3}$$

式中:m_w——土中水的质量(kg);

m_s——土中固体颗粒的质量(kg)。

通常情况下,$w \leqslant 5\%$的为干土;$5\% < w \leqslant 30\%$的为潮湿土;$w > 30\%$的为湿土。

3.土的可松性与可松性系数

天然土经开挖后,其体积因松散而增加,虽经振动夯实,仍然不能完全复原,这种现象称为土的可松性。土的可松性用可松性系数表示,即:

最初可松性系数
$$K_s = \frac{V_2}{V_1} \tag{1-4}$$

最终可松性系数 $$K'_s = \frac{V_3}{V_1} \tag{1-5}$$

式中：K_s、K'_s——土的最初、最终可松性系数；

V_1——土在天然状态下的体积(m^3)；

V_2——土开挖后松散状态下的体积(m^3)；

V_3——土经压(夯)实后的体积(m^3)。

可松性系数对土方的调配、计算土方运输量都有影响。各类土的可松性系数见表1-2。

各类土的可松性系数参考值　表1-2

土的类别	体积增加百分率(%)		可松性系数	
	最初	最终	K_s	K'_s
一类土(种植土除外)	8~17	1~2.5	1.08~1.17	1.01~1.03
一类土(植物性土、泥炭)	20~30	3~4	1.2~1.3	1.03~1.04
二类土	14~28	1.5~5	1.14~1.28	1.02~1.05
三类土	24~30	4~7	1.24~1.3	1.04~1.07
四类土(泥灰岩、蛋白石除外)	26~32	6~9	1.26~1.32	1.06~1.09
四类土(泥灰岩、蛋白石)	33~37	11~15	1.33~1.37	1.11~1.15
五~七类土	30~45	10~20	1.3~1.45	1.1~1.2
八类土	45~50	20~30	1.45~1.5	1.2~1.3

注：表中最初体积增加百分率 $=(V_2-V_1)/V_1\times100\%$；

最终体积增加百分率 $=(V_3-V_1)/V_1\times100\%$。

4. 土的压缩性

土的压缩性是指土在压力作用下体积变小的性质。取土回填或移挖作填，松土经运输、填压以后，均会压缩，一般土的压缩率见表1-3。

土的压缩率 P 的参考值　表1-3

土的类别	土的名称	土的压缩率(%)	每立方米松散土压实后的体积(m^3)	土的类别	土的名称	土的压缩率(%)	每立方米松散土压实后的体积(m^3)
一~二类土	种植土 一般土 砂土	20 10 5	0.8 0.9 0.95	三类土	天然湿度黄土 一般土 干燥坚实黄土	12~17 5 5~7	0.85 0.95 0.94

5. 土的孔隙比和孔隙率

孔隙比和孔隙率反映了土的密实程度，孔隙比和孔隙率越小土越密实。

孔隙比 e 是土的孔隙体积 V_v 与固体体积 V_s 的比值，用下式表示：

$$e = \frac{V_v}{V_s} \tag{1-6}$$

孔隙率 n 是土的孔隙体积 V_v 与总体积 V 的比值，用百分率表示。

$$n = \frac{V_v}{V}\times100\% \tag{1-7}$$

对于同一类土，孔隙比 e 越大，孔隙体积 V_v 就越大，从而使土的压缩性和透水性都增大，土的强度降低。故工程上也常用孔隙比来判断土的密实程度和工程性质。

6. 土的渗透性

土的渗透性是指土体被水透过的性质，通常用渗透系数 K 表示。渗透系数 K 表示单位时间内水穿透土层的能力，以米每天（m/d）表示。根据土的渗透系数不同，可分为透水性土（如砂土）和不透水性土（如黏土）。土的渗透性影响施工降水与排水的速度，一般土的渗透系数见表 1-4。

土的渗透系数参考值　　表 1-4

土的名称	渗透系数 K(m/d)	土的名称	渗透系数 K(m/d)
黏土	<0.005	含黏土的中砂	3～15
粉质黏土	0.005～0.1	粗砂	20～50
粉土	0.1～0.5	均质粗砂	60～75
黄土	0.25～0.5	圆砾石	50～100
粉砂	0.5～1	卵石	100～500
细砂	1～5	漂石（无砂质充填）	500～1000
中砂	5～20	稍有裂缝的岩石	20～60
均质中砂	35～50	裂缝多的岩石	>60

第二节　土方工程量的计算与调配

在土方工程施工之前，必须计算土方的工程量。但各种土方工程的外形有时很复杂，而且不规则。一般情况下，将其划分成为一定的几何形状，采用具有一定精度而又和实际情况近似的方法进行计算。

一 基坑、基槽土方量计算

1. 边坡坡度

土方边坡用边坡坡度和边坡系数表示。

边坡坡度以土方挖土深度 h 与边坡底宽 b 之比表示（图 1-2）。即：

$$土方边坡坡度=\frac{h}{b}=1:m \qquad (1\text{-}8)$$

边坡系数是土方边坡底宽 b 与挖土深度 h 之比，用 m 表示。即：

$$土方边坡系数\ m=\frac{b}{h} \qquad (1\text{-}9)$$

土方边坡坡度与土方边坡系数互为倒数。

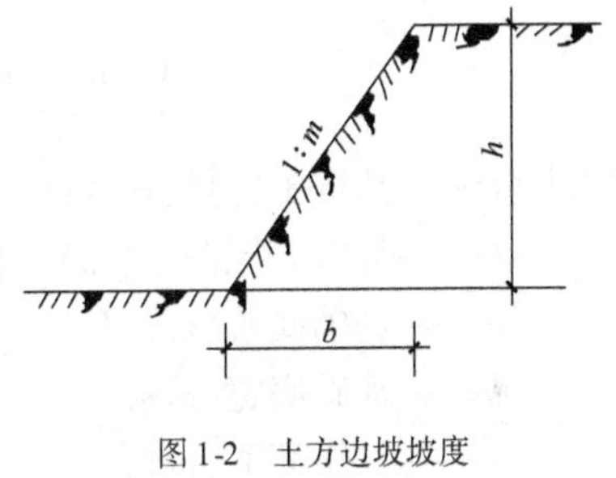

图 1-2　土方边坡坡度

工程中常以 1: m 表示放坡。

2. 基槽土方量计算

基槽开挖时，两边留有一定的工作面(c)，分放坡开挖和不放坡(直壁)开挖两种情形，如图 1-3 所示。

当基槽不放坡时：

$$V = h \cdot (a + 2c) \cdot L \tag{1-10}$$

当基槽放坡时：

$$V = h \cdot (a + 2c + mh) \cdot L \tag{1-11}$$

式中：V——基槽土方量(m^3)；

h——基槽开挖深度(m)；

a——基础底宽(m)；

c——工作面宽(m)；

m——坡度系数；

L——基槽长度(外墙按中心线，内墙按净长线)(m)。

如果基槽沿长度方向断面变化较大，应分段计算，然后将各段土方量汇总即得总土方量。

$$V = V_1 + V_2 + V_3 + \cdots + V_n \tag{1-12}$$

式中：V_1、V_2、V_3、$\cdots V_n$——基槽各段土方量(m^3)。

3. 基坑土方量计算

基坑开挖时，四边留有一定的工作面，分放坡开挖和不放坡开挖两种情形，如图 1-4 所示。

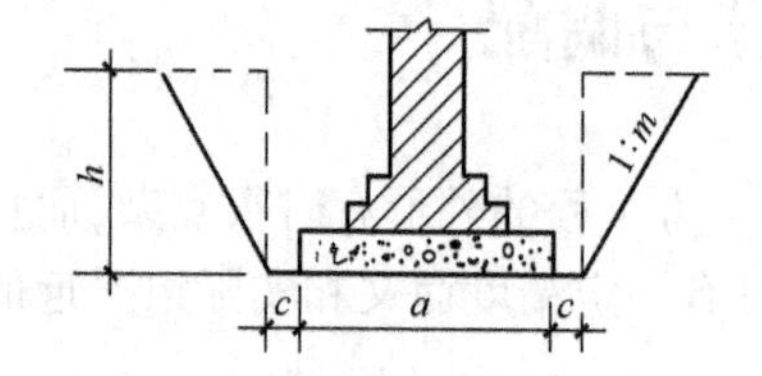

图 1-3 基槽土方量计算

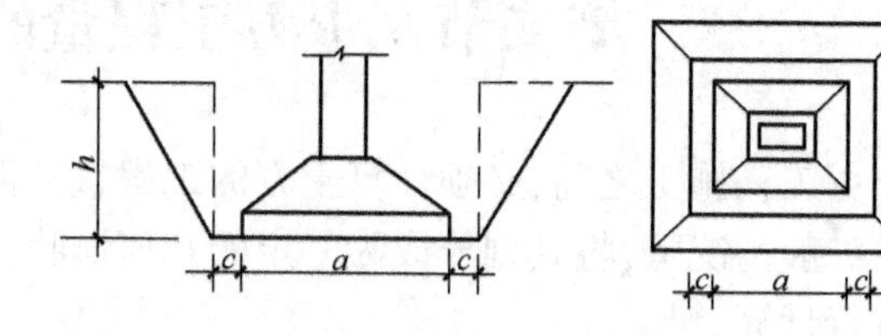

图 1-4 基坑土方量计算

当基坑不放坡时：

$$V = h \cdot (a + 2c) \cdot (b + 2c) \tag{1-13}$$

当基坑放坡时：

$$V = h \cdot (a + 2c + mh) \cdot (b + 2c + mh) + \frac{1}{3}m^2h^3 \tag{1-14}$$

式中：V——基坑土方量(m^3)；

h——基坑开挖深度(m)；

a——基础底长(m)；

b——基础底宽(m)；

c——工作面宽(m)；

m——坡度系数。

二 场地平整土方工程量计算

场地平整是将现场平整成施工所要求的设计平面。场地平整前,要确定场地设计标高,计算挖、填土方工程量,确定土方平衡调配方案;根据工程规模、施工期限、土的性质及现有机械设备条件,选择土方机械,拟定施工方案。

(一)场地设计标高的确定

场地设计标高是进行场地平整和土方量计算的依据,合理地确定场地的设计标高,对于减少挖填方数量、节约土方运输费用、加快施工进度等都具有重要的经济意义。如图1-5所示,当场地设计标高为H_0时,挖填方基本平衡,可将土方移挖作填,就地处理;当设计标高为H_1时,填方大大超过挖方,则需要从场外大量取土回填;当设计标高为H_2时,挖方大大超过填方,则要向场外大量弃土。因此,在确定场地设计标高时,必须结合现场的具体条件,反复进行技术经济比较,选择一个最优方案。

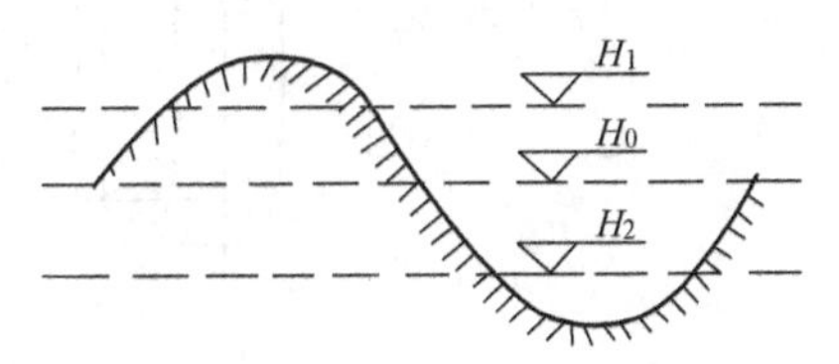

图1-5 场地不同设计标高的比较

确定场地设计标高时应考虑以下因素:

(1)满足建筑规划和生产工艺及运输的要求;

(2)尽量利用地形,减少挖填方数量;

(3)场地内的挖、填土方量力求平衡,使土方运输费用最小;

(4)有一定的排水坡度,满足排水要求;

(5)考虑最高洪水位的影响。

在工程实践中,特别是大型建设项目,设计标高由总图设计规定,在设计图纸上规定出建设项目各单体建筑、道路、广场等设计标高,施工单位按图施工。若设计文件没有规定时,或设计单位要求建设单位先提供场区平整的标高时,则施工单位可根据挖填土方量平衡的原则自行设计。

若设计文件对场地设计标高无明确规定和特殊要求,可参照下述步骤和方法确定。

1. 划分方格网

根据已有地形图(一般用1:500的地形图)划分成若干个方格网,尽量使方格网与测量的纵横坐标网相对应,方格的边长一般采用10~40m。

2. 计算或测量各方格角点的自然标高

3. 初步计算场地设计标高

初步计算场地设计标高是按照挖填平衡的原则,即场地内挖方总量等于填方总量。

如图1-6所示,将场地地形图划分为边长a=10~40m的若干个方格。每个方格的角点标高,在地形平坦时,可根据地形图上相邻两条等高线的标高,用插入法求得;当地形起伏大(用插入法有较大误差),或无地形图时,则可在现场用木桩打好方格网,然后用测量的方法求得。

按照挖填平衡原则,场地设计标高可按下式计算:

$$H_0 N a^2 = \sum\left(a^2 \frac{H_{11}+H_{12}+H_{21}+H_{22}}{4}\right) \tag{1-15}$$

$$H_0 = \frac{\sum(H_{11}+H_{12}+H_{21}+H_{22})}{4N} \tag{1-16a}$$

式中：N——方格数。

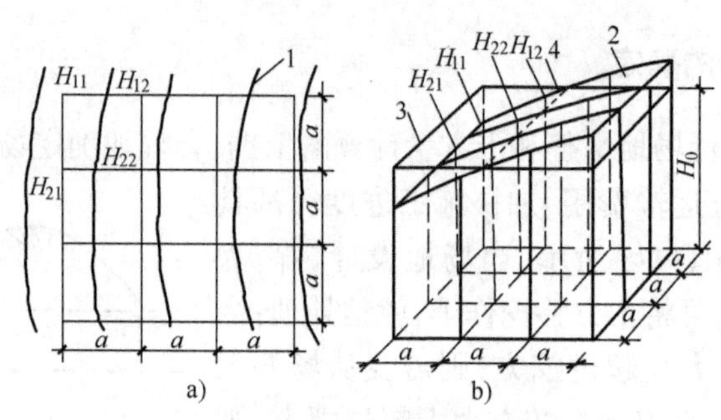

图1-6　场地设计标高计算简图

a）地形图上划分方格；b）设计标高示意图

1-等高线；2-自然地面；3-设计标高平面；4-自然地面与设计标高平面的交线（零线）

由图1-6可见，H_{11}是一个方格的角点标高；H_{12}、H_{21}是相邻两个方格公共角点标高；H_{22}则是相邻的四个方格的公共角点标高。如果将所有方格的四个角点标高相加，则类似H_{11}这样的角点标高加一次，类似H_{12}的角点标高加两次，类似H_{22}的角点标高要加四次。因此，上式可改写为：

$$H_0 = \frac{\sum H_1 + 2\sum H_2 + 3\sum H_3 + 4\sum H_4}{4N} \tag{1-16b}$$

式中：H_1——一个方格独有的角点标高（m）；

H_2——两个方格共有的角点标高（m）；

H_3——三个方格共有的角点标高（m）；

H_4——四个方格共有的角点标高（m）。

4. 场地设计标高的调整

按式（1-16a）或式（1-16b）计算的设计标高H_0是一理论值，实际上还需考虑以下因素进行调整：

（1）由于土具有可松性，按H_0进行施工，填土将有剩余，必要时可相应地提高设计标高；

（2）由于设计标高以上的填方工程用土量，或设计标高以下的挖方工程挖土量的影响，使设计标高降低或提高；

（3）由于边坡挖填方量不等，或经过经济比较后将部分挖方就近弃于场外、部分填方就近从场外取土而引起挖填土方量的变化，需相应地增减设计标高。

5. 考虑泄水坡度对角点设计标高的影响

按上述计算及调整后的场地设计标高进行场地平整时，则整个场地将处于同一水平面，但实际上由于排水的要求，场地表面均应有一定的泄水坡度。因此，应根据场地泄水坡度的要求（单向泄水或双向泄水），计算出场地内各方格角点实际施工时所采用的设计标高。

(1)单向泄水时,场地各点设计标高的求法

场地单向泄水时,以计算出的设计标高 H_0 作为场地中心线(与排水方向垂直的中心线)的标高(图1-7),则场地内任意一点的设计标高为:

$$H_n = H_0 \pm li \tag{1-17}$$

式中:H_n——场地内任一点的设计标高(m);

l——该点至场地中心线的距离(m);

i——场地泄水坡度(不小于0.2%)。

例如:图1-7中 H_{52} 点的设计标高是:

$$H_{52} = H_0 - li = H_0 - 1.5ai$$

(2)双向泄水时,场地各点设计标高的求法

场地双向泄水时,以计算出的设计标高 H_0 作为场地中心点的标高(图1-8),则场地内任意一点的设计标高为:

$$H_n = H_0 \pm l_x i_x \pm l_y i_y \tag{1-18}$$

式中:H_n——场地内任一点的设计标高(m);

l_x、l_y——该点至场地中心线 $x-x$、$y-y$ 的距离(m);

i_x、i_y——$x-x$、$y-y$ 方向场地泄水坡度(不小于0.2%)。

例如:图1-8中 H_{42} 点的设计标高为:

$$H_{42} = H_0 - 1.5ai_x - 0.5ai_y$$

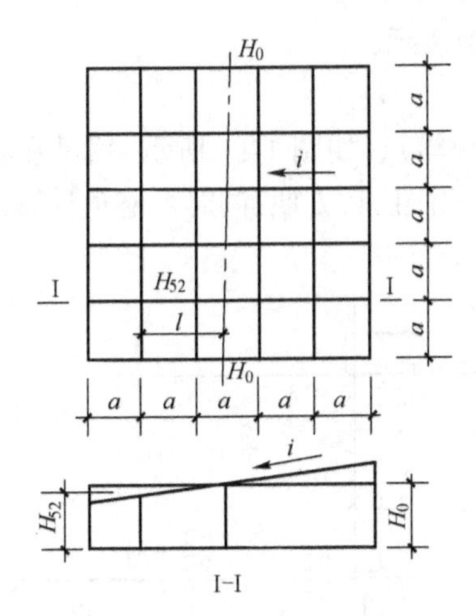

图1-7 单向泄水坡度的场地

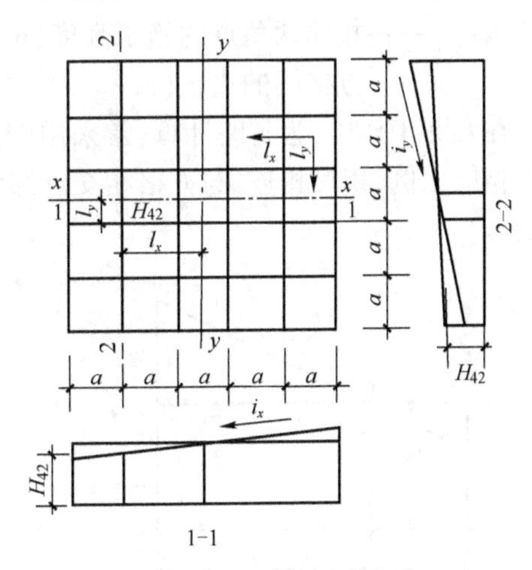

图1-8 双向泄水坡度的场地

(二)场地土方量的计算

大面积场地平整的土方量通常采用方格网法计算。即根据方格网各方格角点的自然地面标高和实际采用的设计标高,算出相应的角点挖填高度(施工高度),然后计算每一方格的土方量,并算出场地边坡的土方量。

1. 计算各方格角点的施工高度

施工高度是设计地面标高与自然地面标高的差值，将各角点的施工高度填在方格网的右上角。设计标高和自然标高分别标注在方格网的右下角和左下角，方格网的左上角填的是角点编号，如图 1-9 所示。

各方格角点的施工高度按下式计算：

$$h_n = H_n - H \tag{1-19}$$

式中：h_n——角点施工高度（m），即各角点的挖填高度，“－”为挖，“＋”为填；

H_n——角点的设计标高（m）（若无泄水坡度时，即为场地的设计标高）；

H——各角点的自然地面标高（m）。

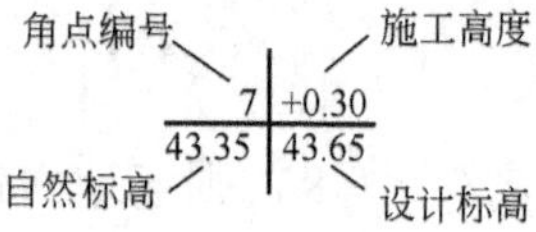

角点编号　施工高度
7 | +0.30
43.35 | 43.65
自然标高　设计标高

图 1-9　角点标注方式

2. 计算零点位置

在一个方格网内同时有填方或挖方时，要先算出方格网边的零点位置。所谓“零点”是指方格网边线上不挖不填的点。把零点位置标注于方格网上，将各相邻边线上的零点连接起来，即为零线（图 1-10）。零线是挖方区和填方区的分界线，零线求出后，场地的挖方区和填方区也随之标出。一个场地内的零线不是唯一的，有可能是一条，也可能多条。当场地起伏较大时，零线可能出现多条。

零点的位置按下式计算：

$$x_1 = \frac{h_1}{h_1 + h_2} \cdot a;\quad x_2 = \frac{h_2}{h_1 + h_2} \cdot a \tag{1-20}$$

式中：x_1、x_2——角点至零点的距离（m）；

h_1、h_2——相邻两角点的施工高度（m），均用绝对值表示；

a——方格网的边长（m）。

在实际工作中，为省略计算，常采用图解法直接求出零点，如图 1-11 所示，用尺在各角上标出相应比例，用尺相连，与方格相交点即为零点位置，此法比较方便，同时可避免计算或查表出错。

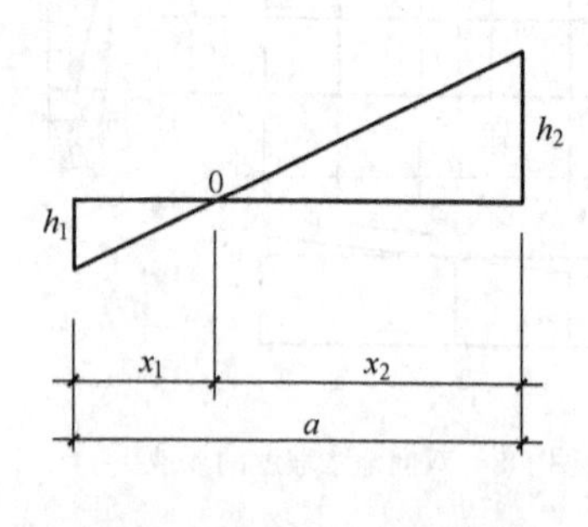

图 1-10　零点位置计算示意图

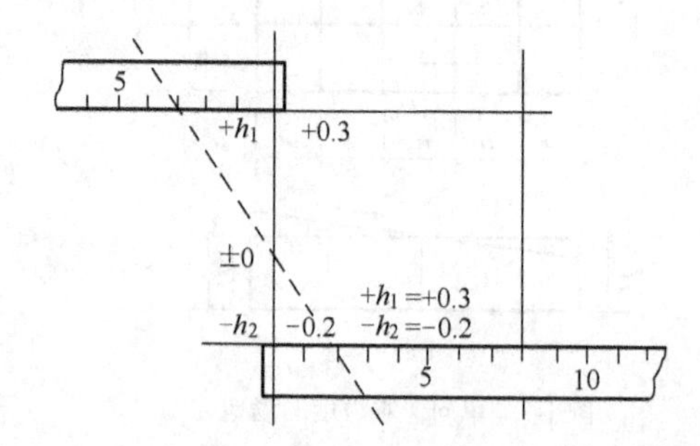

图 1-11　零点位置图解法

3. 计算方格土方工程量

按方格网底面积图形和表 1-5 所列公式，计算每个方格内的挖方或填方量。此表公式是按各计算图形底面积乘以平均施工高度而得出，即平均高度法。

常用方格网点计算公式 表 1-5

项　　目	图　　式	计 算 公 式
一点填方或挖方（三角形）		$V=\frac{1}{2}bc\frac{\sum h}{3}=\frac{bch_3}{6}$ 当 $b=c=a$ 时，$V=\frac{a^2h_3}{6}$
两点填方或挖方（梯形）		$V_+=\frac{b+c}{2}a\frac{\sum h}{4}=\frac{a}{8}(b+c)(h_1+h_3)$ $V_-=\frac{d+e}{2}a\frac{\sum h}{4}=\frac{a}{8}(d+e)(h_2+h_4)$
三点填方或挖方（五角形）		$V=\left(a^2-\frac{bc}{2}\right)\frac{\sum h}{5}$ $=\left(a^2-\frac{bc}{2}\right)\frac{h_1+h_2+h_4}{5}$
四点填方或挖方（正方形）		$V=\frac{a^2}{4}\sum h=\frac{a^2}{4}(h_1+h_2+h_3+h_4)$

注：1. a-方格网的边长(m)；b、c-零点到一角的边长(m)；h_1、h_2、h_3、h_4-方格网四角点的施工高度(m)，用绝对值代入；$\sum h$-填方或挖方施工高度的总和(m)，用绝对值代入；V-挖方或填方体积(m^3)。

2. 本表公式是按各计算图形底面积乘以平均施工高度而得出的。

4. 边坡土方量的计量

图 1-12 是一场地边坡的平面示意图，从图中可看出：边坡的土方量可以划分为两种近似几何形体计算，一种为三角棱锥体，另一种为三角棱柱体，其计算公式如下：

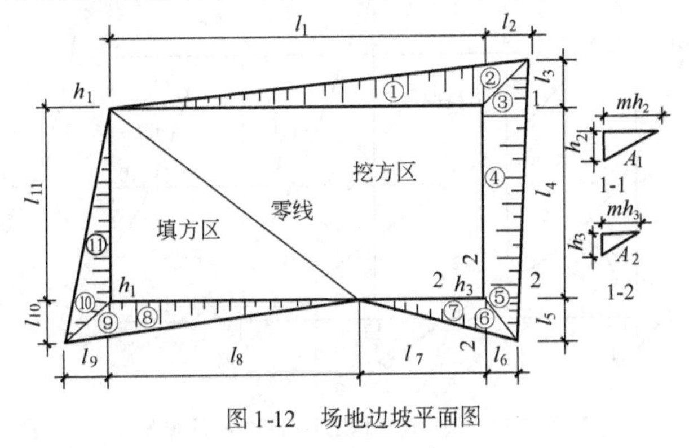

图 1-12　场地边坡平面图

(1)三角棱锥体边坡体积

三角棱锥体边坡体积(图1-12中的①)计算公式如下：

$$V_1 = \frac{1}{3}A_1 l_1 \tag{1-21}$$

式中：l_1——边坡①的长度(m)；

A_1——边坡①的端面积(m^2)，即：

$$A_1 = \frac{h_2(mh_2)}{2} = \frac{mh_2^2}{2} \tag{1-22}$$

h_2——角点的挖土高度(m)；

m——边坡的坡度系数。

(2)三角棱体柱边坡体积

三角棱柱体边坡体积(图1-12中的④)计算公式如下：

$$V_4 = \frac{A_1 + A_2}{2} l_4 \tag{1-23}$$

当两端横断面面积相差很大的情况下，则：

$$V_4 = \frac{l_4}{6}(A_1 + 4A_0 + A_2) \tag{1-24}$$

式中： l_4——边坡④的长度(m)；

A_1、A_2、A_0——边坡④两端及中部的横断面面积(m^2)，算法同上(图1-12剖面是近似表示，实际上地表面不完全是水平的)。

5. 计算土方总量

将挖方区(或填方区)所有方格的土方量和边坡土方量汇总，即得场地平整挖(填)方的工程量。

【例1-1】 某建筑场地地形图如图1-13所示，方格网边长为$a = 20$m。场地设计泄水坡度：$i_x = 0.3\%$，$i_y = 0.2\%$。建筑设计、生产工艺和最高洪水位等方面均无特殊要求。试确定场地设计标高(不考虑土的可松性影响，如有余土，用以加宽边坡)，并计算挖、填土方量(不考虑边坡土方量)。

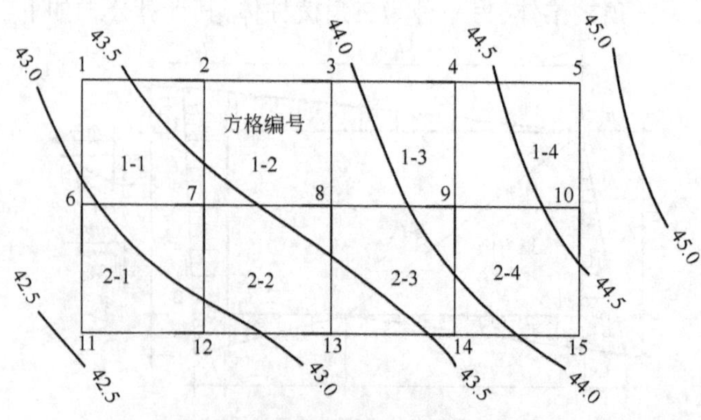

图1-13 某建筑场地地形图和方格网布置

【解】 (1)计算各方格角点的地面标高

各方格角点的地面标高,可根据地形图上所标等高线,假定两等高线之间的地面坡度按直线变化,用插入法求得。如求角点4的地面标高(H_4),由图1-14有:

$$h_x:0.5=x:l$$

则
$$h_x=\frac{0.5}{l}x,h_4=44.00+h_x$$

为了避免繁琐的计算,通常采用图解法(图1-15)。用一张透明纸,上面画6根等距离的平行线。把该透明纸放到标有方格网的地形图上,将6根平行线的最外边两根分别对准A点和B点,这时6根等距的平行线将A、B之间的0.5m高差分成5等分,于是便可直接读得角点4的地面标高$H_4=44.34$m。其余各角点标高均可用图解法求出。本例各方格角点标高如图1-16所示。

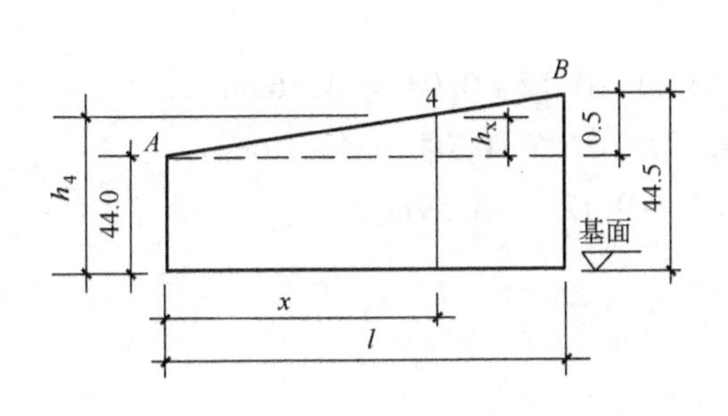

图1-14 插入法计算简图

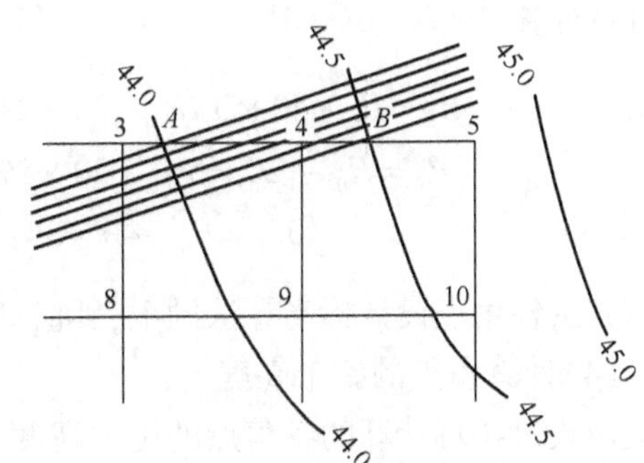

图1-15 插入法图解

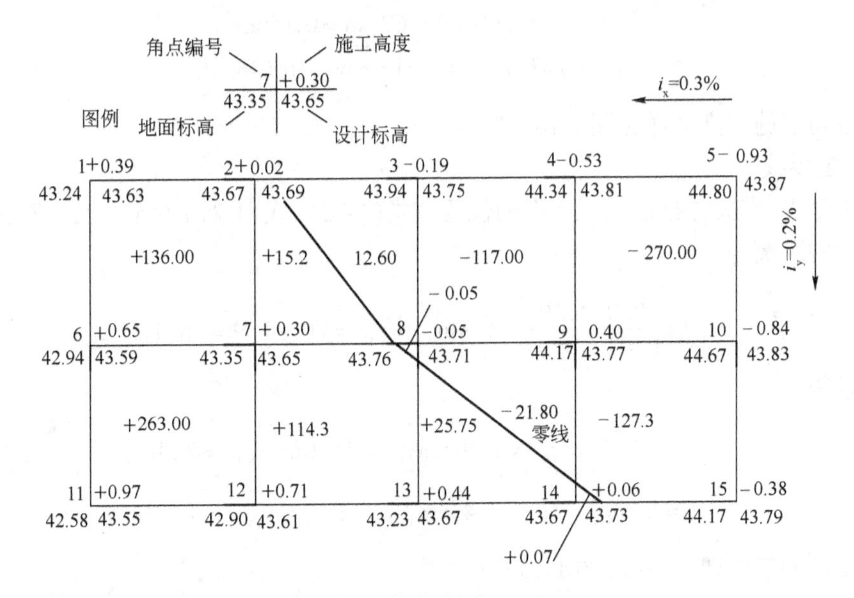

图1-16 方格网法计算土方工程量图

(2)计算场地设计标高H_0

$$\sum H_1=43.24+44.80+44.17+42.58=174.79\text{m}$$

$$2\sum H_2 = 2\times(43.67+43.94+44.34+44.67+43.67+43.23+42.90+42.94) = 698.72\text{m}$$

$$3\sum H_3 = 0$$

$$4\sum H_4 = 4\times(43.35+43.76+44.17) = 525.12\text{m}$$

由式(1-16b)

$$H_0 = \frac{\sum H_1 + 2\sum H_2 + 3\sum H_3 + 4\sum H_4}{4N} = \frac{174.79+698.72+525.12}{4\times 8} = 43.71\text{m}$$

(3)计算方格角点的设计标高

以场地中心角点 8 为 H_0(图 1-16),由已知泄水坡度 i_x 和 i_y,各方格角点设计标高按式(1-18)计算:

$$H_1 = H_0 - 40\times 3‰ + 20\times 2‰ = 43.71-0.12+0.04 = 43.63\text{m}$$

$$H_2 = H_0 - 20\times 3‰ + 20\times 2‰ = 43.71-0.06+0.04 = 43.69\text{m}$$

$$H_6 = H_0 - 40\times 3‰ = 43.71-0.12 = 43.59\text{m}$$

其余各角点设计标高算法同上,其值见图 1-16。

(4)计算角点的施工高度

用式(1-19)计算的各角点的施工高度为:

$$h_1 = (43.63-43.24)\text{m} = +0.39\text{m}$$

$$h_2 = (43.69-43.67)\text{m} = 0.02\text{m}$$

$$h_3 = (43.75-43.94)\text{m} = -0.19\text{m}$$

其余各角点施工高度详见图 1-16。

(5)确定零线

首先求零点,有关方格边线上零点的位置由式(1-20)、式(1-21)确定。2、3 角点连线的零点距角点 2 的距离为:

$$x_{2\text{-}3} = \frac{0.02\times 20}{0.02+0.19} = 1.9\text{m},则\ x_{3\text{-}2} = 20-1.9 = 18.1\text{m}$$

同理求得:

$$x_{7\text{-}8} = 17.1\text{m}, x_{8\text{-}7} = 2.9\text{m}; x_{13\text{-}8} = 18.0\text{m}, x_{8\text{-}13} = 2.0\text{m}$$

$$x_{14\text{-}9} = 2.6\text{m}, x_{9\text{-}14} = 17.4\text{m}; x_{14\text{-}15} = 2.7\text{m}, x_{15\text{-}14} = 17.3\text{m}$$

相邻零点的连线即为零线(图 1-16)。

(6)计算土方量

根据方格网挖填图形,按表 1-5 所列公式计算土方工程量。

方格 1-1,1-3,1-4,2-1 四角点全为挖(填)方,按正方形计算,其土方量为:

$$V_{1\text{-}1}=\frac{a^2}{4}(h_1+h_2+h_3+h_4)$$
$$=100\times(0.39+0.02+0.30+0.65)=(+)136\text{m}^3$$

同样计算得：

$$V_{2\text{-}1}=(+)263\text{m}^3\quad V_{1\text{-}3}=(-)117\text{m}^3\quad V_{1\text{-}4}=(-)270\text{m}^3$$

方格1-2,2-3各有两个角点为挖方；另两角点为填方，按梯形公式计算，其土方量为：

$$V_{1\text{-}2}^{填}=\frac{a}{8}(b+c)(h_1+h_3)=\frac{20}{8}\times(1.9+17.1)\times(0.02+0.3)=(+)15.2\text{m}^3$$

$$V_{1\text{-}2}^{挖}=\frac{a}{8}(d+e)(h_2+h_4)=\frac{20}{8}\times(18.1+2.9)\times(0.19+0.05)=(-)12.6\text{m}^3$$

同理：$V_{2\text{-}3}^{填}=(+)25.75\text{m}^3$　　$V_{2\text{-}3}^{挖}=(-)21.8\text{m}^3$

方格网2-2,2-4为一个角点填方(或挖方)和三个角点挖方(或填方)，分别按三角形和五角形公式计算，其土方量为：

$$V_{2\text{-}2}^{填}=\left(a^2-\frac{bc}{2}\right)\frac{h_1+h_2+h_3}{5}$$
$$=(20^2-2.9\times2)\times\frac{0.3+0.71+0.44}{5}=(+)114.3\text{m}^3$$

$$V_{2\text{-}2}^{挖}=\frac{bch_4}{6}=\frac{2.9\times2\times0.05}{6}=(-)0.05\text{m}^3$$

同理：$V_{2\text{-}4}^{填}=(+)0.07\text{m}^3$　　$V_{2\text{-}4}^{挖}=(-)127.3\text{m}^3$

将计算出的土方量填入相应的方格中(图1-16)。场地各方格土方量总计：挖方548.75m³，填方554.32m³。

三 土方调配方案

土方量计算完成后，就可以进行土方调配工作。土方调配，就是对挖土的利用、堆弃和填土三者之间的关系进行综合协调处理。其目的在于使土方运输量最小(或土方运输费用最小)的条件下，确定挖填方区土方的调配方向、数量及平均运距。好的土方调配方案，应该使土方运输量或费用达到最小，又能方便施工。

(一) 土方调配原则

(1)应力求达到挖方与填方基本平衡和就近调配、运距最短。使挖方量与运距的乘积之和尽可能为最小，即土方运输量或费用最小。但有时仅局限于一个场地范围内的挖填平衡难以满足上述原则，可根据场地和周围地形条件，考虑就近借土或就近堆弃。

(2)土方调配应考虑近期施工与后期利用相结合的原则。当工程分期分批施工时，先期工程的土方余土应结合后期工程的需要，考虑其利用的数量和堆放位置，以便就近调配。堆放位置的选择应为后期工程创造良好的工作面和施工条件，力求避免重复挖填和场地混乱。

(3)应考虑分区与全场相结合的原则。分区土方的调配，必须配合全场性的土方调配进行。

(4)合理布置挖、填方分区线,选择恰当的调配方向、运输线路,使土方机械和运输车辆的性能得到充分发挥。

(5)好土用在回填质量要求高的地区。

(6)土方调配还应尽可能与大型地下建筑物的施工相结合。如大型建筑物位于填土区时,为了避免重复挖运和场地混乱,应将部分填方区予以保留,待基础施工之后再进行填土。

总之,进行土方调配,必须根据现场具体情况、有关技术资料、工期要求、土方施工方法与运输方案等综合考虑,并按上述原则经计算比较,最后选择经济合理的调配方案。

(二)土方调配区的划分

进行土方调配时首先要划分调配区,划分调配区应注意以下几点:

(1)调配区的划分应与房屋或构筑物的位置相协调,满足工程施工顺序和分期分批施工的要求,使近期施工与后期利用相结合。

(2)调配区的大小应该满足土方施工用主导机械的技术要求,使土方机械和运输车辆的功效得到充分发挥。例如:调配区的范围应该大于或等于机械的铲土长度,调配区的面积最好和施工段的大小相适应。

(3)当土方运距较大或场区内土方不平衡时,可根据附近地形,考虑就近借土或弃土,这时每一个借土区或弃土区均可作为一个独立的调配区。

(4)调配区的范围应该和土方的工程量计算用的方格网协调,通常可由若干个方格组成一个调配区。

(三)土方调配图表的编制

场地土方调配,需作成相应的土方调配图表,编制的方法如下。

1. 划分调配区

在场地平面图上先划出零线,确定挖填方区;根据地形及地理条件,把挖方区和填方区再适当地划分为若干个调配区,其大小应满足土方机械的操作要求。

2. 计算土方量

计算各调配区的挖方和填方量,并标写在图上。

3. 计算调配区之间的平均运距

调配区的大小及位置确定后,便可计算各挖填调配区之间的平均运距。当用铲运机或推土机平土时,挖方调配区和填方调配区土方重心之间的距离,通常就是该挖填调配区之间的平均运距。因此,确定平均运距需先求出各个调配区土方的重心,并把重心标在相应的调配区图上,然后用比例尺量出每对调配区之间的平均运距即可。当挖填方调配区之间的距离较远,采用汽车、自行式铲运机或其他运土工具沿工地道路或规定线路运输时,其运距可按实际计算。

调配区之间重心的确定方法如下:

取场地或方格网中的纵横两边为坐标轴,分别求出各区土方的重心位置,即:

$$\overline{X}=\frac{\sum V_x}{\sum V} \qquad \overline{Y}=\frac{\sum V_y}{\sum V} \tag{1-25}$$

式中：$\overline{X}$、$\overline{Y}$——挖或填方调配区的重心坐标(m)；

V——各个方格的土方量(m^3)；

x、y——各个方格的重心坐标(m)。

为了简化计算，可用作图法近似地求出形心位置来代替重心位置。

4. 进行土方调配

土方最优调配方案的确定，是以线性规划为理论基础的，常用“表上作业法”求得。

5. 绘制土方调配图

根据表上作业法求得的最优调配方案，在场地地形图上绘出土方调配图，图上应标出土方调配方向，土方数量及平均运距，如图1-17所示。

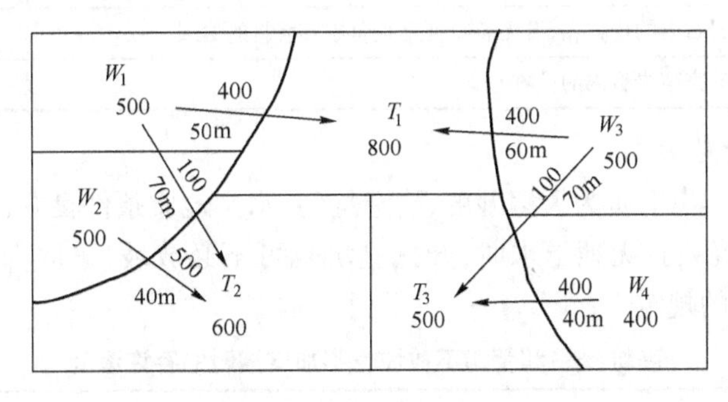

图1-17　土方调配图

第三节　土方边坡与深基坑支护

开挖土方时，边坡土体的下滑力产生剪应力，此剪应力主要由土体的内摩阻力和内聚力平衡，一旦土体失去平衡，边坡就会塌方。为了防止塌方，保证施工安全，在基坑(槽)开挖深度超过一定限度时，土壁应放坡开挖，或者加以临时支撑或支护以保证土壁的稳定。

一　土方边坡及其稳定

当边坡的高度 h 为已知时，边坡的宽度 b 则等于 mh，若土壁高度较高，土方边坡可根据各层土体所受的压力，其边坡可做成折线形或台阶形(图1-18)，以减少挖填土方量。土方边坡的大小主要与土质、开挖深度、开挖方法、边坡留置时间的长短、边坡附近的各种荷载状况及排水情况有关。

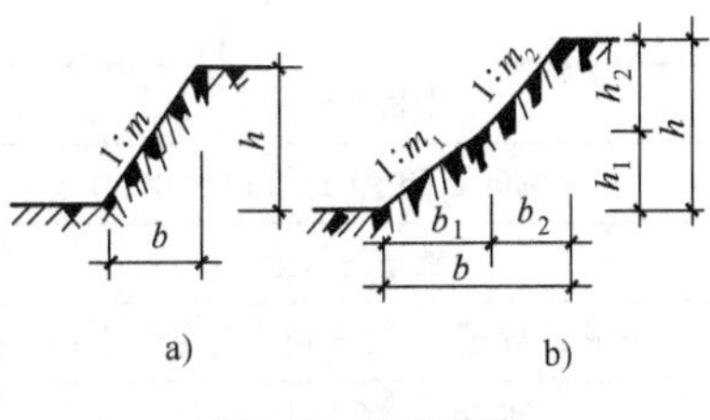

图1-18　土方边坡

1. 场地永久性边坡

挖方边坡应根据使用时间(临时或永久性)、土的种类、物理力学性质(内摩擦角、黏聚力、密度、湿度)、水文情况等确定。对于永久性场地，挖方边坡坡度应按设计要求放坡，如设计无规定，可按表1-6采用。

永久性土工构筑物挖方的边坡坡度　表1-6

项次	挖土性质	边坡坡度
1	在天然湿度、层理均匀、不易膨胀的黏土、粉质黏土和砂土(不包括细砂、粉砂)内挖方深度不超过3m	1:1～1:1.25
2	土质同上,深度为3～12m	1:1.25～1:1.5
3	干燥地区内土质结构未经破坏的干燥黄土及类黄土,深度不超过12m	1:0.1～1:1.25
4	在碎石土和泥灰岩土的地方,深度不超过12m,根据土的性质、层理特性和挖方深度确定	1:0.5～1:1.5
5	在风化岩内的挖方,根据岩石性质、风化程度、层理特性挖方深度确定	1:0.2～1:1.5
6	在微风化岩石内的挖方,岩石无裂缝且无倾向挖方坡脚的岩层	1:0.1
7	在未风化的完整岩石内的挖方	直立的

2. 基坑(槽)临时边坡

开挖基坑(槽)时,当土质为天然湿度、构造均匀、水文地质条件良好(即不会发生坍滑、移动、松散或不均匀下沉),且无地下水时,开挖基坑也可不必放坡,采取直立开挖不加支护,但挖方深度应按表1-7的规定。

基坑(槽)和管沟不放坡也不加支撑时的容许深度　表1-7

项次	土的种类	容许深度(m)
1	密实、中密的砂子和碎石类土(充填物为砂土)	1
2	硬塑、可塑的粉质黏土及粉土	1.25
3	硬塑、可塑的黏土和碎石类土(充填物为黏性土)	1.5
4	坚硬的黏土	2

对使用时间较长的临时性挖方边坡坡度,应根据工程地质和边坡高度,结合当地实践经验确定。在山坡整体稳定的情况下,如地质条件良好,土质较均匀,高度在5m内不加支撑的边坡最陡坡度可按表1-8确定。

深度在5m内的基坑(槽)、管沟边坡的最陡坡度(不加支撑)　表1-8

土的类别	边坡坡度(高:宽)		
	坡顶无荷载	坡顶有静载	坡顶有动载
中密的砂土	1:1	1:1.25	1:1.5
中密的碎石类土(充填物为砂土)	1:0.75	1:1	1:1.25
硬塑的粉土	1:0.67	1:0.75	1:1
中密的碎石类土(充填物为黏性土)	1:0.5	1:0.67	1:0.75
硬塑的粉质黏土、黏土	1:0.33	1:0.5	1:0.67
老黄土	1:0.1	1:0.25	1:0.33
软土(经井点降水后)	1:1	—	—

注:1. 静载指堆土或材料等,动载指机械挖土或汽车运输作业等。静载或动载距挖方边缘的距离应保证边坡和直立壁的稳定,堆土或材料应距挖方边缘0.8m以外,高度不超过1.5m。

2. 当有成熟施工经验时,可不受本表限制。

如超过表1-7规定的深度，应根据土质和施工具体情况进行放坡，以保证土壁边坡稳定，不塌方。其临时性挖方的边坡值可按表1-9采用。放坡后基坑上口宽度由基坑底面宽度及边坡坡度来决定，坑底宽度每边应比基础宽出15～30cm，以便施工操作。

高10m以内的临时性挖方边坡坡度　　表1-9

土的类别		边坡坡度(高:宽)
砂土(不包括细砂、粉砂)		1:1.25～1:1.5
一般黏性土	坚硬	1:0.75～1:1
	硬塑	1:1～1:1.25
	软	1:1.5或更缓
碎石类土	充填坚硬、硬塑黏性土	1:0.5～1:1
	充填砂土	1:1～1:1.5

注：1. 设计有要求时，应符合设计要求。
2. 若采用降水或其他加固措施，可不受本表限制，但应计算复核。
3. 开挖深度，对软土不应超过4m，对硬土不应超过8m。

二 浅基坑(槽)支撑

基坑(槽)或管沟开挖时，如果土质或周围场地条件允许，采用放坡开挖往往比较经济。但是在建筑物密集的地区施工，有时不允许按规定的坡度进行放坡，或深基坑开挖时，放坡所增加的土方量过大，就需要用设置支撑或支护的施工方法来保证土方的稳定、保证土方施工的顺利进行和安全，以减少对相邻已有建筑物的不利影响。

(一)横撑式支撑

对宽度不大，深5m以内的浅沟、槽(坑)，一般宜设置简单的横撑式支撑，其型式根据开挖深度、土质条件、地下水位、施工时间长短、施工季节和当地气象条件、施工方法与相邻建(构)筑物情况进行选择。

横撑式支撑根据挡土板的不同分为水平挡土板和垂直挡土板两类，水平挡土板的布置又分间断式、断续式和连续式三种；垂直挡土板的布置分断续式和连续式两种，如图1-19所示。

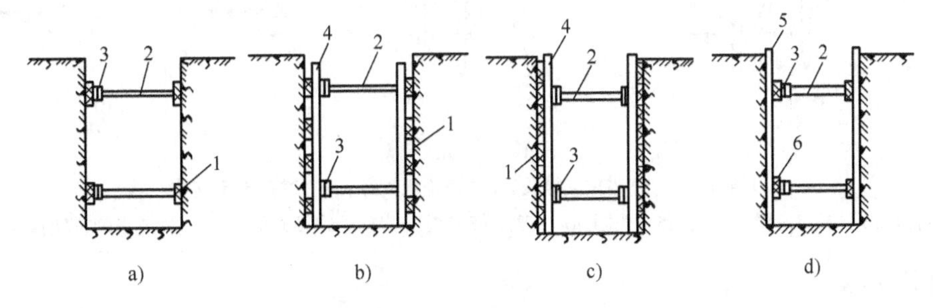

图1-19　横撑式支撑

a)间断式水平支撑；b)断续式水平支撑；c)连续式水平支撑；d)连续式垂直支撑

1-水平挡土板；2-横撑木；3-木楔；4-竖楞木；5-垂直挡土板；6-横楞木

1. 间断式水平支撑

支撑方法:两侧挡土板水平放置,用工具式或木横撑借木楔顶紧,挖一层土支顶一层。

适用条件:适于能保持立壁的干土或天然湿度的黏土类土,地下水很少,深度在2m以内。

2. 断续式水平支撑

支撑方法:挡土板水平放置,中间留出间隔,并在两侧同时对称立竖楞木,再用工具或木横撑上、下顶紧。

适用条件:适于能保持直立壁的干土或天然湿度的黏土类土,地下水很少,深度在3m以内。

3. 连续式水平支撑

支撑方法:挡土板水平连续放置,不留间隙,然后两侧同时对称立竖楞木,上下各一根撑木,端头加木楔顶紧。

适用条件:适于较松散的干土或天然湿度的黏土类土,地下水很少,深度为3~5m。

4. 连续式或间断式垂直支撑

支撑方法:挡土板垂直放置,连续或留适当间隙,然后每侧上下各水平顶一根枋木再用横撑顶紧。

适用条件:适于土质较松散或湿度很高的土,地下水较少,深度不限。

采用横撑式支撑时,应随挖随撑,支撑要牢固。施工中应经常检查,如有松动、变形等现象时,应及时加固或更换。支撑的拆除应按回填顺序依次进行,多层支撑应自下而上逐层拆除,随拆随填。

(二)其他支撑

对宽度较大、深度不大的浅基坑,其支撑(护)形式常用的有斜柱支撑、锚拉支撑、短桩横隔板支撑和临时挡土墙支撑等(图1-20)。各种支撑的支撑方法和使用条件如下。

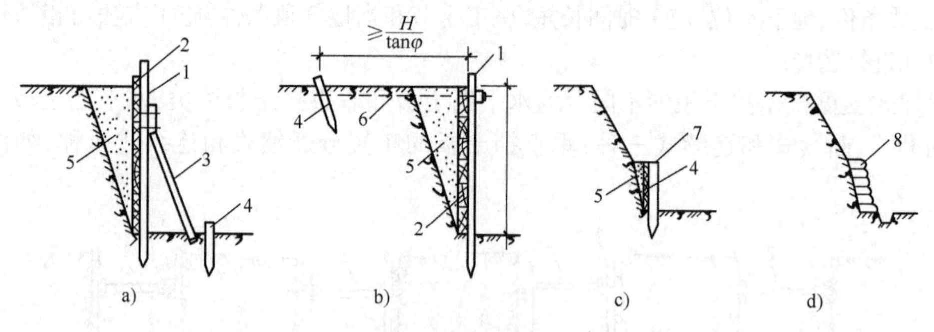

图1-20 其他支撑

a)斜柱支撑;b)锚拉支撑;c)短桩横隔板支撑;d)临时挡土墙支撑

1-柱桩;2-挡板;3-斜撑;4-短桩;5-回填土;6-拉杆;7-横隔板;8-扁丝编织袋或草袋装土、砂或干砌、浆砌毛石

1. 斜柱支撑

支撑方法:水平挡土板钉在柱桩内侧,外侧用斜撑支顶,斜撑底端支在木桩上,在挡土板内侧回填土。

适用条件:适用于开挖较大型、深度不大的基坑或使用机械挖土时。

2. 锚拉支撑

支撑方法:水平挡土板支在柱桩的内侧,柱桩一端打入土中,另一端用拉杆与锚桩锚紧,在挡土板内侧回填土。

适用条件:适用于开挖面积较大、深度不大的基坑或使用机械挖土,不能安设横撑时。

3. 短桩横隔板支撑

支撑方法:打入小短木桩,部分打入土中,部分露出地面,钉上水平挡土板,在背面填土夯实。

适用条件:适用于开挖宽度大的基坑,当部分地段下部放坡不够时。

4. 临时挡土墙支撑

支撑方法:沿坡脚用砖、石叠砌或用装水泥的聚丙烯丝编织袋、草袋装土、砂堆砌,使坡脚保持稳定。

适用条件:适用于开挖宽度大的基坑,当部分地段下部放坡不够时。

三 深基坑支护结构

深基坑支护方案的选择应根据基坑周边环境、土层结构、工程地质、水文情况、基坑形状、开挖深度、施工拟采用的挖方、排水方法、施工作业设备条件、安全等级和工期要求以及技术经济效果等因素加以综合全面地考虑。深基坑支护虽为一种施工临时性辅助结构物,但对保证工程顺利进行和临近地基和已有建(构)筑物的安全影响极大。

(一)重力式支护结构

深层搅拌水泥土桩挡墙是以深层搅拌机就地将边坡土和压入的水泥浆强力搅拌形式连续搭接的水泥土桩挡墙。水泥土与其包围的天然土形成重力式挡墙支挡周围土体,使边坡保持稳定,这种桩墙是依靠自重和刚度进行挡土和保护坑壁稳定,一般不设支撑,或特殊情况下局部加设支撑,具有良好的抗渗透性能(渗透系数≤10~7cm/s),能止水防渗,起到挡土防渗双重作用。水泥搅拌桩支护结构常应用于软黏土地区开挖深度在6m左右的基坑工程。为了提高水泥土桩档墙的刚性,也有的在水泥土搅拌桩内插入H型钢,使之成为既能受力又能抗渗两种功能的支护结构围护墙,可用于较深(8~10m)的基坑支护,水泥掺入比为20%,这种桩称为劲性水泥土搅拌桩。

深层搅拌水泥土桩挡墙施工要点为:

(1)施工机具应优先选用喷浆型双轴深层搅拌机械,无深层搅拌机设备时亦可采用高压喷射注浆桩(又称旋喷桩)或粉体喷射桩(又称粉喷桩)代替。

(2)深层搅拌机械就位时应对中,最大偏差不得大于20mm,并且调平机械的垂直度,偏差不得大于1%桩长。深层搅拌单桩的施工应采用搅拌头上下各两次的搅拌工艺。输入水泥浆的水灰比不宜大于0.5,泵送压力宜大于0.3MPa,泵送流量应恒定。

(3)水泥土桩挡墙应采取切割搭接法施工,应在前桩水泥土尚未固化时进行后序搭接桩施工。相邻桩的搭接长度不宜小于200mm。相邻桩喷浆工艺的施工时间间隔不宜大于10h。施工开始和结束的头尾搭接处,应采取加强措施,消除搭接缝。

(4)深层搅拌水泥土桩挡墙施工前,应进行成桩工艺及水泥掺入量或水泥浆的配合比试验,以确定相应的水泥掺入比或水泥浆水灰比。

(5)采用高压喷射注浆桩,施工前应通过试喷试验,确定不同土层旋喷固结体的最小直径、高压喷射施工技术参数等。高压喷射注浆水泥水灰比宜为1~1.5。

(6)高压喷射注浆应按试喷确定的技术参数施工,切割搭接宽度:对旋喷固结体不宜小于150mm;摆喷固结体不宜小于150mm;定喷固结体不宜小于200mm。

(7)深层搅拌桩和高压喷射注浆桩,当设置插筋或H型钢时,桩身插筋应在桩顶搅拌或旋喷完成后及时进行,插入长度和露出长度等均应按计算和构造要求确定,H型钢靠自重下插至设计标高。

(8)深层搅拌桩和高压喷射桩水泥土墙的桩位偏差不应大于50mm,垂直度偏差不宜大于0.5%。

(9)水泥土挡墙应有28d以上的龄期,达到设计强度要求时,方能进行基坑开挖。

(10)水泥土墙的质量检验应在施工后一周内进行开挖检查或采用钻孔取芯等手段检查成桩质量,若不符合设计要求应及时调整施工工艺;水泥土墙应在设计开挖龄期采用钻芯法检测墙身完整性,钻芯数量不宜少于总桩数的2%,且不少于5根;并应根据设计要求取样进行单轴抗压强度试验。

(二)桩(板)式支护结构

1. 型钢桩横挡板支护

型钢桩横挡板支护是沿挡土位置先设型钢桩到预定深度,然后边挖方边将挡土板塞进两型钢桩之间,组成型钢桩与挡土板复合而成的挡土壁(图1-21)。型钢桩多采用钢轨、工字钢、H型钢等,间距一般为1~1.5m,横向挡板采用厚30~80mm松木板或厚75~100mm预制混凝土板。

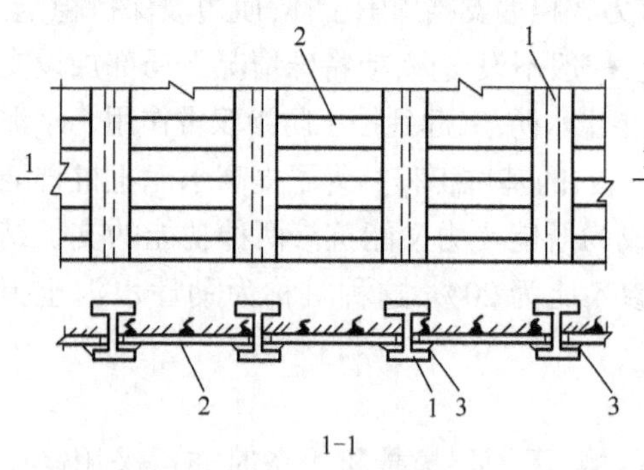

图1-21 型钢桩横挡板支护

1-型钢桩;2-横向挡土板;3-木楔

型钢桩施工可采用打入法,也可采用预先用螺栓钻或普通钻机在桩位处成孔后,再插入型钢桩的埋入桩法。在施工挖方之后应随即安设横向挡板,并在横向挡板与型钢桩之间用楔子打紧,使横板与土体紧密接触。

本法结构简单,成本低,沉桩简单易行,噪声低,振动小,材料可回收重复使用,是最常见的一种较简单经济的支护方法;但不能止水,且易导致周边地基产生下沉。适用于土质较好,地下水位较低,深度不很大的一般黏性土、砂土基坑。

2. 挡土灌注桩支护

挡土灌注桩支护是在基坑周围用钻机钻孔、吊钢筋笼,现场灌注混凝土成桩,形成桩排作挡土支护。桩的排列形式有间隔式、双排式和连接式等(图1-22)。间隔式是每隔一定距离设置一桩,成排设置,在顶部设连系梁连成整体共同工作。双排桩是将桩前后或成梅花形按两排布置,桩顶也设有连系梁成门式刚架,以提高抗弯刚度,减小位移。连续式是一桩连一桩形成一道排桩连续，在顶部也设有连系梁连成整体共同工作。

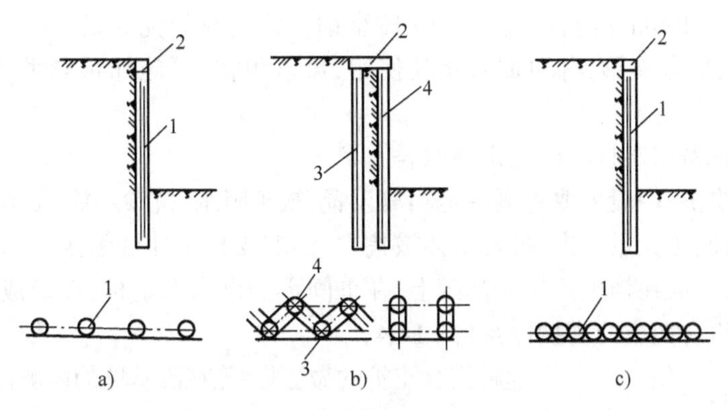

图 1-22　挡土灌注桩支护

a）间隔式；b）双排式；c）连续式

1-挡土灌注桩；2-连系梁（圈梁）；3-前排桩；4-后排桩

灌注桩间距、桩径、桩长、埋置深度，根据基坑开挖深度、土质、地下水位高低以及所承受的土压力由计算确定。挡土桩间距一般 1 ~ 2m，桩直径为 0.5 ~ 1.1m，埋深为基坑深的 0.5 ~ 1 倍。桩配筋根据侧向荷载由计算而定，一般主筋直径为 14 ~ 32mm；当为构造配筋，每桩不少于 8 根，箍筋采用 ϕ8mm，间距为 100 ~ 200mm。灌注桩一般在基坑开挖前施工，成孔方法有机械和人工开挖两种，后者用于桩径不少于 0.8m 的情况。

挡土灌注桩支护具有桩刚度较大，抗弯强度高，变形相对较小，安全感好，设备简单，施工方便，需要工作场地不大，噪声低、振动小、费用较低等优点，但止水性差，且不能回收利用。适用于黏性土、开挖面积较大、较深（大于 6m）的基坑以及不允许邻近建筑物有较大下沉、位移时采用。一般土质较好可用于悬臂 7 ~ 10m 的情况，若在顶部设拉杆，中部设锚杆可用于 3 ~ 4 层地下室开挖的支护。

3. 排桩内支撑支护

对深度较大而面积不大、地基土质较差的基坑，为使围护排桩受力合理和受力后变形小，常在基坑内沿围护排桩（墙），竖向设置一定支承点组成内支撑式基坑支护体系，以减少排桩的无支长度，提高侧向刚度，减小变形。排桩内支撑支护的优点是：受力合理，安全可靠，易于控制围护排桩墙的变形；但内支撑的设置给基坑内挖土和地下室结构的施工带来不便，需要通过不断换撑来加以克服。适用于各种不易设置锚杆的松软土层及软土地基支护。

排桩内支撑结构体系，一般由挡土结构和支撑结构组成，二者构成一个整体，共同抵挡外力的作用。支撑结构一般由围檩（横挡）、水平支撑、八字撑和立柱等组成（图 1-23）。围檩固定在排桩墙上，将排桩承受的侧压力传给纵、横支撑；支撑为受压构件，长度超过一定限度时稳定性降低，一般再在中间加设立柱，以承受支撑自重和施工荷载，立柱下端插入工程桩内，当其下无工程桩时再在其下设置专用灌注桩。

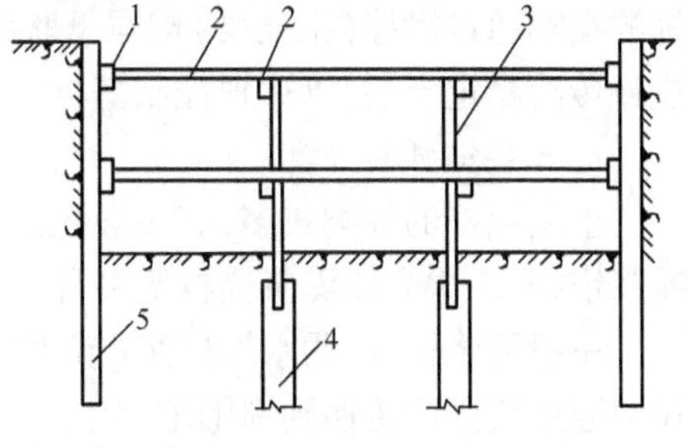

图 1-23　内支撑支护

1-围檩；2-纵、横向水平支撑；3-立柱；4-工程桩或专设桩；5-围护排桩（或墙）

内支撑材料一般有钢支撑和钢筋混凝土两类。钢支撑常用钢管和型钢,前者多采用直径609mm、580mm、406mm钢管,后者多用H型钢。钢支撑的优点是:装卸方便、快速,能较快发挥支撑作用,减小变形,并可回收重复使用,可以租赁,可施加顶紧力,控制围护墙变形发展。

4. 挡土灌注桩与深层搅拌水泥土桩组合支护

挡土灌注桩支护,一般采取每隔一定距离设置,缺乏阻水、抗渗功能,如在地下水较大的基坑应用,会造成桩间土大量流失,桩背土体被掏空,影响支护土体的稳定。为了提高挡土灌注桩的抗渗透功能,一般在挡土排桩的基础上,在桩间再加设水泥土桩,以形成一种挡土灌注桩与水泥土桩相互组合而成的支护体系(图1-24)。

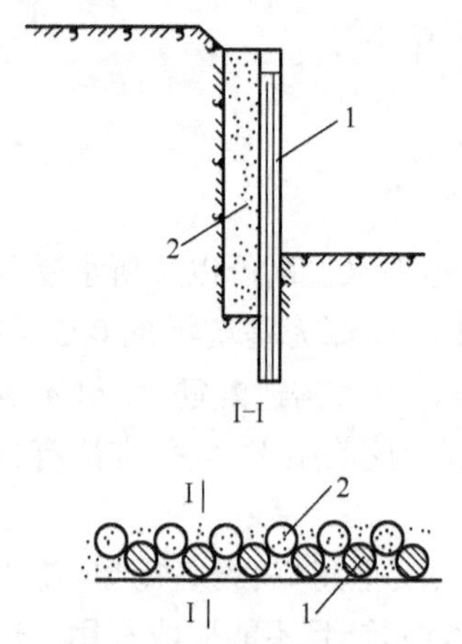

图1-24 挡土灌注桩与水泥土桩组合支护
1-挡土灌注桩;2-水泥土桩

这种组合支护的做法是:先在深基坑的内侧设置直径0.6~1m的混凝土灌注桩,间距1.2~1.5m;然后在紧靠混凝土灌注桩的内侧,与外桩相切设置直径0.8~1.5m的高压喷射注浆桩(又称旋喷桩),以旋喷水泥浆方式使形成具有一定强度的水泥土桩与混凝土灌注桩紧密结合,组成一道防渗帷幕。

本法的优点是:既可挡土又可防渗透,施工比连续排桩支护快速,节省水泥、钢材,造价较低;但多一道施工高压喷射注浆桩工序。适用于土质条件差、地下水位较高、要求既挡土又挡水防渗的支护结构。

5. 钢板桩支护

钢板桩支护是用一种特制的型钢板桩,借打桩机沉入地下构成一道连续的板墙,作为深基坑开挖的临时挡土、挡水围护结构。由于这种支护需用大量特制钢材,一次性投资较高,现已很少采用。

(三)土层锚杆支护结构

土层锚杆又称土锚杆,它一端插入土层中,另一端与挡土结构拉结,借助锚杆与土层的摩擦阻力产生的水平抗力抵抗土侧压力来维护挡土结构的稳定。土层锚杆的施工是在深基坑侧壁的土层钻孔至要求深度,或再扩大孔的端部形成柱状或球状扩大头,在孔内放入钢筋、钢管或钢丝束、钢绞线,灌入水泥浆或化学浆液,使之与土层结合成为抗拉(拔)力强的锚杆。在锚杆的端部通过横撑(钢横梁)借螺母联结或再张拉施加预应力将挡土结构受到的侧压力,通过拉杆传给稳定土层,以达到控制基坑支护的变形,保持基坑土体和坑外建筑物稳定的目的。

1. 土层锚杆的分类

土层锚杆的种类较多,有一般灌浆锚杆、扩孔灌浆锚杆、压力灌浆锚杆、预应力锚杆、重复灌浆锚杆、二次高压灌浆锚杆等多种,最常用的是前四种。

一般灌浆锚杆:用水泥砂浆(或水泥浆)灌入孔中,将拉杆锚固于地层内部,拉杆所承受的拉力通过锚固段传递到周围地层中。

压力灌浆锚杆:它与一般锚杆不同的是在灌浆时施加一定压力,在压力下水泥砂浆渗入孔壁四周的裂缝中,并在压力下固结,从而使锚杆具有较大的抗拔力。压力灌浆锚杆主要利用锚杆周面的摩擦阻力来抵抗拉拔力。

预应力锚杆:先对锚固段用快凝水泥砂浆进行一次压力灌浆,然后将锚杆与挡土结构相连接,施加预应力并锚固,最后在非锚固段进行不加压力的二次灌浆。这种锚杆往往用于穿过松软地层而锚固在稳定土层中,并使穿过的地层和砂浆都预加压力,在土压力作用下,可以减少挡土结构的位移。

扩孔灌浆锚杆:一般土层锚杆直径为 90 ~ 130mm,若用特制的内部扩孔钻头扩大锚固段的钻孔直径,一般可将直径加大 3 ~5 倍,或用炸药爆扩法扩大钻孔端头,均可提高锚杆的抗拔力。这种扩孔锚杆主要用于松软土层中。扩孔灌浆锚杆主要是利用扩孔部分的侧压力来抵抗拉拔力。

土层锚杆按使用时间又分永久性和临时性两类。

土层锚杆根据支护深度和土质条件可设置一层或多层。当土质较好时,可采用单层锚杆;当基坑深度较大、土质较差时,单层锚杆不能完全保证挡土结构的稳定,需要设置多层锚杆。土层锚杆通常会和排桩支护结合起来使用(图 1-25)。

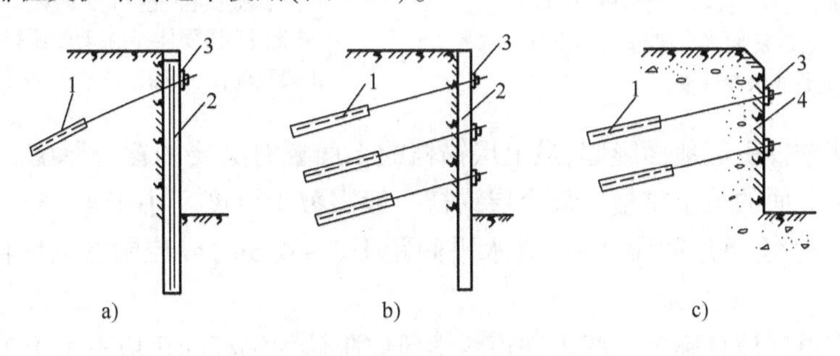

图 1-25 土层锚杆支护形式

a)单锚支护;b)多锚支护;c)破碎岩土支护

1-土层锚杆;2-挡土灌注桩或地下连续墙;3-钢横梁(撑);4-破碎岩土层

2. 土层锚杆的构造与布置

(1)土层锚杆的构造

土层锚杆由锚头、支护结构、拉杆、锚固体等部分组成(图 1-26)。土层锚杆根据主动滑动面,分为自由段 L_{fa}(非锚固段)和锚固段 L_c(图 1-27)。土层锚杆的自由段处于不稳定土层中,要使它与土层尽量脱离,一旦土层有滑动时,它可以伸缩,其作用是将锚头所承受的荷载传递至锚固段。锚固段处于稳定土层中,要使它与周围土层结合牢固,通过与土层的紧密接触将锚杆所受荷载分布至周围土层中。锚固段是承载力的主要来源。锚杆锚头的位移主要取决于自由段。锚头由台座、承压垫板和紧固器等组成,通过钢横梁及支架将来自支护的力牢固地传给拉杆,台座用钢板或 C35 混凝土做成,应有足够的强度。拉杆可用钢筋、钢管、钢丝束或钢绞线等,前两种使用较多,后者用于承载力很高的情况。锚固体由水泥浆在压力下灌浆成形。

(2)土层锚杆的布置

土层锚杆布置包括确定锚杆的尺寸、埋置深度、锚杆层数、锚杆的垂直间距和水平间距、锚杆的倾角等。锚杆的尺寸、埋置深度应保证不使锚杆引起地面隆起和地面不出现地基的剪切破坏。

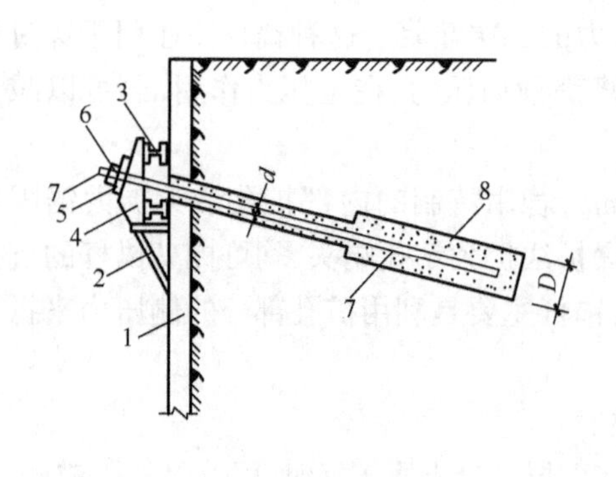

图 1-26　土层锚杆构造

1-挡土灌注桩（支护）；2-支架；3-横梁；4-台座；5-承压垫板；6-紧固器（螺母）；7-拉杆；8-锚固体（水泥浆或水泥砂浆）

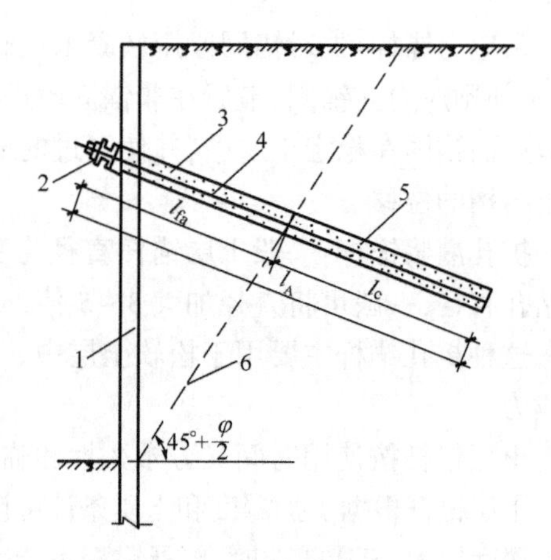

图 1-27　土层锚杆长度的划分

1-挡土灌注桩（支护）；2-锚杆头部；3-锚孔；4-拉杆；5-锚固体；6-主动土压裂面；l_{fa}-非锚固段长度；l_c-锚固段长度；l_A-锚杆长度

①为了不使锚杆引起地面隆起，最上层锚杆的上面要有必要的覆土厚度。即锚杆向上的垂直分力应小于上面的覆土重量。最上层锚杆一般需覆土厚度不小于 4 ~ 5m；锚杆的层数应通过计算确定，一般上下层间距 2 ~ 5m，水平间距 1.5 ~ 4.5m，或控制在锚固体直径的 10 倍以内。

②锚杆数应根据计算确定。我国铁道科学研究院认为锚杆间距应不小于 2m，否则应考虑锚杆的相互影响，单根锚杆的承载能力应予降低。

③锚杆倾角的确定是锚杆设计中的重要问题。倾角的大小不但影响着锚杆水平分力与垂直分力的比例，也影响着锚固长度与非锚固长度的划分，还影响整体稳定性，因此施工中应特别重视。同时施工是否方便也产生较大影响。锚杆的倾角不宜小于 12.5°，一般宜与水平呈 15° ~ 25°倾斜角，且不应大于 45°。

④锚杆的尺寸。锚杆的长度应使锚固体置于滑动土体外的好土层内，通常长度为 15 ~ 25m，其中锚杆自由段长度不宜小于 5m，并应超过潜在滑裂面 1.5m；锚固段长度一般为 5 ~ 7m，有效锚固长度不宜小于 4m，在饱和软黏土中锚杆锚固段长度以 20m 左右合适。

3. *施工要点*

土层锚杆施工一般先将支护结构施工完成，开挖基坑至土层锚杆标高，随挖随设置一层土层锚杆，逐层向下设置，直至完成。

(1) 施工工艺顺序

湿作业法：施工准备→土方开挖→测量、放线定位→钻机就位→接钻杆→校正孔位→调整角度→打开水源→钻孔→提出内钻杆→冲洗→钻至设计深度→反复提内钻杆、冲洗至孔内出清水→插钢筋（或安钢绞线）→压力灌浆→养护→裸露主筋防锈→上横梁（或预应力锚件）→安锚具→张拉（仅用于预应力锚杆）→锚头（锚具）锁定。

土层锚杆干作业施工工艺顺序与湿作业法基本相同，只是钻孔中不用水冲洗泥渣成孔，而是使土体顺螺杆排出孔外成孔。

(2)施工机具

土层锚杆的成孔机具设备,使用较多的有螺旋式钻孔机、气动冲击式钻孔机和旋转冲击式钻孔机、履带全行走全液压万能钻孔机,也可采用改装的普通地质钻机成孔,即用一轻便斜钻架代替原来的垂直钻架。在黄土地区,也可采用洛阳铲成孔,孔径70~80mm,钻出的孔洞用空气压缩机、风管冲洗孔穴,将孔内孔壁松土清除干净。

(3)成孔

成孔方法的选择主要取决于土质和钻孔机械。常用的土层锚杆钻孔方法有:

①螺旋钻孔干作业法。当土层锚杆处于地下水位以上,呈非浸水状态时,宜选用不护壁的螺旋钻孔干作业法来成孔,该法对黏土、粉质黏土、密实性和稳定性较好的砂土等土层都适用。此法的缺点是当孔洞较长时,孔洞易向上弯曲,导致土层锚杆张拉时摩擦损失过大,影响以后锚固力的正常传递,其原因是钻孔时钻削下来的土屑沉积在钻杆下方,造成钻头上抬。

用螺旋钻孔干作业法成孔有两种施工方法:一种方法是钻孔与插入钢拉杆合为一道工序,即钻孔时将钢拉杆插入空心的螺旋钻杆内,随着钻孔的深入,钢拉杆与螺旋钻杆一同到达设计规定的深度,然后边灌浆边退出钻杆,而钢拉杆即锚固在钻孔内,这时的钢拉杆不能设置对中定位支架,需用较稠的浆体防止钢拉杆下沉。另一种方法是钻孔与安放钢拉杆分为两道工序,即钻孔后在螺旋钻杆退出孔洞后再插入钢拉杆。后一种方法设备简单,简便易行,采用较多。为加快钻孔施工,可以采用平行作业法进行钻孔和插入钢拉杆。即钻机连续进行成孔,后面紧接着进行安放钢拉杆和灌浆。

②压水钻进成孔法。压水钻进成孔法是土层锚杆施工应用较多的一种钻孔工艺。这种钻孔方法的优点,是可以把钻孔过程中的钻进、出渣、固壁、清孔等工序一次完成,可以防止塌孔、不留残土,软、硬土都能适用。钻机就位后,先调整钻杆的倾斜角度。在软黏土中钻孔,当不用套管钻进时,应在钻孔孔口处放入1~2m的护壁套管,以保证孔口处不塌陷。钻时冲洗液(压力水)从钻杆中心流向孔底,在一定水头压力(约0.15~0.30MPa)下,水流携带钻削下来的土屑从钻杆与孔壁之间的孔隙处排出孔外。钻进时要不断供水冲洗(包括接长钻杆和暂停机时),而且要始终保持孔口的水位。待钻到规定深度(一般钻孔深度要大于土层锚杆长0.5~1.5m)后,继续用压力水冲洗残留在钻孔中的土屑,直至水流不显浑浊为止。如用水泥浆做冲洗液,可提高锚固力150%,但成本很高。钻进中如遇到流砂层,应适当加快钻进速度,降低冲孔水压,保持孔内水头压力。对于杂填土地层(包括建筑垃圾等),应该设置护壁套管钻进。

③潜钻成孔法。此法是利用风动冲击式潜孔冲击器成孔,它长不足1m,直径78~135mm,由压缩空气驱动,内部装有配气阀、气缸和活塞等机械。它是利用活塞往复运动作定向冲击,使潜孔冲击器挤压土层向前钻进。此法宜用于孔隙率大,含水率较低的土层中。

(4)安放拉杆

拉杆使用前,要除锈和除油污。孔口附近拉杆钢筋应先涂一层防锈漆,并用两层沥青玻璃布包扎做好防锈层。成孔后即将通长钢拉杆插入孔内,在拉杆表面设置定位器,间距在锚固段为2m左右,在非锚固段为4~5m。插入拉杆时应将灌浆管与拉杆绑在一起同时插入孔内。放至距孔底保持50cm。如钻孔时使用套管,则在插入钢筋拉杆后将套管拔出。为保证非锚固段拉杆可以自由伸长,可在锚固段与非锚固段之间设置堵浆器,或在非锚固段处不灌水泥浆,而填以干砂、碎石或低强度等级混凝土;或在每根拉杆的自由部分套一根空心塑料管;或在锚杆的全长度均灌水泥浆,但在非锚固段的拉杆上涂以润滑油脂以保证在该段自由变形和保证锚杆的承载能力不降低。在灌浆前将钻管口封闭,接上浆管,即可进行注浆,浇筑锚固体。

(5)锚杆灌浆

灌浆的作用:①形成锚固段,将锚杆锚固在土层中;②防止钢拉杆腐蚀;③填充土层中的孔隙和裂缝。锚杆灌浆材料多用水泥浆,也可采用水泥砂浆,砂用中砂,并过筛,砂浆强度等级不宜低于100MPa。灌浆方法分一次灌浆法和二次灌浆法两种。一次灌浆法是用压浆泵将水泥浆经胶管压入拉杆管内,再由拉杆端注入锚孔,管端保持离底150mm。随着水泥浆灌入,逐步将灌浆管向外拔出至孔口。待浆液回流至孔口时,用水泥袋纸等捣入孔内,再用湿黏土封堵孔口,并严密捣实,再以0.4~0.6MPa的压力进行补灌,稳压数分钟即告完成。二次灌浆法是待第一次灌注的浆液初凝后,进行第二次灌浆。先灌注锚固段,在灌注的水泥浆具备一定强度后,对锚固段进行张拉,然后再灌注非锚固段,可以用低强度等级水泥浆不加压力进行灌注。

(6)张拉与锚固

土层锚杆灌浆后,待锚固体强度达到80%设计强度以上,便可对锚杆进行张拉和锚固。张拉前先在支护结构上安装围檩。张拉用设备与预应力结构张拉所用相同。预加应力的锚杆,要正确估算预应力损失。从我国目前情况看,钢拉杆为带肋钢筋者,其端部加焊一螺丝端杆,用螺母锚固。钢拉杆为光圆钢筋者,可直接在其端部攻丝,用螺母锚固。如用精轧螺纹钢筋,可直接用螺母锚固。张拉粗钢筋用一般采用千斤顶。钢拉杆为钢丝束者,锚具多为镦头锚,亦用千斤顶张拉。

(四)土钉墙支护结构

土钉墙支护是在开挖边坡表面铺钢筋网喷射细石混凝土,并每隔一定距离埋设土钉,使与边坡土体形成复合体,共同工作,从而有效提高边坡稳定的能力,增强土体破坏的延性,变土体荷载为支护结构的一部分,它与上述被动起挡土作用的围护墙不同,而是对土体起到嵌固作用,对土坡进行加固,增加边坡支护锚固力,使基坑开挖后保持稳定。土钉墙支护为一种边坡稳定式支护结构,适用于淤泥、淤泥质土、黏土、粉质黏土、粉土等地基,地下水位较低,基坑开挖深度在12m以内时采用。

1.土钉支护的构造

(1)土钉支护一般由土钉、面层和排水系统组成。

①钻孔注浆钉。即先在土中成孔,置入带肋钢筋,然后沿全长注浆填孔,这样整个土钉体由土钉钢筋和外裹的水泥砂浆(有时用细石混凝土或水泥净浆)组成。

②击入钉。用角钢、圆钢或钢管作土钉,用振动冲击钻或液压锤击入。此种类型不需预先钻孔,施工极为快速,但不适用于砾石土、硬胶黏土和松散砂土。击入钉在密实砂土中的效果要优于黏性土。

③注浆击入钉。常用周面带孔的钢管,端部密闭,击入后从管内注浆并透过壁孔将浆体渗

到周围土体。

④高压喷射注浆击入钉。这种土钉中间有纵向小孔,利用高频冲击振动锤将土钉击入土中,同时以20MPa的压力,将水泥浆从土钉端部的小孔中射出,或通过焊于土钉上的一个薄壁钢管射出,水泥浆射流在土钉入土的过程中起到润滑作用并且能透入周围土体,提高与土体之间的黏结力。

⑤气动射击钉。用高压气体作动力,发射时气体压力作用于钉的扩大端,所以钉子在射入土体过程时受拉。钉径有25mm和38mm两种,每小时可击入15根以上,但其长度仅为3m和6m。

土钉墙支护构造做法如图1-28所示,墙面的坡度不宜大于1∶0.1;土钉必须和面层有效连接,应设置承压板或加强钢筋与土钉螺栓连接或钢筋焊接连接;土钉钢筋宜采用HPB235、HRB335钢筋,钢筋直径宜为16~32mm,土钉长度宜为开挖深度的0.5~1.2倍,间距宜为1~2m,呈矩形或梅花形布置,与水平夹角宜为5°~20°。钻孔直径为70~120mm;注浆材料宜采用水泥浆或水泥砂浆,其强度等级不宜低于M10。

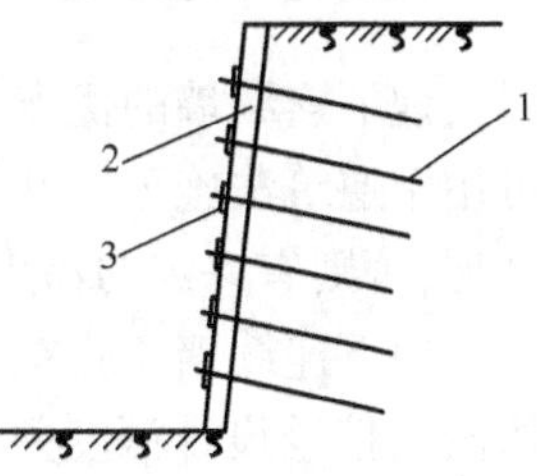

图1-28　土钉墙支护
1-土钉;2-喷射混凝土面层;3-垫板

(2)支护面层

临时性土钉支护的面层通常是喷射混凝土面层,并配置钢筋网,钢筋直径宜为6~10mm,间距宜为150~300mm;面层中坡面上下段钢筋搭接长度应大于300mm。喷射混凝土强度等级不宜低于C20,面层厚度不宜小于80mm。在土钉墙的顶部应采用砂浆或混凝土护面。喷射混凝土面层施工中要做好施工缝处的钢筋网搭接和喷混凝土的连接,到达支护底面后,宜将面层插入底面以下30~40cm。如果土体的自立稳定性不良,也可以在挖土后先做喷射混凝土面层,而后再成孔置入土钉。

(3)排水系统

土钉支护在一般情况下都必须有良好的排水系统,在坡顶和坡脚应设排水设施,坡面上可根据具体情况设置泄水孔。施工开挖前要先做好地面排水,设置地面排水沟引走地表水,或设置不透水的混凝土地面防止近处的地表水向下渗透。沿基坑边缘地面要垫高,防止地表水注入基坑内。同时,基坑内部还必须人工降低地下水位,以利于基础施工。

2. 施工工艺方法

(1)土钉墙的施工顺序为:按设计要求自上而下分段、分层开挖工作面→修整坡面(平整度允许偏差±20mm)→埋设喷射混凝土厚度控制标志→喷射第一层混凝土→钻孔、安设土钉→注浆、安设连接件→绑扎钢筋网,喷射第二层混凝土→设置坡顶、坡面和坡脚的排水系统。如土质较好,也可采取如下顺序:开挖工作面、修坡→绑扎钢筋网→成孔→安设土钉→注浆→安设连接件→喷射混凝土面层。

(2)钻孔方法与土层锚杆基本相同,可用螺栓钻、冲击钻、地质钻机和工程钻机,当土质较好,孔深度不大,也可用洛阳铲成孔。

(3)土钉钢筋置入孔中后,可采用重力、低压、或高压方法注浆填孔。对于下倾的斜孔采用重力或低压注浆;对于水平钻孔,需用口部压力注浆或分段压力注浆。

(4)喷射混凝土面层。喷射混凝土的强度等级不宜低于C20,水泥强度等级为32.5级,石子粒径不大于15mm,水泥与砂石的比重为1∶4～1∶4.5,砂率宜为45%～55%,水灰比为0.40～0.45。喷射作业应分段进行,同一分段内喷射顺序应自下而上,一次喷射厚度不宜小于40mm;喷射混凝土终凝2h后,应喷水养护,养护时间宜为3～7h。

(5)喷射混凝土面层中的钢筋网,应在喷射第一层混凝土后铺设,钢筋保护层厚度不宜小于20mm;采用双层钢筋网时,第二层钢筋网应在第一层钢筋网被混凝土覆盖后铺设。每层钢筋网之间搭接长度应不小于300mm。钢筋网用插入土中的钢筋固定,与土钉应连接牢固。

(五)地下连续墙

地下连续墙的优点是刚度大,既挡土,又挡水,施工时无振动,噪声低,可用于任何土质,还可用于逆筑法施工。其缺点是成本高,施工技术较复杂,需配备专用设备,施工中泥浆要妥善处理,否则有一定的污染性。

地下连续墙的施工过程,是利用专用的挖槽机械在泥浆护壁下开挖一定长度(一个单元槽段),挖至设计深度并清除沉渣后,插入接头管,再将在地面上加工好的钢筋笼用起重机吊入充满泥浆的沟槽内,最后用导管浇筑混凝土,待混凝土初凝后拔出接头管,一个单元槽段即施工完毕,如此逐段施工,即形成地下连接的钢筋混凝土墙。

第四节　土方施工排水与降水

为了保证土方施工顺利进行,对施工现场的排水系统应有一个总体规划,做到场地排水通畅。土方施工排水包括排除地面水和降低地下水。

一 地面排水

场地内低洼地区的积水必须排除,同时应注意雨水的排除,使场地保持干燥,便于施工。

地面水的排除通常采用设置排水沟、截水沟或修筑土堤等设施来进行。应尽量利用自然地形来设置排水沟,以便将水直接排至场外,或流入低洼处再用水泵抽走。

主排水沟最好设置在施工区域或道路的两旁,其横断面和纵向坡度根据最大流量确定。一般排水沟的横断面不小于0.5m×0.5m,纵向坡度根据地形确定,一般不小于0.3%。在山坡地区施工,应在较高一面的坡上,先做好永久性截水沟,或设置临时截水沟,阻止山坡水流入施工现场。在低洼地区施工时,除开挖排水沟外,必要时还需修筑土堤,以防止场外水流入施工场地。出水口应设置在远离建筑物或构筑物的低洼地点,并保证排水通畅。

二 集水井降水

在开挖基坑、基槽、管沟或其他土方时,土的含水层常被切断,地下水将会不断地渗入坑内。雨季施工时,地面水也会流入坑内。为了保证施工的正常进行,防止边坡塌方和地基承载能力的下降,必须做好基坑降水工作。降低地下水位的方法有集水井降水法和井点降水法两种。集水井降水法一般宜用于降水深度较小且地层为粗粒土层或黏性土时;井点降水法一般宜用于降水深度较大,或土层为细砂和粉砂,或是软土地区时。

1. 集水井设置

采用集水井降水法施工，是在基坑（槽）开挖时，沿坑底周围或中央开挖排水沟，在沟底设置集水井（图1-29），使坑（槽）内的水经排水沟流向集水井，然后用水泵抽走。抽出的水应引开，以防倒流。

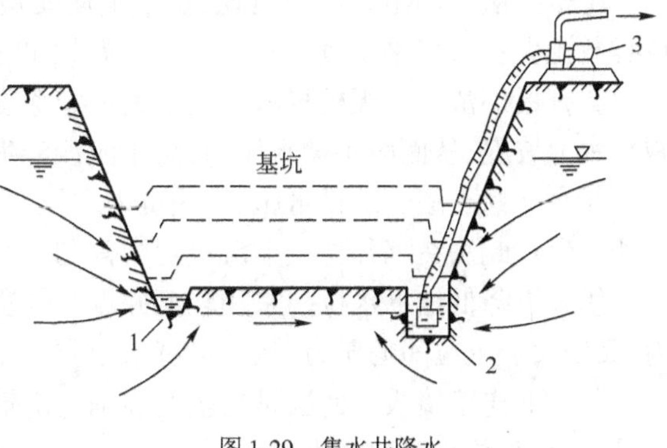

图1-29　集水井降水

1-排水沟；2-集水坑；3-水泵

排水沟和集水井应设置在基础范围以外，一般排水沟的横断面不小于0.5m×0.5m，纵向坡度宜为0.1%～0.2%；根据地下水量的大小，基坑平面形状及水泵能力，集水井每隔20～40m设置一个，其直径和宽度一般为0.6～0.8m，其深度随着挖土的加深而加深，要始终低于挖土面0.7～1m。井壁可用竹、木等简易加固。当基坑挖至设计标高后，集水井底应低于坑底1～2m，并铺设0.3m左右的碎石滤水层，以免抽水时将泥砂抽走，并防止集水井底的土被扰动。

2. 流沙产生及防治

当基坑（槽）挖土至地下水水位以下时，而土质又是细砂或粉砂，当采用集水井法降水，有时坑底下面的土会形成流动状态，随地下水一起流动涌入基坑，这种现象称为流沙现象。发生流沙现象时，土完全丧失承载能力，使施工条件恶化，难以达到开挖设计深度，严重时会造成边坡塌方及附近建筑物下降、倾斜、倒塌等。总之，流砂现象对土方施工和附近建筑物有很大危害。

（1）流沙产生的原因

水在土中渗流时受到土颗粒的阻力，水对土颗粒也作用一个压力，叫做动水压力，当基坑底挖至地下水位以下时，坑底的土就受到动水压力的作用。如果动水压力等于或大于土的浸水重度时，土粒失去自重处于悬浮状态，能随着渗流的水一起流动，带入基坑发生流沙现象。

当地下水位愈高，坑内外水位差愈大时，动水压力也就愈大，越容易发生流沙现象。在可能发生流沙的土质处，基坑挖深超过地下水位线0.5m左右，就要注意流沙的发生。

此外当基坑底位于不透水层内，而其下面为承压水的透水层，基坑不透水层的覆土的重量小于承压水的压力时，基坑底部就可能发生管涌现象。

（2）易产生流沙的土

具备下列性质的土，在一定动水压力作用下，就有可能发生流沙现象。

①土的颗粒组成中，黏粒含量小于10%，粉粒（颗粒为0.005～0.05mm）含量大于75%；

②颗粒级配中，土的不均匀系数小于5；

③土的天然孔隙比大于0.75；

④土的天然含水率大于30%。因此，流砂现象经常发生在颗粒细、均匀、松散、饱和的非黏性土中。

（3）流沙的防治

是否出现流沙现象的重要条件是动水压力的大小和方向。在一定的条件下土转化为流沙，而在另一些条件下(如改变动水压力的大小和方向)，又可将流沙转变为稳定土。流沙防治的具体措施有：

①抢挖法。即组织分段抢挖，使挖土速度超过冒砂速度，挖到标高后立即铺竹筏、芦席或草袋并抛大石块以平衡动水压力，压住流沙，此法可解决轻微流沙现象。

②打板桩法。将板桩打入坑底下面一定深度，增加地下水从坑外流入坑内的渗流长度，以减小水力坡度，从而减小动水压力，防止流沙产生。

③水下挖土法。不排水施工，使坑内水压力与地下水压力平衡，消除动水压力，从而防止流沙产生。此法在沉井挖土下沉过程中常用。

④人工降低地下水位。采用轻型井点等方法降水，使地下水的渗流向下，水不致渗流入坑内，又增大了土粒间的压力，从而可有效地防止流沙形成。因此，此法应用广且较可靠。

⑤地下连续墙法。此法是在基坑周围先浇筑一道混凝土或钢筋混凝土的连续墙，以支承土壁、截水并防止流沙产生。

此外，在含有大量地下水土层或沼泽地区施工时，还可以采取土壤冻结法等。对位于流沙地区的基础工程，应尽可能用桩基或沉井施工，以节约防治流沙所增加的费用。

三 井点降水

井点降水法也称为人工降低地下水位法，就是在基坑开挖前，预先在基坑四周埋设一定数量的滤水管(井)，利用抽水设备从中抽水，使地下水位降落至坑底0.5m以下，直至施工结束为止。这样，可使所挖的土始终保持干燥状态，改善施工条件，同时还使动水压力方向向下，从根本上防止流沙发生，并增加土中有效应力，提高土的强度或密实度。因此，井点降水法不仅是一种施工措施，也是一种地基加固方法。采用井点降水法降低地下水位，可适当改陡边坡以减少挖土数量，但在降水过程中，基坑附近的地基土壤会有一定的沉降，施工时应加以注意。

井点降水法有：轻型井点、喷射井点、电渗井点、管井井点及深井井点等。各种方法的选用，可根据土的渗透系数、降低水位的深度、工程特点、设备及经济技术比较等具体条件参照表1-10选用。其中以轻型井点采用较广，下面作重点介绍。

各类井点的使用范围 表1-10

项次	井点类别	土层渗透系数(m/d)	降低水位深度(m)
1	单层轻型井点	0.1~50	2~6
2	多层轻型井点	0.1~50	6~12 (由井点层数而定)
3	喷射井点	0.1~2	8~20
4	电渗井点	<0.1	根据选用的井点确定
5	管井井点	20~200	3~5
6	深井井点	10~250	>10

(一)轻型井点

1. 轻型井点设备

轻型井点设备主要包括井点管、滤管、集水总管、弯联管、抽水设备等(图1-30)。

井点管为直径38mm或51mm、长5～7m的钢管,可整根或分节组成。井点管的上端用弯联管与总管相连。下端与滤管用螺丝套头连接。

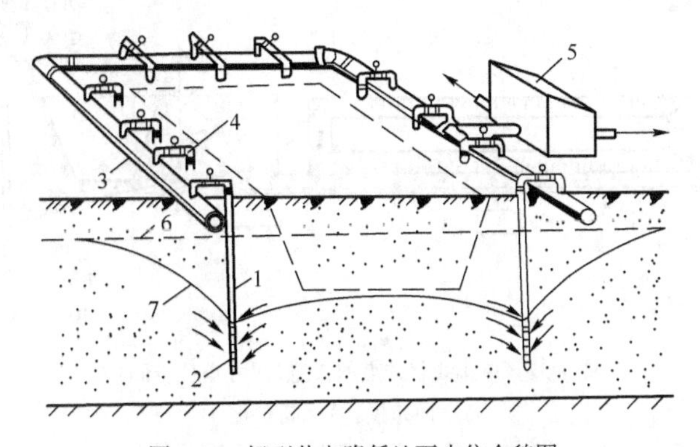

图1-30　轻型井点降低地下水位全貌图

1-井点管;2-滤管;3-总管;4-弯联管;5-水泵房;6-原有地下水位线;7-降水后地下水位线

集水总管用直径100～125mm的无缝钢管,每段长4m,其上装有与井点管连接的短接头,间距0.8m或1.2m。

滤管(图1-31)为进水设备,通常采用长1～1.2m,直径38～51mm的无缝钢管,管壁钻有直径为12～19mm的呈星棋状排列的滤孔,滤孔面积为滤管表面积的20%～25%。

两层孔径不同的铜丝布或塑料布滤网。为使流水畅通,在骨架管与滤网之间用塑料管或梯形钢丝隔开,塑料管沿骨架管绕成螺旋形。滤网外面再绕一层8号粗钢丝保护网,滤管下端为一锥形铸铁头。

滤管上端与井点管连接。

抽水设备是由真空泵、离心泵和水气分离器(又叫集水箱)等组成。真空泵轻型井点设备由真空泵1台、离心式水泵2台(1台备用)和水气分离器1台组成1套抽水机组,国内已有定型产品供应。这种设备形成真空度67～80kPa,带井点数60～70根,降水深度达5.5～6m;但设备较复杂,易出故障,维修管理困难,耗电量大。适用于重要的较大规模的工程降水。

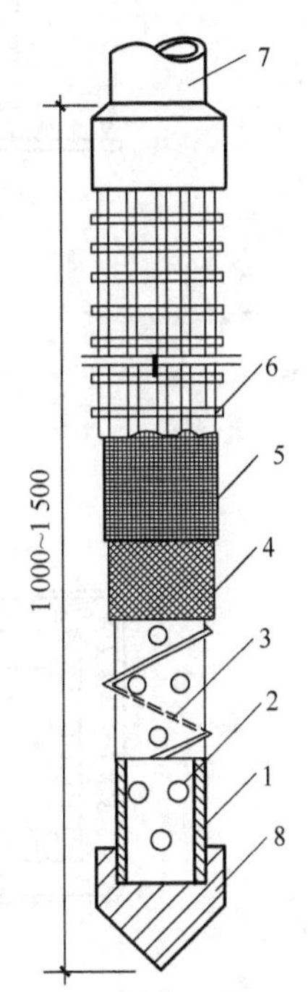

图1-31　滤管构造(尺寸单位:mm)

1-钢管;2-管壁上的小孔;3-缠绕的塑料管;4-细滤网;5-粗滤网;6-粗钢丝保护网;7-井点管;8-铸铁头

2.轻型井点的布置

井点系统的布置,应根据基坑平面形状与大小、土质、地下水位高低与流向、降水深度要求等确定。

(1)平面布置

当基坑或沟槽宽度小于6m,水位降低值不大于5m时,可用单排线状井点,布置在地下水流的上游一侧,两端延伸长一般不小于沟槽宽度(图1-32)。如沟槽宽度大于6m,或土质不良,宜用双排井点(图1-33)。面积较大的基坑宜用环状井点(图1-34)。有时也可布置为U形,以利挖土机械和运输车辆出入基坑。环状井点四角部分应适当加密,井点管距离基坑一般为0.7～1m,以防漏气。井点管间距一般用 0.8 ~ 1.5m,或由计算和经验确定。

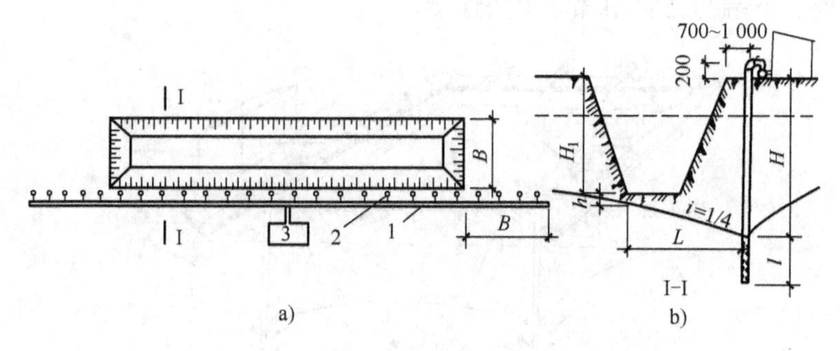

图 1-32　单排线状井点的布置(尺寸单位:mm)

a)平面布置;b)标高布置

1-总管;2-井点管;3-抽水设备

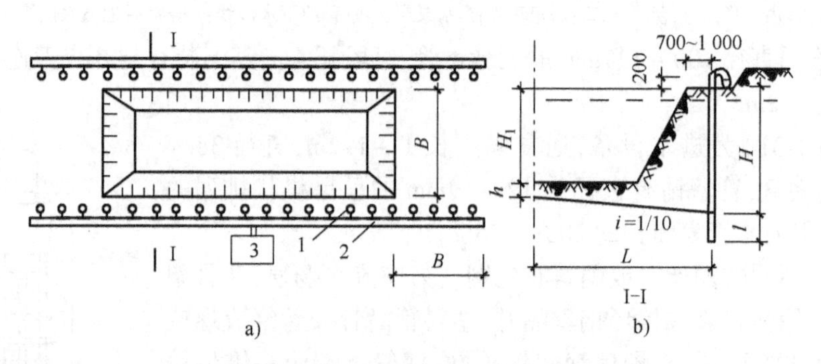

图 1-33　双排线状井点布置图(尺寸单位:mm)

a)平面布置;b)标高布置

1-井点管;2-总管;3-抽水设备

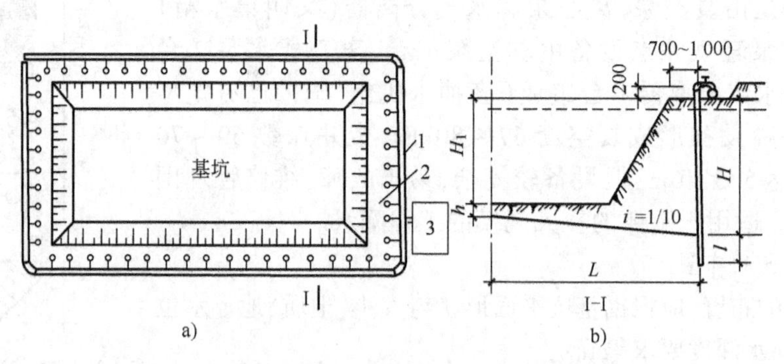

图 1-34　环形井点布置简图(尺寸单位:mm)

a)平面布置;b)标高布置

1-总管;2-井点管;3-抽水设备

采用多套抽水设备时,井点系统应分段,各段长度应大致相等。分段地点宜选择在基坑转弯处,以减少总管弯头数量,提高水泵抽吸能力。水泵宜设置在各段总管中部,使泵两边水流平衡。分段处应设阀门或将总管断开,以免管内水流紊乱,影响抽水效果。

(2)标高布置

轻型井点的降水深度在考虑设备水头损失后,不超过6m。

井点管的埋设深度 H(不包括滤管长)按下式计算(图1-35、图1-36、图1-37):

$$H \geqslant H_1 + h + IL \tag{1-26}$$

式中:H_1——井管埋设面至基坑底的距离(m);

h——基坑中心处基坑底面(单排井点时,为远离井点一侧坑底边缘)至降低后地下水位的距离,一般为0.5~1.0m;

I——地下水降落坡度,环状井点1/10,单排线状井点为1/4;

L——井点管至基坑中心的水平距离(m)(在单排井点中,为井点管至基坑另一侧的水平距离)。

如果计算出的 H 值大于井点管长度,则应降低井点管的埋置面(但以不低于地下水位为准)以适应降水深度的要求。在任何情况下,滤管必须埋在透水层内。为了充分利用抽吸能力,总管的布置标高宜接近地下水位线(可事先挖槽),水泵轴心标高宜与总管平行或略低于总管。总管应具有0.25%~0.5%坡度(坡向泵房)。各段总管与滤管最好分别设在同一水平面,不宜高低悬殊。

当一级井点系统达不到降水深度要求,可视其具体情况采用其他方法降水。如上层土的土质较好时,先用集水井排水法挖去一层土再布置井点系统;也可采用二级井点,即先挖去第一级井点所疏干的土,然后再在其底部装设第二级井点(图1-35)。

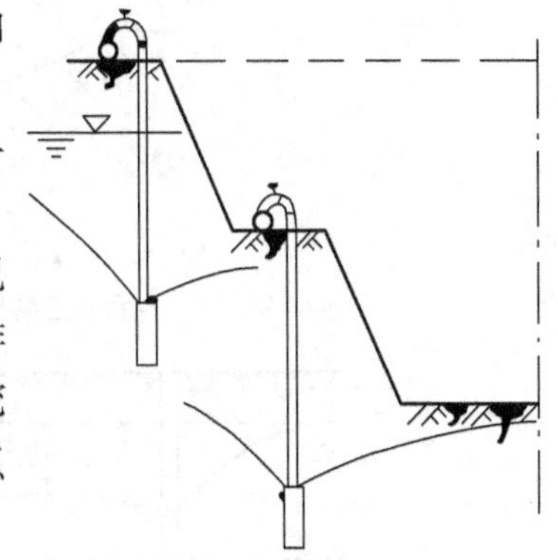

图1-35　二级轻型井点示意图

3.井点施工工艺程序

放线定位→铺设总管→冲孔→安装井点管、填砂砾滤料、上部填黏土密封→用弯联管将井点管与总管接通→安装抽水设备与总管连通→安装集水箱和排水管→开动真空泵排气、再开动离心水泵抽水→测量观测井中地下水位变化。

4.轻型井点的计算

轻型井点的计算包括:根据确定的井点系统的平面和竖向布置图,计算井点系统涌水量,计算确定井点管数量与间距,校核水位降低数值,选择抽水设备和井点管的布置等。

(1)井点系统涌水量计算

井点系统涌水量是按水井理论进行计算的。根据井底是否达到不透水层,水井可分为完整井与不完整井;凡井底到达含水层下面的不透水层顶面的井称为完整井,否则称为不完整井。根据地下水有无压力,又分为无压井与承压井,如图1-36所示。

对于无压完整井的环状井点系统(图1-37a),涌水量计算公式为:

$$Q = 1.366K \frac{(2H - s)s}{\lg R - \lg x_0} \tag{1-27}$$

式中:Q——井点系统的涌水量(m^3/d);

K——土的渗透系数(m/d),可以由实验室或现场抽水试验确定;

H——含水层厚度(m);

s——水位降低值(m);

R——抽水影响半径(m),常用下式计算:

$$R = 1.95s\sqrt{HK} \tag{1-28}$$

x_0——环状井点系统的假想半径(m),对于矩形基坑,其长度与宽度之比不大于 5 时,可按下式计算:

$$x_0 = \sqrt{\frac{F}{\pi}} \tag{1-29}$$

式中:F——环状井点系统所包围的面积(m^2)。

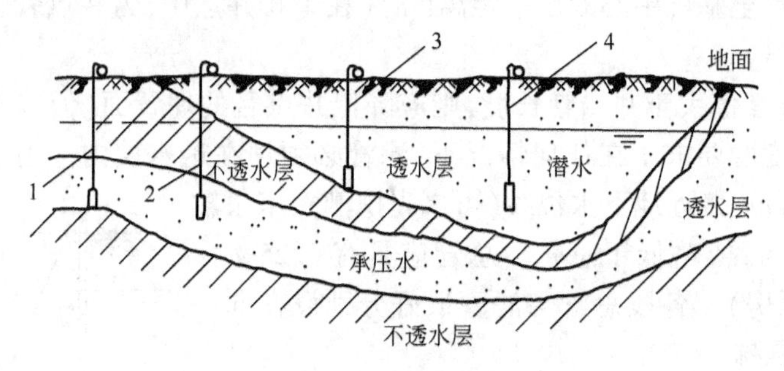

图 1-36　水井的分类

1-承压完整井;2-承压非完整井;3-无压完整井;4-无压非完整井

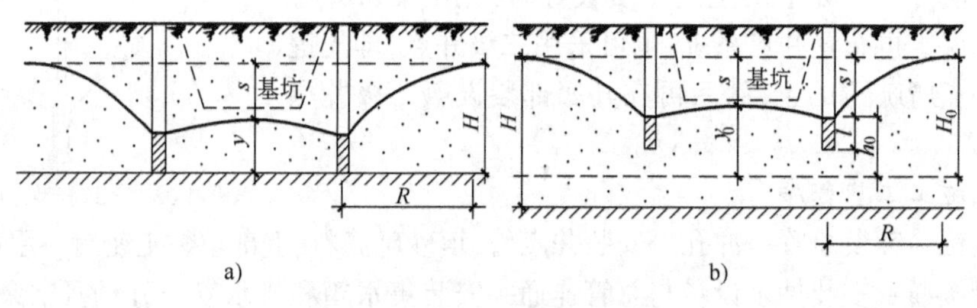

图 1-37　环状井点涌水量计算简图

a)无压完整井;b)无压不完整井

对于无压非完整井点系统(图 1-39b),地下潜水不仅从井的侧面流入,还从井点底部渗入,因此涌入量较完整井大。为了简化计算,仍可采用式(1-29)。但此时式中 H 应换成有效抽水影响深度 H_0,H_0 值可按表 1-11 确定,当算得 H_0 大于实际含水率厚度 H 时,仍取 H 值。

有效抽水影响深度 H_0 值　　表 1-11

$s'/(s'+l)$	0.2	0.3	0.5	0.8
H_0	$1.36(s'+l)$	$1.5(s'+l)$	$1.7(s'+l)$	$1.85(s'+l)$

注:s'-井口管中水位降落值;l-滤管长度。

对于承压完整井点系统,涌水量计算公式为:

$$Q = 2.73\frac{KMs}{\lg R - \lg x_0} \tag{1-30}$$

式中: M——承压含水层厚度(m);

K、s、R、x_0——同式(1-27)。

若用以上各式计算轻型井点系统涌水量时，要先确定井点系统布置方式和基坑计算图形面积。如矩形基坑的长宽比大于5或基坑宽度大于抽水影响半径的两倍时，需将基坑分块，使其符合上述各式的适用条件，然后分别计算各块的涌水量和总涌水量。

(2)井点管数量与井距的确定

确定井点管数量需先确定单根井点管的抽水能力，单根井点管的最大出水量 q，取决于滤管的构造尺寸和土的渗透系数，按下式计算：

$$q = 65\pi dlK^{\frac{1}{3}} \tag{1-31}$$

式中：d——滤管内径(m)；

l——滤管长度(m)；

K——土的渗透系数(m/d)。

井点管的最少根数 n，根据井点系统涌水量 Q 和单根井点管的最大出水量 q，按下式确定：

$$n = 1.1\frac{Q}{q} \tag{1-32}$$

式中：1.1——备用系数(考虑井点管堵塞等因素)。

井点管的平均间距 D 为：

$$D = \frac{L}{n} \tag{1-33}$$

式中：L——总管长度(m)；

n——井点管根数(根)。

井点管间距经计算确定后，布置时还需注意：

井点管间距不能过小，否则彼此干扰大，出水量会显著减少，一般可取滤管周长的5～10倍；在基坑周围四角和靠近地下水流方向一边的井点管应适当加密；当采用多级井点排水时，下一级井点管间距应较上一级的小；实际采用的井距，还应与集水总管上短接头的间距相适应(可按0.8m、1.2m、1.6m、2m四种间距选用)。

5. 抽水设备的选择

真空泵主要有 W_5、W_6 型，按总管长度选用。当总管长度不大于100m时可选用 W_5 型，总管长度不大于200m时可选用 W_6 型。水泵按涌水量的大小选用，要求水泵的抽水能力应大于井点系统的涌水量(增大10%～20%)。通常一套抽水设备配两台离心泵，即可轮换备用，又可在地下水量较大时同时使用。

6. 井点管的安装埋设

井点管埋设一般用水冲法，分为冲孔和埋管两个过程(图1-38)。冲孔时，先用起重设备将冲管吊起并插在井点的位置上，然后开动

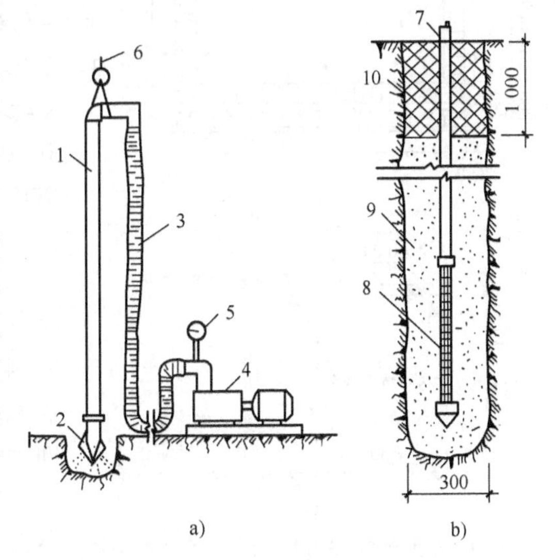

图1-38　井点管的埋设(尺寸单位：mm)

1-冲管；2-冲嘴；3-胶皮管；4-高压水泵；5-压力表；6-起重机吊钩；7-井点管；8-滤管；9-填砂；10-黏土封口

高压水泵将土冲松，冲管则边冲边沉。冲孔直径一般为300mm，以保证井管四周有一定厚度的砂滤层；冲孔深度宜比滤管底深0.5m左右，以防冲管拔出时，部分土颗粒沉于底部而触及滤管底部。井孔冲成后，立即拔出冲管，插入井点管，并在井点管与孔壁之间迅速填灌砂滤层，以防孔壁塌土。砂滤层的填灌质量是保证轻型井点顺利抽水的关键。一般宜选用干净粗砂填灌均匀，并填至滤管顶上1～1.5m，以保证水流畅通。井点填砂后，在地面以下0.5～1m内须用黏土封口，以防漏气。

井点管埋设完毕，应接通总管与抽水设备进行试抽水，检查有无漏水、漏气，出水是否正常，有无淤塞等现象，如有异常情况，应检修好后方可使用。

7. 轻型井点的使用

轻型井点使用时，一般应连续（特别是开始阶段）。时抽时停使滤管网容易堵塞，出水浑浊并引起附近建筑物的土颗粒流失而沉降、开裂。同时由于中途停抽，使地下水回升，也可能引起边坡塌方等事故。抽水过程中，应调节离心泵的出水阀以控制水量，使抽吸排水保持均匀，做到细水长流。正常的出水规律是“先大后小，先浑后清”。真空泵的真空度是判断井点系统工作情况是否良好的尺寸，必须经常观察。造成真空度不足的原因很多，但大多是井点系统有漏气现象，应及时检查并采取措施。在抽水过程中，还应检查有无堵塞的“死井”（工作正常的井点，用手探摸时，应有冬暖夏凉的感觉），若死井太多，严重影响降水效果时，应逐个用高压反冲洗或拔出重埋。为观察地下水位的变化，可在影响半径内设孔观察。

井点降水工作结束后所留的井孔，必须用砂砾或黏土填实。

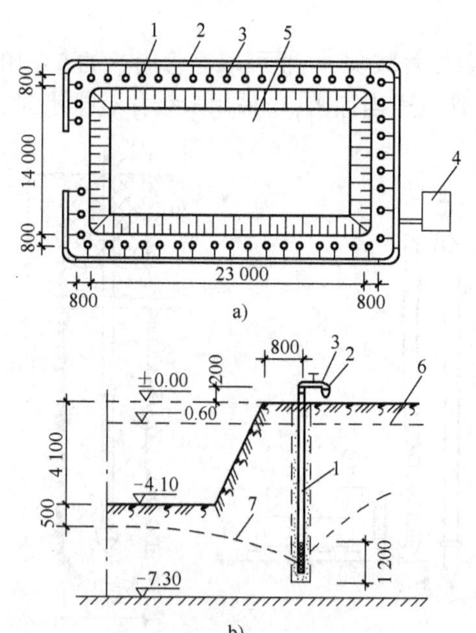

图1-39　轻型井点布置计算实例（尺寸单位：mm）
a）井点管平面布置；b）标高布置
1-井点管；2-集水总管；3-弯连管；4-抽水设备；5-基坑；6-原地下水位线；7-降低后地下水位线

8. 轻型井点系统降水设计实例

某工程基坑平面尺寸见图1-39，基坑底宽10m，长19m、深4.1m，边坡为坡度为1∶0.5。地下水位为-0.6m。根据地质勘查资料，该处地面下0.7m为杂填土，此层下面有6.6m的细砂层，土的渗透系数$K=5m/d$，再往下为不透水的黏土层。现采用轻型井点设备进行人工降低地下水位，机械开挖土方，试对该轻型井点系统进行计算。

（1）井点系统的布置

该基坑顶部平面尺寸为14m×23m，布置成环状井点，井点管离边坡距离为0.8m，要求降水深度$S=4.1-0.6+0.5=4.0m$。因此，用一级轻型井点系统即可满足要求，总管和井点布置在同一水平面上。

由井点系统布置处至下面一层不透水黏土层的深度为0.7+6.6=7.3m，设井点管长度为7.2m，其中井管长6m，滤管长1.2m，因此滤管底距离不透水黏土层只差0.1m，可按无压完整井进行设计和计算。

(2)基坑总涌水量计算

含水层厚度:$H=7.3-0.6=6.7\text{m}$

降水深度:$S=4.1-0.6+0.5=4.0\text{m}$

基坑假想半径:由于该基坑长宽比不大于5,所以可化简为一个假想半径为 x_0 的圆井进行计算:

$$x_0=\sqrt{\frac{F}{\pi}}=\sqrt{\frac{(14+0.8\times 2)(23+0.8\times 2)}{3.14}}=11\text{m}$$

抽水影响半径:

$$R=1.95s\sqrt{HK}=1.95\times 4\sqrt{6.7\times 5}=45.1\text{m}$$

基坑总涌水量的计算:

$$Q=1.366K\frac{(2H-s)s}{\lg R-\lg x_0}=1.366\times 5\times\frac{(2\times 6.7-4)\times 4}{\lg 45.1-\lg 11}=419\text{m}^3/\text{d}$$

(3)计算井点管数量和间距

单井出水量:

$$q=65\pi dlK^{\frac{1}{3}}=65\times 3.14\times 0.05\times 1.2\times 5^{\frac{1}{3}}=20.9\text{m}^3/\text{d}$$

井点管的数量:$n=1.1\times\frac{419}{20.9}=22$ 根

在基坑四角井点管应加密,若考虑每个角加两根井点管,采用井点管数量为 $22+8=30$(根),井点管间距平均为:

$$D=\frac{2\times(24.6+15.6)}{30-1}=2.77\text{m}$$

井点管布置时,为让开机械挖土开行路线,宜布置成端部开口(即留3根井点管距离),因此,实际需要井点管数量为:

$$n=\frac{2\times(24.6+15.6)}{2.4}-2=31.5\text{ 根},\text{用 }32\text{ 根}$$

(二)降水对周围建筑的影响及防止措施

在弱透水层和压缩性大的黏土层中降水时,由于地下水流失造成地下水位下降、地基自重应力增加和土层压缩等原因,会产生较大的地面沉降;又由于土层的不均匀性和降水后地下水位呈漏斗曲线,四周土层的自重应力变化不一而导致不均匀沉降,使周围建筑物基础下沉或房屋开裂。因此,在建筑物附近进行井点降水时,为防止降水影响或损害区域内的建筑物,就必须阻止建筑物下的地下水流失。为达到此目的,除可在降水区域和原有建筑物之间的土层中设置一道固体抗渗屏幕外,还可用回灌井点补充地下水的办法来保持地下水位。使降水井点和原有建筑物下的地下水位保持不变或降低较少,从而阻止建筑物下地下水的

流失。这样,也就不会因降水而使地面沉降,或减少沉降值。

回灌井点是防止井点降水损害周围建筑物的一种经济、简便、有效的办法,它能将井点降水对周围建筑物的影响减少到最小程度。为确保基坑施工的安全和回灌的效果,回灌井点与降水井点之间应保持一定的距离,一般不宜小于6m。

为了观测降水及回灌后四周建筑物、管线的沉降情况及地下水位的变化情况,必须设置沉降观测点及水位观测井,并定时测量记录,以便及时调节灌、抽量,使灌、抽基本达到平衡,确保周围建筑物或管线等的安全。

第五节　土方机械化施工

土(石)方工程有人工开挖、机械开挖和爆破三种开挖方法。人工开挖只适用于小型基坑(槽)、管沟及土方量少的场所,对大量土方一般均选择机械开挖。当开挖难度很大,如冻土、岩石土的开挖,也可以采用爆破技术进行爆破。土方工程的施工过程主要包括:土方开挖、运输、填筑与压实等。常用的施工机械有:推土机、铲运机、单斗挖土机、装载机等,施工时应正确选用施工机械,加快施工进度。

一 推土机施工

推土机是土方工程施工的主要机械之一。目前我国生产的推土机有T3—100、T—120、上海—120A、T—180、TL180、T—220等数种。推土机有用钢丝绳操纵和用油压操纵两种。如图1-40所示是一推土机外形图,油压操纵推土板的推土机除了可以升调推土板外,还可调整推土板的角度,因此具有更大的灵活性。

图1-40　推土机

(一)推土机的特点

推土机操纵灵活,运转方便,所需工作面较小、行驶速度快、易于转移,能爬30°左右的缓坡,因此应用较广。多用于场地清理和平整、开挖深度1.5m以内的基坑,填平沟坑,以及配合铲运机、挖土机工作等。此外,在推土机后面可安装松土装置,破、松硬土和冻土,也可拖挂羊足辗进行土方压料工作。推土机可以推挖一～三类土,运距在100m以内的平土或移挖作填,宜采用推土机,尤其是当运距在30～60m之间最有效,即效率最高。

(二)作业方法

推土机可以完成铲土、运土和卸土三个工作行程和空载回驶行程。铲土时应根据土质情况,尽量采用最大切土深度在最短距离(6～10m)内完成,以便缩短低速运行时间,然后直接推运到预定地点。回填土和填沟渠时,铲刀不得超出土坡边沿。上下坡坡度不得超过35°,横坡不得超过10°。几台推土机同时作业,前后距离应大于8m。

推土机的主要作业方法如下:

1. 下坡推土法

在斜坡上，推土机顺下坡方向切土与堆运（图1-41），借助于机械本身向下的重力作用切土，增大切土深度和运量，可提高生产率30%～40%，但坡度不宜超过15°，避免后退时爬坡困难。无自然坡度时，也可分段推土，形成下坡送土条件。下坡推土有时与其他推土法结合使用。适于半挖半填地区推土丘、回填沟、渠时使用。

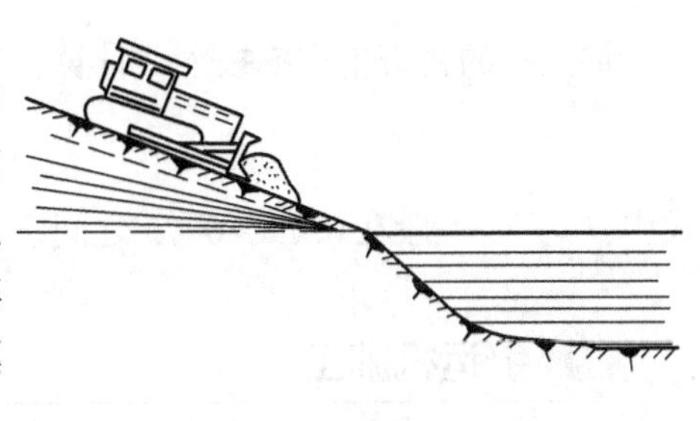

图1-41　下坡推土法

2. 槽形推土法

推土机重复多次在一条作业线上切土和推土，使地面逐渐形成一条浅槽（图1-42），再反复在沟槽中进行推土，以减少土从铲刀两侧漏散，可增加10%～30%的推土量。槽的深度以1m左右为宜，槽与槽之间的土坑宽约50cm。当推出多条槽后，再从后面将土埂推入槽内，然后运出。适用于推土层较厚、运距较远的情况。

3. 并列推土法

平整较大面积场地时，可采用2～3台推土机并列作业（图1-43），以减少土体漏失量，提高效率。铲刀相距150～300mm，一般采用两机或三机并列推土，两机并列可增大推土量15%～30%，三机并列可增大推土量30%～40%，但平均运距不宜超过50～70m，也不宜小于20m。适于大面积场地平整及运送土用。

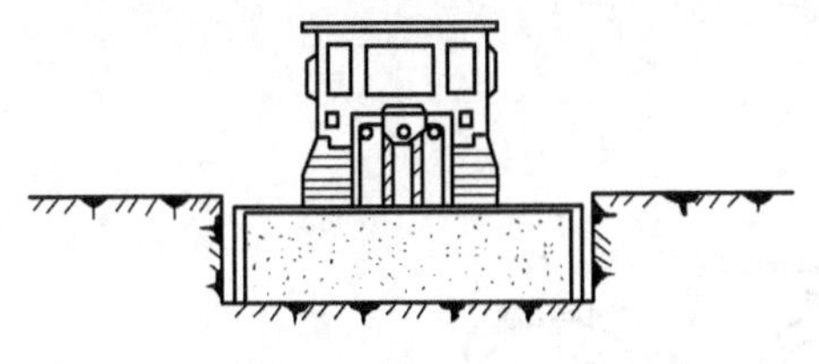

图1-42　槽形推土法

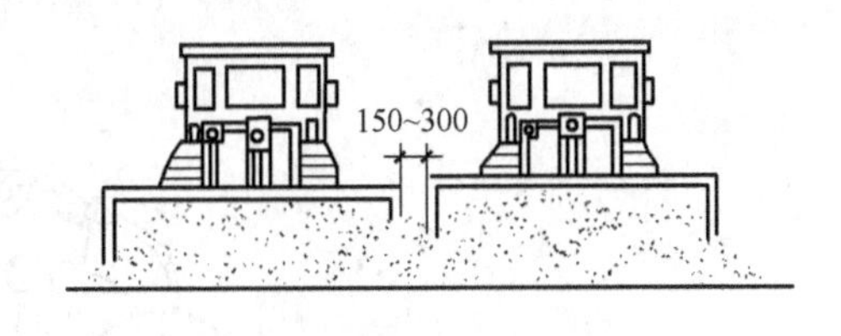

图1-43　并列推土法（尺寸单位：mm）

4. 分堆集中，一次推送法

在硬质土中由于切土深度不大，可将土先积聚在一个或数个中间点，然后再整批推送到卸土区，使铲刀前保持满载。堆积距离不宜小于30m，推土高度以2m内为宜。本法可使铲刀的推送数量增大，有效地缩短运输时间，能提高生产效率15%左右。适于运送距离较远，而土质又比较坚硬，或长距离分段送土时采用。

（三）推土机生产率计算

1. 推土机的小时生产率

推土机的小时生产率按下式计算：

$$P_h = \frac{3\,600q}{T_V K_s}(m^3/h) \tag{1-34}$$

式中：T_V——从推土到将土送到填土地点的循环延续时间（s）；

q——推土机每次的推土量（m^3）；

K_s——土的可松性系数。

2. 推土机的台班生产率 P_d

推土机的台班生产率按下式计算：

$$P_d = 8P_hK_B(m^3/台班) \tag{1-35}$$

式中：K_B——一般在 0.72～0.75 之间。

二 铲运机施工

铲运机由牵引机械和土斗组成，按行走方式分拖式和自行式两种（图 1-44、图 1-45），其操纵机构分油压式和索式。拖式铲运机由拖拉机牵引；自行式铲运机的行驶和工作，都靠自身的动力设备，不需要其他机械的牵引和操纵。

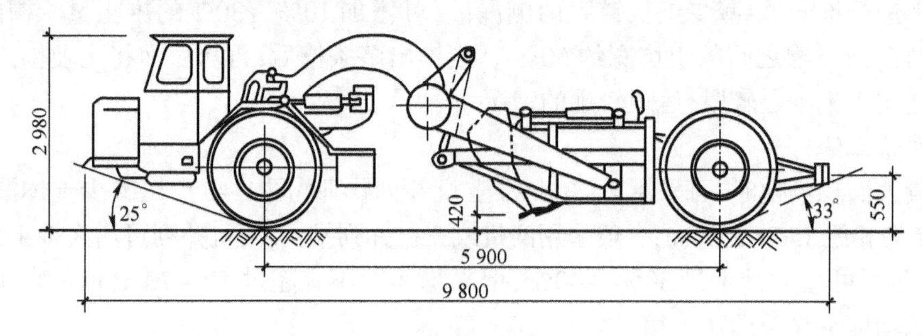

图 1-44　CL7 型自行式铲运机（尺寸单位：mm）

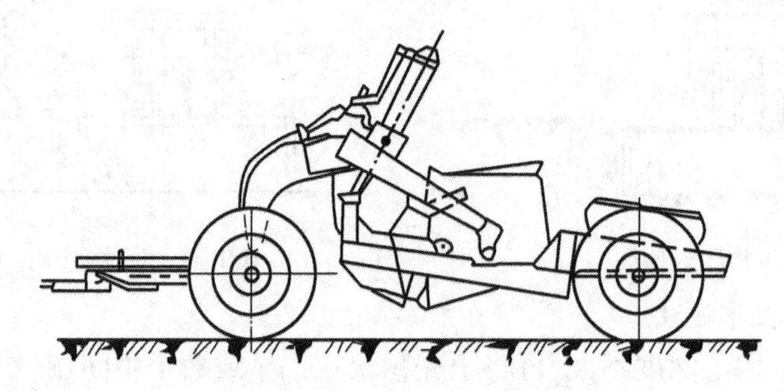

图 1-45　C6—2.5 型拖式铲运机

（一）铲运机的特点

铲运机的特点是能综合完成铲土、运土、平土或填土等全部土方施工工序，对行驶道路要求较低；操纵灵活、运转方便，生产率高，在土方工程中常应用于大面积场地平整，开挖大基坑、沟槽以及填筑路基、堤坝等工程。适宜于铲运含水率不大于 27% 的松土和普通土，不适于在砾石层和冻土地带及沼泽区工作，当铲运三、四类较坚硬的土时，宜用推土机助铲或用松土机配合将土翻松 0.2～0.4m，以减少机械磨损，提高生产率。

（二）开行路线

铲运机的基本作业是铲土、运土、卸土三个工作行程和一个空载回驶行程。在施工中，由于挖填区的分布情况不同，为了提高生产效率，应根据不同施工条件（工程大小、运距长短、土的性质和地形条件等),选择合理的开行路线和施工方法。

由于挖填区的分布不同,应根据具体情况选择开行路线,铲运机的开行路线有:①环形路线(图1-46),大环形路线(图1-47),8字形路线(图1-48)等。

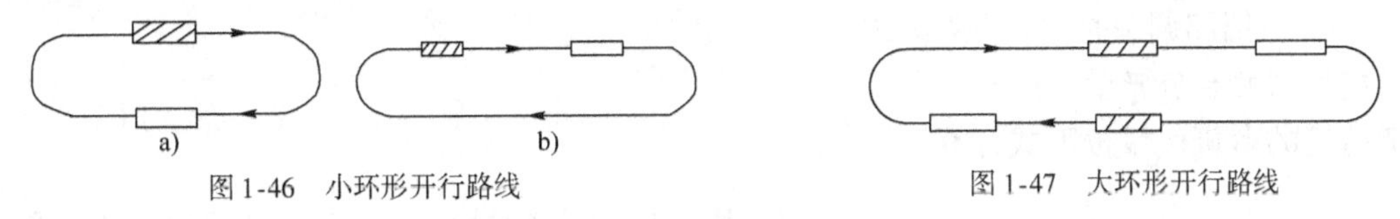

图1-46 小环形开行路线

图1-47 大环形开行路线

(三)作业方法

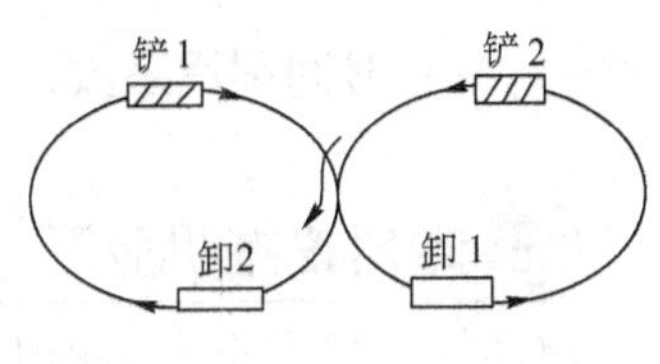

图1-48 "8"字形开行路线

1.下坡铲土法

铲运机利用地形顺地势(坡度一般3°~9°)下坡铲土,借机械往向下运行重量产生的附加牵引力来增加切土深度和充盈数量,可增高生产率25%左右,最大坡度不应超过20°左右。

2.跨铲法

在较坚硬的地段挖土时,采取预留土埂间隔铲土。土埂两边沟槽深度以不大于0.3m,宽度在1.6m以内为宜。本法铲土埂时增加了两个自由面,阻力减少,可缩短铲土时间和减少向外散土,比一般方法效率高。适用于铲较坚硬的土(铲土回填或场地平整)。

3.助铲法

在地势平坦,土质较坚硬时,可使用自行铲运机,另配一台推土机在铲运机的后拖杆上进行顶推,协助铲土,可缩短每次铲土时间,装满铲斗,可提高生产率30%左右,推土机在助铲的空余时间,可作松土和零星的平整工作。助铲法取土场宽不宜小于20m,长度不宜小于40m,采用一台推土机配合3~4台铲运机助铲时,铲运机的半周程距离不应小于250m,几台铲运机要适当安排铲土次序和开行路线,互相交叉进行流水作业,以发挥推土机效率。适用于地势平坦,土质坚硬,宽度大、长度长的大型场地平整工程。

(四)铲运机生产率计算

1.铲运机的小时生产率P_h

铲运机的小时生产率按下式计算:

$$P_h = \frac{3\,600 \cdot q \cdot K_c}{T_c K_s}(m^3/h) \tag{1-36}$$

式中:q——铲斗容量(m^3);

K_c——铲斗装土的充盈系数(一般砂土为0.75,其他土为0.85~1,最高可达1.5);

K_s——土的可松性系数;

T_c——从挖土开始到卸土完毕,每循环延续的时间(s),可按下式计算:

$$T_c = t_1 + \frac{2l}{v_c} + t_2 + t_3 \tag{1-37}$$

式中:t_1——装土时间,一般取60~90s;

l——平均运距(m),由开行路线定;

v_c——运土与回程的平均速度,一般取1～2m/s;

t_2——卸土时间,一般取15～30s;

t_3——换挡和调头时间,一般取30s。

2. 铲运机的台班产量 P_d

铲运机的台班产量按下式计算:

$$P_d = 8 \cdot P_h \cdot K_B (m^3/台班) \tag{1-38}$$

式中:K_B——时间利用系数,一般为0.7～0.9。

三 单斗挖掘机施工

单斗挖掘机在土方工程中应用较广,种类很多,按其行走装置的不同,分为履带式和轮胎式两类。单斗挖掘机还可根据工作的需要,更换其工作装置。按其工作装置的不同,分为正铲、反铲、拉铲和抓铲等。按其操纵机械的不同,可分为机械式和液压式两类,如图1-49所示。

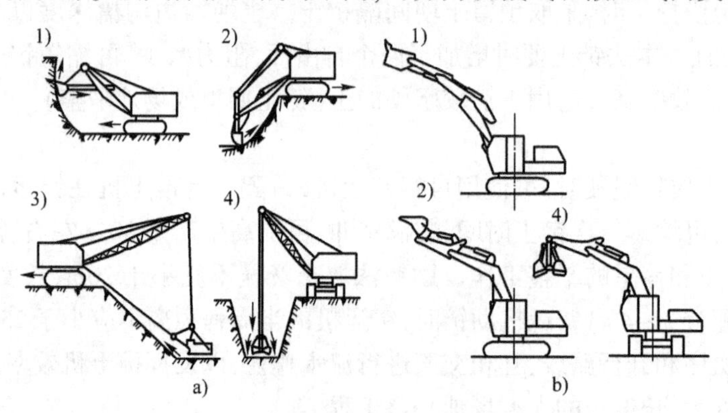

图1-49 单斗挖掘机

a)机械式;b)液压式

1)正铲;2)反铲;3)拉铲;4)抓铲

(一)正铲挖掘机

正铲挖掘机挖掘能力大,生产率高,适用于开挖停机面以上的一～三类土,它与运土汽车配合能完成整个挖运任务。可用于开挖大型干燥基坑以及土丘等。

1. 正铲挖掘机的工作性能

正铲挖掘机装车轻便灵活,回转速度快,移位方便;能挖掘坚硬土层,易控制开挖尺寸,工作效率高。

(1)作业特点

①开挖停机面以上土方;

②工作面应在1.5m以上;

③开挖高度超过挖土机挖掘高度时,可采取分层开挖;

④装车外运。

(2)辅助机械

土方外运应配备自卸汽车，工作面应有推土机配合平土、集中土方进行联合作业。

(3)适用范围

①开挖含水率不大于27%的一～四类土和经爆破后的岩石与冻土碎块；

②大型场地整平土方；

③工作面狭小且较深的大型管沟和基槽路堑；

④独立基坑；

⑤边坡开挖。

2. 开挖方式

正铲挖掘机的挖土特点是"前进向上，强制切土"。根据开挖路线与运输汽车相对位置的不同，一般有以下两种：

(1)正向开挖，侧向卸土

正铲向前进方向挖土，汽车位于正铲的侧向装土(图1-50a、b)。本法铲臂卸土回转角度小于90°，装车方便，循环时间短，生产效率高，用于开挖工作面较大，深度不大的边坡、基坑(槽)、沟渠和路堑等，为最常用的开挖方法。

(2)正向开挖，后方卸土

正铲向前进方向挖土，汽车停在正铲的后面(图1-50c)。本法开挖工作面较大，但铲臂卸土回转角度较大，约180°，且汽车要侧向行车，增加工作循环时间，生产效率降低(回转角度180°，效率降低约23%；回转角度130°，降低约13%)。用于开挖工作面较小，且较深的基坑(槽)、管沟和路堑等。

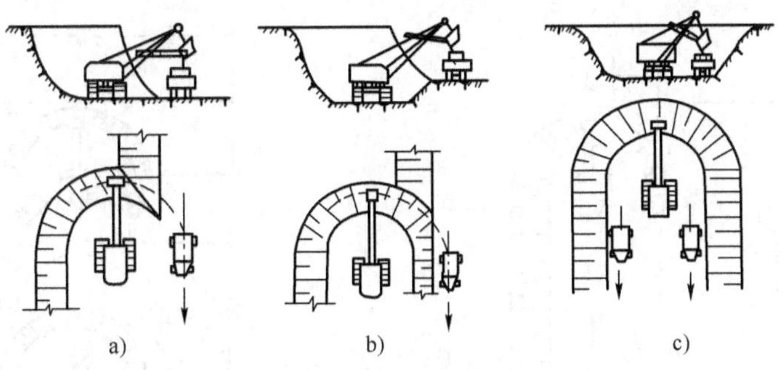

图1-50　正铲挖掘机开挖方式

a)、b)正向开挖，侧向装土；c)正向开挖、后方装土

挖掘机挖土装车时、回转角度对生产率的影响数值，参见表1-12。

回转角度对生产率的影响数值参考表　　表1-12

土的类别	回转角度		
一～四类土	90°	130°	180°
	100%	87%	77%

3. 作业方法

(1)分层挖土法

分层挖土法将开挖面按机械的合理高度分为多层开挖(图1-51a)；当开挖面高度不能成

为一次挖掘深度的整数倍时，则可在挖方的边缘或中部先开挖一条浅槽作为第一次挖土运输的路线（图1-51b），然后再逐次开挖直至基坑底部。用于开挖大型基坑或沟渠，工作面高度大于机械挖掘的合理高度时采用。

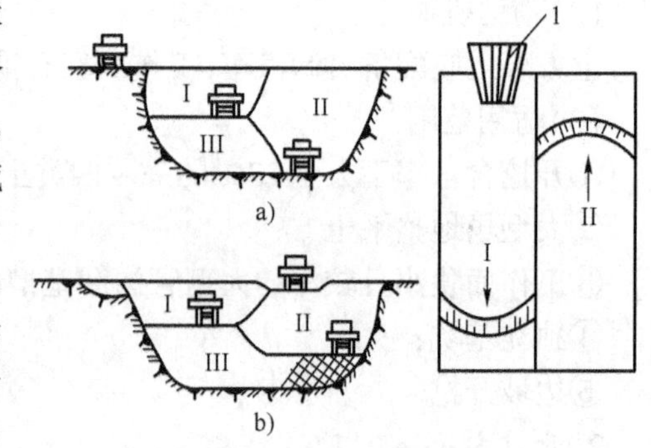

图1-51　分层挖土法

a）分层挖土法；b）设先锋槽分层挖土法

I-下坑通道；II、III-二、三层

（2）多层挖土法

多层挖土法将开挖面按机械的合理开挖高度，分为多层同时开挖，以加快开挖速度，土方可以分层运出，也可分层递送，至最上层（或下层）用汽车运出（图1-52）。但两台挖土机沿前进方向，上层应先开挖与下层保持30～50m距离。适于开挖高边坡或大型基坑。

（3）中心开挖法

正铲先在挖土区的中心开挖，当向前挖至回转角度超过90°时，则转向两侧开挖，运土汽车按八字形停放装土（图1-53）。本法开挖移位方便，回转角度小，小于90°，挖土区宽度宜在40m以上，以便于汽车靠近正铲装车。适用于开挖较宽的山坡地段或基坑、沟渠等。

（4）上下轮换开挖法

上下轮换开挖法先将土层上部1m以下土挖深30～40cm，然后再挖土层上部1m厚的土，如此上下轮换开挖（图1-54）。本法挖土阻力小，易装满铲斗，卸土容易。适于土层较高，土质不太硬，铲斗挖掘距离很短时使用。

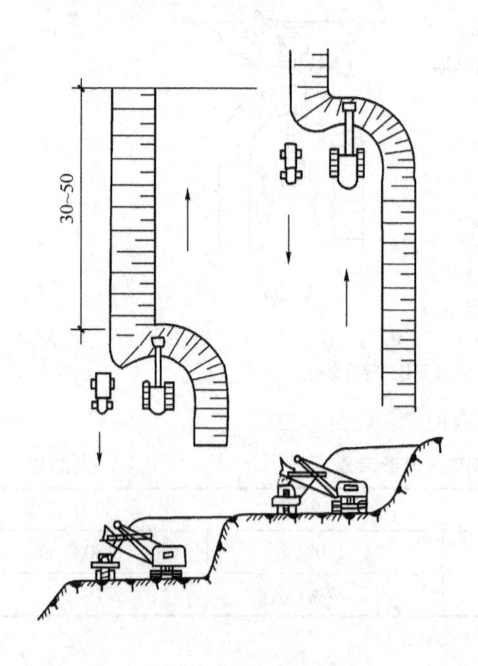

图1-52　多层挖土法（尺寸单位：m）

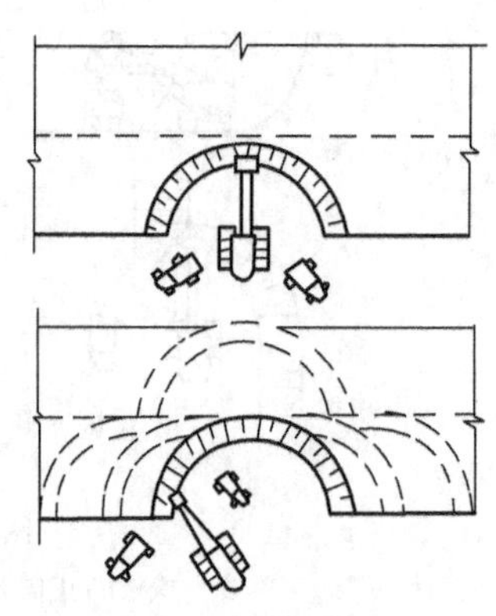

图1-53　中心开挖法

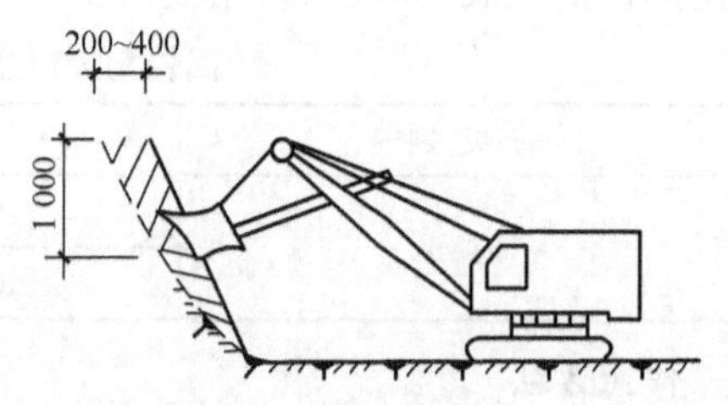

图1-54　上下轮换开挖法（尺寸单位：mm）

(二)反铲挖土机

1. 工作性能

反铲挖掘机操作灵活,挖土、卸土均在地面作业,不用开运输道。

(1)作业特点

①开挖地面以下深度不大的土方;

②最大挖土深度4~6m,经济合理深度为1.5~3m;

③可装车和两边甩土、堆放;

④较大较深基坑可用多层接力挖土。

(2)辅助机械

土方外运应配备自卸汽车,工作面应有推土机配合推到附近堆放。

(3)适用范围

①开挖含水率大的一~三类的砂土或黏土;

②管沟和基槽;

③独立基坑;

④边坡开挖。

2. 作业方法

反铲挖掘机的挖土特点是"后退向下,强制切土"。根据挖掘机的开挖路线与运输汽车的相对位置不同,一般有以下几种:

(1)沟端开挖法

反铲停于沟端,后退挖土,同时往沟一侧弃土或装汽车运走(图1-55a)。挖掘宽度可不受机械最大挖掘半径的限制,臂杆回转半径仅45°~90°,同时可挖到最大深度。对较宽的基坑可采用图(1-55b)的方法,其最大一次挖掘宽度为反铲有效挖掘半径的两倍,但汽车需停在机身后面装土,生产效率降低。适于一次成沟后退挖土,挖出土方随即运走时采用,或就地取土填筑路基或修筑堤坝等。

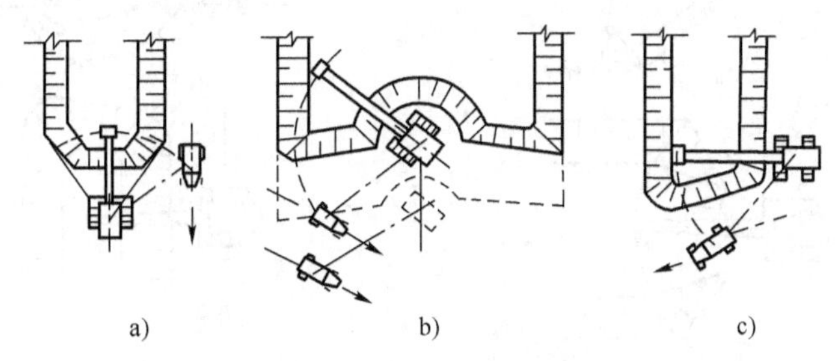

图1-55　反铲沟端及沟侧开挖法

a)、b)沟端开挖法;c)沟侧开挖法

(2)沟侧开挖法

沟侧开挖法反铲停于沟侧沿沟边开挖,汽车停在机旁装土或往沟一侧卸土(图1-55c)。本法铲臂回转角度小,能将土弃于距沟边较远的地方,但挖土宽度比挖掘半径小,边坡不好控制,同时机身靠沟边停放,稳定性较差。用于横挖土体和需将土方甩到离沟边较远的距离时使用。

(3)多层接力开挖法

多层接力开挖法用两台或多台挖土机设在不同作业高度上同时挖土,边挖土,边将土传递到上层,由地表挖土机连挖土带装土(图1-56);上部可用大型反铲中、下层用大型或小型反铲,进行挖土和装土,均衡连续作业。一般两层挖土可挖深10m,三层可挖深15m左右。本法开挖较深基坑,一次开挖到设计标高,一次完成,可避免汽车在坑下装运作业,提高生产效率,且不必设专用垫道。适于开挖土质较好,深10m以上的大型基坑、沟槽和渠道。

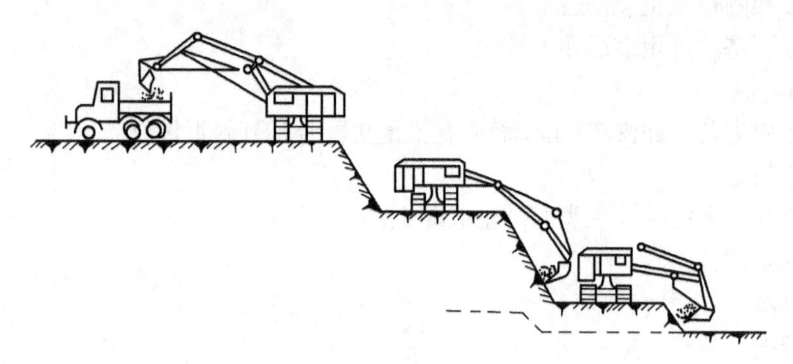

图1-56　反铲多层接力开挖法

(三)拉铲挖土机

拉铲挖土机的挖土特点是:后退向下,自重切土。其挖土半径和挖土深度较大但不如反铲灵活,开挖精确性差。适用于挖停机面以下的一二类土。可用于开挖大而深的基坑或水下挖土拉铲挖土机的开挖方式与反铲挖土机的开挖方式相似,可沟侧开挖也可沟端开挖(图1-57)。

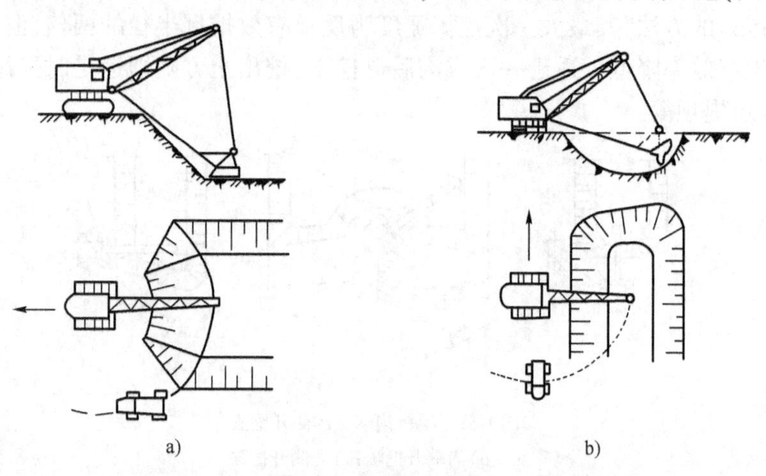

图1-57　拉铲挖土方式

a)拉铲沟端开挖法;b)拉铲沟侧开挖法

(四)抓铲挖土机

抓铲挖土机挖土特点是:直上直下,自重切土,挖掘力较小,适用于开挖停机面以下的一二类土，如挖窄而深的基坑，疏通旧有渠道以及挖取水中淤泥等，或用于装卸碎石，矿渣等松散材料。在软土地基的地区，常用于开挖基坑等。

（五）单斗挖土机生产率计算

1. 单斗挖掘机小时生产率

单斗挖掘机小时生产率 Q_h（m^3/h）按下式计算：

$$Q_h = \frac{3\,600qk}{t} \quad (1\text{-}39)$$

式中：t——挖掘机每一工作循环延续时间（s），根据经验数字确定，对 W_1—100 正铲挖掘机为 25～40s，对 W_1—100 拉铲挖掘机为 45～60s；

q——铲斗容量（m^3）；

k——土斗利用系数，与土的可松性系数和土斗充盈系数有关，对砂土为 0.8～0.9，对黏性土为 0.85～0.95。

2. 单斗挖掘机台班生产率

单斗挖掘机台班生产率 Q_d（m^3/台班）按下式计算：

$$Q_d = 8Q_hK_B \quad (1\text{-}40)$$

式中：K_B——工作时间利用系数，在向汽车装土时为 0.68～0.72；侧向推土时为0.78～0.88；挖爆破后的岩石为 0.60。

3. 挖掘机需用数量

挖掘机需用数量 N（台），根据土方工程量和工期要求并考虑合理的经济效果，按下式计算：

$$N = \frac{Q}{Q_dTCK_t} \quad (1\text{-}41)$$

式中：Q——土方工程量（m^3）；

Q_d——单斗挖掘机台班生产率（m^3/台班）；

T——工期（d）；

C——每天作业班数（台班）；

K_t——时间利用系数，一般为 0.8～0.85 或查机械定额。

四 土方施工机械的选择

土方机械化开挖应根据基础形式、工程规模、开挖深度、地质、地下水情况、土方量、运距、现场和机具设备条件、工期要求以及土方机械的特点等合理选择挖方机械，以充分发挥机械效率，节省机械费用，加速工程进度。

1. 土方机械选择要点

（1）当地形起伏不大，坡度在 20°以内，挖填平整土方的面积较大，土的含水率适当，平均运距短（一般在 1km 以内）时，采用铲运机较为合适。如果土质坚硬或冬季冻土层厚度超过 100～150mm 时，必须由其他机械辅助翻松再铲运。当一般土的含水率大于 25%，或坚硬的黏

土含水率超过30%时,铲运机要陷车,必须使水疏干后再施工。

(2)地形起伏较大的丘陵地带,一般挖土高度在3m以上,运输距离超过1km,工程量较大且又集中时,可采用下述三种方式进行挖土和运土。

①正铲挖土机配合自卸汽车进行施工,并在弃土区配备推土机平整土堆。选择铲斗容量时,应考虑到土质情况、工程量和工作面高度。当开挖普通土,集中工程量在1.5万m^3以下时,可采用0.5m^3的铲斗;当开挖集中工程量为1.5万~5万m^3时,以选用1m^3的铲斗为宜,此时,普通土和硬土都能开挖。

②用推土机将土推入漏斗,并用自卸汽车在漏斗下承土并运走。这种方法适用于挖土层厚度在5~6m以上的地段。漏斗上口尺寸为3m左右,由宽3.5m的框架支承。其位置应选择在挖土段的较低处,并预先挖平。漏斗左右及后侧土壁应予支撑。

③用推土机预先把土推成一堆,用装载机把土装到汽车上运走,效率也很高。

2. 开挖基坑时根据下述原则选择机械

(1)土的含水率较小,可结合运距长短、挖掘深浅,分别采用推土机、铲运机或正铲挖土机配合自卸汽车进行施工。当基坑深度在1~2m,基坑不太长时可采用推土机;深度在2m以内长度较大的线状基坑,宜由铲运机开挖;当基坑较大,工程量集中时,可选用正铲挖土机挖土。

(2)如地下水位较高,又不采用降水措施,或土质松软,可能造成正铲挖土机和铲运机陷车时,则采用反铲,拉铲或抓铲挖土机配合自卸汽车较为合适,挖掘深度见有关机械的性能表。

第六节　土方填筑与压实

一 填筑土料要求

填方土料应符合设计要求,保证填方的强度和稳定性,如设计无要求时应符合以下规定:

(1)碎石类土砂土和爆破石渣(粒径不大于每层铺土厚的2/3)可用于表层下的填料。

(2)含水率符合压实要求的黏性土可作各层填料。

(3)淤泥和淤泥质土一般不能用作填料,但在软土地区,经过处理含水率符合压实要求的,可用于填方中的次要部位。

(4)碎块草皮和有机质含量大于5%的土只能用无压实要求的填方。

(5)含有盐分的盐渍土中,仅中、弱两类盐渍土一般可以使用,但填料中不得含有盐品、盐块或含盐植物的根基。

(6)不得使用冻土、膨胀性土作填料。

二 填土压实方法

填土压实可采用人工压实,也可采用机械压实,当压实量较大,或工期要求比较紧时一般采用机械压实。常用的机械压实方法有碾压法、夯实法和振动压实法等。

1. 碾压法

碾压法是利用机械滚轮的压力压实土壤,使之达到所需的密实度,此法多用于大面积填土工程。碾压机械有平碾(压路机)、羊足碾和气胎碾。平碾对砂土、黏性土均可压实;羊足碾需要较大的牵引力,且只宜压实黏性土,因在砂土中使用羊足碾会使土颗粒受到“羊足”较大的单位压力后会向四周移动,从而使土的结构遭到破坏;气胎碾在工作时是弹性体,其压力均匀,填土质量较好。还可利用运土机械进行碾压,也是较经济合理的压实方案,施工时使运土机械行驶路线能大体均匀地分布在填土面积上,并达到一定重复行驶遍数,使其满足填土压实质量的要求。

平碾压路机是最常用的一种碾压机械,又称光碾压路机,按重量等级分轻型(3 ~ 5t)、中型(6 ~ 10t)和重型(12 ~ 15t)三种;按装置形式的不同又分单轮压路机、双轮压路机及三轮压路机等几种;按作用于土层荷载的不同,分静作用压路机和振动压路机两种。平碾压路机具有操作方便、转移灵活、碾压速度较快等优点。但碾轮与土的接触面积大,单位压力较小,碾压上层密实度大于下层。静作用压路机适用于薄层填土或表面压实、平整场地、修筑堤坝及道路工程;振动平碾适用于填料为爆破石渣、碎石类土、杂填土或粉土的大型填方工程。

碾压机械压实填方时,行驶速度不宜过快;一般平碾控制在 2km/h,羊足碾控制在 3km/h。否则会影响压实效果。

2. 夯实法

夯实法是利用夯锤自由下落的冲击力来夯实土壤,主要用于小面积回填。夯实法分人工夯实和机械夯实两种。夯实机械有夯锤、内燃夯土机和蛙式打夯机,人工夯土用的工具有木夯、石夯等。夯锤是借助起重机悬挂一重锤进行夯土的夯实机械,适用于夯实砂性土、湿陷性黄土、杂填土以及含有石块的填土。

现主要介绍常用的小型打夯机。小型打夯机有冲击式和振动式之分,由于体积小,重量轻,构造简单,机动灵活、实用,操纵、维修方便,夯击能量大,夯实工效较高,在建筑工程上使用很广。但劳动强度较大,常用的有蛙式打夯机、内燃打夯机、电动立夯机等,其技术性能见表1-13。适用于黏性较低的土(砂土、粉土、粉质黏土)、基坑(槽)、管沟及各种零星分散、边角部位的填方的夯实,以及配合压路机对边线或边角碾压不到之处的夯实。

蛙式打夯机、振动夯实机、内燃打夯机技术性能与规格 表1-13

项目	型号				
	蛙式打夯机 HW—70	蛙式打夯机 HW—201	振动夯实机 Hz—280	振动夯实机 Hz—400	内燃打夯机 ZH7—120
夯板面积 1cm^2	—	450	2 800	2 800	550
夯击次数(次/min)	140 ~ 165	140 ~ 150	1 100 ~ 1 200(Hz)	1 100 ~ 1 200(Hz)	60 ~ 70
行走速度(m/min)	—	8	10 ~ 16	10 ~ 16	—
夯实起落高度(mm)	—	145	300	300	300 ~ 500
生产率(m^3/h)	5 ~ 10	12.5	33.6	336(m^2/min)	18 ~ 27
外形尺寸(mm × mm × mm)长 × 宽 × 高	1 180 × 450 × 905	1 006 × 500 × 900	1 350 × 560 × 700	1 205 × 566 × 889	434 × 265 × 1 180
重量(kg)	140	125	400	400	120

3. 振动压实法

振动压实法是将振动压实机放在土层表面,借助振动机械使压实机械振动,土颗粒在振动力的作用下发生相对位移而达到紧密状态。这种方法用于振实非黏性土效果较好。若使用振动碾进行碾压,可使土受到振动和碾压两种作用,碾压效率高,适用于大面积填方工程。

对密实要求不高的大面积填方,在缺乏碾压机械时,可采用推土机、拖拉机或铲运机结合行驶、推(运)土、平土来压实。对已回填松散的特厚土层,可根据回填厚度和设计对密实度的要求采用重锤夯实或强夯等机具方法来夯实。

 填土压实的要求

1. 密实度要求

填方的密实度要求和质量指标通常以压实系数 λ_c 表示,压实系数为土的控制(实际)干土密度 ρ_d 与最大干土密度 ρ_{dmax} 的比值。最大干土密度 ρ_{dmax} 是当最优含水率时,通过标准的击实方法确定的。密实度要求一般由设计根据工程结构性质、使用要求以及土的性质确定,如未作规定,可参考表 1-14 数值。

压实填土的质量控制　　表 1-14

结构类型	填土部位	压实系数	控制含水率(%)
砌体承重结构和框架结构	在地基主要受力层范围内 在地基主要受力范围以下	≥0.97 ≥0.95	$w_{op}\pm2$
排架结构	在地基主要受力层范围内 在地基主要受力层范围以下	≥0.96 ≥0.94	$w_{op}\pm2$

注:1. 压实系数 λ_c 为压实填土的控制干密度 ρ_d 与最大干密度 ρ_{dmax} 的比值,w_{op} 为最优含水率。
2. 地坪垫层以下及基础底面标高以上的压实填土,压实系数不应小于 0.94。

压实填土的最大干密度 ρ_{dmax} (t/m^3) 宜采用击实试验确定,当无试验资料时,可按下式计算:

$$\rho_{dmax}=\eta\frac{\rho_w d_s}{1+0.01w_{op}d_s} \tag{1-42}$$

式中:η——经验系数,对于黏土取 0.95,粉质黏土取 0.96,粉土取 0.97;

ρ_w——水的密度(t/m^3);

d_s——土粒相对密度(t/m^3);

w_{op}——最优含水率(%)(以小数计),可按当地经验或取 w_p+2(w_p为土的塑限)。

2. 一般要求

(1)填土应尽量采用同类土填筑,并宜控制土的含水率在最优含水率范围内。当采用不同的土填筑时,应按土的类别有规则地分层铺填,将透水性大的土层置于透水性较小的土层之下,不得混杂使用,边坡不得用透水性较小的土封闭,以利水分排除和基土稳定,并避免在填方内形成水囊和产生滑动现象。

(2)填土应从最低处开始,由下向上整个宽度分层铺填碾压或夯实。

(3)在地形起伏之处,应做好接槎,修筑1∶2阶梯形边坡,每台阶高可取50cm、宽100cm。分段填筑时每层接缝处应作成大于1∶1.5的斜坡,碾迹重叠0.5~1m,上下层错缝距离不应小于1m。接缝部位不得在基础、墙角、柱墩等重要部位。

(4)填土应预留一定的下沉高度,以备在行车、堆重或干湿交替等自然因素作用下,土体逐渐沉落密实。预留沉降量根据工程性质、填方高度、填料种类、压实系数和地基情况等因素确定。当土方用机械分层夯实时,其预留下沉高度(以填方高度的百分数计):对砂土为1.5%;对粉质黏土为3%~3.5%。

四 影响填土压实质量的因素

填土压实的影响因素较多,主要有压实功、土的含水率以及每层铺土厚度。

1.压实功的影响

填土压实后的密度与压实机械在其上所施加的功有一定的关系。土的密度与所耗的功的关系如图1-58所示。当土的含水率一定,在开始压实时,土的密度急剧增加,待到接近土的最大密度时,压实功虽然增加许多,而土的密度则变化甚小。实际施工中,对于砂土只需碾压或夯击2~3遍,对粉土只需3~4遍,对粉质黏土或黏土只需5~6遍。此外,松土不宜用重型碾压机械直接滚压,否则土层有强烈起伏现象,效率不高。如果先用轻碾压实,再用重碾压实就会取得较好效果。

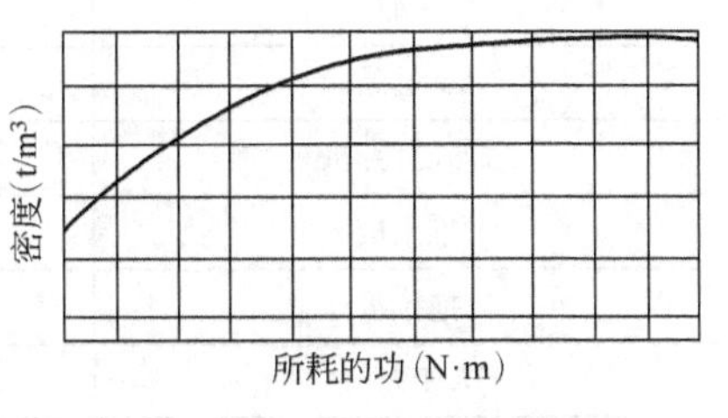

图1-58 土的密度与所耗的功的关系

2.含水率的影响

填土土料含水率的大小,直接影响到夯实(碾压)质量,在夯实(碾压)前应预先试验,以得到符合密实度要求条件下的最优含水率和最少夯实(或碾压)遍数。含水率过小,夯压(碾压)不实;含水率过大,则易成橡皮土。当土的含水率适当时,水起了润滑作用,土颗粒之间的摩阻力减少,从而容易压实。每种土都有其最佳含水率,土在这种含水率的条件下,使用同样的压实功进行压实,所得到的干密度最大,各种土的最佳含水率和最大干密度可参考表1-15。工地简单检验黏性土含水率的方法一般是以手握成团,落地开花为适宜。为了保证填土在压实过程中处于最佳含水率状态,当土过湿时,应予翻松晾干,也可掺入同类干土或吸水性土料;当土过干时,则应预先洒水润湿。

土的最优含水率和最大干密度参考 表1-15

项次	土的种类	变动范围		项次	土的种类	变动范围	
		最佳含水率(%)(质量比)	最大干密度(g/cm^3)			最佳含水率(%)(质量比)	最大干密度(g/cm^3)
1	砂土	8~12	1.80~1.88	3	粉质黏土	12~15	1.85~1.95
2	黏土	19~23	1.58~1.70	4	粉土	16~22	1.61~1.80

注:1.表中土的最大干密度应根据现场实际达到的数字为准。
2.一般性的回填可不做此项测定。

在气候干燥时,须采取加速挖土、运土、平土和碾压过程,以减少土的水分散失。当填料为碎石类土(充填物为砂土)时,碾压前应充分洒水湿透,以提高压实效果。

3. 铺土厚度和压实遍数的影响

土在压实功的作用下,其应力随深度增加而逐渐减小,其影响深度与压实机械、土的性质和含水率等有关。铺土厚度应小于压实机械压土时的作用深度,但其中还有最优土层厚度问题,铺得过厚,要压很多遍才能达到规定的密实度。铺得过薄,则也要增加机械的总压实遍数。最优的铺土厚度应能使土方压实而机械的功耗费最少。可按照表 1-16 选用。在表中规定压实遍数范围内,轻型压实机械取大值,重型的取小值。

上述三方面因素之间是互相影响的。为了保证压实质量,提高压实机械的生产率,重要工程应根据土质和所选用的压实机械在施工现场进行压实试验,以确定达到规定密实度所需的压实遍数,铺土厚度及最优含水率。

填方每层的铺土厚度和压实遍数 表 1-16

压 实 机 具	每层铺土厚度(mm)	每层压实遍数(遍)
平碾	200 ~ 300	6 ~ 8
羊足碾	200 ~ 350	8 ~ 16
蛙式打夯机	200 ~ 250	3 ~ 4
推土机	200 ~ 300	6 ~ 8
拖拉机	200 ~ 300	8 ~ 16
人工打夯	不大于 200	3 ~ 4

注:人工打夯时,土块粒径不应大于 50mm。

第七节 土 方 开 挖

土方开挖工作是在准备工作完成后,进行房屋定位和标高引测,根据基础的底面尺寸、埋置深度、土质好坏、地下水位的高低及季节性变化等不同情况,考虑施工需要,确定是否需要留工作面、放坡、增加排水设施和设置支撑,从而定出挖土边线和进行放灰线工作,进行土方开挖。

一 土方开挖准备工作

为了保证施工的顺利进行,土方开挖施工前需作好以下各项准备工作:

查勘施工现场、熟悉和审查图纸、编制施工方案、清除现场障碍物、平整施工场地、进行地下墓探、作好排水设施、设置测量控制、修建临时设施、修筑临时道路、准备机具、进行施工组织等。

 定位放线

1. 基槽放线

根据房屋主轴线控制点,首先将外墙轴线的交点用木桩测设在地面上,并在桩顶钉上铁钉

作为标志。房屋外墙轴线测定以后,以外墙轴线为依据,再按照建筑施工平面图中轴线间尺寸,将内部开间所有轴线都一一测出。然后根据边坡系数及工作面大小计算开挖宽度,最后在中心轴线两侧用石灰在地面上撒出基槽开挖边线。同时在房屋四周设置龙门板,以便于基础施工时复核轴线位置。

2. 柱基放线

在基坑开挖前,从设计图上查对基础的纵横轴线编号和基础施工详图,根据柱子的纵横轴线,用经纬仪在矩形控制网上测定基础中心线的端点,同时在每个柱基中心线上测定基础定位桩,每个基础的中心线上设置四个定位木桩,其桩位离基础开挖线的距离为0.5~1m。若基础之间的距离不大,可每隔1~2个或几个基础打一定位桩,但两个定位桩的间距以不超过20m为宜,以便拉线恢复中间柱基的中线。桩顶上钉一钉子,标明中心线的位置。然后按基础施工图上柱基的尺寸和按边坡系数及工作面确定的挖土边线的尺寸,放出基坑上口挖土灰线,标出挖土范围。

在大基坑开挖前,根据房屋的控制点,按基础施工图上的尺寸和按边坡系数及工作面确定的挖土边线的尺寸,放出基坑四周的挖土边线。

三 基坑(槽)开挖

土方开挖应遵循“开槽支撑,先撑后挖,分层开挖,严禁超挖”的原则。基坑(槽)开挖有人工开挖和机械开挖,对于大型基坑应优先考虑选用机械化施工,以加快施工进度。开挖基坑(槽)按规定的尺寸合理确定开挖顺序和分层开挖深度,连续地进行施工,尽快地完成。因土方开挖施工要求标高、断面准确,土体应有足够的强度和稳定性,所以在开挖过程中要随时注意检查。

1. 基坑(槽)开挖规定

(1)施工前必须做好地面排水和降低地下水位工作,地下水位应降低至基坑底以下0.5~1m后方可开挖。降水工作应持续到回填完毕。

(2)挖出的土除预留一部分用作回填外,不得在场地内任意堆放,应把多余的土运到弃土地区,以免妨碍施工。为防止坑壁滑坡,根据土质情况及坑(槽)深度,在坑顶两边一定距离(一般为0.8m)内不得堆放弃土,在此距离外堆土高度不得超过1.5m,否则,应验算边坡的稳定性。在桩基周围、墙基或围墙一侧,不得堆土过高。在坑边放置有动载的机械设备时,也应根据验算结果,离开坑边较远距离,如地质条件不好,还应采取加固措施。

(3)为了防止基底土(特别是软土)受到浸水或其他原因的扰动,基坑(槽)挖好后,应立即做垫层或浇筑基础,否则,挖土时应在基底标高以上保留150~300mm厚的土层,待基础施工时再行挖去。如用机械挖土,为防止基底土被扰动,结构被破坏,不应直接挖到坑(槽)底,应根据机械种类在基底标高以上留出一定厚度的土层,待基础施工前用人工铲平修整。使用铲运机、推掘机时,保留土层厚度为150~200mm,使用正铲、反铲或拉铲挖土时为200~300mm。

(4)挖土不得超挖(挖至基坑槽的设计标高以下)。若个别处超挖,应用与基土相同的土料填补,并夯实到要求的密实度。如用原土填补不能达到要求的密实度时,应用碎石类土填补,并

仔细夯实。重要部位如被超挖时,可用低强度等级的混凝土填补。

(5)雨季施工时,基坑槽应分段开挖,挖好一段浇筑一段垫层,并在基槽两侧围以土堤或挖排水沟,以防地面雨水流入基坑槽,同时应经常检查边坡和支撑情况,以防止坑壁受水浸泡造成塌方。

(6)基坑开挖时,应对平面控制桩、水准点、基坑平面位置、水平标高、边坡坡度等经常复测检查。

2. 基坑开挖程序

基坑开挖程序一般是:测量放线→切线分层开挖→排降水→修坡→整平→留足预留土层等。相邻基坑开挖时,应遵循先深后浅或同时进行的施工程序。挖土应自上而下水平分段分层进行,每层0.3m左右,边挖边检查坑底宽度及坡度,不够时及时修整,每3m左右修一次坡,至设计标高,再统一进行一次修坡清底,检查坑底宽和标高,要求坑底凹凸不超过2cm。

四 深基坑土方开挖

深基坑一般采用“分层开挖,先撑后挖”的开挖原则。

深基坑土方开挖方法主要有分层挖土、分段挖土、盆式挖土、中心岛式挖土等几种,应根据基坑面积大小、开挖深度、支护结构形式、环境条件等因素选用。

1. 分层挖土

分层挖土是将基坑按深度分为多层进行逐层开挖(图1-59)。分层厚度,软土地基应控制在2m以内;硬质土可控制在5m以内为宜。开挖顺序可从基坑的某一边向另一边平行开挖,或从基坑两头对称开挖,或从基坑中间向两边平行对称开挖,也可交替分层开挖,可根据工作面和土质情况决定。

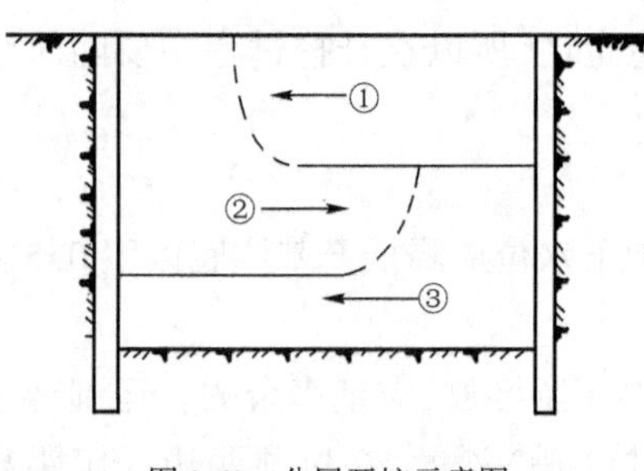

图1-59　分层开挖示意图

运土可采取设坡道或不设坡道两种方式。设坡道土的坡度视土质、挖土深度和运输设备情况而定,一般为1:8～1:10,坡道两侧要采取挡土或加固措施。如不设坡道则一般设钢平台或栈桥作为运输土方通道。

2. 分段挖土

分段挖土是将基坑分成几段或几块分别进行开挖。分段与分块的大小、位置和开挖顺序,根据开挖场地、工作面条件、地下室平面与深浅和施工工期而定。分块开挖,即开挖一块浇筑一块混凝土垫层或基础,必要时可在已封底的坑底与围护结构之间加设斜撑,以增强支护的稳定性。

3. 盆式挖土

盆式挖土是先分层开挖基坑中间部分的土方,基坑周边一定范围内的土暂不开挖(图1-60),可视土质情况按1:1～1:1.25放坡,使之形成对四周围护结构的被动土反压力区,以增强围护结构的稳定性,待中间部分的混凝土垫层、基础或地下室结构施工完成之后,再用水平支撑或斜撑对四周围护结构进行支撑,并突击开挖周边支护结构内部分被动土区的土,每挖一层支一层水平横顶撑(图1-61),直至坑底,最后浇筑该部分结构混凝土。本法优点是对于支护挡墙受力有利,时间效应小,但大量土方不能直接外运,需集中提升后装车外运。

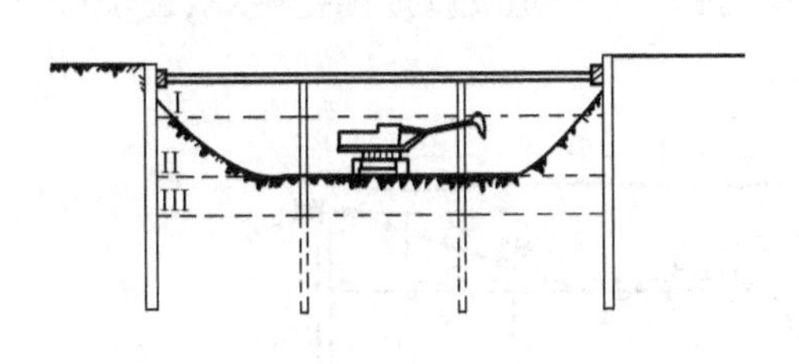

图1-60 盆式挖土示意图

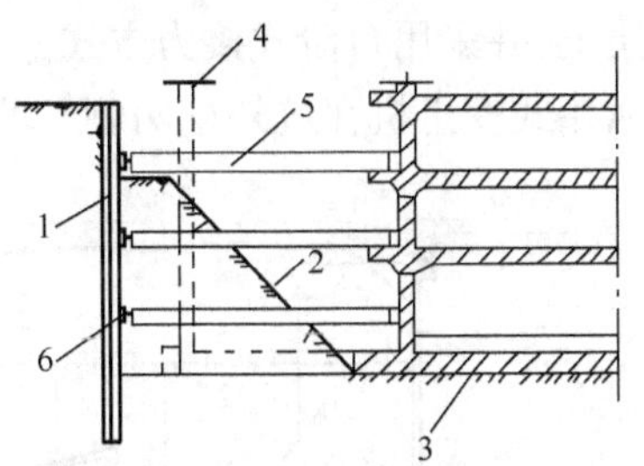

图1-61 盆式开挖内支撑示意图

1-钢板桩或灌注桩;2-后挖土方;3-先施工地下结构;4-后施工地下结构;5-钢水平支撑;6-钢横撑

4. 中心岛式挖土

中心岛式挖土是先开挖基坑周边土方,在中间留土墩作为支点搭设栈桥,挖土机可利用栈桥下到基坑挖土,运土的汽车亦可利用栈桥进入基坑运土,可有效加快挖土和运土的速度(图1-62)。土墩留土高度、边坡的坡度、挖土分层与高差应经仔细研究确定。挖土也分层开挖,一般先全面挖去一层,然后中间部分留置土墩,周圈部分分层开挖。挖土多用反铲挖土机,如基坑深度很大,则采用向上逐级传递方式进行土方装车外运。整个土方开挖顺序应遵循开槽支撑,先撑后挖,分层开挖,防止超挖的原则进行。

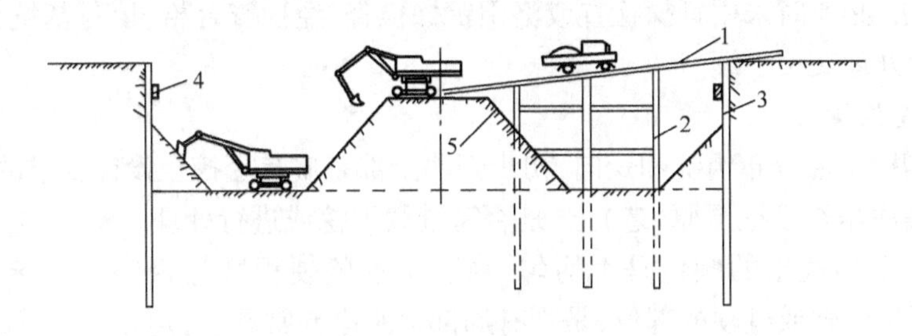

图1-62 中心岛(墩)式挖土示意图

1-栈桥;2-支架或利用工程桩;3-围护墙;4-腰梁;5-土墩

深基坑开挖过程中,随着土的挖除,下层土因逐渐卸载而有可能回弹,尤其在基坑挖至设计标高后,如搁置时间过久,回弹更为显著。如弹性隆起在基坑开挖和基础工程初期发展很快,它将加大建筑物的后期沉降。因此,对深基坑开挖后的土体回弹,应有适当的估计,如在勘察阶段,土样的压缩试验中应补充卸荷弹性试验等。还可以采取结构措施,在基底设置桩基等,或事先对结构下部土质进行深层地基加固。施工中减少基坑弹性隆起的一个有效方法是把土体中有效应力的改变降低到最少。具体方法有加速建造主体结构,或逐步利用基础的重量来代替被挖去土体的重量。

图1-63为某深基坑开挖施工实例,可将分层开挖和盆式开挖结合起来。在基坑正式开挖之前,先将第①层地表土挖运出去,浇筑锁口圈梁,进行场地平整和基坑降水等准备工作,安设

第一道支撑(角撑),并施加预顶轴力,然后开挖第②层土到 -4.50m。再安设第二道支撑,待双向支撑全面形成并施加轴力后,挖土机和运土车下坑,在第二道支撑上部(铺路基箱)开始挖第③层土,并采用台阶式接力方式挖土,一直挖到坑底。第三道支撑应随挖随撑,逐步形成。最后用抓斗式挖土机在坑外挖两侧土坡的第④层土。

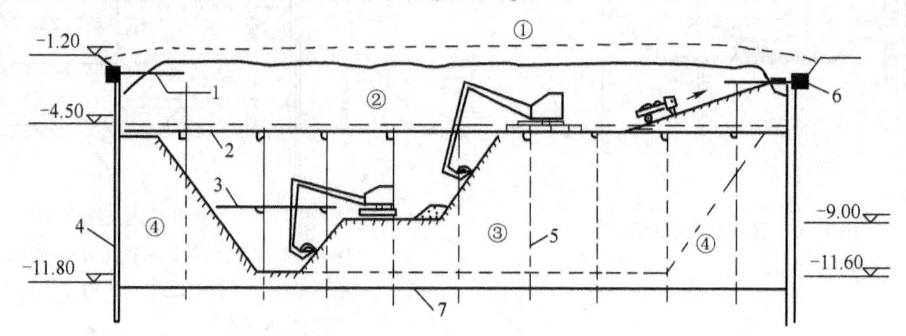

图 1-63　深基坑开挖示意(尺寸单位:m)

1-第一道支撑;2-第二道支撑;3-第三道支撑;4-支护桩;5-主柱;6-锁口圈梁;7-坑底

五 地基验槽

地基开挖至设计标高后,应由施工单位、设计单位、监理单位、地质勘查部门或建设单位、质量监督部门等有关人员共同到现场进行检查,鉴定验槽,核对地质资料,检查地基土与工程地质勘查报告、设计图纸要求是否相符,有无破坏原状土结构或发生较大的扰动现象。一般用表面检查验槽法,必要时采用钎探检查或洛阳铲探检查,经检查合格,填写基坑(槽)隐蔽工程验收记录,及时办理交接手续。

1. 表面检查验槽法

(1)根据槽壁土层分布情况和走向,初步判明全部基底是否挖至设计要求的土层。

(2)检查槽底是否已挖至原(老)土,是否需继续下挖或进行处理。

(3)检查整个槽底土的颜色是否均匀一致;土的坚硬程度是否一样,是否有局部过松软或过硬的部位;是否有局部含水率异常现象,走在地基上是否有颤动感觉等。若有异常,要进一步用钎探检验并会同设计等有关单位进行处理。

2. 钎探检查验槽法

基坑(槽)挖好后用锤把钢钎打入槽底的基土内,据每打入一定深度的锤击次数,来判断地基土质的情况。

(1)钢钎的规格和重量:钢钎用 ϕ22 ~ 25mm 的圆钢制成,钎头尖呈 60°尖锥状,长度用 2.1 ~ 2.6m,如图 1-64 所示。大锤用 8 ~ 10kg 的铁锤。打锤时,锤举至离钎顶 500 ~ 700mm,将钢钎垂直打入土中,并记录每打入土层 300mm 的锤击次数。

(2)钎孔布置和钎探深度:应根据地基土质的情况和基槽宽度、形状确定,钎孔布置见表 1-17。

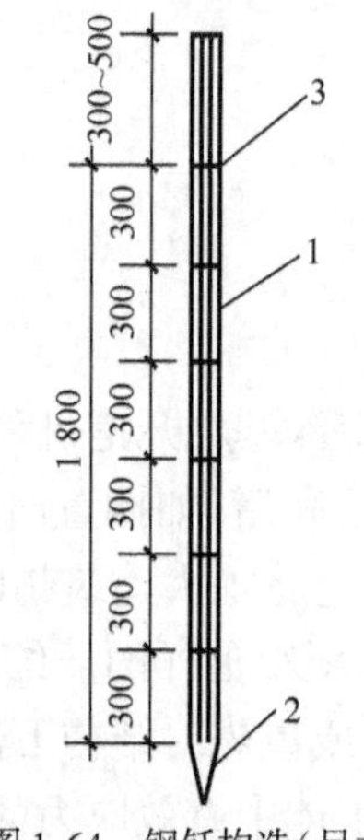

图 1-64　钢钎构造(尺寸单位:mm)

1-钎杆 ϕ22 ~ 25mm;2-钎尖;3-刻痕

钎孔布置

表1-17

槽宽(m)	排列方式和图示	间距(m)	钎探深度(m)
小于0.8	中心一排	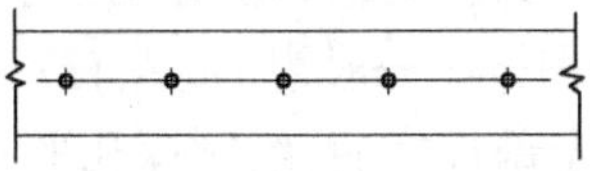 1~2	1.2
0.8~2	两排错开	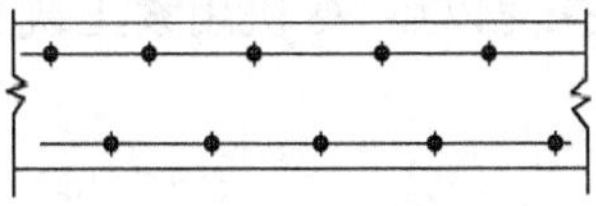 1~2	1.5
大于2	梅花形	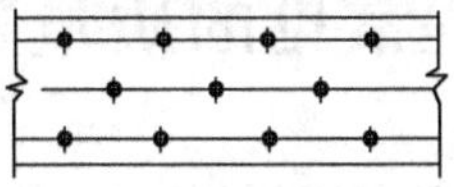 1~2	2
柱基	梅花形	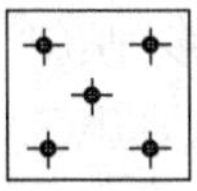 1~2	≥1.5m,并不浅于短边宽度

(3)钎孔记录和结果分析:先绘制基坑(槽)平面图,在图上根据要求确定钎探点的平面位置,并编号制成钎探平面图。钎探时按钎探平面图标定的钎探点顺序进行,最后整理成钎探记录表。

全部钎探完后,逐层分析研究钎探记录,然后逐点进行比较,将锤击数过多或过少的钎孔在钎探平面图上做标记,然后再在该部位进行重点检查,如有异常情况,要认真进行处理。

3.洛阳铲探验槽法

在黄土地区基坑(槽)挖好后或大面积基坑挖土前,根据建筑物所在地区的具体情况或设计要求,对基坑以下的土质、古墓、洞穴等用专用洛阳铲进行钎探检查。

(1)探孔布置见表1-18。

探孔布置

表1-18

基槽宽(m)	排列方式和图标	间距 L(m)	探孔深度(m)
小于2	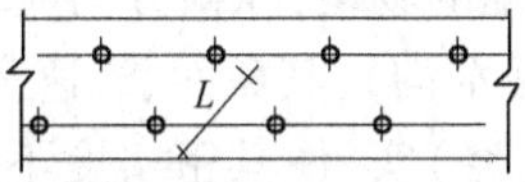 L	1.5~2	3
大于2	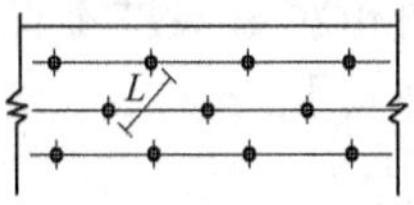 L	1.5~2	3
柱基	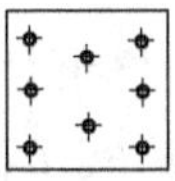	1.5~2	3(荷重较大时为4~5)
加孔	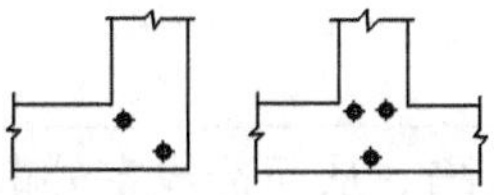	<2(基础过宽时中间再加孔)	3

(2)探查记录和结果分析:先绘制基础平面图,在图上根据要求确定探孔的平面位置,并依次编号,再按编号顺序进行探孔。用洛阳铲铲土,每3~5铲土检查一次,查看土质变化和含有物的情况。如果土质有变化或含有杂物,应测量深度并用文字记录清楚。如果遇到墓穴、地道、地窖和废井等,应在此部位缩小探孔距离(一般为1m左右),沿其周围仔细探查其大小、深浅和平面形状,在探孔图上标示清楚。全部探完后,绘制探孔平面图和各探孔不同深度的土质情况表,为地基处理提供完整的资料。探完以后,尽快用素土或灰土将探孔回填好,以防地表水浸入钎孔。

第八节　土方工程常见的质量事故及处理

在土方工程施工中,由于施工操作不善和违反操作规程而引起质量事故,其危害程度很大,如造成建筑物(或构筑物)的沉陷、开裂、位移、倾斜,甚至倒塌。因此,对土方工程施工必须特别重视,按设计和施工质量验收规范要求认真施工,以确保土方工程质量。

一　场地积水

在建筑场地平整过程中或平整完成后,场地范围内高低不平,局部或大面积出现积水。

1. 原因

(1)场地平整填土面积较大或较深时,未分层回填压(夯)实,土的密实度不均匀或不够,遇水产生不均匀下沉而造成积水。

(2)场地周围未做排水沟,或场地未做成一定排水坡度,或存在反向排水坡。

(3)测量错误,使场地高低不平。

2. 防治

(1)平整前,应对整个场地的排水坡、排水沟、截水沟和下水道进行有组织排水系统设计。施工时,应遵循先地下后地上的原则做好排水设施,使整个场地排水通畅。排水坡度的设置应按设计要求进行;当设计无要求时,对地形平坦的场地,纵横方向应做成不小于0.2%坡度,以利泄水。在场地周围或场地内设置排水沟(截水沟),其截面、流速和坡度等应符合有关规定。

(2)场地内的填土应认真分层回填碾压(夯)实,使其密实度不低于设计要求。当设计无要求时,一般也应分层回填、分层压(夯)实,使相对密实度不低于85%,以免松填。填土压(夯)实的方法应根据土的类别和工程条件合理选用。

(3)做好测量的复核工作,防止出现标高误差。

3. 处理

已积水的场地应立即疏通排水和采用截水设施,将水排除。场地未做排水坡度或坡度过小,应重新修坡;对局部低洼处,应填土找平、碾压(夯)实至符合要求,避免再次积水。

 填方出现沉陷现象

基坑(槽)回填时,填土局部或大片出现沉陷。从而造成室外散水坡空鼓下陷、积水,甚至引起建筑物不均匀下沉,出现开裂。

1. 原因

(1)填方基底上的草皮、淤泥、杂物和积水未清除就填方,含有机物过多,腐朽后造成下沉。

(2)基础两侧用松土回填,未经分层夯实。

(3)槽边松土落入基坑(槽),夯填前未认真进行处理,回填后土受到水的浸泡产生沉陷。

(4)基槽宽度较窄,采用人工回填夯实,未达到要求的密实度。

(5)回填土料中夹有大量干土块,受水浸泡产生沉陷。

(6)采用含水率大的黏性土、淤泥质土、碎块草皮作土料,回填质量不合要求。

(7)冬期施工时基底土体受冻胀,未经处理就直接在其上填方。

2. 防治

(1)基坑(槽)回填前,应将坑槽中积水排净,淤泥、松土、杂物清理干净,如有地下水或地表积水,应有排水措施。

(2)回填土采取严格分层回填、夯实。每层虚铺土厚度不得大于300mm。土料和含水率应符合规定。回填土密实度要按规定抽样检查,使符合要求。

(3)填土土料中不得含有大于50mm直径的土块,不应有较多的干土块,急需进行下道工序时,宜用二八或三七灰土回填夯实。

3. 治理

基坑(槽)回填土沉陷造成墙脚散水空鼓,如混凝土面层尚未破坏,可填入碎石,侧向挤压捣实;若面层已经裂缝破坏,则应视面积大小或损坏情况,采取局部或全部返工。局部处理可用锤、凿将空鼓部位打去,填灰土或黏土、碎石混合物夯实后再作面层。因回填土沉陷引起结构物下沉时,应会同设计部门针对情况采取加固措施。

三 边坡塌方

在挖方过程中或挖方后,基坑(槽)边坡土方局部或大面积坍塌或滑坡。

1. 原因

(1)基坑(槽)开挖较深,放坡不够。或将坡脚挖去。

(2)通过不同土层时,没有根据土的特性分别放成不同坡度,致使边坡失稳而造成塌方。

(3)在有地表水、地下水作用的土层开挖基坑(槽)时,未采取有效的降、排水措施,使土层湿化,黏聚力降低,在重力作用下失稳而引起塌方。

(4)边坡顶部堆载过大,或受施工设备、车辆等外力振动影响。

(5)土质松软,开挖次序、方法不当而造成塌方。

2. 防治

(1)根据土的种类、物理力学性质(土的内摩擦角、黏聚力、湿度、密度、休止角等)确定适当的边坡坡度。经过不同土层时,其边坡应做成折线形。

(2)做好地面排水工作,避免在影响边坡的范围内积水,造成边坡塌方。当基坑(槽)开挖范围内有地下水时,应采取降、排水措施,将水位降至离基底0.5m以下方可开挖,并持续到基坑(槽)回填完毕。

(3)土方开挖应自上而下分段分层依次进行,防止先挖坡脚,以免造成坡体失稳。相临基坑(槽)和管沟开挖时,应遵循先深后浅或同时进行的施工顺序,并及时做好基础或铺管,尽量防止对地基的扰动。

(4)施工中应避免在坡体上堆放弃土和材料。

(5)基坑(槽)或管沟开挖时,在建筑物密集的地区施工,有时不允许按规定的坡度进行放坡,可以采用设置支撑或支护的施工方法来保证土方的稳定。

3. 处理

对沟坑(槽)塌方,可将坡脚塌方清除作临时性支护措施,如堆装土编织袋或草袋、设支撑、砌砖石护坡墙等;对永久性边坡局部塌方,可将塌方清除,用块石填砌或回填二八灰或三七灰嵌补,与土接触部位做成台阶搭接,防止滑动;将坡顶线后移;将坡度改缓。

土方工程施工中,一旦出现边坡失稳塌方现象,后果非常严重。不但造成安全事故,而且会增加大量费用,拖延工期等,因此应引起高度重视。

四 填方出现橡皮土

1. 原因

在含水率很大的黏土或粉质黏土、淤泥质土、腐殖土等原状土地基上进行回填,或采用上述土作土料进行回填时,由于原状土被扰动,颗粒之间的毛细孔被破坏,水分不易渗透和散发。当施工气温较高时,对其进行夯击或碾压,表面易形成一层硬壳,更阻止了水分的渗透和散发,使土形成软塑状态的橡皮土。这种土埋藏越深,水分散发越慢,长时间内不易消失。

2. 防治

(1)夯(压)实填土时,应适当控制填土的含水率。

(2)避免在含水率过大的黏土、粉质黏土、淤泥质土和腐殖土等原状土上进行回填。

(3)填方区如有地表水,应设排水沟排水;如有地下水,地下水水位应降低至基底0.5m以下。

(4)暂停一段时间回填,使橡皮土含水率逐渐降低。

(5)用干土、石灰粉和碎砖等吸水材料均匀掺入橡皮土中,吸收土中的水分,降低土的含水率。

(6)将橡皮土翻松、晾晒、风干至最优含水率范围,再夯(压)实。

(7)将橡皮土挖除,然后换土回填夯(压)实,回填灰土和级配砂石夯(压)实。

第九节　土方工程质量标准与安全技术

一 土方工程质量标准

(1)柱基、基坑、基槽和管沟基底的土质,必须符合设计要求,并严禁扰动。

(2)填方的基底处理,必须符合设计要求或施工规范规定。

(3)填方柱基、坑基、基槽、管沟回填的土料必须符合设计要求和施工规范。

(4)填土施工过程中应检查排水措施、每层填筑厚度、含水率控制和压实程度。

(5)填方和柱基、基坑、基槽、管沟的回填等对有密实度要求的填方,在夯实或压实之后,必须按规定分层夯压密实。取样测定压实后土的干密度,90%以上应符合设计要求,其余10%的最低值与设计值的差不应大于0.08g/cm^3,且不应集中。

土的实际干密度可用环刀法(或灌砂法)测定,或用小轻便触探仪直接通过锤击数来检验干密度和密实度,符合设计要求后,才能填筑上层。其取样组数:柱基回填取样不少于柱基总数的10%,且不少于5个;基槽、管沟回填每层按长度20~50m取样一组;基坑和室内填土每层按100~500m^{2}取样一组;场地平整填土每层按400~900m^{2}取样一组,取样部位应在每层压实后的下半部。用灌砂法取样应为每层压实后的全部深度。

(6)土方工程外形尺寸的允许偏差和检验方法,应符合表1-19规定。

(7)填方施工结束后,应检查标高、边坡坡度、压实程度等,检验标准应符合表1-20的规定。

土方开挖工程质量检验标准 表1-19

项	序	项目	允许偏差或允许值(mm)					检测方法
			柱基基坑基槽	挖方场地平整		管沟	地(路)面基层	
				人工	机械			
主控项目	1	标高	-50	±30	±50	-50	-50	水准仪
主控项目	2	长度、宽度(由设计中心线向两边量)	+200 -50	+300 -100	+500 -150	+100	—	经纬仪,用钢尺检查
主控项目	3	边坡	按设计要求					观察或用坡度尺检查
一般项目	1	表面平整度	20	20	50	20	20	用2m靠尺和模型塞尺检查
一般项目	2	基底土性	按设计要求					观察或土样分析

注:地(路)面基层的偏差只适用于直接在挖、填方上做地(路)面的基层。

填土工程质量检验标准 表1-20

项	序	检查项目	允许偏差或允许值(mm)					检查方法
			桩基基坑基槽	场地平整		管沟	地(路)面基础层	
				人工	机械			
主控项目	1	标高	-50	±30	±50	-50	-50	水准仪
主控项目	2	分层压实系数	按设计要求					按规定方法
一般项目	1	回填土料	按设计要求					取样检查或直观鉴别
一般项目	2	分层厚度及含水率	按设计要求					水准仪及抽样检查
一般项目	3	表面平整度	20	20	30	20	20	用靠尺或水准仪

二 土方工程安全技术

(1)基坑开挖时,两人操作间距应大于2.5m,多台机械开挖,挖土机间距应大于10m。挖土应由上而下,逐层进行,严禁采选挖空底脚(挖神仙土)的施工方法。

(2)基坑开挖应严格按要求放坡。操作时应随时注意土壁变动情况,如发现有裂纹或部分坍塌现象，应及时进行支撑或放坡，并注意支撑的稳固和土壁的变化。

(3)基坑(槽)挖土深度超过3m以上，使用吊装设备吊土时，起吊后，坑内操作人员应立即离开吊点的垂直下方，起吊设备距坑边一般不得少于1.5m，坑内人员应戴安全帽。

(4)用手推车运土，应先铺好道路。卸土回填，不得放手让车自动翻转。用翻斗汽车运土，运输道路的坡度、转弯半径应符合有关安全规定。

(5)深基坑上下应先挖好阶梯或设置靠梯，或开斜坡道，采取防滑措施，禁止踩踏支撑上下。坑四周应设安全栏杆或悬挂危险标志。

(6)基坑(槽)设置的支撑应经常检查是否有松动变形等不安全的迹象，特别是雨后更应加强检查。

(7)基坑(槽)沟边1m以内不得堆土、堆料和停放机具，应于1m以外堆土，其高度不宜超过1.5m；坑(槽)、沟与附近建筑物的距离不得小于1.5m，存在危险时必须加固。

第十节　土方工程施工方案实例

本节介绍某工程土方工程施工方案实例。某工程地质水文条件复杂，是深基坑工程。深基坑工程施工涉及土方开挖、支护结构设计、地下水治理、周边环境安全保护等，故需要综合考虑，确保施工安全、环境安全的同时尽量节省资金，加快施工进度。

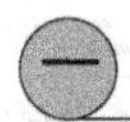

工程概况

某大厦位于武汉市繁华的商业地段，南北宽68.5m，东西长132.5m，地下室建筑面积18 147m^2，基坑一次性开挖面积9 250m^2。该工程地质条件差，上层滞水地下水位高，不透水层下部承压水极为丰富，且与长江水位有水力联系。基坑四周房屋道路紧临并且地下管网密布，施工现场非常狭窄，土方开挖量大，使基坑支护及开挖具有很大的难度和风险。

该工程由38层主楼和10层裙楼两部分组成，地下室分为二层和三层，平面呈不规则状。该建筑北临中山大道，与中山大道相距11m，南靠清芬一路，相距0.8m，东临桥西商厦，相距14.2m，西靠新华影院，相距仅2.6m。桥西商厦为桩基础，设有护坡桩；新华影院为木桩基础，基础回填土层较厚；中山大道和清芬一路均是汉口的主要交通要道。该工程地处闹市中心，周边建筑及环境保护要求高，现场非常狭窄，如图1-65所示。

该建筑场地地质土层情况如表1-21。

场地土层分布状态表　　　　表1-21

层　数	层　厚(m)	土　质	状　态
Ⅰ层	6~7.8	人工填土层，由煤渣、碎砖瓦、砂和淤泥质土混杂而成	松散，湿~很湿
Ⅱ层	0.8~5.3	黏土层，由黏土和粉土构成	软塑~可塑，湿~很湿
Ⅲ层	0.66~3.6	粉质黏土层	软塑~可塑，湿~很湿
Ⅳ层	0.55~3.4	粉质黏土夹粉细砂	软塑~硬塑
Ⅴ层	6.7~12	粉细砂	稍密~中密
Ⅵ层	14.4~21.6	粉细砂夹黏土	稍密~中密，饱和

Ⅵ层以下依次为细、中、粗砾砂夹卵石层→卵面层→岩基层。地下水分为上层滞水和承压水两种，上层滞水主要存在于人工填土层中，接受大气降水和地表水渗透补给。承压含水层顶板为粉质黏土，含水层厚45m，承压水静止水位埋深4.8m，标高19.6m。

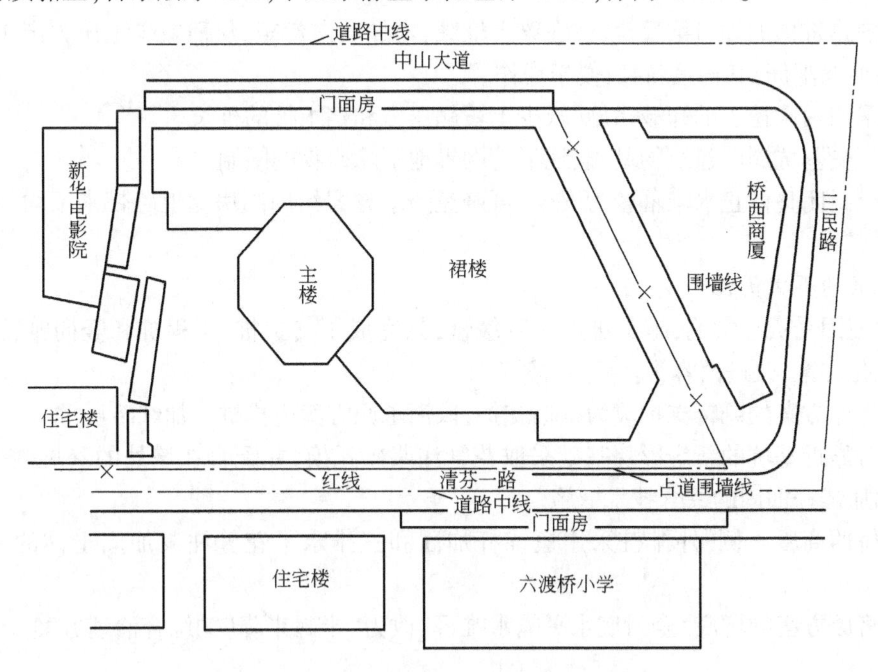

图1-65　某大厦地下室周边环境情况示意图

地下室建筑结构特征，见表1-22。

该大厦地下室建筑和结构主要特征　　表1-22

建筑面积(m^2)	18 147		占地面积(m^2)		7 000		
	主楼		裙楼				
			①~③轴		③~㉓轴		
坑底标高(m)	-13.3		-11.7		-11.7		
层数	2		2		3		
楼层	1	2	1	2	1	2	3
层高(m)	5.4	5.1	5.4	5.5	3	3.8	4.1
底板厚度(m)	2.7		0.7				
底板混凝土体积(m^3)	3 800		3 670				
底板混凝土强度等级	C35、S8		C35、P8				

二 基坑支护及地下水处理方案的优化和选择

1. 方案优选

由中建三局科学技术委员会主持召集局内专家及公司总工、项目经理参加某大厦深基坑支护方案优选评审会，会上分别对“钢筋混凝土灌注桩加内支撑”方案、“钢筋混凝土灌注桩锚

拉”方案、“双排悬臂式钻孔灌注桩”方案进行了认真的评审，通过分析、论证，在会上确认“双排悬臂式钻孔灌注桩”方案配合“全封闭整体止水帷幕”方案为优选方案。

其主要优点为：

(1)内排桩顶的锁口梁反挑，并在梁上堆载，增加反向弯矩，从而减少土压力产生的弯矩，减少桩断面及配筋，其构思新颖，便于操作。

(2)采用两次挖土的卸载措施，减少土壤侧压力和挡土桩的桩长。

(3)不受基坑周围建筑物基础、地下管网等地下障碍物的限制。

(4)全封闭整体止水帷幕较为安全，可避免降水方案给周围房屋道路带来不均匀沉降、开裂等问题。

2. 方案的再次优化

某大厦因受资金影响，施工进度一直缓慢，只完成了支护桩、工程桩和竖向帷幕的施工。需再次优化方案，改进内容为：

(1)将原方案的悬臂支护改为桩锚支护，取消了原方案内排桩上加红砖压重。

(2)对靠近基坑的新华影院基础采取花管注浆软托换，并配合在该处的基坑内采用一层内支撑和加锚杆加固的综合技术措施。

(3)桥西商厦一侧，外排桩采用短锚杆加固和三排水平花管注浆加固土体的综合技术措施。

(4)将原方案的坑底“全封底水平隔水帷幕”改为“半封半降”的综合治理方案。

三 深基坑支护结构体系设计与施工

设计人员针对基坑周边环境条件进行分段设计，支护主要采用桩锚支护体系，局部地段采取加设内支撑，配合花冠注浆加固土体，花管注浆对临近房屋基础软托换；调整锚杆长度等措施。

(1)支护主要采用双排钻孔灌注桩，呈外高内低设置，外排桩桩径 ϕ1 000mm，间距 1.3m，桩顶标高 -0.7m，内排桩桩径 ϕ1 200mm，间距 1.5m，桩顶标高 -6.70m。外排桩桩长 15.2m，内排桩桩长有 19.1m、22.1m、22.6m 不等，靠新华影院一侧采用单排桩加内支撑，桩径 ϕ1 500mm，间距 1.73m。桩混凝土 C30。支护桩布置见图 1-66、图 1-67 所示。锚杆均采用外 25mm 螺纹钢。

(2)中山大道侧(AB 段)，清芬一路侧(CD 段)，外排桩采用一桩一锚，锚杆标高 -4.20m，锚杆长 19m。内排桩锚杆标高 -6.35m，锚于锁口梁上，锚杆长度 16m，对应于外排桩二桩之间的空当处设置。内外排桩的锚杆均采用 3ϕ25mm 螺纹钢。

(3)桥西商厦侧(BC 段)考虑桥西商厦护坡桩的因素，外排桩采用一桩一锚的短锚方式，锚杆标高 -4.20m，锚杆长度 7.6m，采取二次全程注浆加固，另在 -1.7m、-2.9m、-5.4m 标高上设三排水平向花管注浆加固土体。内排桩锚杆布设及标高 -6.35m，锚于锁口梁上，锚杆长度 11.4m，用 2ϕ25mm 螺纹钢。如图 1-66 所示。

(4)新华影院一侧(HA 段)，由于距离基坑太近，为解决新华影院对基坑开挖将形成过大超载，加固新华影院基础以下厚层回填土层及此处现场平面尺寸受限等问题，采取了以下综合技术处理措施。

①设1.5m直径的单排支护桩。

②在支护桩外侧布置两排垂直向的花管注浆,长度10m,孔距1.2m,排距1m。在支护桩内侧的-2.95m、-4.15m、标高上设二排水平向花管注浆,长度分别为7m、6m,形成对新华影院基础的托换。如图1-67所示。

③在此处基坑两内角上设置上层内支撑,采用ϕ609mm×14mm,ϕ426mm×9mm的无缝钢管组成,标高-1.4m。如图1-68所示。

④在-4.7m、-6.7m、-8.50m标高处设一桩一锚加固,锚杆长25m,采用3ϕ28mm螺纹钢。

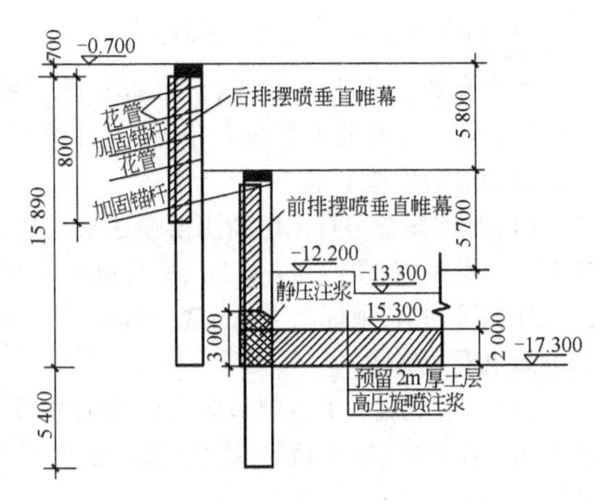

图1-66　桥西商厦一侧支护及防渗布置图（尺寸单位:mm;标高单位:m）

(5)清芬一路(EK段),因现场平面尺寸所限,支护桩布置于地下车道的两侧,采取分层开挖,分次施工,并加设内支撑作加固,内支撑采用ϕ609mm×14mm,ϕ426mm×9mm的无缝钢管组成,标高-0.7m。如图1-69所示。

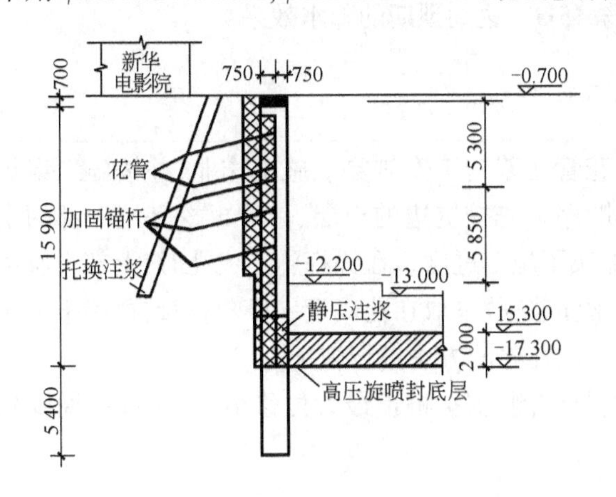

图1-67　新华影院一侧支护及软托换图（尺寸单位:mm;标高单位:m）

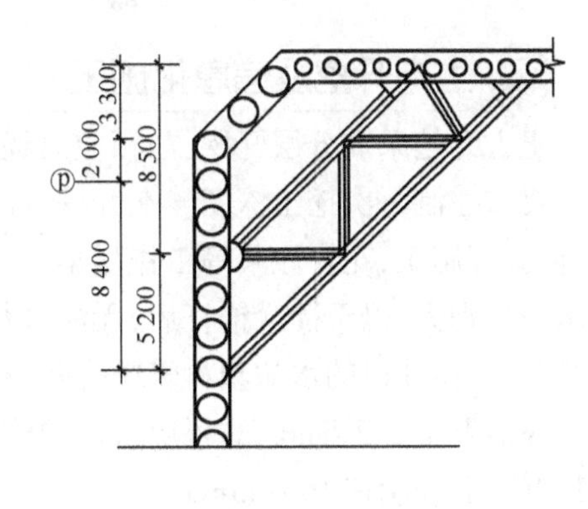

图1-68　靠新华影院处坑内局部内支撑布置图(尺寸单位:mm)

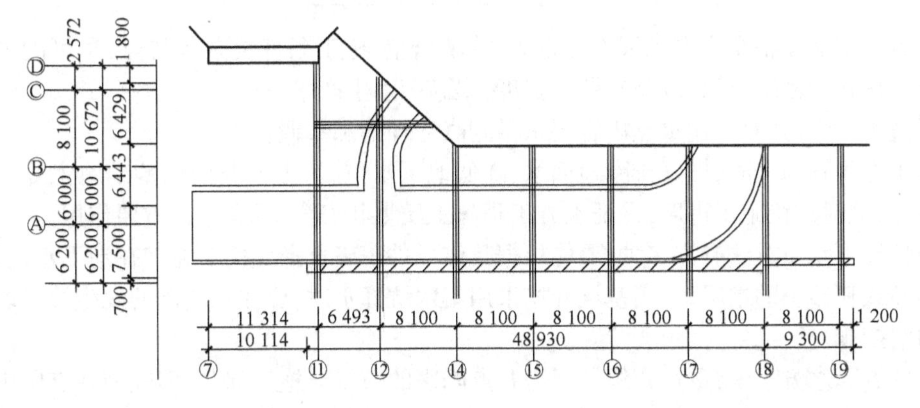

图1-69　清芬一路侧车道处锁口梁及内支撑平面图(尺寸单位:mm)

四 地下水治理设计与施工

本大厦处于汉口典型的软土地基之上,其特点是地下水位高,土层含水丰富,处于湿饱和软塑状态。土方及地下室施工必须在降水条件下或隔水条件下才能施工。本工程采用封、降结合的办法治理地下水。

(1)基坑侧壁垂直采用高压摆喷注浆工艺,形成隔水防渗垂直帷幕,帷幕的布设采取在外排桩外侧设一道,顶标高 -1.2m,底标高 -9.20m,摆喷有效长度8m,主要隔绝上层滞水,在内排桩外侧设一道,顶标高 -7m,底标高 -17.3m,摆喷有效长度10.3m。主要隔绝基坑底部坑壁可能出现的侧涌。

(2)基坑坑底水平方向采取高压旋喷注浆工艺封底,配合减压降水的综合方案。封底厚度为2m,在封底层的顶面至基坑底留2m厚配重土层,使基坑开挖后还剩有4m厚的不透水覆盖层。

(3)垂直帷幕与水平封底层在支护桩的联结处采取静压注浆,使基坑形成整体的全封闭防渗帷幕。

(4)在基坑底形成4m厚的相对不透水层后,设置13口减压降水井进行降水,设置4口备用井作为应急使用。降水井直径650mm,井深45m。达到预期的降水效果。

五 土方开挖及信息化施工

土方开挖采取分层开挖,与预应力锚杆,花管注浆施工安排穿插施工作业,并按施工组织设计要求控制每次挖土深度。在开挖方向和顺序上先挖坑边的土层,然后再挖基坑中部的土层,使锚杆施工,花管注浆等工作尽早插入,加快了施工进度。在锚杆施工成孔时,上部土层中含水率特别大,以至插入锚杆后,无法进行正常注浆,故采取在孔口设一根塑料管,再用土工布封堵孔口,使孔口的水从塑料管中排除,再分三次注浆的方法进行施工。

在地下室施工期间,对环境及支护体系进行监测,支护桩顶最大位移小于50mm。周围建筑物沉降值控制在10~45mm。

本章小结

土方施工必须根据土方工程面广量大、劳动繁重、施工条件复杂等特点,尽可能采用机械化与半机械化的施工方法,以减轻劳动强度,提高劳动生产率。

通过本章学习,对下述重点内容要求做到真正理解和掌握:

1. 土方工程施工时,做好排除地面水、降低地下水位、为土方开挖和基础施工提供良好的施工条件,这对加快施工进度,保证土方工程施工质量和安全,具有十分重要作用。

降低地下水位方法有许多种,要能根据具体条件正确选择应用。尤其在地下水位较高、土质是细砂或粉砂土的情况下,当基坑开挖采用集水坑降水时,要注意流砂的发生及采取相应的具体防治措施。

在井点降水方法中,重点介绍了轻型井点降水的布置与施工部分,即轻型井点所用设备及其工作原理、轻型井点施工与使用等内容。

2. 采用土方机械进行土方工程的挖、运、填、压施工中，重点是土方的填筑与压实。要能正确选择回填土的填方土料及填筑压实方法。能分析影响填土压实的主要因素，掌握填土压实质量的检查方法。

3. 对于深基坑施工，特别应注意土方塌方，为防止土壁坍塌，必须进行深基坑支护，掌握各种支护的特点及适用范围。

复习思考题

1. 试述土的可松性及其对土方施工的影响。
2. 试述土的基本物理性质对土方施工的影响。
3. 试述基坑及基槽土方量的计算方法。
4. 试述场地平整土方量计算的步骤和方法。
5. 土方调配应遵循哪些原则？调配区如何划分？
6. 试述土方边坡的表示方法及影响边坡的因素。
7. 常用的深基坑支护有哪些？
8. 试述土层锚杆支护结构的施工工艺。
9. 试述土钉墙支护结构的施工工艺。
10. 分析流砂形成的原因以及防治流砂的途径和方法。
11. 试述人工降低地下水位的方法及适用范围。
12. 如何进行轻型井点系统的平面布置与标高布置？
13. 常用的土方机械有哪些？试述其工作特点、适用范围。
14. 正铲、反铲挖土机开挖方式有哪几种？如何选择？
15. 填土压实有哪几种方法？有什么特点？影响填土压实的主要因素有哪些？怎样检查填土压实的质量？
16. 试述土的最佳含水率的概念，土的含水率和控制干密度对填土质量有何影响？
17. 深基坑土方开挖的方法有哪些？
18. 土方工程常见的质量事故及处理方法。
19. 试述土方工程质量标准与安全技术。

综合练习题

1. 某基坑底长 90m，宽 60m，深 10m，四边放坡，边坡坡度为 1∶0.5。已知土的最初可松性系数 $K_s = 1.14$，最终可松性系数 $K'_s = 1.05$。

(1) 试计算土方开挖工程量。

(2) 若混凝土基础和地下室占有体积为 20 000m³，则应预留多少回填土(以自然状态土体积计)？

(3) 若多余土方外运，问外运土方为多少(以自然状态的土体积计)？

(4)如果用斗容量为3.0m³ 的汽车外运,需运多少车?

2.某场地如图1-70所示,方格边长为20m:

(1)试按挖填平衡原则确定场地平整的设计标高 H_0。

(2)当 $i_x=0.2\%$,$i_y=0$ 时,确定方格角点和设计标高。

(3)当 $i_x=0.2\%$,$i_y=0.3\%$ 时,确定方格角点的设计标高。然后算出方格角点的施工高度、绘出零线,计算挖方量和填方量(不考虑土的可松性影响)。

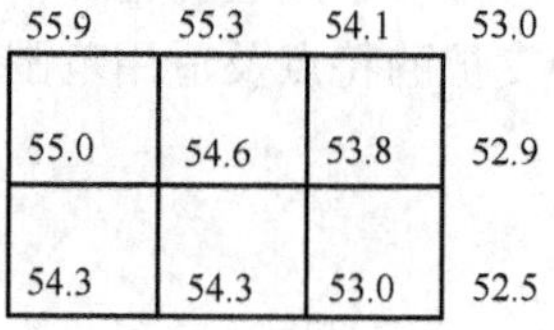

55.9	55.3	54.1	53.0
55.0	54.6	53.8	52.9
54.3	54.3	53.0	52.5

图 1-70

3.某建筑基坑底面积为30m×25m,深5.0m,基坑边坡系数为0.5,设天然地面相对标高为±0.000,天然地面至-1.000为亚黏土,-1.000至-9.0为砂砾层,下部为黏土层(可视为不透水层);地下水为无压水;渗透系数 $K=25\text{m/d}$。现拟用轻型井点系统降低地下水位,试:

(1)绘制井点系统的平面和标高布置图。

(2)计算涌水量、井点管数量和间距(井点管直径为 ϕ38mm)。

第二章 地基基础工程

【职业能力目标】

学会本章,你应会:

1. 进行地基处理,具有钢筋混凝土预制桩和灌注桩施工的能力。

2. 对钢筋混凝土预制桩和套管成孔混凝土灌注桩的施工常出现的一些质量问题的处理。

【学习要求】

1. 了解地基的加固方法。

2. 了解人工挖孔桩的施工方法。

3. 掌握浅埋式钢筋混凝土基础的施工方法。

4. 掌握钢筋混凝土预制桩和灌注桩的施工方法,以及质量事故产生的原因,预防措施和根治方法。

第一节 地基处理

地基是指建筑物基础底部下方一定深度与范围内的土层,一般把地层中由于承受建筑物全部荷载而引起的应力和变形不能忽略的那部分土层,称为建筑物的地基。

建筑物对地基的基本要求:不论是天然地基还是人工地基,均应保证具有足够的强度和稳定性,在荷载作用下地基土不发生剪切破坏或丧失稳定;不产生过大的沉降或不均匀的沉降变形,以确保建筑物的正常使用。

软弱的地基必须经过技术处理,才能满足工程建设的要求。对于土质良好的地基,当其难以承受建筑物全部荷载时,也同样需要对地基进行加固处理。经处理达到设计要求的地基称为人工地基,反之则称为天然地基。

地基处理是指为了提高地基承载力,改善其变形性质或渗透性质而采取的人工处理地基的方法。地基处理不仅应满足工程设计要求,还应做到因地制宜、就地取材、保护环境和节约资源等。

地基处理的方法很多，主要有以下几种：

(1)换土垫层法。挖除地表浅层软弱土层或不均匀土层，回填坚硬、较大粒径的材料，夯压密实以形成垫层，作为人工填筑持力层的地基处理方法。

(2)强夯法。反复将夯锤提到高处使其自由落下，给地基以冲击和振动能量，将地基土夯实的地基处理方法。

(3)强夯置换法。将重锤提到高处使其自由落下形成夯坑，并不断夯击坑内回填的砂石、钢渣等硬粒料，使其形成密实的墩体的地基处理方法。

(4)振冲法。在振冲器水平振动和高压水的共同作用下，使松砂土层振密，或在软弱土层中成孔，然后回填碎石等粗粒料形成桩柱，并和原地基土组成复合地基的地基处理方法。

(5)砂石桩法。采用振动、冲击或水冲等方式在地基中成孔后，再将碎石、砂或砂石挤压入已成的孔中，形成砂石所构成的密实桩体，并和原桩周土组成复合地基的地基处理方法。

(6)水泥粉煤灰碎石桩法。由水泥、粉煤灰、碎石、石屑或砂等混合料加水拌和形成高黏结强度桩，并由桩、桩间土和褥垫层一起组成复合地基的地基处理方法。

(7)夯实水泥土桩法。将水泥和土按设计的比例拌和均匀，在孔内夯实至设计要求的密实度而形成的加固体，并与桩间土组成复合地基的地基处理方法。

(8)水泥土搅拌法。以水泥作为固化剂的主剂，通过特制的深层搅拌机械，将固化剂和地基土强制搅拌，使软土硬结成具有整体性、水稳定性和一定强度的桩体的地基处理方法。分为深层搅拌法和粉体喷搅法。

深层搅拌法是使用水泥浆作为固化剂的水泥土搅拌法，简称湿法。粉体喷搅法是使用干水泥粉作为固化剂的水泥土搅拌法，简称干法。

(9)高压喷射注浆法。过去此法叫旋喷桩，即用高压水泥浆通过钻杆由水平方向的喷嘴喷出，形成喷射流，以此切割土体并与土拌和形成水泥土加固体的地基处理方法。

(10)石灰桩法。在软弱地基中用机械成孔，填入生石灰或生石灰与粉煤灰等拌和均匀，在孔内分层夯实形成竖向增强体，与桩间土组成复合地基的地基处理方法。

(11)排水固结法。原理是软黏土地基在荷载作用下，土中孔隙水慢慢排出，孔隙比减小，地基发生固结变形，同时，随着超静水压力逐渐消散，土的有效应力增大，地基土的强度逐步增大。排水固结地基常用于解决软黏土地基的沉降和稳定问题，可使地基的沉降在加载预压期间基本完成或大部分完成，使建筑物在使用期间不致产生过大的沉降，同时可增加地基土的抗剪强度，从而提高地基的承载力和稳定性。

一 换土垫层法

(一)灰土地基

灰土地基就是用石灰与黏性土拌和均匀，分层夯实而形成的垫层。其承载能力可达300kPa，适用于一般黏性土地基加固，施工简单，费用较低。

1. 材料要求

(1)土料。采用就地挖出的黏性土及塑性指数大于4的粉土，土内不得含有松软杂质或使用耕植土；土料须过筛，其颗粒不应大于15mm。

(2)石灰。应用Ⅲ级以上新鲜的块灰，含氧化钙、氧化镁愈高愈好，使用前1～2d消解并过筛，其颗粒不得大于5mm，且不应夹有未熟化的生石灰块粒及其他杂质，也不得含有过多的水分。

2. 施工要点

(1)铺设前应先检查基槽，待合格后方可施工。

(2)灰土的体积比配合应满足一般规定，一般说来，体积比为3:7或2:8。

(3)灰土施工时，应适当控制其含水率，以手握成团，两指轻捏能碎为宜，如土料水分过多或不足时，可以晾干或洒水润湿。灰土应拌和均匀，颜色一致，拌好应及时铺设夯实。铺土厚度按表2-1规定。厚度用样桩控制，每层灰土夯打遍数，应根据设计的干土质量密度在现场试验确定。

灰土最大虚铺厚度　　表2-1

序　号	夯实机具种类	质量(t)	虚铺厚度(mm)	备　注
1	小木夯	0.005～0.01	150～200	人力送夯，落距400～500mm，一夯压半夯，夯实后约80～100mm厚
2	石夯、木夯	0.04～0.08	200～250	
3	轻型夯实机械	0.12～0.4	200～250	蛙式打夯机、柴油打夯机，压实后约100～150mm厚
4	压路机	6～10	200～300	双轮

(4)在地下水位以下的基槽、基坑内施工时，应先采取排水措施，在无水情况下施工。应注意夯实后的灰土三天内不得受水浸泡。

(5)灰土分段施工时，不得在墙角、柱墩及承重窗间墙下接缝，上下相邻两层灰土的接缝间距不得小于500mm，接缝处的灰土应充分夯实。

(6)灰土施工完后，应及时进行基础施工，并随时准备回填土，否则，须做临时遮盖，防止日晒雨淋，如刚打完毕或还未打完夯实的灰土，突然受雨淋浸泡，则须将积水及松软土除去并补填夯实，稍微受到浸湿的灰土，可以在晾干后再补夯。

(7)冬季施工时，应采取有效的防冻措施，不得采用含有冻土的土块作灰土地基的材料。

(8)质量检查可用环刀取样测量土的干密度。质量标准可按压实系数λ_c鉴定，一般为0.93～0.95。也可按表2-2规定执行。

灰土质量标准　　表2-2

项　次	土料种类	灰土最小干密度(g/cm^3)
1	粉土	1.55
2	粉质黏土	1.50
3	黏土	1.45

(9)确定贯入度时，应先进行现场试验。

3. 施工注意事项

(1)原材料杂质过多，配合比不符合要求及灰土搅拌不均匀。

(2)垫层铺设厚度不能达到设计要求，分段施工时没有控制好上下两层的搭接长度，夯实

的加水量，夯压遍数。

(3)灰土地基的压实系数 λ_c 不能达到设计要求。

(4)灰土地基宽度不足以承载上部荷载。

(二)砂和砂石地基

砂和砂石地基就是用夯(压)实的砂或砂石垫层替换基础下部的软土层，从而起到提高基础下地基承载力、减少地基沉降、加速软土层的排水固结作用。

1. 材料要求

(1)砂。使用颗粒级配良好、质地坚硬的中砂或粗砂，当用细砂、粉砂时，应掺加粒径20~50mm的卵石(或碎石)，但要分布均匀，砂中不得含有杂草、树根等有机杂质，含泥量应小于5%，兼作排水垫层时，含泥量不得超过3%。

(2)砂石。用自然级配的砂石(或卵石、碎石)混合物，粒级应在50mm以下，其含量应在50%以内，不得含有植物残体、垃圾等杂物，含泥量小于5%。

2. 施工要点

(1)铺设前应先验槽，清除基底表面浮土，淤泥杂物，地基槽底如有孔洞、沟、井、墓穴应先填实，基底无积水。槽应有一定坡度，防止振捣时塌方。

(2)砂石级配应根据设计要求或现场实验确定，拌和应均匀，然后再行铺夯填实。捣实方法，可选用振实或夯实等方法。

(3)由于垫层标高不尽相同，施工时应分段施工，接头处应做成斜坡或阶梯搭接，并按先深后浅的顺序施工，搭接处，每层应错开0.5~1m，并注意充分捣实。

(4)砂石地基应分层铺垫、分层夯实，每层铺设厚度、捣实方法可参照表2-3的规定选用。每铺好一层垫层，经干密度检验合格后方可进行上一层施工。

砂和砂石地基每层铺筑厚度及最佳含水率　　表2-3

捣实方法	每层铺筑厚度(mm)	施工时最佳含水率(%)	施工说明	备注
平振法	200~250	15~20	用平板式振捣器反复振捣	不宜用于干细砂或含泥量较大的砂所铺筑的砂地基
插振法	振捣器插入深度	饱和	(1)用插入式振捣器； (2)插入点间距可根据机械振幅大小决定； (3)不应插至下卧黏性土层； (4)插入振捣完毕所留的孔洞应用砂填实	不宜用于干细砂或含泥量较大的砂所铺筑的砂地基
水撼法	250	饱和	(1)注水高度应超过每次铺筑面层； (2)用钢叉摇撼捣实插入点间距为100mm； (3)钢叉分四齿，齿的间距80mm，长30mm，木柄长90mm，质量为4kg	在湿陷性黄土、膨胀土、细砂地基上不宜使用

续上表

捣实方法	每层铺筑厚度（mm）	施工时最佳含水率（%）	施工说明	备注
夯实法	150～200	8～12	(1)用木夯或机械夯； (2)木夯重40kg落距400～500mm； (3)一夯压半夯全面夯实	适用于砂石垫层
碾压法	250～350	8～12	6～12t压路机反复碾压	适用于大面积施工的砂和砂石地基

(5)当地下水位较高或在饱和软土地基上铺设砂和砂石时，应加强基坑内侧及外侧的排水工作，防止砂石垫层由于浸泡水过多，引起流失，保持基坑边坡稳定，或采取降低地下水位措施，使地下水位降低到基坑低500mm以下。

(6)当采用水撼法或插振法施工时，以振捣棒振幅半径的1.75倍为间距(一般为400～500mm)插入振捣，依次振实，以不再冒气泡为准，直至完成；同时应采取措施做到有控制地注水和排水。垫层接头应重复振捣，插入式振动棒振完所留孔洞应用砂填实；在振动首层的垫层时，不得将振动棒插入原土层或基槽边部，以避免使泥土混入砂垫层而降低砂垫层的强度。

(7)垫层铺设完毕，应立即进行下道工序的施工，严禁人员及车辆在砂石层面上行走，必要时应在垫层上铺板行走。

(8)冬季施时，应注意防止砂石内水分冻结，须采取相应的防冻措施。

3.施工注意事项

(1)砂、石含杂质太多，不能达到设计要求，配合比及搅拌不均匀。施工时应严格控制质量，配合比及充分拌匀。

(2)分层厚度不能满足一般要求，分段施工搭接部分不严密，压实不紧。

(3)施工时没有控制好加水量，夯击遍数(一般为4遍)及用环刀取样或贯入仪测得的压实系数λ_c。

二 重锤夯实法

重锤夯实就是利用起重机械将夯锤提升到一定高度(2.5～4.5m)，然后自由落下，重复夯击基土表面(一般需夯6～10遍)，使地基表面形成一层比较密实的硬壳层，从而使地基得到加固。本法使用轻型设备易于解决，施工简便，费用较低，但布点较密、夯击遍数多，施工期相对较长，同时夯击能量小，孔隙水难以消散，加固深度有限，当土的含水率稍高时，易夯成橡皮土，处理较困难。适于地下水位0.8m以上、稍湿的黏性土、砂土、饱和度$S_r \leqslant 60$的湿陷性黄土，杂填土以及分层填土地基的加固处理。但当夯击对邻近建筑物有影响，或地下水位高于有效夯实深度时，不宜采用。重锤表面夯实的加固深度一般为1.2～2m。湿陷性黄土地基经重锤表面夯实后，透水性有显著降低，可消除湿陷性，地基土密度增大，强度可提高30%；对杂填土则可以减少其不均匀性,提高承载力。

重锤夯实的夯锤形状宜采用截头圆锥体,质量一般为1.5~3t,锤底直径一般为1.13~1.50m(图2-1)。锤重与底面积的关系应符合锤重在底面上的单位静压力0.15~0.2MPa。可用C20混凝土制作,底部可采用20mm厚钢板,可使重心降低。

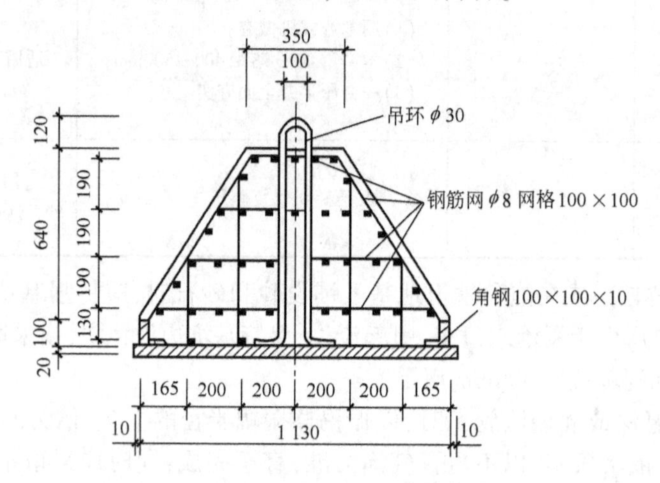

图2-1 15kN钢筋混凝土夯锤(尺寸单位:mm)

起重机可采用配置有摩擦式卷扬机的履带式起重机、打桩机、悬臂式桅杆起重机或龙门式起重机等。其起重能力:当采用自动脱钩时,应大于夯锤重量的1.5倍;当直接用钢丝绳悬吊夯锤时,应大于夯锤重量的3倍。

吊钩宜采用自制半自动脱钩器,以减少吊索的磨损和机械振动。

地基重锤夯实前,应在现场进行试夯。试夯及地基夯实时,必须使土处在最佳含水率范围。基槽(坑)的夯实范围应大于基础底面,每边应比设计宽度加宽0.3m以上,以使底面边角均能夯打密实。基槽(坑)边坡应适当放缓。夯实前,基槽(坑)底面应高出设计标高,预留土层的厚度可为试夯时的总下沉量再加50~100mm。在大面积基坑或条形基槽内夯打时,应一夯挨一夯顺序进行。在一次循环中同一夯位应连夯两击,下一循环的夯位应与前一循环的夯位错开1/2的锤底直径(图2-2),落锤应平稳、夯位应准确。在独立柱基基坑内夯打时,一般采用先周边后中间或先外后里的跳夯法进行(图2-3)。夯实完毕,应将基槽(坑)表面修整至设计标高。

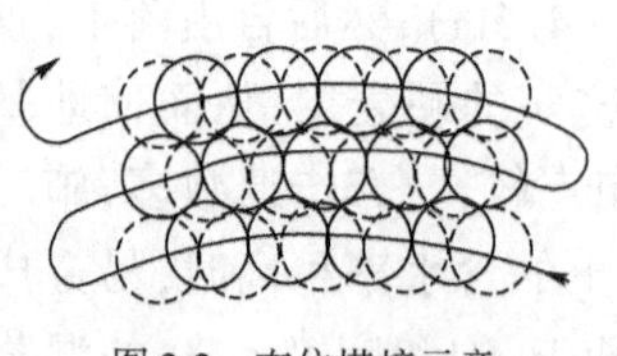

图2-2 夯位搭接示意

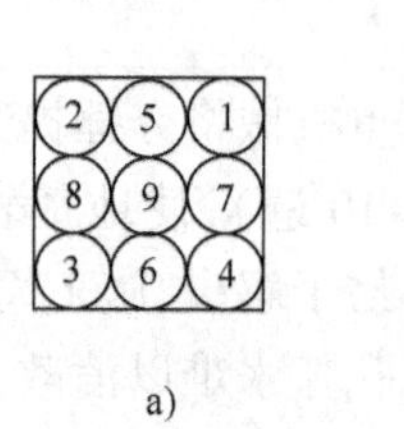

图2-3 夯打顺序

a)先外后里跳打法;b)先周边后中间打法

重锤夯实后应检查施工记录,除应符合试夯最后下沉量的规定外,还应检查基槽(坑)表面的总下沉量,以不小于试夯总下沉量的90%为合格。

三 强夯法

强夯法是用起重机械吊起重 8 ~ 40t 的夯锤，从 6 ~ 30m 高处自由落下，给地基土以强大的冲击能量的夯击，使土中出现冲击波和很大的冲击应力，迫使土层孔隙压缩，土体局部液化，在夯击点周围产生裂隙，形成良好的排水通道，孔隙水和气体逸出，使土粒重新排列，经时效压密达到固结，从而提高地基承载力，降低其压缩性的一种有效的地基加固方法，国内外应用十分广泛。地基经强夯加固后，承载能力可以提高 2 ~ 5 倍，压缩性可降低 200% ~ 1000%，其影响深度在 10m 以上，国外加固影响深度已达 40m，是一种效果好、速度快、节省材料、施工简便的地基加固方法。适用于加固碎石土、砂土、黏性土、湿陷性黄土、高填土及杂填土等地基，也可用于防止粉土及粉砂的液化；对于淤泥与饱和软黏土如采取一定措施也可采用。如强夯所产生的震动对周围建筑物或设备有一定的影响时，应采取防震措施。

(一) 施工机具选择

1. 夯锤

夯锤可分为整体式和装配式二种：整体式由钢壳和混凝土制成；装配式由钢板制成。夯锤一般多采用圆形，因为圆形锤印易于重合。锤的底面积大小取决于表面土质：对砂土一般为 3 ~ 4m^2；对黏性土不宜小于 6m^2。锤重一般为 8t、10t、12t、16t、25t、30t 等。锤中常设置多个上下贯通的直径 60 ~ 200mm 的排气孔，以利于夯击时空气排出和减小起锤时的吸力（图 2-4、图 2-5）。

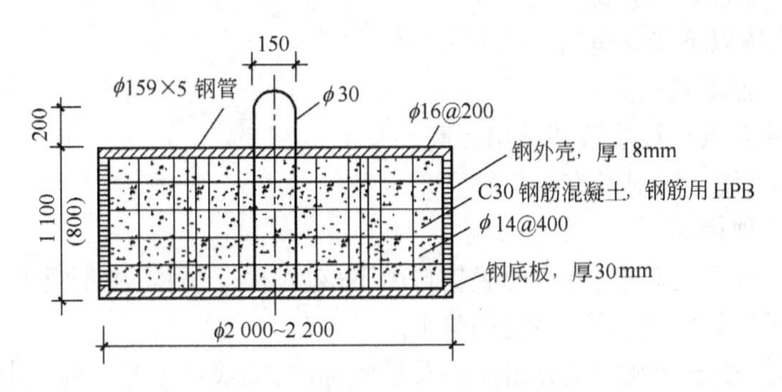

图 2-4　120kN 混凝土夯锤(尺寸单位：mm)

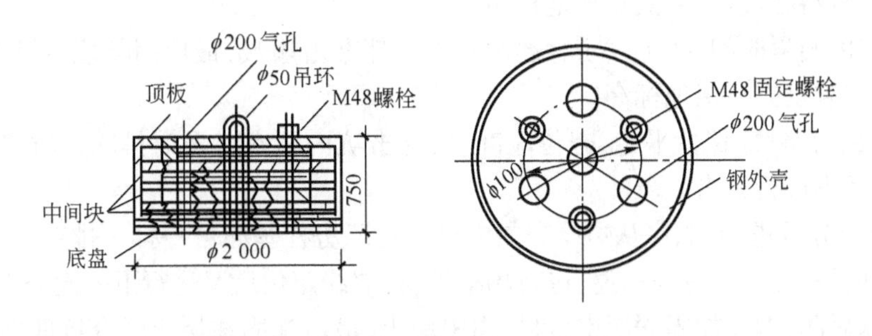

图 2-5　12t 装配式钢制夯锤(尺寸单位：mm)

2. 起重设备

可用15t、20t、25t、30t、50t带有离合摩擦器的履带式起重机。当起重能力不够时，亦可采取加钢辅助人字桅杆或龙门架的办法。其起重能力：当直接用钢丝绳悬吊夯锤时，应大于夯锤质量的3～4倍，当采用能脱落夯锤的吊钩时，应大于夯锤质量的1.5倍。施工宜尽量采用自由落钩，常用吊钩型式见（图2-6）。开钩系利用直径9.3mm钢丝绳，通过吊杆顶端的滑轮，固定在吊杆上作为拉绳，当夯锤提至要求高度使自由脱钩下落。吊车起落速度为一次1～2min。为防止突然脱钩，起重机后仰翻车造成安全事故，一般在起重机前端臂杆上用缆风绳拉住，并用推土机作地锚。

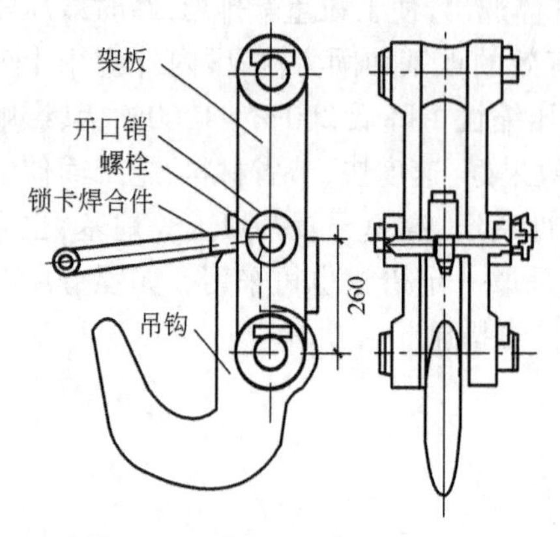

图2-6　脱钩装置

（二）施工要点

（1）施工前做好强夯地基地质勘察，对不均匀土层适当增加钻孔和原位测试工作，掌握土质情况，作为制定强夯方案和对比夯前、夯后加固效果之用。查明强夯影响范围内的地下构筑物和各种地下管线的位置及标高，采取必要的防护措施，避免因强夯施工而造成破坏。

（2）施工前应检查夯锤质量，尺寸、落锤控制手段及落距，夯击遍数，夯点布置，夯击范围，进行现场试夯，以确定施工参数。

（3）施工时应按以下步骤进行：

①清理并平整施工场地。

②标出第一遍夯点布置位置并标出标高。

③起重机就位，使夯锤对准夯点位置。

④测量夯前锤顶标高。

⑤将夯锤起吊到预定高度，待夯锤脱钩自由下落后，放下吊钩，测量锤顶标高，若发现因坑底倾斜而造成夯锤歪斜时，应及时将坑底整平。

⑥重复步骤⑤，按设计规定的夯击次数及控制标准，完成一个夯点的夯击。

⑦重复步骤③～⑥，完成第一遍全部夯点的夯击。

⑧用推土机将夯坑填平，测量场地标高。

⑨在规定的间隔时间，按上述步骤逐次完成全部夯击遍数，最后用低能量满夯，将场地表层松土夯实，并测量夯后场地标高。

（4）夯击时，落锤应保持平稳，夯位应准确，夯击坑内积水应及时排除。坑底含水率过大时，可铺砂石后再进行夯击。

（5）强夯应分段进行，顺序从边缘夯向中央。对厂房柱基亦可一排一排夯，起重机直线行驶，从一边驶向另一边，每夯完一遍，进行场地平整，放线定位后又进行下一遍夯击。强夯的施工顺序是先深后浅，即先加固深层土，再加固中层土，最后加固浅层土。夯坑底面以上的填土（经推土机推平夯坑）比较疏松，加上强夯产生的强大振动，亦会使周围已夯实的表层土有一定的振松，如前所述，一定要在最后一遍点夯完之后，再以低能量满夯一遍，在夯后工程质量检验时，有时会发现厚度1m左右的表层土，其密实程度要比下层土差，说明满夯没有达到预期的效果。这是因为目前大部分工程的低能满夯，是采用和强夯施工同一夯锤低落距夯击，由于夯锤较重，而表层土因无上覆压力和侧向约束小，所以夯击时土体侧向变形大。对于粗颗粒的碎石、砂砾石等松散料来说，侧向变形就更大，更不易夯密。由于表层土是基础的主要持力层，如处理不好，将会增加建筑物的沉降和不均匀沉降。因此，必须高度重视表层土的夯实问题。如有条件，满夯时宜采用小夯锤夯击，并适当增加满夯的夯击次数，以提高表层土的夯实效果。

(6)对于高饱和度的粉土、黏性土和新饱和填土，进行强夯时，难以控制最后两击的平均夯沉量在规定的范围内，可采取以下措施：

①适当将夯击能量降低。

②将夯沉量差适当加大。

③填土采取将原土上的淤泥清除，挖纵横盲沟，以排除土内的水分，同时在原土上铺50cm的砂石混合料，以保证强夯时土内的水分排除，在夯坑内回填块石、碎石或矿渣等粗颗粒材料，进行强夯置换等措施。

通过强夯将坑底软土向四周挤出，使在夯点下形成块(碎)石墩，并与四周软土构成复合地基，有明显加固效果。

(7)雨季强夯施工，场地四周设排水沟、截洪沟，防止雨水入侵夯坑；填土中间稍高，土料含水率应符合要求，分层回填、摊土、碾压，使表面保持1%～2%的排水坡度，当班填当班压实；雨后抓紧排水，推掉表面稀泥和软土，再碾压，夯后夯坑立即填平、压实，使之高于四周。

(8)冬季施工应清除地表冰冻再强夯、夯击次数相应增加，如有硬壳层要适当增加夯次或提高夯击质量。

(9)做好施工过程中的监测和记录工作，包括检查夯锤重和落距，对夯点放线进行复核，检查夯坑位置，按要求检查每个夯点的夯击次数、每夯的夯沉量等，对各项施工参数、施工过程实施情况做好详细记录，作为质量控制的依据。

四 振冲法

振冲法，又称振动水冲法，是以起重机吊起振冲器，启动潜水电机带动偏心块，使振冲器产生高频振动，同时开动水泵，通过喷嘴喷射高压水流成孔，然后分批填以砂石骨料形成一根根桩体，桩体与原地基构成复合地基。该法具有技术可靠，机具设备简单，操作技术易于掌握，施工简便，节省三材，加固速度快，地基承载力高等特点。

振冲法按加固机理和效果的不同，可分为振冲置换法和振冲密实法两类，前者适用于处理不排水，抗剪强度小于20kPa的黏性土、粉土，饱和黄土及人工填土等地基。后者适用于处理砂土和粉土等地基，不加填料的振冲密实法仅适用于处理黏土含量小于10%的粗砂、中砂地基。

(一)施工准备

1.技术准备

(1)主要了解现场有无障碍物存在，加固区边缘留出的空间是不是够施工机具使用、空中有无电线、现场是否有河沟作为施工时的排泥水池、料场是否适合。

(2)了解现场地质情况,土层分布是否均匀;有无软弱夹层,在何深度。

(3)对中、大工程,宜事先设置一试验区,进行实地制桩试验,从而求得各项施工参数。

2. 材料要求

填料可用粗砂、中砂、砾砂、碎石、卵石、角砾、圆砾等,粒径为5～50mm。粗骨料粒径以20～50mm较合适,最大粒径不宜大于80mm,含泥量不宜大于5%,不得选用风化或半风化的石料。

3. 主要机具

振冲地基施工主要机具有振冲器、起重机、水泵、控制电流操作台、150A电流表、500V电压表、供水管道及加料设备等。

(二)施工工艺

1. 振冲挤密法

振冲挤密法一般在中、粗砂地基中使用,可不另外加料,而利用振冲器的振动力,使原地基的松散砂振挤密实。施工操作时,其关键是水量的大小和留振时间的长短。

振冲挤密法一般施工顺序如下:

(1)振冲器对准加固点。打开水源和电源,检查水压、电压和振冲器的空载电流是否正常。

(2)启动吊机。使振冲器以(1～2)m/min的速度徐徐沉入砂基,并观察振冲器电流变化,电流最大值不得超过电机的额定电流。当超过额定电流值时,必须减慢振冲器下沉速度,甚至停止下沉。

(3)当振冲器下沉到在设计加固深度以上30～50cm时,需减小冲水,其后继续使振冲器下沉至设计加固深度以下50cm处,并在这一深度上留振30～60s。

(4)以(1～2)m/min速度提升振冲器。每提升振冲器30～50cm就留振30～60s,并观察振冲器电机电流变化,其密实电流一般是超过空振电流25～30A。记录每次提升的高度、留振时间和密实电流。

(5)关机、关水和移位。在另一加固点上施工。

(6)施工现场全部振密加固完后,整平场地,进行表层处理。

2. 振冲置换法

振冲置换法施工程序,如图2-7所示。

振冲置换法施工是指碎石桩施工,其施工操作步骤可分成孔、清孔、填料、振密。

若土层中夹有硬层时,应适当进行扩孔,即在此硬层中,把振冲器多次往复上下几次,使得此孔径能扩大,以便于加碎石料。

在黏性土层中制桩,孔中的泥浆水太稠时,碎石料在孔内下降的速度将减慢,影响施工速度,所以要在成孔以后,留有一定时间清孔,用回水把稠泥浆带出地面,降低孔内泥浆比重。加料宜"少吃多餐",每次往孔内倒入的填料数量,约为堆积在孔内0.8m高,然后用振冲器振密,再继续加料。密实电流应超过原空振时电流35～45A。

在强度很低的软土地基中施工,则要用"先护壁、后制桩"的方法。即在成孔时,不要直接到达加固深度，可先到达第一层软弱层，然后加填料进行初步挤振，通过填料挤入该软弱层周围，把该段的孔壁保护住，接着再往下开孔到第二层软弱层，给予同样处理，直到加固深度，这样在制桩前已将整个孔道的孔壁保护住，就可按常规制桩。

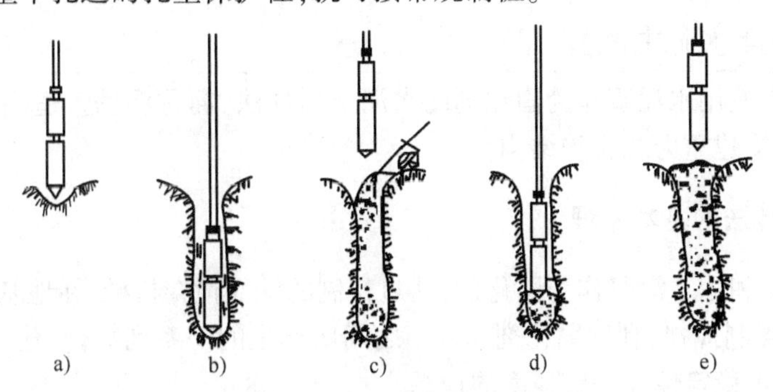

图 2-7 振冲置换法施工程序

a)定位；b)振冲下沉；c)加填料；d)振密；e)成桩

目前常用的填料是碎石，其粒径不宜大于 5cm，太大将会损坏机具。也可采用卵石、矿渣等其他硬粒料，各类填料的含泥量均不得大于 10%，已经风化的石块，不能作为填料使用。

（三）施工要点

（1）施工前后进行振冲实验，以确定成孔合适的水压、水量、成孔速度和填料方法，达到土体密度时的密实电流、填料量和留振时间。一般来说：密实电流不小于 50A，填料量每米桩长不小于 0.6m^3，每次填料量控制在 0.20 ~ 0.35m^3，留振时间 30 ~ 60s。

（2）振冲前应按设计图要求定出桩孔中心位置并编好孔号，施工时应复查孔位和编号，并做好记录。

（3）振冲置换造孔的方法有排孔法，即由一端开始到另一端结束；跳打法，即每排孔施工时隔一孔造一孔、反复进行；帷幕法，即先造外围 2 ~ 3 圈孔，再造内圈孔，此时可隔一圈造一圈或依次向中心区推进。振冲施工必须防止漏孔，因此要按上条要求做好孔位复查工作。

（4）造孔时，振冲器贯入速度一般为（1 ~ 2）m/min，每贯入 0.5 ~ 1.0m，宜悬留振冲 5 ~ 10s 扩孔，待孔内泥浆溢出时再继续贯入。当造孔接近加固深度时，振冲器应在孔底适当停留并减小射水压力。

（5）振冲填料时，宜保持小水量补给，采用边振边填，应对称均匀；如将振冲器提出孔口再加填料时，每次加料量以孔高 0.5m 为宜。每根桩的填料总量必须符合设计要求或规范规定。

（6）填料密实度以振冲器工作电流达到规定值为控制标准，完工后，应在距地表面 1m 左右深度桩身部位加填碎石进行夯实，以保证桩顶密实度，密实度必须符合设计要求或施工规范规定。

（7）振冲地基施工时对原土结构造成扰动，使强度降低，因此，质量检验应在施工结束后间歇一定时间，对砂土地基间隔 1 ~ 2 周，黏性土地基间隔 3 ~ 4 周，对粉土、杂填土地基间隔 2 ~ 3 周。桩顶部位由于周围土体约束力小，密实度较难达到要求，检验取样时应考虑此因素。

（8）对用振冲密实法加固的砂土地基，如不加填料，质量检验主要是地基的密实度，可用

标准贯入、动力触探等方法进行,但选点应有代表性。质量检验具体选择检验点时,宜由设计、施工、监理(或业主方)在施工结束后根据施工实施情况共同确定。

五 深层搅拌水泥土地基

深层搅拌法是使用水泥浆作为固化剂的水泥土搅拌法,简称湿法。适用于加固饱和软黏土地基,还可用于构建重力式支护结构。

(一)深层搅拌法的基本原理

深层搅拌法是利用水泥浆作为固化剂,通过特制的深层搅拌机械,在地基深处就地将软土和固化剂(浆液)强制搅拌,利用固化剂和软土之间所产生的一系列物理、化学反应,使软土硬结成具有整体性、水稳定性和一定强度的地基。

(二)施工工艺

深层搅拌法施工工艺流程如图2-8所示。包括定位、预搅下沉、制备水泥浆、喷浆搅拌提升、重复上下搅拌和清洗、移位等施工过程。

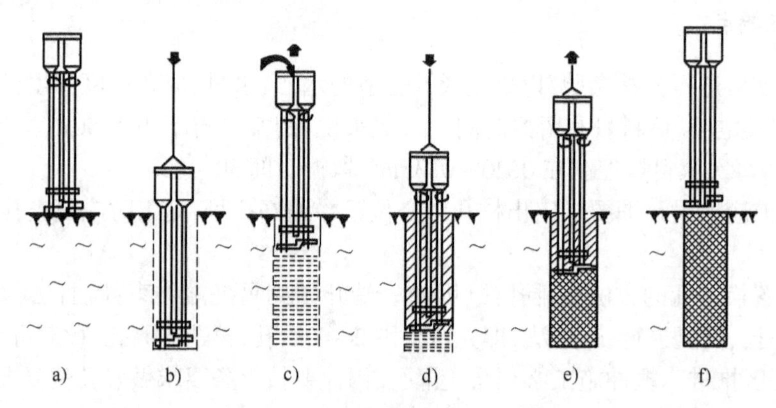

图2-8 深层搅拌法施工工艺流程

a)定位;b)预搅下沉;c)喷浆搅拌机提升;d)重复搅拌下沉;e)重复搅拌上升;f)完毕

(1)定位。起重机悬吊深层搅拌机对准指定桩位。

(2)预搅下沉。待深层搅拌机的冷却水循环正常后,启动搅拌机电动机,放松起重机钢丝绳,使搅拌机沿导向架搅拌切土下沉,下沉速度可由电动机的电流监测表控制。如果下沉速度太慢,可从输浆系统补给清水以利于钻进。

(3)制备水泥浆。待深层搅拌机下沉到一定深度时,即开始按设计确定的配合比拌制水泥浆,在压浆前将水泥浆倒入集料斗中。

(4)喷浆搅拌提升。深层搅拌机下沉到设计深度后,开启灰浆泵将水泥浆压入地基中,并且边喷浆、边旋转,同时严格按照设计确定的提升速度提升深层搅拌机。

(5)重复上下搅拌。深层搅拌机提升至设计加固深度的顶面标高时,集料斗中的水泥浆应正好排空。为使软土和水泥浆搅拌均匀,可再次将搅拌机边旋转边沉入土中,至设计加固深度后再将搅拌机提升出地面。

(6)清洗并移位。向集料斗中注入适量清水，开启灰浆泵，清洗全部管路中残存的水泥浆，直至基本干净。并将黏附在搅拌头的软土清洗干净。重复上述步骤，进行下一根桩的施工。

考虑到搅拌桩顶部与上部结构的基础或承台接触部分受力较大，因此通常还可对桩顶1～1.5m范围内再增加一次输浆，以提高其强度。

第二节　浅埋式钢筋混凝土基础施工

浅基础按构造形式不同可分为独立基础、条形基础、筏形基础、箱形基础等。

独立基础

钢筋混凝土独立基础有柱下独立基础和杯形基础。

1. 柱下独立基础施工

柱下独立基础常为阶梯形或锥形，基础底板常为方形和矩形，如图2-9所示。

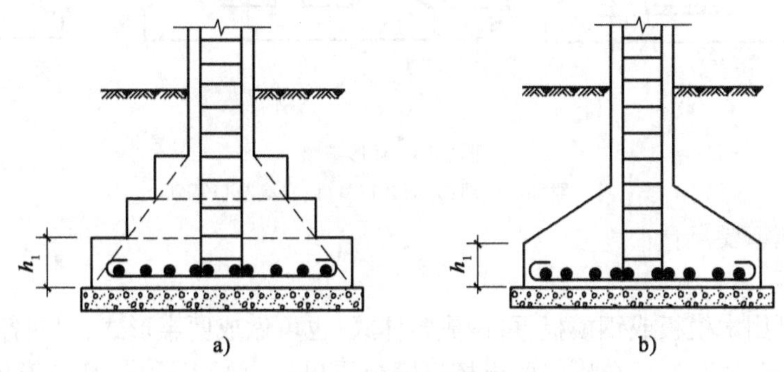

图2-9　柱下独立基础

a)阶梯形；b)锥形

柱下独立基础施工要点：

1)基坑验槽与混凝土垫层

基坑验槽清理同刚性基础。验槽后应立即灌筑垫层混凝土，以保护地基，混凝土宜用平板振动器进行振捣，要求表面平整，内部密实。

2)弹线、支模与铺设钢筋网片

混凝土垫层达到一定强度后，在其上弹线、支模、铺放钢筋网片，底部用与混凝土保护层同厚度的水泥砂浆块垫塞，以保证位置正确。

3)浇筑混凝土

在浇筑混凝土前，模板和钢筋上的灰浆、泥土和钢筋上的锈皮油污等杂物，应清除干净，木模板应浇水加以湿润。基础混凝土宜分层连续浇灌完成，对于阶梯形基础，每一台阶高度内应整层作为一个浇筑层，每浇灌完一台阶应稍停0.5～1h，使其初步获得沉实，再浇筑上层，以防止下台阶混凝土溢起，在上台阶根部出现"烂脖子"，并使每个台阶上表面基本平整。对于锥形基础，应注意控制锥体斜面坡度正确，斜面模板应随混凝土浇筑分层支设，并顶紧。边角处的混凝土必须捣实，严禁斜面部分不支模，只用铁锹拍实。

4)基础上插筋与养护

基础上有插筋时,其插筋的数量、直径及钢筋种类应与柱内纵向受力钢筋相同,插筋的锚固长度,应符合设计要求。施工时,对插筋要加以固定,以保证插筋位置正确,防止浇捣混凝土时发生移位。混凝土浇灌完毕,外露表面应覆盖浇水养护,养护时间不少于 7 天,抗渗混凝土不少于 14 天。

2. 杯形基础施工

杯形基础常用于装配式钢筋混凝土柱的基础,形式有一般杯口基础、双杯口基础、高杯口基础等,如图 2-10 所示。

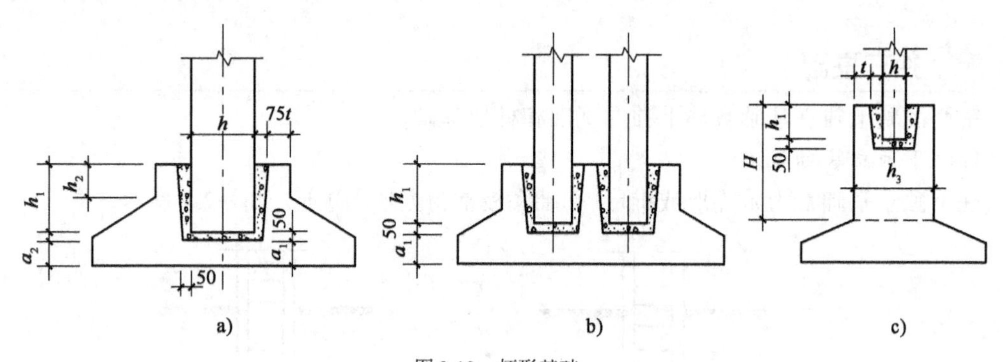

图 2-10　杯形基础

a)一般杯口基础;b)双杯口基础;c)高杯口基础

杯形基础施工要点:

1)杯口模板

杯口模板可用木模板或钢模板,可做成整体式,也可做成两半形式,中间各加楔形板一块,拆模时,先取出楔形板,然后分别将两半杯口模板取出。为便于拆模,杯口模板外可包钉薄铁皮一层。支模时杯口模板要固定牢固。在杯口模板底部留设排气孔,避免出现空鼓,如图 2-11 所示。

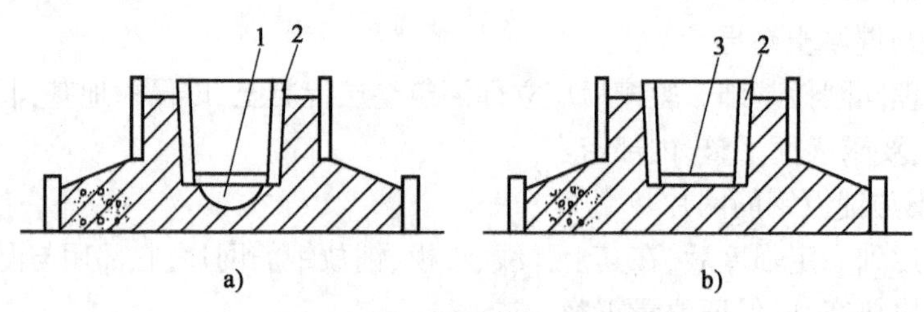

图 2-11　杯口内模板排气孔示意图

1-空鼓;2-杯口模板;3-底板留排气孔

2)混凝土浇筑

首先浇筑混凝土至杯底标高,然后安装杯口内模板,以保证杯底标高准确。一般在杯底均留有 50mm 厚的细石混凝土找平层,在浇筑基础混凝土时,要仔细控制标高。浇筑杯口时,一要对称下料,避免杯口位移;二要注意振捣,避免杯口模板上浮。混凝土应按台阶分层浇灌。对高杯口基础的高台阶部分按整段分层浇灌,不留施工缝。基础浇捣完毕,混凝土终凝前将杯口模板取出(用倒链),并将杯口内侧表面混凝土凿毛。

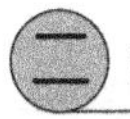

二 条形基础

条形基础分为墙下钢筋混凝土条形基础(图2-12)和柱下钢筋混凝土条形基础(图2-13)。柱下钢筋混凝土条形基础是由单向梁或交叉梁及其横向伸出的翼板组成,其横断面一般呈倒T形,基础截面下部向两侧伸出部分为翼板,中间梁腹部分为肋梁,常用于上部结构荷载较大,地基承载力较低的基础。

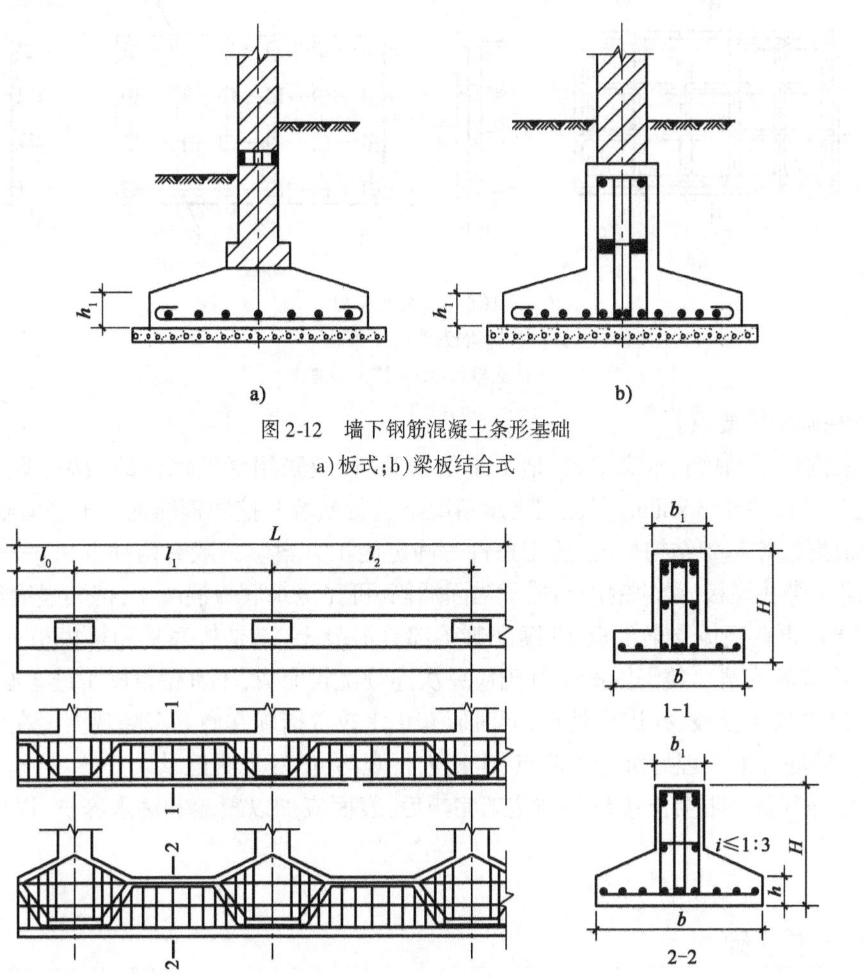

图2-12 墙下钢筋混凝土条形基础

a)板式;b)梁板结合式

图2-13 柱下钢筋混凝土条形基础

条形基础的施工要点:

当基槽验收合格后,应立即浇筑混凝土垫层,以保护地基。垫层混凝土应采用平板式振动器进行振捣,要求垫层混凝土密实,表面平整,待垫层强度达到设计强度的70%,即在其上弹线、支模、绑扎钢筋网片,并支设水泥砂浆垫块,做好浇筑混凝土的准备,钢筋绑扎必须牢固,位置准确,垫块厚度必须符合保护层的要求。

钢筋经验收合格后,应立即浇筑混凝土,条形基础可留设垂直和水平施工缝,但留设位置、处理方法必须符合规范规定。

混凝土浇筑要求以及基础上插筋与养护等同独立基础。

三 筏形基础

筏形基础是由整板式钢筋混凝土板(平板式)或由钢筋混凝土底板、梁整体(梁板式)两种类型组成,适用于有地下室或地基承载能力较低而上部荷载较大的基础。筏形基础在外形和构造上如倒置的钢筋混凝土楼盖,分为梁板式和平板式两类,如图2-14所示。

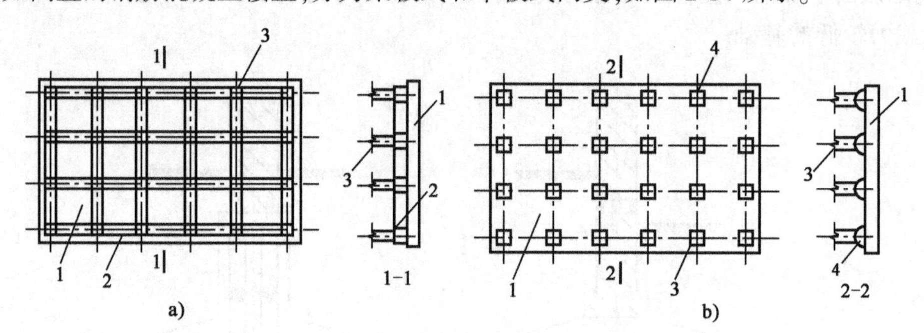

图2-14 筏形基础

a)梁板式;b)平板式

1-底板;2-梁;3-柱;4-支墩

筏形基础施工要点:

(1)根据地质勘探和水文资料,地下水位较高时,应采用降低水位的措施,使地下水位降低至基底以下不少于500mm;保证在无水情况下进行基坑开挖和钢筋混凝土筏体施工。

(2)根据筏体基础结构情况、施工条件等确定施工方案。一般有两种方法:一是先铺设垫层,在垫层上绑扎底板、梁的钢筋和柱子锚固插筋,可先浇筑底板混凝土,待其强度达到设计强度的25%时,再在底板支梁模板,继续浇筑梁部分混凝土;二是将底板和梁模板一次支好,将混凝土一次浇筑完成。筏形混凝土基础应一次连续浇筑完成,不宜留设施工缝。必须留设时,应按施工缝的要求留设,并进行处理,同时应有止水技术措施并做好沉降观测。在浇筑混凝土时,应在基础底板上预埋好沉降观测点,定期进行观测,做好观测记录。

(3)加强养护。混凝土筏形基础施工完毕后,表面应加以覆盖和洒水养护,以保证混凝土的质量。

四 箱形基础

箱形基础是由钢筋混凝土底板、顶板、侧墙及一定数量的内隔墙构成封闭的箱体。它的整体性和刚度都比较好,有调整不均匀沉降的能力,抗震能力较强,可以消除因地基变形而使建筑物开裂的缺陷,也可以减少基底处原有地基的自重应力降低总沉降量。箱形基础适用于作为软弱地基上面积较小,平面形状简单,荷载较大或上部结构分布不均的高层建筑物的基础,如图2-15所示。

箱形基础施工要点:

1)基坑处理

基坑开挖如有地下水,应将地下水位降低至设计底板以下500mm处。当地质为粉质砂土有可能产生流砂现象时,不得采用明沟排水,宜采用井点降水措施,并应设置水位降低观测孔。

注意保持基坑底土的原状结构,采用机械开挖基坑时,应在基坑底面以上保留200~400mm厚的土层,采用人工挖除,基坑验槽后,应立即进行基础施工。

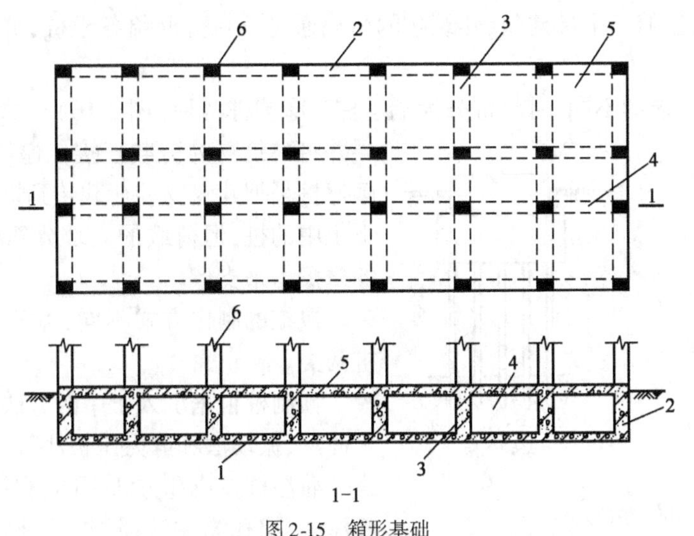

图2-15 箱形基础

1-底板;2-外墙;3-内横隔墙;4-内纵隔墙;5-顶板;6-柱

2)支模和浇筑

(1)箱形基础的底板、内外墙和顶板的支模和灌筑,可采取内外墙作顶板分次支模灌筑方法施工,外墙接缝应设榫接或设止水带。施工缝的处理,应符合有关规定。

(2)基础的底板、内外墙和顶板宜连续浇灌完毕。当基础长度超过40m时,为防止出现温度收缩裂缝,一般应设置贯通后浇施工缝,缝宽不宜小于800mm,在施工缝处钢筋应贯通后浇施工缝,顶板浇灌后,相隔14~28天,用比设计强度等级提高一级的微膨胀的细石混凝土将施工缝填灌密实,并加强养护。当有可靠的基础防裂措施时,可不设后浇施工缝。

(3)超厚、超长的整体钢筋混凝土结构浇筑。由于其结构截面大、水泥用量多,水泥水化后释放的水化热会产生较大的温度变化和收缩作用,会导致混凝土产生表面裂缝和贯穿性裂缝,影响结构的整体性、耐久性和防水性,影响正常使用。因此对大体积(实体最小尺寸等于或大于1m)混凝土,在浇灌前应对结构进行必要的裂缝控制计算,估算混凝土灌筑后可能产生的最大水化热温升值、温度差和温度收缩应力,以便在施工期采取有效的技术措施,预防温度收缩裂缝,保证混凝土工程质量。

(4)基础施工完毕,应抓紧基坑四周的回填土工作。停止降水时,应验算箱形基础抗浮稳定性,地下水对基础的浮力,抗浮稳定系数不宜小于1.1,以防出现基础上浮或倾斜的重大事故。如抗浮稳定系数不能满足要求时,应继续抽水,直到施工上部结构荷载加上后能满足抗浮稳定系数要求为止,或在基础内采取灌水或加重物等措施。

第三节 桩基础施工

天然地基中的浅基础一般造价较低,施工简易,因此工业与民用建筑物应尽量优先采用。但当上部建筑物荷载较大,而适合于作为持力层的土层又埋藏较深,用天然浅基础或仅作简单的人工地基加固仍不能满足要求时,常用的一种解决办法就是做桩基础。

桩基础由桩身和承台两部分组成,桩身全部或部分埋入土中,由承台将桩群在上部联结成一个整体,在承台上修筑上部建筑,建筑物的荷载通过承台分配给各根桩,桩群再把荷载传给地基。

按桩的传力性质的不同,可将桩分为端承桩和摩擦桩两种(图2-16)。端承桩是穿过软土层并将建筑物的荷载直接传递给坚硬土层的桩;摩擦桩是把建筑物的荷载传到桩四周土中及桩靴下土中的桩,但荷载的大部分靠桩四周表面与土的摩擦力来支撑。

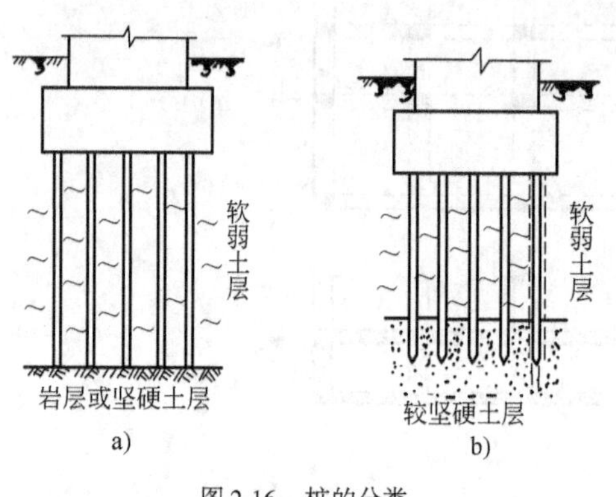

图2-16　桩的分类

a)端承桩;b)摩擦桩

按桩的制作方式不同,可分为预制桩和灌注桩两类。

预制桩根据沉入土中的方法,又可分锤击法、水冲法、振动法和静力压桩法等。

灌注桩按成孔方法不同,有钻孔灌注法、冲孔灌注法、挖孔灌注法、钻扩孔灌注法、沉管(打拔管)灌注法和爆扩灌注法等。

按成桩方法不同可分为非挤土桩(如干作业成孔桩、人工挖孔桩、泥浆护壁成孔桩等)、部分挤土桩(如部分挤土灌注桩、预钻孔打入法桩)和挤土桩(如挤土灌注桩、挤土预制桩等)。

按桩的断面形式可分为圆桩、方桩、多边形桩和管桩等。

按制作桩的材料可分为木桩、混凝土桩、钢筋混凝土桩、钢桩等。

一　预制桩施工

钢筋混凝土预制桩的施工,主要包括预制、起吊、运输、堆放、沉桩等过程。

(一)桩的制作、起吊、运输和堆放

1.桩的制作

钢筋混凝土预制桩有实心桩和管桩两种。

实心桩一般为正方形断面,常用断面边长为200～450mm,如图2-17所示。单根桩的最大长度,根据打桩架的高度确定。30m以上的桩可将桩预制成几段,在打桩过程中逐段接长,如在工厂制作,每段长度不宜超过12m。管桩的外径通常为ϕ400mm、ϕ500mm,壁厚80～110mm,每节长度8～10m,采用离心法生产制作。

钢筋混凝土预制桩的混凝土强度等级不宜低于C30,桩身配筋与沉桩方法有关,锤击沉桩的纵向钢筋配筋率不宜小于0.8%,压入桩不宜小于0.5%,但压入桩的桩身细长时,桩的纵向配筋率不宜小于0.8%。桩的纵向钢筋通常不少于4根,直径不宜小于14mm,桩身宽度或直径大于等于350mm时,纵向钢筋不应少于8根;箍筋直径6～8mm,间距不小于200mm,桩的两端箍筋间距加密,桩靴部分用螺旋形箍筋,螺距50mm;为加强桩靴抗冲击能力,在桩顶布置钢

筋网,钢筋网间距 50mm;钢筋保护层厚度不得小于 35mm。

钢筋混凝土预制桩可在工厂或施工现场预制。一般较长的桩在打桩现场或附近场地预制,较短的桩多在预制厂生产。

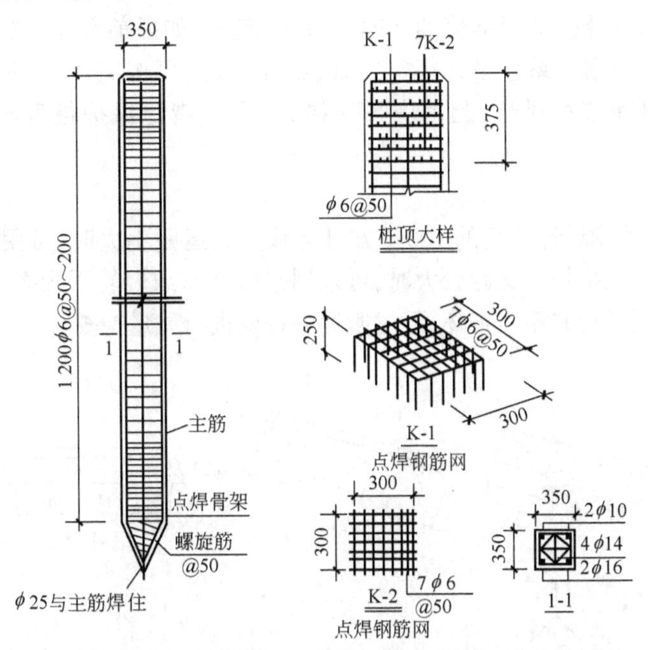

图 2-17 钢筋混凝土预制桩构造(尺寸单位:mm)

为了节省场地,采用现场预制的桩多用叠浇法施工,其重叠层数取决于地面允许荷载和施工条件,一般不宜超过 4 层。场地应平整、坚实,不得产生不均匀沉降。桩与桩间应做隔离层,桩与邻桩、底模间的接触面不得黏结。上层桩或邻桩的浇筑,必须在下层桩或邻桩的混凝土达到设计强度的 30% 以后方可进行。

其制作程序为:现场布置→场地地基处理、整平→场地地坪浇筑混凝土→支模→扎筋、安设吊环→浇筑混凝土→养护→(至 30% 强度后)拆模→支间隔端头模板、刷隔离剂、扎筋→浇筑间隔桩混凝土→同法间隔重叠制作第二层桩→……→养护至 75% 强度起吊→达 100% 强度后运输。

钢筋骨架的主筋连接宜用对焊,同一截面内的接头数量不得超过 50%。同一根钢筋两个接头的距离应大于 $30d$(d 为主筋直径)且不小于 500mm。

对于多节桩,上节桩和下节桩应尽量在同一纵轴线上制作,使上、下两节桩的钢筋和桩身减少偏差。桩预制时的先后次序应与打桩次序对应,以缩短养护时间。预制桩的混凝土浇筑应由桩顶向桩靴连续进行,严禁中断。浇筑完毕应覆盖洒水养护不少于 7d,如用蒸气养护,在蒸养后,尚应适当自然养护,30d 后方可使用。

桩的制作质量除应符合有关规范的允许偏差规定外,还应符合下列要求:

(1)桩的表面应平整、密实,掉角的深度不应超过 10mm,且局部蜂窝和掉角的缺损总面积不得超过该桩表面全部面积的 0.5%,并不得过分集中。

(2)混凝土收缩产生的裂缝深度不得大于 20mm,宽度不得大于 0.25mm;横向裂缝长度不得超过 0.5 倍的边长(圆桩或多边形桩不得超过直径和对角线的1/2)。

(3)桩顶和桩尖处不得有蜂窝、麻面、裂缝和掉角。

2. 桩的起吊

桩的强度达到设计强度标准值的 75% 后方可起吊,如提前起吊,必须采取措施并经验算合格方可进行。吊索应系于设计规定之处,如无吊环,可按图 2-18 所示的位置设置吊点起吊。在吊索与桩间应加衬垫,起吊应平稳提升,采取措施保护桩身质量,防止撞击和受振动。

3. 桩的运输

混凝土预制桩达到设计强度的 100% 方可运输。当运距不大时,可用起重机吊运或在桩下垫以滚筒,用卷扬机拖拉。运距较大时,可采用平板拖车或轻轨平板车运输,桩下宜设活动支座,运输时应做到平稳并不得损坏,经过搬运的桩要进行质量检查。

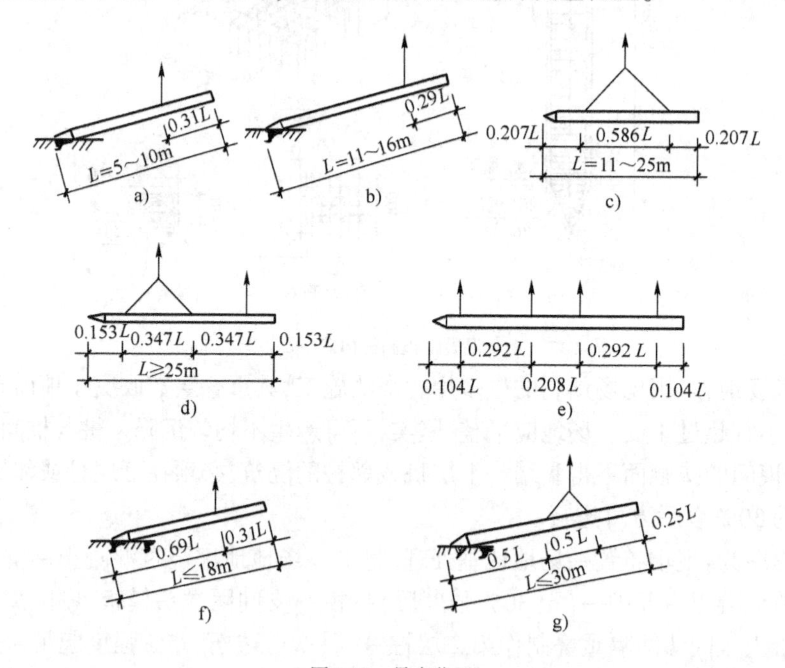

图 2-18　吊点位置

a)、b)一点吊法;c)二点吊法;d)三点吊法;e)四点吊法;f)预应力管桩一点吊法;g)预应力管桩二点吊法

4. 桩的堆放

桩堆放时,地面必须平整、坚实,垫木间距应与吊点位置相同,各层垫木应位于同一垂直线上,最下层垫木应适当加宽。堆放层数不宜超过 4 层,不同规格的桩应分别堆放。

(二)沉桩机械设备

打桩设备主要包括桩锤、桩架和动力装置三部分。

1. 桩锤

桩锤的作用是对桩顶施加冲击力,把桩打入土中。

桩锤主要有落锤、汽锤、柴油锤、振动锤等。

(1)落锤

落锤构造简单,使用方便,能随意调整落距。适用于黏土和含砂、砾石较多的土层。但落锤打桩速度慢、工效低,对桩的损伤较大,施工噪声大,影响环境。一般只在使用其他类型的桩锤不经济,或在小型工程中使用。

(2)汽锤

汽锤以蒸汽或压缩空气为动力对桩顶进行锤击。根据其工作情况又可分为单动汽锤和双动汽锤。单动汽锤的冲击力较大,可以打各种桩。双动汽锤冲击频率高,工效较高,适宜打各种桩,还可用于打斜桩、水下打桩、打钢板桩,拔桩等。

(3)柴油锤

柴油锤是以柴油为燃料,利用柴油燃烧膨胀产生的压力推动活塞往复运动进行锤击打桩。柴油锤分导杆式和筒式。柴油锤结构简单、移动灵活、使用方便,不需从外部提供能源,但在过软的土中由于桩的贯入度(每打击一次桩的下沉量)过大,容易熄火,使打桩中断。另一缺点是施工噪声大、排出的废气污染环境。

(4)振动锤

振动锤是利用偏心轮引起激振,通过刚性连接的桩帽将振动力传到桩上。宜于打钢板桩、钢管桩、钢筋混凝土管桩,还能帮助卷扬机拔桩,适用于砂土、塑性黏土及松软砂黏土中,在卵石夹砂及紧密黏土中效果较差。

桩锤的类型应根据施工现场情况、机具设备条件及工作方式和工作效率等条件来选择。

2. 桩架

桩架的作用是支撑桩身和悬吊桩锤,在打桩过程中引导桩身方向并保证桩锤沿着所要求方向冲击的打桩设备。

桩架的类型很多,主要有履带式、滚管式、轨道式、步履式。

履带式打桩架是以履带式起重机为主机的一种多功能打桩机。机架移动与转向最灵活,移动速度快。可以悬挂筒式柴油锤、液压锤和振动锤,施工各种类型的预制桩,亦可进行灌注桩施工。

滚管式打桩架行走靠两根滚管在枕木下滚动,结构比较简单,制作容易,成本低,但平面转向不灵活,操作人员多。

轨道式打桩架由立柱、斜撑、回转工作台、底盘及传动机构组成。它的适应性较好,在水平方向可360°回转,导架可伸缩和前后倾斜。底盘下装有铁轮,可在轨道上行走,这种桩架可适应各种预制桩及灌注桩施工。缺点是机构较庞大,现场装拆和转运比较困难。可配合柴油锤、振动锤,但其机动性能较差,需铺设枕木和钢轨,施工不方便。

液压步履式打桩架下部装有前后左右两对对称的液压船垫结构,以步履方式移动,不需铺枕木和钢轨,机动灵活,移动桩位方便,打桩效率高。

3. 动力装置

锤击沉桩的动力装置取决于所选的桩锤。落锤以电源为动力,需配置电动卷扬机、变压器、电缆等;蒸汽锤以高压蒸汽为动力,需配置蒸汽锅炉和卷扬机;空气锤以压缩空气为动力,

需配置空气压缩机、内燃机等；柴油锤以柴油作为能源，桩锤本身有燃烧室，不需外部动力设备。

(三)沉桩工艺

钢筋混凝土预制桩的沉桩方法有锤击法、振动法、水冲沉桩法、钻孔锤击法、静力压桩法等。

1. 锤击法沉桩

利用桩锤的冲击力克服土体对桩体的阻力，使桩沉到预定深度或达到持力层。

(1)打桩准备

①定桩位和确定打桩顺序。群桩施打前，应根据桩群的密集程度、桩的规格、长短和桩架移动方便来正确选择打桩顺序。可选用如下的打桩顺序：逐排打设、自中间向两侧对称打设、自中间向四周打设等(图2-19)。

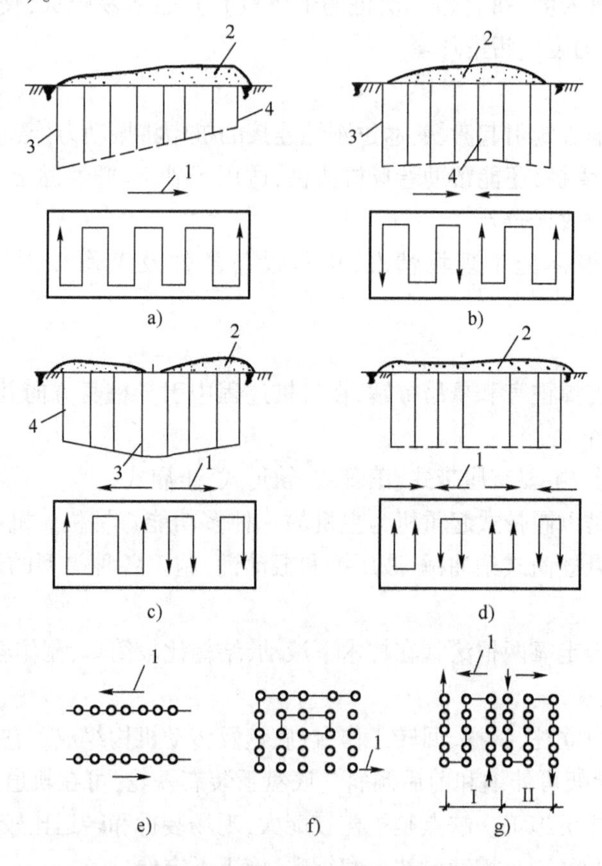

图2-19　打桩顺序和土体挤密情况

a)逐排单向打设；b)两侧向中心打设；c)中部向两侧打设；d)分段相对打设；e)逐排打设；f)自中部向两边打设；g)分段打设

当桩较稀疏时(桩中心距>4倍桩径时)，打桩顺序对打桩速度和打桩质量影响不大，可根据施工方便选择打桩顺序。

当桩较密集时(桩中心距≤4倍桩径时)，应由中间向两侧对称施打，或由中间向四周施打，当桩数较多时，也可采用分区段施打。

当桩规格、埋深、长度不同时，宜“先大后小、先深后浅、先长后短”施打。当一侧毗邻建筑物时，由毗邻建筑物处向另一方向施打。当桩头高出地面时，桩机宜采用向后退打，否则可采用向前顶打。

②设置水准点。打桩现场附近需设置不少于2个水准点。在施工过程中可据此检查桩位的偏差以及桩的入土深度。

③垫木、桩帽和送桩。桩锤与桩帽间应设置垫木用以减轻对桩帽的直接冲击。若桩顶要求打到桩架导杆底端以下或要求打入土中时，则需要利用“送桩”，送桩是一种可重复使用的工具桩，一般用钢材制作，其长度和截面尺寸视需要而定。

④设置标尺。标尺用以控制桩的入土深度。桩在打入前应在桩的侧面上画标尺或在桩架上设置标尺，用以观察桩的入土深度。

⑤其他。打桩前应清理现场，清除施工现场的地面和地下的障碍物，平整施工场地，设置供电、供水系统，安装打桩机等。开展施工人员培训，进行技术交底，特别是地质情况和设计要求的交底，准备好桩基工程施工记录和隐蔽工程记录等。

(2)沉桩工艺

工艺流程：桩机就位→桩起吊→对位插桩→打桩→接桩→打桩→送桩→检查验收→桩机移位。

①桩机就位。打桩机就位时，应对准桩位，保证垂直、稳定，确保在施工中不发生倾斜、移动。

在打桩前，用2台经纬仪对打桩机进行垂直度调整，使导杆垂直，或达到符合设计要求的角度。

②桩起吊。钢筋混凝土预制桩应在混凝土达到设计强度的75%方可起吊，达到设计强度的100%才能运输，达到要求强度与龄期后方可打桩。

拴好吊桩用的钢丝绳和索具，用索具捆绑在桩上端吊环附近处，起吊预制桩，使桩尖垂直或按设计要求的斜角准确地对准预定的桩位中心，缓缓放下插入土中，在桩顶扣好桩帽或桩箍，即可除去索具。

③对位插桩。桩尖插入桩位后，先用落距较小的轻锤1～2次，桩入土一定深度，再调整桩锤、桩帽、桩垫及打桩机导杆，使之与打入方向成一直线，并使桩稳定。10m以内短桩可用线坠双向校正，10m以上或打接桩，必须经纬仪双向校正，不得用目测。打斜桩时必须用角度仪测定、校正角度。观测仪器应设在不受打桩机移动及打桩作业影响的地点，并经常与打桩机成直角移动。桩插入土时垂度偏差不得超过0.5%。

桩在打入前，应在桩的侧面或桩架上设置标尺，以便在施工中观测、记录。

④打桩。用落锤或单动汽锤打桩时，锤的最大落距不宜超过1m；用柴油锤打桩时，应使锤跳动正常。打桩宜重锤低击，锤重的选择应根据工程地质条件、桩的类型、结构、密集程度及施工条件来选用。

打桩顺序根据基础的设计标高，先深后浅；依桩的规格先大后小，先长后短。由于桩的密集程度不同，可由中间向两个方向对称进行或向四周进行，也可由一侧向单一方向进行。

打入初期应缓慢地间断地试打,在确认桩中心位置及角度无误后再转入正常施打。打桩期间应经常校核检查桩机导杆的垂直度或设计角度。

⑤接桩。混凝土预制长桩,受运输条件和打(沉)桩架高度限制,一般要分节制作,在现场接桩,分节沉入。

桩的常用接头方式有焊接接桩、法兰接桩及硫磺胶泥锚接接桩三种(图2-20)。焊接接桩、法兰接桩可用于各类土层;硫磺胶泥锚接适用于软土层。接桩前应先检查下节桩的顶部,如有损伤应适当修复,并清除两桩端的污染和杂物等。如下节桩头部严重破坏时应补打桩。

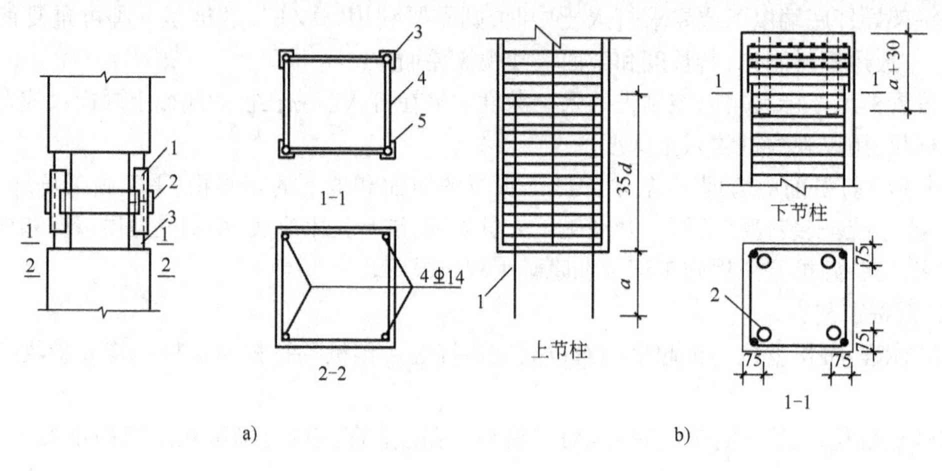

图2-20　接桩节点构造(尺寸单位:mm)

a)焊接法接桩节点构造

1-4 ∟50×5长200(拼接角钢);2-4-100×300×8(连接钢板);3-4 ∟63×8长150(与立筋焊接);4-ϕ12(与∟63×8焊牢);5-主筋

b)浆锚法接桩节点构造

1-锚筋;2-锚筋孔

焊接时,其预埋件表面应清洁,上下节之间的间隙应用铁片垫实焊牢。施焊时,先将四角点焊固定,然后对称焊接。

浆锚法接桩时,接头间隙内应填满熔化了的硫磺胶泥,硫磺胶泥温度控制在145℃左右。接桩后应停歇至少7min后才能继续打桩。

接桩时,一般在距地面1m左右时进行。上下节桩的中心线偏差不得大于5mm,节点弯曲矢高不得大于1/1 000桩长。接桩处入土前,应对外露铁件再次补刷防腐漆。

桩的接头应尽量避免下述位置:

a. 桩尖刚达到硬土层的位置;

b. 桩尖将穿透硬土层的位置;

c. 桩身承受较大弯矩的位置。

⑥送桩。设计要求送桩时,送桩的中心线应与桩身吻合一致方能进行送桩。送桩下端宜设置桩垫,要求厚薄均匀。若桩顶不平可用麻袋或厚纸垫平。送桩留下的桩孔应立即回填密实。

⑦检查验收。打桩质量包括两个方面的内容:一是能否满足贯入度或标高的设计要求;二是打入后的偏差是否在施工及验收规范允许的范围以内。

贯入度是指每锤击一次桩的入土深度,而在打桩过程中常指最后贯入度,即最后一击桩的入土深度。实际施工中一般是采用最后10击桩的平均入土深度作为其最后贯入度。测量最后贯入度应在桩顶没有被破坏、锤击没有偏心、锤的落距符合规定、桩帽和弹性垫层正常的条件下进行。

预制桩打入深度以最后贯入度(一般以连续三次锤击均能满足为准)及桩尖标高为准,即"双控"。亦即桩停止锤击的控制原则如下:

a.桩端(指桩的全断面)位于一般土层时,以控制桩端设计标高为主,贯入度可作参考;

b.桩端达到坚硬、硬塑的黏土、中密以上粉土、砂土、碎石类土、风化岩时,以贯入度控制为主,桩端标高可作参考;

c.贯入度已达到而桩尖标高未达到时,应继续锤击3次,按每次10击的贯入度不大于设计规定的数值加以确认,必要时施工控制贯入度应通过试验与有关单位会商确定。

打桩过程中,遇见下列情况应暂停,并及时与有关单位研究处理。

a.贯入度剧变;

b.桩身突然发生倾斜、位移或有严重回弹;

c.桩顶或桩身出现严重裂缝或破碎。

2.*静力压桩法*

静力压桩法是利用无振动、无噪声的静压力将桩压入土中。静力压桩的方法较多,有锚杆静压、液压千斤顶加压、绳索系统加压等,凡属非冲击力沉桩均可归属于静力压桩法。

静力压桩适用于在软土、淤泥质土中沉桩。施工中无噪声、无振动、无冲击力,与普通打桩和振动沉桩相比可减小对周围环境的影响,适合在有防振要求的建筑物附近施工。

常用的静力压桩机有机械式和液压式两种。

机械式静力压桩机是利用桩架的自重和压重,通过卷扬机牵引滑轮组,将整个压桩机的重力经压梁传至桩顶,以克服桩身下沉时与土的摩阻力,将桩压入土中(图2-21)。

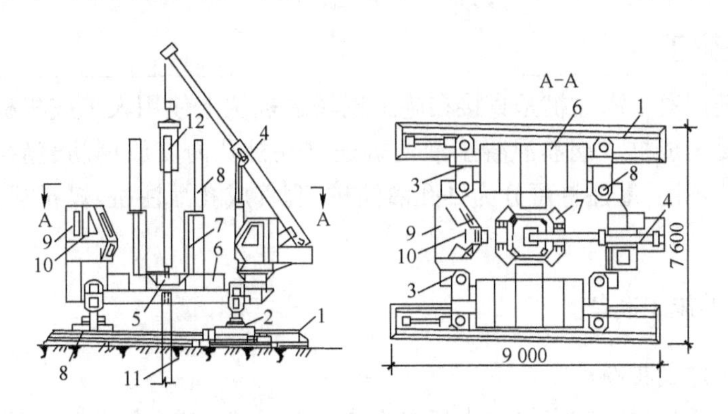

图2-21 全液压式静力压桩机压桩

1-长向行走机构;2-短向行走及回转机构;3-支腿式底盘结构;4-液压起重机;5-夹持与压板装置;6-配重铁块;7-导向架;8-液压系统;9-电控系统;10-操纵室;11-已压入下节桩;12-吊入上节桩

液压式静力压桩机由压桩机构、行走机构和起吊机构三部分组成。液压式静力压桩机产生的压力可达4 000kN。压桩一般是分节压入,逐段接长。当第一节桩压入土中,其上端距地面2m左右时将第二节桩接上,继续压入。同一根桩应连续施工。液压式静力压桩机移动方便迅速、送桩定位准确、压桩效率高,已逐渐取代机械式静力压桩机。

静力压桩施工程序如下:

测量定位→桩机就位→吊桩插桩→桩身对中调直→静压沉桩→接桩→再沉桩→终止压桩→切割桩头

3. 其他沉桩方法

预制桩的其他沉桩方法还有振动法、水冲沉桩法、钻孔锤击法等。

(1)振动法

振动沉桩与锤击沉桩的施工方法基本相同,振动法是借助固定于桩顶的振动器产生的振动力,减小桩与土之间的摩擦阻力,使桩在自重和振动力的作用下沉入土中。振动法在砂土中运用效果较好,在黏土地区效果较差。

(2)水冲沉桩法

水冲沉桩法是锤击沉桩的一种辅助方法。水冲沉桩法是利用高压水流经过桩侧面或空心桩内部的射水管冲击桩靴附近土层,减小桩与土之间的摩擦力及桩靴下土的阻力,使桩在自重和锤击作用下迅速沉入土中。一般是边冲水边打桩,当沉桩至最后 1 ~ 2m 时停止冲水,用锤击至规定标高。水冲法适用于砂土和碎石土,有时对于特别长的预制桩,单靠锤击有一定困难时,也可用水冲法辅助施工。

(3)钻孔锤击法

钻孔锤击法是钻孔与锤击相结合的一种沉桩方法。当遇到土层坚硬,采用锤击法遇到困难时可以先在桩位上钻孔后再在孔内插桩,然后锤击沉桩。钻孔深度距持力层 1 ~ 2m 时停止钻孔,提钻时注入泥浆以防止塌孔,泥浆的作用是护壁。钻孔直径应小于桩径。钻孔完成后吊桩,插入桩孔锤击至持力层深度。

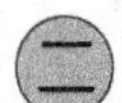

二 灌注桩施工

混凝土和钢筋混凝土灌注桩是直接在施工现场的桩位上使用人工或机械等方法成孔,然后在孔内浇筑混凝土成桩。钢筋混凝土灌注桩还需在桩孔内安放钢筋笼后再浇筑混凝土成桩。根据成孔方法不同,灌注桩可分为钻孔灌注桩、套管成孔灌注桩、爆扩成孔灌注桩及人工挖孔灌注桩等。

(一) 灌注桩的施工准备

1. 定桩位和确定成孔顺序

灌注桩定位放线与预制桩定位放线基本相同。确定桩的成孔顺序时应注意下列各点:

(1)机械钻孔灌注桩、干作业成孔灌注桩等,成孔时对土没有挤密作用,一般按现场条件和桩机行走最方便的原则确定成孔顺序。

(2)冲孔灌注桩、振动灌注桩、爆扩桩等,成孔时对土有挤密作用和振动影响,一般可结合现场施工条件,采用下列方法确定成孔顺序。

①间隔 1 ~ 2 个桩位成孔。

②在邻桩混凝土初凝前或终凝后再成孔。

③5 根单桩以上的群桩基础，位于中间的桩先成孔，周围的桩后成孔。

④同一个承台下的爆扩桩，可根据不同的桩距采用单爆或联爆法成孔。

2. 制作钢筋笼

绑扎钢筋笼(钢筋骨架)时，要求纵向钢筋沿环向均匀布置，箍筋的直径和间距、纵向钢筋的保护层、加劲箍的间距等应符合设计规定。箍筋和纵向钢筋(主筋)之间采用绑扎时，应在其两端和中部采用焊接，以增加骨架的牢固程度，便于吊装入孔。

钢筋笼直径除按设计要求外，还应符合下列规定：

(1)套管成孔的桩，应比套管内径小 60～80mm。

(2)用导管法灌注水下混凝土的桩，应比导管连接处的外径大 100mm 以上。

(3)钢筋笼制作、运输和安装过程中，应采取措施防止变形，并应有保护层垫块。

(4)钢筋笼吊放入孔时不得碰撞孔壁，浇筑混凝土时应采取措施固定钢筋笼的位置，防止上浮和偏移。

3. 混凝土配制

混凝土配制时，应选用合适的石子粒径和混凝土坍落度。石子粒径要求：卵石不宜大于 50mm，碎石不宜大于 40mm，配筋的桩不宜大于 30mm，石子最大粒径不得大于钢筋净距的 1/3。坍落度要求：水下灌注的混凝土宜为 16～22cm；干作业成孔的混凝土宜为 8～10cm；套管成孔的混凝土宜为 6～8cm。

灌注桩的混凝土浇灌应连续进行。水下浇灌混凝土时，钢筋笼放入泥浆后 4h 内必须浇灌混凝土，并要做好施工记录。

(二)灌注桩的施工工艺

1. 钻孔灌注桩

钻孔灌注桩是指利用钻孔机械钻出桩孔，并在桩孔中浇灌混凝土(或先在孔中吊放钢筋笼)而成的桩。

根据钻孔机械的钻头是否在土壤的含水层中施工，又分为干作业成孔和泥浆护壁成孔两种方法。

(1)干作业成孔灌注桩

干作业成孔灌注桩是用钻机在桩位上成孔，在孔中吊放钢筋笼，再浇筑混凝土的成桩工艺。

干作业成孔适用于地下水位以上的各种软硬土层，施工中不需设置护壁而直接钻孔取土形成桩孔。目前常用的钻孔机械是螺旋钻机。

①螺旋钻成孔灌注桩施工工艺。螺旋钻机(图 2-22)是利用动力旋转钻杆，钻杆带动钻头上的螺旋叶片旋转切削土层，土渣沿螺旋叶片上升排出孔外。螺旋钻机成孔直径一般为 300～600mm 左右，钻孔深度 8～12m。

钻杆按叶片螺距的不同，可分为密螺纹叶片和疏螺纹叶片，密螺纹叶片适用于可塑或硬塑黏土或含水率较小的

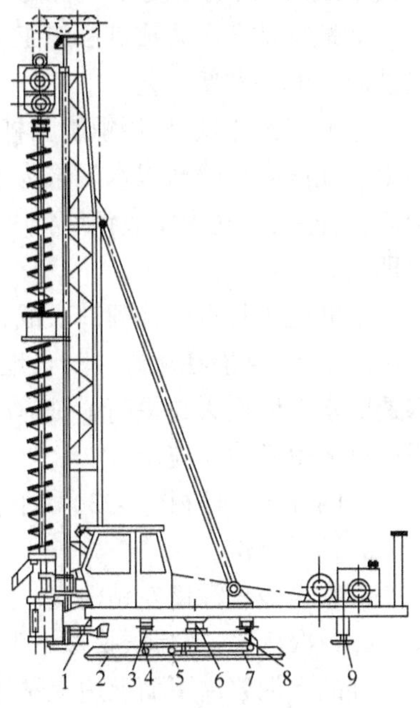

图 2-22 步履式全螺旋钻孔机

1-上盘；2-下盘；3-回转滚轮；4-行走滚轮；5-钢丝滑轮；6-旋转中心轴；7-行走油缸；8-中盘；9-支腿

砂土,钻进时速度缓慢而均匀。疏螺纹叶片适用于含水率大的软塑土层,由于钻杆在相同转速时,疏螺纹叶片较密螺纹叶片向上推进快,所以可取得较快的钻进速度。

螺旋钻成孔灌注桩施工流程如下:

钻机就位→钻孔→检查成孔质量→孔底清理→盖好孔口盖板→移桩机至下一桩位→移走盖口板→复测桩孔深度及垂直度→安放钢筋笼→放混凝土串筒→浇灌混凝土→插桩顶钢筋。

钻进时要求钻杆垂直,钻孔过程中如发现钻杆摇晃或进钻困难时,可能是遇到石块等硬物,应立即停钻检查,及时处理,以免损坏钻具或导致桩孔偏斜。

施工中,如发现钻孔偏斜时,应提起钻头上下反复扫钻数次,以便削去硬土,如纠正无效,应在孔中回填黏土至偏孔处以上0.5m,再重新钻进。如成孔时发生塌孔,宜钻至塌孔处以下1~2m处,用低强度等级的混凝土填至塌孔以上1m左右,待混凝土初凝后再继续下钻钻至设计深度,也可用3:7的灰土代替混凝土。

钻孔达到要求深度后,进行孔底土清理,即钻到设计钻深后,必须在深处进行空转清土,然后停止转动,提钻杆,不得回转钻杆。

提钻后应检查成孔质量:用测绳(锤)或手提灯测量孔深垂直度及虚土厚度。虚土厚度等于测量深度与钻孔深的差值,虚土厚度一般不应超过100mm。如清孔时,少量浮土泥浆不易清除,可投入25~60mm厚的卵石或碎石插捣,以挤密土体。或用夯锤夯击孔底虚土或用压力在孔底灌入水泥浆,以减少桩的沉降和提高其承载力。

钻孔完成后应尽快吊放钢筋笼并浇筑混凝土。混凝土应分层浇筑,每层高度不得大于1.5m,混凝土的坍落度在一般黏性土中为50~70mm,砂类土中为70~90mm。

②螺旋钻孔压浆成桩法施工工艺。螺旋钻孔压浆成桩法是在螺旋钻孔灌注桩的基础上,发展起来的一种新工艺。

它的工艺原理是,用螺旋钻杆钻到预定的深度后,通过钻杆芯管底部的喷嘴,自孔底由下而上向孔内高压喷射以水泥浆为主剂的浆液,使液面升至地下水位或无塌孔危险的位置以上。提起钻杆后,在孔内安放钢筋笼并在孔口通过漏斗投放骨料。最后再自孔底向上多次高压补浆即成。

它的施工特点是连续一次成孔,多次自下而上高压注浆成桩,它既具有无噪声、无振动、无排污的优点,又能在流砂、卵石、地下水、易塌孔等复杂地质条件下顺利成桩,而且由于其扩散渗透的水泥浆而大大提高了桩体的质量,其承载力为一般灌注桩的1.5~2倍,在国内很多工程中已经得到成功应用。

它的施工顺序(图2-23)如下:

a.钻机就位。

b.钻至设计深度空钻清底。

c.一次压浆:把高压胶管一头接在钻杆顶部的导流器预留管口,另一头接在压浆泵上,将配制好的水泥浆由下而上边提钻边压浆。

d.提钻:压浆到坍孔地层以上500mm后提出钻杆。

e.下钢筋笼:浆塑料压浆管固定在制作好的钢筋笼上,使用钻机的吊装设备吊起钢筋笼对准孔位,垂直缓慢放入孔内,下到设计标高,固定钢筋笼。

f.下碎石:碎石通过孔口漏斗倒入孔内,用铁棍捣实。

g. 二次补浆：与第一次压浆的间隔不得超过45min，利用固定在钢筋笼上的塑料管进行第二次的压浆，压浆完了后立即拔管洗净备用。

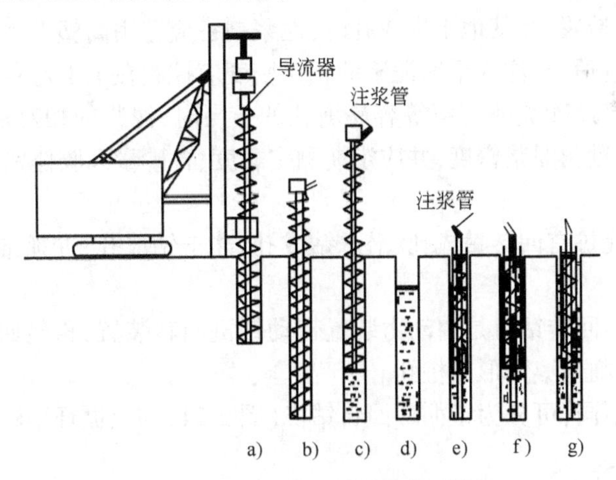

图2-23 螺旋钻孔压浆成桩施工顺序

a)钻机就位；b)钻进；c)一次压浆；d)提出钻杆；e)下钢筋笼；f)下碎石；g)二次补浆

(2)泥浆护壁成孔灌注桩

泥浆护壁成孔是利用泥浆保护孔壁，通过循环泥浆裹携悬浮孔内钻挖出的土渣并排出孔外，从而形成桩孔的一种成孔方法。

泥浆在成孔过程中所起的作用是护壁、携渣、冷却和润滑，其中最重要的作用还是护壁。

①护壁。泥浆的相对密度较大，当孔内泥浆液面高于地下水位时，泥浆对孔壁产生的孔静水压力相当于一种水平方向的液体支撑，可以稳固孔壁、防止塌孔；泥浆在孔壁上形成一层低透水性的泥皮，避免孔内水分漏失，稳定护筒内的泥浆液面，保持孔内壁的静水压力，以达到护壁的目的。

②携渣。泥浆有较高的黏性，通过循环泥浆可将切削破碎的土渣悬浮起来，随同泥浆排出孔外，起到携渣排土的作用。

③冷却和润滑。循环的泥浆对钻具起着冷却和润滑的作用，减轻钻具的磨损。

泥浆护壁成孔灌注桩的施工工艺流程如下：

测定桩位→埋设护筒→桩机就位→制备泥浆→成孔→清孔→安放钢筋骨架→浇筑水下混凝土

①定桩位、埋设护筒

桩位放线定位后即可在桩位上埋设护筒。

护筒的作用是固定桩位、防止地表水流入孔内、保护孔口和保持孔内水压力、防止塌孔以及成孔时引导钻头的钻进方向等。

护筒一般用4~8mm钢板制作，其内径应大于钻头直径100~200mm，其上部宜开设1~2个溢浆孔。护筒埋设应准确、稳定，护筒与坑壁间用黏土填实，护筒中心与桩位中心的偏差不得大于50mm。护筒的埋设深度：黏土中不宜小于1.0m；砂土中不宜小于1.5m，其高度尚应满足孔内泥浆面高度的要求，一般高出地面或水面400~600mm；受水位涨落影响或水下施工的钻孔灌注桩，护筒应加高加深，泥浆面应高出最高水位1.5m，必要时护筒应打入不透水层。

②制备泥浆

制备泥浆的方法根据土质确定。在黏性土中成孔时可在孔中注入清水，钻机旋转时，切削土屑与水旋拌，用原土造浆；在其他土中成孔时，泥浆制备应选用高塑性黏土或膨润土。

泥浆的浓度应控制适当，注入干净泥浆的相对密度应控制在1.1左右，排出的泥浆相对密度宜为1.2～1.4；当穿过砂类卵石层等容易坍孔的土层时，泥浆的相对密度可增大至1.3～1.5。在施工过程中，应勤测泥浆密度，并应定期测定黏度、含砂量和胶体率。

③成孔

泥浆护壁成孔灌注桩有回转钻成孔、潜水钻成孔、冲击钻成孔、冲抓锥成孔等不同的成孔方法。

a. 回转钻机成孔。回转钻机是由动力装置带动钻机回转装置，再经回转装置带动装有钻头的钻杆转动，钻头切削土壤而形成桩孔。

按泥浆循环方式不同，可分为正循环回转钻机（图2-24）和反循环回转钻机（图2-25）。

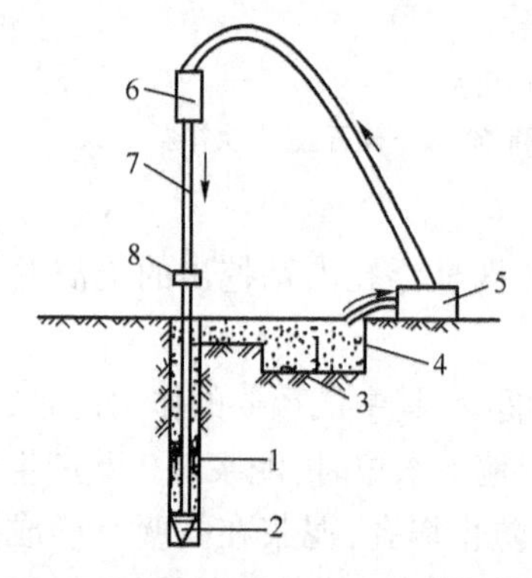

图2-24　正循环回转钻机成孔工艺原理

1-钻头；2-泥浆循环方向；3-沉淀池；4-泥浆池；5-泥浆泵；6-水龙头；7-钻杆；8-钻机回转装置

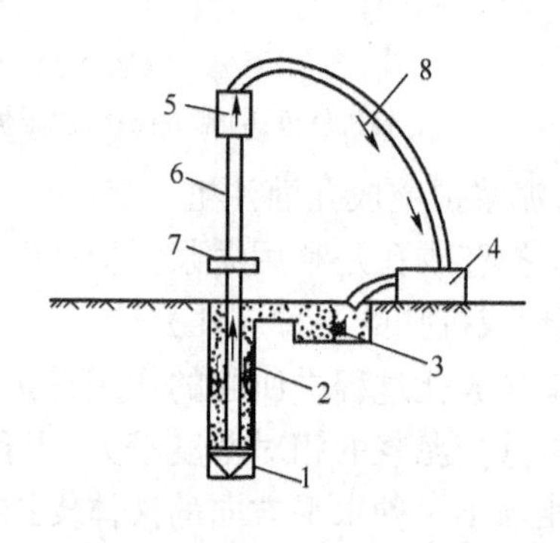

图2-25　反循环回转钻机成孔工艺原理

1-钻头；2-新泥浆流向；3-沉淀池；4-砂石泵；5-水龙头；6-钻杆；7-钻机回转装置；8-混合液流向

正循环回转钻机成孔工艺为：从空心钻杆内部空腔注入的加压泥浆或高压水，由钻杆底部喷出，裹携钻削出的土渣沿孔壁向上流动，由孔口排出后流入泥浆池。

与正循环相反，反循环回转钻机成孔工艺为：反循环作业的泥浆或清水是由钻杆与孔壁间的环状间隙流入钻孔，由于吸泥泵的作用，在钻杆内腔形成真空，钻杆内外的压强差使得钻头下裹携土渣的泥浆，由钻杆内部空腔上升返回地面，再流入泥浆池。反循环工艺的泥浆向上流动的速度较大，能携带较多的土渣。

b. 潜水钻成孔。潜水钻机是一种将动力装置、变速机构密封后和钻头连在一起，潜入到水中工作的一种体积小而轻的旋转式钻孔机械。这种钻机的钻头有多种形式，以适应不同桩径和不同土层的需要。钻头靠桩架悬吊吊杆定位，钻孔时钻杆不旋转，仅钻头部分旋转削土，同时用泥浆泵压送高压泥浆，泥浆从钻头底端射出与切碎的土颗粒混合，然后不断由孔底向孔口溢出，用正循环方式排泥渣，如此连续钻进、排泥渣，直至形成所需深度的桩孔。

潜水钻机成孔直径500～1 500mm，深20～30m，最深可达50m，适用于地下水位较高的软硬土层，也可钻入岩层。

潜水钻成孔前，孔口也要埋设钢板护筒。钻孔达到设计深度后应进行清孔，放置钢筋笼。

清孔可用循环换浆法,即让钻头在原位旋转,继续注水,用清水换浆,使泥浆密度控制在1.1左右。如孔壁土质较差,宜用泥浆循环清孔,使泥浆密度控制在1.15~1.25,清孔过程中应及时补给稀泥浆,并保持浆面稳定。

潜水钻成孔具有设备定型、体积小、移动灵活、维修方便、无噪声,无振动、钻孔深、成孔精度和效率高、劳动强度低等特点。

c.冲击钻成孔。冲击钻主要用于岩土层中成孔。冲击钻头的形式有十字形、工字形、人字形等,一般宜用十字形。在钻头锥顶和提升钢丝绳之间,设有自动转向装置,因而能保证冲钻成圆孔。成孔时,冲击钻机将冲锤提升至一定高度后自由下落,以产生的冲击力破碎岩层,然后用泥浆循环或抽渣筒掏出。

冲孔前应埋设护筒,护筒内径比钻头直径大200mm。然后使冲孔机就位,冲锤对准护筒中心。开始时用低锤密冲(落距0.4~0.6m),并及时加块石和黏土泥浆护壁,使孔壁挤压密实,直到护筒以下3~4m后,才可加大冲击钻头的冲程,提高钻进效率。孔内冲碎的石渣,一部分随泥浆挤入孔壁,大部分石渣用抽渣筒掏出。进入基岩后应低锤击或间断冲击,每钻进100~500mm应清孔取样一次,以备终孔验收。如冲孔发生倾斜,应回填片石(厚300~500mm)后重新冲孔。

④清孔

当钻孔达到设计深度后,应进行验孔和清孔,清除孔底沉渣和淤泥。清孔的目的是减少桩基的沉降量,提高其承载能力。对于不易塌孔的桩孔,可用空气吸泥机清孔,气压为0.5MPa,使管内形成强大高压气流向上涌,桩搅动的泥渣随着高压气流上涌从喷口排出,直至孔口喷出清水为止,对于稳定性差的孔壁应用泥浆(正、反)循环法或抽渣筒排渣。清孔时,保持孔内泥浆面高出地下水位1.0m以上,在受水位涨落影响时,泥浆面要高出最高水位1.5m以上。

孔底沉渣厚度指标应符合规定:端承桩≤50mm,摩擦端承桩、端承摩擦桩≤100,摩擦桩≤300mm。若不能满足要求,应继续清孔,清孔满足要求后,应立即安放钢筋笼、浇筑混凝土。

沉渣厚度可用重锤法或沉渣仪进行检测。重锤法是依据手感来判断沉渣表面位置,然后依靠测锤重夯入沉渣的厚度作为测量值。沉渣仪是利用测试探头和仪表测量。如图2-26所示。

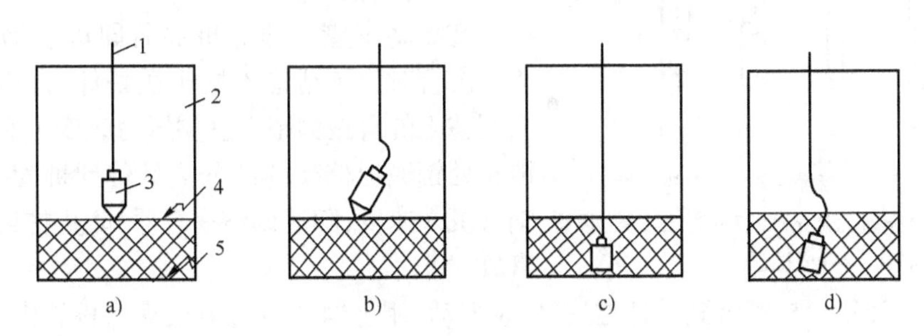

图2-26　沉渣厚度测定示意图

a)探头在沉渣面;b)探头在沉渣面倾斜;c)探头在孔底;d)探头在孔底倾斜

1-导线;2-泥浆;3-探头;4-沉渣面;5-孔底

⑤浇筑水下混凝土

泥浆护壁成孔灌注桩混凝土的浇筑是在泥浆中进行的，所以属于水下浇筑混凝土。水下混凝土浇筑的方法很多，最常用的是导管法。导管法是将密封连接的钢管作为混凝土水下灌注的通道，混凝土沿竖向导管下落至孔底，置换泥浆而成桩。导管的作用是隔离环境水，使其不与混凝土接触。

2. 沉管灌注桩

沉管灌注桩，又称套管成孔灌注桩、打拔管灌注桩，施工时是使用振动式桩锤或锤击式桩锤将一定直径的钢管沉入土中形成桩孔，然后在钢管内吊放钢筋笼，边灌筑混凝土边拔管而形成灌注桩桩体的一种成桩工艺。它包括锤击沉管灌注桩、振动沉管灌注桩、夯压成型沉管灌注桩等。

(1)振动沉管灌注桩

根据工作原理可分为振动沉管施工法和振动冲击施工法两种。

振动沉管施工法，是在振动锤竖直方向往复振动作用下，桩管也以一定的频率和振幅产生竖向往复振动，减少桩管与周围土体间的摩阻力，当强迫振动频率与土体的自振频率相同时(砂土自振频率为900～1 200r/min，黏性土自振频率为600～700r/min)，土体结构因共振而被破坏。与此同时，桩管受加压作用而沉入土中，在达到设计要求深度后，边拔管、边振动、边灌注混凝土、边成桩。

振动冲击施工法是利用振动冲击锤在冲击和振动的共同作用，桩尖对四周的土层进行挤压，改变土体结构排列，使周围土层挤密，桩管迅速沉入土中，在达到设计标高后，边拔管、边振动、边灌注混凝土、边成桩。

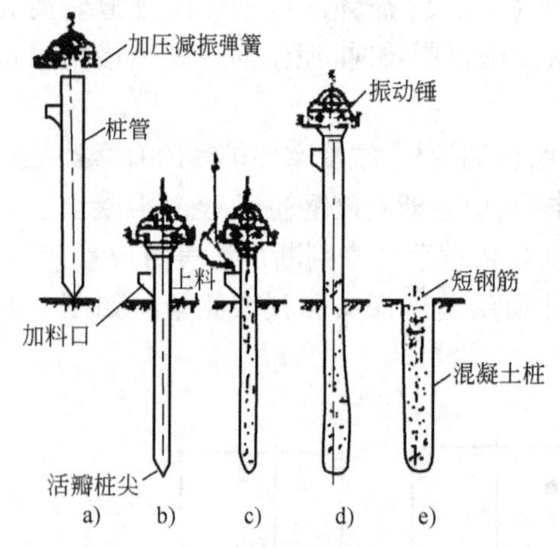

图2-27　振动沉管灌注桩施工工艺流程

a)桩机就位；b)振动沉管；c)浇筑混凝土；d)边拔管边振动边浇筑混凝土；e)成桩

1)施工顺序

振动沉管灌注桩施工流程如图2-27所示。

①桩机就位。施工前，应根据土质情况选择适用的振动打桩机，桩尖宜采用活瓣式。施工时先安装好桩机，将桩管对准桩位中心，桩尖活瓣合拢，放松卷扬机钢丝绳，利用振动机及桩管自重，把桩尖压入土中，勿使偏斜。

②振动沉管。埋好桩尖后即可启动振动箱沉管。沉管时为了适应不同土质条件，常用加压方法来调整土的自振频率。桩尖压力改变可利用卷扬机滑轮处钢绳把桩架的部分重量传到桩管上，并根据钢管沉入速度，随时调整离合器，防止桩架抬起发生事故。

③混凝土浇筑。桩管沉到设计位后，停止振动，用上料斗将混凝土灌入桩管内，一般应灌满或略高于地面。

④边拔管边振动。开始拔管时，先启动振动箱片刻再拔管，并用吊铊探测得桩尖活瓣确已张开，混凝土已从桩管中流出以后，方可继续抽拔桩管，边拔边振。在拔管过程中，桩管内应至少保持2m以上高度的混凝土，或不低于地面，可用吊铊探测，不足时要及时补灌以防混凝土

中断,形成缩颈。

振动灌注桩的中心距不宜小于桩管外径的4倍,相邻的桩施工时。其间隔时间不得超过水泥的初凝时间,中间需停顿时,应将桩管在停歇前先沉入土中。

⑤安放钢筋笼或插筋。第一次浇筑至笼底标高,然后安放钢筋笼,再灌注混凝土至设计标高。

2)施工方法

振动、振动冲击沉管施工法一般有单打法、反插法、复打法等。应根据土质情况和荷载要求分别选用。

单打法适用于含水率较小的土层,且宜采用预制桩尖;反插法及复打法适用于软弱饱和土层。

①单打法。即一次拔管法。拔管时每提升0.5~1m,振动5~10s,再拔管0.5~1m,如此反复进行,直至全部拔出为止,一般情况下振动沉管灌注桩均采用此法。

注意:桩管内灌满混凝土后,先振动5~10s,再开始拔管,控制好拔管速度,在一般土层内,拔管速度宜为1.2~1.5m/min,用活瓣桩尖时宜慢,用预制桩尖时适当加快,在软弱土层中,宜控制在0.6~0.8m/min。

②复打法。在同一桩孔内进行两次单打,即按单打法制成桩后再在混凝土桩内成孔并灌注混凝土。采用此法可扩大桩径,大大提高桩的承载力。

注意:第一次灌注混凝土应达到自然地面;前后两次沉管的轴线重合;复打施工必须在第一次灌注的混凝土初凝之前完成。

③反插法。将套管每提升0.5m,再下沉0.3m,反插深度不宜大于活瓣桩尖长度的2/3,如此反复进行,直至拔离地面。此法也可扩大桩径,提高桩的承载力。

注意:在桩尖处的1.5m范围内,宜多次反插以扩大桩的端部断面;在拔管过程中,应分段添加混凝土,保持管内混凝土面始终不低于地表面或高于地下水位1~1.5m,拔管速度应小于0.5m/min。穿过淤泥夹层时,应当放慢拔管速度,并减少拔管高度和反插深度,在流动性淤泥中不宜使用反插法。

混凝土的充盈系数不得小于1,对于混凝土充盈系数小于1的桩,宜全长复打,对可能有断桩和缩颈桩,应采用局部复打。成桩后的桩身混凝土顶面标高应不低于设计标高500mm。全长复打桩的入土深度宜接近原桩长,局部复打应超过断桩或缩颈区1m以上。

(2)锤击沉管灌注桩

锤击沉管施工法,是利用桩锤将桩管和预制桩尖(桩靴)打入土中,边拔管、边振动、边灌注混凝土、边成桩,在拔管过程中,由于保持对桩管进行连续低锤密击,使钢管不断得到冲击振动,从而密实混凝土。与振动沉管灌注桩一样,锤击沉管灌注桩也可根据土质情况和荷载要求,分别选用单打法、复打法、反插法。

锤击沉管灌注桩施工顺序如图2-28所示

①桩机就位。将桩管对准预先理设在桩位上的预制桩尖或将桩管对准桩位中心,使它们三点合一线,然后把桩尖活瓣合拢,放松卷扬机钢丝绳,利用桩机和桩管自重,把桩尖沉入土中。

②锤击沉管。检查桩管与桩锤、桩架等是否在一条垂直线上之后,检查桩管垂直度偏差是

否≤5%，满足后即可先用桩锤低锤轻击桩管，观察偏差在容许范围内，再正式施打，直至将桩管打入至设计标高或要求的贯入度。

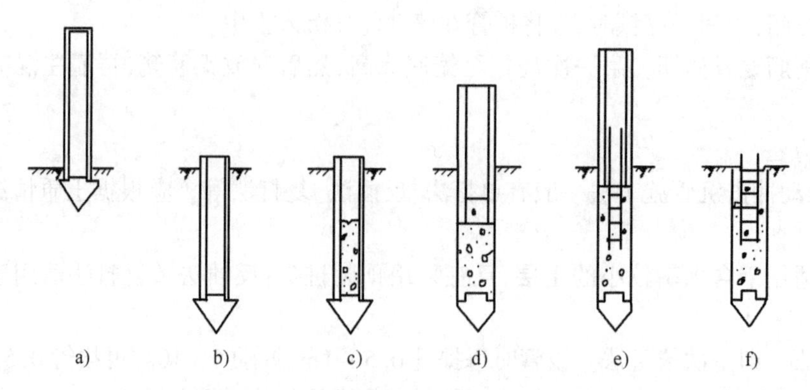

图 2-28　锤击沉管灌注桩施工程序示意图

a）就位；b）锤击沉管；c）首次灌注混凝土；d）边拔管、边锤击、边继续灌注混凝土；e）安放钢筋笼，继续灌注混凝土；f）成桩

③首次浇筑混凝土。沉管至设计标高后，应立即灌注混凝土，尽量减少间隔时间；在灌注混凝土之前，必须先检查桩管内没有吞食桩尖，并用吊铊检查桩管内无泥浆或无渗水后，再用吊斗将混凝土通过灌注漏斗灌入桩管内。

④边拔管边锤击，继续浇筑混凝土。当混凝土灌满桩管后，便可开始拔管，一边拔管，一边锤击，拔管的速度要均匀，对一般土层以 1m/min 为宜，在软弱土层和软硬土层交界处宜控制在 0.3 ~ 0.8m/min。桩锤的冲击频率视锤的类型而定。单动汽锤采用倒打拔管，打击次数不得少于 50 次/min；自由落锤轻击（小落距锤击）不得少于 40 次/min。在管底未拔至桩顶设计标高之前，倒打和轻击不得中断。在拔管过程中应向桩管内继续灌入混凝土，以满足灌注量的要求。

⑤放钢筋笼浇筑成桩。当桩身配钢筋笼时，第一次混凝土应先灌至笼底标高，然后放置钢筋笼，再灌混凝土至桩顶标高。第一次拔管高度应控制在能容纳第二次所需灌入的混凝土量为限，不宜拔得过高。在拔管过程中应有专用测锤或浮标检查混凝土面的下降情况。

（3）夯压成型灌注桩

它是利用静压或锤击法将内外钢管沉入土层中，由内夯管夯扩端部混凝土，使桩端形成扩大头，再灌注桩身混凝土，用内夯管和桩锤顶压在管内混凝土面形成桩身混凝土。夯压桩桩身直径一般为 400 ~ 500mm，扩大头直径一般可达 450 ~ 700mm，桩长可达 20m。适用于中低压缩性黏土、粉土、砂土、碎石土、强风化岩等土层。

外管底部采用开口，内夯管采用闭口平底或闭口锥底。内外管底部间隙不宜过大，一般内管底部比外管内径小 20 ~ 30mm，内管比外管短，一般内外管高低差 100mm。

其施工工艺过程如图 2-29 所示。

沉管过程，外管封底可采用于硬性混凝土、无水混凝土，经夯击形成阻水、阻泥管塞，其高度一般为 100mm。当不出现由内、外管间隙涌水、涌泥时，也可不采用上述封底措施；当地下水较大，出现涌水、涌泥现象严重时，也可在底部加一块镀锌铁皮或预制混凝土桩尖。

桩的长度较大或需配置钢筋笼时，桩身混凝土宜分段灌注；拔管时内夯管和桩锤应施压于外管中的混凝土顶面，边压边拔。

工程施工前宜进行试成桩，应详细记录混凝土的分次灌入量、外管上拔高度、内管夯击次数、双管同步沉入深度，并检查外管的封底情况，有无进水、涌泥等，经核定后作为施工控制依据。

为满足扩大头直径的要求，可采用一次夯扩、二次夯扩、三次夯扩，但每次夯扩料灌入量不宜过多，一般为 2～3m。为防止内夯管回弹夯扩不下，夯扩料宜采用干硬性混凝土。

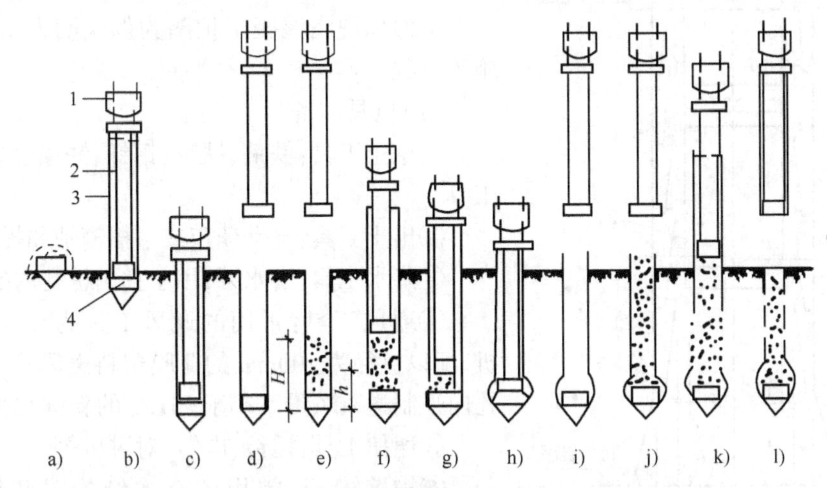

图 2-29　夯压成型灌注桩的施工程序示意图

a）设置管塞；b）放内外管；c）静压或锤击；d）抽出内管；e）灌入部分混凝土；f）放入内管，稍提外管；g）静压或锤击；h）内外管沉入设计深度；i）拔出内管；j）灌满桩身混凝土；k）上拔外管；l）拔出外管，成桩

1-顶梁或桩锤；2-内夯管；3-外管；4-管塞

3. 人工挖孔灌注桩

简称人工挖孔桩，是指采用人工挖掘方法进行成孔，然后安放钢筋笼，浇筑混凝土而形成的桩。

人工挖孔桩的优点是：设备简单；施工现场较干净；噪音小、振动少，对周围建筑影响小；施工速度快，可按施工进度要求确定同时开挖桩孔的数量；土层情况明确，可直接观察到地质变化情况；沉渣能清除干净，施工质量可靠。

人工挖孔桩的缺点是：工人在井下作业，施工安全性差。因此，施工安全应予以特别重视，要严格按操作规程施工，要制订可靠的安全措施。

人工挖孔桩的直径除了能够满足设计承载力的要求处，还应考虑施工操作的要求，所以桩径都较大，最小不宜小于 800mm，一般为 1 000～3 000mm，桩底一般都扩底。

人工挖孔桩必须考虑防止土体坍滑的支护措施，以确保施工过程中的安全。常用的护壁方法有现浇混凝土护圈、沉井护圈、钢套管护圈三种，如图 2-30 所示。

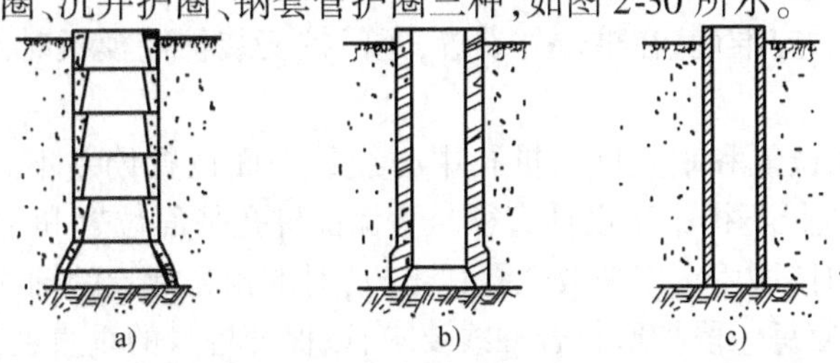

图 2-30　护圈类型

a）混凝土护圈；b）沉井护圈；c）钢套管护圈

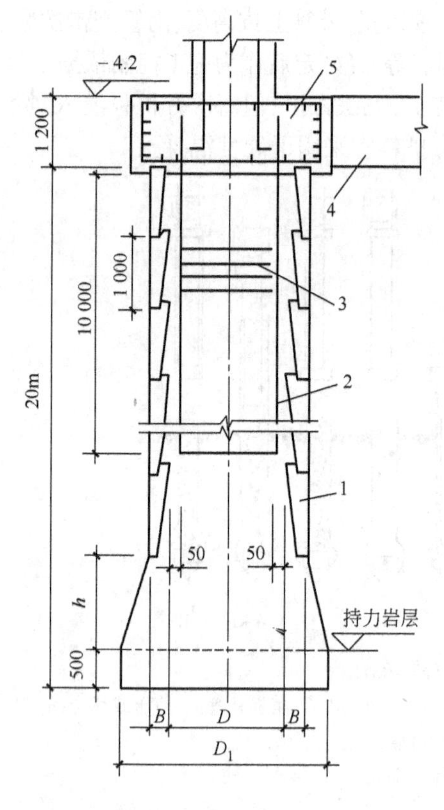

图 2-31　人工挖孔桩构造(尺寸单位:mm)
1-护壁;2-主筋;3-箍筋;4-地梁;5-桩帽

现浇混凝土护圈的结构型式为斜阶形,如图 2-31 所示。对于土质较好的地层,护壁可用素混凝土,土质较差地段应增加少量钢筋(环筋 $\phi10\sim12$mm 间距 200mm,竖筋 $\phi10\sim12$mm,间距 400mm)。

下面以现浇混凝土护圈为例说明人工挖孔桩的施工过程。

(1)机具准备

①挖土工具:铁镐、铁锹、钢钎、铁锤、风镐等挖土工具

②出土工具:电动葫芦或手摇辘轳和提土桶。

③降水工具:潜水泵,用于抽出桩孔内的积水。

④通风工具:常用的通风工具为1.5kW的鼓风机,配以直径为 100mm 的薄膜塑料送风管,用于向桩孔内强制送入风量不小于 25L/s 的新鲜空气。

⑤通信工具:摇铃、电铃、对讲机等。

⑥护壁模板:常用的有木结构式和钢结构式两种。

(2)施工工艺

①测量放线、定桩位。

②桩孔内土方开挖。采取分段开挖,每段开挖深度取决于土的直立能力,一般为 0.5 ~ 1m 为一施工段,开挖范围为设计桩径加护壁厚度。

③支护壁模板。常在井外预拼成 4 ~ 8 块工具式模板。

④浇护壁混凝土。护壁起着防止土壁坍塌与防水的双重作用,因此护壁混凝土要捣实,第一节护壁厚宜增加 100 ~ 150mm,上下节用钢筋拉结。

⑤拆模,继续下一节的施工。当护壁混凝土强度达到 1MPa(常温下约 24h)方可拆模,拆模后开挖下一节的土方,再支模浇护壁混凝土,如此循环,直到挖到设计深度。

⑥浇筑桩身混凝土。排除桩底积水后浇筑桩身混凝土至钢筋笼底面设计标高,安放钢筋笼,再继续浇筑混凝土。混凝土浇筑时应用溜槽或串筒,用插入式振动器捣实。

(3)施工时应注意的几个问题

①开挖前,桩位定位应准确,在桩位外设置,龙门桩安装护壁模板时须用桩心点校正模板位置,并由专人负责。

②保证桩孔的平面位置和垂直度。桩孔中心线的平面位置偏差不宜超过 20mm,桩的垂直度偏差不超过 1%,桩径不得小于设计直径。为保证桩孔平面位置和垂直度符合要求,每开挖一段,安装护圈楔板时,可用十字架放在孔口上方,对准预先标定的轴线标记,在十字架交叉点悬吊垂球对中,务必使每一段护壁符合轴线要求,以保证桩身的垂直度。

③防止土壁坍落及流砂。在开挖过程中遇有特别松散的土层或流砂层时,为防止土壁坍落及流砂,可采用钢套管护圈或沉井护圈作为护壁。或将混凝土护圈的高度减小到 300 ~

500mm。流砂现象严重时可采用井点降水法降低地下水位，以确保施工安全和工程质量。

④人工挖孔桩混凝土护壁厚度不宜小于100mm，混凝土强度等级不得低于桩身混凝土强度等级，采用多节护壁时，应用钢筋拉结起来。第一节井圈顶面应比场地高出150～200mm，壁厚比下面井壁厚度增加100～150mm。

⑤浇筑桩身混凝土时，应及时清孔及排除井底积水。桩身混凝土宜一次连续浇筑完毕，不留施工缝。浇筑前，应认真清除孔底的浮土、石渣。在浇筑过程中，要防止地下水流入，保证浇筑层表面无积水层，如果地下水穿过护壁流入量较大无法抽干时，应采用导管法浇筑。

4. 爆扩成孔灌注桩

爆扩成孔灌注桩就是先在桩位上钻孔或爆扩成孔，然后在孔底放入炸药，再灌入适量的压爆混凝土，引爆炸药使孔底形成球形扩大头，再放置钢筋骨架，浇灌桩身混凝土而形成的桩。

爆扩成孔灌注桩的施工顺序如下：

成孔→检查修理桩孔→安放炸药包→注入压爆混凝土→引爆→检查扩大头→安放钢筋笼→浇注桩身混凝土→成桩养护。

(1)成孔

成孔方法有：人工成孔法、机钻成孔法和爆扩成孔法。机钻成孔所用设备和钻孔方法相同，下面只介绍爆扩成孔法。

爆扩成孔法是先用小直径(如50mm)洛阳铲或手提麻花钻等钻出导孔，然后根据不同土质放入不同直径的炸药条，经爆扩后形成桩孔，其施工工艺流程见图2-32。

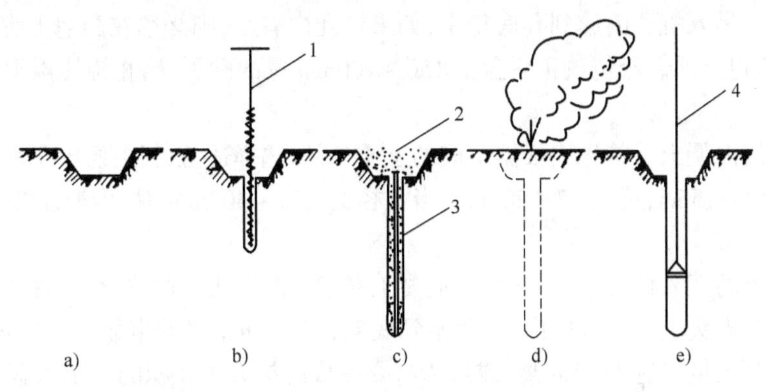

图2-32　爆扩成孔工艺流程图

a)挖喇叭口；b)钻导孔；c)安装炸药条并填砂；d)引爆成孔；e)检查并修整桩孔

1-手提钻；2-砂；3-炸药条；4-太阳铲

采用爆扩成孔法，必须先在爆扩灌注桩施工地区进行试验，找出在该地区地质条件下导管、装药量及其形成桩孔直径的有关数据，以便指导施工。

装炸药的管材，以玻璃管较好，既防水又透明，又能查明炸药情况，又便于插到导孔底部，管与管的接头处要牢固和防水，炸药要装满振实，药管接头处不得有空药现象。

(2)爆扩大头

爆扩大头的工作，包括放入炸药包，灌入压爆混凝土，通电引爆，测量混凝土下落高度(或直接测量扩大头直径)以及捣实扩大头混凝土等几个操作过程，其工艺流程见图2-33。

①确定的炸药用量。焊扩桩施工中所使用的炸药多为硝铵炸药或TNT炸药。炸药的用量应经过试爆确定,同一种土质中,试爆的数量不宜少于2个。

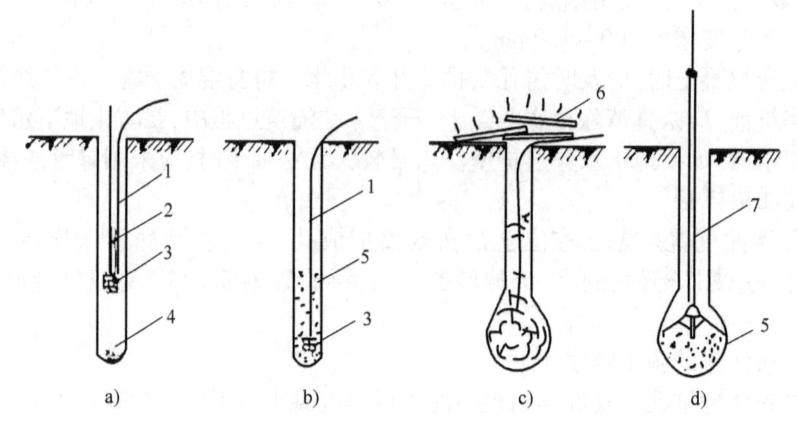

图2-33 爆扩大头工艺流程图

a)填砂,下药包;b)灌压爆混凝土;c)引爆;d)检查扩大头直径

1-导线;2-绳;3-药包;4-砂;5-压爆混凝土;6-木板;7-测孔器

②包扎、安放药包。为避免药包受潮湿而出现瞎炮,药包必须用塑料薄膜等防水材料紧密包扎,包扎口用沥青等防水材料密闭。药包宜包扎成扁圆球形,其高度与直径之比以1:2为宜。药包中心最好并联放置两个雷管,以保证顺利引爆。

药包用绳子吊入桩孔内放到孔底正中,如果桩孔内有水,则必须在药包上绑以重物使之沉至孔底,以免药包上浮。药包放正后盖上150~200mm厚的砂子,防止浇压爆混凝土时药包所冲击破坏。

③灌入压爆混凝土。首先应根据不同的土质条件,选择适宜的混凝土坍落度:黏性土9~12cm;砂类土12~15cm;黄土17~20cm。当桩径为250~400mm时,混凝土集料粒径最大不宜超过30mm。

压爆混凝土的灌入量要适当。过少,混凝土在起爆时会飞扬起来,影响爆扩效果;过大,混凝土可能积在扩大头上方的桩柱内,回落不到底部,产生"拒落"的事故。一般情况下,第一次灌入桩孔的混凝土量应达2~3m高,或约为将要爆成的扩大头体积的一半为宜。

④引爆。压爆混凝土灌入桩孔后,从浇筑混凝土开始至引爆时的间隔时间不宜超过30min,否则,引爆时很容易出现"拒落"事故,而且难以处理。引爆时为了安全,20m范围内不得有人。为了保证爆扩桩的施工质量,应根据不同的桩距、扩大头标高和布置情况,严格遵守引爆顺序。当相邻桩的扩大头在同一标高时,应根据设计规定的桩距大小决定引爆顺序。当桩距大于爆扩影响间距时,可采用单爆方式;当桩距小于爆扩影响间距时,宜采用联爆方式。相邻爆扩桩的扩大头不在同一标高时,引爆的顺序必须先浅后深,否则会引起柱身变形或断裂。

⑤振捣扩大头底部混凝土。扩大头引爆后,灌入的压爆混凝土即自行落入扩大头空腔的底部,接着应予振实。振捣时,最好使用经接长的软轴振动棒。

(3)浇筑混凝土

扩大头和桩柱混凝土要连续浇筑完毕，不留施工缝。混凝土浇筑完毕后，根据气温情况，可用草袋覆盖，浇水养护，在干燥的砂类土地区，桩周围还需浇水养护。

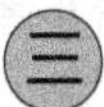 桩基工程常见的质量事故及处理

（一）预制桩施工常见的质量通病及防治措施

预制桩施工常见的质量通病及防治措施见表2-4。

预制桩施工常见的质量通病及防治措施　　表2-4

项　目	产生的主要原因	防止措施
桩顶碎裂（打桩时，桩顶出现混凝土掉角、碎裂、坍塌或被打坏、桩顶钢筋局部或全部外露）	1.混凝土强度设计等级偏低； 2.混凝土施工质量不良，如混凝土配合比不准确，浇筑振捣不密实，养护不良等； 3.桩顶配置钢筋网片不足，主筋端部距桩顶距离太小； 4.桩制作外形不符合规范要求，桩顶面倾斜或不平，桩顶混凝土保护层过厚或过薄； 5.桩锤选择不当，桩锤锤重过小，使锤击次数过多，造成桩顶混凝土疲劳损坏；桩锤锤重过大，使桩顶撞击应力过大，造成混凝土破碎； 6.桩顶与桩帽接触不平，桩帽变形倾斜或桩沉入土中不垂直，造成桩顶局部应力集中而将桩头打坏； 7.沉桩时未加缓冲桩垫或桩垫损坏，失去缓冲作用，使桩直接承受冲击荷载； 8.施工中落锤过高或遇坚硬砂土夹层、大块石等	1.合理设计桩头，保证有足够的强度； 2.严格控制桩的制作质量，支模正确、严密，使制作偏差符合规范要求； 3.施工中，混凝土配合比应准确，振捣密实，主筋不得超过第一层钢筋网片，浇筑后应有1～3个月的自然养护过程，使其达到100%设计强度； 4.根据桩、土质情况，合理选择桩锤； 5.沉桩前，对桩构件进行检查，对有桩顶不平或破碎缺陷的，应修补后才能使用； 6.经常检查桩帽与桩的接触面处及桩帽整体是否平整，如不平整应进行处理后方能施打，并应及时更换缓冲垫； 7.桩顶已破碎时，应更换桩垫；如破碎严重，可把桩顶剔平补强，必要时加钢板箍，再重新沉桩
沉桩达不到设计控制要求（桩未达到设计标高或最后沉入度控制指标要求）	1.桩锤选择不当，桩锤太小或太大，使桩沉不到或超过设计要求的控制标高； 2.桩帽、缓冲垫、送桩的选择与使用不当，锤击能量损失过大； 3.地质勘测不充分，地质和持力层起伏标高不明，致使设计桩尖标高与实际不符； 4.设计要求过严，打桩超过施工机械能力和桩身混凝土强度； 5.桩距过密或打桩顺序不当，使基土的密实度增大过多； 6.沉桩遇地下障碍物，如大块石、坚硬土夹层、砂夹层或旧埋置物； 7.打桩间隙时间过长，阻力增大； 8.桩顶打碎或桩身打断，致使桩不能继续打入； 9.桩接头过多，连接质量不好，引起桩锤能量损失过大	1.根据地质情况，合理选择施工机械、桩锤大小、施工的最终控制标准； 2.检修打桩设备，及时更换缓冲垫； 3.详细探明工程地质情况，必要时应作补勘； 4.正确选择持力层或桩尖标高； 5.确定合理的打桩顺序； 6.探明地下障碍物，并进行清除或钻透处理； 7.打桩应连续打入，不宜间歇时间过长； 8.保证桩的制作质量，防止桩顶打碎和桩身打断，措施同“桩顶破碎”、“桩身断裂”防治措施

续上表

项　　目	产生的主要原因	防止措施
桩倾斜、偏移（桩身垂直偏移过大，桩身倾斜）	1. 桩制作时桩身弯曲超过规定、桩尖偏离桩的纵轴较大，桩顶不平，致使沉入时发生倾斜，或桩长细比过大，打桩产生桩体压曲破坏； 2. 施工场地不平、地表松软，导致沉桩设备及导杆倾斜，引起桩身倾斜； 3. 稳桩时桩不垂直，桩帽、桩锤及桩不在同一直线上； 4. 接桩位置不正，相接的两节桩不在同一直线上，造成歪斜； 5. 桩入土后，遇到大块孤石或坚硬障碍物，使桩向一侧偏斜； 6. 采用钻孔、插桩施工时，钻孔倾斜过大，沉桩时桩顺钻孔倾斜而产生偏移； 7. 桩距太近，邻桩打桩时产生土体挤压； 8. 基坑土方开挖方法不当，桩身两侧土压力差值较大，使桩身倾斜	1. 沉桩前，检查桩身弯曲，超过规范允许偏差的不宜使用；桩的长细比不宜超过40； 2. 安设桩架的场地应平整、坚实，打桩机底盘应保持水平； 3. 随时检查、调整桩机及导杆的垂直度，并保证桩锤、桩帽与桩身在同一直线上； 4. 接桩时，严格按操作要求接桩，保证上下节桩在同一轴线上； 5. 施工前用钎或洛阳铲探明地下障碍物，较浅的挖除，深的用钻机钻透； 6. 钻孔插桩时，钻孔必须垂直，垂直偏差应在1%以内； 7. 在饱和软黏土施工密集群桩时，合理确定打桩顺序；控制打桩速度，采用井点降水、砂井、挖沟降水等排水措施； 8. 分层开挖基坑土方，避免使桩身两侧出现较大的土压力差； 9. 若偏移过大，应拔出，移位再打；若偏移不大，可顶正后再慢锤打入
桩身断裂（沉桩时，桩身突然倾斜错位，贯入度突然增大，同时当桩锤跳起后，桩身随之出现回弹）	1. 桩身有较大弯曲，打桩过程中，在反复集中荷载作用下，当桩身承受的抗弯强度超过混凝土抗弯强度时，即产生断裂，主要情况有：桩制作弯曲度过大；桩尖偏离轴线；接桩不在同一轴线上；桩长细比过大，沉桩时遇到较坚硬土层或障碍物； 2. 桩身局部混凝土强度不足或不密实，在反复施打时导致断裂； 3. 桩在堆放、起吊、运输过程中操作不当，产生裂纹或断裂	1. 桩制作时，应保证混凝土配合比正确，振捣密实，强度均匀； 2. 桩在堆放、起吊、运输过程中，应严格按操作规程操作，发现桩超过有关验收规定不得使用； 3. 检查桩外形尺寸，发现弯曲超过规定或桩尖不在桩纵轴线上时，不得使用； 4. 每节桩长细比应控制不大于40； 5. 施工前查清地下障碍物并清除； 6. 接桩要保持上下节桩在同一轴线上； 7. 沉桩过程中，发现桩不垂直，应及时纠正，或拔出重新沉桩； 8. 断桩，可采取在一旁补桩的办法处理
接头松脱、开裂（接桩处经锤击出现松脱开裂等现象）	1. 接头表面留有杂物、油污、水未清理干净； 2. 采用硫磺胶泥接桩时，配合比、配制使用温度控制不当，造成硫磺胶泥强度达不到要求，在锤击作用下产生开裂； 3. 采用焊接或法兰连接时，焊接件或法兰平面不平，有较大间隙，造成焊接不牢或螺栓拧不紧；或焊接质量不好，焊缝不连续，不饱满，存在夹渣等缺陷； 4. 接桩时上下节桩不在同一直线上，在接桩处产生弯曲，锤击时在接桩处局部产生应力集中而破坏连接	1. 接桩前，清除连接表面杂质、油污； 2. 采用硫磺胶泥接桩时，严格控制配合比、熬制工艺和使用温度，按操作要求操作，保证连接强度； 3. 连接件必须牢固、平整，如有问题，应修正后才能使用；保证焊接质量； 4. 控制接桩上下中心线在同一直线上
桩顶上涌（在沉桩过程中，桩产生横向位移或桩身上涌）	在软土地基施工较密集的群桩时，由一侧向另一侧施打，常会使桩向一侧挤压造成位移或涌起	1. 在饱和软黏土地基施工密集群桩时，应合理确定打桩顺序，控制打桩速度； 2. 浮起较大的桩应重新打入

(二)灌注桩质量通病及防治措施

灌注桩质量通病及防治见表2-5～表2-7。

泥浆护壁成孔灌注桩质量通病及防治　　表2-5

通病现象	产生原因	防止方法
(1)孔壁坍塌孔 (壁坍塌是在成孔过程中,在排出的泥浆中不断出现气泡,或护筒里水位突然下降,这都是塌孔的迹象)	(1)护壁泥浆的密度和浓度不足,在孔壁形成的泥皮质量不好,起不到护壁作用,或者没有及时向孔内加泥浆,孔内浆位低于孔外水位或孔内出现承压水,降低了静水压力; (2)护筒埋深不合适,护筒周围未用黏土填封紧密而漏水; (3)提升、下落冲锤、掏渣筒和放钢筋骨架时碰撞孔壁,破坏了泥皮和孔壁土体结构; (4)在较差土质如软淤现破碎地层、松散砂层中钻进时,进尺太快或停在某一高度时空转时间太长,或排除较大障碍物形成大空洞而漏水致使孔壁坍塌	(1)控制成孔速度,成孔速度应根据土质情况选取,在松散砂土或流砂中钻进时,应控制进尺,并选用较大密度、黏度、胶体率的优质泥浆; (2)护壁埋深要合适,一般贯入黏土中0.5m以上,如地下水位变化大,应采取升高护筒,增大水头,或用虹吸管连接等措施; (3)从钢筋笼的绑扎、吊插以及定位垫板设置安装等环节均应予以充分注意,提升下落冲锤、掏渣筒和放钢筋骨架时要保持垂直上下; (4)发现塌孔,首先应保持孔内水位,如为轻度坍孔,应首先探明坍塌位置,将砂和黏土混合物回填到坍孔位置以上1～2m,如塌孔严重,应全部回填,待回填物沉淀密实后采用低钻速
(2)护筒冒水 (护筒外壁冒水,严重的会引起地基下沉、护筒偏斜和位移,以致造成桩孔偏斜,甚至无法施工)	护筒冒水的原因是因为埋设护筒时,周围填土不用实或起落钻头时碰动了护筒	在埋设护筒时四周的土要分层夯实,并且要选用含水率适当的黏土填筑,同时在起落钻头时,防止碰撞护筒。 初发现护筒冒水,可用黏土在四周填实加固,如护筒严重下沉或位移,则应返工重埋
(3)钻孔偏斜 (钻孔偏斜是指成孔后,孔位发生倾斜,偏离中心线,超过规范允许值。它的危害除了影响桩基质量外,还会造成施工上的困难,如放不进钢筋骨架等)	(1)桩架不稳,钻头不直,钻头导向部分太短,导向性差,或钻杆连接不当; (2)钻孔时遇有倾斜度的软硬土层交界处或岩石倾斜处,钻头受阻力不均而偏位; (3)钻孔时遇较大的孤石、探头石等地下障碍物使钻杆偏移; (4)地面不平或不均匀沉降使钻机底座倾斜	(1)在有倾斜状的软硬土层处钻进时,应吊住钻杆,控制进尺速度并以低速钻进,或在斜面位置处填入片石、卵石,以冲击锤将斜面硬层冲平再钻; (2)探明地下障碍物情况,并预先清除干净; (3)如发现探头石,宜用钻机钻透,用冲孔机时用低锤密击,把石块打碎,如冲击钻也不能将探头石击碎,则应用小直径钻头在探头石上钻孔,或在表面放药包爆破,如基岩倾斜,应先投入块石,使表面略平,再用锤密打; (4)钻杆、接头应逐个检查,及时调整,弯曲的钻杆要及时更换; (5)场地要平整,钻架就位后要调整,使转盘与底座水平,钻架顶端的起重滑轮边缘同固定钻杆的卡环和护筒中心三者应在同一轴线上,并注意经常检查和校正; (6)如已出现斜孔,则应在桩孔偏斜处吊住钻头,上下反复扫孔,使孔校直,或在桩孔偏斜处回填砂黏土,待沉积密实后再钻

续上表

通病现象	产生原因	防止方法
(4)钻孔漏浆 (钻孔漏浆是指在成孔过程中或成孔后,泥浆向孔外漏失)	(1)护筒埋设太浅,回填土不密实或护筒接缝不严密,在护筒刃脚或接缝处偏浆; (2)遇到透水性强或有地下水流动的土层; (3)水头过高、压力过大使孔壁渗浆	(1)根据土质情况决定护筒的埋置深度; (2)将护筒外壁与孔洞间的缝隙用土填密实,必要时由潜水员用旧棉絮将护筒底端外壁与孔洞间的接缝堵塞; (3)加稠泥浆或倒入黏土,慢速转动,或在回填土内掺片石、卵石,反复冲击,增强护壁
(5)梅花孔 (梅花孔是指桩孔断面形状不规则,呈梅花形)	冲孔时转向环失灵,冲锤不能自由转动;护壁泥浆稠度过大,使阻力增加;或者提锤太低,冲锤没有充足转动时间,换不了方向,致使钻孔很难改变冲击位置	经常转动吊环,保持灵活;勤掏渣,必要时辅以人土转动;用低冲程时,间隔一段时间更换高一些的冲程,使冲锤有充足的转动时间
(6)卡锤 (在采用冲锤成孔时,有时冲锤会被卡在孔内,不能上下运动)	(1)孔内遇到探头石或冲锤磨损过甚,孔成梅花形,提锤时,锤的大径被孔的小径卡住; (2)石块落人孔内,夹在锤与孔壁之间使冲锤难以上下	施工时,如遇到探头石,可用一个半截冲锤冲打几下,使锤脱落卡点,锤落孔底,然后吊出;如因为梅花孔产生卡锤,可用小钢轨焊成T字形,将锤一侧拉紧后吊起;被石块卡住时,亦可用上法提出冲锤
(7)流沙 (发生流沙时,桩孔内大量冒砂,将孔涌塞)	主要是因为孔外水压比孔内大,孔壁松散而引起的。当遇到粉砂层时,如果泥浆密度不够,孔壁则难以形成泥皮,这也会引起流沙	保证孔内水位高于孔外水位0.5m以上,并适当增加泥浆密度;当流沙严重时,可抛入砖、石、黏土,用锤冲入流沙层,做成泥浆结块,使其形成坚厚孔壁,阻止流沙涌入
(8)钢筋笼偏位、变形、上浮 [在泥浆护壁灌注桩的施工中,经常会出现钢筋笼变形,保护层不够,深度、放置位置不符合设计要求等问题,这些问题都会严重影响桩的承载力。另外,在浇筑非全桩长配筋的桩身混凝土时,经常会出现钢筋笼上浮现象,上浮程度的差别对桩的使用价值的影响不同,轻微的上浮(不超过0.5m)一般不致于影响桩的使用价值,但上浮大于1m而钢筋笼又不长,则会严重影响桩的承载力]	(1)钢筋笼堆放、起吊、搬运时没有严格执行规程,支垫数量不够或位置不当造成变形; (2)在钢筋笼制作中,未设垫块或耳环控制保护层厚度,或钢筋笼过长,未设加劲箍,刚度不够,造成变形; (3)桩孔本身偏斜或偏位,致使钢筋笼难以下沉; (4)钢筋笼定位措施不力,二次清孔时受掏渣筒和导管上、下的碰撞、拖带而移位; (5)钢筋笼吊放未垂直缓慢放下,而是斜插入孔内; (6)清孔时,孔底沉渣或泥浆没有清除干净造成实际孔深和设计要求不符,钢筋笼放不到设计深度,或初灌混凝土时冲力使钢筋笼身上浮; (7)混凝土品质较差,坍落度太小或产生分层离析,使混凝土底面上升至钢筋箱底端,难以下沉,另外,当混凝土面进入钢筋笼内一定高度后,导管埋入太深,也会造成钢筋笼上浮	在钢筋笼过长时,应分成2~3节制作,分段吊放、分段焊接或加设加劲箍加强,必要时,可在笼内每隔3~4m装一个临时十字形加劲架,在钢筋笼安放入孔后拆除;在钢筋笼部分主筋上,每隔一定间距设置混凝土垫块或焊耳环控制保护层厚度。桩孔本身偏斜、偏位应在下钢筋笼前往复扫孔纠正,孔底沉渣应置换清水或用适当密度泥浆清除,保证实际有效孔深满足设计要求。钢筋笼应垂直缓慢放入孔内,防止碰撞孔壁,入孔后应将钢筋笼固定在孔壁上或压住,浇筑混凝土时,导管应埋入钢筋笼底面以下1.5m以上,避免钢筋笼上浮。 在施工中,如已经发生钢筋笼上浮或下沉,对于混凝土质量较好者,可不予处理,但对承受水平荷载的桩,则应校对核实弯矩是否超标,采取补强措施

续上表

通病现象	产生原因	防止方法
(9)断桩 (水下灌注混凝土,如桩截面上存在泥夹层,会造成断桩现象,这种事故使桩的完整性大受损害,桩身强度和承载力大大降低)	(1)混凝土坍落度太小,骨料粒径太大,未及时提升导管或导管倾斜,使导管堵塞,形成桩身混凝土中断; (2)混凝土供应不及时,混凝土浇筑中断时间过长,新旧混凝土结合困难; (3)提升导管时碰撞钢筋笼,使孔壁土体混入混凝土中; (4)导管没扶正,接头法兰挂住钢筋笼; (5)导管上拔时,管口脱离混凝土面,或管口埋入混凝土太浅,泥土挤入桩位; (6)测深不准,把沉积在混凝土面上的浓泥浆或泥浆中的泥块误认为混凝土,错误的判断混凝土面高度,致使导管提离混凝土面成为断桩	(1)混凝土坍落度应满足设计要求,粗骨料粒径按规范要求控制,并防止堵管,保证桩身混凝土密实; 如果导管堵塞,在混凝土尚未初凝时,可吊起一节钢轨或其他重物在导管内冲击,把堵塞的混凝土冲开,也可迅速提出导管,用高压水冲通导管,重新下隔水栓浇筑,浇筑时当隔水栓冲出导管后,将导管继续下降直至导管不能再插入时再稍许提升,继续浇筑混凝土; (2)在土质较差土层施工时,应选用稠度、黏度较大、胶体率好的泥浆护壁,同时控制进尺速度,保持孔壁稳定; (3)边浇筑混凝土边拔管,并勘测混凝土顶面高度,随时掌握导管埋深,避免导管拔出混凝土面; (4)如导管接头法兰挂在钢筋笼,钢筋笼埋入混凝土又不深,则可提起钢筋笼,转动导管使导管与钢筋笼脱离; (5)下钢筋笼骨架过程中,不得碰撞孔壁; (6)如已发生断桩,不严重者核算其实际承载力,如比较严重,则应进行补桩
(10)混凝土超灌量 (混凝土超灌数量一般可达10%)	产生超灌量的原因是由于钻头经过松散软土层时造成一定程度的扩孔。同时,当混凝土注入桩孔时,有一部分会扩散到软土中去	避免混凝土超灌量的措施,主要是掌握好各层土的钻进速度;在正常钻孔作业时,中途不要随便停钻,以免形成过大扩孔
(11)吊脚桩 (吊脚桩是指桩成孔后,桩身下部局部没有混凝土或夹有泥土)	(1)清孔后泥浆密度过低,造成孔壁塌落或孔底漏进泥砂; (2)安放钢筋笼或导管时碰撞孔壁,使孔壁泥土坍塌; (3)清渣未净、残留沉渣过厚	(1)做好清孔工作,清孔应符合设计要求,并立即浇筑混凝土; (2)安放钢筋笼和浇筑混凝土时,注意不要碰撞孔壁; (3)注意泥浆浓度,及时清渣
(12)不进尺 (在黏性土层钻进时,有时泥浆块抱住钻头,难以钻进)	钻头黏满黏土块(糊钻头),排渣不畅,钻头周围堆积土块使钻头难以钻动;或钻头合金刀具安装角度不适当,刀具切土过浅,泥浆密度过大,钻头配置过轻引起	(1)在钻进时应加强排渣,调整刀具角度、形状、排列方向; (2)降低泥浆密度,加大配重; (3)糊钻时,可提出钻头,清除泥块后再施钻

沉管灌注桩质量通病及防治 表2-6

通病现象	产生原因	防止方法
(1)缩颈 (缩颈又称瓶颈桩。它的特点是在桩的某部分桩径缩小,截面尺寸不符合设计要求)	(1)在地下水位以下或饱和淤泥质土等土质软弱、含水率较高的土中沉管时,全体受到强烈扰动和挤压,土中水分和空气未能很快扩散,局部产生很高的孔隙水压力,当套管拔出时,便作用到新浇筑的混凝土桩身上,当某处的孔隙水压力大于混凝土自重而产生的侧压力时,则桩身直径便会相应变小,从而引起不同程度的缩颈现象; (2)在流塑淤泥质土中,由于下套管产生的振动作用,使混凝土不能顺利地灌入,被淤泥质土填充进来从而造成缩颈; (3)桩身间距过小,又没有采取有效施工措施,施工时新浇混凝土桩身受邻桩挤压而产生缩颈; (4)拔管速度太快,混凝土来不及落下而被泥土填充,管内混凝土存量过少,扩散压力小,也会产生缩颈; (5)混凝土过于干硬或和易性太差,拔管时对混凝土产生摩擦力使混凝土出管时扩散性差,而造成缩颈; (6)桩身埋置的土层,如上下部的水压不同,桩身混凝土的养护条件有别,凝固和收缩差异较大造成断桩	(1)施工时每次向桩管内尽量多装混凝土,借其自重抵抗桩身所受的孔降水压力,一般使管内混凝土高于地面或地下水位1.0~1.5m,使之有较强的扩散力; (2)当桩距较小时,宜采用跳打法施工; (3)沉管应采取慢抽密击,拔管速度应控制在0.8~1.0m以内; (4)桩身混凝土应采用和易性好的低流动性混凝土浇注; (5)对于施工中已经出现的轻度缩颈,可采用反插法,每次拔管高度以1m为宜,局部缩颈可采用半复打法,桩身多段缩颈宜采用复打法施工,或采用下部带喇叭口的套管
(2)桩身夹泥 (桩身夹泥是指桩身混凝土存在夹泥层,使桩身截面减小或隔断)	(1)在饱和淤泥质土中施工时,拔管速度太快,而混凝土粗骨料粒径过大,坍落度过小,流动性差,混凝土还未流出管口,土就已经涌入桩身,造成桩身夹泥; (2)采用反插法施工时,反插深度过大,反插时活瓣向外张开,使孔壁周围泥土挤进桩身,造成桩身夹泥; (3)采用复打法时,桩管外泥土没有清除干净,将管壁泥土带入桩身混凝土,形成泥夹层	(1)选用合适的配合比并将混凝土搅拌均匀,保证混凝土具有良好的和易性; (2)注意控制拔管速度和骨料粒径,拔管速度以0.8~1.0m/min为宜,粗骨料粒径应不大于30mm,混凝土坍落度应符合设计要求,拔管时随时用浮标测量,观察桩身混凝土灌入量,如发现桩径减小时,应采取措施; (3)采用反插法时,反插深度不得超过活瓣长度2/3; (4)复打法施工时,在复打前应将套管上的泥土清除干净
(3)断桩、桩身混凝土坍塌 (沉管灌注桩往往会出现断桩的现象,桩身局部残缺夹有泥土或桩身的某一部位混凝土坍塌,上部被土填充,断桩的位置一般常见于地面以上1~3m的不同软硬土层交接处)	(1)桩中心距过小,打邻桩桩管时使土体隆起和挤压,因而产生水平力和拉力,影响混凝土桩身,另外,拔管时由于桩管和混凝土的摩擦也会对桩身产生拉力,如混凝土强度不足,就会出现断桩; (2)桩下部遇软弱土层,桩成形后,混凝土还未达到初凝强度时,在软硬不同的两层土中振动下沉套管,由于振动对两层土的波速不一样,产生剪力将桩剪断	(1)布桩应坚持少桩疏排的原则,控制桩距大于3.5倍桩径为宜; (2)桩身混凝土强度较低时,应尽量避免振动和外力的干扰,打桩顺序和桩架行走路线都应考虑这个因素; (3)采用跳打法施工,跳打应在邻桩达到设计强度的60%以上进行,对于土质很差的场地,采用跳打法仍不能解决断桩问题时,可采用控制时间的办法来进行,即在邻桩混凝土终凝前,必须将其影响范围内的桩全部施工完毕

续上表

通病现象	产生原因	防止方法
	(3)在流塑态的淤泥质土中,孔壁不能自立,浇筑混凝土时,混凝土密度大于流态淤泥质土,造成混凝土在该土层中坍塌; (4)拔管速度过快,混凝土尚未流出套管,周围土迅速回缩,形成断桩; (5)混凝土粗骨料粒径过大,浇筑混凝土时在管内发生"架桥"现象,造成断桩	(4)认真控制拔管速度,一般以1.2~1.5m/min为宜,在土质较差场地,应放慢拔管速度; (5)按设计要求严格控制粗骨料粒径; (6)采用局部反插法和复打法,复打深度必须超过断桩区1.0m
(4)吊脚桩 (桩底部的混凝土不密实或隔空,或泥砂混入形成松软层)	(1)桩尖活瓣受土压实,抽管至一定高度方才张开; (2)混凝土配合比不当,过于干硬,和易性差,下落不密实,形成空隙; (3)混凝土预制桩尖质量差,强度不足,边缘在沉管时被冲破,挤入桩管内,拔管时冲击、振动不够,桩靴没有被压出来,直到拔管到一定高度才落下,落下时又被硬土层卡住,未落至桩底而形成吊脚,或桩尖被打碎后缩入桩管中,泥砂与水也挤入桩管,与港入的混凝土混合形成松软层; (4)地下水位太高,孔内水压较大,封底混凝土高度不足以抵抗地下水渗入,造成孔底出现松软层; (5)有的单位在软硬土层中施工时,采用先沉管取土成孔后放预制桩尖的工艺,当二次沉管时,由于振动冲击,桩尖超前落入孔底,在桩管下沉中刮下土体落在桩尖上,形成吊脚桩	(1)严格检查混凝土预制桩尖的硬度和规格,以免桩尖被击碎或击破边缘而压入桩管; (2)沉入桩管时应用吊铊检查桩尖是否有缩入桩管的现象,如果有,应及时拔出纠正或将桩孔回填后重新沉入桩管; (3)为防止活瓣桩尖不张开可采取密击慢抽的方法,开始拔管50cm可将桩管反插几下,然后再正常拔管; (4)混凝土应保持良好和易性,坍落度应不小于5~7cm
(5)桩身下沉 (有时在桩成形后,在相邻桩位下沉套管时,桩顶的混凝土、钢筋或钢筋笼下沉)	这主要是因为新浇筑的混凝土处于流塑状态,由于相邻桩沉入套管时的振动影响,混凝土骨料自重沉实,造成桩顶混凝土下沉,土塌入混凝土内。另一原因是钢筋密度较大,受振动作用,使钢筋或钢筋笼沉入混凝土	(1)在桩顶部分采用较干硬性混凝土; (2)钢筋或钢筋笼放入混凝土后,上部用钢管将钢筋或钢筋笼架起,支在孔壁上,可防止相邻桩振动时下沉; (3)如发生桩身下沉,应铲去桩顶杂物、浮浆,重新补足混凝土
(6)混凝土超灌量	在饱和淤泥质软土中成桩时,由于土体受到沉管和灌注混凝土的扰动,破坏了结构而液化,强度急剧降低,经不起混凝土的冲击和侧压力,因而使混凝土灌入时发生扩散,桩身扩大,有时因扩散严重,混凝土的灌量达1~2倍,甚至2~3倍。另外,在地下遇有土洞、坟坑、溶洞、下水道枯井、防空洞等洞穴时也会出现混凝土超灌量	(1)在饱和淤泥质软土层中成桩,宜先打试验桩。如混凝土灌入量比按桩管外径计算的体积大20%~30%是正常的,增加40%~50%也是常有的,如灌入量超过1倍以上,则应会同设计单位研究,改用钻孔灌注桩或预制桩; (2)施工前应通过钎探了解工程范围内的地下洞穴情况,如发现洞穴,预先开挖或钻孔进行塞填处理,再行施工

续上表

通病现象	产生原因	防止方法
(7)桩尖进水进泥沙 (在含水率大的淤泥、粉砂土层中沉入桩管时,往往有水或泥沙从桩尖处进到桩管内,有时进入的泥沙和水会高达几米)	(1)桩管与桩尖结合处的垫圈不紧密或桩尖被打碎所致; (2)如采用的是活瓣桩尖,则可能是因为活瓣合成后缝隙太大造成的	(1)在地下涌水量大时,桩管应用0.5m高水泥砂浆封底,再灌入1m高混凝土,然后沉入,对于少量进水(<200mm),可不作处理,只在灌第一槽混凝土时酌量减少用水量即可,如涌进泥沙及水较多,应将桩管拔出,清除管内泥沙,用砂回填桩孔后重新沉入桩管; (2)沉桩时间不要太长,如桩尖损坏或不密合,可将桩管拔出,修复改正后将孔回填,重新沉管
(8)灌注桩达不到最终设计要求 (现场施工中,若桩管入土达不到设计要求时,应与设计单位共同研究解决,不宜盲目锤击)	(1)遇到较厚的硬夹层或大块孤石、混凝土块等地下障碍物; (2)勘探点不够或勘探资料不详,工程地质状况不明时,实际持力层标高起伏较大,超过施工机械能力,桩锤选择过小或过大,使桩管沉不到或超过要求的控制标高; (3)振动沉桩机的振动参数(如振幅、频率等)选择不合适,或因振动压力不够而使套管沉不下去; (4)套管长细比过大,刚度较差,在沉管过程中,产生弹性弯曲而使锤击或振动能量减弱,不能传至桩尖处	(1)认真勘察工程范围内地质情况,必要时应做补勘,正确选择持力层或桩尖标高; (2)认真勘察地下硬夹层及埋设物情况,遇有难以穿透的硬夹层,应用钻机钻透,或将地下障碍物清除干净; (3)施工前应在不同部位试桩,若难于满足最终控制要求,应拟定补救措施重新考虑成桩工艺; (4)根据工程地质条件选用合适的沉桩机械和振动参数,试桩时,如因正压力不够而沉不下去时再用加配重或加压的办法来增加正压力;锤击沉管时,如锤击能力不够,可更换大一级桩锤; (5)套管刚度要满足沉管要求,长细比不宜大于40

干作业法成孔灌注桩质量通病及防治　　表2-7

通病现象	产生原因	防止方法
(1)塌孔	在砂砾石、卵石或软塑淤泥质土夹层中进行干作业成孔时,土层不易直立,易导致坍孔;或局部有上层滞水渗漏,动水压力作用下,易使该土层坍塌	(1)在砂砾石、卵石或软塑淤泥质土层中成孔时,宜采用套管法成孔,或成孔后下套管,以防孔壁坍塌; (2)遇局部上层滞水渗漏,应采取降水措施将其排走; (3)如已发生塌孔,应先钻至塌孔以1~2m再用豆石混凝土或低强度混凝土(C5、C10)填至塌孔位置以上1.0m,待混凝土初凝后,再钻孔至设计标高
(2)桩孔偏斜 (桩孔垂偏差不符合要求,偏差大于孔深的1/100,就属于斜孔)	(1)遇到地下障碍物如孤石、混凝土块等,将钻杆挤向一边; (2)遇软、硬土层交界,使钻杆钻进速度减慢,如盲目加压快进,使钻杆急剧弯曲而成拐脚孔; (3)场地不平整,使桩架导向杆不垂直而偏斜,或钻机不平稳,钻进时钻杆晃动而产生斜孔; (4)钻杆不直,采用多节钻杆连接时,各节钻杆中心线不在同一直线上	(1)施工时,应先清除坚硬障碍物,必要时可用爆破方法炸碎或避开; (2)避免使用不符合要求的钻杆及钻头发现不直或上、下节钻杆不在一直线上时,应及时更换,钻进中随时校正钻杆的垂直度,钻机应保持平稳,遇到软土层向硬土层转换时,应少加压慢给进; (3)如发现倾斜,可用素土回填夯实,重新成孔

续上表

通病现象	产生原因	防止方法
(3)孔底虚土过厚 (桩成孔后,如孔底积存虚土过厚,超过规范的规定而未采取有效处理措施,成桩后其承载力会受到较大影响,还会引起桩基沉降增大)	(1)遇到含有大量炉灰、砖头、垃圾等杂物的杂填土、软塑淤泥质土、松散砂土、卵石夹层等松软土层,成孔过程中或成孔后易坍塌; (2)孔口没有及时清理干净,或孔口周围有大量钻土堆积,在提钻时,积土回落; (3)钻杆加工不直或使用中变形,钻杆连接法兰不平,使钻杆拼接后弯曲,造成孔颈增大或局部扩孔,提钻时土从叶片和孔壁之间的空降落到孔底; (4)成孔后,清孔不干净,孔口未放盖板或盖板不平使土体回落; (5)安放混凝土漏斗或钢筋笼时,孔口土或孔壁土被碰撞而落入孔底; (6)成孔后未能及时浇筑混凝土,被雨水冲刷或浸泡后土体坍浇; (7)施工工艺选择不当	(1)在施工时应仔细查明地质情况,尽可能避开容易引起大量塌孔的地点施工; (2)不符合要求的钻杆要及时更换; (3)及时清理孔口及其周围的积土,成孔完毕后,立即在孔口盖好盖板,尽可能避免人或车辆在孔口盖板上及附近行走,以免扰动孔口引起土体回落,同时,争取当天浇注混凝土; (4)在安放钢筋笼时应竖直地放入孔中,注意小心轻放,避免碰坏孔壁而使土体落入孔底; (5)对不同的地质条件可采用不同的施工工艺:一次钻至设计标高,在原位旋转片刻后停转,再提钻,或一次钻至设计标高以上1m,提钻甩土,然后再钻至设计标高后停转,再提钻,最后还可以钻至设计标高后,边旋转边提钻,虚土较多时,可按上述工艺重复操作二次或用勺、钻清理孔底虚土,虚土较少时,可用125kg的铁锤夯实10~15次,锤高不少于0.8m,也可在孔底灌入水泥浆使其形成水泥土
(4)钻进困难 (在成孔过程中,如发现钻进困难或无法钻进,则应认真查明原因,方可继续施工)	(1)遇到坚硬土层,如硬塑亚前土、灰土等,或遇地下障碍物,如石块、砌体、混凝土块等; (2)钻机功率不足,钻头倾角,转速选择不当; (3)钻进速度选择太快或钻杆倾斜太大,造成卡钻	如果遇到障碍物应事先清除,或采用爆破技术炸碎或避开;选择钻机时,应根据工程地质条件选择合适的设备,并注意在施工时钻杆、导架要垂直且注意控制钻进速度
(5)桩身质量缺陷 (桩身质量缺陷包括表面蜂窝、空洞、夹层或分段级配不均)	(1)混凝土配合比掌握不严,坍落度不均匀,在浇筑混凝土时,自由下落高度过大而又没有采取必要的措施导致混凝土分层离析,造成桩身强度不匀; (2)水泥过期,骨料中针状,片状成分或含泥量过大,不符合要求; (3)桩身浇筑混凝土时没有按操作工艺要求边浇边振捣,致使混凝土不密实,出现蜂窝、空洞; (4)浇筑混凝土或安放钢筋笼时,孔壁受扰动而使孔壁土体塌落在混凝土中形成泥夹层	(1)应按规范要求选择水泥和骨料,正确设计配合比,并根据施工现场材料条件进行合理的调整,必要时还可加外加剂以保证和易性; (2)浇筑时按操作工艺要求边浇筑边振捣,桩顶以下4~5m范围内的混凝土,必须用振捣器捣动密实; (3)混凝土下落高度不易太大,否则应加串筒下料,以防产生分层离析和混凝土强度不匀; (4)浇筑混凝土和下钢筋笼时应小心轻放,以防土体坍落而形成泥夹层

四 桩基础的检测与验收

(一)桩基的检测

成桩的质量检验有两种基本方法:一种是静载试验法(或称破损试验);另一种是动测法(或称无破损试验)。

1. 静载试验法

(1)试验目的

静载试验的目的,是采用接近于桩的实际工作条件,通过静载加压,确定单桩的极限承载力,作为设计依据,或对工程桩的承载力进行抽样检验和评价。

(2)试验方法

静载试验是根据模拟实际荷载情况,通过静载加压,得出一系列关系曲线,综合评定确定其容许承载力的一种试验方法。它能较好地反映单桩的实际承载力。荷载试验有多种,通常采用的是单桩竖向抗压静载试验、单桩竖向抗拔静载试验和单桩水平静载试验。

(3)试验要求

预制桩在桩身强度达到设计要求的前提下,对于砂类土,不应少于10d;对于粉土和黏性土,不应少于15d;对于淤泥或淤泥质土,不应少于25d,待桩身与土体的结合基本趋于稳定,才能进行试验。就地灌注和爆扩桩应在桩身混凝土强度达到设计等级的前提下,对砂类土不少于10d;对一般黏性土不少于20d;对于淤泥或淤泥质土,不应少于30d,才能进行试验。对于地基基础设计等级为甲级或地质条件复杂,成桩质量可靠性低的灌注桩,应采用静载荷试验的方法进行检验,检验桩数不应少于总数的1%,且不应少于3根,当总桩数少于50根时,不应少于2根,其桩身质量检验时,抽检数量不应少于总数的30%,且不应少于20根;其他桩基,工程的抽检数量不应少于总数的20%,且不应少于10根;对混凝土预制桩及地下水位以上且终孔后核验的灌注桩,检验数量不应少于总桩数的10%,且不得少于10根。每根柱子承台下不得少于1根。

2. 动测法

(1)特点

动测法又称动力无损检测法,是检测桩基承载力及桩身质量的一项新技术,作为静载试验的补充。

一般静载试验装置较复杂笨重,费工费时成本高,测试数量有限,并且易破坏桩基。而动测法的试验仪器轻便灵活,检测快速,单桩试验时间仅为静载试验的1/50左右,可缩短试验时间,数量多,不易破坏桩基,相对也较准确,可进行普查,费用低,单桩测试费约为静载试验的1/30左右。

(2)试验方法

动测法是相对静载试验法而言,它是对桩土体系进行适当的简化处理,建立起数学-力学模型,借助于现代电子技术与量测设备采集桩-土体系在给定的动荷载作用下所产生的振动参数,结合实际桩土条件进行计算,所得结果与相应的静载试验结果进行对比,在积累一定数量的动静试验对比结果的基础上,找出两者之间的某种相关关系,并以此作为标准来确定桩基承载力。单桩承载力的动测方法各类较多,国内有代表性的方法有:动力参数法、锤击贯入法、水电效应法、共振法、机械阻抗法、波动方程法等。

(3)桩身质量检验

在桩基动态无损检测中,国内外广泛使用的方法是应力波反射法,又称低(小)应变法。其原理是根据一维杆件弹性反射理论(波动理论)采用锤击振动力法检测桩体的完整性,即以波在不同阻抗和不同约束条件下的传播来差别桩身质量。

(二)桩基的验收

1. 桩位放样允许偏差

桩位的放样允许偏差如下:

群桩　　20mm

单排桩　　10mm

2. 桩位验收

桩基工程的桩位验收,除设计有规定外,应按下述要求进行:

(1)当桩顶设计标高与施工场地标高相同时,或桩基施工结束后,有可能对桩位进行检查时,桩基工程的验收应在施工结束后进行。

(2)当桩顶设计标高低于施工场地标高,送桩后无法对桩位进行检查时,对打入桩可在每根桩桩顶沉至场地标高时,进行中间验收,待全部桩施工结束,承台或底板开挖到设计标高后,再做最终验收。对灌注桩可对护筒位置做中间验收。

3. 桩位偏差

(1)打(压)入桩(顶制混凝土方桩、先张法预应力管桩、钢桩)的桩位偏差,必须符合表2-8的规定。斜桩倾斜度的偏差不得大于倾斜角正切值的15%(倾斜角系桩的纵向中心线与铅垂线间夹角)。

预制桩(钢桩)桩位的允许偏差(mm)　　表2-8

序号	项目	允许偏差
1	盖有基础梁的桩: (1)垂直基础梁的中心线; (2)沿基础梁的中心线	 $100+0.01H$ $150+0.01H$
2	桩数为1~3根桩基中的桩	100
3	桩数为4~16根桩基中的桩	1/2桩径或边长
4	桩数大于16根桩基中的桩: (1)最外边的桩; (2)中间桩	 1/3桩径或边长 1/2桩径或边长

注:H为施工现场地面标高与桩顶设计标高的距离。

(2)灌注桩的桩位偏差必须符合表2-9的规定,桩顶标高至少要比设计标高高出0.5m,桩底清孔质量按不同的成桩工艺有不同的要求,应按《建筑地基基础工程施工质量验收规范》的要求执行。每浇筑$50m^3$,必须有1组试件,小于$50m^3$的桩,每根桩必须有1组试件。

灌注桩的平面位置和垂直度的允许偏差　　表 2-9

序　号	成 孔 方 法		桩径允许偏差（mm）	垂直度允许偏差（%）	桩位允许偏差(mm)	
					1～3 根、单排桩基垂直于中心线方向和群桩基础的边桩	条形桩基沿中心线方向和群桩基础的中间桩
1	泥浆护壁钻孔桩	$D \leqslant 1\,000$mm	±50	<1	$D/6$，且不大于 100	$D/4$，且不大于 150
		$D > 1\,000$mm	±50		$100 + 0.01H$	$150 + 0.01H$
2	套管成孔灌注桩	$D \leqslant 500$mm	−20	<1	70	150
		$D > 500$mm			100	150
3	干成孔灌注桩		−20	<1	70	150
4	人工挖孔桩	混凝土护壁	+50	<0.5	50	150
		钢套管护壁	+50	<1	100	200

注：1. 桩径允许偏差的负值是指个别断面。

2. 采用复打、反插法施工的桩，其桩径允许偏差不受本表限制。

3. H 为施工现场地面标高与桩顶设计标高的距离，D 为设计桩径。

第四节　桩基础施工方案实例

钻孔灌注桩施工方案实例：

1. 工程概况

某工程钻孔灌注桩共布桩 94 条，其中 ϕ600mm 桩共 40 根、ϕ400mm 桩共 18 根、ϕ1 200mm 桩共 32 根、ϕ1 000mm 桩共 4 根。设计要求桩端支承于微风化基岩上，且嵌入该岩层 1.5 倍桩径，基岩强度 $f_x = 10\,000$kPa，平均桩长约 25.5m，理论成孔立方量约 4 500m^3。由于工期紧迫，在施工区域内配置了 6 台桩机，由西向东错开排列 1 至 6 号桩机，其中 2 号和 5 号桩机分别负责西塔楼和东塔楼的电梯基坑下的钻桩，6 台桩机不分昼夜同时施工。

2. 钻孔灌注桩施工工艺

该工程桩型为大中型桩，采用正循环钻进成孔，二次反循环换浆清孔。整套工艺分为成孔、下放钢筋笼和导管灌注水下混凝土。

主要施工工艺如下：

(1)清除障碍：在施工区域内全面用挖掘机向下挖掘 4～5m，彻底清除大块角石等障碍物。

(2)桩位控制：该工程采用经纬仪坐标法控制桩位及轴线，每桩施工前再次对桩位进行复核。

(3)埋设护筒：采用十字架中心吊锤法将钢制护筒垂直稳固地埋实。护筒埋好后外围回填黏性土并夯实，以防滑浆和塌孔，同时测量护筒标高。

(4)钻机安装定位；钻机安装必须水平、稳固，起重滑轮前缘、转盘中心与护筒中心在同一铅垂线上，用水平尺依纵横向校平转盘，以保证桩机的垂直度。

(5)钻进成孔：

①钻头:选用导向性能良好的单腰式钻头。

②钻进技术参数:采用分层钻进技术,即针对不同的土层特点,适当调整钻进参数。开孔钻进,采用轻压慢转钻进方式,对于粉质黏土和粉砂层要适当控制钻压,调整泵量,以较高的转数通过。

③护壁泥浆:第一根桩采用优质黏土造浆,后续桩主要采用原土自然造浆,产生的泥浆经沉淀、过滤后循环使用。考虑到本场地砂层较厚,水量丰富,为防止塌孔,保证成孔质量,还配备一定数量的优质黏土,作制备循环泥浆之用。泥浆循环系统由泥浆池、循环槽、泥浆泵、沉淀池、废浆池(罐)等组成。

④终孔及持力层的确定:施工第一根桩时做超前钻,取得岩样进行单轴抗压强度试验,会同设计人员确定岩性及终孔深度。在施工过程中,若有疑问时,继续进行抽芯取样试验,确保达到设计要求。终孔前0.5m,采用小参数钻进到终孔,以利于减少孔底沉渣。

(6)一次清孔:终孔时,使用较好泥浆,将钻具反复在距孔底1.5m范围边反扫边冲孔低转速钻进,大泵送泥浆利于搅碎孔底大泥块再用砂石泵吸渣清孔。

(7)钢筋笼保护层:在吊放笼筋时,沿笼筋外围上、中、下三段绑扎混凝土垫块,以保证笼筋的保护层厚度。

(8)钢筋笼的制作与下放:

①钢筋笼有专人负责焊接,经验收合格后按设计标高垂直下入孔内。

②吊放过程中必须轻提、慢放,若下放遇阻应停止,查明原因处理后再行下放,严禁将钢筋笼高起猛落,强行下放。到达设计位置后,立即固定,防止移动。

(9)下导管:灌注混凝土选用ϕ250mm灌注导管,导管必须内平、笔直,并保证连接处密封性能良好,防止泥浆渗入。

(10)二次清孔:第二次清孔在下导管后进行,清孔时用较好泥浆清孔,将孔内较大泥屑排出孔外,置换孔内泥浆,直到泥浆相对密度≤1.25,清孔过程中,必须将管下放到孔底,孔底沉渣厚度≤50mm,方可进行混凝土灌注。

(11)水下混凝土灌注:本工程以商品混凝土为主,保证混凝土灌注必须在二次清孔结束后30min内进行,商品混凝土加入缓凝剂。开灌储料斗内必须有足以将导管的底端一次性埋入水下混凝土中0.8m以上的混凝土储存量。灌注过程中,及时测量孔内混凝土面高度,准确计算导管埋深,导管的埋探控制在3~6m范围内,机械不得带故障施工。

由于该工程基础桩的形式选择正确,而且施工管理完善,94根钻孔灌注桩仅占用了两个月的施工工期就顺利完成。之后抽取了3根桩进行双倍设计承载力的单桩竖向静载荷试验,结果各桩均能满足规范规定的要求。同时亦抽取了20根桩(抽样率21.3%)进行反射波法的桩基无损检测,结果I类桩有19根,II类桩有1根。在竣工验收首测得整幢建筑物的最大沉降量亦只有4mm,在赶进度的情况下,桩基施工达到了较理想的效果。

本章小结

本章介绍了两大部分内容:一是地基处理,一是桩基础施工。

地基处理部方法很多,本书主要介绍了换土垫层法的灰土地基和砂地基、重锤夯实地基、

强夯地基、振冲地基、深层搅拌地基、高压喷浆地基等,学习时注意各种处理方法的工艺过程与适用范围。

由于生产的发展,桩基础不仅在高层建筑和工业厂房建筑中使用量很大,而且在多层及其他建筑中应用也日益广泛,因此,目前桩基础已成为建筑工程中常用的分项工程之一。

桩可分为预制桩和灌注桩,这两类桩基础的施工方法在施工现场具有同样重要的地位,因此,学习时应同等重视。

对于钢筋混凝土预制桩的施工,应注意做好两方面的工作:即桩的预制、起吊和运输,正确选择桩锤和打桩方法。对于混凝土及钢筋混凝土灌注桩应用越来越多,已超过预制桩。各种灌注桩都有其不同的适用条件。如泥浆护壁成孔灌注桩适用于地下水位以下的土层中施工,这种情况在工程中常见,工艺也较复杂,振动沉管灌注桩由于噪声、振动等比锤击沉管灌注桩小,故前者更有发展前途。本节即以泥浆护壁成孔灌注桩和沉管灌注桩为介绍重点。另外,还介绍了桩基工程施工中常见的质量问题以及产生这些质量问题的原因及处理方法,也特别值得学习时关注。

复习思考题

1. 地基处理方法一般有哪几种?各有什么特点?
2. 试述换土地基的适用范围、施工要点与质量检查。
3. 什么是重锤夯实法?什么是强夯法?两者有什么区别?
4. 简述柱下独立桩基础施工的要点。
5. 简述杯形基础施工的要点。
6. 简述条形基础施工要点。
7. 试述桩基的作用和分类。
8. 钢筋混凝土预制桩在制作、起吊,运输和堆放过程中各有什么要求?
9. 打桩前要做哪些准备工作?打桩设备如何选用?
10. 预制桩的沉桩方法主要有哪几种?
11. 静力压桩有何特点?适用范围如何?施工时应注意哪此问题?
12. 试分析各种打桩顺序的利弊?打桩的控制原则是什么?
13. 现浇混凝土桩的成孔方法有几种?各种方法的特点及适用范围如何?
14. 什么是泥浆护壁成孔?泥浆有哪些作用?
15. 水下浇筑混凝土最常用的方法是什么?应注意哪些问题?
16. 灌注桩常易发生哪些质量问题?如何预防处理?
17. 桩基检测的方法有几种?应验收哪些方面?

第三章
混凝土结构工程

【职业能力目标】

学完本章,你应会:

1. 模板的构造设计和安装。
2. 进行钢筋的冷加工、钢筋的焊接以及钢筋的配料和代换。
3. 进行混凝土配料、浇捣、养护和质量检查,特别是进行工程质量事故的防治。

【学习要求】

1. 了解模板的构造要求,了解钢筋的种类、性能。
2. 熟悉钢筋混凝土工程的施工工艺。
3. 掌握钢筋的冷加工以及钢筋的配料,代换的计算。
4. 掌握质量的检查和评定,以及质量事故的处理。

钢筋混凝土结构工程是目前我国房屋建筑工程中应用最广的结构形式。它由模板、钢筋、混凝土等多个分项工程组成,其施工流程如图3-1所示。由于其施工过程多,因而要加强施工管理,统筹安排,合理组织,以保证质量,缩短工期和降低造价。

钢筋混凝土结构工程按施工方法分为现浇钢筋混凝土结构工程和装配式钢筋混凝土结构工程,以下重点介绍现浇钢筋混凝土结构工程的施工。

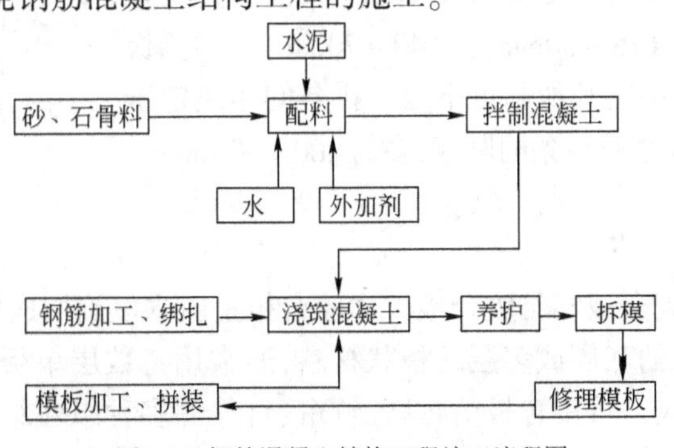

图3-1　钢筋混凝土结构工程施工流程图

第一节　模板工程施工

模板工程的施工工艺包括模板的选材、选型、设计、制作、安装、拆除和周转等过程。模板工程是钢筋混凝土结构工程的重要组成部分，特别是在现浇钢筋混凝土结构工程施工中占有主导地位，决定施工方法和施工机械的选择，直接影响工期和造价。

一　模板的种类、作用和基本要求

模板的种类很多，按材料分类，可分为木模板、钢木模板、胶合板模板、钢竹模板、钢模板、塑料模板、玻璃钢模板、铝合金模板等；按结构的类型可分为基础模板、柱模板、楼板模板、楼梯模板、墙模板、壳模板和烟囱模板等多种；按施工方法分类，有现场装拆式模板、固定式模板和移动式模板。随着新结构、新技术、新工艺的采用，模板工程也在不断发展，其发展方向是：构造由不定型向定型发展；材料由单一木模板向多种材料模板发展；功能由单一功能向多功能发展。

模板系统包括模板、支架和紧固件三个部分。它是保证混凝土在浇筑过程中保持正确的形状和尺寸，是混凝土在硬化过程中进行防护和养护的工具。为此，模板和支架必须符合下列要求：保证工程结构和构件各部位形状尺寸和相互位置的正确；具有足够的承载能力、刚度和稳定性，能可靠地承受新浇混凝土的自重和侧压力以及施工荷载；构造简单、装拆方便，便于钢筋的绑扎、安装和混凝土的浇筑、养护；模板的接缝严密，不得漏浆；能多次周转使用。

二　常用模板的构造

（一）木模板

木模板及其支架系统一般在加工厂或现场木工棚制成基本元件（拼板），然后再在现场拼装。拼板（图3-2）的长短、宽窄可以根据混凝土构件的尺寸，设计出几种标准规格，以便组合使用。拼板的板条厚度一般为25～50mm，宽度不宜超过200mm，以保证干缩时缝隙均匀，浇水后易于密封，受潮后不易翘曲，但梁底板的板条宽度则不受限制，以减少拼缝、防止漏浆为原则。拼条截面尺寸为(25～50mm)×(40～70mm)。梁侧板的拼条一般立放，如图3-2b)，其他则可平放。拼条间距决定于所浇筑混凝土侧压力的大小及板条的厚度，多为400～500mm。

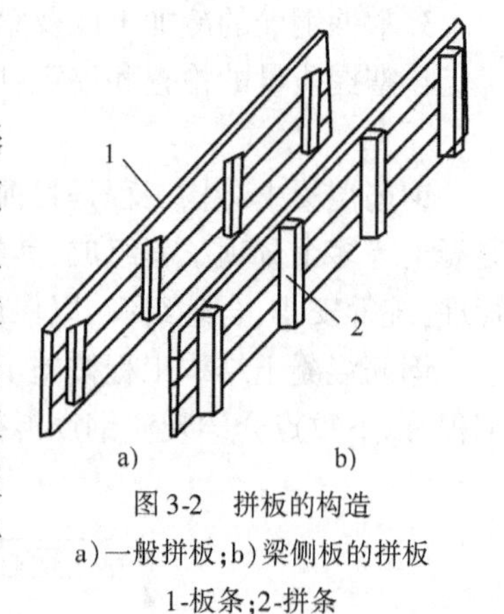

图3-2　拼板的构造
a）一般拼板；b）梁侧板的拼板
1-板条；2-拼条

（二）胶合板模板

胶合板模板包括木胶合板和竹胶合板。木胶合板是由木段旋切成单板或由木方刨切成薄木，再用胶粘剂胶合而成的三层或多层的板状材料，通常用奇数层单板，并使相邻层单板的纤维方向互相垂直胶合而成。竹胶合板由竹席、竹帘、竹片等多种组坯结构，及与木单板等其他材料复合，专用于混凝土施工的模板。胶合板模板的特点包括：表面平整光滑，容易脱模；耐磨性强;防水性好;模板强度和刚度较好;使用寿命较长,周转次数可达20~30次以上;材质轻,适宜加工大面积模板;板缝少,能满足清水混凝土施工的要求。

1.胶合板模板的规格

竹胶合板的规格尺寸如表3-1所示。竹胶合板使用中应注意最大变形的控制,避免出现胀模。

竹胶合板规格(单位:mm) 表3-1

长度	宽度	厚度	长度	宽度	厚度
1 830	915	9、12、15、18	2 135	915	9、12、15、18
1 830	1 220		2 440	1 220	
2 000	1 000		3 000	1 500	

2.胶合板模板的配制要求

目前木模板均采用胶合板作为面板,辅以木方或型钢边框,采用钢管或木支撑。

(1)合理进行模板配板设计,尽量减少随意锯截,竹胶板模板锯开的边及时用防水油漆封边两道,防止竹胶板模板使用过程中开裂、起皮。

(2)胶合板常用厚度一般为18mm,内、外楞的间距通过设计计算进行调整;拼板接缝处要求附加小龙骨。

(3)支撑系统可以选用钢管脚手,也可采用木材。采用木支撑时,不得选用脆性、严重扭曲和受潮容易变形的木材。

(4)钉子长度应为胶合板厚度的1.5~2.5倍,每块胶合板与木楞相叠处至少钉2个钉子。第二块板的钉子要转向第一块模板方向斜钉,使拼缝严密。

(5)配制好的模板应在反面编号并写明规格,分别堆放保管,以免错用。

(三)组合钢模板

组合钢模板通过各种连接件和支承件可组合成多种尺寸和几何形状,以适应各种类型建筑物捣制钢筋混凝土梁、柱、板、墙、基础等施工所需要的模板,也可用其拼成大模板、滑模、筒模和台模等。施工时可在现场直接组装,亦可预拼装成大块模板或构件模板用起重机吊运安装。

1.组合钢模板的组成

组合钢模板是由模板、连接件和支承件组成。模板包括平面模板(P)、阴角模板(E)、阳角模板(Y)、连接角模(J),此外还有一些异形模板,如图3-3所示。钢模板的厚度为2~3mm,钢模板的宽度有100mm、150mm、200mm、250mm、300mm五种规格,其长度有450mm、600mm、750mm、900mm、1 200mm、1 500mm六种规格,可适应横竖拼装。

组合钢模板的连接件包括U形卡、L形插销、钩头螺栓、对拉螺栓、紧固螺栓和扣件等,如图3-4所示。U形卡用于相邻模板的拼接,其安装距离不大于300mm,即每隔一孔卡插一个,安装方向一顺一倒相互错开,以抵消因打紧U形卡可能产生的位移。L形插销用于插入钢模板端部横肋的插销孔内,以加强两相邻模板接头处的刚度和保证接头处板面平整。钩头螺栓用于钢模板与内外钢楞的加固,安装间距一般不大于600mm,长度应与采用的钢楞尺寸相适

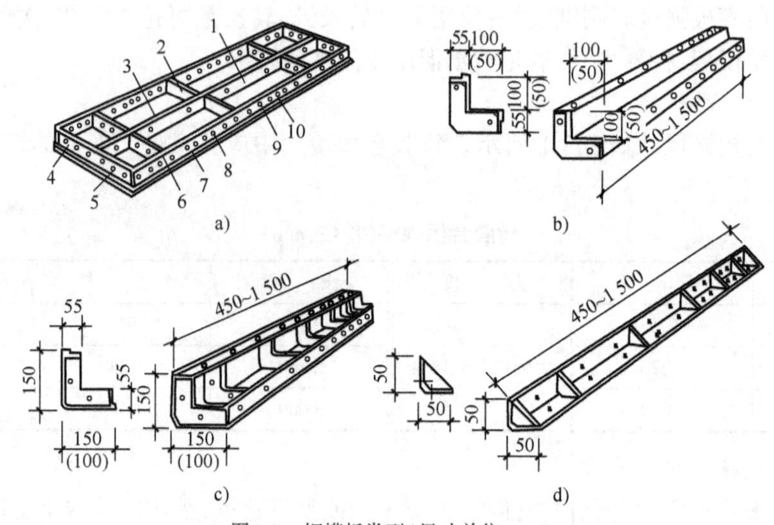

图 3-3　钢模板类型(尺寸单位:mm)

a)平面模板;b)阳角模板;c)阴角模板;d)连接角模

1-中纵肋;2-中横肋;3-面板;4-横肋;5-插销孔;6-纵肋;7-凸棱;8-凸鼓;9-U 形卡孔;10-钉子孔

应。紧固螺栓用于紧固内外钢楞,长度应与采用的钢楞尺寸相适应。对拉螺栓用于连接墙壁两侧模板,保持模板与模板之间的设计厚度,并承受混凝土侧压力及水平荷载,使模板不变形。扣件用于钢楞与钢楞或钢楞与钢模板之间的扣紧,按钢楞的不同形状,分别采用蝶扣件和“3”形扣件。

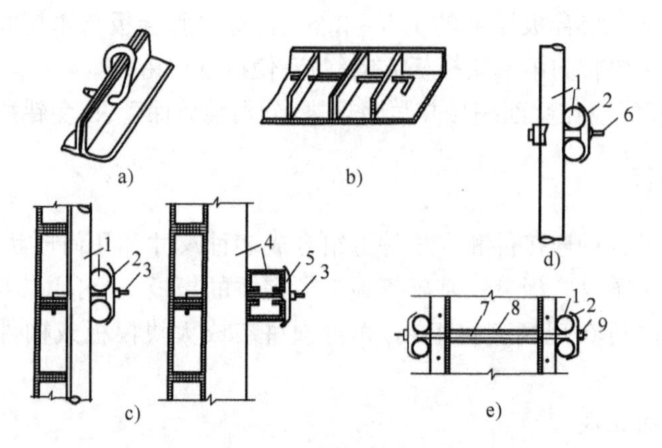

图 3-4　钢模板连接件

a)U 形卡连接;b)L 形插销连接;c)钩头螺栓连接;d)紧固螺栓连接;e)对立螺栓连接

1-圆钢管楞;2-“3”形扣件;3-钩头螺栓;4-内卷边槽钢钢楞;5-蝶形扣件;6-紧固螺栓;7-对拉螺栓;8-塑料套管;9-螺母

组合钢模板的支承件包括:柱箍、钢楞、支架、斜撑、钢桁架等。

钢桁架(图 3-5)两端可支承在钢筋托具、墙、梁侧模板的横档以及柱顶梁底横档上,用以支承梁或板的底模板。图 3-5a)所示为整榀式,一榀桁架的承载能力约为 30kN;图 3-5b)所示为组合式桁架,可调范围为 25 ~ 35m,一榀桁架的承载能力约为 20kN。钢支架(图 3-6a)用于支承由桁架、模板传来的垂直荷载。它由内外两节钢管制成,其高低调节距模数为 100mm,支架底部除垫板外,均用木楔调整,以利于拆卸。另一种钢管支架本身装有调节螺杆,能调节一个孔距的高度,使用方便,但成本略高,如图 3-6b)所示。

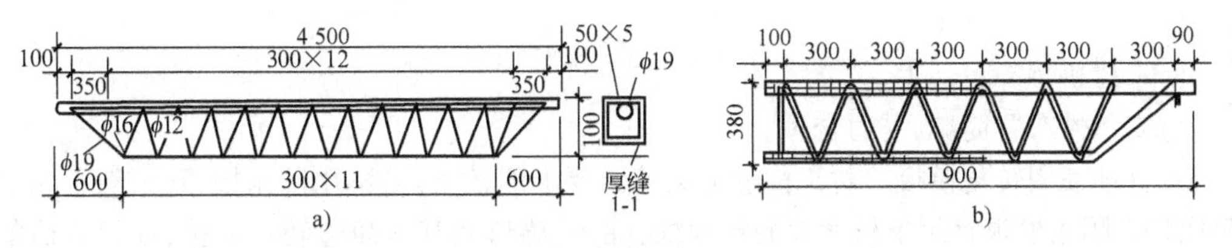

图 3-5　钢桁架示意图(尺寸单位:mm)

a)整榀式;b)组合式

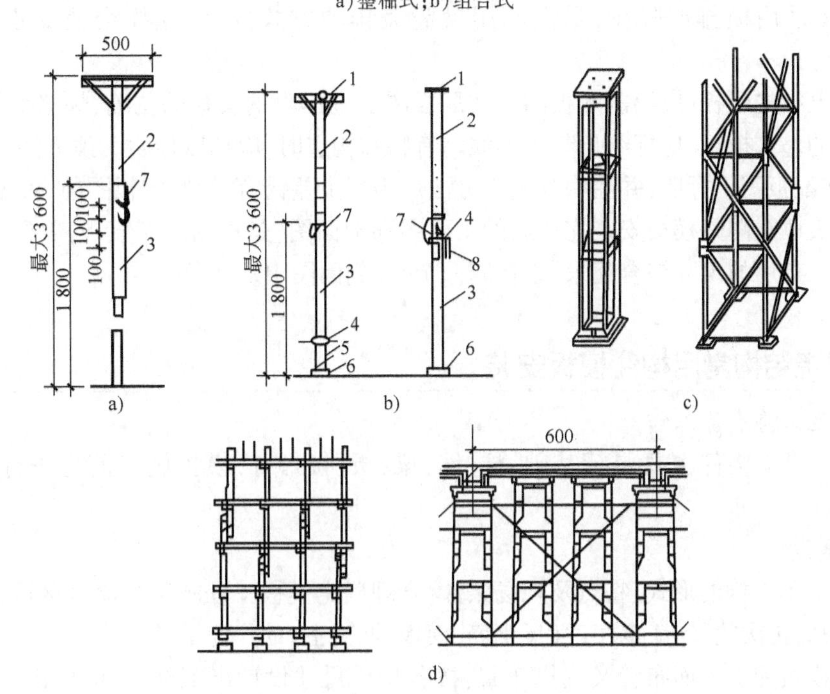

图 3-6　钢支架(mm)

a)钢管支架;b)调节螺杆钢管支架;c)组合钢支架和钢管井架;d)扣件式钢管和门型脚手架支架

1-顶板;2-插管;3-套管;4-转盘;5-螺杆;6-底板;7-插销;8-转动手柄

钢楞即模板的横挡和竖挡,分内钢楞和外钢楞。内钢楞配置方向一般应与钢模板垂直,直接承受钢模板传来的荷载,间距一般为 700 ~ 900mm。外钢楞承受内钢楞传来的荷载,或用来加强模板结构的整体刚度和调整平直度。钢楞一般用圆钢管、矩形钢管、槽钢或内卷边槽钢,而以钢管用得较多。

梁卡具,又称梁托具,用于固定矩形梁、圈梁等构件的侧模板,可节约斜撑等材料。也可用于侧模板上口的卡固定位,其构造如图 3-7 所示。

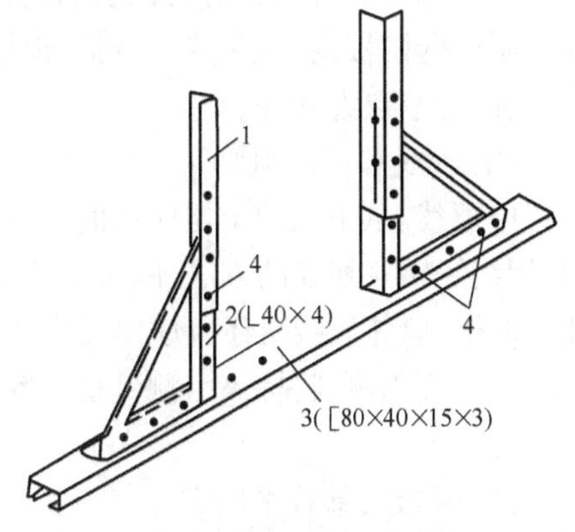

图 3-7　组合梁卡具

1-调节杆;2-三角架;3-底座;4-螺栓

2. 钢模配板

采用组合钢模板时,同一构件的模板展开可用不

同规格的钢模作多种方式的组合排列,因而形成不同的配板方案。合理的配板方案应满足以下原则:

(1)木材拼镶补量最少。

(2)支承件布置简单,受力合理。

(3)合理使用转角模板。对于构造上无特殊要求的转角,可不用阳角模板,一般可用连接角模代替。阴角模板宜用于长度大的转角处,柱头、梁口及其他短边转角部位,如无合适的阴角模板,也可用55mm 的方木条代替。

(4)尽量采用横排或竖排,尽量不用横竖兼排的方式,因为这样会使支承系统布置困难。

组合钢模板的配板,应绘制配板图。在配板图上应标出钢模板的位置、规格型号和数量。对于预组装的整体模板,应标绘出其分界线。有特殊构造时,应加以标明。预埋件和预留孔洞的位置,应在配板图上标明,并注明其固定方法。为减少差错,在绘制配板图前,可先绘出模板放线图。模板放线图是模板安装完毕后的平面图和剖面图,是根据施工模板需要将有关图纸中对模板施工有用的尺寸综合起来,绘在同一个平、剖面图中。

三 现浇结构常用构件模板安装

1. 模板施工前准备工作

现浇结构常见构件主要包括基础、柱、墙、梁、板、楼梯等,模板施工前应进行下列准备工作:

(1)模板设计

1)根据工程结构的形式、特点及现场条件,合理确定模板工程施工的流水区段,以减少模板投入,增加周转次数,均衡工序过程(钢筋、模板、混凝土)的作业量。

2)确定模板配板平面布置及支撑布置:按各构件尺寸设计出配板图,模板面板尺寸及背楞规格、布置位置和间距。支撑布置包括:柱箍选用的形式及间距;竖向支撑、横向支撑、抛撑、剪刀撑等型号、间距;对拉螺栓的布置间距。

3)绘图与验算:根据模板配板布置及支撑系统布置进行强度、刚度及稳定性验算,合格后要绘制全套模板设计图,其中包括:模板平面布置配板图、分块图、组装图、节点大样图、梁柱节点、主次梁节点大样等。

(2)轴线和标高引测

1)放线:从下层向上层转移时,除用经纬仪等仪器放线外,也可采用在上层楼板上预留孔洞,用线锤转移划线的方法,同时可离轴线1 000mm 平移画工作墨线,该线不会被模板压盖,便于校核,墙体放线时还应放出门窗洞口线。

2)标高引测:将标高引测到柱、墙插筋上,一般高出楼面标高1m,然后据此找平柱、墙模底部。

(3)模板底部找平固定

在墙、柱主筋上距地面50~80mm 处,根据模板线,按保护层厚度焊接水平支杆,以防模板的水平移位。柱、墙模板底部固定可采用如下方法:先在地面预埋木砖,将模板固定在木砖上;

也可在柱边线抹定位水泥砂浆带或用水泥钉将模板直接钉在地面上；或以角钢焊成柱断面外包框，做成小方盘模板。对于柱、墙外侧模板，可在下层柱每隔800mm预留钢筋或螺栓来承托模板。

(4)其他

墙、柱钢筋绑扎完毕，水电管线、预留洞、预埋件安装完毕，绑好钢筋保护层垫块，并办好隐检手续。对于组装完毕的模板，应按图纸要求检查其对角线、平整度、外形尺寸及牢固是否有效；并涂刷脱模剂，分门别类放置。

2. 基础模板安装

基础模板(图3-8)高度不大但截面尺寸较大阶梯较多。安装时根据图纸尺寸制作每一阶梯模板，支模顺序由下至上，先安底层阶梯模板，用斜撑和水平撑钉牢撑稳；核对模板墨线及标高，配合绑扎钢筋及垫块，再进行上一阶梯模板安装，方法同底层阶梯模板。如土质较好，阶梯形基础模板的最下一级可不用模板而进行原槽浇筑。安装时，要保证上、下模板不发生相对位移。如有杯口还要在其中放入杯口模板。

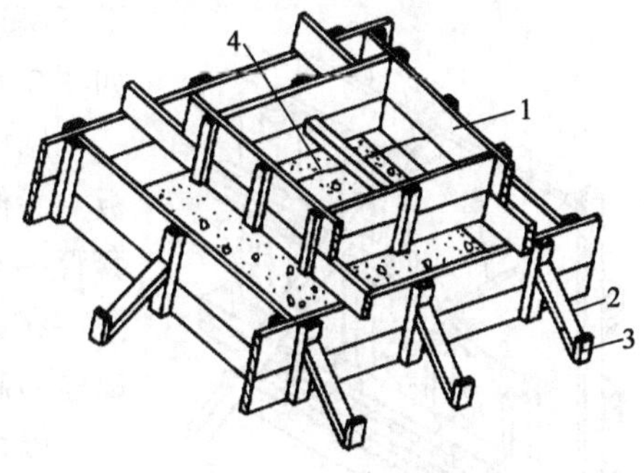

图3-8　阶梯形基础模板

1-拼板；2-斜撑；3-木桩；4-铁丝

3. 柱模板安装

柱子的断面尺寸不大但比较高。因此，柱子模板的构造和安装主要考虑保证垂直度及抵抗新浇混凝土的侧压力，与此同时，也要便于浇筑混凝土、清理垃圾与钢筋绑扎等。

柱模板由两块相对的内拼板夹在两块外拼板之间组成，如图3-9a)所示。有些短横板可先不钉上，作为混凝土的浇筑孔，待混凝土浇至其下口时再钉上。

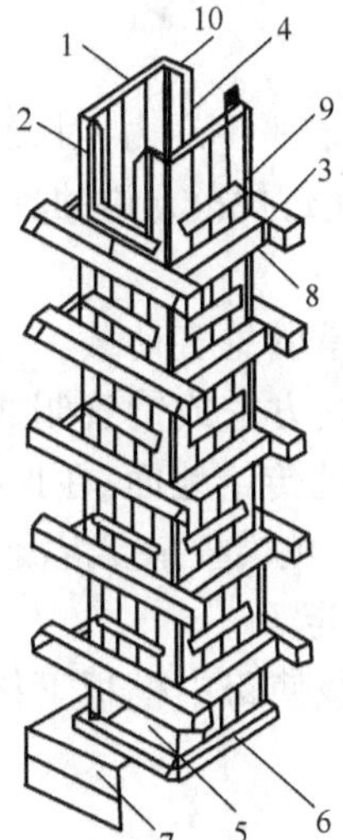

柱模板底部开有清理孔。柱底部一般有一钉在底部混凝土上的木框，用来固定柱模板的位置。为承受混凝土侧压力，拼板外要设柱箍，柱箍可为木制、钢制或钢木制。柱箍间距与混凝土侧压力大小、拼板厚度有关，由于侧压力是下大上小，因而柱模板下部柱箍较密。柱模板顶部根据需要开有与梁模板连接的缺口。

安装柱模前，应先绑扎好钢筋，测出标高并标在钢筋上，同时在已浇筑的基础顶面或楼面上固定好柱模板底部的木框，在内外拼板上弹出中心线，根据柱边线及木框位置竖立内外拼板，并用斜撑临时固定，然后由顶部用锤球校正，使其垂直。检查无误后，即用斜撑钉牢固定。同在一条轴线上的柱，应先校正两端的柱模板，再从柱模板上口中心线拉一铁丝来校正中间的柱模。柱模之间还要用水平撑及剪刀撑相互拉结。

图3-9　柱模板

1-内拼板；2-外拼板；3-柱箍；4-梁缺口；5-清理孔；6-木框；7-盖板；8-拉紧螺栓；9-拼条；10-三角木条

4. 墙模板安装

墙模板的特点是高度大而厚度小，主要是承受混凝土的侧向压力。墙模板面板采用18mm胶合板，背部支撑由内、外楞组成：直接支撑模板的为竖向内楞（又称内龙骨、立挡），一般采用60mm×80mm木方，中到中间距300mm左右；用以支撑内层龙骨的为横向外楞（又称外龙骨、横挡），一般采用双肢ϕ48×3.5钢管或50mm×100mm方木，中到中间距500～600mm左右，下部可稍密，上下两道距模板上下口200mm。组装墙体模板时，通过M14穿墙螺栓将墙体两侧模板拉结，每个穿墙螺栓成为主龙骨的支点，穿墙螺栓布置水平间距600mm左右，竖向间距同外楞。并采用钢管＋U形托作为斜撑，一般设中下两道，间距600mm左右，以固定模板并保证模板垂直度，如图3-10所示。

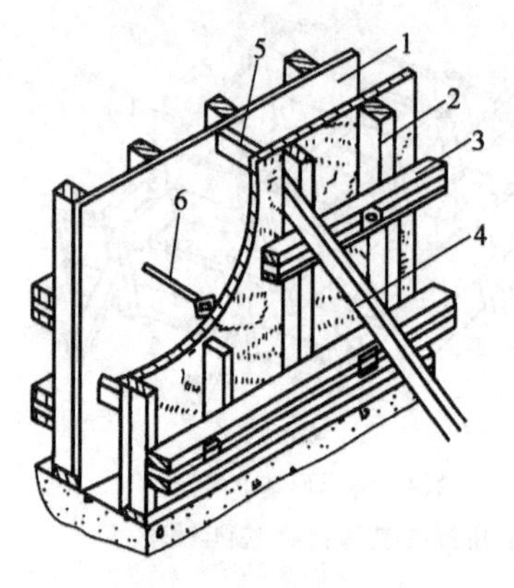

图3-10　墙模板支设图
1-胶合板；2-内楞；3-外楞；4-斜撑；5-撑头；6-穿墙螺栓

墙模板施工工艺流程为：安装前检查→安装门窗口模板→一侧墙模安装就位→安装斜撑→插入穿墙螺栓及塑料套管→清扫墙内杂物→安装就位另一侧墙模板一安装斜撑→穿墙螺栓穿过另一侧墙模→调整模板位置→紧固穿墙螺栓→斜撑固定→与相邻模板连接。

墙模板施工注意事项：

（1）安装墙模前，要对墙体接槎处凿毛，用空压机清除墙体内的杂物，做好测量放线工作。为防止墙体模板根部出现漏浆“烂根”现象，墙模安装前，在底板上根据放线尺寸贴海绵条，做到平整、准确、黏结牢固并注意穿墙螺栓的安装质量。

（2）安装可回收穿墙螺栓的塑料套管宜比墙厚少2～3mm，拧紧时注意避免塑料套管变形；外墙的穿墙螺栓应采用止水螺栓，并向外倾斜，以利于防水。

（3）底部每3m左右留一个清扫口（100mm×100mm）。

5. 梁模板安装

梁的跨度较大而宽度不大。梁底一般是架空的，混凝土对梁侧模板有水平侧压力，对梁底模板有垂直压力，因此，梁模板及其支架必须能承受这些荷载而不致发生超过规范允许的过大变形。

梁模板（图3-11）主要由底模、侧模、夹木及其支架系统组成，底模板承受垂直荷载，一般较厚，下面每隔一定间距（800～1 200mm）有顶撑支撑。顶撑可以用圆木、方木或钢管制成。顶撑底应加垫一对木楔块以调整标高。为使顶撑传下来的集中荷载均匀地传给地面，在顶撑底加铺垫板。多层建筑施工中，应使上、下层的顶撑在同一条竖向直线上。侧模板承受混凝土侧压力，应包在底模板的外侧，底部用夹木固定，上部由斜撑和水平拉条固定。

如梁跨度等于或大于4m，应使梁底模起拱，防止新浇筑混凝土的荷载使跨中模板下挠。如设计无规定时，起拱高度宜为全跨长度的1/1 000～3/1 000。

6. 楼面模板安装

板模板的特点是面积大，厚度一般不大，横向侧压力很小。面板尽量采用18mm厚整张胶合板，以60mm×80mm木方做板底支撑，中心间距300mm左右，内楞由外楞支撑，外楞采用50mm×100mm木方或钢脚手管，中心间距1m左右，以定型钢支撑、圆木或扣件式钢管脚手架作为支撑系统，脚手架排距1.0m，跨距1.0m，步距1.5m支承木方的横杆与立杆的连接，一般采用双扣件，如图3-12所示。

板模板施工工艺流程：搭设支架（脚手钢管搭设、木顶撑支设）→安装内、外楞→调整板下皮标高及起拱→铺设顶板模→检查模板上皮标高、平整度→办预检。

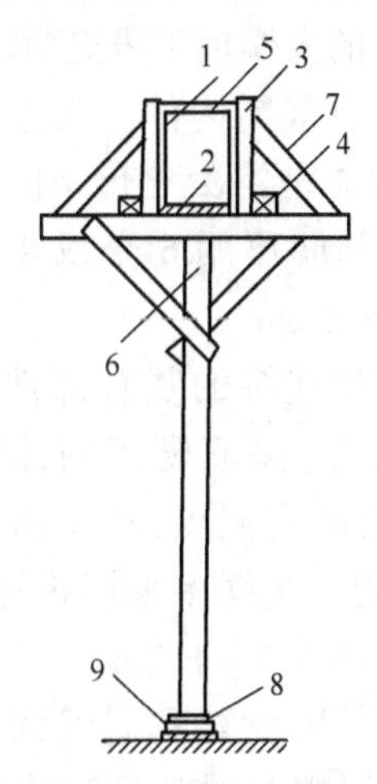

图 3-11　单梁模板

1-侧模板；2-底模板；3-侧模拼条；4-夹木；5-水平拉条；6-顶撑（支架）；7-斜撑；8-木楔；9-木垫板

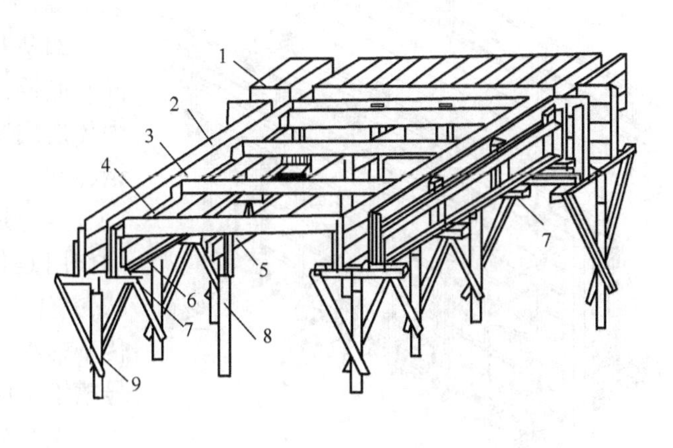

图 3-12　有梁楼板模板

1-楼板模板；2-梁侧模板；3-楞木；4-托木；5-杠木；6-夹木；7-短撑木；8-立柱；9-顶撑

板模板施工注意事项：

（1）搭设支架或安装支撑，一般从边跨开始，依次进行，第一排支撑距墙 10cm，以防形成翘头楞木，在梁侧模板外侧弹出大龙骨的下标高线，水平线的标高应为楼板底标高减去楼板模板厚度及大、小龙骨高度，按控制线安装大龙骨，通长布置。小龙骨排设方向同大龙骨垂直。调整龙骨标高，将其调平后，开始设置拉杆，以保证支撑系统的稳定性，拉杆距地 30cm 设一道，向上每 1.5m 设置水平拉杆一道。

（2）铺模板时可从四周铺起，在中间收口，铺设时，用电钻打眼，螺栓与龙骨拧紧；在相邻两块竹胶板的端部粘贴胶带或挤好密封条，以保证模板拼缝的严密。

（3）楼面模板铺完后，应认真检查支架是否牢固，用靠尺、塞尺和水平仪检查平整度与楼板标高，并进行校正；模板梁面、板面应清扫干净。

四　其他形式模板

（一）大模板

大模板是一种大尺寸的工具式定型模板，如图 3-13 所示。一般一块墙面用一至两块大模板，因其重量大，安装时需要起重机配合装拆施工。

大模板由面板、加劲肋竖楞、支撑桁架、稳定机构及附件组成。

面板要求表面平整、刚度好，平整度按中级抹灰质量要求确定。面板一般用钢板和多层板制成，其中以钢板最多。用 4 ~ 6mm 厚钢板做面板（厚度根据加劲肋的布置确定），其优点是刚度大和强度高，表面平滑，所浇筑的混凝土墙面外观好，不需再抹灰，可以直接粉面，模板可重复使用 200 次以上。缺点是耗钢量大、自重大、易生锈、不保温、损坏后不易修复。而用 12 ~

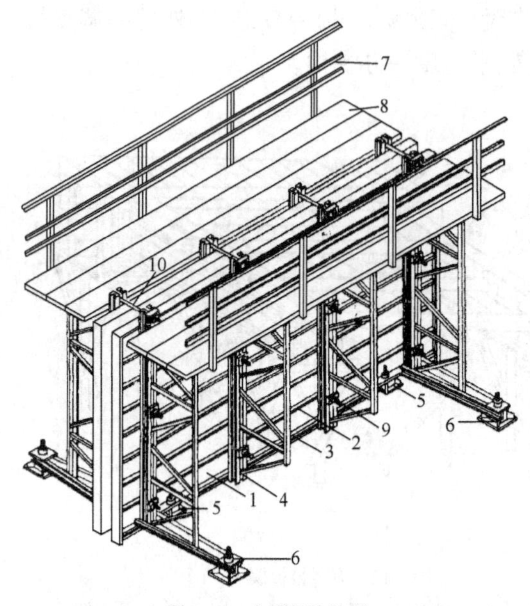

图3-13 大模板构造图

1-面板;2-水平加劲肋;3-支撑桁架;4-竖楞;5-调整水平度的螺旋千斤顶;6-调整垂直度的螺旋千斤顶;7-栏杆;8-脚手板;9-穿墙螺栓;10-固定卡具

18mm 厚多层板做的面板,用树脂处理后可重复使用50次,重量轻,制作安装更换容易、规格灵活,对于非标准尺寸的大模板工程更为适用。

加劲肋是大模板的重要构件。其作用是固定面板,阻止其变形并把混凝土传来的侧压力传递到竖楞上。加劲肋可用6号或8号槽钢,间距一般为300~500mm。

竖楞是与加劲肋相连接的竖直部件。它的作用是加强模板刚度,保证模板的几何形状,并作为穿墙螺栓的固定支点,承受由模板传来的水平力和垂直力。竖楞多采用6号或8号槽钢制成,间距一般约为1~1.2m。

支撑结构主要承受风荷载和偶然的水平力,防止模板倾覆。用螺栓或竖楞连接在一起,以加强模板的刚度。每块大模板采用2~4榀桁架作为支撑机构,兼做搭设操作平台的支座,承受施工活荷载,也可用大型型钢代替桁架结构。

大模板的附件有穿墙螺栓、固定卡具、操作平台及其他附属连接件。

大模板面板亦可用组合钢模板拼装而成,其他构件及安装方法同前。

(二)滑升模板

滑升模板是一种工具式模板,最适于现场浇筑高耸的圆形、矩形、筒壁结构。如筒仓、储煤塔、竖井等。随着滑升模板施工技术的进一步的发展,不但适用浇筑高耸的变截面结构,如烟囱、双曲线冷却塔,而且应用于剪力墙、筒体结构等高层建筑的施工。

1.滑升模板施工工艺

滑升模板施工时,是在建筑物或构筑物底部,沿其墙、柱、梁等构件的周边组装高1.2m左右的模板,随着在模板内不断浇筑混凝土和不断向上绑扎钢筋的同时,利用一套提升设备,将模板装置不断向上提升,使混凝土连续成型,直到需要浇筑的高度为止。

2.滑升模板的优缺点

滑升模板施工可以节约大量的模板和脚手架,节省劳动力,施工速度快,工程费用低,结构整体性好;但模板一次投资多,耗钢量大,对建筑的立面和造型有一定的限制。

3.滑升模板的构造组成

滑升模板是由模板系统、操作平台系统和提升机具系统三部分组成。模板系统包括模板、围圈和提升架等,它的作用主要是成型混凝土。操作平台系统包括操作平台、辅助平台和外吊脚手架等,是施工操作的场所。提升机具系统包括支承杆、千斤顶和提升操纵装置等,是滑升的动力。这三部分通过提升架连成整体,构成整套滑升模板装置,如图3-14所示。

4. 滑升模板的滑升设备

滑升模板装置的全部荷载是通过提升架传递给千斤顶,再由千斤顶传递给支承杆承受。

千斤顶是使滑升模板装置沿支承杆向上滑升的主要设备,形式很多,目前常用的是HQ—30型液压千斤顶,主要由活塞、缸筒、底座、上卡头、下卡头和排油弹簧等部件组成(图3-15)。它是一种穿心式单作用液压千斤顶,支承杆从千斤顶的中心通过,千斤顶只能沿支承杆向上爬升,不能下降。起重量为30kN,工作行程为30mm。

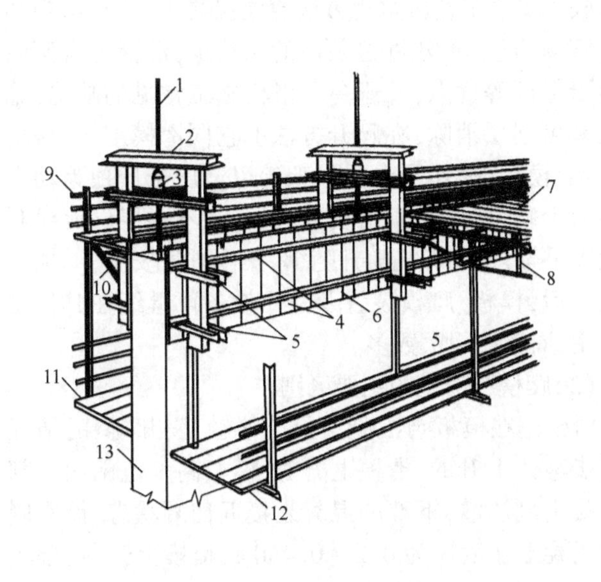

图3-14 滑升模板组成示意图

1-支承杆;2-提升架;3-液压千斤顶;4-围圈;5-围圈支托;6-模板;7-操作平台;8-平台桁架;9-栏杆;10-外排三角架;11-外吊脚手;12-内吊脚手;13-混凝土墙体

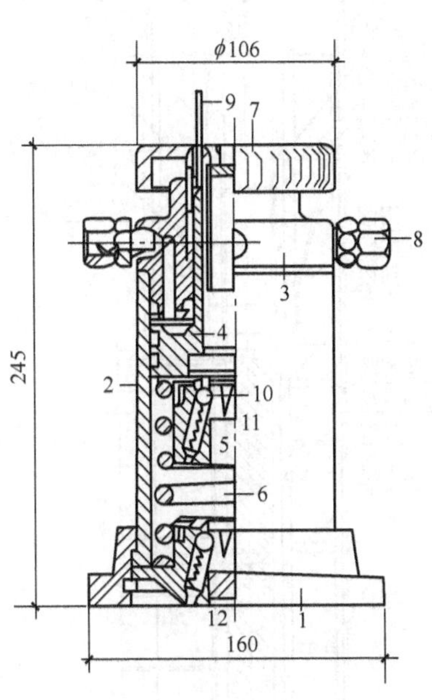

图3-15 HQ—30液压千斤顶

1-底座;2-缸筒;3-缸盖;4-活塞;5-上卡头;6-排油弹簧;7-行程调整帽;8-油嘴;9-行程指示杆;10-钢球;11-卡头小弹簧;12-下卡头

(三)爬升模板

爬升模板是依附在建筑结构上,随着结构施工而逐层上升的一种模板,当结构工程混凝土达到折模强度而脱模后,模板不落地,依靠机械设备和支承物将模板和爬模装置向上爬升一层,定位紧固,反复循环施工,爬模是适用于高层建筑或高耸构造物现浇钢筋混凝土竖直或倾斜结构施工的先进模板工艺。爬升模板有手动爬模、电动爬模、液压爬模、吊爬模等。

1. 液压爬模的主要构造

(1)模板系统

由定型组合大钢模板,全钢大模板或钢框胶合板模板、调节缝板、角模、钢背楞及穿墙螺栓、铸钢垫片等组成。

(2)液压提升系统

由提升架立柱、横梁、活动支腿、滑道夹板、围圈、千斤顶、支承杆、液压控制台、各种孔径的油管及阀门、接头等组成。当支承杆设在结构顶部时,增加导轨、防坠装置、钢牛腿、挂钩等。

(3)操作平台系统

由操作平台、吊平台、中间平台、上操作平台、外挑梁、外架立柱、斜撑、栏杆、安全网等组成,如图3-16所示。

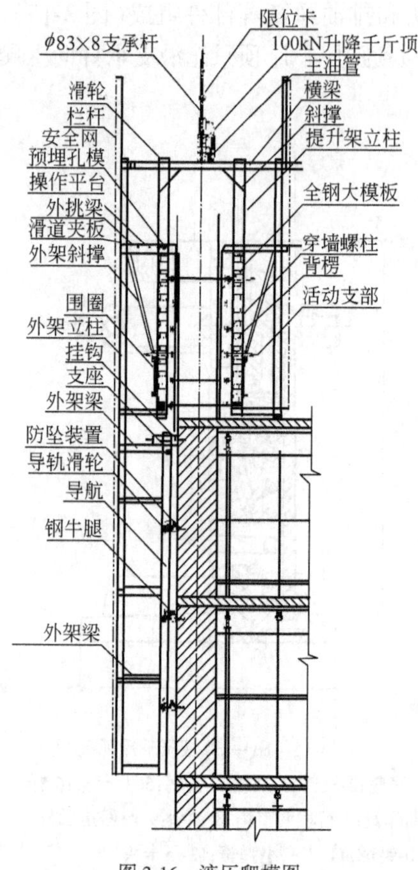

图3-16 液压爬模图

2. 液压爬升模板的施工特点

(1)液压爬升模板的施工特点

液压爬升模板是滑模和支模相结合的一种新工艺,它吸收了支模工艺按常规方法浇注混凝土,劳动组织和施工管理简便,受外输送条件的制约少,混凝土表面质量易于保证等优点,又避免了滑模施工常见的缺陷,施工偏差可逐层消除,在爬升方法上它同滑模工艺一样,提升架、模板、操作平台及吊架等以液压千斤顶为动力自行向上爬升,无需塔吊反复装折,也不要层层放线和搭设脚手架,钢筋绑扎随升随绑,操作方法安全,一项工程完成后,模板、爬模装置及液压设备可继续在其他工程通用,周转使用次数多。

(2)爬模与滑模的主要区别

滑模是在模板与混凝土保持接触互相摩擦的情况下逐步整体上升的,滑模上升时,模板高度范围内上部的混凝土刚浇灌,下部的混凝土接近初凝状态,而刚脱模的混凝土强度仅为0.2~0.4MPa,爬模上升时,模板已脱开混凝土,此时混凝土强度已大于1.2MPa,模板不与混凝土摩擦。滑模的模板高度一般为900~1 200mm。两面模板之间形成上口小下口大的锥度。高层建筑爬模的高度一般为标准层层高,墙的两面模板平行安装,相互之间以穿墙螺栓紧固。

3. 爬模施工的基本程序

(1)根据工程具体情况,爬模可以从地下室开始,也可以标准层开始,当地下室底板完成或标准层起始楼面结构完成,并绑扎完第一层钢筋,即可进行爬升模板安装。

(2)当墙体混凝土浇注完成达到一定强度,即进行脱模,模板爬升,钢筋绑扎随模板爬升进行。

(3)当模板升到上层楼板钢筋混凝土随后逐层跟进施工,其间上层爬模紧固,待楼板混凝土浇注完,上层墙体既又开始浇注。

(4)爬升模板按标准层高配置,在非标准施工时,爬模可进行2次,也可在爬模上部支模接高或将混凝土打低。

4. 适用范围

采用液压爬模工艺将立面结构施工简单化,节省了按常规施工所需的大量反复按折所用的塔吊运输,使塔吊有更多的时间保证钢筋和其他材料的运输,液压爬模工艺在N层安装即可在N层实现爬模,不必像爬架式或导轨式爬模必须在第三层以上才能组装和使用,压爬模可实现整体爬升,分段爬升错可层次爬升施工,爬模可省模板堆放场地,对于在城市中心施工场地狭窄的项目有明显的优越性,液压爬模的施工现场文明在工程质量,安全生产,施工进度和经济效益等方面均有良好的保证。

液压爬模适用于高层建筑全剪刀墙结构,框架结构核心筒,钢结构核心筒,高耸构造物,桥墩,巨形柱等。

(四)台模、隧道模及永久性模板

1. 台模

台模是一种大型工具模板,用于浇筑楼板。台模由面板、纵梁、横梁和台架等组成的一个空间组合体。台架下装有轮子,以便移动。有的台模没有轮子,用专用运模车移动。台模尺寸应与房间单位相适应,一般是一个房间一个台模。施工时,先施工内墙墙体,然后吊入台模,浇筑楼板混凝土。脱模时,只要将台架下降,将台模推出墙面放在临时挑台上,用起重机吊至下一单元使用。楼板施工后再安装预制外墙板。

国内常用多层板作作面板,铝合金型钢加工制成的桁架式台模。用组合钢模板、扣件式钢管脚手架、滚轮组装成的台模,在大型冷库和百货商店的无梁楼盖施工中取得了成功。

利用台模浇筑楼板可省去模板的装拆时间,能节约模板材料和降低劳动消耗,但一次性投资较大,且须大型起重机械配合施工。

2. 隧道模

隧道模采用由墙面模板和楼板模板组合成可以同时浇筑墙体和楼板混凝土的大型工具式模板,能将各开间沿水平方向逐间整体浇筑,故施工的建筑物整体性好、抗震性能好、节约模板材料,施工方便。但由于模板用钢量大、笨重、一次投资大等原因,因此较少采用。

3. 永久性模板

永久性模板在钢筋混凝土结构施工时起模板作用,而当浇筑的混凝土结硬后模板不再取出而成为结构本身的组成部分。各种形式的压型钢板(波形、密肋形等)、顶应力钢筋混凝土薄板作为永久性模板,已在一些高层建筑楼板施工中推广应用。薄板铺设后稍加支撑,然后在其上铺放钢筋,浇筑混凝土形成楼板,施工简便,效果较好。

五 模板设计

常用模板,不需进行设计或验算。重要结构的模板、特殊形式的模板、超出适用范围的一般模板应该进行设计或验算,以确保质量和施工安全。现仅就有关模板设计荷载和计算规定作一简单介绍。

(一)荷载计算值

在计算模板及支架时,可采用下列荷载数值:

(1)模板及支架自重可根据模板设计图纸确定。肋形楼板及无梁楼板模板自重,可参考下列数据:

①平板的模板及小楞:定型组合钢模板 0.5kN/m^2,木模板 0.3kN/m^2。

②楼板模板(包括梁模板):定型组合钢模板 0.75kN/m²,木模板:0.5kN/m²。

③楼板模板及支架(楼层高≤4m):定型组合钢模 1.1kN/m²,木模板0.75kN/m²。

(2)浇筑混凝土的重量:普通混凝土用 25kN/m³,其他混凝土根据实际重量确定。

(3)钢筋重量根据工程图纸确定。一般梁板结构每立方米钢筋混凝土的钢筋重量:楼板 1.1kN,梁 1.5kN。

(4)施工人员及施工设备重在水平投影面上的荷载为:

①计算模板及直接支承小楞结构构件时,均布活荷载为 2.5kN/m²,以集中荷载 2.5kN 进行验算,取两者中较大的弯矩值。

②计算直接支承小楞结构构件时,均布活荷载为 1.5kN/m²。

③计算支架支柱及其他支承结构构件时,均布活荷载为 1.0kN/m²。对大型浇筑设备如上料平台,混凝土输送泵等按实际情况计算。混凝土堆集高度超过 100mm 以上者按实际高度计算。如模板单块宽度小于 150mm 时,集中荷载可分布在相邻两块板上。

(5)混凝土时产生的荷载(作用范围在有效压头高度之内)水平面 2.0kN/m²,垂直面模板为 4.0kN/m²。

(6)新浇筑混凝土对模板的侧压力采用内部振捣器时,新浇筑的混凝土作用于模板的最大侧压力,可按下列两式计算,并取两式中的较小值。

$$F = 0.22\gamma_c t_0 \beta_1 \beta_2 V^{1/2} \tag{3-1}$$

$$F = \gamma_c H \tag{3-2}$$

式中:F——板的最大侧压力(kN/m²);

γ_c——混凝土的重力密度(kN/m³);

t_0——新浇混凝土的初凝时间(h),可按实测确定,当缺乏试验资料时,可采用 $t_0 = 200/(T+15)$ 计算(T 为混凝土的温度℃);

V——混凝土的浇筑速度(m/h);

H——混凝土侧压力计算位置至新浇筑混凝土顶面的总高度(m);

β_1——外加剂影响修正系数,不掺外加剂时取 1.0,掺具有缓凝作用的外加剂时取 1.2;

β_2——混凝土坍落度影响修正系数,当坍落度小于 30mm 时,取 0.85,50~90mm 时,取 1;110~150mm 时,取 1.15。

(7)倾倒混凝土时对垂直面模板产生的水平荷载用溜槽、串筒或导管向内灌混凝土时为 2kN/m²;用容积≤0.2m³ 的运输器具向模内倾倒混凝土时为2kN/m²;用容积为 0.2~0.8m³ 的运输器具向模内倾倒混凝土时为 4kN/m²;用容积大于 0.8m³ 的运输器具向模内倾倒混凝土时为 6kN/m²。

(8)风荷载按现行《工业与民用建筑结构荷载规范》的有关规定计算。

(二)荷载分项系数

计算模板及其支架时的荷载设计值,应采用荷载标准值乘以相应荷载分项系数求得。荷载分项系数为:

(1)荷载类别为模板及支架自重或新浇筑混凝土自重或钢筋自重时,为1.35。

(2)当荷载类别为施工人员及施工设备荷载或振捣混凝土时产生的荷载时,为1.40。

(3)当荷载类别为新浇筑混凝土对模板的侧压力时,为1.35。

(4)当荷载类别为倾倒混凝土时产生的荷载时,为1.40。

(三)计算规定

(1)模板荷载组合:计算模板和支架时,应根据表3-2的规定进行荷载组合。

计算模板及其支架的荷载组合 表3-2

项 次	项 目	荷 载 类 别	
		计算强度用	验算刚度用
1	平板和薄壳模板及其支架	(1)+(2)+(3)+(4)	(1)+(2)+(3)
2	梁和拱模板的底板	(1)+(2)+(3)+(4)	(1)+(2)+(3)
3	梁、拱、柱(边长≤30mm) 墙(厚≤100mm)的侧面模板	(5)+(6)	(6)
4	厚大结构,柱(边长>30mm) 墙(厚>100mm)的侧面模板	(6)+(7)	(6)

(2)验算模板及支架的刚度时,允许的变形值:结构表面外露的模板,为模板构件跨度的1/400;结构表面隐蔽的模板,为模板构件跨度的1/250,支架压缩变形值或弹性挠度,为相应结构自由跨度的1/1 000。

当验算模板及支架在自重和风荷载作用下的抗倾覆稳定性时,应符合有关的专门规定。滑升模板、爬模等特种模板也应按专门的规定计算。对于利用模板张拉和锚固预应力筋等产生的荷载亦应另行计算。

模板系统的设计计算,原则上与永久结构相似,计算时要参照相应的设计规范。

计算模板和支架的强度时,由于是一种临时性结构,钢材的允许应力可适当提高;当木材的含水率小于25%时,容许应力值可提高15%。

【例3-1】 某框架结构现浇钢筋混凝土模板,板厚100m,其支模尺寸为3.3m×4.95m,楼层高度为4.5m,采用组合钢模及钢管支架支模,要求作配板方案设计。

【解】 ①若模板以其长边沿4.95m方向排列,可列出三种方案:

方案(1)33P3015+11P3004,两种规格,错缝排列,共44块;

方案(2)34P3015+2P3009+1P1515+2P1509,四种规格,共39块;

方案(3)35P3015+1P3004+2P1515,三种规格,共38块。

②若模板以其长边沿3.3m方向排列,可列出三种方案:

方案(4)16P3015+32P3009+1P1515+2P1509,四种规格,共51块;

方案(5)35P3015+1P3004+2P1515,三种规格,共38块;

方案(6)34P3015+1P1515+2P1509+2P3009,四种规格,共39块。

方案(3)及方案(5)模板规格及块数少,比较合宜,如图 3-17 所示。

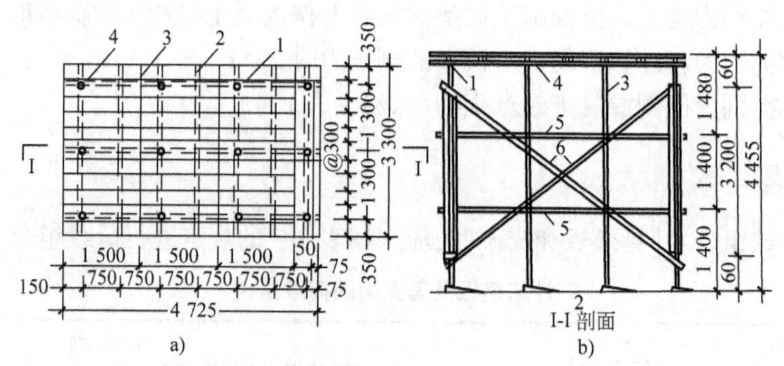

图 3-17　楼板模板的配板及支撑(尺寸单位:mm)

a)配板图;b)I-I 剖面

1-ϕ48 ×3.5 钢管支柱;2-钢模板;3-内钢楞;4-外钢楞 2□60 ×40 ×2.5;5-水平撑 48 ×3.5;6-剪刀撑 48 ×3.5

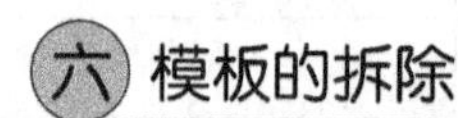

六 模板的拆除

(一)现浇结构模板的拆除

模板的拆除日期取决于现浇结构的性质、混凝土的强度、模板的用途、混凝土硬化时的气温。及时拆模,可提高模板的周转率,为后续工作创造条件。但过早拆模,混凝土会因强度不足以承担本身自重,或受到外力作用而变形甚至断裂,造成重大的质量事故。

1. 模板的拆除规定

(1)侧模板的拆除

侧模板的拆除,应在混凝土强度达到能保证其表面及棱角不因拆除模板而受损坏时方进行。具体时间可参考表 3-3。

侧模板的拆除时间　　表 3-3

水泥品种	混凝土强度等级	混凝土凝固的平均温度(℃)					
		5	10	15	20	25	30
		混凝土强度达到 2.5MPa 所需天数					
普通水泥	C10 C15 ≥C20	5 4.5 3	4 3 2.5	3 2.5 2	2 2 1.5	1.5 1.5	1 1 1
矿渣及火山灰质水泥	C10 C15	8 6	6 4.5	4.5 3.5	3.5 2.5	2.5 2	2 1.5

(2)底模板的拆除

底模板应在与混凝土结构同条件养护的试件达到表 3-4 规定强度标准值时,方可拆除。达到规定强度标准值所需时间可参考表 3-5。

现浇结构拆模时所需混凝土强度 表3-4

结构类型	结构跨度(m)	按设计的混凝土强度标准值的百分率计(%)
板	≤2 >2,≤8 >8	50 75 100
梁、拱、壳	≤8 >8	75 100
悬臂构件	—	100

注:本规范中"设计的混凝土强度标准值"系指与设计混凝土强度等级相应的混凝土立方体抗压强度标准值。

拆除底模板的时间参考表(单位:d) 表3-5

水泥的强度等级及品种	混凝土达到设计强度标准值的百分率(%)	硬化时昼夜平均温度					
		5℃	10℃	15℃	20℃	25℃	30℃
32.5级普通水泥	50 75 100	12 26 55	8 18 45	6 14 35	4 9 28	3 7 21	2 6 18
42.5级普通水泥	50 75 100	10 20 50	7 14 40	6 11 30	5 8 28	4 7 20	3 6 18
32.5级矿渣或火山灰质水泥	50 75 100	18 32 60	12 25 50	10 17 40	8 14 28	7 12 24	6 10 20
42.5级矿渣或火山灰质水泥	50 75 100	16 30 60	11 20 50	9 15 40	8 13 28	7 12 24	6 10 20

2.拆除模板顺序及注意事项

(1)拆模时不要用力过猛,拆下来的模板要及时运走、整理、堆放以便再用。

(2)拆模程序一般应是后支的先拆,先拆除非承重部分,后拆除承重部分。重大复杂模板的拆除,事先应制定拆模方案。

(3)拆除框架结构模板的顺序,首先是柱模板,然后是楼板底板,梁侧模板,最后梁底模板。拆除跨度较大的梁下支柱时,应先从跨中开始,分别拆向两端。

(4)多层楼板支柱的拆除,应按下列要求进行:上层楼板正在浇筑混凝土时,下一层楼板的模板支柱不得拆除,再下一层楼板模板的支柱,仅可拆除一部分;跨度4m及4m以上的梁下均应保留支柱,其间距不大于3m。

(5)已拆除模板及其支架的结构,应在混凝土强度达到设计的混凝土强度标准值后,才允许承受全部使用荷载。当承受施工荷载产生的效应比使用荷载更为不利时,必须经过核算,加设临时支撑。

(6)拆模时,应尽量避免混凝土表面或模板受到损坏,注意整块板落下伤人。

(二)早拆模板体系

早拆模板是利用柱头、立柱和可调支座组成竖向支撑,支撑于上下层楼板之间,使原设计的楼板跨度处于短跨(立柱间距<2m)受力状态,混凝土楼板的强度达到规定标准强度的50%(常温下3~4d)即可拆除梁、板模板及部分支撑。柱头、立柱及可调支座仍保持支撑状态。当混凝土强度增大到足以在全跨条件下承受自重和施工荷载时,再拆全部竖向支撑。

1. 早拆模板体系构件

(1)柱头。早拆模板体系柱头为铸钢件(图3-18a),柱头顶板(50mm×150mm)可直接与混凝土接触,两侧梁托可挂住梁头,梁托附着在方形管上,方形管可上下移动115mm,方形管在上方时可通过支承板锁住,用锤敲击支承板则梁托随方形管下落。

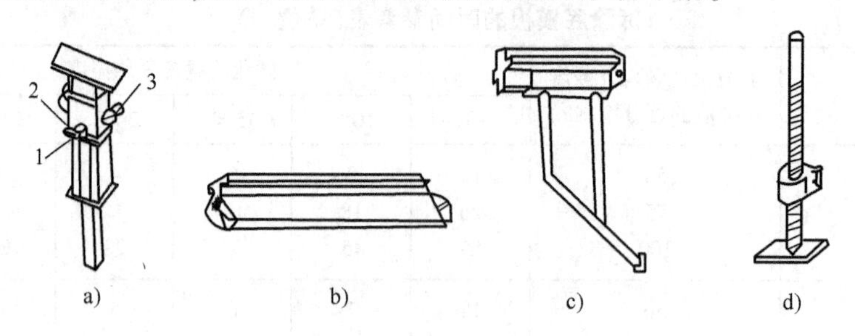

图3-18 早拆模板体系构件

a)早拆柱头;b)模板主梁;c)模板悬臂梁;d)可调支座

1-支承板;2-方形管;3-梁托

(2)主梁。模板主梁是薄壁空腹结构,上端带有70mm的凸起,与混凝土直接接触(图3-18b)。当梁的两端梁头挂在柱头的梁托上时,将梁支起,即可自锁而不脱落。模板梁的悬臂部分(图3-18c)挂在柱头的梁托上支起后,能自锁而不脱落。

(3)可调支座。可调支座插入立柱的下端,与地面(楼面)接触,用于调节立柱的高度,可调范围为0~50mm(图3-18d)。

(4)其他。支撑可采用碗扣型支撑或钢管扣件式支撑。模板可用钢框胶合板模板或其他模板,模板高度为70mm。

2. 早拆模板体系的安装与拆除

先立两根立柱,套上早拆柱头和可调支座,加上一根主梁架起一拱,然后再架起另一拱,用横撑临时固定,依次把周围的梁和立柱架起来,再调整立柱高度和垂直度,并锁紧碗扣接头,最后在模板主梁间铺放模板即可。

模板拆除时,只需用锤子敲击早拆柱头上的支承板,则模板和模板梁将随同方形管下落115mm模板和模板梁便可卸下来,保留立柱支撑梁板结构(图3-19)。当混凝土强度达到后,调低可调支座,解开碗扣接头,即可拆除立柱和柱头。

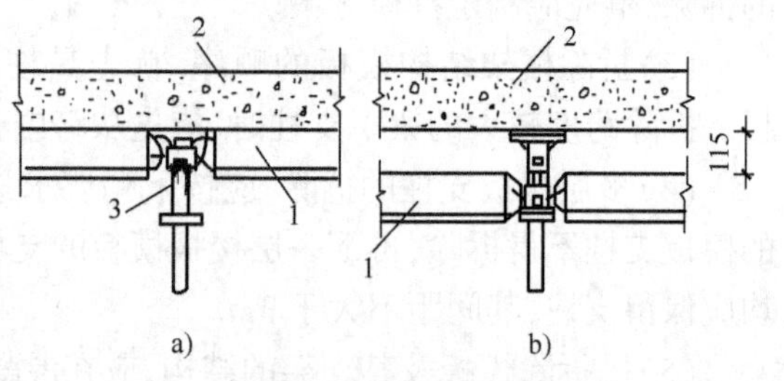

图3-19 早期拆模方法

a)支模状态;b)拆模状态

1-模板主梁;2-现浇模板;3-早拆柱头

第二节　钢筋工程施工

 钢筋的分类、验收和存放

(一)钢筋的分类

混凝土结构和预应力混凝土结构应用的钢筋有普通钢筋、预应力钢绞线、钢丝和热处理钢筋。后三种用作预应力钢筋。

普通钢筋都是热轧钢筋，分 HPB235(Q235)，$d=8\sim20$mm；HRB335(20MnSi)，$d=6\sim50$mm；HRB400(20MnSiV，20MnSiNb，20MnTi)，$d=6\sim50$mm 和 RRB400(K20MnSi)，$d=8\sim40$mm 四种。使用时宜首先选用 HRB400 级和 HRB335 级钢筋。HPB235 为光圆钢筋，其他为带肋钢筋。

(二)钢筋的验收和存放

1.钢筋的验收

钢筋混凝土结构中所用的钢筋，都应有出厂质量证明书或试验报告单，每捆(盘)钢筋均应有标牌。钢筋进场时应按批号及直径分批验收。验收的内容包括查对标牌、外观检查，并按有关标准的规定抽取试样作力学性能试验，合格后方可使用。

(1)热轧钢筋验收

①外观检查。要求钢筋表面不得有裂缝、结疤和折叠，钢筋表面允许有凸块，但不得超过横肋的最大高度。钢筋的外形尺寸应符合规定。

②力学性能检验。以同规格、同炉罐(批)号的不超过60t 钢筋为一批，每批钢筋中任选两根，每根取两个试样分别进行拉力试验(测定屈服点、抗拉强度和伸长率三项指标)和冷弯试验(以规定弯心直径和弯曲角度检查冷弯性能)。如有一项试验结果不符合规定，则从同一批中另取双倍数量的试样重作各项试验。如仍有一个试样不合格，则该批钢筋为不合格品。

③其他说明。在使用过程中，对热轧钢筋的质量有疑问或类别不明时，使用前应作拉力和冷弯试验(抽样数量应根据实际情况确定)，根据试验结果确定钢筋的类别后，才允许使用。热轧钢筋在加工过程中发现脆断、焊接性能不良或力学性能显著不正常等现象时，应进行化学成分分析或其他专项检验。热轧钢筋不宜用于主要承重结构的重要部位。

(2)冷拉钢筋与冷拔钢丝验收

冷拉钢筋以不超过 20t 的同级别、同直径的冷拉钢筋为一批，从每批中抽取两根钢筋，每根截取两个试样分别进行拉力和冷弯试验。冷拉钢筋的外观不得有裂纹和局部缩颈。

冷拔钢丝分甲级钢丝和乙级钢丝两种。甲级钢丝逐盘检验，从每盘钢丝上任一端截去不少于 500mm 后再取两个试样，分别做拉力和冷弯试验。乙级钢丝可分批抽样检验，以同一直径的钢丝 5t 为一批，从中任取三盘，每盘各截取两个试样，分别做拉力和冷弯试验。钢丝外观不得有裂纹和机械损伤。

(3)冷轧带肋钢筋验收

冷轧带肋钢筋以不大于50t的同级别、同一钢号、同一规格为一批。每批抽取5%(但不少于5盘)进行外形尺寸、表面质量和重量偏差的检查,如其中有一盘不合格,则应对该批钢筋逐盘检查。力学性能应逐盘检验,从每盘任一端截去500mm后取两个试样分别作拉力和冷弯试验,如有一项指标不合格,则该盘钢筋判为不合格。

对有抗震要求的钢筋要求为:

抗震等级为一、二、三级的框架和斜撑构件(含梯段),其纵向受力钢筋采用普通钢筋时,钢筋的抗拉强度实测值与屈服强度实测值的比值不应小于1.25;钢筋屈服强度实测值与屈服强度标准值的比值不应大于1.3,且钢筋在最大拉力下的总伸长率实测值不应小于9%。

2. 钢筋的存放

当钢筋运进施工现场后,必须严格按批分等级、牌号、直径、长度挂牌存放,并注明数量,不得混淆。钢筋应尽量堆入仓库或料棚内。条件不具备时,应选择地势较高,土质坚实,较为平坦的露天场地存放。在仓库或场地周围挖排水沟,以利泄水。堆放时钢筋下面要加垫木,离地不宜少于200mm,以防钢筋锈蚀和污染。钢筋成品要分工程名称和构件名称,按号码顺序存放。同一项工程与同一构件的钢筋要存放在一起,按号挂牌排列,牌上注明构件名称、部位、钢筋类型、尺寸、钢号、直径、根数,不能将几项工程的钢筋混放在一起。同时不要和产生有害气体的车间靠近,以免污染和腐蚀钢筋。

二 钢筋的冷加工

钢筋一般在钢筋车间或现场钢筋棚加工,然后运至施工现场安装或绑扎。钢筋加工过程取决于成品种类,一般包括冷拉、冷拔、调直、除锈、切断、弯曲成型、焊接、绑扎等。钢筋加工过程如图3-20所示。

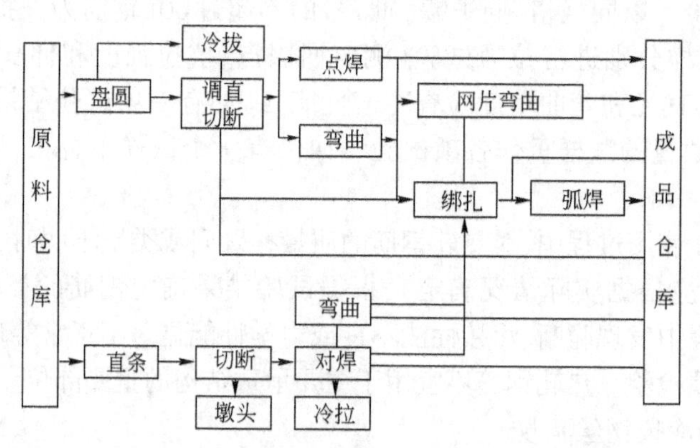

图3-20 钢筋加工过程图

钢筋的冷加工,有冷拉、冷拔和冷轧等三种方法,用以提高钢筋强度设计值,能节约钢材,满足预应力钢筋的需要。

(一)钢筋的冷拉

钢筋的冷拉是在常温下对钢筋进行强力拉伸,拉应力超过钢筋的屈服强度,使钢筋产生塑性变形，以达到调直钢筋、提高强度的目的。冷拉 HPB235 钢筋适用于混凝土结构中的受拉钢筋；冷拉 HRB335、HRB400、RRB400 级钢筋适用于预应力混凝土结构中的预应力筋。

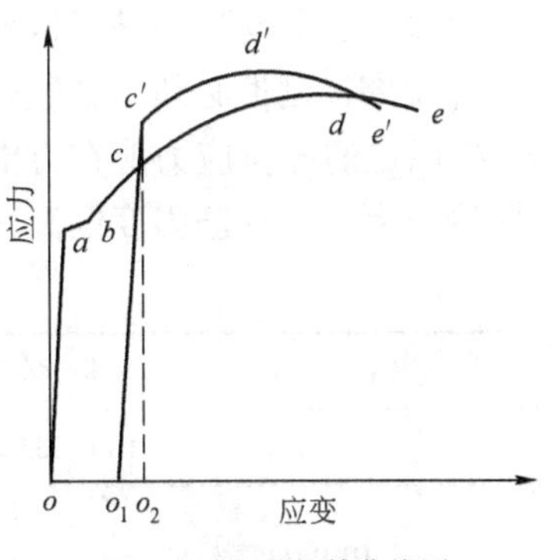

图 3-21　钢筋拉伸曲线图

1. 冷拉原理

图 3-21 中，abcde 为钢筋的拉伸特性曲线。钢筋冷拉时，拉应力超过屈服点 b 达到 c 点，然后卸荷。由于钢筋已产生了塑性变形，卸荷过程中应力应变沿 co_1 降至 o_1 点。如再立即重新拉伸，应力应变图将沿 $o_1$cde 变化，并在高于 c 点附近出现新的屈服点，该屈服点明显高于冷拉前的屈服点 b，这种现象称“变形硬化”。

冷拉后钢筋有内应力存在，内应力会促进钢筋内的晶体组织调整，经过调整，屈服强度又进一步提高。该晶体组织调整过程称为“时效”。钢筋经冷拉和时效后的拉伸特性曲线即为 $o_1c'd'e'$。HPB235、HRB335 钢筋的时效过程在常温下需 15 ~ 20d（称自然时效），但温度在 100°C 时只需 2h 即完成，因而为加速时效可利用蒸汽、电热等手段进行人工时效。HRB400、RRB400 钢筋在自然条件下一般达不到时效的效果，宜用人工时效。一般通电加热至 150 ~ 200°C，保持 20min 左右即可。

2. 冷拉控制方法

冷拉钢筋的控制方法有控制应力和控制冷拉率两种方法。

冷拉率是指钢筋冷拉伸长值与钢筋冷拉前长度的比值。采用冷拉率方法冷拉钢筋时，其最大冷拉率及冷拉控制应力，应符合表 3-6 的规定。

冷拉控制应力及最大冷拉率　　表 3-6

项　目	钢 筋 级 别	符　号	冷拉控制应力（N/mm²）	最大冷拉率（%）
1	HPB235	ф	280	10
2	HRB335	ф	450	5.5
3	HRB400	ф	500	5

采用控制应力冷拉钢筋时，冷拉时以表 3-6 规定的控制应力对钢筋进行冷拉，冷拉后检查钢筋的冷拉率，如不超过表 3-6 中规定的冷拉率，认为合格，如超过表 3-6 中规定的数值时，则应进行力学性能检验。

例如：一根直径为 18mm，截面积 254.5mm²，长 30m 的 HPB235 级钢筋冷拉时，由表 3-6 查出钢筋冷拉控制应力为 280N/mm²，最大冷拉率不超过 10%，则该根钢筋冷拉控制拉力为

$$254.5\text{mm}^2 \times 280\text{N/mm}^2 = 178\ 150\text{N} = 71.26\text{kN}$$

最大伸长量为 30m × 10% = 3m = 3 000mm

冷拉时，当控制力达到 71.26 kN，而伸长量没有超过 3 000mm，则这根冷拉钢筋为合格品，否则当控制拉力达到 71.26kN 而伸长量超过 3 000mm，或者伸长量达到 3 000mm 而控制力没

达到时，均为不合格，须进行机械性能试验或降级使用。

冷拉率控制值必须由试验确定。对同炉批钢筋测定的试件不宜少于4个，每个试件都按表3-7规定的冷拉应力值在万能试验机上测定相应的冷拉率，取其平均值作为该炉批钢筋的实际冷拉率。如钢筋强度偏高，平均冷拉率低于1%时，仍按1%进行冷拉。

测定冷拉率时钢筋的冷拉应力 表3-7

钢筋级别		冷拉控制应力（N/mm^2）
HPB 235级 $d \leq 12$		320
HRB 335级	$d \leq 25$	480
	$d = 28 \sim 40$	460
HRB 400级	$d = 8 \sim 40$	530
RRB 400级	$d = 10 \sim 28$	730

不同炉批的钢筋，不宜用控制冷拉率的方法进行冷拉。多根连接的钢筋，用控制应力的方法进行冷拉时，其控制应力和每根的冷拉率均应符合表3-6的规定；当用控制冷拉率方法进行冷拉时，实际冷拉率按总长计，但多根钢筋中每根钢筋冷拉率不得超过表3-6规定。

钢筋冷拉速度不宜过快，一般以每秒拉长5mm或每秒增加$5N/mm^2$拉应力为宜。当拉至控制值时，停车2～3min后，再行放松，使钢筋晶体组织变形较为完全，以减少钢筋的弹性回缩。

预应力钢筋由几段对焊而成时，应在焊接后再进行冷拉，以免因焊接而降低冷拉所获得的强度。

钢筋调直宜用机械方法，也可用冷拉调直。当用冷拉方法调直钢筋时，HPB235级钢筋的冷拉率不宜大于4%，HRB335级、HRB400级和RRB400级钢筋的冷拉率不宜大于1%。

3.冷拉设备

冷拉设备由拉力设备、承力结构、测量设备和钢筋夹具等部分组成，如图3-22所示，拉力设备可采用卷扬机或长行程液压千斤顶；承力结构可采用地锚；测力装置可采用弹簧测力计、电子秤或附带油表的液压千斤顶。

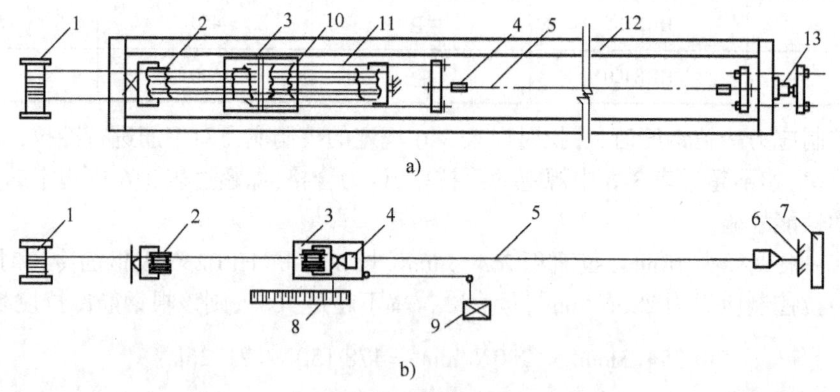

图3-22 冷拉设备

1-卷扬机；2-滑轮机；3-冷拉小车；4-夹具；5-被冷拉的钢筋；6-地锚；7-防护壁；8-标尺；9-回程荷重架；10-回程滑轮组；11-传力架；12-槽式台座；13-液压千斤顶

(二)钢筋冷拔

钢筋冷拔是用强力将直径 6～10mm 的 HPB235 级钢筋在常温下通过特制的钨合金拔丝模,多次强力拉拔成比原钢筋直径小的钢丝(图 3-23),使钢筋产生塑性变形。

钢筋经过冷拔后,横向压缩、纵向拉伸,钢筋内部晶体产生滑移,抗拉强度标准值可提高 50%～90%,但塑性降低,硬度提高。这种经冷拔加工的钢筋称为冷拔低碳钢丝。冷拔低碳钢丝分为甲、乙级,甲级钢丝主要用作预应力混凝土构件的预应力筋,乙级钢丝用于焊接网片和焊接骨架、架立筋、箍筋和构造钢筋。钢筋冷拔的工艺过程是:轧头→剥皮→通过润滑剂→进入拔丝模。如钢筋需要连接则应冷拔前对焊连接。

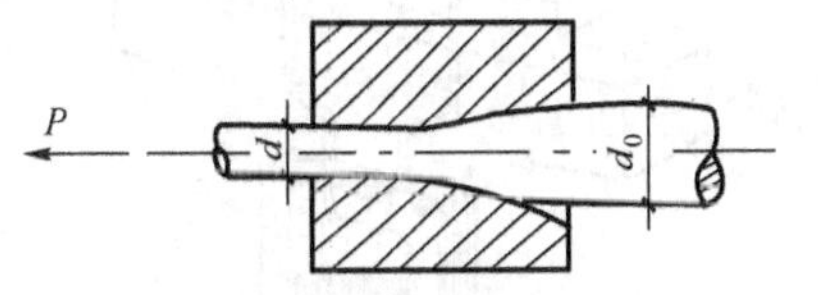

图 3-23　钢筋冷拔示意图

冷拔总压缩率和冷拔次数对钢丝质量和生产效率都有很大的影响。总压缩率越大,抗拉强度提高越多,但塑性降低也越多。

冷拔钢丝一般要经过多次冷拔才能达到预定的总压缩率。但冷拔次数过多,易使钢丝变脆,且降低生产效率;冷拔次数过少,易将钢丝拔断,且易损坏拔丝模。冷拔速度也要控制适当,过快易造成断丝。

冷拔设备由拔丝机、拔丝模、剥皮装置、轧头机等组成。常用拔丝机有立式和卧式两种。

冷拔低碳钢丝的质量要求为:表面不得有裂纹和机械损伤,并应按施工规范要求进行拉力实验和反复弯曲试验,甲级钢丝应逐盘取样检查,乙级钢丝可以批抽样检查,其力学性能应符合《混凝土结构工程施工质量验收规范》(GB 50204)的规定。

(三)钢筋连接

钢筋接头连接方法有焊接连接、机械连接和绑扎连接。焊接连接的方法较多,成本较低,质量可靠,宜优先选用。机械连接无明火作业,设备简单,节约能源,不受气候条件影响,可全天候施工,连接可靠,技术易于掌握,适用范围广,尤其适用于现场焊接有困难的场合。绑扎连接由于需要较长的搭接长度,浪费钢筋,且连接不可靠,故宜限制使用。

1. 焊接连接

钢筋焊接方法有:闪光对焊、电弧焊、电渣压力焊和电阻点焊。此外还有预埋件钢筋和钢板的埋弧压力焊及最近推广的钢筋气压焊。

受力钢筋采用焊接接头时,设置在同一构件内的焊接接头应相互错开。在任一焊接接头中心至长度为钢筋直径 d 的 35 倍,且不小于 500mm 的区段内,同一根钢筋不得有两个接头;在该区段内有接头的受力钢筋截面面积占受力钢筋总截面面积的百分率,应符合下列规定:

①非预应力筋、受拉区不宜超过 50%;受压区和装配式构件连接处不限制。

②预应力筋受拉区不宜超过 25%,当有可靠保证措施时,可放宽至 50%;受压区和后张法的螺丝端杆不限制。

(1)闪光对焊

闪光对焊广泛用于钢筋纵向连接及预应力钢筋与螺丝端杆的焊接。热轧钢筋的焊接宜优先用闪光对焊,不可能时才用电弧焊。

钢筋闪光对焊的原理(图3-24)是利用对焊机使两段钢筋接触,通过低电压的强电流,待钢筋被加热到一定温度变软后,进行轴向加压顶锻,形成对焊接头。

钢筋闪光对焊工艺常用的有连续闪光焊、预热闪光焊和闪光—顶热—闪光焊(图3-25)。对RRB 400级钢筋有时在焊接后还进行通电热处理。

①连续闪光焊。这种焊接的工艺过程是待钢筋夹紧在电极钳口上后,闭合电源,使两钢筋端面轻微接触。由于钢筋端部不平,开始只有一点或数点接触,接触面小而电流密度和接触电阻很大,接触点很快熔化并产生金属蒸气飞溅,形成闪光现象。闪光一开始就徐徐移动钢筋,使形成连续闪光过程,同时接头也被加热。待接头烧平、闪去杂质和氧化膜、白热熔化时,随即施加轴向压力迅速进行顶锻,使两根钢筋焊牢。

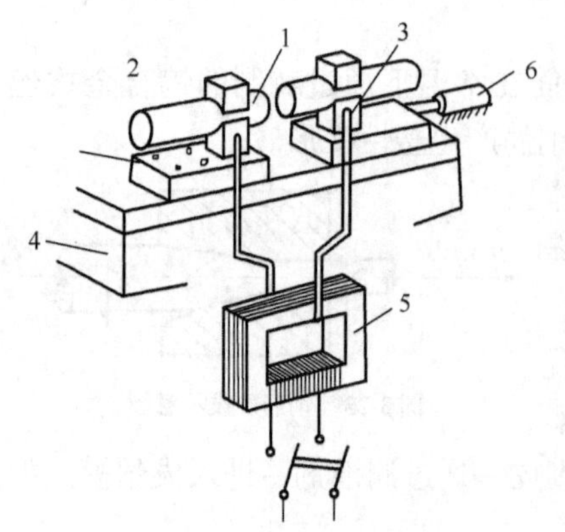

图3-24　钢筋闪光对焊的原理

1-焊接的钢筋;2-固定电极;3-可动电极;4-机座;5-变压器;6-手动顶压机构

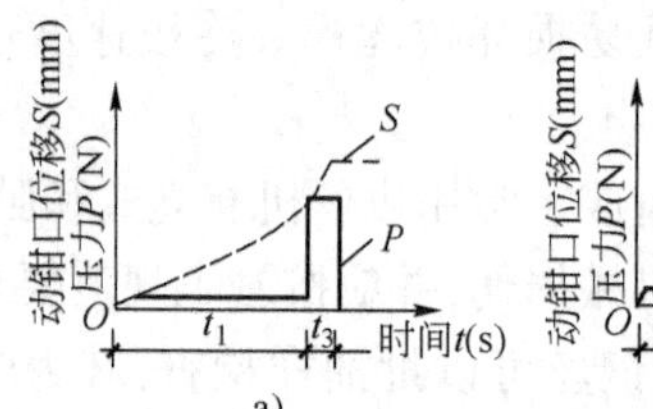

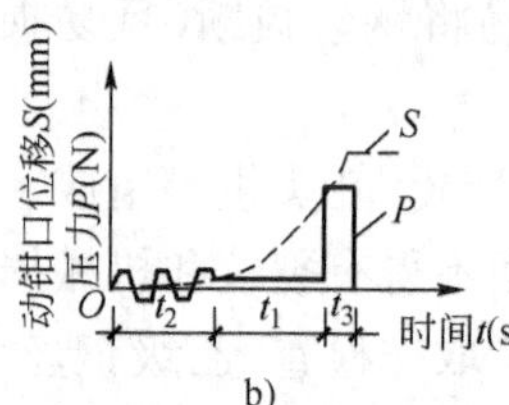

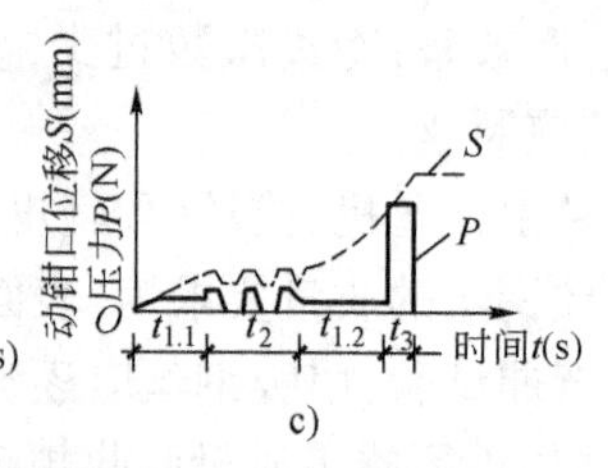

图3-25　钢筋闪光对焊工艺过程图解

a)连续闪光焊;b)预热闪光焊;c)闪光—预热—闪光焊

t_1-烧化时间;$t_{1.1}$-一次烧化时间;$t_{1.2}$-二次烧化时间;t_2-预热时间;t_3-顶锻时间

连续闪光焊宜于焊接直径25mm以内的HPB235、HRB335、RRB335级钢筋。焊接直径较小的钢筋最适宜。

连续闪光焊的工艺参数为调伸长度、烧化留量、顶锻留量及变压器级数等。

②预热闪光焊。预热闪光焊与连续闪光焊不同之处,在于前面增加一个预热时间,先使大直径钢筋预热后再连续闪光烧化进行加压顶锻。钢筋直径较大,端面比较平整时宜用预热闪光焊。

③闪光—预热—闪光焊。端面不平整的大直径钢筋连接采用半自动或自动的150型对焊机,这种焊接的工艺过程是进行连续闪光,使钢筋端部烧化平整;再使接头处作周期性闭合和断开,形成断续闪光使钢筋加热;接着再是连续闪光,最后进行加压顶锻。焊接大直径钢筋宜采用闪光—预热—闪光焊。

闪光—预热—闪光焊的工艺参数为调伸长度、一次烧化留量、预热留量和预热时间、二次烧化留量、顶锻留量及变压器级数等。

对于RRB400级钢筋,因碳、锰、硅含量较高和钛、钒的存在,对氧化、淬火、过热比较敏感,易产生氧化缺陷和脆性组织。为此,应掌握焊接温度,并使热量扩散区加长,以防接头局部过热造成脆断。RRB400级钢筋中可焊性差的高强钢筋,宜用强电流进行焊接,焊后再进行通电热处理。通电热处理的目的,是对焊接接头进行一次退火或高温回火处理,以消除热影响区产生的脆性组织,改善接头的塑性。

钢筋闪光对焊后,应对接头进行外观检查,必须满足以下几点:无裂纹和烧伤;接头弯折不大于4°;接头轴线偏移不大于1/10的钢筋直径,也不大于2mm。另外,还应按同规格接头6%的比例,做三根拉伸试验和三根冷弯试验,其抗拉强度实测值不应小于母材的抗拉强度,且断于接头的外处。

(2)电弧焊

电弧焊是利用弧焊机使焊条与焊件之间产生高温电弧,使焊条和电弧燃烧范围内的焊件熔化,待其凝固便形成焊缝或接头,电弧焊广泛用于钢筋接头、钢筋骨架焊接、装配式结构接头的焊接、钢筋与钢板的焊接及各种钢结构焊接。

钢筋电弧焊的接头形式(图3-26)有搭接焊接头(单面焊缝或双面焊缝)、帮条焊接头(单面焊缝或双面焊缝)、剖口焊接头(平焊或立焊)、熔槽帮条焊接头(用于安装焊接 $d \geqslant 25$mm 的钢筋)和窄间隙焊(置于U形铜模内)。

弧焊机有直流与交流之分,常用的为交流弧焊机。

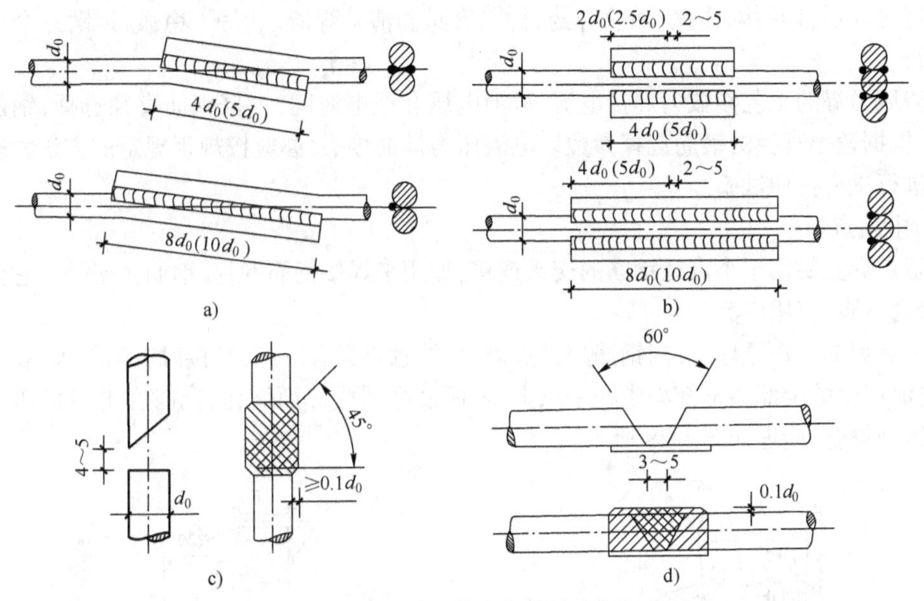

图3-26 钢筋电弧焊的接头形式(尺寸单位:mm)

a)搭接焊接头;b)帮条焊接头;c)立焊的坡口焊接头;d)平焊的坡口焊接头

焊条的种类很多,如E4303、E5503等,钢筋焊接根据钢材等级和焊接接头型式选择焊条。焊条表面涂有药皮,它可保证电弧稳定,使焊缝免致氧化、并产生溶渣覆盖焊缝以减缓冷却速度,对熔池脱氧和加入合金元素,以保证焊缝金属的化学成分和力学性能。

焊接电流和焊条直径根据钢筋类别、直径、接头形式和焊接位置进行选择。

搭接接头的长度、帮条的长度、焊缝的长度和高度等,规程都有明确规定。采用帮条或搭接焊时,焊缝长度不应小于帮条或搭接长度,焊缝高度 $h \geqslant 0.3d$,并不得小于4mm;焊缝宽度 $b \geqslant 0.7d$,并不得小于10mm。电弧焊一般要求焊缝表面平整,无裂纹,无较大凹陷、焊瘤,无明显咬边、气孔、夹渣等缺陷。在现场安装条件下,每一层楼以300个同类型接头为一批,每一批选取三个接头进行拉伸试验。如有一个不合格,取双倍试件复验,再有一个不合格,则该批接头不合格。如对焊接质量有怀疑或发现异常情况,还可进行非破损方式(X 射线、γ 射线、超声波探伤等)检验。

(3)电渣压力焊

电渣压力焊在建筑施工中多用于现浇钢筋混凝土结构构件内竖向或斜向(倾斜度在 4:1 的范围内)钢筋的焊接接长。有自动与手工电渣压力焊。与电弧焊比较,它工效高、成本低、可进行竖向连接,在工程中应用较普遍。

进行电渣压力焊宜选用合适的变压器。夹具(图 3-27)需灵巧、上下钳口同心,保证上下钢筋的轴线应尽量一致,其最大偏移不得超过 $0.1d$,同时也不得大于 2mm。

焊接时,先将钢筋端部约 120mm 范围内的铁锈除尽,将夹具夹牢在下部钢筋上,并将上部钢筋扶直夹牢于活动电级中,自动电渣压力焊还在上下钢筋间放引弧用的钢丝圈等。再装上药盒(直径 90 ~ 100mm)和装满焊药,接通电路,用手柄使电弧引燃(引弧)。然后稳定一定时间,使之形成渣池并使钢筋溶化(稳弧),随着钢筋的熔化,用手柄使上部钢筋缓缓下送。当稳弧达到规定时间后,在断电同时用手柄进行加压顶锻,以排除夹渣和气泡,形成接头。待冷却一定时间后,即拆除药盒、回收焊药、拆除夹具和清除焊渣。引弧、稳弧、顶锻三个过程应连续进行。

电渣压力焊的工艺参数为焊接电流、渣池电压和通电时间,根据钢筋直径选择,钢筋直径不同时,根据较小直径的钢筋选择参数。电渣压力焊的接头,亦应按规程规定的方法检查外观质量和进行试件拉伸试验。

(4)电阻点焊

电阻点焊主要用于小直径钢筋的交叉连接,如用来焊接钢筋网片、钢筋骨架等。它生产效率高、节约材料,应用广泛。

电阻点焊的工作原理是,当钢筋交叉点焊时,接触点只有一点,且接触电阻较大,在接触的瞬间,电流产生的全部热量都集中在一点上,因而使金属受热而熔化,同时在电极加压下使焊点金属得到焊合,原理如图 3-28 所示。

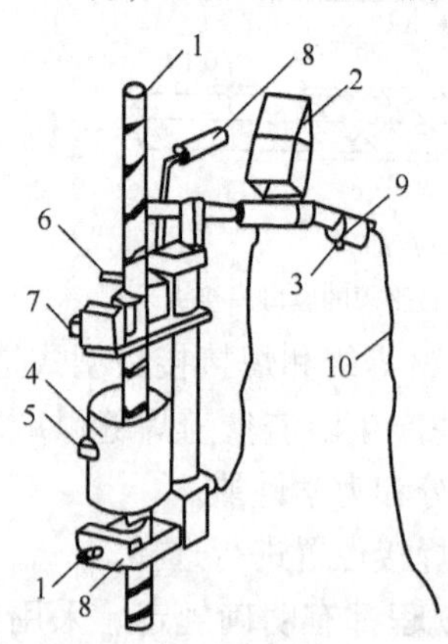

图 3-27　电渣压力焊构造原理图

1-钢筋;2-监控仪表;3-电源开关;4-焊剂盒;5-焊剂盒扣环;6-电缆插座;7-活动夹具;8-固定夹具;9-操作手柄;10-控制电缆

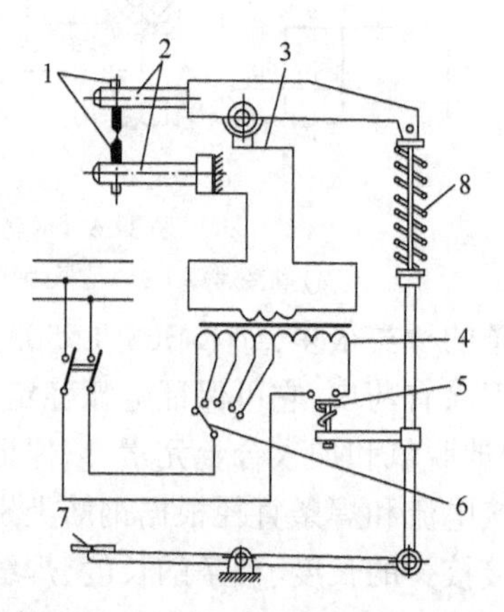

图 3-28　点焊机工作原理图

1-电极;2-电极臂;3-变压器的次级线圈;4-变压器的初级线圈;5-断路器;6-变压器的调节开关;7-踏板;8-压紧机构

常用的点焊机有单点点焊机、多头点焊机(一次可焊数点,用于焊接宽大的钢筋网)、悬挂式点焊机(可焊钢筋骨架或钢筋网)、手提式点焊机(用于施工现场)。

电阻点焊的主要工艺参数为变压器级数、通电时间和电极压力。在焊接过程中应保持一定的预压和锻压时间。

通电时间根据钢筋直径和变压器级数而定。电极压力则根据钢筋级别和直径选择。

焊点应有一定的压入深度。点焊热轧钢筋时,压入深度为较小钢筋直径的30% ~45%;点焊冷拔低碳钢丝时,压入深度为较小钢丝直径的 30% ~35%。

电阻点焊不同直径钢筋时,如较小钢筋的直径小于 10mm,大小钢筋直径之比不宜大于 3;如较小钢筋的直径为 12mm 或 14mm 时,大小钢筋直径之比则不宜大于 2。应根据较小直径的钢筋选择焊接工艺参数。

焊点应进行外观检查和强度试验。热轧钢筋的焊点应进行抗剪试验。

(5)气压焊

气压焊连接钢筋是利用乙炔、氧混合气体燃烧的高温火焰对已有初始压力的两根钢筋端面接合处加热,使钢筋端部产生塑性变形,并促使钢筋端面的金属原子互相扩散,当钢筋加热到约 1 250 ~1 350℃(相当于钢材熔点的 0.80 ~0.90,此时钢筋加热部位呈橘黄色,有白亮闪光出现)时进行加压顶锻,使钢筋内的原子得以再结晶而焊接在一起。

钢筋气压焊接属于热压焊。在焊接加热过程中,加热温度只为钢材熔点的0.8 ~0.9,钢材未呈熔化液态,且加热时间较短,钢筋的热输入量较少,所以不会出现钢筋材质劣化倾向。另外,它设备轻巧、使用灵活、效率高、节省电能、焊接成本低,可进行全方位(竖向、水平和斜向)焊接,所以在我国逐步得到推广。

气压焊接设备主要包括加热系统与加压系统两部分(图 3-29)。

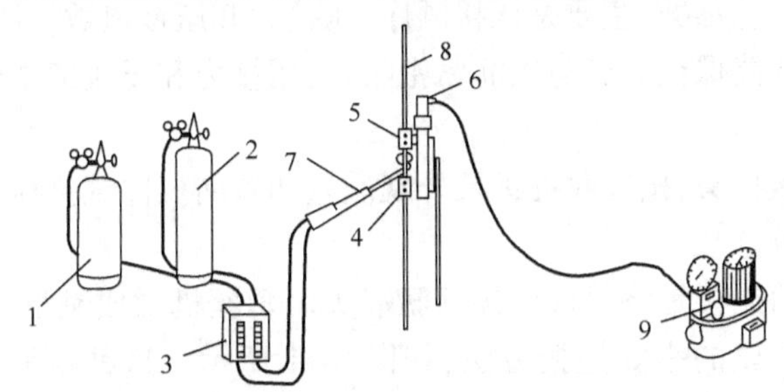

图 3-29　气压焊接设备示意图

1-乙炔;2-氧气;3-流量计;4-固定卡具;5-活动卡具;6-压接器;7-加热器与焊炬;8-被焊接的钢筋;9-电动油泵

加热系统中的加热能源是氧和乙炔。氧的纯度宜为 99.5%,工作压力为0.6 ~0.7MPa;乙炔的纯度宜为 98.0%,工作压力为 0.06MPa。流量计用来控制氧和乙炔的输入量,焊接不同直径的钢筋要求不同的流量。加热器用来将氧和乙炔混合后,从喷火嘴喷出火焰加热钢筋,要求火焰能均匀加热钢筋,有足够的温度和功率并安全可靠。

加压系统中的压力源为电动油泵(亦有手揿油泵),使加压顶锻时压力平稳。压接器是气压焊的主要设备之一,要求它能准确、方便地将两根钢筋固定在同一轴线上,并将油泵产生的压力均匀地传递给钢筋,以达到焊接的目的。施工时压接器需反复装拆,要求重量轻、构造简单和装拆方便。

气压焊接的钢筋要用砂轮切割机断料,不能用钢筋切断机切断,要求端面与钢筋轴线垂直。焊接前应打磨钢筋端面,清除氧化层和污物,使之现出金属光泽,并即喷涂一薄层焊接活化剂保护端面不再氧化。

钢筋加热前先对钢筋施加30~40MPa的初始压力,使钢筋端面贴合。当加热到缝隙密合后,上下摆动加热器适当增大钢筋加热范围,促使钢筋端面金属原子互相渗透也便于加压顶锻。加压顶锻时的压应力约34~40MPa,使焊接部位产生塑性变形。直径小于22mm的钢筋可以一次顶锻成型,大直径钢筋可以进行二次顶锻。

2. 钢筋机械连接

钢筋机械连接包括套筒挤压连接和螺纹套管连接。是近年来大直径钢筋现场连接的主要方法,它不受钢筋化学成分、可焊性及气候等影响,质量稳定、操作简便、施工速度快、无明火等特点。

1)钢筋套筒挤压连接

钢筋套筒挤压连接是将需连接的带肋钢筋插入特制钢套筒内,利用液压驱动的挤压机进行径向或轴向挤压,使钢套筒产生塑性变形,使套筒内壁紧紧咬住带肋钢筋实现连接(图3-30)。它适用于竖向、横向及其他方向的较大直径带肋钢筋的连接。

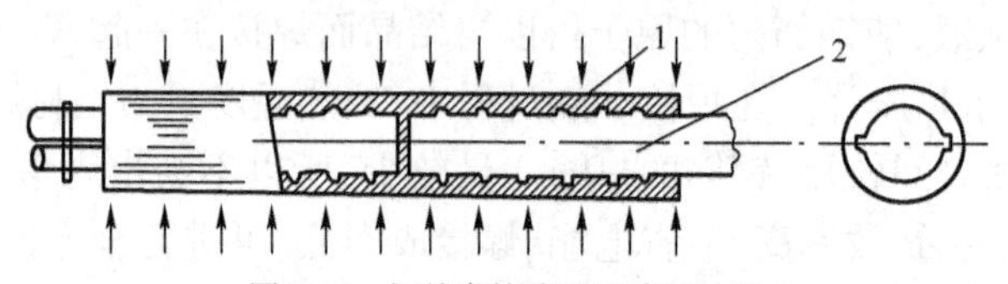

图3-30 钢筋套筒挤压连接原理图

1-钢套筒;2-被连接的钢筋

钢筋挤压连接的工艺参数,主要是压接顺序、压接力和压接道数。压接顺序应从中间逐道向两端压接。压接力要能保证套筒与钢筋紧密咬合,压接力和压接道数取决于钢筋直径、套筒型号和挤压机型号。

钢筋套筒挤压连接接头,按验收批进行外观质量和单向拉伸试验检验。

2)钢筋锥螺纹套筒连接

钢筋锥形螺纹套筒连接是将两根待接钢筋端头用套丝机做成锥形外丝,然后用带锥形内丝的套筒将钢筋两端拧紧的钢筋连接方法,如图3-31所示。这种钢筋连接方法具有接头可靠、操作简单、不用电源、全天候施工、对中性好、施工速度快等优点,可连接各种钢筋,不受钢筋种类、含碳量的限制,但所连接钢筋的直径之差不宜大于9mm。

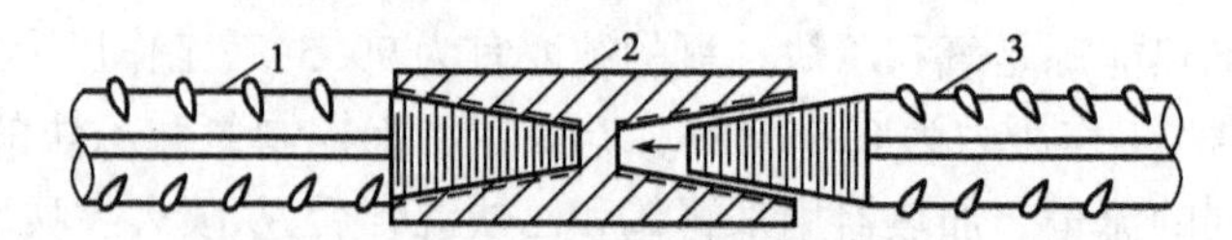

图3-31 钢筋锥螺纹套筒连接

1-已连接的钢筋;2-锥螺纹套筒;3-待连接的钢筋

①钢筋锥螺纹套筒连接的机具设备:

钢筋套丝机:加工钢筋连接端的锥螺纹用的一种专用设备。可加工直径为16~40 mm的HRB335级、HRB400级钢筋。

扭力扳手：保证钢筋连接质量的测力扳手。它可以按照钢筋直径大小规定的力矩值，把钢筋与连接套筒拧紧，并发出声响信号。

量规：包括牙形规、卡规和锥螺纹塞规。牙形规用来检查钢筋连接端的锥螺纹牙形加工质量；卡规用来检查钢筋连接端的锥螺纹小端直径加工质量；锥螺纹塞规用来检查锥螺纹连接套筒加工质量。

②钢筋锥螺纹套筒连接质量检验：

钢筋锥螺纹套筒连接质量检验主要包括：拧紧力矩和接头强度等。

钢筋拧紧力矩检查：用质检用的扭力扳手对接头质量进行抽检。抽检数量：对梁、柱构件为每根梁、柱一个接头；对板、墙、基础构件为3%（但不少于三个）。抽检结果要求达到规定的力矩值。如有一种构件的一个接头达不到规定值，则该构件的全部接头必须重新拧到规定的力矩值。

钢筋接头强度检查：在正式连接前，按每种规格钢筋接头每 300 个为一批，做 3 个接头的拉伸试验。拉伸试验结果应满足下列要求：屈服强度实测值不小于钢筋的屈服强度标准值；抗拉强度实测值与钢筋屈服强度标准值的比值不小于 1.35 倍，异径钢筋接头以小直径抗拉强度实测值为准。

当质检部门对钢筋接头的质量产生怀疑时，可以用非破损张拉设备做接头的非破损拉伸试验。如有一个锥螺纹套筒接头不合格，则该批构件全部接头采用电弧贴角焊缝加固补强，焊缝高度不得小于 5mm。

3）钢筋直螺纹套筒连接

钢筋直螺纹套筒连接是在锥螺纹连接的基础上发展起来的一种钢筋连接形式，它与锥绷纹连接的施工工艺基本相似，但它克服了锥螺纹连接接头处钢筋断面削弱的缺点，在现浇结构施工中逐步取代了锥螺纹连接。

①钢筋直螺纹套筒连接施工工艺：

钢筋直螺纹连接接头制作工艺一般分为三个阶段：钢筋端部镦粗，切削直螺纹，用连接套筒对接钢筋。

钢筋镦粗用镦头机，质量约 380kg，便于运至现场加工。能自动实现对中、夹紧、镦头等工序。每次镦头所需时间为 30～40s，每台班约可镦头 500～600 个。

直螺纹套丝用直螺纹套丝机，能保证丝头直径和螺纹精度的稳定性，保证与套筒良好的配合和互换性。

现场连接钢筋，利用普通扳手拧紧即可，无需控制力矩，方便快捷。

②直螺纹接头类型。直螺纹接头形式主要有六种：标准型、加长型、扩口型、异径型、正度丝扣型、加锁母型。

标准型用于正常情况下连接钢筋；加长型用于转运钢筋较困难的场合，通过转运套筒连接钢筋；扩口型用于钢筋较难对中的场合；异径型用于连接不同直径的钢筋；正反螺纹型用于两端钢筋均不能运转而要求调节轴向长度的场合；加锁母型用于钢筋完全不能运转，通过运转套筒连接钢筋，用锁母锁定套筒。

直螺纹接头质量检验，参考锥螺纹接头。

3. 绑扎连接

钢筋搭接处，应在中心及两端用 20～22 号铁丝扎牢。纵向受力钢筋绑扎搭接接头面积百分率不大于25%时,受拉钢筋绑扎连接的最小搭接长度,应符合表3-8的规定。

纵向受拉钢筋的最小搭接长度 表3-8

钢筋类型		混凝土强度等级			
		C15	C20~C25	C30~C35	≥C40
光圆钢筋	HPB235级钢筋	45d	35d	30d	25d
带肋钢筋	HRB335级钢筋	55d	45d	35d	30d
	HRB400级钢筋、RRB400级钢筋	—	55d	40d	35d

注:两根直径不同钢筋的搭接长度,以较细钢筋的直径计算。

(1)当纵向受拉钢筋搭接接头面积百分率大于25%,但不大于50%时,其最小搭接长度应按表3-8中的数值乘以系数1.2取用;当接头面积百分率大于50%时,应按表3-8中的数值乘以系数1.35取用。

(2)纵向受拉钢筋的最小搭接长度确定后,在下列情况时还应进行修正:带肋钢筋的直径大于25mm时,其最小搭接长度应按相应数值乘以系数1.1取用;对环氧树脂涂层的带肋钢筋,其最小搭接长度应按相应数值乘以系数1.25取用;当在混凝土凝固过程中受力钢筋易受扰动时(如滑模施工),其最小搭接长度应按相应数值乘以系数1.1取用;对末端采用机械锚固措施的带肋钢筋,其最小搭接长度可按相应数值乘以系数0.7取用;当带肋钢筋的混凝土保护层厚度大于搭接钢筋直径的3倍且配有箍筋时,其最小搭接长度可按相应数值乘以系数0.8取用;对有抗震设防要求的结构构件,其受力钢筋的最小搭接长度对一、二级抗震等级应按相应数值乘以系数1.15采用;对三级抗震等级应按相应数值乘以系数1.05采用。

(3)纵向受压钢筋搭接时,其最小搭接长度应根据上述的规定确定相应数值后,乘以系数0.7取用。

(4)在任何情况下,受拉钢筋的搭接长度不应小于300mm,受压钢筋的搭接长度不应小于200mm。

在梁、柱类构件的纵向受力钢筋搭接长度范围内,应按设计要求配置箍筋。

钢筋安装或现场绑扎应与模板安装相配合。柱钢筋现场绑扎时,一般在模板安装前进行,柱钢筋采用预制安装时,可先安装钢筋骨架,然后安装柱模板,或先安装三面模板,待钢筋骨架安装后,再钉第四面模板。梁的钢筋一般在梁模板安装后,再安装或绑扎;断面高度较大(>600mm),或跨度较大、钢筋较密的大梁、可留一面侧模,待钢筋安装或绑扎完后再钉。楼板钢筋绑扎应在楼板模板安装后进行,并应按设计先画线,然后摆料、绑扎。

钢筋保护层应按设计或规范的要求正确确定。工地常用预制水泥垫块垫在钢筋与模板之间,以控制保护层厚度。垫块应布置成梅花形,其相互间距不大于1m。上下双层钢筋之间的尺寸,可绑扎短钢筋或设置撑脚来控制。

 钢筋配料

钢筋配料根据结构施工图,分别计算构件各钢筋的直线下料长度、根数及质量,编制钢筋配料单,作为备料、加工和结算的依据。钢筋配料是钢筋工程施工的重要一环,应由识图能力

强,同时熟悉钢筋加工工艺的人员进行。钢筋加工前应根据设计图纸和会审记录按不同构件先编制配料单,见表3-9,然后进行备料加工。

钢筋配料单 表3-9

项次	构件名称	钢筋编号	简图	直径(mm)	钢号	下料长度(mm)	单位根数	合计根数	总质量(kg)
1	L_1 梁计5根	(1)	4 190	10	ϕ	4 315	2	10	26.62
2	L_1 梁计5根	(2)	150 265 494 2 960 494 265 150	20	ϕ	4 658	1	5	57.43
3		(3)	100 4 190 100	18	ϕ	4 543	2	10	90.77
4		(4)	362 162	6	ϕ	1 108	22	110	27.05
	合计:ϕ6,27.05kg;ϕ10,26.62kg;ϕ18,90.77kg;ϕ20,57.43kg								

结构施工图中所指钢筋长度是钢筋外边缘至外边缘之间的长度,即外包尺寸,这是施工中度量钢筋长度的基本依据。钢筋加工前按直线下料,经弯曲后,外边缘伸长,内边缘缩短,而中心线不变。这样,钢筋弯曲后的外包尺寸和中心线长度之间存在一个差值,称为“量度差值”。在计算下料长度时必须加以扣除。否则势必形成下料太长,造成浪费;或弯曲成型后钢筋尺寸大于要求,造成保护层不够;甚至钢筋尺寸大于模板尺寸而造成返工。因此,钢筋下料长度应为各段外包尺寸之和减去各弯曲处的量度差值,再加上端部弯钩的增加值。

1.钢筋弯曲处量度差值

钢筋弯曲处的量度差值与钢筋弯心直径及弯曲角度有关。

若钢筋直径为d,90°弯曲时按施工规范有两种情况,即HPB235钢筋其弯心直径$D=2.5d$,HRB335、HRB400钢筋弯心直径$D=4d$,如图3-32所示,其每个90°弯曲的量度差值为:

$$A'C' + C'B' - \widehat{ACB} = 2\left(\frac{D}{2} + d_0\right) - \frac{1}{4}\pi(D + d_0)$$

$$= 0.215D + 1.215d_0$$

当弯心直径$D=2.5d$代入上式,得量度差值为$1.75d$;

当弯心直径$D=4d$代入上式,得量度差值为$2.07d$。

为了计算方便,两者都近似取$2d$。

同理可得,45°弯曲时的量度差值为$0.5d$;60°弯曲时的量度差值为$0.85d$;135°弯曲时的量度差值为$2.5d$。

2.钢筋弯钩(曲)增加长度

根据规范规定,HPB235钢筋两端应做180°弯钩,其弯心直径$D=2.5d$,平直部分长度为$3d$,如图3-33所示。量度方法以外包尺寸度量,其每个弯钩增加长度为:

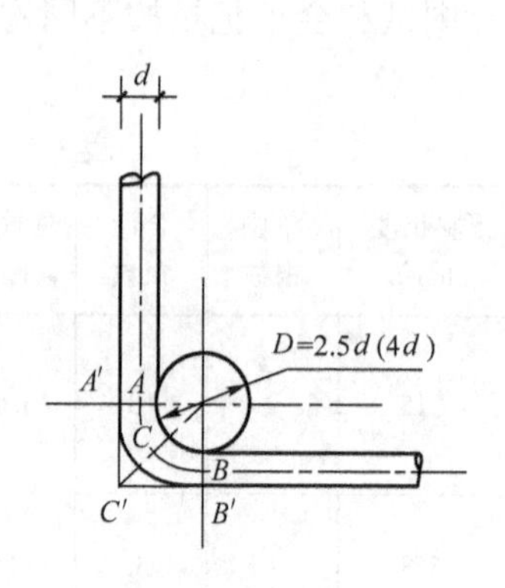

图 3-32　钢筋弯曲 90°尺寸图

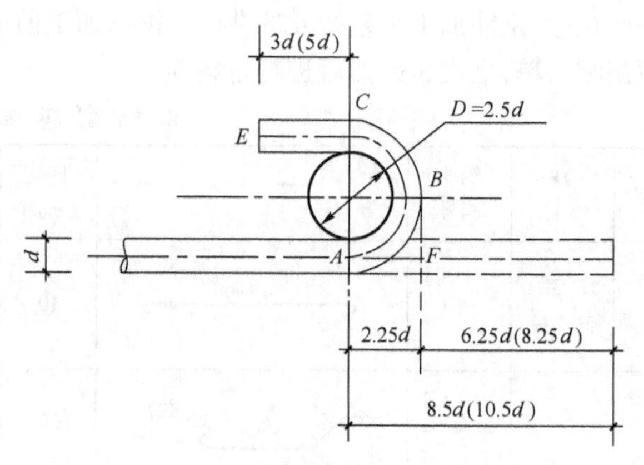

图 3-33　钢筋弯曲 180°尺寸图

$$E'F = \widehat{ACB} + EC - AF = 1/2\pi(D + d) + 3d - (D/2 + d)$$
$$= 1/2\pi(2.5d + d) + 3d - (2.5d/2 + d) = 6.25d$$ （已考虑量度差值）

即　　　　弯钩增加长度 $=0.5\pi(D+d)-(0.5D+d)+$平直长度　　　　(3-3)

同理可以得知，钢筋末端弯曲为 135°及 90°时，其末端弯曲增长值可按下式分别计算：

当弯 135°时

弯曲增加长度 $=0.37\pi(D+d)-(0.5D+d)+$平直长度　　　　(3-4)

当弯 90°时

弯曲增加长度 $=0.25\pi(D+d)-(0.5D+d)+$平直长度　　　　(3-5)

(1) HPB235 钢筋末端需作 180°弯钩，普通混凝土中取 $D=2.5d$，平直段长度为 $3d$，故每弯钩增长值为 $6.25d$。

(2) HRB335、HRB400 钢筋末端作 90°或 135°弯曲，其弯曲直径 D，HRB335 钢筋为 $4d$；HRB400 钢筋为 $5d$。其末端弯钩增长值，当弯 90°时，HRB335、HRB400 钢筋均取 d + 平直段长；当弯 135°时，HRB335 钢筋取 $3d$ + 平直段长；HRB400 钢筋取 $3.5d$ + 平直段长。

(3) 箍筋用 HPB235 钢筋或冷拔低碳钢丝制作时，其末端需做弯钩，有抗震要求的结构应做 135°弯钩，无抗震要求的结构可做 90°或 180°弯钩，弯钩的弯曲直径 D 应大于受力钢筋的直径，且不小于箍筋直径的 2.5 倍。弯钩末端平直长度，在一般结构中不宜小于箍筋直径的 5 倍；在有抗震要求的结构中不小于箍筋直径的 10 倍。其末端弯曲增长仍可按式(3-3)～式(3-5)进行计算。

【例 3-2】　某建筑物第一层楼共有 5 根 L_1 梁，梁的钢筋如图 3-34 所示，要求作钢筋配料单。

【解】　L_1 梁各种钢筋下料长度计算如下：

①号钢筋端头保护层厚 25mm，则钢筋外包尺寸为：4 240 − 2 × 25 = 4 190mm，下料长度 = 4 190 + 2 × 6.25 × 10 = 4 190 + 125 = 4 315mm。

②号钢筋，分段计算为：

端部平直段长 = 240 + 50 − 25 = 265mm

斜段长 = (梁高 − 2 倍保护层厚度) × 1.41 = (400 − 2 × 25) × 1.41 = 350 × 1.41 = 494mm

1.41 是钢筋弯 45°斜长增加系数。

中间直线段长 $=4\ 240-2\times25-2\times265-2\times350=4\ 240-1\ 280=2\ 960$mm

HRB335 钢筋末端无弯钩,钢筋下料长度为:

$$2\times(150+265+494)+2\ 960-4\times0.5d-2\times2d=4\ 778-120=4\ 658\text{mm}$$

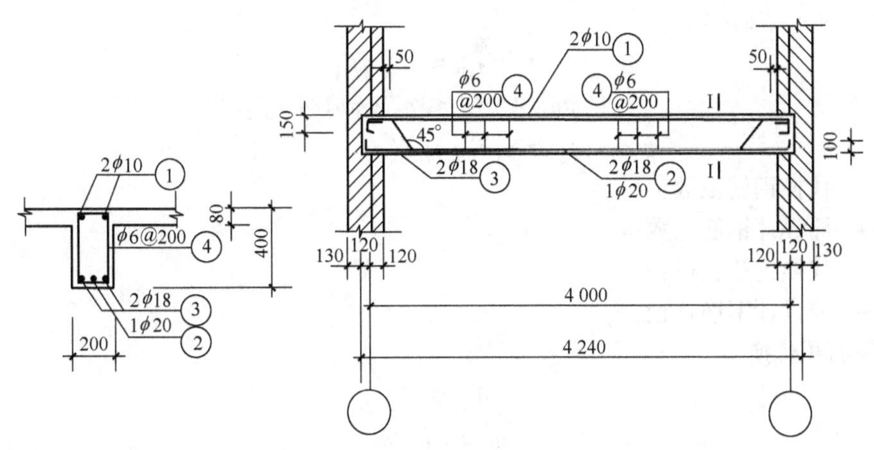

图 3-34 L_1 梁(共 5 根)

③号钢筋下料长度:

$$4\ 240-2\times25+2\times100+2\times6.25d-2\times2\times d=4\ 190+200+225-72=4\ 543\text{mm}$$

④号箍筋外包尺寸:

$$宽度=200-2\times25+2\times6=162\text{mm}$$

$$高度=400-2\times25+2\times6=362\text{mm}$$

⑤号箍筋的下料长度:

$$2\times(162+362)+100-3\times2d_0=1\ 048+100-3\times2\times6=1\ 112\text{mm}$$

箍筋数量 = (构件长 - 两端保护层)/箍筋间距 + 1

= (4 240 - 2 × 25)/200 + 1 = 4 190/200 + 1

= 20.95 + 1 = 21.95,取 22 根

为了加工方便,根据钢筋配料单,每一编号钢筋做一个钢筋加工牌,钢筋加工完毕将加工牌绑在钢筋上以便识别。钢筋加工牌中注明工程名称、构件编号、钢筋规格、总加工根数、下料长度及钢筋简图、外包尺寸等。

3. 配料计算注意事项

(1)在设计图纸中,钢筋配置的细节问题没有注明时,一般可按构造要求处理;

(2)配料计算时,要考虑钢筋的形状和尺寸在满足设计要求的前提下有利于加工安装;

(3)配料时,还要考虑施工需要的附加钢筋。

四 钢筋代换

1. 代换原则

当施工中遇有钢筋品种或规格与设计要求不符时,可参照以下原则进行钢筋代换:

(1)等强度代换。不同种类的钢筋代换,按钢筋抗拉设计值相等的原则进行代换。

(2)等面积代换。相同种类和级别的钢筋代换,应按钢筋等面积原则进行代换。

2. 代换方法

(1)等强度代换

如设计图中所用的钢筋设计强度为f_{y1},钢筋总面积为A_{s1},代换后的钢筋设计强度为f_{y2},钢筋总面积为A_{s2},则应使

$$A_{s1} \cdot f_{y1} \leqslant A_{s2} \cdot f_{y2} \tag{3-6}$$

$$n_1 \cdot \pi d_1^2/4 \cdot f_{y1} \leqslant n_2 \cdot \pi d_2^2/4 \cdot f_{y2} \tag{3-7}$$

$$n_2 \geqslant n_1 d_1^2 \cdot f_{y1}/(d_2^2 \cdot f_{y2}) \tag{3-8}$$

式中:n_2——代换钢筋根数;

n_1——原设计钢筋根数;

d_2——代换钢筋直径;

d_1——原设计钢筋直径。

(2)等面积代换

$$A_{s1} \leqslant A_{s2} \tag{3-9}$$

则

$$n_2 \geqslant n_1 d_1^2/d_2^2 \tag{3-10}$$

式中符号同上。

钢筋代换后,有时由于受力钢筋直径加大或根数增多而需要增加排数,则构件截面的有效高度h_0减少,截面强度降低。通常对这种影响可凭经验适当增加钢筋面积,然后再作截面强度复核。

3. 钢筋代换注意事项

钢筋代换时,应征得设计单位同意,并应符合下列规定:

(1)对重要受力构件,不宜用HPB235光面钢筋代换带肋钢筋,以免裂缝开展过大。

如吊车梁、薄腹梁、桁架下弦等。

(2)钢筋代换后,应满足混凝土结构设计规范中所规定的钢筋间距、锚固长度、最小钢筋直径、根数等要求。

(3)梁的纵向受力钢筋与弯曲钢筋应分别代换,以保证正截面与斜截面强度。偏心受压构件或偏心受拉构件作钢筋代换时,不取整个截面配筋量计算,应按受力面(受拉或受压)分别代换。

(4)当构件受裂缝宽度或挠度控制时,钢筋代换后应进行刚度、裂缝验算。

(5)有抗震要求的梁、柱和框架,不宜以强度等级较高的钢筋代换原设计中的钢筋。如必须代换时,其代换的钢筋检验所得的实际强度,尚应符合抗震钢筋的要求。

(6)预制构件的吊环,必须采用未经冷拉的HPB235钢筋制作,严禁以其他钢筋代换。

五 钢筋加工与安装

(一)钢筋加工

钢筋的加工包括调直、除锈、切断、接长、弯曲等工作。

1. 钢筋调直

钢筋调直可利用冷拉进行。采用冷拉方法调直钢筋时,HPB235钢筋的冷拉率不宜大于

4%;HRB335、HRB400 钢筋的冷拉率不宜大于 1%。除利用冷拉调直钢筋外,粗钢筋还可采用锤直和拔直的方法;直径 4 ~ 14mm 的钢筋可采用调直机进行。调直机具有使钢筋调直、除锈和切断三项功能。

2. 钢筋的除锈

钢筋的表面应洁净,油渍、漆污和用锤敲击时能剥落的浮皮、铁锈等应在使用前清除干净。在焊接前,焊点处的水锈应清除干净。钢筋的除锈,宜在钢筋冷拉或钢丝调直过程中进行。

3. 钢筋的切断

钢筋切断可采用钢筋切断机或手动切断器。手动切断器一般只用于小于 $\phi12$ 的钢筋;钢筋切断机可切断小 $\phi40$ 的钢筋。切断时根据下料长度统一排料;先断长料,后断短料;减少短头,减少损耗。

4. 钢筋的接长与弯曲

钢筋下料之后,应按钢筋配料单进行划线,以便将钢筋准确地加工成所规定的尺寸。当弯曲形状比较复杂的钢筋时,可先放出实样,再进行弯曲。钢筋弯曲宜采用弯曲机,弯曲机可弯 $\phi6$ ~ $\phi40$ 的钢筋,小于 $\phi25$ 的钢筋当无弯曲机时,也可采用板钩弯曲。

加工钢筋的允许偏差:受力钢筋顺长度方向全长的净尺寸偏差不应超过 ±10mm;弯起筋的弯折位置偏差不应超过 ±20m。

(二)钢筋的安装

钢筋安装或现场绑扎应与模板安装相配合。柱钢筋现场绑扎时,一般在模板安装前进行,柱钢筋采用预制安装时,可先安装钢筋骨架,然后安装柱模板,或先安装三面模板,待钢筋骨架安装后,再钉第四面模板。梁的钢筋一般在梁模板安装后,再安装或绑扎;断面高度较大(>600mm),或跨度较大、钢筋较密的大梁,可留一面侧模,待钢筋安装或绑扎完后再钉。楼板钢筋绑扎应在楼板模板安装后进行,并应按设计先划线,然后摆料、绑扎。

钢筋保护层应按设计或规范的要求正确确定。工地常用预制水泥垫块垫在钢筋与模板之间,以控制保护层厚度。垫块应布置成梅花形,其相互间距不大于 1m。上下双层钢筋之间的尺寸,可绑扎短钢筋或设置撑脚来控制。

钢筋工程属于隐蔽工程,在浇筑混凝土前应对钢筋及预埋件进行验收,并按规定记好隐蔽工程记录,以便查验。验收检查下列几方面:根据设计图纸检查钢筋的钢号、直径、根数、间距是否正确,特别是要注意检查负筋的位置;检查钢筋接头的位置及搭接长度是否符合规定;检查混凝土保护层是否符合要求;检查钢筋绑扎是否牢固,有无变形、松脱和开焊;钢筋表面不允许有油渍、漆污和颗粒状(片状)铁锈;钢筋位置允许偏差,应符合表 3-10 的规定。

钢筋安装位置的允许偏差和检验方法 表 3-10

项　目		允许偏差(mm)	检 验 方 法
绑扎钢筋网	长、宽	±10	钢尺检查
	网眼尺寸	±20	钢尺量连续三档,取最大值
绑扎钢筋骨架	长	±10	钢尺检查
	宽、高	±5	钢尺检查

续上表

项目			允许偏差(mm)	检验方法
受力钢筋	间距		±10	钢尺量两端、中间各一点
	排距		±5	取最大值
	保护层厚度	基础	±10	钢尺检查
		柱、梁	±5	钢尺检查
		板、墙、壳	±3	钢尺检查
绑扎箍筋、横向钢筋间距			±20	钢尺量连接三档,取最大值
钢筋弯起点位置			20	钢尺检查
预埋件	中心线位置		5	钢尺检查
	水平高差		±3	钢尺和塞尺检查

注:1. 检查预埋件中心线位置时,应沿纵、横两个方向量测,并取其中的较大值。

2. 表中梁类、板类构件上部纵向受力钢筋保护层厚度的合格点率应达到90%及以上,且不得有超过表中数值1.5倍的尺寸偏差。

第三节　混凝土工程施工

混凝土工程施工包括混凝土制备、运输、浇筑、养护等施工过程,如图3-35所示。各施工过程既紧密联系又相互影响,任何一个施工过程处理不当都会影响混凝土的最终质量。因此,要求混凝土构件不但要有正确的外形,而且要获得良好的强度、密实性和整体性。

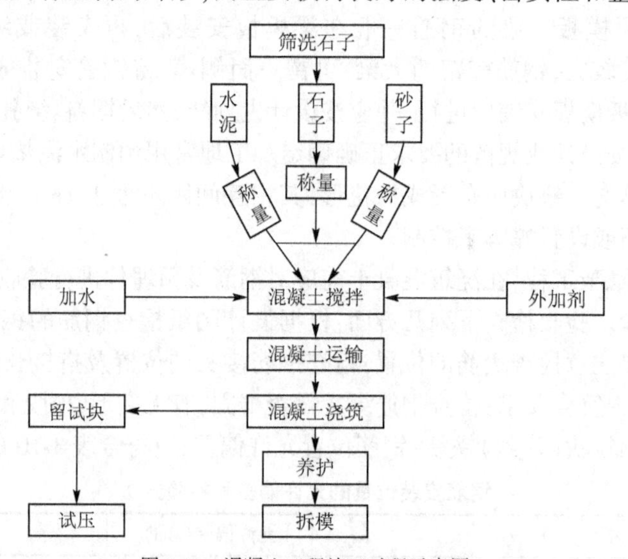

图3-35　混凝土工程施工过程示意图

一　混凝土的制备

混凝土由水泥、粗骨料、细骨料和水组成,有时掺加外加剂、矿物掺和料。保证原材料的质量是保证混凝土质量的前提。尤其对于水泥,当水泥进场时应对其品种、级别或散装仓号、出厂日期等进行检查,并对其强度、安定性及其他必要的性能指标进行复验,其质量必须符合现行国家标准。

(一)混凝土施工配制强度确定

混凝土配合比应根据混凝土强度等级、耐久性和工作性能等按国家现行标准《普通混凝土配合比设计规程》,有需要时,还需满足抗渗性、抗冻性、水化热低等要求。

混凝土的强度等级按规范规定为14个:C15、C20、C25、C30、C35、C40、C45、C50、C55、C60、C65、C70、C75、C80。C50及其以下为普通混凝土,C60~C80为高强混凝土。混凝土制备之前按下式确定混凝土的施工配制强度,以达到95%的保证率:

$$f_{cu,0} \geqslant f_{cu,k} + 1.645\sigma \tag{3-11}$$

式中:$f_{cu,0}$——混凝土的施工配制强度(N/mm^2);

$f_{cu,k}$——设计的混凝土强度标准值(N/mm^2);

σ——施工单位的混凝土强度标准差(N/mm^2)。

当施工单位具有近期的同一品种混凝土强度的统计资料时,σ可按下式计算:

$$\sigma = \sqrt{\frac{\sum_{i=1}^{n} f^2_{cu,i} - nf^2 f_{cu,n}}{n-1}} \tag{3-12}$$

式中:$f_{cu,i}$——第i组混凝土试件强度(N/mm^2);

$f_{cu,n}$——n组混凝土试件强度的平均值(MPa);

n——统计周期内相同混凝土强度等级的试件组数,$n \geqslant 25$。

当混凝土强度等级为C20或C25时,如计算得到的$\sigma < 2.5N/mm^2$,取$\sigma = 2.5N/mm^2$;当混凝土强度等级高于C25时,如计算得到的$\sigma < 3N/mm^2$时,取$\sigma = 3N/mm^2$。

对预拌混凝土厂和预制混凝土的构件厂,其统计周期可取为一个月;对现场拌制混凝土的施工单位,其统计周期可根据实际情况确定,但不宜超过三个月。

施工单位如无近期同一品种混凝土强度统计资料时,σ可按表3-11取值。

混凝土强度标准差 σ 表3-11

混凝土强度等级	低于C20	C25~35	高于C35
σ(N/mm^2)	4	5	6

注:表中σ值,反映我国施工单位的混凝土施工技术和管理的平均水平,采用时可根据本单位情况作适当调整。

(二)混凝土的施工配料

影响混凝土质量的因素主要有两方面:一是称量不准;二是未按砂、石骨料实际含水率的变化进行施工配合比的换算。这样必然会改变原理论配合比的水灰比、砂石比(含砂率)及浆骨比。当水灰比增大时,混凝土黏聚性、保水性差,而且硬化后多余的水分残留在混凝土中形成水泡,或水分蒸发留下气孔,使混凝土密实性差,强度低。若水灰比减少时,则混凝土流动性差,甚至影响成型后的密实,造成混凝土结构内部松散,表面产生蜂窝、麻面现象。同样,含砂率减少时,则砂浆量不足,不仅会降低混凝土流动性,更严重的是将影响其黏聚性及保水性,产生粗骨料离析、水泥浆流失,甚至溃散等不良现象。而浆骨比是反映混凝土中水泥浆的用量多少

（即每立方米混凝土的用水量和水泥用量），如控制不准，亦直接影响混凝土的水灰比和流动性。所以，为了确保混凝土的质量，在施工中必须及时进行施工配合比的换算和严格控制称量。

1. 施工配合比换算

混凝土实验室配合比是根据完全干燥的砂、石骨料制定的，但实际使用的砂、石骨料一般都含有一些水分，而且含水率又会随气候条件发生变化。所以施工时应及时测定现场砂、石骨料的含水率，并将混凝土的实验室配合比换算成在实际含水率情况下的施工配合比。

设实验室配合比为：水泥∶砂子∶石子 $=1:x:y$，水灰比为 w/C，并测得砂子的含水率为 w_x，石子的含水率为 w_y，则施工配合比应为：$1:x(1+w_x):y(1+w_y)$。

按实验室配合比 1m^3 混凝土水泥用量为 $C(\text{kg})$，计算时确保混凝土水灰比不变（w 为用水量），则换算后材料用量为：

水泥： $C'=C$

砂子： $G'_{砂}=Cx(1+w_x)$

石子： $G'_{石}=Cy(1+w_y)$

水： $w'=w-Cxw_x-Cyw_y$

【例 3-3】 设混凝土实验室配合比为：1∶2.56∶5.55，水灰比为 0.65，1m^3 混凝土的水泥用量为 275kg，测得砂子含水率为 3%，石子含水率为 1%，则施工配合比为：

$$1:2.56(1+3\%):5.55(1+1\%)=1:2.64:5.60$$

【解】 1m^3 混凝土材料用量为：

水泥：275kg

砂子：275 ×2.64 =726kg

石子：275 ×5.60 =1 540kg

水：275 ×0.65 −275 ×2.56 ×3% −275 ×5.55 ×1% =142.4kg

2. 施工配料

求出每立方米混凝土材料用量后，还必须根据工地现有搅拌机出料容量确定每次需用几整袋水泥，然后按水泥用量来计算砂石的每次拌用量。如采用 JZ250 型搅拌机，出料容量为 0.25m^3，则上例每搅拌一次的装料数量为：

水泥：275 ×0.25 =68.75kg（取用一袋半水泥，即 75kg）

砂子：726 ×75/275 =198kg

石子：1 540 ×75/275 =420kg

水：142.4 ×75/275 =38.8kg

为严格控制混凝土的配合比，原材料的数量应采用质量计量，必须准确。其质量偏差不得超过以下规定：水泥、混合材料为 ±2%；细骨料为 ±3%；水、外加剂溶液 ±2%。各种衡量器应定期校验，经常保持准确。骨料含水率应经常测定，雨天施工时，应增加测定次数。

（三）混凝土搅拌机选择

混凝土搅拌机按其搅拌原理分为自落式搅拌机和强制式搅拌机两类。根据其构造的不同，又可分为若干种，见表 3-12 所示。

自落式搅拌机（图 3-36）搅拌筒内壁装有叶片，搅拌筒旋转，叶片将物料提升一定高度后自由下落，各物料颗粒分散拌和均匀，是重力拌和原理，宜用于搅拌塑性混凝土。锥形反转出料和双锥形倾翻出料搅拌机还可用于搅拌低流动性混凝土。

强制式搅拌机（图3-37）分立轴式和卧轴式两类。强制式搅拌机是在轴上装有叶片，通过叶片强制搅拌装在搅拌筒中的物料，使物料沿环向、径向和竖向运动，拌和成均匀的混合物，是剪切拌和原理。强制式搅拌机拌和强烈，多用于搅拌干硬性混凝土、低流动性混凝土和轻骨料混凝土。立轴式强制搅拌机是通过底部的卸料口卸料，卸料迅速，但如卸料口密封不好，水泥浆易漏掉，所以不宜用于搅拌流动性大的混凝土。

混凝土搅拌机类型 表3-12

自落式			强制式			
鼓筒式	双锥式		立轴式			卧轴式（单轴、双轴）
	反转出料	倾翻出料	涡浆式	行星式		
				定盘式	盘转式	

混凝土搅拌机以其出料容量（m^3）×1000标定规格。常用为150L、250L、350L等数种。选择搅拌机型号，要根据工程量大小、混凝土的坍落度和骨料尺寸等确定。既要满足技术上的要求，亦要考虑经济效果和节约能源。

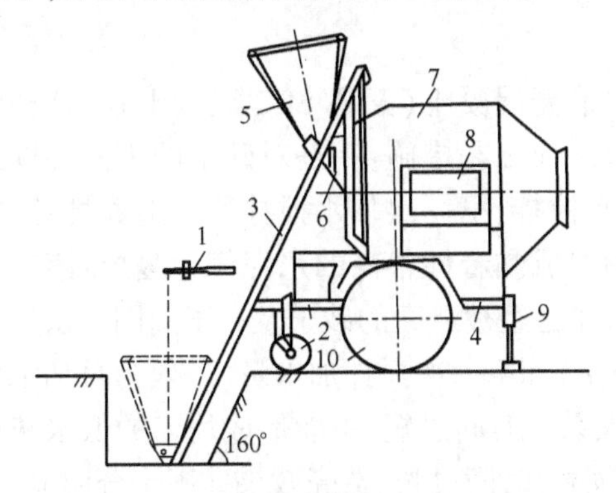

图3-36 双锥反转出料式搅拌机

1-牵引架；2-前支轮；3-上料架；4-底盘；5-料斗；6-中间料斗；7-锥形搅拌筒；8-电器箱；9-支腿；10-行走轮

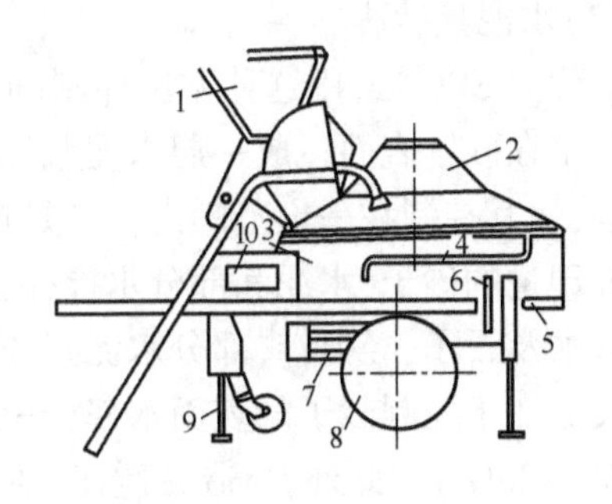

图3-37 强制式搅拌机

1-进料斗；2-拌筒罩；3-搅拌筒；4-水表；5-出料口；6-操纵手柄；7-传动机构；8-行走轮；9-支腿；10-电器工具箍

（四）搅拌制度

为了获得质量优良的混凝土拌和物，除正确选择搅拌机外，还必须正确确定搅拌制度，即搅拌时间、投料顺序和进料容量等。

1. 混凝土搅拌时间

搅拌时间应从全部材料投入搅拌筒起，到开始卸料为止所经历的时间。它与搅拌质量密切相关。搅拌时间过短，混凝土不均匀，强度及和易性将下降；搅拌时间过长，不但降低搅拌的生产效率,同时会使不坚硬的粗骨料在大容量搅拌机中因脱角、破碎等而影响混凝土的质量。对于加气混凝土也会因搅拌时间过长而使所含气泡减少。

在现有搅拌机中,叶片的线速度多为临界线速度的2/3。涡桨式搅拌机叶片的线速度即为叶片的绝对速度,行星式则为叶片相对于搅拌盘的相对速度。

2. 投料顺序

投料顺序应考虑的因素主要包括:提高搅拌质量,减少叶片、衬板的磨损,减少拌和物与搅拌筒的黏结,减少水泥飞扬,改善工作环境,提高混凝土强度,节约水泥等方面综合考虑。常用一次投料法、二次投料法和水泥裹砂法等。

(1)一次投料法

这是目前最普遍采用的方法。它是将砂、石、水泥和水一起同时加入搅拌筒中进行搅拌。为了减少水泥的飞扬和水泥的黏罐现象,对自落式搅拌机常采用的投料顺序是将水泥夹在砂、石之间,最后加水搅拌。

(2)二次投料法

二次投料法又分为预拌水泥砂浆法和预拌水泥净浆法。

预拌水泥砂浆法是先将水泥、砂和水加入搅拌筒内进行充分搅拌,成为均匀的水泥砂浆后,再加入石子搅拌成均匀的混凝土。

预拌水泥净浆法是先将水泥和水充分搅拌成均匀的水泥净浆后,再加入砂和石搅拌成混凝土。

二次投料法搅拌的混凝土与一次投料法相比较,混凝土强度可提高约15%。在强度等级相同的情况下,可节约水泥约15%~20%。

(3)水泥裹砂法

又称为SEC法,用这种方法拌制的混凝土称为造壳混凝土(又称SEC混凝土)。这种混凝土就是在砂子表面造成一层水泥浆壳。主要采取两项工艺措施:一是对砂子的表面湿度进行处理,使其控制在一定范围内。二是进行两次加水搅拌,第一次加水搅拌称为造壳搅拌,即先将处理过的砂子、水泥和部分水搅拌,使砂子周围形成黏着性很高的水泥糊包裹层;第二次再加入水及石子,经搅拌,部分水泥浆便均匀地分散在已经被造壳的砂子及石子周围。这种方法的关键在于控制砂子的表面水率(一般为4%~6%)和第一次搅拌加水量(一般为总加水量的20%~26%)。此外,与造壳搅拌时间也有密切关系。时间过短,不能形成均匀的低水灰比的水泥浆使之牢固地黏结在砂子表面,即形成水泥浆壳;时间过长,造壳效果并不十分明显,强度并无较大提高,而以45~75s为宜。

3. 进料容量

进料容量是将搅拌前各种材料的体积累积起来的容量,又称干料容量。进料容量约为出料容量的1.4~1.8倍(通常取1.5倍)。进料容量超过规定容量的10%以上,就会使材料在搅拌筒内无充分的空间进行掺和,影响混凝土拌和物的均匀性;反之,如装料过少,则又不能充分发挥搅拌机的效能。

4. 搅拌要求

(1)严格控制混凝土施工配合比。砂、石必须严格过磅,不得随意加减用水量。

(2)在搅拌混凝土前,搅拌机应加适量的水运转,使拌筒表面润湿,然后将多余水排干。搅拌第一盘混凝土时,考虑到筒壁上黏附砂浆的损失,石子用量应按配合比规定减半。

(3)搅拌好的混凝土要卸尽，在混凝土全部卸出之前，不得再投入拌和料，更不得采取边出料边进料的方法。

(4)混凝土搅拌完毕或预计停歇1h以上时，应将混凝土全部卸出，倒入石子和清水，搅拌5～10min，把粘在料筒上的砂浆冲洗干净后全部卸出。料筒内不得有积水，以免料筒和叶片生锈，同时还应清理搅拌筒以外积灰，使机械保持清洁完好。

二 混凝土的运输

1.对混凝土运输的要求

对混凝土拌和物运输的基本要求是：

(1)不产生离析现象；

(2)保证混凝土浇筑时具有设计规定的坍落度；

(3)在混凝土初凝之前能有充分时间进行浇筑和捣实；

(4)保证混凝土浇筑能连续进行。

2.混凝土运输的时间

混凝土运输时间有一定限制。混凝土应以最少的转运次数和最短的时间，从搅拌地点运至浇筑地点，并在初凝之前浇筑完毕。普通混凝土从搅拌机中卸出后到浇筑完毕的延续时间不宜超过表3-13的规定。如需进行长距离运输可选用混凝土搅拌运输车。

混凝土从搅拌机中卸出到浇筑完毕的延续时间(单位：min)　　表3-13

混凝土强度等级	气温(℃)	
	≤25	>25
≤C30	120	90
>C30	90	60

3.混凝土运输工具

运输混凝土的工具要不吸水、不漏浆，方便快捷。混凝土运输分为地面运输、垂直运输和楼面运输三种情况。

混凝土地面运输工具有双轮手推车、机动翻斗车、混凝土搅拌运输车和自卸汽车。如采用预拌(商品)混凝土运输距离较远时，多用混凝土搅拌运输车和自卸汽车。混凝土如来自工地搅拌站，则多用载重约1t的小型机动翻斗车，近距离亦用双轮手推车，有时还用皮带运输机和窄轨翻斗车。

混凝土搅拌运输车(图3-38)为长距离运输混凝土的有效工具，它有一搅拌筒斜放在汽车底盘上，在预拌混凝土搅拌站装入混凝土后，在运输过程中搅拌筒可进行慢速转动进行拌和，以防止混凝土离析，运至浇筑地点，搅拌筒反转即可迅速卸出混凝土。搅拌筒的容量可由2～10m^3，搅拌筒的结构形状和其轴线与水平的夹角、螺旋叶片的形状和它与铅垂线的夹角，都直接影响混凝土搅拌运输质量和卸料速度。搅拌筒可用单独发动机驱动，亦可用汽车的发动机驱动，以液压传动者为佳。

混凝土垂直运输，多用塔式起重机加料斗、混凝土泵、快速提升斗和井架。

混凝土泵是一种有效的混凝土运输和浇筑工具，可以一次完成水平及垂直运输，将混凝土

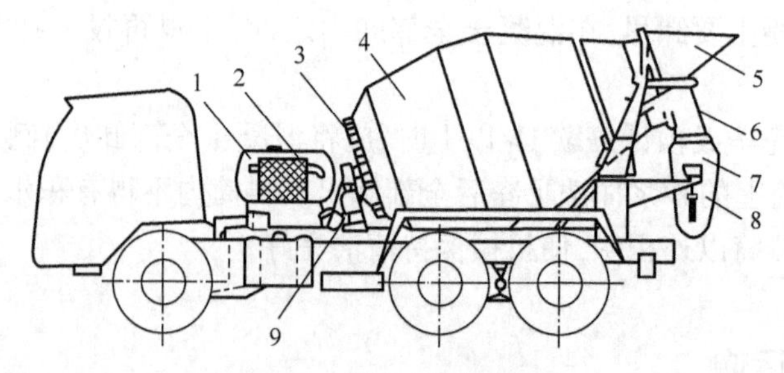

图 3-38　混凝土搅拌运输车

1-水箱;2-外加剂箱;3-大链条齿轮;4-搅拌筒;5-进料斗;6-固定卸料溜槽;7-活动卸料溜槽;8-活动卸料调节机构;9-传动系统

直接输送到浇筑地点。

活塞泵(图 3-39)多用液压驱动,它主要由料斗、液压缸和活塞、混凝土缸、分配阀、Y 形输送管、冲洗设备、液压系统和动力系统等组成。不同型号的混凝土泵,其排量不同,水平运距和垂直运距亦不同,一般混凝土排量为(30 ~ 90)m^3/h,水平运距为 200 ~ 900m,垂直运距为 50 ~ 400m。

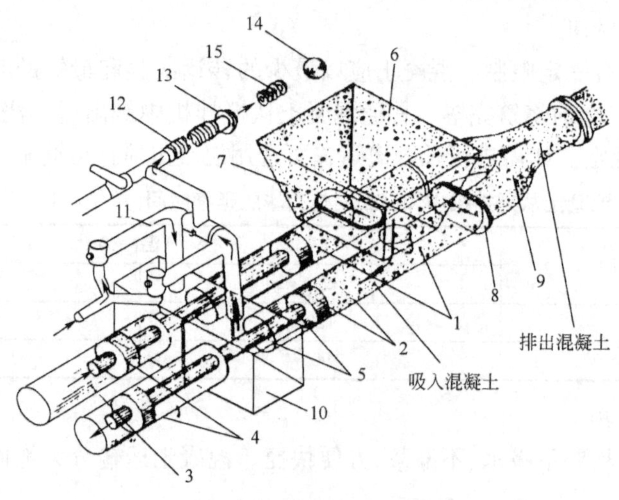

图 3-39　液压活塞式混凝土泵

1-混凝土缸;2-推压混凝土活塞;3-液压缸;4-液压活塞;5-活塞杆;6-料斗;7-控制吸入的水平分配阀;8-控制排出的竖向分配阀;9-Y 形输送管;10-水箱;11-水洗装置换向阀;12-水洗用高压软管;13-水洗用法兰;14-海绵球;15-清洗活塞

常用的混凝土输送管为钢管,也有橡胶和塑料软管。直径为 75 ~ 200mm、每段长约 3m,还配有 45°、90°等弯管和锥形管,弯管、锥形管和软管的流动阻力大,计算输送距离时要换算成水平换算长度。垂直输送时,在立管的底部要增设逆流阀,以防止停泵时立管中的混凝土反压回流。

泵送混凝土工艺对泵送材料的要求是:碎石最大粒径与输送管内径之比宜为1∶3,卵石可为 1∶2.5,泵送高度在 50 ~ 100m 时宜为 1∶3 ~ 1∶4,泵送高度在 100m 以上时宜为 1∶4 ~ 1∶5,以免堵塞,如用轻骨料则以吸水率小者为宜,并宜用水预湿,以免在压力作用下强烈吸水,使坍落度降低而在管道中形成阻塞。砂宜用中砂,通过 0.315mm 筛孔的砂应不少于 15%。砂率宜控制在38% ~45%,如粗骨料为轻骨料还可适当提高。水泥用量不宜过少,否则泵送阻力增大,最小水泥用量为 300kg/m。水灰比宜为 0.4 ~ 0.6。泵送混凝土的坍落度对不同泵送高度,入泵时混凝土的坍落度可参考表3-14选用。如泵送高强混凝土,其混凝土配合比宜适当调整。

不同泵送高度入泵时混凝土坍落度选用值　　表3-14

泵送高度(m)	30以下	30~60	60~100	100以上
坍落度(mm)	100~140	140~160	160~180	180~200

混凝土泵宜与混凝土搅拌运输车配套使用,且应使混凝土搅拌站的供应能力和混凝土搅拌运输车的运输能力大于混凝土泵的泵送能力,以保证混凝土泵能连续工作,保证不堵塞。进行输送管线布置时,应尽可能直,转弯要缓,管段接头要严,少用锥形管,以减少压力损失。如输送管向下倾斜,要防止因自重流动使管内混凝土中断、混入空气而引起混凝土离析,产生阻塞。为减小泵送阻力,用前先泵送适量的水泥浆或水泥砂浆以润滑输送管内壁,然后进行正常的泵送。在泵送过程中,泵的受料斗内应充满混凝土,防止吸入空气形成阻塞。混凝土泵排量大,在进行浇筑大面积建筑物时,最好用布料机进行布料。

泵送结束应及时清洗泵体和管道,用水清洗时将管道与"Y"形管拆开,放入海绵球14及清洗活塞15,再通过法兰13,使高压水软管12与管道连接,高压水推动活塞15和海绵球14,将残存的混凝土压出并清洗管道。

用混凝土泵浇筑的结构物,要加强养护,防止因水泥用量较大而引起龟裂。如混凝土浇筑速度快,对模板的侧压力大,模板和支撑应保证稳定和有足够的强度。

三 混凝土的浇筑与捣实

混凝土的浇筑与捣实工作包括布料摊平、捣实和抹面修整等工序。它对混凝土的密实性和耐久性、结构的整体性和外形正确性等都有重要影响。

混凝土浇筑前应做好必要的准备工作,对模板及其支架、钢筋和预埋件、预埋管线等必须进行检查,并做好隐蔽工程的验收,符合设计要求后方能浇筑混凝土。

(一)混凝土的浇筑

1. 混凝土浇筑的一般规定

(1)混凝土浇筑前不应发生初凝和离析现象,如果已经发生,可以进行重新搅拌,使混凝土恢复流动性和黏聚性后再进行浇筑。混凝土运至现场后,其坍落度应满足表3-15的要求。

混凝土浇筑时的坍落度　　表3-15

项　次	结构种类	坍落度(cm)
1	基础或地面等的垫层,无配筋的厚大结构(挡土墙、基础或厚大块体等)或配筋稀疏的结构	1~3
2	板、梁和大型及中型截面的柱子等	3~5
3	配筋密集的结构(薄壁、斗仓、筒仓、细柱等)	5~7
4	配筋特密的结构	7~9

注:1. 本表系指采用机械振捣的坍落度;采用人工捣实时可适当增大。
2. 需要配制大坍落度混凝土时,应掺用外加剂。
3. 曲面或斜面结构混凝土,其坍落度值,应根据实际需要另行选定。
4. 轻骨料混凝土的坍落度,宜比表中数值减少10~20mm。

(2)为了保证混凝土浇筑时不产生离析现象,混凝土自高处倾落时的自由倾落高度不宜超过2m。若混凝土自由下落高度超过2m(竖向结构3m),要沿溜槽或串筒下落,如图3-40a)、b)所示。当混凝土浇筑深度超过8m时,则应采用带节管的振动串筒,即在串筒上每隔2~3节管安装一台振动器,如图3-40c)所示。

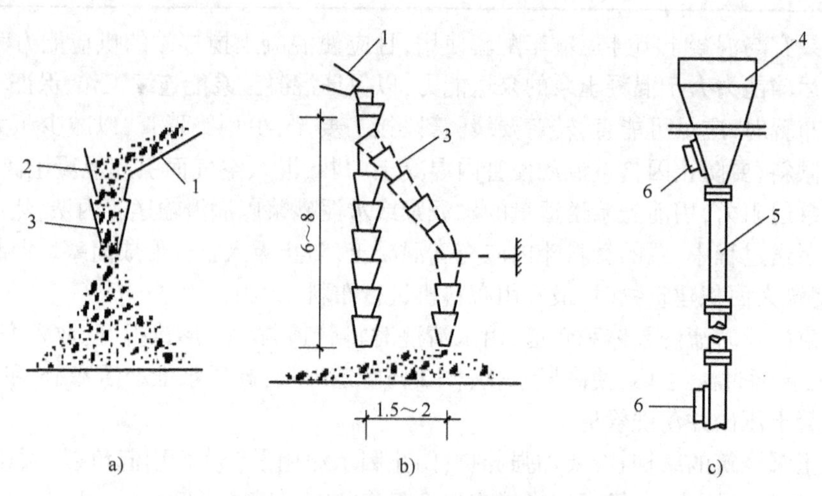

图3-40 溜槽与串筒(尺寸单位:m)

a)溜槽;b)串筒;c)振动串筒

1-溜槽;2-挡板;3-串筒;4-漏斗;5-节管;6-振动器

(3)为了使混凝土振捣密实,必须分层浇筑,每层浇筑厚度与捣实方法、结构的配筋情况有关。应符合表3-16的规定。

混凝土浇筑层厚度 表3-16

项次	捣实混凝土的方法		浇筑层厚度(mm)
1	插入式振动		振动器作用部分长度的1.25倍
2	表面振动		200
3	人工捣实	(1)在基础或无筋混凝土和配筋稀疏的结构中 (2)在梁、墙、板、柱结构中 (3)在配筋密集的结构中	250 200 150
4	混凝土轻骨料	插入式振动 表面振动(振动时需加荷)	300 200

(4)混凝土的浇筑工作应尽可能连续进行,如上下层或前后层混凝土浇筑必须间歇,其间歇时间应尽量缩短,并要在前层(下层)混凝土凝结(终凝)前,将次层混凝土浇筑完毕。间歇的最长时间应按所用水泥品种及混凝土凝结条件确定。即混凝土从搅拌机中卸出,经运输、浇筑及间歇的全部延续时间不得超过表3-17的规定,当超过时,应按留置施工缝处理。

混凝土浇筑最大间歇时间表(单位:min)　　表3-17

混凝土强度等级	气温	
	<25℃	≥25℃
≤C30	210	180
>C30	180	150

(5)浇筑竖向结构混凝土前,应先在底部填筑一层50~100mm厚、与混凝土内砂浆成分相同的水泥砂浆,然后再浇筑混凝土。这样即使新旧混凝土结合良好,又可避免蜂窝麻面现象。混凝土的水灰比和坍落度,宜随浇筑高度的上升,酌予递减。

(6)施工缝的留设与处理。如果因技术上的原因或设备、人力的限制,混凝土不能连续浇筑,中间的间歇时间超过混凝土的初凝时间,则应留置施工缝。由于该处新旧混凝土的结合力较差,故施工缝宜留在结构受剪力较小且便于施工的部位。柱应留水平缝,梁、板应留垂直缝。

根据施工缝设置的原则,柱子的施工缝宜留在基础与柱子的交接处的水平面上,或梁的下面,或吊车梁牛腿的下面,或吊车梁的上面,或无梁楼盖柱帽的下面。框架结构中,如果梁的负筋向下弯入柱内,施工缝也可设置在这些钢筋的下端,以便于绑扎。高度大于1m的混凝土梁的水平施工缝,应留在楼板底面以下20~30mm处,当板下有梁托时,留在梁托下部;单向平板的施工缝,可留在平行于短边的任何位置处;对于有主次梁的楼板结构,宜顺着次梁方向浇筑,施工缝应留在次梁跨度的中间1/3范围内,如图3-41所示。

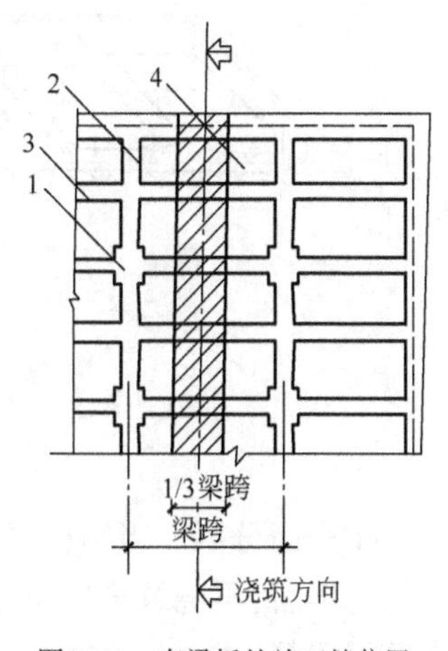

图3-41　有梁板的施工缝位置

1-柱;2-主梁;3-次梁;4-板

施工缝的处理方法。在施工缝处继续浇筑混凝土时,应除去表面的水泥薄膜、松动的石子和软弱的混凝土层。并加以充分湿润和冲洗干净,不得积水。浇筑时,施工缝处宜先铺水泥浆或与混凝土成分相同的水泥砂浆一层,厚度为10~15mm,以保证接缝的质量。待已浇筑的混凝土的强度不低于1.2MPa时才允许继续浇筑。

2. 框架结构混凝土的浇筑

框架结构一般按结构层划分施工层和在各层划分施工段分别浇筑,一个施工段内的每排柱子应从两端同时开始向中间推进,不可从一端开始向另一端推进,预防柱子模板逐渐受推倾斜使误差积累难以纠正。每一施工层的梁、板、柱结构,先浇筑柱和墙,并连续浇筑到顶。停歇一段时间(1~1.5h)后,柱和墙有一定强度再浇筑梁板混凝土。梁板混凝土应同时浇筑,只有梁高1m以上时,才可以单独先行浇筑。梁与柱的整体连接应从梁的一端开始浇筑,快到另一端时,反过来先浇另一端,然后两段在凝结前合拢。

3. 大体积混凝土结构浇筑

大体积混凝土结构在工业建筑中多为设备基础,在高层建筑中多为厚大的桩基承台或基础底板等,其上有巨大的荷载,整体性要求较高,往往不允许留施工缝,要求一次连续浇筑完毕。另外,大体积混凝土结构浇筑后水泥的水化热量大,由于体积大,水化热聚积在内部不易散发,混凝土内部温度显著升高,而表面散热较快,这样形成较大的内外温差,内部产生压应力,而表面产生拉应力,如温差过大则易于在混凝土表面产生裂纹。在混凝土内部逐渐散热冷却产生收缩时,由于受到基底或已浇筑的混凝土的约束,接触处将产生很大的拉应力,当拉应力超过混凝土的极限抗拉强度时,与约束接触处会产生裂缝,甚至会贯穿整个混凝土块体,由此带来严重的危害。大体积混凝土结构的浇筑,上述两种裂缝(尤其是后一种裂缝)都应设法防止。

(1)大体积混凝土结构浇筑方案

为保证结构的整体性,混凝土应连续浇筑,要求每一处的混凝土在初凝前就被后部分混凝土覆盖并捣实成整体,根据结构特点不同,可分为全面分层、分段分层、斜面分层等浇筑方案(图3-42)。

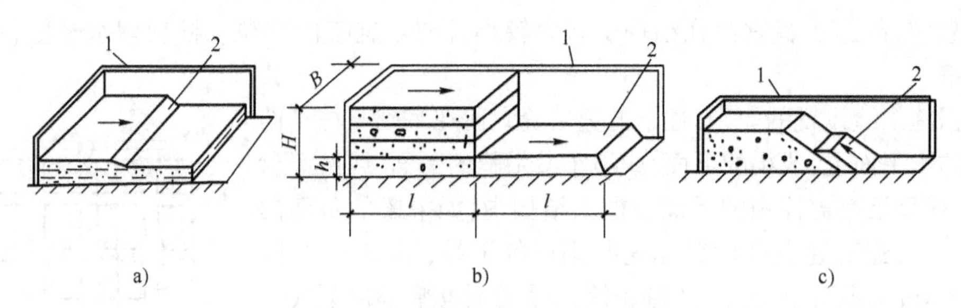

图3-42 大体积混凝土浇筑方案图

a)全面分层;b)分段分层;c)斜面分层

1-模板;2-新浇筑的混凝土

①全面分层。当结构平面面积不大时,可将整个结构分为若干层进行浇筑,即第一层全部浇筑完毕后,再浇筑第二层,逐层连续浇筑,直到结束。为保证结构的整体性,要求次层混凝土在前层混凝土初凝前浇筑完毕。若结构平面面积为A(m^2),浇筑分层厚为h(m),每小时浇筑量为Q(m^3/h),混凝土从开始浇筑至初凝的延续时间为T(一般等于混凝土初凝时间减去混凝土运输时间),为保证结构的整体性,则应满足:

$$A \cdot h \leqslant Q \cdot T \tag{3-13}$$

故$A \leqslant Q \cdot T/h$,即采用全面分层时,结构平面面积应满足式(3-13)的条件。

②分段分层。当结构平面面积较大时,全面分层已不适应,这时可采用分段分层浇筑方案。即将结构分为若干段落,每段又分为若干层,先浇筑第一段各层,然后浇筑第二段各层,逐段逐层连续浇筑,直至结束。为保证结构的整体性,要求次段混凝土应在前段混凝土初凝前浇筑并与之捣实成整体。若结构的厚度为H(m),宽度为b(m),分段长度为l(m),为保证结构的整体性,则应满足:

$$l \leqslant Q \cdot T/b(H-h) \tag{3-14}$$

即:采用分段分层时,结构平面分段长度为l应满足式(3-14)的条件。

③斜面分层。当结构的长度超过厚度的3倍时,可采用斜面分层的浇筑方案。这时,振捣工作应从浇筑层斜面下端开始,逐渐上移,且振动器应与斜面垂直。

(2)温度裂缝的预防

早期温度裂缝的预防方法主要有：

①优先采用水化热低的水泥(如矿渣硅酸盐水泥)；

②减少水泥用量；

③掺入适量的粉煤灰或在浇筑时投入适量的毛石；

④放慢浇筑速度和减少浇筑厚度，采用人工降温措施(拌制时，用低温水，养护时用循环水冷却)；

⑤浇筑后应及时覆盖，以控制内外温差，减缓降温速度，尤应注意寒潮的不利影响；

⑥必要时，取得设计单位同意后，可分块浇筑，块和块间留1m宽后浇带，待各分块混凝土干缩后，再浇筑后浇带。分块长度可根据有关手册计算，当结构厚度在1m以内时，分块长度一般为20～30m。

(3)泌水处理

大体积混凝土另一特点是上、下浇筑层施工间隔的时间较长，各分层之间易产生泌水层，它将使混凝土强度降低，酥软、脱皮起砂等不良后果。采用自流方式和抽吸方法排除泌水，会带走一部分水泥浆，影响混凝土的质量。泌水处理措施主要有：

①同一结构中使用两种不同坍落度的混凝土；

②在混凝土拌和物中掺减水剂。

4. 水下浇筑混凝土

深基础、沉井、沉箱的封底、钻孔灌注桩和地下连续墙等，常在水下或泥浆中浇筑混凝土，目前多用导管法(图3-43)。

导管直径约250～300mm(至少为最大骨料粒径的8倍)，每节长3m，用法兰密封连接，顶部有漏斗。导管用起重设备吊住，可以升降。

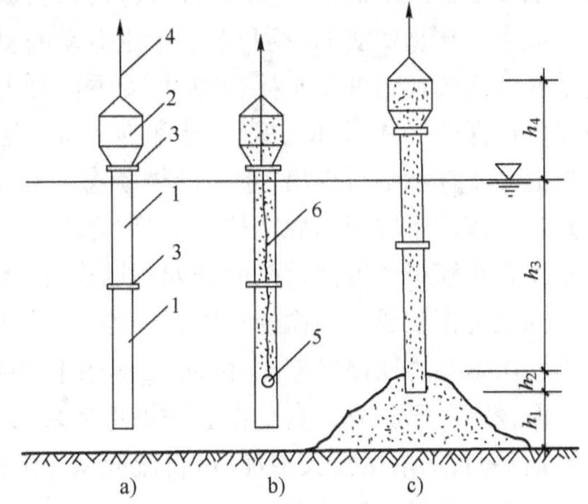

图3-43　导管法水下浇筑混凝土

1-钢导管；2-漏斗；3-密封接头；4-吊索；5-球塞；6-铁丝绳子

浇筑前，导管下口先用隔水塞(木、橡皮等)堵塞，隔水塞用绳子或铁丝吊住。在导管内灌筑一定数量的混凝土，将导管插入水下使其下口距地基面的距离 h_1 约300mm进行浇筑。当导管内混凝土的体积及高度满足上述要求后，剪断吊住隔水塞的绳子进行开管，使混凝土在自重作用下迅速排出隔水塞进入水中。然后一面均衡地浇筑混凝土，一面慢慢提起导管，导管下口必须始终保持在混凝土表面之下一定数值。下口埋得越深，则混凝土顶面越平，但也越难浇筑。

在整个浇筑过程中，应避免在水平方向移动导管，直到混凝土顶面接近设计标高时，才可将导管提起、换插到另一浇筑点。一旦发生堵管，如半小时内不能排除，应立即换插备用导管。浇筑完毕，应清除顶面与水接触的厚约200mm的一层松软部分。

如水下结构物面积大，可用几根导管同时浇筑。导管的有效作用半径 R 取决于最大扩散

半径 R_{max}，而最大扩散半径可用下述经验公式计算：

$$R_{max} = \frac{kQ}{i} \tag{3-15}$$

式中：k——保持流动系数，即维持坍落度为150mm时的最小时间(h)；

Q——混凝土浇筑强度[$m^3/(m^2 \cdot h)$]；

i——混凝土面的平均坡度，当导管插入深度为1.0~1.5m时，取1/7。

$$R = 0.85R_{max}$$

导管的作用半径亦与导管的出水高度有关，出水高度应满足下式：

$$P = 0.05h_4 + 0.015h_3 \tag{3-16}$$

式中：P——导管下口处混凝土的超压力(MPa)，不得小于表3-18中的数值；

h_4——导管出水高度(m)；

h_3——导管下口至水面高度(m)。

超压力最小值　　表3-18

导管作用半径(m)	超压力值(MPa)
4	0.25
3.5	0.15
3	0.1

如水下浇筑的混凝土体积较大，将导管法与混凝土泵结合使用可以取得较好的效果。

(二)混凝土的密实成型

混凝土拌和物浇筑之后，需经密实成型才能赋予混凝土制品或结构一定的外形和内部结构。强度、抗冻性、抗渗性、耐久性等皆与密实成型的好坏有关。

混凝土振动密实的原理，在于产生振动的机械将一定的频率、振幅和激振力的振动能量通过某种方式传递给混凝土拌和物时，受振混凝土中所有的骨料颗粒都受到强迫振动，它们之间原来赖以保持平衡，并使混凝土拌和物保持一定塑性状态的黏聚力和内摩擦力随之大大降低，受振混凝土拌和物呈现出"重质液体状态"，因而混凝土拌和物中的骨料犹如悬浮在液体中，在其自重作用下向新的稳定位置沉落，排除存在于混凝土拌和物中的气体，消除空隙，使骨料和水泥浆在模板中得到致密的排列和迅速有效的填充。

混凝土密实成型的途径有以下三种：一是利用机械外力(如机械振动)来克服拌和物的黏聚力和内摩擦力而使之液化、沉实；二是在拌和物中适当增加用水量以提高其流动性，使之便于成型，然后用离心法、真空作业法等将多余的水分和空气排出；三是在拌和物中掺入高效能减水剂，使其坍落度大大增加，可自流成型。下面介绍前两种方法。

1.机械振捣密实成型

振动机械按其工作方式分为：内部振动器、表面振动器、外部振动器和振动台(图3-44)。

(1)内部振动器。又称插入式振动器，其工作部分是一棒状空心圆柱体，内部装有偏心振子，在电动机带动下高速转动而产生高频微幅的振动。多用于振实梁、柱、墙、厚板和大体积混凝土等厚大结构。

用插入式振动器振动混凝土时，应垂直插入，并插入下层混凝土50mm，以促使上下层混凝土结合成整体。每一振点的振捣延续时间，应使混凝土捣实(即表面呈现浮浆和不再沉落为限)。采用插入式振动器捣实普通混凝土的移动间距，不宜大于作用半径的1.5倍。捣实轻骨料混凝土的间距,不宜大于作用半径的1倍;振动器与模板的距离不应大于振动器作用半径的1/2,并应尽量避免碰撞钢筋、模板、预埋件等。插点的分布有行列式和交错式两种,如图3-45所示。

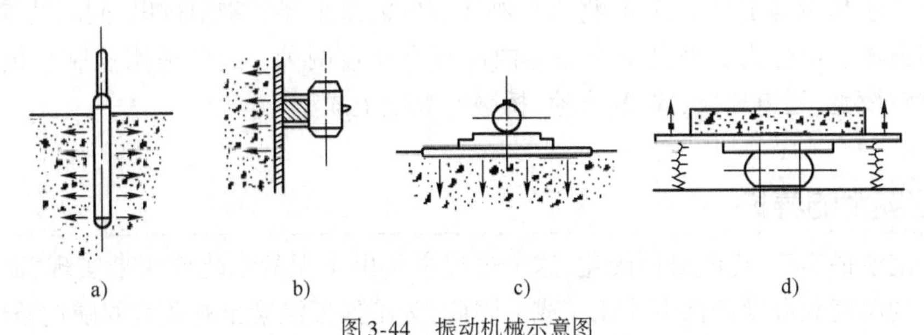

图3-44　振动机械示意图

a)内部振动器;b)外部振动器;c)表面振动器;d)振动台

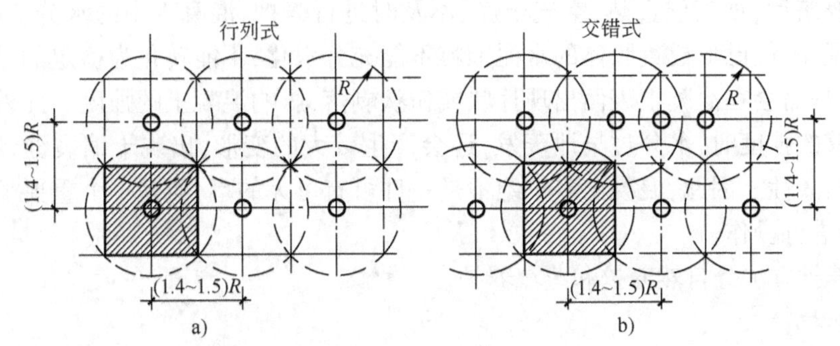

图3-45　插点的分布

a)行列式;b)交替式

(2)表面式振动器。又称平板振动器,它由带偏心块的电动机和平板(木板或钢板)等组成。在混凝土表面进行振捣,适用于楼板、地面等薄型构件。

这种振动器在无筋或单层钢筋结构中,每次振实的厚度不大于250mm;在双层钢筋的结构中,每次振实厚度不大于120mm。表面振动器的移动间距,应保证振动器的平板覆盖已振实部分的边缘,以使该处的混凝土振实出浆为准。也可进行两遍振实,第一遍和第二遍的方向要互相垂直,第一遍主要使混凝土密实,第二遍则使表面平整。

(3)外部振动器。又称附着式振动器,它通过螺栓或夹钳等固定在模板外部,是通过模板将振动传给混凝土拌和物,因而模板应有足够的刚度。它宜用于振捣断面小且钢筋密的构件。对于小截面直立构件,插入式振动器的振动棒很难插入,可使用附着式振动器,附着式振动器的设置间距,应通过试验确定,在一般情况下,可每隔1 ~1.5m设置一个。

(4)振动台。是混凝土制品厂中的固定生产设备,用于振捣预制构件。

2.离心法成型

离心法是将装有混凝土的模板放在离心机上,使模板以一定转速绕自身的纵轴线旋转,模板内的混凝土由于离心力作用而远离纵轴,均匀分布于模板内壁,并将混凝土中的部分水分挤出,使混凝土密实。此法一般用于管道、电杆、桩等具有圆形空腔构件的制作。

离心机有滚轮式和车床式两类,都具有多级变速装置。离心成型过程分为两个阶段:第一阶段是使混凝土沿模板内壁分布均匀,形成空腔,此时转速不宜太高,以免造成混凝土离析现象;第二阶段是使混凝土密实的阶段,此时可提高转速,增大离心力,压实混凝土。

3. 真空作业法成型

真空作业法是借助于真空负压,将水从刚成型的混凝土拌和物中排出,同时使混凝土密实的一种成型方法。可分为表面真空作业与内部真空作业两种。此法适用预制平板、楼板、道路、机场跑道;薄壳、隧道顶板;墙壁、水池、桥墩等混凝土成型。

四 混凝土的养护

混凝土浇筑捣实后,逐渐凝固硬化,这个过程主要由水泥的水化作用来实现,而水化作用必须在适当的温度和湿度条件下才能完成。因此,为了保证混凝土有适宜的硬化条件,使其强度不断增长,必须对混凝土进行养护。

混凝土浇筑后,如气候炎热、空气干燥,不及时进行养护,混凝土中的水分会因蒸发过快而出现脱水现象,使已形成凝胶体的水泥颗粒不能充分水化,不能转化为稳定的结晶,缺乏足够的黏结力,从而会在混凝土表面出现片状或粉状剥落,影响混凝土的强度。此外,在混凝土尚未具备足够的强度时,水分过早地蒸发,还会产生较大的变形,出现干缩裂缝,影响混凝土的整体性和耐久性。因此,混凝土养护绝不是一件可有可无的事,而是一个重要的环节,应按照要求,精心进行操作。

混凝土养护方法分自然养护和蒸汽养护。

1. 自然养护

自然养护是指利用平均气温高于5℃的自然条件,用保水材料或草帘等对混凝土加以覆盖后适当浇水,使混凝土在一定的时间内在湿润状态下硬化。

(1)开始养护时间。当最高气温低于25℃时,混凝土浇筑完后应在12h以内加以覆盖和浇水;最高气温高于25℃时,应在6h以内开始养护。

(2)养护天数。浇水养护时间的长短视水泥品种定,硅酸盐水泥、普通硅酸盐水泥和矿渣硅酸盐水泥拌制的混凝土,不得少于7昼夜;火山灰质硅酸盐水泥和粉煤灰硅酸盐水泥拌制的混凝土或有抗渗性要求的混凝土,不得少于14昼夜。混凝土必须养护至其强度达到1.2MPa以后,方准在其上踩踏和安装模板及支架。

(3)浇水次数。应使混凝土保持具有足够的湿润状态。养护初期,水泥的水化反应较快,需水也较多,所以要特别注意在浇筑以后头几天的养护工作,此外,在气温高,湿度低时,也应增加洒水的次数。

(4)喷洒塑料薄膜养护。将过氯乙烯树脂塑料溶液用喷枪洒在混凝土表面上,溶液挥发后在混凝土表面形成一层塑料薄膜,使混凝土与空气隔绝,阻止其由水分的蒸发以保证水化作用的正常进行。所选薄膜在养护完成后能自行老化脱落。在构件表面喷洒塑料薄膜来养护混凝土,适用于在不易洒水养护的高耸构筑物和大面积混凝土结构。

2. 蒸汽养护

蒸汽养护就是将构件放置在有饱和蒸汽或蒸汽空气混合物的养护室内,在较高的温度和相对湿度的环境中进行养护,以加速混凝土的硬化,使混凝土在较短的时间内达到规定的强度标准值。蒸汽养护过程分为:静停、升温、恒温、降温四个阶段。

(1)静停阶段。混凝土构件成型后在室温下停放养护。时间为2~6h,以防止构件表面产生裂缝和疏松现象。

(2)升温阶段。是构件的吸热阶段。升温速度不宜过快,以免构件表面和内部产生过大温差而出现裂纹。对薄壁构件(如多肋楼板、多孔楼板等)每小时不得超过25℃;其他构件不得超过20℃;用干硬性混凝土制作的构件,不得超过40℃。

(3)恒温阶段。是升温后温度保持不变的时间。此时强度增长最快,这个阶段应保持90%~100%的相对湿度;最高温度不得大于95℃,时间为3~8h。

(4)降温阶段。是构件散热过程。降温速度不宜过快,每小时不得超过10℃,出池后,构件表面与外界温差不得大于20℃。

五 混凝土质量缺陷的修补

混凝土质量问题主要有蜂窝、麻面、露筋、孔洞等。蜂窝是指混凝土表面无水泥浆,露出石子深度大于5mm,但小于保护层厚度的缺陷。露筋是指主筋没有被混凝土包裹而外露的缺陷,但梁端主筋锚固区内不允许有露筋。孔洞是深度超过保护层厚度,但不超过截面面积的1/3的缺陷。混凝土质量缺陷的修补方法主要有:

1. 表面抹浆修补

对于数量不多的小蜂窝、麻面、露筋、露石的混凝土表面,主要是保护钢筋和混凝土不受侵蚀,可用1:2~1:2.5水泥砂浆抹面修整。在抹砂浆前,须用钢丝刷或加压力的水清洗润湿,抹浆初凝后要加强养护工作。

对结构构件承载能力无影响的细小裂缝,可将裂缝处加以冲洗,用水泥浆抹补。如果裂缝开裂较大较深时,应将裂缝附近的混凝土表面凿毛,或沿裂缝方向凿成深为15~20mm、宽为100~200mm的V形凹槽,扫净并洒水湿润,先刷水泥净浆一层,然后用1:2~1:2.5水泥砂浆分2~3层涂抹,总厚度控制在10~20mm,并压实抹光。

2. 细石混凝土填补

当蜂窝比较严重或露筋较深时,应除掉附近不密实的混凝土和突出的骨料颗粒,用清水洗刷干净并充分润湿后,再用比原强度等级高一级的细石混凝土填补并仔细捣实。对孔洞事故的补强,可在旧混凝土表面采用处理施工缝的方法处理,将孔洞处疏松的混凝土和突出的石子剔凿掉,孔洞顶部要凿成斜面,避免形成死角,然后用水刷洗干净,保持湿润72h后,用比原混凝土强度等级高一级的细石混凝土捣实。混凝土的水灰比宜控制在0.5以内,并掺水泥用量万分之一的铝粉,分层捣实,以免新旧混凝土接触面上出现裂缝。

3. 水泥灌浆与化学灌浆

对于影响结构承载力,或者防水、防渗性能的裂缝,为恢复结构的整体性和抗渗性,应根据裂缝的宽度、性质和施工条件等,采用水泥灌浆或化学灌浆的方法予以修补。一般对宽度大于0.5mm的裂缝,可采用水泥灌浆;宽度小于0.5mm的裂缝,宜采用化学灌浆。化学灌浆所用的灌浆材料,应根据裂缝性质、缝宽和干燥情况选用。作为补强用的灌浆材料,常用的有环氧树脂浆液(能修补缝宽0.2mm以上的干燥裂缝)和甲凝(能修补0.05mm以上的干燥细微裂缝)等。作为防渗堵漏用的灌浆材料,常用的有丙凝(能灌入0.01mm以上的裂缝)和聚氨酯(能灌入0.015mm以上的裂缝)等。

六 混凝土质量检查

1. 混凝土质量的检查内容和要求

(1)混凝土质量的检查内容

混凝土质量的检查包括施工过程中的质量检查和养护后的质量检查。施工过程的质量检查,即在制备和浇筑过程中对原材料的质量、配合比、坍落度等的检查,每一工作班至少检查两次,遇有特殊情况还应及时进行检查。混凝土的搅拌时间应随时检查。

混凝土养护后的质量检查,主要包括混凝土的强度(主要指抗压强度)、表面外观质量和结构构件的轴线、标高、截面尺寸和垂直度的偏差。如设计上有特殊要求时,还需对其抗冻性、抗渗性等进行检查。

(2)混凝土质量的检查要求

1)混凝土的抗压强度。混凝土的抗压强度应以边长为150mm的立方体试件,在温度为20℃ ±3℃和相对湿度为90%以上的潮湿环境或水中的标准条件下,经28d养护后试验确定。

2)试件取样要求。评定结构或构件混凝土强度质量的试块,应在浇筑处随机抽样制成,不得挑选。试件留置规定为:

①每拌制100盘且不超过100m^3的同配合比的混凝土,其取样不得少于一次。

②每工作班拌制的同配合比的混凝土不足100盘时,其取样不得少于一次。

③每一现浇楼层同配合比的混凝土,其取样不得少于一次。

④同一单位工程每一验收项目中同配合比的混凝土其取样不得少于一次。每次取样应至少留置一组标准试件,同条件养护试件的留置组数根据实际需要确定。

预拌混凝土除应在预拌混凝土厂内按规定取样外,混凝土运到施工现场后,尚应按上述的规定留置试件。若有其他需要,如为了抽查结构或构件的拆模、出厂、吊装、预应力张拉和放张,以及施工期间临时负荷的需要,还应留置与结构或构件同条件养护的试块,试块组数可按实际需要确定。

3)确定试件的混凝土强度代表值。每组三个试件应在同盘混凝土中取样制作,并按下列规定确定该组试件的混凝土强度代表值:

①取三个试件强度的平均值。

②当三个试件强度中的最大值或最小值之一与中间值之差超过中间值的15%时,取中间值。

③当三个试件强度中的最大值和最小值与中间值之差均超过中间值的15%时,该组试件不应作为强度评定的依据。

4)混凝土结构强度的评定。应按下列要求进行:

混凝土强度应分批进行验收。同一验收批的混凝土应由强度等级相同、生产工艺和配合比基本相同的混凝土组成,对现浇混凝土结构构件,尚应按单位工程的验收项目划分验收批,每个验收项目应按现行国家标准《建筑安装工程质量检验评定统一标准》确定。对同一验收批的混凝土强度,应以同批内标准试件的全部强度代表值来评定。

2.混凝土结构强度的评定方法

(1)当混凝土的生产条件在较长时间内能保持一致,且同一品种混凝土的强度变异性能保持稳定时,应由连续的三组试件代表一个验收批,其强度应同时符合下列要求:

$$m_{fcu} \geqslant f_{cu,k} + 0.7\sigma_0 \tag{3-17}$$

$$f_{cu,min} \geqslant f_{cu,k} - 0.7\sigma_0 \tag{3-18}$$

当混凝土强度等级不高于C20时,强度的最小值尚应满足下式要求:

$$f_{cu,min} \geqslant 0.85 f_{cu,k} \tag{3-19}$$

当混凝土强度等级高于C20时,强度的最小值尚应满足下式要求:

$$f_{cu,min} \geqslant 0.9 f_{cu,k} \tag{3-20}$$

式中:m_{fcu}——同一验收批混凝土强度的平均值(N/mm^2);

$f_{cu,k}$——设计的混凝土强度标准值(N/mm^2);

σ_0——验收批混凝土强度的标准差(N/mm^2);

$f_{cu,min}$——同一验收批混凝土强度的最小值(N/mm^2)。

验收批混凝土强度的标准差,应根据前一检验期内同一品种混凝土试件的强度数据,按下列公式确定:

$$\sigma_0 = 0.59/m \sum \Delta f_{cu,i} \tag{3-21}$$

式中:$\Delta f_{cu,i}$——前一检验期内第 i 验收批混凝土试件中的强度的最大值与最小值之差;

m——前一检验期内验收批总数。

每个检验期不应超过三个月,且在该期间内验收批总批数不得少于15组。

(2)当混凝土的生产条件不能满足上述规定,或在前一检验期内的同一品种混凝土没有足够的强度数据用以确定验收批混凝土强度标准差时,应由不少于10组的试件代表一个验收批,其强度应同时符合下列要求:

$$m_{fcu} - \lambda_1 S_{fcu} \geqslant 0.9 f_{cu,k} \tag{3-22}$$

$$f_{cu,min} \geqslant \lambda_2 f_{cu,k} \tag{3-23}$$

式中:S_{fcu}——验收批混凝土强度标准差(N/mm^2),当 S_{fcu} 的计算值小于$0.06f_{cu,k}$时,取 $S_{fcu} = 0.06f_{cu,k}$;

λ_1, λ_2——合格判定系数,按表3-19取用。

合格判定系数 表3-19

合格判定系数	试块组数		
	10~14	15~24	≥25
λ_1	1.70	1.65	1.60
λ_2	0.90	0.85	0.90

注:混凝土强度按单位工程内强度等级,龄期相同及生产工艺条件,配合比基本相同的混凝土为同一批验收评定,但单位工程中仅有一组试块时,其强度不应低于$1.15f_{cu,k}$。

验收批混凝土强度的标准差 S_{fcu} 应按下式计算：

$$S_{fcu}=\sqrt{\frac{\sum_{i=1}^{n}f_{cu,i}^{2}-n\cdot m_{fcu}^{2}}{n-1}} \tag{3-24}$$

式中：$f_{cu,i}$——验收批内第 i 组混凝土试件的强度值（N/mm^2）；

n——验收批内混凝土试件的总组数。

（3）对零星生产的预制构件的混凝土或现场搅拌批量不大的混凝土，可采用非统计法评定。此时，验收批混凝土的强度必须同时符合下列要求：

$$m_{fcu} \geqslant 1.15 f_{cu,k} \tag{3-25}$$

$$f_{cu,min} \geqslant 0.95 f_{cu,k} \tag{3-26}$$

当对混凝土试件强度的代表性有怀疑时，可采用非破损检验方法或从结构、构件中钻取芯样的方法，按有关标准的规定，对结构构件中的混凝土强度进行推定，作为是否应进行处理的依据。

混凝土表面外观质量要求：不应有蜂窝、麻面、孔洞、露筋、缝隙及夹层、缺棱掉角和裂缝等。

现浇混凝土结构的允许偏差应符合规范的规定，当有专门规定时，尚应符合相应规定的要求。

第四节　混凝土预制构件及新型混凝土施工

一 混凝土预制构件施工工艺

发展预制构件是建筑工业化的重要措施之一。预制构件包括尺寸和重量大的构件的施工现场就地制作，定型化的中小型构件预制厂（场）制作。

施工现场就地制作构件，可用土胎膜或砖胎膜，屋架、柱子、桩等大型构件可平卧叠浇，即利用已预制好的构件作底板，沿构件两侧安装模板再浇制上层构件。上层构件的模板安装和混凝土浇筑，需待下层构件的混凝土强度达到5N/mm^2后方可进行。在构件之间应涂抹隔离剂以防混凝土黏结。

现场制作空心构件（空心柱等），为形成孔洞，除用木内模外，还可用胶囊充以压缩空气作内模，待混凝土初凝后，将胶囊放气抽出，便形成圆形、椭圆形等孔洞。胶囊是用纺织品（尼龙布、帆布）和橡胶加工成胶布，再用氯丁粘胶冷粘而成。胶囊内的气压根据气温、胶囊尺寸和施工外力而定，以保证几何尺寸准确。制作空心柱用的 ϕ250mm 胶囊，充气压力约 0.05 ~ 0.07MPa。

构件制作的工艺方案有三种：

1. *台座法*

台座是表面光滑平整的混凝土地坪、胎膜或混凝土槽。构件的成型、养护、脱模等生产过程都在台座上同一地点进行。构件在整个生产过程中固定在一个地方，而操作工人和生产机具则顺序地从一个构件移至另一个构件，来完成各项生产过程。

用台座法生产构件,设备简单,投资少,但占地面积大,机械化程度较低,生产受气候影响。设法缩短台座的生产周期是提高生产率的重要手段。

2. 机组流水法

首先将整个车间根据生产工艺的要求划分为几个工段,每个工段皆配备相应的工人和机具设备,构件的成型、养护、脱模等生产过程分别在有关的工段循序完成。生产时,构件随同模板沿着工艺流水线,借助于起重运输设备,从一个工段移至下一个工段。分别完成各有关的生产过程,而操作工人的工作地点是固定的。构件随同模板在各工段停留的时间长短可以不同。此法生产效率比台座法高,机械化程度较高,占地面积小,但建厂投资较大、生产过程中运输繁多,宜于生产定型的中小型构件。

3. 传送带流水法

模板在一条呈封闭环形的传送带上移动,生产工艺中的各个生产过程(如清理模板、涂刷隔离剂、排放钢筋、预应力筋张拉、浇筑混凝土等)都是在沿传送带循序分布的各个工作区中进行。生产时,模板沿着传送带有节奏地从一个工作区移至下一个工作区,而各工作区要求在相同的时间内完成各自的有关生产过程,以此保证有节奏连续生产。此法是目前最先进的工艺方案,生产效率高,机械化自动化程度高,但设备复杂,投资大,宜于大型预制厂大批量生产定型构件。

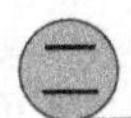

二 新型混凝土施工

1. 喷射混凝土施工

喷射混凝土是利用压缩空气把混凝土由喷射机的喷嘴以较高的速度(50~70m/s)喷射到岩石、工程结构或模板的表面。在隧道、涵洞、竖井等地下建筑物的混凝土支护、薄壳结构和喷锚支护等都有广泛的应用。具有不用模板、施工简单、劳动强度低、施工进度快等优点。

喷射混凝土施工工艺分为干式和湿式两种。干式喷射混凝土是将水泥、砂、石按一定配合比拌和而成的混合料装入喷射机中,混凝土在“微潮”(水灰比0.1~0.2)状态下输送至喷嘴处加水加压喷出。干式喷射混凝土施工时灰尘大,施工人员工作条件恶劣,喷射回弹量较大,宜采用高强度等级水泥。干式喷射混凝土施工所用的整套设备如图3-46所示。它包括空气压缩罐、混凝土喷射机、喷嘴、各种输送管等,有时还包括操纵喷嘴的机械手等。

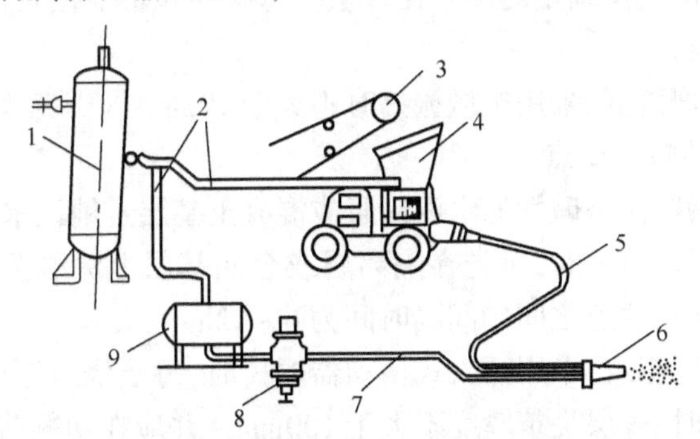

图3-46 干式喷射混凝土的施工设备

1-压缩空气罐;2-压缩空气管;3-加料机械;4-混凝土喷射机;5-输送管;6-喷嘴;7-水管;8-水压调节阀;9-水源

湿式喷射混凝土是用泵式喷射机，将水灰比为0.45～0.5的混凝土拌和物输送至喷嘴处，然后在此加入速凝剂，在压缩空气助推下喷出。其工艺流程如图3-47所示。湿式喷射粉尘少、回弹量可减少到10%～5%，施工质量易保证；但施工设备复杂、输送管易堵塞、不宜远距离压送、不易加入速凝剂和有脉动现象。

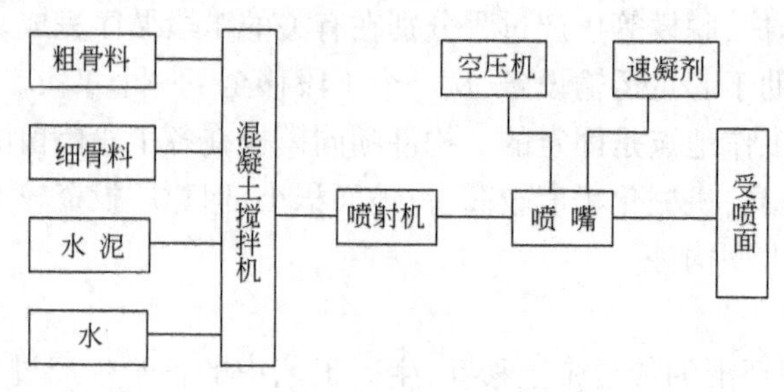

图3-47 湿式喷射工艺流程

喷射混凝土宜用细度模数（M_k）大于2.5的坚硬的中、粗砂，或者用平均粒径为0.35～0.50mm的中砂。加入搅拌机时，砂的含水率宜控制在6%～8%，呈微湿状态。喷射混凝土的石子，一般多使用卵石和碎石，但以卵石为优。石子的最大粒径应小于喷射机具输送管道最小直径的1/3～2/5，一般以15mm作为喷射混凝土石子的最大粒径。石子含水率宜控制在3%～6%。

2. 耐酸混凝土施工

在建筑工程中常用的耐酸混凝土有：水玻璃混凝土、硫磺混凝土和沥青混凝土等。下面主要介绍水玻璃混凝土的施工。

(1)水玻璃混凝土的组成及应用

水玻璃混凝土的主要组成材料有：水玻璃、耐酸粉、耐酸粗细骨料和氟硅酸钠。

水玻璃混凝土常用于浇筑地面整体面层、设备基础及化工、冶金等工业中的大型设备和建筑物的外壳及内衬等防腐蚀工程。

(2)水玻璃混凝土的制备

①用机械搅拌时，将细骨料、粉料、氟硅酸钠、粗骨料依次加入搅拌机内，干拌均匀，然后加入水玻璃湿拌1min以上，直至均匀为止。

②水玻璃混凝土要严格按确定的配合比计量。每次拌和量不宜太多。配制好的混凝土不允许再加入水玻璃或粉料。

③水玻璃混凝土的坍落度，采用机械振捣时不大于10mm；人工捣固时为10～20mm。

(3)水玻璃混凝土的施工要点

①水玻璃材料不耐碱，在呈碱性的水泥砂浆或混凝土基层上铺设水玻璃混凝土时，应设置油毡、沥青涂料等隔离层。施工时，应先在隔离层或金属基层上涂刷两道稀胶泥（水玻璃∶氟硅酸钠∶粉料=1∶0.15∶1），两道之间的间隔时间为6～12h。

②混凝土应分层进行浇筑，采用插入式振动器振捣时，每层浇筑厚度不大于200mm；采用平板振动器或人工捣实时，每层浇筑厚度不大于100mm。并应在初凝前振捣密实。

③混凝土浇筑后，在10～15℃时经5d；18～20℃时经3d；21～30℃时经2d；31～35℃时经1d即可拆模。水玻璃混凝土宜在15～30℃的干燥环境中施工和养护，切忌浇水。温度低于

10℃时应采取冬期施工措施。养护期间应防暴晒，以免脱水快而产生龟裂，并严禁与水接触或采用蒸汽养护，也要防止冲击和振动。水玻璃混凝土在不同养护温度下的养护期为：当10～20℃时不少于12d；21～30℃时不少于6d；31～35℃时不少于3d。

④水玻璃混凝土经养护硬化后，须进行酸化处理，使表面形成硅胶层，以增强抗酸能力。一般用浓度为40%～60%的硫酸或浓度15%～25%的盐酸（或1∶2～1∶3的盐酸酒精溶液）或40%的硝酸均匀涂刷于表面，应不少于4次，每次间隔时间为8～10h，每次处理前应清除表面析出的白色结晶物。

3.耐热混凝土施工

耐热混凝土是指能长期承受200～900℃高温作用，并在高温下保持所需的物理力学性能的特种混凝土。主要用于工业窑炉基础、高炉外壳及烟囱等工程。

（1）耐热混凝土分类

耐热混凝土是由适当的胶凝材料、耐热的粗细骨料及水配制而成。常用的耐热混凝土有：

①掺有磨细掺和料的硅酸盐水泥耐热混凝土

它是由普通水泥或矿渣水泥、磨细掺和料、耐热骨料和水配制而成。磨细掺和料主要有：黏土熟料、磨细石英砂、砖瓦粉末等，主要成分为氧化硅及氧化铝，它们在高温时能与氧化钙作用，生成稳定的无水硅酸钙及铝酸钙，从而提高混凝土的耐热性。耐热骨料则采用耐火砖块、安山岩、玄武岩、重矿渣、镁矿砂及铬铁矿等。耐热温度一般为900～1 200℃。

②铝酸盐水泥耐热混凝土

它由高铝水泥、磨细掺和料、耐热骨料和水配制而成。这种混凝土在300～400℃时强度会剧烈降低，但在1 100～1 200℃时，结构水全部脱出而烧成陶瓷材料，其强度重新提高。耐热温度可达1 400℃。

③水玻璃耐热混凝土

它是以水玻璃为胶凝材料，氟硅酸钠为促凝剂，并与磨细掺和料和耐热骨料配制而成。水玻璃硬化后形成硅酸凝胶，在高温下强烈干燥，强度不降低。耐热温度最高为1 200℃。

（2）水泥耐热混凝土施工要点

①水泥耐热混凝土宜用机械拌制。拌制时，先将水泥、混合材料、骨料搅拌2min，再按配合比加入水，然后搅拌2～3min，到颜色均匀为止。耐热混凝土用水量（或水玻璃用量）在满足施工要求的条件下应尽量减少。混凝土坍落度在用机械振捣时不大于20mm，用人工捣固时不大于40mm。

②水泥耐热混凝土浇捣后，宜在15～25℃的潮湿环境中养护，其中普通水泥耐热混凝土养护不少于7d，矿渣水泥混凝土不少于14d，矾土水泥（即铝酸盐水泥）耐热混凝土不少于3d。

③水泥耐热混凝土在最低气温低于7℃时，应按冬期施工处理。耐热混凝土中不应掺用促凝剂。水玻璃耐热混凝土的施工与耐酸混凝土相同。

4.高性能混凝土

所谓高性能混凝土，是指具有高强度、高工作性、高耐久性的一种混凝土。这种混凝土的拌和物具有大流动性和可泵性，不分层，不离析，保塑时间可根据工程需要进行调整，便于浇注密实。这种混凝土在硬化过程中，水化热低，不易产生缺陷；硬化后，体积收缩变形小，构件密实,且抗渗、抗冻、抗碳化性能高。现已广泛应用于大跨度桥梁、海底隧道、地下建筑、机场飞机跑道、高速公路路面、高层建筑、港口堤坝、核电站等建筑物和构筑物。

这种高性能混凝土对所组成材料的要求:

(1)水泥。标准稠度用水量少,水化热小,放热速度慢,粒子最好为球状,水泥粒子表面积宜大,级配密实,其强度不低于42.5MPa。

(2)超细矿物粉。改善混凝土的和易性。要求活性的 SiO_2 含量要大。主要有硅粉、磨细矿渣、优质粉煤灰、超细沸石粉等。

(3)粗骨料。选择硬质砂岩、石灰岩、玄武岩等立方体颗粒状碎石,其 D_{max} ≤20mm。

(4)细骨料。选用石英含量高、颗粒滚圆、洁净的中砂或粗砂。

(5)新型高效减水剂。其减水率为20%~30%,常有萘系、三聚氰胺系、多羧类和氨基酸酯类。

第五节 混凝土结构工程施工安全技术

钢筋混凝土工程在建筑施工中,工程量大、工期较长,且需要的设备、工具多,施工中稍有不慎,就会造成质量安全事故。因此必须根据工程的建筑特征,场地条件、施工条件、技术要求和安全生产的需要,拟定施工安全的技术措施。明确施工的技术要求和制定安全技术措施,预防可能发生的质量安全事故。

一 钢筋加工安全技术

1. 夹具、台座、机械的安全要求

(1)机械的安装必须坚实稳固,保持水平位置。固定式机械应有可靠的基础,移动式机械作业时应楔紧行走轮。

(2)外作业应设置机棚,机旁应有堆放原料、半成品的场地。

(3)加工较长的钢筋时,应有专人帮扶,并听从操作人员指挥,不得随意推拉。

(4)作业后,应堆放好成品、清理场地、切断电源、锁好电闸。

钢筋进行冷拉、冷拔及预应力筋加工,还应严格地遵守有关规定。

2. 焊接必须遵循的规定

(1)焊机必须接地,以保证操作人员安全,对于焊接导线及焊钳接导处,都应可靠的绝缘。

(2)大量焊接时,焊接变压器不得超负荷,变压器升温不得超过60℃。

(3)点焊、对焊时,必须开放冷却水,焊机出水温度不得超过40℃,排水量应符合要求。天冷时应放尽焊机内存水,以免冻塞。

(4)对焊机闪光区域,须设铁皮隔挡。焊接时禁止其他人员停留在闪光区范围内,以防火花烫伤。焊机工作范围内严禁堆放易燃物品,以免引起火灾。

(5)室内电弧焊时,应有排气装置。焊工操作地点相互之间应设挡板,以防弧光刺伤眼睛。

二 模板施工安全技术

(1)进入施工现场人员必须戴好安全帽,高空作业人员必须配戴安全带,并应系牢。

(2)经医生检查认为不适宜高空作业的人员,不得进行高空作业。

(3)工作前应先检查使用的工具是否牢固,扳手等工具必须绳链系挂在身上,以免掉落伤人。工作时要思想集中,防止钉子扎脚和空中滑落。

(4)安装与拆除5m以上的模板,应搭脚手架,并设防护栏,防止上下在同一垂直面操作。

(5)高空、复杂结构模板的安装与拆除,事先应有切实的安全措施。

(6)遇六级以上大风时,应暂停室外的高空作业,雪霜雨后应先清扫施工现场,略干后不滑时再进行工作。

(7)两人抬运模板时要互相配合、协同工作。传递模板、工具应用运输工具或绳子系牢后升降,不得乱扔。装拆时,上下应有接应,钢模板及配件应随装随拆运送,严禁从高处掷下。高空拆模时,应有专人指挥,并在下面标出工作区,有绳子和红白旗加以围栏,暂停人员过往。

(8)不得在脚手架上堆放大批模板等材料。

(9)支撑、牵杠等不得搭在门框架和脚手架上。通路中间的斜撑、拉杠等设在1.8m高以上。

(10)支模过程中,如需中途停歇,应将支撑、搭头、柱头板等钉牢。拆模间歇应将已活动的模板、牵杠等运走或妥善堆放,防止因扶空、踏空而坠落。

(11)模板上有预留洞者,应在安装后将空洞口盖好。混凝土板上的预留洞,应在模板拆除后随即将洞口盖好。

(12)拆除模板一般用长撬棍。人不许站在正在拆除的模板上。在拆除楼板模板时,要注意整块模板掉下,尤其是用定型模板做平台模板时,更要注意,拆模人员要站在门窗洞口外拉支撑,防止模板突然全部掉落伤人。

(13)在组合钢模板上架设的电线和使用电动工具,应用36V低压电源或采取其他有效措施。

三 混凝土施工安全技术

1. 垂直运输设备的规定

(1)垂直运输设备,应有完善可靠的安全保护装置(如起重量及提升高度的限制、制动、防滑、信号等装置及紧急开关等),严禁使用安全保护装置不完善的垂直运输设备。

(2)垂直运输设备安装完毕后,应按出厂说明书要求进行无负荷、静负荷、动负荷试验及安全保护装置的中可靠性实验。

(3)对垂直运输设备应建立定期检修和保养责任制。

(4)操作垂直运输设备的驾驶员,必须通过专业培训。考核合格后持证上岗,严禁无证人员操作垂直运输设备。

2. 混凝土机械

(1)混凝土搅拌机的安全规定

①进料时,严禁将头或手伸入料斗与机架之间察看或探摸进料情况,运转中不得用手或工

具等物伸入搅拌筒内扒料出料。

②料斗升起时，严禁在其下方工作或穿行。料坑底部要设料枕垫，清理料坑时必须将料斗用链条扣牢。

③向搅拌筒内加料应在运转中进行；添加新料必须先将搅拌机内原有的混凝土全部卸出来才能进行。不得中途停机或在满载荷时启动搅拌机，反转出料者除外。

④作业中，如发生故障不能继续运转时，应立即切断电源、将筒内的混凝土清除干净，然后进行检修。

(2)混凝土喷射机作业安全注意事项

①机械操作和喷射操作人员应密切联系，送风、加料、停机以及发生堵塞等应相互协调配合。

②在喷嘴的前方或左右5m范围内不得站人，工作停歇时，喷嘴不准对向有人方向。

③作业中，暂停时间超过1h，必须将仓内及输料管内干混合料(不加水)全部喷出。

④如输料软管发生堵塞时，可用木棍轻轻敲打外壁，如敲打无效，可将胶管拆卸用压缩空气吹通。

⑤转移作业面时，供风、供水系统也随之移动，输料管不得随地拖拉和折弯。

⑥作业后，必须将仓内和输料软管内的干混合料(不加水)全部喷出，再将喷嘴拆下清洗干净，并清除喷射机黏附的混凝土。

(3)混凝土泵送设备作业的安全要求

①支腿应全部伸出并支固，未支固前不得启动布料杆。布料杆升离支架后方可回转。布料杆伸出时应按顺序进行。严禁用布料杆起吊或拖拉物件。

②当布料杆处于全伸状态时，严禁移动车身。作业中需要移动时，应将上段布料杆折叠固定，移动速度不超过10km/h。布料杆不得使用超过规定直径的配管，装接的软管应系防脱安全绳带。

③应随时监视各种仪表和指示灯，发现不正常应及时调整或处理。如出现输送管道堵塞时，应进行逆向运转使混凝土返回料斗，必要时就拆管排除堵塞。

④泵送工作应连续作为，必须暂停时应每隔5~10min(冬季3~5min)泵送一次。若停止较长时间后泵送时，应逆向运转1~2个行程，然后顺向泵送。泵送时料斗内应保持一定量的混凝土，不得吸空。

⑤应保持储满清水，发现水质混浊并有较多砂粒时应及时检查处理。

⑥泵送系统受压力时，不得开启任何输送管道和液压管道。液压系统的安全阀不得任意调整，蓄能器只能充入氮气。

(4)混凝土振捣器的使用规定

①使用前应检查各部件是否连接牢固，旋转方向是否正确。

②振捣器不得放在初凝的混凝土、地板、脚手架、道路和干硬的地面上进行试振。维修或作业间断时，应切断电源。

③插入式振捣器软轴的弯曲半径不得小于50cm，并不多于两个弯，操作时振动棒应自然垂直地沉入混凝土，不得用力硬插、斜推或使钢筋夹住棒头，也不得全部插入混凝土中。

④振捣器应保持清洁，不得有混凝土黏接在电动机外壳上妨碍散热。

⑤作业转移时,电动机的导线应保持有足够的长度和松度。严禁用电源线拖拉振捣器。

⑥用绳拉平板振捣器时,绳应干燥绝缘,移动或转向时不得用脚踢电动机。

⑦振捣器与平板应保持紧固,电源线必须固定在平板上,电器开关应装在手把上。

⑧在一个构件上同时使用几台附着式振捣器工作台时,所有振捣器的频率必须相同。

⑨操作人员必须穿戴绝缘手套。

⑩作业后,必须做好清洗、保养工作。振捣器要放在干燥处。

第六节 混凝土结构工程施工方案实例

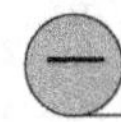

一 工业厂房杯形基础施工方案

(一)工程概况

金鑫公司铸造车间,跨度18m,长60m,柱距6m,共10个节间,现浇杯形基础。主要承重结构采用装配式钢筋混凝土工字形柱,预应力混凝土折线形屋架,1.5m×6m大型屋面板,T形吊车梁。试确定单层工业厂房杯形基础施工方案。

(二)施工方案

1.施工程序

杯形基础的施工程序是:放线、支下阶模板、安放钢筋网片、支上阶模板及杯口模,浇捣混凝土、修整、养护等。

2.施工方法

(1)放线、支模、绑扎钢筋按常规方法施工。

(2)浇捣混凝土施工方法如下:

1)整个杯形基础要一次浇捣完成,不允许留设施工缝。混凝土分层浇灌厚度一般为25~30cm,并应凑合在基础台阶变化部位。每层混凝土要一次卸足,用拉耙、铁锹配合拉平,顺序是先边角后中间。下料时,锹背应向模板,使模板侧面砂浆充足;浇至表面时锹背应向上。

2)混凝土振捣应用插入式振动器,每一插点振捣时间一般为20~30s。插点布置宜为行列式。当浇捣到斜坡时,为减少或避免下阶混凝土落入基坑,四周20cm范围内可不必摊铺,振捣时如有不足可随时补加。

3)为防止台阶交角处出现"吊脚"现象(上阶与下阶混凝土脱空),采取以下技术措施:

①在下阶混凝土浇捣下沉2~3cm后暂不填平,继续浇捣上阶。先用铁锹沿上阶侧模底圈做混凝土内、外坡,然后再浇上阶,外坡混凝土在上阶振捣过程中自动摊平,待上阶混凝土浇捣后,再将下阶混凝土侧模上口拍实抹平。

②捣完下阶后拍平表面,在下阶侧模外先压上20cm×10cm的压角混凝土并加以捣实,再继续浇捣上阶,待压角混凝土接近初凝时,将其铲掉重新搅拌利用。

4)为了保证杯形基础杯口底标高的正确,宜先将杯口底混凝土振实,再捣杯口模四周外的混凝土,振捣时间尽可能缩短,并应两侧对称浇捣,以免杯口模挤向一侧或由于混凝土泛起而使杯口模上升。

本工程中的高杯口基础可采用后安装杯口模的方法,即当混凝土浇捣到接近杯口底时,再安装杯口模后继续浇捣。

5)基础混凝土浇捣完毕后,还要进行铲填、抹光工作。铲填由低处向高处、铲高填低,并用直尺检验斜坡是否准确,坡面如有不平,应加以修整,直到外形符合要求为止。接着用铁抹子拍抹表面,把凸起的石子拍平,然后由高处向低处加以压光。拍一段,抹一段,随拍随抹。局部砂浆不足,应随时补浆。

为了提高杯口模的周转率,可在混凝土初凝后终凝前将杯口模拔出。混凝土强度达到设计强度的25%时,即可拆除侧模。

6)本基础工程采用自然养护方法,严格执行硅酸盐水泥拌制混凝土的养护洒水规定。

二 钢筋混凝土梁模板拆除方案

(一)工程概况

景华大厦一长度为6m钢筋混凝土简支梁,用32.5级普通硅酸盐水泥,混凝土强度等级为C20,室外平均气温为20℃,为加快工程进度,试确定侧模、底模的最短拆除时间。

(二)施工方案

1.侧模拆除方案

侧模为不承重模板,它的拆除条件是在混凝土强度能保证其表面及棱角不因拆除模板而受损坏时,才能拆除侧模板。但拆模时不要用力过猛,不要敲打振动整个梁模板。一般当混凝土的强度达到设计强度的25%时即可拆除侧模板。查看温度、龄期对混凝土强度影响曲线,可知当室外气温为20℃,用32.5级普通硅酸盐水泥,达到设计强度等级25%的强度时间为终凝后24h。即为拆除侧模的最短时间。

2.底模拆除方案

底模为承重模板,跨度小于8m的梁底模拆除时间是当混凝土强度达到设计强度的75%时才能拆除底模。为了核准强度值,在浇捣梁混凝土时就应留出试块,与梁同条件养护。然后查温度、龄期、强度曲线至75%设计强度需7昼夜。此时将试块送试验室试压,结果达到或超过设计强度的75%时,即可拆除底模。对于重要结构和施工时受到其他影响,严格地说底模拆除时间应由试块试压结果确定。一般在养护期外界温度变化不大,查温度、龄期、强度曲线即可确定底模拆除时间。本例的梁底模拆除最短时间为终凝后7昼夜。

本 章 小 结

钢筋混凝土结构是我国应用最多的一种结构形式,本章重点内容如下:

1.模板工程

工地上用的模板种类很多,有木模板、钢木模板、胶合板模板、钢竹模板、组合钢模板、塑料模板、玻璃钢模板等、铝合金模板等。组合钢模板的构造原理是学习模板的基础，应以掌握组合钢模板的构造原理为基础，全面学习其他模板的构造。运用已学过的材料力学、结构力学知识、通过对例题的系统学习和自己做习题，较好地掌握模板设计的方法。

2. 钢筋工程

钢筋的级别和品种很多，但工地上最常用的是 HPB235(Q235)、HRB335 级和 HRB400 级钢筋。因此对这些钢筋的力学性能、冷拉控制指标等应重点掌握。

钢筋配料计算原理及方法是学习重点。应首先搞清楚钢筋弯曲 45°、90°、180°时量度差值的几何学原理，再掌握具体计算公式就不难了。在计算钢筋下料长度时，首先算出钢筋各直线段长度，然后再调整量度差值，其中 45°、90°弯曲应减去量度差值，而只有 180°弯钩(注意：只有 HPB235 级钢筋才允许有 180°弯钩)才加上弯钩增加值。此外，还应注意由于各种级别钢筋的物理力学性能不同，其弯心直径也不相同。

钢筋的连接应以机械连接为重点学习，钢筋的焊接中的对焊和电弧焊在工程中应用较广，应作为重点学习内容。

此外，钢筋冷拉原理、控制方法及有关的计算方法也应注意掌握。

3. 混凝土工程

现场用混凝土配合比应根据各工地实际的砂、石含水率进行调整，重要工程部位应事先做试块预压强度指标。

了解自落式和强制式搅拌机的搅拌原理对正确选择和使用搅拌机很重要。另外，控制好搅拌时间是搅拌好混凝土的关键，搅拌新工艺对提高混凝土质量和节约水泥很有意义。

泵送混凝土法的推广已日益扩大，它对混凝土配料有特殊要求。故应掌握正确使用混凝土泵的方法及影响其输送能力的各种因素，但用吊斗加起重机、手推车加井架的常规运输方案目前仍是主要的运输方式。

当浇筑有次梁、主梁的楼层时，一般应沿次梁方向浇筑(即施工缝留在次梁上)。只有在不得已时，施工缝才留在主梁上，这个原则不能忽视。

4. 钢筋混凝土结构工程

(1)施工人员应高度重视混凝土中所用的水泥，不要只考虑其强度的高低，更重要的是水泥体积的安定性是否合格。进入工地的每批水泥，都要检查水泥体积的安定性是否合格。如果不合格，绝对不能使用。

(2)对所使用的钢材，除检查出厂“三证”以外，还应抽样进行试验，以杜绝劣质钢材用在工程上。

(3)对混凝土工程，除防治质量事故外，还应开发高性能、高强度的混凝土，并在工程上广泛使用。

复习思考题

1. 模板的作用。对模板及其支架的基本要求有哪些？模板的种类有哪些？各种模板有何特点？

2. 基础、柱、梁、楼板结构的模板构造及安装要求有哪些？

3. 定型组合钢模板由哪些部件组成？如何进行定型组合钢模板的配板？

4. 什么是钢筋冷拉？冷拉的作用和目的有哪些？影响冷拉质量的主要因素是什么？

5. 钢筋冷拉控制方法有几种？各用于何种情况？采用控制应力方法冷拉时，冷拉应力怎样取值？冷拉率有何限制？采用控制冷拉率方法时，其控制冷拉率怎样确定？

6. 钢筋接头连接方式有哪些？各有什么特点？

7. 钢筋在什么情况下可以代换？钢筋代换应注意哪些问题？

8. 何谓"量度差值"？如何计算？

9. 为什么要进行施工配合比换算？如何进行换算？

10. 混凝土搅拌制度指什么？各有何影响？什么是一次投料、二次投料？各有何特点？二次投料对混凝土强度为什么会提高？

11. 试述混凝土结构施工缝的留设原则、留设位置和处理方法。

12. 混凝土运输有哪些要求？有哪些运输工具机械？各适用于何种情况？

13. 混凝土泵有几类？采用泵送时，对混凝土有哪些要求？

14. 混凝土振捣机械按其工作方式分为哪几种？各适用于振捣哪些构件？

15. 厚大体积混凝土施工特点有哪些？如何确定浇筑方案？其温度裂缝有几种类型？防止开裂有哪些措施？

16. 什么是混凝土的自然养护？自然养护有哪些方法？具体做法怎样？混凝土拆模强度怎样？

17. 如何进行混凝土工程的质量检查？

18. 混凝土工程中常见的质量事故，主要有哪些现象？如何防治？

综合练习题

一、选择题

1. 当混凝土凝固的强度达到设计强度(　　)时，跨度小于2m的板底模板即可拆除。

A. 50%　　B. 75%　　C. 85%　　D. 95%

2. 按混凝土的强度等级分，(　　)及其以下为普通混凝土。

A. C40　　B. C60　　C. C50　　D. C70

3. 浇筑混凝土的施工缝应留在结构(　　)且施工方便的部位。

A. 受力较小　　B. 受力偏大　　C. 受剪力较小　　D. 受弯矩较小

4. 送检的混凝土试块应采用(　　)养护。

A. 蒸汽养护　　B. 自然养护　　C. 标准条件养护　　D. 都不对

E. 在温度为20℃ ±3℃和相对湿度为90%以上的潮湿环境中或水中经28d

5. 对钢筋的冷拉，其变形为(　　)。

A. 弹性变形　　B. 塑性变形　　C. 弹塑性变形　　D. 都不对

二、计算题

1. 某同炉批HRB335级ϕ22钢筋采用控制冷拉率方法进行冷拉。今取4根试件测定冷拉率，试件长600mm，标距 $i=10d$（钢筋直径），当试件达到控制应力时，其标距 i_1 分别为230.1mm、234.0mm、230.0mm、230.5mm。

试求：（1）测定时钢筋的拉力应为多少？

（2）冷拉时控制冷拉率取值应为多少？

2. 某批HRB335级 ϕ32钢筋，采用控制应力的方法进行冷拉，钢筋长度为24m，其中有一根钢筋达到冷拉控制应力500N/mm^2 时，其总长达25.32m（已超过规定的冷拉率）经检验该钢筋的屈服点为510N/mm^2，抗拉强度为585N/mm^2，伸长率 σ_{10} 为8%，冷弯合格，问这根钢筋是否合格？又若测得合格的 σ_{10} 为7%，这根钢筋是否合格？

3. 计算图3-48所求钢筋的下料长度。

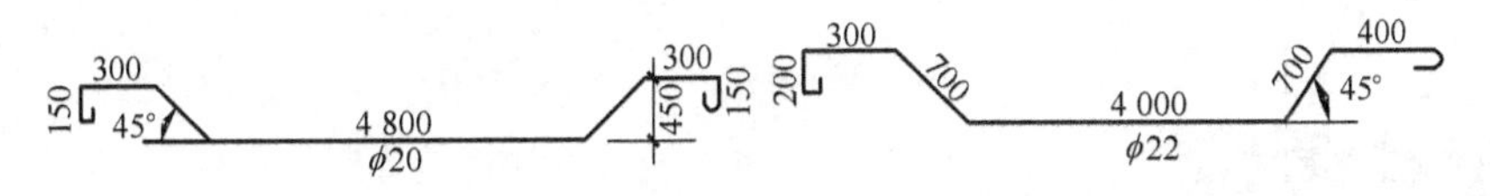

图3-48　习题5-3附图（尺寸单位：mm）

4. 某梁设计主筋为3根HRB335级 ϕ20钢筋（$f_{y1}=340N/mm^2$），今现场无HRB335级钢筋，拟用 ϕ24钢筋（$f_{y2}=340N/mm^2$）代换，试计算需几根钢筋？若用 ϕ20钢筋代换，当梁宽为250mm时，钢筋按一排布置能排下否？

5. 某混凝土实验室配合比为1∶2.14∶4.35，$W/C=0.61$，每立方米混凝土水泥用量为300kg，实测现场砂含水率3%，石含水率1%。

试求：（1）施工配合比。

（2）当用250L（出料容量）搅拌机搅拌时，每拌一次投料水泥、砂、石、水各多少。

6. 某建筑基础钢筋混凝土底板长×宽×高＝25m×14m×1.2m，要求连续浇筑混凝土，不留施工缝，搅拌站设三台250L搅拌机，每台实际生产率为5m^3/h，混凝土运输时间25min，气温为25℃。混凝土C20，浇筑分层厚300mm。

试求：（1）混凝土浇筑方案。

（2）完成浇筑工作所需时间。

第四章 预应力混凝土工程

【职业能力目标】

学习本章,你应会:

1. 组织先张法和后张法预应力混凝土施工。
2. 编制预应力混凝土工程施工方案。

【学习要求】

1. 熟悉预应力张拉方法中的先张法后张法预应力混凝土等的施工工艺。
2. 掌握预应力张拉力的控制和放张。
3. 掌握后张法中的预应力筋的制作。
4. 掌握无黏结预应力筋的敷设和张拉锚固工艺。

近年来,随着高强钢材和高强混凝土的不断出现,预应力混凝土的应用范围愈来愈广,施工工艺也在不断的完善和发展,除在单个构件上广泛应用预应力技术外,还在许多大型的高难度的整体结构上成功地得到应用,目前预应力混凝土的使用范围和数量已成为衡量一个国家建筑技术水平的重要标志之一。

预应力是预加应力的简称,即在构件的受拉区预先施加压力使其产生预压应力(混凝土的预压一般是通过张拉预应力筋实现的),当构件在使用荷载作用下产生拉应力时,首先要抵消这种预压应力,然后随着荷载的不断增加,受拉区混凝土才受拉开裂,从而推迟裂缝出现的时间和限制裂缝开展,提高了构件的抗裂度和刚度,同时使高强材料得以充分利用。

预应力混凝土与普通混凝土相比,具有构件截面小、自重轻、抗裂度高、刚度大、耐久性能好、材料省等优点,为建造大跨度结构和扩大预制装配化程度创造了条件。

预应力钢筋混凝土按施工方法不同可分为:先张法和后张法两大类;按钢筋张拉方式不同可分为机械张拉法、电热张拉法与自应力张拉法等。

第一节 先张法施工

先张法是在浇筑混凝土前张拉预应力钢筋,并用夹具将张拉完毕的预应力钢筋临时固定在台座的横梁上或钢模上，然后浇筑混凝土。待混凝土达到规定强度（一般不低于混凝土设计强度标准值的75%），保证预应力筋与混凝土有足够的黏结力时，放张或切断预应力筋，借助于混凝土与预应力筋间的黏结，对混凝土产生预压应力。

先张法生产可采用台座法或机组流水法（模板法）。采用台座法时，构件是在固定的台座上生产，预应力筋的张拉力由台座承受。采用机组流水法时，构件是在钢模中生产，预应力钢筋的张拉力由钢模承受；构件连同钢模按流水方式，通过张拉、浇筑、养护等固定机组完成每一生产过程。机组流水法需大量的钢模和较高的机械化程度，且需蒸汽养护，因此只用在预制厂生产定型构件。台座法不需要复杂的机械设备，能适应多种产品生产，可露天生产、自然养护，也可以湿热养护，故应用较广。由于先张法中台座或钢模所能承受的预应力钢筋的张拉能力受到限制，并考虑到构件的起重、运输等条件，因此先张法施工适用于生产中小型预应力混凝土构件，如空心板、屋面板、吊车梁、檩条等。图4-1是先张法（台座）生产示意图。

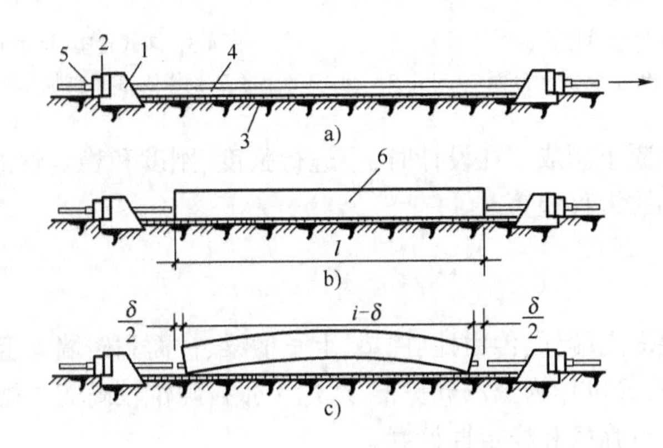

图4-1　先张法生产示意图

a）预应力筋张拉；b）混凝土浇筑与养护；c）放张预应力筋

1-台座；2-横梁；3-台面；4-预应力筋；5-夹具；6-构件

下面着重介绍台座法生产预应力混凝土构件时的台座、夹具、张拉机具和预应力混凝土施工工艺。

一 台座

台座是先张法生产中的主要设备之一，它承受预应力筋的全部张拉力。故要求其应有足够的强度、刚度和稳定性，以免台座变形、滑移或倾斜而引起预应力损失。按构造型式不同，可分为墩式台座和槽式台座等。选用时根据构件种类、张拉力的大小和施工条件而定。

（一）墩式台座

生产空心板、平板等平面布筋的混凝土构件时，由于张拉力不大，可利用简易墩式台座，如图4-2所示。

生产中小型构件或多层叠浇构件，可用图4-3的墩式台座，台座局部加厚，以承受较大的张拉力。墩式台座是由承力台墩、台面和横梁组成。目前常用的是台墩与台面共同受力的墩式台座。

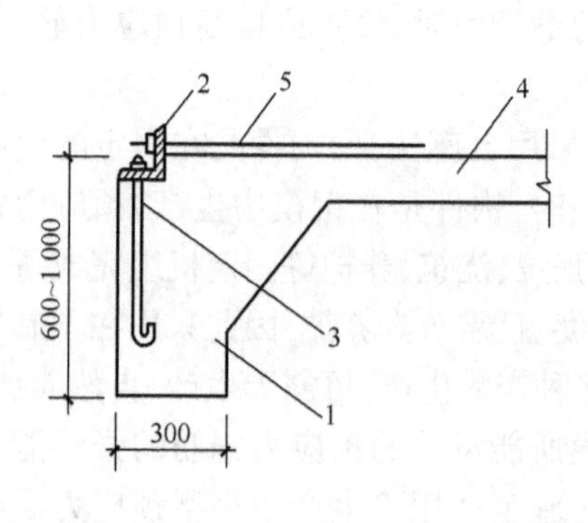

图 4-2 简易墩式台座(尺寸单位:mm)
1-卧梁;2-角钢;3-预埋螺栓;4-混凝土台面
5-预应力钢丝

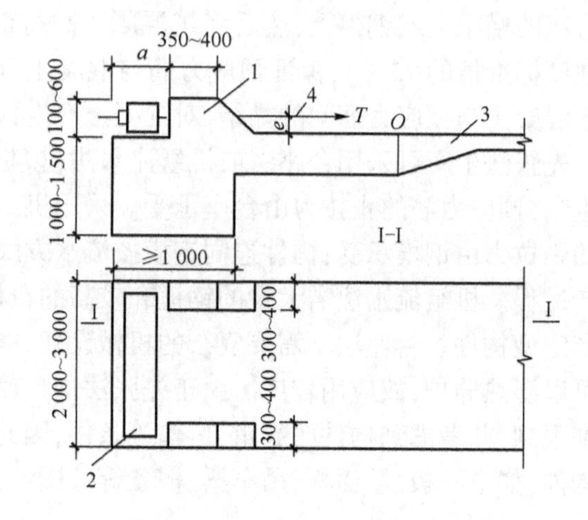

图 4-3 墩式台座(尺寸单位:mm)
1-混凝土墩;2-钢横梁;3-局部加厚的台面;4-预应力筋

台座一般由现浇混凝土制成。在设计时,应进行强度、刚度和稳定性的验算,对稳定性的验算包括抗倾覆验算和抗滑移验算。

(二)槽式台座

槽式台座由钢筋混凝土端柱、传力柱、柱垫、上下横梁、台面和砖墙等组成,如图 4-4 所示。该台座既可承受张拉力,又可作为蒸汽养护槽,适用于张拉吨位较高的大型构件,如吊车梁、屋架等。槽式台座亦需进行强度和稳定性计算。

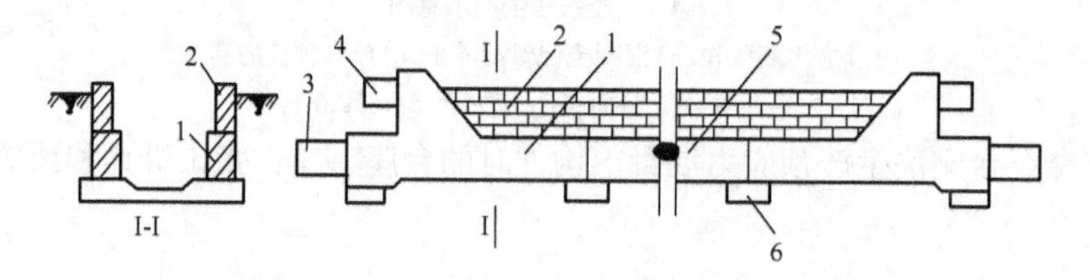

图 4-4 槽式台座
1-钢筋混凝土端柱;2-砖墙;3-下横梁;4-上横梁;5-传力柱;6-柱垫

二 夹具

夹具是预应力筋张拉和临时固定的锚固装置。可重复使用,要求构造简单、工作可靠、装拆方便、加工容易、成本低。夹具种类很多,按其用途不同可分为锚固夹具和张拉夹具;根据预应力筋的类型不同又分为钢丝夹具和钢筋夹具。

1. 锚固夹具

锚固夹具是将预应力筋临时固定在台座横梁上的工具。常用的锚固夹具有:

(1)锥形夹具

锥形夹具是用来锚固预应力钢丝的,由中间开有锥形孔的套筒和刻有细齿的锥形齿板或锥销组成,如图 4-5 所示。

(2)镦头夹具

镦头夹具是将钢丝端部冷镦或热镦形成粗头,通过承力板或梳筋板锚固,如图 4-6 所示。

(3)圆套筒三片式夹具

圆套筒三片式夹具是由套筒和夹片组成,适用夹持直径为 12mm、14mm 的单根冷拉的 HPB235,HRB335,HRB400 钢筋,如图 4-7 所示。

2. 张拉夹具

张拉夹具是将预应力筋与张拉机械连接起来,进行预应力张拉的工具。常用的张拉夹具有月牙形夹具、偏心式夹具和楔形夹具。如图 4-8 所示。

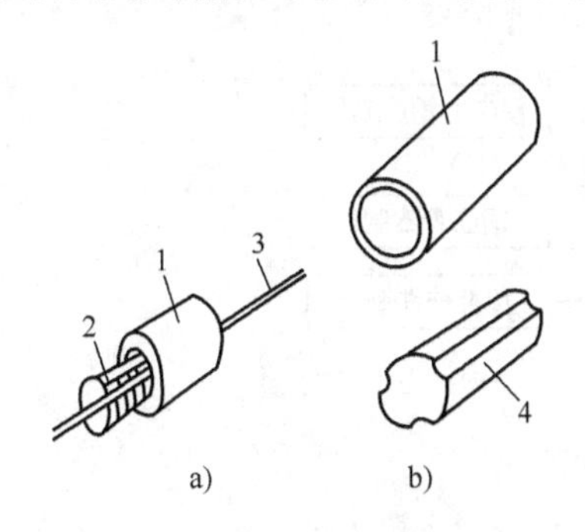

图 4-5　钢质锥形夹具

a)圆锥齿板式;b)圆锥槽式

1-套筒;2-齿板;3-钢丝;4-锥塞

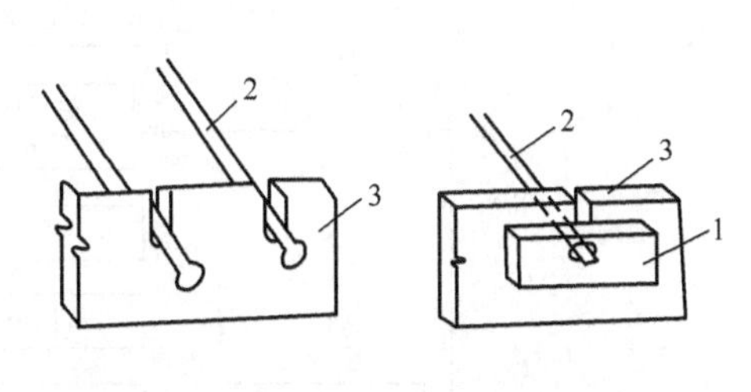

图 4-6　固定端镦头夹具

1-垫片;2-镦头钢丝;3-承力板

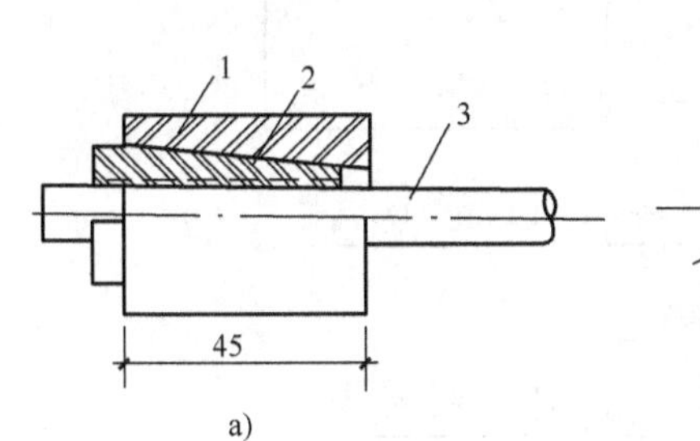

b)

c)

图 4-7　圆套筒三片式夹具(尺寸单位:mm)

a)装配图;b)夹片;c)套筒

1-套筒;2-夹片;3-预应力筋

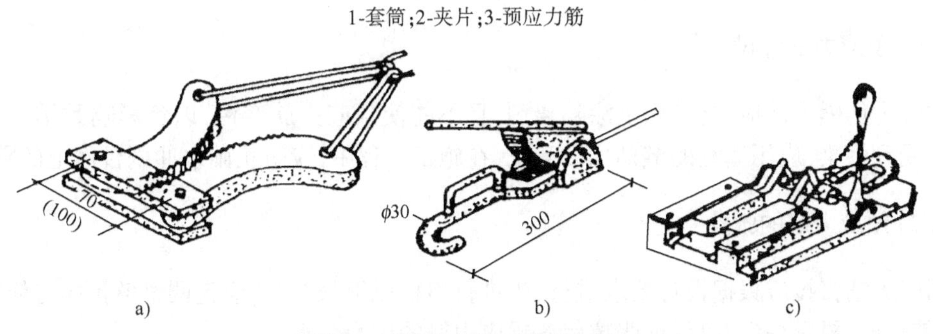

图 4-8　张拉夹具(尺寸单位:mm)

a)月牙形夹具;b)偏心式夹具;c)楔形夹具

三 张拉设备

张拉设备要求工作可靠，控制应力准确，能以稳定的速率增大拉力。在先张法中常用油压千斤顶、卷扬机、电动螺杆式张拉机具等来张拉钢筋。

采用油压千斤顶张拉时，可从油压表读数直接求得张拉应力值，千斤顶一般张拉力较大，适于预应力筋成组张拉。单根张拉时，由于拉力较小，一般多用电动张拉机械张拉。

四 先张法施工工艺

先张法施工工艺流程见图4-9。

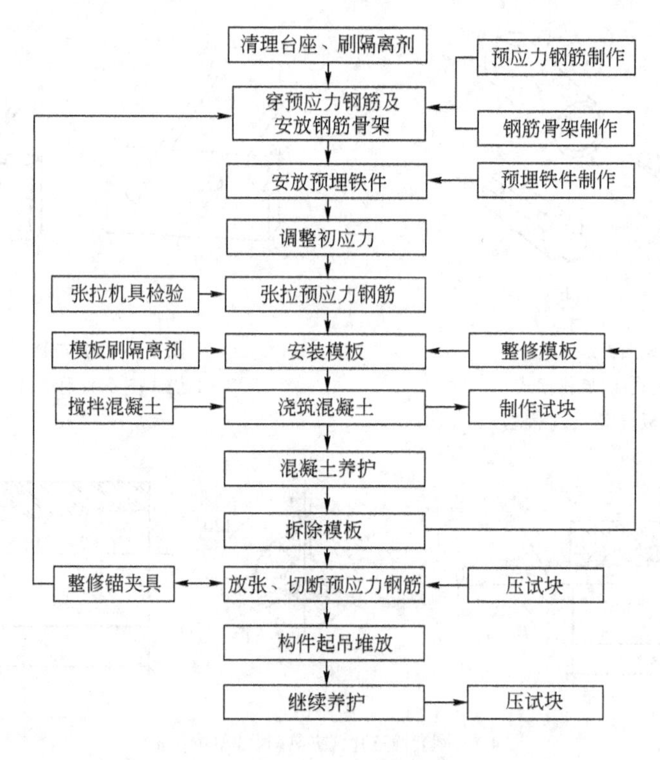

图4-9　先张法施工工艺流程图

(一)预应力筋铺设

预应力筋铺设前应在台、面上涂隔离剂，且不能使预应力筋变污，以免影响黏结。如果预应力筋受到污染，应用适宜的溶剂加以清洗，在施工过程中，应防止雨水冲刷台面上的隔离剂。

(二)预应力筋的张拉

预应力筋张拉应根据设计要求进行，当进行多根成组张拉时，应先调整各预应力筋的初应力，使其长度、松紧一致，以保证张拉后各预应力筋的应力一致。

控制应力的数值影响预应力的效果，控制应力高，建立的预应力值则大，但控制应力过高，预应力筋处于高应力状态，使构件出现裂缝的荷载与破坏荷载接近，破坏前无明显的预兆，这是不允许的。因此预应力筋的张拉控制应力 σ_{con} 应符合设计规定；此外，为减少由于松弛等原因造成的预应力损失，施工中需超张拉时，可比设计要求提高 5%，但其最大张拉控制应力不得超过表 4-1 的规定。

最大张拉控制应力允许值 表 4-1

钢　种	张拉方法	
	先张法	后张法
碳素钢丝、刻痕钢丝、钢绞线	$0.80f_{ptk}$	$0.75f_{ptk}$
热处理钢筋、冷拔低碳钢丝	$0.75f_{ptk}$	$0.70f_{ptk}$
冷拉钢筋	$0.95f_{pyk}$	$0.90f_{pyk}$

注：f_{ptk} 为预应力筋极限抗拉强度标准值；f_{pyk} 为预应力筋屈服强度标准值。

预应力筋的张拉程序有两种：

$$0 \longrightarrow 105\% \sigma_{con} \xrightarrow{\text{持荷 2min}} \sigma_{con}$$

$$0 \longrightarrow 103\% \sigma_{con}$$

其中 σ_{con} 是预应力筋设计张拉控制应力。

采用应力控制方法张拉预应力筋时，应校核其伸长值，实际伸长值与设计计算理论伸长值的相对允许偏差为 ±6%，若超过，则应分析其原因，采取措施后再进行施工。

(三) 混凝土的浇筑和养护

在浇筑混凝土前，发生断裂或滑脱的预应力筋必须予以更换。

为减少混凝土收缩、徐变引起的预应力损失，在配置混凝土时，水灰比不宜过大，骨料应有良好的级配，减少水泥用量。要保证混凝土振捣密实，特别是构件的端部，以保证混凝土的强度和黏结力。混凝土的浇筑必须一次完成，不允许留设施工缝。叠层生产预应力混凝土构件时，下层构件混凝土强度要达到 8～10MPa 后才可浇筑上层构件的混凝土。

(四) 预应力筋的放张

预应力筋放张时，混凝土应达到设计规定的放张强度，若设计无规定，则不得低于设计强度标准值的 75%。

预应力筋的放张顺序，应符合设计要求，当设计无要求时，应符合下列规定：轴心受预压的构件，所有预应力筋同时应放张；偏心受预压的构件，应先同时放张预压力较小区域的预应力筋，再同时放张预压力较大区域的预应力筋；当不能按上述规定放张时，应分阶段、对称、交错地放张，以防止在放张过程中，构件发生翘曲、裂纹及预应力筋断裂等情况。

预应力筋的放张时，宜缓慢放松锚固装置，使各根预应力筋同时缓慢放松。放张时可利用楔块和砂箱等放松装置进行。

第二节 后张法施工

后张法施工分为有黏结预应力施工和无黏结预应力施工两种。有黏结后张法是先制作构件或结构,在其中预先留出相应的孔道,待构件或结构混凝土达到设计规定的数值后,在孔道内穿入预应力筋,用张拉机具进行张拉,并用锚具把张拉后的预应力筋锚固在构件的端部,最后进行孔道灌浆。无黏结后张法同前,但不进行孔道灌浆。预应力筋的张拉力,主要靠构件端部的锚具传给混凝土,使其产生压应力,如图4-10所示为预应力混凝土后张法生产示意图。由于后张法施工直接在钢筋混凝土构件上进行预应力筋的张拉,不受地点限制,适用于在现场施工大型预应力混凝土构件。但后张法预应力的传递主要依靠两端的锚具,锚具作为预应力筋的组成部分,永远停留在构件上,不能重复使用,所以成本较高,再加上后张法工艺本身要预留孔道、穿筋、灌浆等原因,故工艺比较复杂。

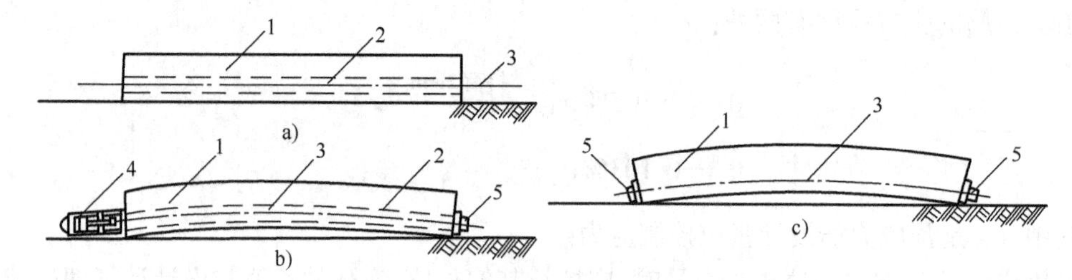

图4-10 有黏结后张法施工示意图

a)制作构件、预留孔道;b)张拉预应力筋;c)锚固孔道灌浆

1-混凝土构件;2-预留孔道;3-预应力筋;4-千斤顶;5-锚具

一 锚具与张拉机械

在后张法中,预应力筋、锚具和张拉机具是配套的。目前,后张法中常用的预应力筋有单根粗钢筋、钢筋束(或钢绞线束)和钢丝束三类。

(一)锚具

锚具是进行张拉预应力筋和永久固定在混凝土构件上传递预应力的工具。要求锚固可靠,使用方便,有足够的强度和刚度,受力后滑移小、变形小。锚具应有出厂证明书,进场时锚具应进行外观、硬度检验和锚固能力试验。

1. 单根粗钢筋锚具

单根粗钢筋作为预应力筋时,张拉端采用螺丝端杆锚具,固定端采用镦头锚具或帮条锚具。螺丝端杆锚具由螺丝端杆、螺母及垫板组成,适用于锚固直径不大于36mm的冷拉HRB335、HRB400、RRB400级钢筋,如图4-11a)所示。螺丝端杆锚具与预应力筋对焊,用张拉机具张拉预应力筋,然后用螺母锚固。螺丝端杆锚具与预应力筋焊接,应在预应力筋冷拉前进行。帮条锚具由一块方形衬板与三根帮条组成,如图4-11b)所示。三根帮条按120°均匀布置,并应使与衬板相接触的截面在同一个垂直面上,以免受力时发生扭曲。

2. 钢筋束和钢绞线束锚具

钢筋束、钢绞线束作为预应力筋时,使用的锚具有 JM 型、QM 型、XM 型、KT-Z 型和镦头锚具。

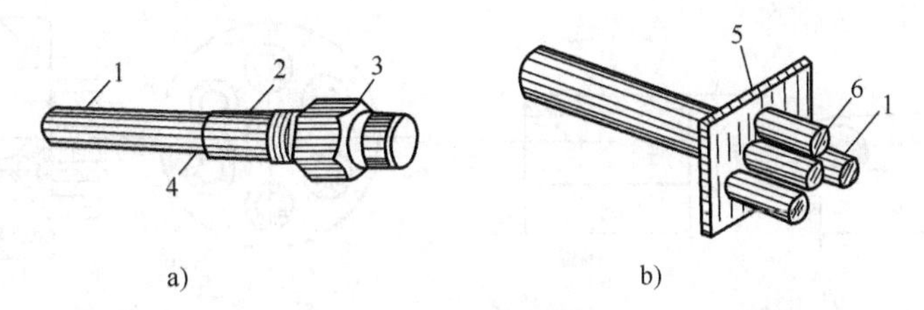

图 4-11　单根筋锚具

a)螺丝端杆锚具;b)帮条锚具

1-预应力筋;2-螺丝端杆;3-螺母;4-焊接接头;5-衬板;6-帮条

(1) JM 型锚具

JM 型锚具由锚环和夹片组成,如图 4-12 所示。夹片呈扇形,用两侧的半圆槽锚固预应力筋,为增加夹片与预应力筋之间的摩擦,槽内刻有截面为梯形的齿痕,夹片背面的坡度与锚环一致。用于锚固 3~6 根直径为 12mm 的光圆或变形的钢筋束和 5~6 根直径为 12mm 的钢绞线束。

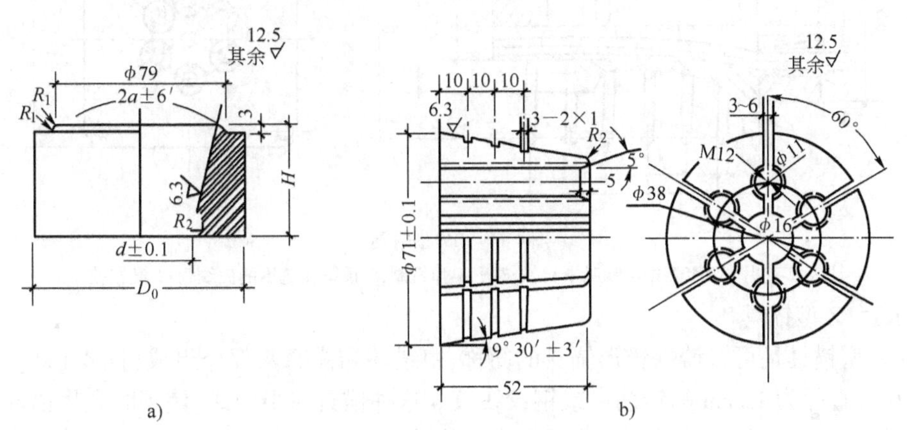

图 4-12　JM12 型锚具(尺寸单位:mm)

a)锚环;b)绞 JM-12-6 夹片

(2)XM 型锚具

XM 型锚具是大吨位群锚体系锚具,由锚环和夹片组成,三个夹片为一组夹持一根预应力筋形成一个锚固单元。由一个锚固单元组成的锚具称为单孔锚具,由两个或两个以上的锚固单元组成的锚具称为多孔锚具,如图 4-13 所示。由于每根钢绞线都是分开锚固的,任何一根钢绞线的锚固失效(如钢绞线拉断、夹片碎裂等),不会引起整束锚固失效。同时该锚具的夹片是用与钢绞线的扭角相反的斜开缝代替直开缝,使每根钢丝都被夹片包裹不致漏丝,故对钢绞线束或钢丝束均能形成可靠的锚固。它既可用作工作锚,又可用作工具锚。

(3)QM 型锚具

QM 型锚具与 XM 型相似,也是利用 3 个楔形的夹片将每根钢绞线独立地锚固在带有锥形孔的锚板上,形成一个个独立的锚固单元。适用于锚固 4 ~ 31ϕ^j12 和 3 ~ 19ϕ^j15 钢绞线。如图 4-14 所示。

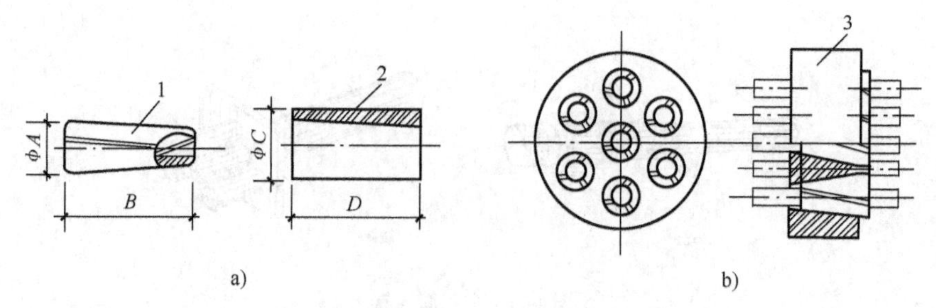

图 4-13　XM 型锚具

a)单根 XM 型锚具;b)多根 XM 型锚具

1-夹片;2-锚环;3-锚板

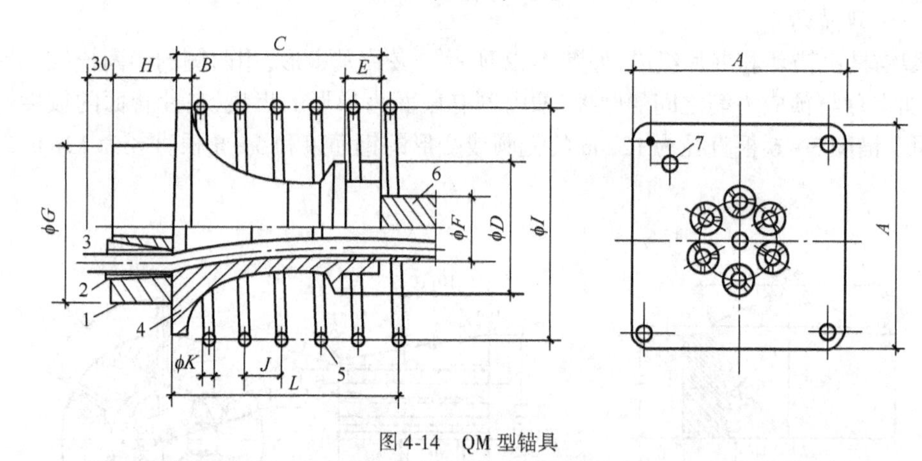

图 4-14　QM 型锚具

1-锚板;2-夹片;3-钢绞线;4-喇叭形铸铁垫板;5-弹簧圈;6-预留孔道用的波纹管;7-灌浆孔

(4) KT—Z 型锚具

KT—Z 型锚具是可锻铸铁锥形锚具的简称,由锚环和锚塞两部分组成(图 4-15)。适用于锚固 3 ~6 根直径为 12mm 的钢筋束或钢绞线束。这种锚具为半埋式,使用时先将锚环小头嵌入承压钢板中,并用断续焊缝焊牢,然后埋设在构件端部。

3. 钢丝束锚具

钢丝束一般由几根到几十根直径为 3 ~5mm 的碳素钢丝经编束制作而成,作为预应力筋时,采用的锚具主要有钢质锥形锚具、钢丝束镦头锚具和 XM 型锚具。钢质锥形锚具由锚环和锚塞组成,用于锚固以锥锚式双作用千斤顶张拉的钢丝束。钢丝束镦头锚具适用于锚固 12 ~ 54 根 ϕ5 的碳素钢丝束,分 DM5A 型和 DM5B 型,DM5A 型用于张拉端,由锚杯和螺母组成,DM5B 型用于固定端,仅有一块锚板。锚杯的内外壁均有丝扣,内丝扣用于连接螺杆,外丝扣用于拧紧螺母锚固钢丝束。锚杯和锚板四周钻孔,以固定镦头的钢丝,孔数和间距由钢丝根数而定,如图 4-16 所示。钢丝用液压冷镦器进行镦头。钢丝束一端可在制束时将头镦好,另一端则待穿束后镦头,故构件孔道端部要扩孔。张拉时,张拉螺丝杆一端与锚杯内丝扣连接,另一端与拉杆式千斤顶的拉头连接,当张拉到控制应力时,锚杯被拉出,则拧紧锚杯外丝扣上的螺母加以锚固。

(二)张拉机械

后张法的张拉设备应根据锚具形式进行选择。常用的张拉设备有拉杆式千斤顶(代号为YL)、穿心式千斤顶(代号为YC)和锥锚式千斤顶(代号为YZ)及供油用的高压油泵。

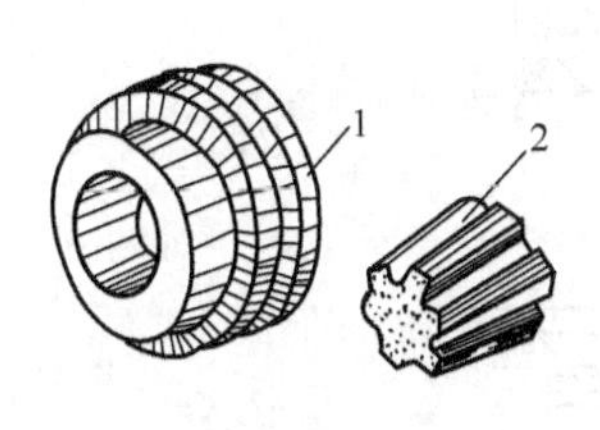

图4-15 KT—Z型锚具

1-锚环;2-锚塞

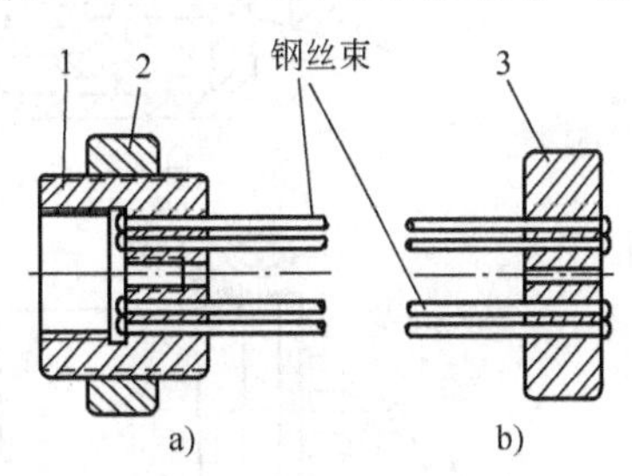

图4-16 钢丝束镦头锚具

a)DM5A型锚具;b)DM5B型锚具

1-锚环;2-螺母;3-锚板

1. 拉杆式千斤顶

拉杆式千斤顶主要适用于张拉配有螺丝端杆锚具的粗钢筋和配有镦头锚具钢丝束。拉杆式千斤顶构造如图4-17所示,由主缸1、主缸活塞2、副缸4、副缸活塞5、连接器7、传力架8和拉杆9等组成。张拉时,先将连接器7与预应力筋11的螺丝端杆10连接,并使传力架8支承在构件端部的预埋钢板上。当油泵的高压油从进油孔3进入主缸时,推动主缸活塞2向右移动而张拉预应力筋11。张拉力的大小由设置在油泵上的压力表控制。当达到设计要求的张拉力后,拧紧螺母10将预应力筋锚固在构件端部。锚固后再从副缸进油孔6进油,推动副缸4使主缸活塞和拉杆9向左移动,推回到开始张拉的位置。与此同时,主缸1的高压油也回到油泵中去。此时,即可卸下连接器7,移动千斤顶到下一根钢筋张拉。

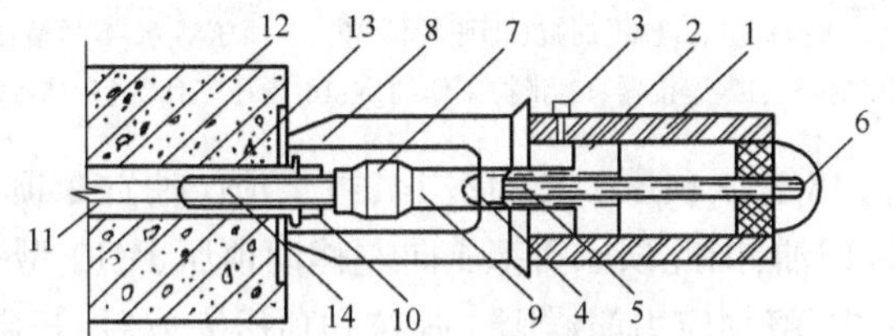

图4-17 拉杆式千斤顶构造示意图

1-主缸;2-主缸活塞;3-主缸进油孔;4-副缸;5-副缸活塞;6-副缸进油孔;7-连接器;8-传力架;9-拉杆;10-螺母;11-预应力筋;12-混凝土构件;13-预埋铁板;14-螺丝端杆

2. 穿心式千斤顶

穿心式千斤顶适用性很强,它适用于张拉采用JM12型、QM型、XM型的预应力钢丝束、钢筋束和钢绞线束。配置撑脚和拉杆后,又可作为拉杆式千斤顶使用。在该千斤顶前端装上分束顶压器,并在千斤顶与撑套之间用钢管接长后可作为YZ型千斤顶使用,张拉钢质锥型锚具。因此,YC型千斤顶是目前最常用的张拉千斤顶之一。现以YC60型千斤顶为例,说明其工作原理(图4-18)。

张拉前,先把装好锚具的预应力筋穿入千斤顶的中心孔道中,并在张拉油缸1的端部用工具锚6加以锚固。张拉时,高压油液由张拉油嘴16进入张拉工作室13,由于张拉活塞2顶在构件9上,因而张拉油缸1逐渐向左移动而张拉预应力筋,直至规定的张拉力。在张拉过程中,由于张拉油缸1向左移动而使张拉回程油室15之容积逐渐减小,所以需将顶压缸油嘴17开启以便回油。张拉完毕后立即进行顶压锚固。顶压锚固时,高压油液由顶压缸油嘴17经油

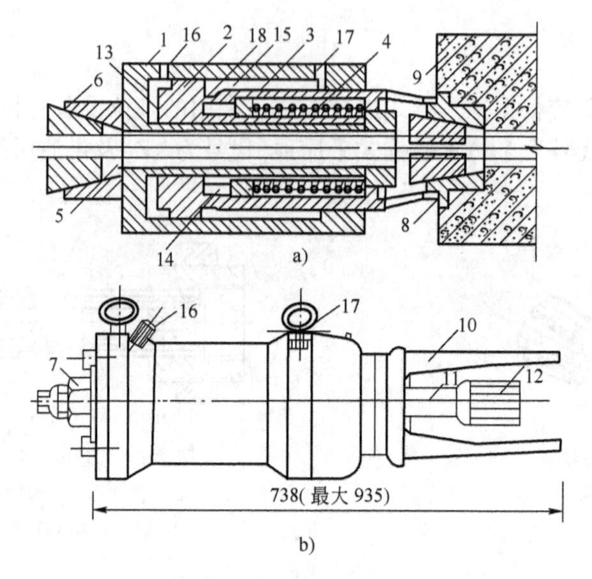

图 4-18　YC60 型穿心式千斤顶构造示意图(尺寸单位:mm)

a)构造与工作原理图;b)加撑脚后的外貌图

1-张拉油缸;2-顶压油缸(即张拉活塞);3-顶压活塞;4-弹簧;5-预应力筋;6-工具锚;7-螺母;8-锚环;9-构件;10-撑脚;11-张拉杆;12-连接器;13-张拉工作油室;14-顶压工作油室;15-张拉回程油室;16-张拉缸油嘴;17-顶压缸油嘴;18-油孔

孔 18 进入顶压工作油室 14,由于顶压油缸 2 顶在构件 9 上,且张拉工作油室中的高压油液尚未回油,因此顶压活塞 3 向左移动顶压 JM12 型锚具的夹片,按规定的顶压力将夹片压入锚环 8 内,将预应力筋锚固。张拉和顶压完成后,开启油嘴 16,同时油嘴 17 继续进油,由于顶压活塞 3 仍顶住夹片,油室 14 的容积不变,进入的高压油液全部进入油室 15,因而张拉油缸 1 逐渐向右移动进行复位。然后,油泵停止工作,开启油嘴 17,利用弹簧 4 使顶压活塞 3 复位,并使油室 14、15 回油卸荷。

3. 锥锚式千斤顶

锥锚式千斤顶适用于张拉以 KT-Z 型锚具为张拉锚具的钢筋束和钢绞线束及以钢质锥型锚具为张拉锚具的钢丝束。其张拉钢筋和推顶锚塞的原理如图 4-19 所示,当主缸进油时,主缸被压移,使固定在其上的钢筋被张拉。钢筋张拉后,改由副缸进油,随即由副缸活塞将锚塞顶入锚圈中。主缸和副缸的回油,则是借助设置在主缸和副缸中弹簧的作用来进行。

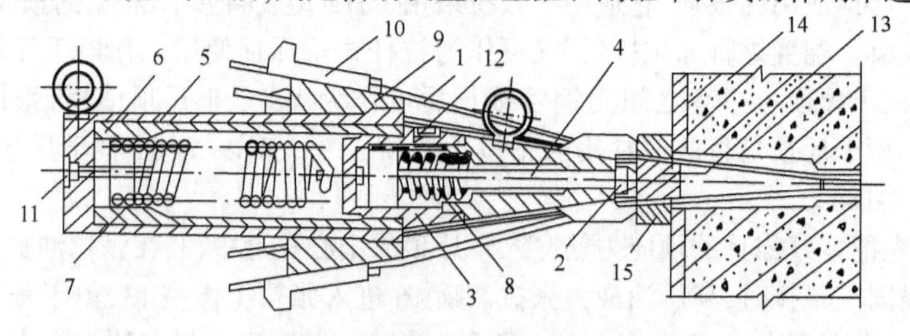

图 4-19　锥锚式千斤顶构造示意图

1-预应力筋;2-顶压头;3-副缸;4-副缸活塞;5-主缸;6-主缸活塞;7-主缸拉力弹簧;8-副缸压力弹簧;9-锥形卡环;10-楔块;11-主缸油嘴;12-副缸油嘴;13-锚塞;14-构件;15-锚环

4. 液压千斤顶的校验

用千斤顶张拉预应力筋时，张拉力主要用油泵上的压力表读数表达，油压表的读数表示千斤顶主缸活塞单位面积上的压力值。如果预应力筋的张拉力是 N，千斤顶的活塞面积为 F，则理论上的压力表的读数为 P，即：$P = N/F$。但由于千斤顶活塞与油缸之间存在着一定的摩阻力，故实际张拉力比上式计算的 P 值小，为保证预应力筋张拉应力的准确性，应定期校验千斤顶与油压表读数的关系。校验时千斤顶活塞的运行方向应与实际张拉时的活塞运行方向一致。校验期不应超过半年。

二 有黏结预应力施工

（一）预应力筋的制作

1. 单根粗钢筋

单根粗钢筋预应力筋的制作一般包括配料、对焊、冷拉等工序。为保证质量，宜采用控制应力的方法进行冷拉；对冷拉率不同的钢筋，应先测定其冷拉率，将冷拉率相近的钢筋对焊在一起，以保证冷拉应力的均匀性。

预应力筋的下料长度应由计算确定，计算时要考虑构件的孔道长度、锚具的种类、对焊接头的压缩量、冷拉的冷拉率和弹性回缩率等。现以两端用螺丝端杆锚具预应力筋为例（如图 4-20 所示），其下料长度计算如下：

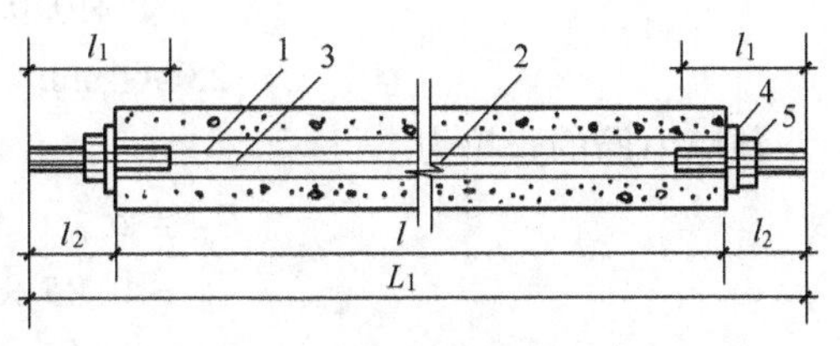

图 4-20 粗钢筋下料长度计算示意图

1-螺丝端杆；2-预应力钢筋；3-对焊接头；4-垫板；5-螺母

$$L = \frac{l + 2l_2 - 2l_1}{1 + \gamma - \delta} + n\Delta \qquad (4\text{-}1)$$

当一端采用螺丝端杆锚具，另一端采用帮条锚具或镦头锚具时，预应力钢筋的下料长度为：

$$L = \frac{l + l_2 + l_3 - l_1}{l + \gamma - \delta} + n\Delta \qquad (4\text{-}2)$$

式中：l——构件的孔道长度（mm）；

l_1——螺丝端杆长度，一般为 320mm；

l_2——螺丝端杆伸出构件外的长度：

$$l_2 = 2H + h + 5\text{mm} \quad （张拉端）$$

$$l_2 = H + h + 10\text{mm} \quad （锚固端）$$

l_3——帮条锚具或镦头锚具所需钢筋长度；

γ——预应力筋的冷拉率，可由试验确定；

δ——预应力筋的冷拉弹性回缩率，一般为 0.4% ~0.6%；

n——对焊接头数量；

Δ——每个对焊接头的压缩量，取一个钢筋直径；

H——螺母高度(mm);

h——垫板厚度(mm)。

【例4-1】 预应力混凝土屋架,采用机械张拉后张法施工,孔道长度为29.80m,预应力筋为冷拉HRB400级钢筋,直径为20mm,每根长度为8m。实测钢筋冷拉率为3.5%,钢筋冷拉后的弹性回缩率为0.4%,螺丝端杆长度为320mm,张拉控制应力为$0.85f_{pyk}$,计算预应力钢筋的下料长度和预应力筋的张拉力。

【解】 因屋架孔道长度大于24m,宜采用螺丝端杆锚具,两端同时张拉,螺母厚度取36mm,垫板厚度取16mm,则螺丝端杆伸出构件外的长度为:

$l_2 = 2H + h + 5\text{mm} = 2\times36 + 16 + 5 = 93\text{mm}$,对焊接头数$n = 3 + 2 = 5$,每个对焊接头的压缩量$\Delta = 20\text{mm}$,则预应力钢筋的下料长度:

$$L = \frac{l + 2l_2 - 2l_1}{1 + \gamma - \delta} + n\Delta$$
$$= \frac{20\,800 + 2\times93 - 2\times320}{1 + 0.035 - 0.004} + 5\times20$$
$$= 28\,564\text{mm}$$

预应力筋的张拉力:

$$F_p = \sigma_{con}\cdot A_p = 0.85f_{pyk}\cdot A_p$$
$$= 0.85\times500\times314$$
$$= 133\,450\text{N}$$

【例4-2】 例1中若孔道长度为20.8m,采用一端张拉,固定端采用帮条锚具,其他条件不变,试计算预应力钢筋的下料长度。

【解】 帮条锚具取3根$\phi14$长50mm的钢筋帮条,垫板取15mm厚、50mm×50mm的钢板,则预应力钢筋的下料长度为:

$$L = \frac{l + l_2 + l_3 - l_1}{1 + \gamma - \delta} + n\Delta$$
$$= \frac{20\,800 + 93 + (50 + 15) - 320}{1 + 0.035 - 0.004} + (2 + 1)\times20$$
$$= 20\,077\text{mm}$$

2. 钢筋束或钢绞线束

预应力筋钢筋束的钢筋直径一般在12mm左右,其长度较长,成盘供应。预应力筋制作一般包括开盘冷拉、下料和编束工序。预应力筋钢筋束下料在冷拉后进行。

钢绞线在出厂前经过低温回火处理,因此在进场后无须预拉。钢绞线的下料宜用砂轮切割机切割。切口两端各50mm处要用20号铁丝预先绑扎牢固,以免切割后松散。

预应力钢筋束或钢绞线束编束的目的,主要是为了保证穿筋和张拉时不发生扭结。编束时先将钢筋或钢绞线理顺,并尽量使各根钢筋或钢绞线松紧一致,用18~22号铁丝,每隔1m左右绑扎一道,形成束状。

当采用JM型、QM型或XM型锚具,用穿心式千斤顶张拉时(图4-21),钢筋束或钢绞线束的下料长度L应等于构件孔道长度加上两端为张拉、锚固所需的外露长度,即可按下式计算:

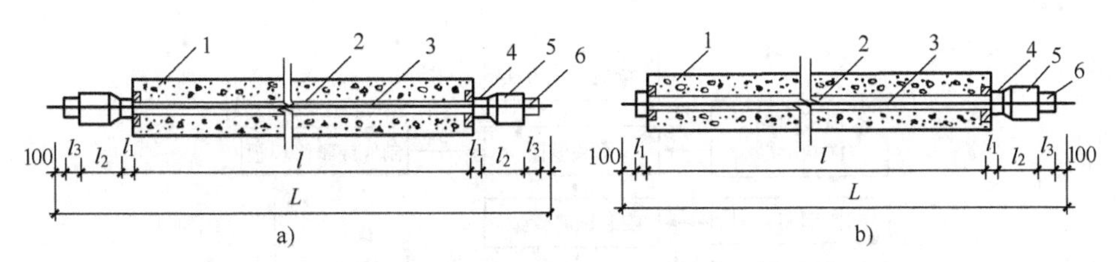

图 4-21　钢筋束、钢绞线束下料长度计算示意图(尺寸单位:mm)

a)两端张拉;b)一端张拉

1-混凝土构件;2-孔道;3-钢绞线;4-夹片式工作锚;5-穿心式千斤顶;6-夹片式工具锚

两端张拉时　$$L = l + 2(l_1 + l_2 + l_3 + 100) \tag{4-3}$$

一端张拉时　$$L = l + 2(l_1 + 100) + l_2 + l_3 \tag{4-4}$$

式中:l——构件的孔道长度(mm);

l_1——工作锚厚度(mm);

l_2——穿心式千斤顶长度(mm);

l_3——夹片式工具锚厚度(mm)。

3. 钢丝束

钢丝束的制作随锚具形式的不同而有差异。采用 XM 型锚具、QM 型锚具和钢质锥形锚具时,钢丝束的制作和下料长度计算基本上与钢筋束相同;采用镦头锚具一端张拉时,应考虑钢丝束张拉锚固后螺母位于锚杯中部,钢丝的下料长度,可按图 4-22 所示用下式进行计算:

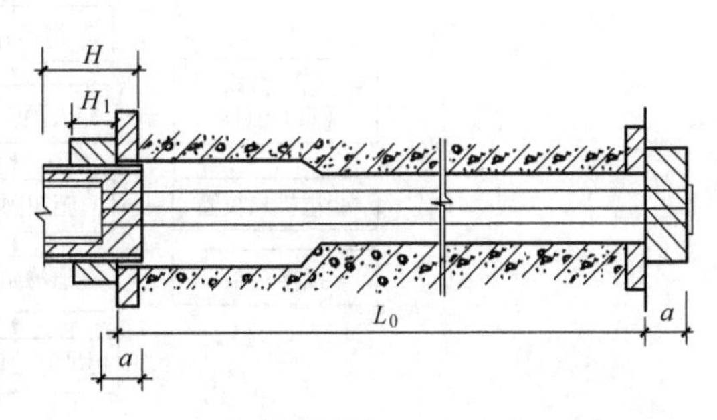

图 4-22　用镦头锚具时钢丝下料长度计算简图

$$L = L_0 + 2a + 2\delta - 0.5(H - H_1) - \Delta L - C \tag{4-5}$$

式中:L_0——孔道长度(mm);

a——锚板厚度(mm);

δ——钢丝镦头留量(取钢丝直径的 2 倍);

H——锚杯高度(mm);

H_1——螺母高度(mm);

ΔL——张拉时钢丝伸长值;

C——混凝土弹性压缩量(若很小时可忽略不计)。

(二)有黏结后张法施工工艺

有黏结后张法工艺流程如图 4-23 所示。

1. 孔道的留设

孔道留设是制作后张法构件的关键工序,预留孔道的质量直接影响预应力筋能否顺利张拉。孔道的留设方法有以下几种:

(1)钢管抽芯法

预先将无缝钢管敷设在模板内的孔道位置上,在混凝土浇筑过程中和浇筑后,每间隔一定

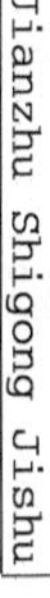

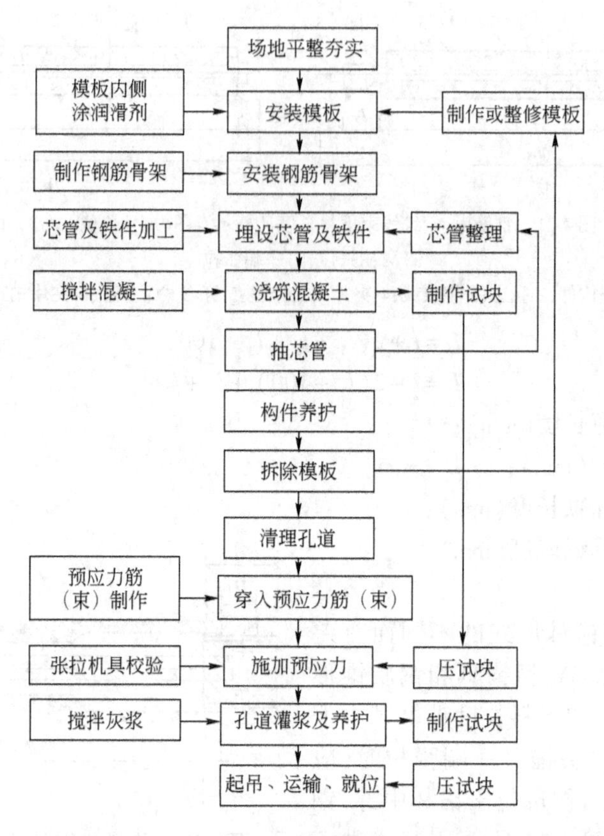

图 4-23　有黏结后张法施工工艺流程图

时间慢慢转动钢管，防止与混凝土黏结，在混凝土初凝后、终凝前抽出钢管，形成孔道。该法只用于留设直线孔道。所用的钢管必须平直且表面光滑，安放位置要准确。留设预留孔道的同时，还要在设计规定的位置留设灌浆孔和排气孔，一般在构件两端和中间每隔 12m 左右留设一个直径为 20mm 的灌浆孔，两端各设一个排气孔。

(2)胶管抽芯法

将 5 ~7 层夹布胶管或钢丝网橡胶管敷设在模板的孔道位置上，采用夹布胶管时，在混凝土浇筑前必须在管内充气或充水，使管径增大，然后浇筑混凝土，待混凝土初凝后放出压缩空气或压力水，抽出胶管，形成孔道。采用钢丝网橡胶管时，可不充气加压，抽管时在拉力作用下管径缩小即与混凝土脱开。胶管抽芯留孔与钢管相比，弹性好且便于弯曲，适用于留设直线或曲线孔道。

(3)预埋波纹管法

金属波纹管是用 0.3 ~0.5mm 的钢带由专用的制管机卷制而成的。波纹管埋入混凝土后永不抽出，与混凝土有良好的黏结力。当预应力筋密集、曲线配筋或抽管有困难时均用此法。

当构件中呈波状的预应力筋曲线布置，且上下高差大于 600mm 时，在每个高点应安装排气孔，以便于灌浆时的排气。起伏大的长预应力筋还应在弯曲的低点设置排气孔，以排除冲洗孔道时的积水。

预应力筋管道的直径与预应力筋的规格配套。为便于灌浆，一般孔道中预应力筋的截面面积不宜超过孔道面积的一半。

对孔道成型的基本要求是：孔道尺寸与位置应正确，孔道应平顺，端部预埋钢板应垂直孔道中心线。

2. 预应力筋的张拉

用后张法张拉预应力筋时，结构的混凝土强度应符合设计要求，当设计无具体要求时，不应低于设计的混凝土立方体抗压强度标准值的75%（检查同条件养护试件试验报告）。

（1）张拉控制应力和张拉程序

后张法预应力筋的张拉控制应力σ_{con}不宜超过表4-1规定的数值。从表4-1可知，后张法的张拉控制应力比先张法的取值低，这是因为后张法构件的混凝土在张拉过程中即受到弹性压缩，因此不必像先张法那样，要考虑混凝土弹性压缩对预应力值的降低影响，此外，混凝土收缩、徐变引起的预应力损失也比先张法小。后张法张拉程序与先张法相同。

（2）张拉顺序和张拉方法

预应力筋的张拉方法可分为一端张拉和两端张拉两种。对曲线预应力筋和长度大于24m的直线预应力筋，宜在两端张拉，以减少孔道摩擦损失。长度等于或小于24m的直线预应力筋，可在一端张拉，但张拉端宜分别设置在构件的两端。当两端同时张拉同一根预应力筋时，宜先在一端锚固，再在另一端补足张拉力后进行锚固。

对配有多根预应力筋的构件，需分批并按一定的顺序进行张拉，避免构件在张拉过程中承受过大的偏心压力，引起构件弯曲裂缝现象，通常是分批、分阶段、对称地进行张拉。在分批张拉时，要考虑后批预应力筋张拉时对混凝土产生的弹性压缩，而引起前批已张拉预应力筋的预应力损失，该应力损失值应分别加到先张拉钢筋的控制应力内。

张拉顺序应符合设计要求。同时，还应尽量减少张拉设备的移动次数。

预应力混凝土屋架下弦的张拉顺序如图4-24所示，当预应力筋为两束时，采用一端张拉方法，用两台千斤顶分别设置在构件两端，一次张拉完成；当预应力筋为四束时，需要分两批张拉，用两台千斤顶分别张拉对角线上的两束，然后张拉另两束。预应力混凝土吊车梁预应力筋张拉顺序（采用两台千斤顶）如图4-25所示，上部两束直线预应力筋一般先张拉，下部四束曲线预应力筋采用两端张拉方法分批进行张拉，为使构件对称受力，每批两束先按一端张拉方法进行张拉，待两批四束均进行一端张拉后，再分批在另一端补张拉以减少先批张拉的所受的弹性压缩损失。

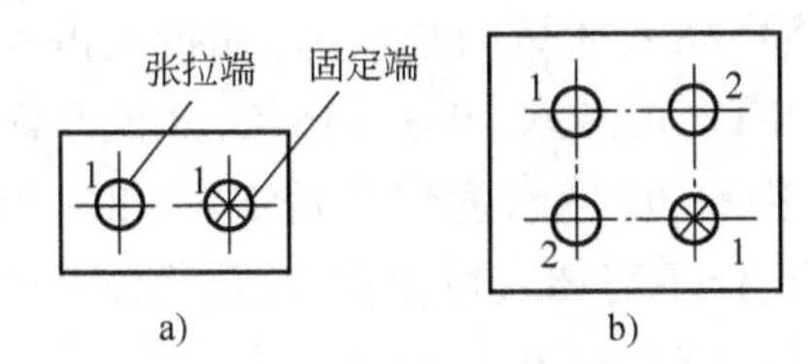

图4-24　屋架下弦预应力筋张拉顺序

a）两束；b）四束

1、2-预应力筋分批张拉顺序

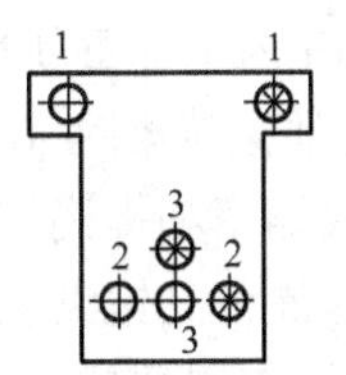

图4-25　吊车梁预应力筋张拉顺序

1、2、3-预应力筋的分批张拉顺序

平卧重叠浇筑的预应力混凝土构件，预应力筋的张拉应自上而下逐层进行，以减少上层构件的重压和黏结力对下层构件的影响。为了减少上下层构件之间因摩阻力引起的应力损失，

可自上而下，逐层加大拉力，但底层构件的张拉力不宜比顶层构件张拉力大5%（用于钢丝、钢绞线和热处理钢筋）或9%（冷拉HRB335、HRB400、RRB400级钢筋），并且要保证加大张拉控制应力后不要超过最大超张拉力的规定。

(3)预应力筋伸长值测定及预应力值的校核

张拉过程中预应力筋的应力，由千斤顶、油泵、油压表控制，但当千斤顶摩阻力变化或预应力筋在某部分受阻不能变形时，均将影响预应力值的精度；当油泵油表失灵时，预应力筋还有可能超张拉过度而断裂，导致质量安全事故；且后张法构件预应力筋处于混凝土内，不能直接观察其变形，故用应力控制方法张拉时，必须按规范要求复核预应力筋的伸长值。

预应力筋的实际伸长值，宜在初应力为张拉控制应力的10%左右时开始量测（初应力取值应不低于10%的σ_{con}，以保证预应力筋拉紧）。但必须加上初应力以下的推算伸长值（推算伸长值可根据预应力筋弹性变形呈直线变化的规律求得。例如某筋应力自$0.3\sigma_{con}$增至$0.4\sigma_{con}$时，其变形为4mm，即应力每增加$0.1\sigma_{con}$变形增加4mm，故该筋初应力$10\%\sigma_{con}$时的伸长值亦为4mm）。对后张法，尚应扣除混凝土构件在张拉过程中的弹性压缩值。通过伸长值的校核，可综合反映张拉力是否足够，孔道摩擦损失是否偏大，以及预应力筋是否有异常现象等。如实际伸长值与设计计算理论伸长值的相对允许偏差超过±6%，应暂停张拉，待查明原因并采取措施予以调整后，方可继续张拉。

为了了解预应力值建立的可靠性，需对预应力筋的应力及损失进行检验和测定，以便在张拉时补足和调整预应力筋值。检验预应力损失最方便的方法，是在预应力筋张拉24h后孔道灌浆前重拉一次，测读前后两次应力值之差，即为钢筋中预应力损失（并非应力损失全部，但已完成很大部分）。由于摩擦力所引起的应力损失，可在钢筋两端安置千斤顶拉住钢筋，然后将一台千斤顶充油，反映在两台千斤顶的油压表上的读数之差即为摩擦力的大小。

3. 孔道灌浆

钢筋张拉完毕后，应立即进行孔道灌浆，孔道内水泥浆应饱满、密实。其主要作用，一是保护预应力筋防止锈蚀；二是使预应力筋与构件混凝土有效黏结，以控制超载时裂缝的间距与宽度并减轻构件两端锚具的负荷状况。因此，对孔道的灌浆质量必须重视。

孔道灌浆前应进行水泥浆配合比设计，并通过试验确定其流动度、泌水率、膨胀率及强度。灌浆应用强度等级不低于32.5MPa的普通硅酸盐水泥配制的水泥浆。灌浆用水泥浆的水灰比不应大于0.45，流动度为120～170mm，搅拌后3h泌水率不宜大于2%，且不应大于3%。泌水应能在24h内全部重新被水泥浆吸收。在水泥浆中掺入适量的减水剂（如掺入占水泥重量0.25%的木质素磺酸钙、0.25%的FDN、0.5%的NNO），可减水10%～15%，降低水泥浆的泌水性，减少收缩率和提高早期强度；掺入0.05%的铝粉，可使水泥浆获得2%～3%的膨胀率，以提高孔道灌浆的饱满度，同时也能满足强度要求，但不得掺入氯化物、硫化物以及硝酸盐等对钢筋有腐蚀作用的外加剂。灌浆用水泥浆的强度不应小于$30N/mm^2$。

搅拌好的水泥浆必须通过过滤器，置于贮浆桶内，并不断搅拌，以防泌水沉淀。灌浆设备采用灰浆泵。灌浆顺序应先下后上，以免上层孔道灌浆把下层孔道堵塞。灌浆前，应用压力水将孔道冲洗干净，湿润孔壁。灌浆工作应缓慢均匀地进行，不得中断，并应排气通畅，以防止空气压入孔道内而影响灌浆质量。在孔道两端冒出浓浆并封闭排气孔后，宜再继续加压至$(0.5\sim0.6)N/mm^2$，稍后再封闭灌浆孔。

三 无黏结预应力施工工艺

无黏结预应力施工方法是有黏结后张法预应力的发展。在常规的后张法施工中,预应力筋在张拉后通过灌浆与混凝土之间产生黏结力,在使用荷载的作用下,构件的预应力筋和混凝土不会产生纵向的相对滑动。而无黏结预应力混凝土的施工方法是在预应力筋的表面刷防腐润滑脂并套塑料管后,如同普通钢筋一样铺设在模板内相应的位置,然后浇筑混凝土,待混凝土达到规定的强度后,进行预应力筋的张拉和锚固。该工艺是完全借助两端的锚具传递预应力,具有不需要留设孔道、穿筋、灌浆,施工简便,摩擦损失小,预应力筋易弯成多跨曲线形状等优点,但对锚具的锚固能力要求较高。

(一)无黏结预应力筋的制作

无黏结预应力筋由预应力钢材、涂料层、外包层以及锚具组成。

无黏结预应力筋一般采用钢绞线或 $7\phi^{S}5$ 高强钢丝组成的钢丝束,通过专用设备涂包防腐油脂和塑料管。涂料的作用是使预应力筋与混凝土隔离,减少张拉时的摩擦损失,防止预应力筋锈蚀。因此要求涂料有较好的化学稳定性和韧性;在 -20 ~ +70℃温度范围内应不开裂、不发脆、不流淌,并能较好地黏附在钢筋上,对钢筋和混凝土无腐蚀作用。常用的涂料有防腐沥青和防腐油脂。

用于制作无黏结预应力筋的钢丝束或钢绞线必须每根通长,不应有死弯,中间不能有接头。其制作工艺为:编束放盘→刷防腐润滑脂→覆裹塑料护套→冷却→调直→成型。

无黏结筋的锚具性能,应符合 I 类锚具的有关规定。高强钢丝预应力筋主要用镦头锚具;钢绞线作为无黏结预应力筋,则采用 XM 型锚具。

(二)无黏结预应力筋的敷设

无黏结预应力筋铺设前应逐根检查外包层的完好程度,对有轻微破损的,应在破损部位用防水筋塑料胶带包缠修补;对破损严重的应予以报废。

无黏结预应力筋应严格按设计要求的曲线形状和位置正确就位并绑扎牢固。其曲率可用马凳控制,间距不宜大于 2m。当铺设双向曲线配筋的无黏结筋时,必须事先编序,制定铺放顺序(应先铺设标高低的无黏结筋,再铺设标高较高的无黏结筋,宜避免两个方向的无黏结筋相互穿插编结)。预应力筋就位后,标高及水平位置经调整、检查无误后,用铅丝与非预应力筋绑扎牢固,防止预应力筋在浇筑混凝土过程中位移。

(三)预应力筋的张拉

预应力筋张拉时混凝土强度应符合设计要求,当设计无要求时,不应低于设计强度的75%(应有相应的试验报告单)。由于无黏结预应力筋一般为曲线配置,故应采用两端同时张拉。无黏结预应力筋的张拉顺序应按设计要求进行,如设计无特殊要求时,可根据其铺设顺序,先铺设的先张拉,后铺设的后张拉。张拉程序宜采用从 $0 \rightarrow 103\%\sigma_{con}$ 张拉并直接锚固。在张拉过程中,应尽量避免预应力筋断裂和滑脱,当发生断裂和滑脱时,其数量严禁超过同一截面预应力筋总根数的3%,且每束钢丝不得超过一根;对多跨双向连续板,其同一截面应按每跨计算。

无黏结筋的锚固区,必须有严格的密封防护措施,以防水汽进入,锈蚀预应力筋。无黏结筋张拉完毕后,应采用液压切筋器或砂轮锯切断超长部分的无黏结筋,严禁采用电弧切断,将外露无黏结筋切至约30mm后,涂专用防腐油脂,并加盖塑料封端罩,最后浇筑混凝土。当采用穴模时,应用微膨胀细石混凝土或高强度等级砂浆将构件凹槽堵平。无黏结筋的端部处理取决于无黏结筋和锚具种类,如图4-26~图4-28所示。

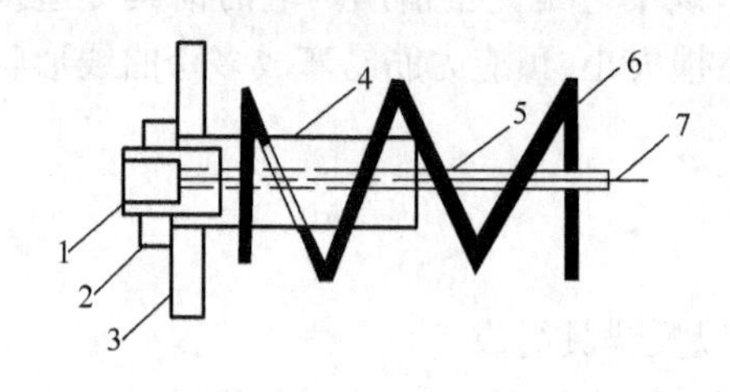

图4-26 镦头锚固系统张拉端

1-锚环;2-螺母;3-承压板;4-塑料套筒;5-软塑料管;6-螺旋筋;7-无黏结筋

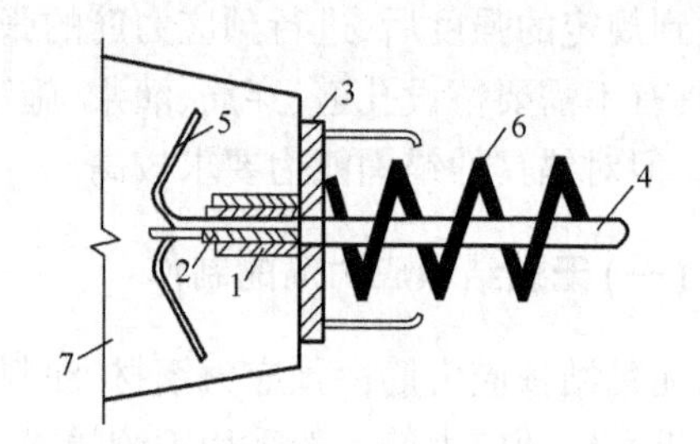

图4-27 夹片式锚具张拉端处理

1-锚环;2-夹片;3-承压板;4-无黏结筋;5-散开打弯钢丝;6-螺旋筋;7-后浇混凝土

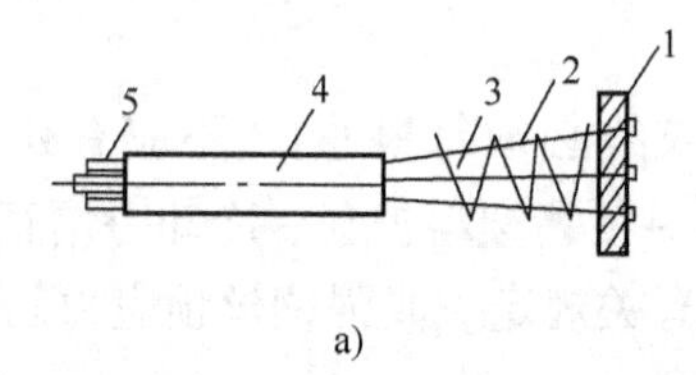

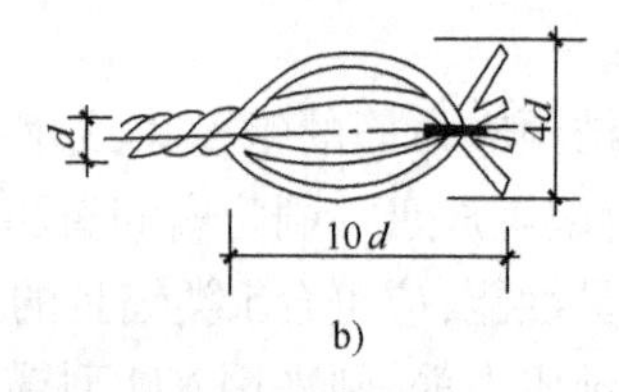

图4-28 无黏结筋固定端详图

a)无黏结钢丝束固定端;b)钢绞线固定端

1-锚板;2-钢丝;3-螺旋筋;4-软塑料管;5-无黏结钢丝束

第三节 预应力混凝土质量检查与安全措施

一 常见的质量事故及处理

(一)先张法预应力混凝土常见的质量事故及处理

1. 钢丝滑动(钢丝向构件内收缩)

(1)产生原因

钢丝表面被油污染,钢丝与混凝土之间的黏结力遭到破坏,放松钢丝的速度过快,超张拉值过大。

(2)防止措施

保持钢丝表面洁净,振捣混凝土一定要密实,等混凝土的强度达80%以上才能放松钢丝。

2. 钢丝被拉断

(1)产生原因

钢丝的强度过高;其质不均;超张拉值过大。

(2)防止措施

一般不用高强钢丝,张拉时,施工人员不得在张拉台座的两边,以免高强钢丝断裂而伤人。

3. 构件脆断或构件翘曲

(1)产生原因

钢丝应力、应变性能差;配筋率低,张拉控制应力过高;台座不平,预应力位置不准;构件刚度差。

(2)防止措施

控制冷拔钢丝截面的总压缩率,以改善应力、应变性能;避免过高的预应力值;不要用增加冷拔次数来提高钢丝的强度;增大混凝土构件的截面。

(二)后张法预应力混凝土常见的质量事故及处理

1. 孔道位置不正

即孔道位置偏斜,引起构件在施加应力时发生侧弯和开裂。

(1)产生原因

芯管未与钢筋固定牢,井字架间距过大;浇筑混凝土时,振动棒的振动使芯管偏移。

(2)防止措施

在浇筑混凝土前,应检查预埋件及芯管位置是否正确,芯管应用钢筋"井"字架支垫,"井"字架尺寸应正确,并应绑扎在钢筋骨架上,其间距不得大于1m;灌注混凝土时,防止振动棒振动芯管偏移,需起拱的构件,芯管应同时起拱,以保证保护层厚度。

2. 孔道塌陷、堵塞

即后张法构件预留孔道塌陷或堵塞,使预应力筋不能顺利穿过,不能保证灌浆质量。

(1)产生原因

抽芯过早,混凝土尚未凝固;孔壁受外力和振动影响,如抽管时,因方向不正而产生的挤压和附加振动等;抽管的速度过快。

(2)防止措施

钢管抽芯宜在混凝土初凝后、终凝前进行;浇灌混凝土后,钢管应每隔10~15min转动一次,转动应始终顺同一方向;用两根钢管对接的管子,两根管子的旋转方向应相反;抽管程序宜先上后下,先曲后直;抽管速度要均匀,其方向应与孔道走向保持一致;芯管抽出后,应及时检查孔道成型质量,局部塌陷处,可用特制长杆及时加以疏通。

3. 预应力值不足

即重叠生产构件,如屋架等张拉后,常出现应力值不足情况,对HRB335冷拉钢筋的应力损失,最大可达10%以上。

(1)产生原因

后张法构件施加预应力时,混凝土弹性压缩损失值在张拉过程中同时完成,结构设计时,可不必考虑;而采用重叠方法生产构件,由于上层构件重量和层间黏结力,将阻止上、下层构件

张拉时的弹性压缩,当构件起吊后,层间摩阻力消除,从而产生附加预应力损失。

(2)防止措施

采取自上而下分层进行张拉,并逐层加大张拉力;但底层张拉力不宜超过顶层张拉力5%(对钢丝、钢绞线和热处理钢筋),或9%(对冷拉HRB335、HRB400、RRB400钢筋);做好隔离层(用石灰膏加废机油和铺油毡、塑料薄膜);浇捣上层混凝土,防止振动棒触及下层构件。

4.孔道灌浆不密实

即孔道灌浆不饱满,强度低。

(1)产生原因

灌浆的水泥强度过低,或过期、受潮、失效;灌浆顺序不当,宜先灌下层后灌上层,避免将下层孔道堵住;灌浆压力过小;未设排气孔,部分孔道被空气阻塞;灌浆未连续进行,部分孔道被堵。

(2)防止措施

灌浆水泥强度应采用32.5级以上普通水泥或矿渣水泥;灰浆水灰比宜控制在0.4左右,为减少收缩,可掺入0.01%的铝粉或0.25%的减水剂;铝粉应先和水泥拌匀使用;灌浆前用压力水冲洗孔道,灌浆顺序应先下后上;直线孔道灌浆,可从构件一端到另一端;由线孔道应从最低点开始向两端进行;孔道末端应设排气孔,灌浆压力以0.3~0.5MPa为宜,每个孔道一次灌成,中途不应停顿;重要预应力构件可进行二次灌浆,在第一次灌浆初凝后进行。

5.孔道裂缝

即构件灌浆前后,沿孔道方向产生水平裂缝。

(1)产生原因

抽管、灌浆操作不当,产生裂缝;冬期施工灰浆受冻膨胀,将孔道胀裂。

(2)防止措施

防止抽管、灌浆操作不当产生孔道裂缝的措施参见防止"孔道塌陷、堵塞"有关部分;混凝土应振捣密实,特别保证孔道下部的混凝土密实;尽量避免在冬期进行孔道灌浆,必须在冬期灌浆时,应在孔道中通入蒸汽或热水预热,灌浆后做好构件的加热和保温措施。

二 预应力混凝土质量检查

(1)后张法预应力工程的施工应由相应资质等级的预应力专业施工单位承担。

(2)预应力筋进场时,应按现行国家标准《预应力混凝土用钢绞线》(GB/T 5224)等的规定抽取试件作力学性能检验,其质量必须符合有关标准的规定。无黏结预应力筋的涂包质量应符合无黏结预应力钢绞线标准的规定(检查产品合格证、出厂检验报告和进场复验报告)。预应力筋使用前应进行外观检查,其质量应符合下列要求:有黏结预应力筋展开后应平顺,不得有弯折,表面不应有裂纹、小刺、机械损伤、氧化铁皮和油污等;无黏结预应力筋护套应光滑、无裂缝,无明显褶皱。预应力筋安装时,其品种、级别、规格、数量必须符合设计要求。

(3)预应力筋所用锚具、夹具和连接器应按设计要求采用,其性能应符合现行国家标准

《预应力筋用锚具、夹具和连接器》(GB/T 14370)等的规定(检查产品合格证、出厂检验报告和进场复验报告)。使用前应进行外观检查,其表面应无污物、锈蚀、机械损伤和裂纹。

(4)预应力混凝土用金属螺旋管的尺寸和性能应符合国家现行标准《预应力混凝土用金属螺旋管》(JG/T 3013)的规定(检查产品合格证、出厂检验报告和进场复验报告)。在使用前应进行外观检查,其内外表面应清洁,无锈蚀,不应有油污、孔洞和不规则的褶皱,咬口不应有开裂或脱扣。

(5)预应力筋下料应符合下列要求:预应力筋采用砂轮锯或切断机切断,不得采用电弧切割;当钢丝束采用镦头锚具时,同一束中各根钢丝长度的极差不应大于钢丝长度的1/5 000,且不应大于5mm。当成组张拉长度不大于10m的钢丝时,同组钢丝长度的极差不得大于2mm。预应力筋束形控制点的竖向位置偏差应符合表4-2的规定。

束形控制点的竖向位置允许偏差　　表4-2

截面高(厚)度(mm)	$h \leqslant 300$	$300 < h \leqslant 1\,500$	$h > 1\,500$
允许偏差(mm)	±5	±10	±15

检查数量:在同一检验批内,抽查各类型构件中预应力筋总数的5%,且对各类型构件均不少于5束,每束不应少于5处。

检验方法:钢尺检查。

注:束形控制点的竖向位置偏差合格点率应达到90%及以上,且不得有超过表中数值1.5倍的尺寸偏差。

(6)先张法预应力筋施工时应选用非油质类模板隔离剂,并应避免沾污预应力筋。在施工过程中应避免火花损伤预应力筋;受损伤的预应力筋应予以更换。先张法预应力筋张拉后与设计位置的偏差不得大于5mm,且不得大于构件截面短边边长的4%。先张法预应力筋放张时宜缓慢放松锚固装置,使各根预应力筋同时缓慢放松。

(7)后张法预应力筋锚固后的外露部分宜采用机械方法切割,其外露长度不宜小于预应力筋直径的1.5倍,且不宜小于30mm。后张法有黏结预应力筋预留孔道的规格、数量、位置和形状除应符合设计要求外,尚应符合下列规定:预留孔道的定位应牢固,浇筑混凝土时不应出现移位和变形;孔道应平顺,端部的预埋锚垫板应垂直于孔道中心线;成孔用管道应密封良好,接头应严密不得漏浆;灌浆孔的间距:对预埋金属螺旋管不宜大于30m,对抽芯成形孔道不宜大于12m;在曲线孔道的曲线波峰部位应设置排气兼泌水管,必要时可在最低点设置排水管;灌浆孔及泌水孔的孔径应能保证浆液畅通。

(8)后张法预应力筋锚固后的外露部分宜采用机械方法切割,其外露长度不宜小于预应力筋直径的1.5倍,且不宜小于30mm。锚具的封闭保护应符合设计要求;当设计无具体要求时,应符合下列规定:应采取防止锚具腐蚀和遭受机械损伤的有效措施;凸出式锚固端锚具的保护层厚度不应小于50mm;外露预应力筋的保护层厚度:处于正常环境时,不应小于20mm,处于易受腐蚀的环境时,不应小于50mm。

(9)锚固阶段张拉端预应力筋的内缩量应符合设计要求;当设计无具体要求时应符合表4-3的规定。预应力筋张拉锚固后实际建立的预应力值与工程设计规定检验值的相对允许偏差为±5%。

张拉端预应力筋的内缩量限值

表 4-3

锚具类别		内缩量限值(mm)
支承式锚具(镦头锚具等)	螺母缝隙	1
	每块后加垫板的缝隙	1
锥塞式锚具		5
夹片式锚具	有顶压	5
	无顶压	6~8

三 预应力混凝土安全措施

(一)张拉设备

施工预应力所用的张拉设备及仪表,应由专人负责使用与管理,并定期进行维护与校验。张拉设备应配套标定,并配套使用,张拉设备的标定期限不应超过半年。当在使用过程中出现反常现象或在千斤顶检修以后,应重新标定。张拉设备标定时,千斤顶活塞的运行方向应与实际张拉工作状态一致;压力表的精度不应低于1.5级,标定张拉设备用的试验机或测力计的精度不应低于±2%。施工时根据预应力筋种类等合理选择张拉设备,预应力筋张拉力不应大于设备额定张拉力,严禁在负荷时拆换油管或压力表。接电源时,机壳必须接地,经检查绝缘后,才可试运转。

(二)先张法施工

在先张法施工中,张拉机具与预应力筋应在一条直线上;顶紧锚塞时,用力不要过猛,以防钢丝折断;拧紧螺母时,应注意压力表读数,一定要保持所需张拉力。台座法生产时,其两端应设有防护设施,并在张拉预应力筋时,沿台座长度方向每隔4~5m设置一个防护架,两端严禁站人,更不准进入台座。

(三)后张法施工

在后张法施工中,张拉预应力筋时应特别注意安全。张拉前在构件两端应设置保护装置,如用麻袋或草包筑成矮墙,以防螺帽滑脱、钢筋断裂飞出伤人;在张拉操作中,有关人员应严格遵守操作规程,正对预应力筋两端严禁站人,操作人员应在侧向工作。在油泵开动过程中,不得擅自离开岗位,如需离开,应将油阀全部松开或切断电路。张拉时应做到孔道、锚环与千斤顶三对中,以使张拉工作顺利进行。

钢丝、钢绞线、热处理钢筋及冷拉级钢筋,严禁采用电弧切割。

第四节　预应力混凝土工程施工方案实例

一 工程概况

某中学教学楼,采用框架结构,地上六层,屋面塔楼一层,建筑物平面呈长方形,东西长约87m,南北长约20m,建筑物中部框架梁采用无黏结预应力结构,预应力框架梁的预应力筋采

用低松弛 $\phi^{j}15$ 钢绞线，$f_{ptk}=1\ 860N/mm^2$，锚具为 XM 斜夹片式锚具，选用 YCK250 型千斤顶及与其配套的高压油泵张拉，张拉控制应力为 $0.7f_{ptk}$。通过图纸已知，预应力框架梁分为五种形式：

(1) KL110Y 型，三跨连续，长为 31.8m，截面形式为 600mm × 800mm，布置三个钢绞线集团束，每束为 $7\phi^{j}15$。

(2) KL102Y 型，长为 18.6m，截面形式为 400mm × 800mm，布置两个钢绞线集团束，每束为 $7\phi^{j}15$。

(3) KL205Y 型，长为 29.4m，截面形式为 400mm × 800mm，布置两个钢绞线集团束，每束为 $7\phi^{j}15$。

(4) KL203Y 型，长为 14.4m，截面形式为 600mm × 800mm，布置三个钢绞线集团束，每束为 $7\phi^{j}15$。

(5) WKL702Y 型，长为 23m，截面形式为 400mm × 800mm，布置三个钢绞线集团束，每束为 $7\phi^{j}15$。

二 施工工艺流程

材料进场→取样试验→下料→盘卷→运至施工区→坐标确定→自检、调整→钢绞线编束、穿束、绑扎→张拉端安装→验收→浇筑混凝土→张拉端清理→安装锚具→张拉→切除钢筋头→封锚端部。

1. 预应力钢绞线下料长度的确定

计算公式为：

$$L=l+2(h+d+a)$$

式中：L——下料长度(mm)；

l——埋入梁内钢绞线长度(mm)；

h——锚垫板厚度，$h=40$mm；

d——锚环厚度，$d=60$mm；

a——预应力筋在张拉时预留的工作长度，取 300mm。

根据计算，上述五种形式梁中预应力钢筋的下料长度分别为 32 680mm、19 480mm、15 210mm、30 400mm、23 880mm。

2. 预应力钢绞线坐标位置的固定

框架梁的箍筋绑好后，将图纸中预应力钢绞线心型束的位置逐点标注在框架梁的箍筋上，在其位置上焊接支撑架，并保证位置准确、焊接稳固。将下好料的钢绞线按图示位置编束，且务必理顺不缠绕，然后用铅丝以 500mm 的间距施行绑扎。以人工穿束的形式，将钢绞线束从一头穿入另一头，两端外露长度均匀，然后用铁丝将钢丝束绑扎在支撑架上，但铁丝不宜扎得太紧，以免塑料管有明显的刻痕和压纹。

3. 无黏结筋张拉

在张拉前先将张拉端预应力钢绞线的外塑料皮割掉并清理干净，并在锚板上对钢绞线进行编号，以备张拉用。当混凝土强度等级达到设计强度标准值的 75% 以上时，方可进行张拉。预应力筋张拉采用单根钢绞线两端对称张拉，即在一端张拉锚固后，再在另一端按相反的顺序依次补足，并记录伸长值，依次加到第一次的伸长值上，即为该根钢绞线的伸长值。为减少孔道摩擦和钢筋松弛等引起的预应力损失，张拉时采用超张拉的方法，其张拉程序为：

$$0 \longrightarrow 10\%\sigma_{con} \longrightarrow 105\%\sigma_{con} \xrightarrow{\text{持荷 2min}} \sigma_{con} \longrightarrow \text{锚固}$$

张拉控制应力： $\sigma_{con} = 0.7R_y^b = 0.7 \times 1\,860 = 1\,302\text{MPa}$

张拉力： $P = \sigma_{con} \cdot A_p = 1\,302 \times 140 = 182.28\text{kN}$

根据计算，上述五种形式梁中预应力钢筋的张拉伸长值分别为 199mm、115mm、93mm、176mm、143mm。

张拉时，先建立 $10\%\sigma_{con}$ 的初应力值，初应力建立后在钢绞线的根部用红油漆作出标记，以便记录伸长值。无黏结预应力筋张拉锚固后实际预应力值与设计值的相对允许偏差为 ±5%。在施工过程中要逐根做好预应力筋的张拉记录。

4. 封锚

张拉完成后，采用砂轮锯切断超长部分的无黏结筋，预应力筋切断后露出锚具夹片外的长度不得小于 30mm，切除钢绞线后，在锚具及承压板表面涂以防水涂料，然后用 C40 微膨胀混凝土密封并予以装饰。

三 质量控制标准及要求

(1)钢绞线经检验必须满足《预应力混凝土用钢绞线》(GB/T 5224)要求的力学性能指标，且符合《钢绞线、钢丝束无黏结预应力筋》(JG 3006)及《无黏结预应力筋用防腐润滑脂》(JG 3007)的规定。

(2)锚具必须为 I 类锚具，且符合《预应力筋用锚具、夹具和连接器》(GB/T 14370)以及其他相关规范的有关规定。千斤顶的压力表精度为 1.5 级，施工前对千斤顶、油泵及压力表进行配套标定，由标定曲线算出各张拉力的压力表读数，据此读数作为张拉时的控制值。

(3)钢绞线在吊装和穿束时，不得摔砸踩踏，严禁钢丝绳或其他坚硬吊具与无黏结预应力筋的外层直接接触。

(4)铺设无黏结筋时，垂直位置偏差为 ±10mm，且位置保持顺直。

(5)安装张拉端和固定端时应保证相对位置符合设计要求，且各部件之间不应有缝隙。

(6)张拉时采用应力、伸长值双控的方法，并保证实际伸长值与计算伸长值的偏差控制在 ±6% 以内，否则应暂停张拉，查明原因并采取措施予以调整后方可继续张拉。

(7)张拉过程中，滑丝断裂数量不应超过结构同一截面无黏结预应力筋总量的 2% 且一束钢丝只允许 1 根。

四 工程验收资料

(1)无黏结预应力筋、锚具出厂质量证明书；

(2)无黏结预应力筋、锚具的复试报告；

(3)混凝土试块的强度试验报告；

(4)无黏结预应力筋的张拉记录；

(5)隐蔽工程验收记录。

五 安全注意事项

(1)入场前对工人进行安全教育,操作工人应配戴安全帽;

(2)张拉操作时应有稳固的操作平台;

(3)张拉时采用两人一组,一人操作千斤顶,一人操作油泵并记录;

(4)穿束时工人脚踩的架板应稳固;

(5)张拉时,严禁施工人员站在千斤顶的轴线方向,以免发生意外。

本章小结

本章内容包括先张法、后张法和电张法。在先张法施工中,主要介绍台座、夹具及张拉机具的类型、构造及选用,重点阐述了先张法施工工艺特别是预应力筋的张拉方法和放张要求。在后张法施工中,主要介绍常用锚具的类型、构造及与预应力筋和张拉机具的配套选用;重点阐述了后张法的施工工艺:构件孔道的留设方法、预应力筋的制作和下料长度的计算及张拉方法、孔道的灌浆的方法。在无黏结预应力混凝土施工工艺中,主要介绍了无黏结预应力筋的铺设、张拉和锚头的处理。电张法中,介绍了电热伸长值的计算、电热设备的选择几电热张拉工艺。

先张法是在混凝土浇筑前张拉钢筋,预应力是靠钢筋与混凝土之间的黏结力传递给混凝土。后张法是在混凝土达到一定的强度后张拉钢筋,预应力靠锚具传递给混凝土。在后张法中,按预应力筋黏结状态又可分为:有黏结预应力混凝土和无黏结预应力混凝土。有黏结预应力混凝土是在预应力筋张拉后通过孔道灌浆使预应力筋与混凝土相互黏结,无黏结预应力混凝土由于预应力筋涂有油脂,预应力完全靠锚具传递给混凝土。

采用机械方法进行张拉的先张法与后张法,预应力筋的张拉和固定均需用夹具或锚具。二者的不同在于:通常把永久锚固在构件钢筋端部的称为锚具,主要用在后张法中;用于临时夹持预应力筋、并且在构件浇筑的混凝土达到强度后可以取下的称为夹具。后张法锚具分为张拉端锚具和固定端锚具,锚具、预应力筋和张拉设备是配套的。夹具分为锚固夹具和张拉夹具。

先张法和后张法中预应力筋的控制应力 σ_{con} 应满足规范的有关规定。张拉程序可根据预应力筋的种类、张拉设备等进行选择,在张拉程序中要求预应力筋的张拉应力超过规范规定的控制应力值,称为超张拉。超张拉的主要目的是为了减少由于钢筋松弛引起的预应力损失。

复习思考题

1. 什么叫预应力混凝土?其优点有哪些?
2. 施加预应力的方法有几种?其预应力值是如何建立和传递的?
3. 试比较先张法与后张法施工的不同特点及其适用范围。
4. 先张法张拉控制应力的取值与后张法有何不同?为什么?
5. 预应力筋张拉与钢筋冷拉有何区别?张拉力与冷拉力取值有何不同?为什么?

6. 试述先张法的台座、夹具和张拉机具的类型及特点。
7. 先张法施工时,预应力筋什么时候才可放张?怎样进行放张?
8. 先张法施工中对混凝土的浇筑和养护有何具体规定和要求?
9. 什么叫超张拉?为什么要超张拉并持荷2min?采用超张拉时为什么要规定最大限值?
10. 试分析各种锚具的性能、适用范围及优缺点。
11. 预应力混凝土施工中,可能产生哪些预应力损失?如何减少这些损失?
12. 怎样根据预应力筋和锚具类型的不同选择张拉千斤顶?
13. 张拉千斤顶为什么要校验?如何校验?
14. 试述预留孔道的基本要求及孔道留设方法。
15. 预应力筋伸长值如何校核?
16. 为什么要进行孔道灌浆?怎样进行孔道灌浆?
17. 有黏结预应力与无黏结预应力施工工艺有何区别?
18. 如何制作无黏结预应力筋?
19. 试述电热张拉原理及特点。

综合练习题

1. 某预应力混凝土屋架,采用机械张拉后张法施工,两端为螺丝端杆锚具,端杆长度为320mm,端杆外露出构件端部长度为120mm,孔道长度为29.80m,预应力筋为冷拉HRB400级钢筋,直径为20mm,每根长度为8m。实测钢筋冷拉率为3.5%,钢筋冷拉后的弹性回缩率为0.4%,张拉控制应力为$0.85f_{pyk}$,计算预应力钢筋的下料长度和预应力筋的张拉力。

2. 某车间预应力混凝土吊车梁长度为6m,配置直线预应力筋为4束$6\phi^{j}12$钢筋,采用YC60千斤顶一端张拉,千斤顶长度为435mm,两端均采用JM12—6型锚具,锚具厚度为55mm,垫板厚15mm,张拉控制应力σ_{con}为$0.85f_{pyk}$($f_{pyk}=500N/mm^2$),试计算钢筋的下料长度和张拉力。

3. 某车间采用21m的预应力混凝土屋架,孔道长度21.8m,采用$2\phi^{j}28$钢筋,一端为螺丝端杆锚具(锚具长为320mm,端部露出构件120mm),另一端采用帮条锚具(帮条长60mm,垫板厚15mm),张拉控制应力$\sigma_{con}=0.85f_{pyk}$($f_{pyk}=500N/mm^2$),混凝土采用C40,冷拉控制应力为$500N/mm^2$,钢筋冷拉率为5%,弹性回缩率为0.4%,每根长度为7.5m,屋架在工地三榀平卧重叠预制,采用拉杆式千斤顶一端张拉,试计算(1)预应力钢的下料长度;(2)预应力的冷拉力及冷拉伸长值;(3)确定预应力钢筋的张拉程序,计算每榀预应力筋的张拉力和张拉伸长值。

4. 某车间的预应力屋架采用电热张拉法。已知预应力筋为$2\phi^{j}28$,长度为17 900mm,施工张拉控制应力σ_{con}取$0.85f_{pyk}$,预应力筋弹性模量E_s为1.8×10^5(N/mm^2),预应力筋每米质量为4.85kg,大气温度20℃,通电时间$t=15min$,$\alpha=0.000\,012/℃$。试计算:(1)钢筋的电热张拉伸长值;(2)预应力筋电热温度;(3)所需变压器功率。

第五章 砌筑工程

【职业能力目标】

学完本章,你应会:

1. 具有组织砌筑工程施工的能力。
2. 进行砌体材料、组砌工艺、砌体质量的验收与质量控制。

【学习要求】

1. 了解墙体改革的方向,了解新型墙体材料的使用。
2. 熟悉砌体对材料的要求、脚手架的种类及搭设工艺。
3. 掌握砌体的施工工艺、砌体的质量要求。

砌筑工程是指砖、石和各类砌块的砌筑,即用砌筑砂浆将砖、石、砌块等砌成所需形状,如墙、基础等砌体。砖石砌筑的建筑,在我国有着悠久的历史,素有“秦砖汉瓦”之称,然而这种结构仍以手工砌筑为主,劳动强度大、生产效率低,烧制黏土砖还大量占用可耕土地,因而开发应用新型墙体材料、改善砌体施工工艺是砌筑工程改革的重点。

砌筑工程是一个综合的施工过程,它包括材料的运输、砂浆的调制、脚手架的搭设和砖、石的砌筑等工序。

第一节 脚手架及垂直运输设施

砌筑工程中,脚手架的搭设与垂直运输设施的选择是重要的一个环节,它直接影响到施工的质量、安全、进度和工程成本,要予以重视。

 脚手架

脚手架是砌筑过程中堆放材料和工人进行操作的临时性设施。当砌体砌到一定高度时(即可砌高度或一步架高度,一般为1.2m),砌筑质量和效率将受到影响,此时就需要搭设脚手架。砌筑用脚手架必须满足以下基本要求:脚手架的宽度应满足工人操作、材料堆放及运输

要求,一般为2m左右,且不得小于1.5m;脚手架结构应有足够的强度、刚度和稳定性,保证在施工期间的各种荷载作用下,脚手架不变形、不摇晃、不倾斜;构造简单,便于装拆、搬运,并能多次周转使用;过高的外脚手架应有接地和避雷装置。

脚手架的种类很多,按其搭设位置分为外脚手架和里脚手架两大类;按其所用材料分为木脚手架、竹脚手架和钢管脚手架;按其构造形式分为多立柱式、门形、悬挑式及吊脚手架等。目前脚手架的发展趋势是采用高强度金属制作、具有多种功用的组合式脚手架,可以适应不同情况作业的要求。

(一)外脚手架

外用脚手架是在建筑物的外侧(沿建筑物周边)搭设的一种脚手架,既可用于外墙砌筑,又可用于外装修施工。外脚手架的形式很多,常用的有多立杆式脚手架和门形脚手架等,多立杆式脚手架可用木、竹和钢管等搭设,目前主要采用钢管脚手架,虽然其一次性投资较大,但可多次周转、摊销费用低、装拆方便、搭设高度大,且能适应建筑物平立面的变化。多立杆钢管脚手架有扣件式和碗扣式两种。

1. 钢管扣件式脚手架

钢管扣件式脚手架由钢管、扣件、脚手板和底座等组成,如图5-1所示。钢管一般采用外径为48mm、壁厚为3.5mm的焊接钢管或无缝钢管,主要用于立杆、大横杆、小横杆及支撑杆(包括剪刀撑、横向斜撑、水平斜撑等),其特点是每步架可根据施工需要灵活布置。钢管间通过扣件连接,有三种基本形式,如图5-2所示。

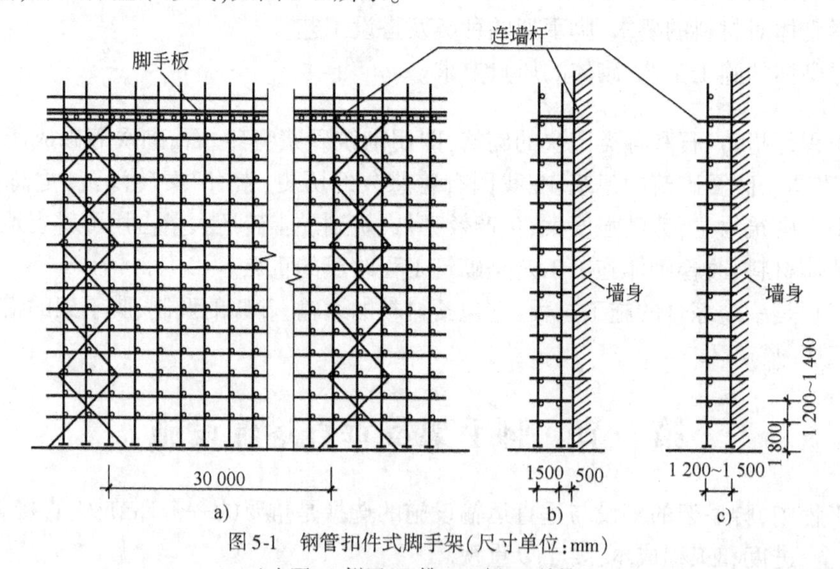

图5-1　钢管扣件式脚手架(尺寸单位:mm)

a)立面;b)侧面(双排);c)侧面(单排)

(1)直角扣件,用于连接扣紧两根互相垂直相交的钢管。

(2)旋转扣件,用于连接扣紧两根呈任意角度相交的钢管。

(3)对接扣件,用于钢管的对接接长。

立柱底端立于底座上,钢管扣件式脚手架底座如图5-3所示。脚手板铺在脚手架的小横杆上,可采用竹脚手板、木脚手板、钢木脚手板和冲压钢脚手板等,直接承受施工荷载。

钢管扣件式脚手架可按单排或双排搭设。单排脚手架仅在脚手架外侧设一排立杆，其小横杆的一端与大横杆连接，另一端则支承在墙上。单排脚手架节约材料，但稳定性较差，且在墙上需留设脚手眼，其搭设高度和使用范围也受一定的限制。作为小横杆的支点，不得在下列墙体或部位设置脚手眼：

(1)120mm 厚墙、料石清水墙和独立柱；

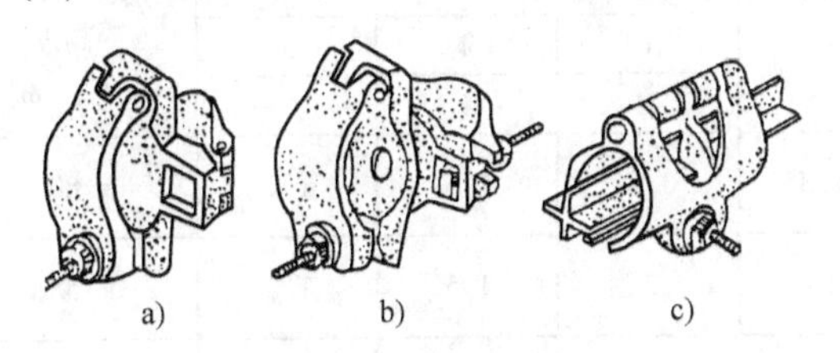

图 5-2 扣件连接形式

a)直角扣件；b)旋转扣件；c)对接扣件

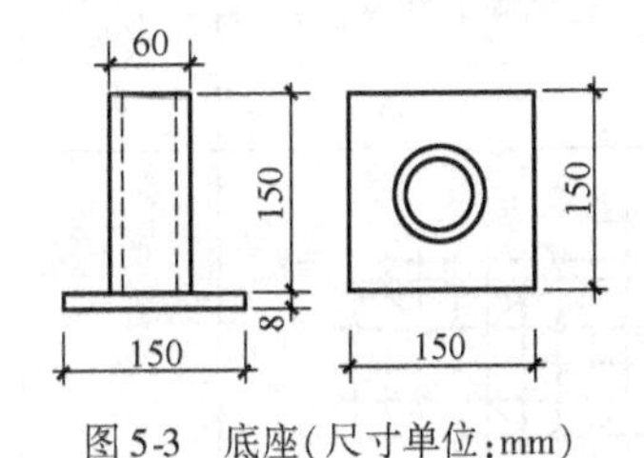

图 5-3 底座(尺寸单位：mm)

(2)过梁上与过梁呈 60°的三角形范围及过梁净跨度 1/2 的高度范围内；

(3)宽度小于 1m 的窗间墙；

(4)砌体门窗洞口两侧 200mm(石砌体为 300mm)和转角处 450mm(石砌体为 600mm)范围内；

(5)梁及梁垫下及其左右 500mm 范围内；

(6)设计不允许设置脚手眼的部位。

在施工脚手眼补砌时，灰缝应填满砂浆，不得用干砖填塞。

双排脚手架在脚手架的里外侧均设有立杆，稳定性较好，但较单排脚手架费工费料。

为了保证脚手架的整体稳定性必须按规定设置支撑系统。双排脚手架的支撑体系由剪刀撑和横向斜撑组成。单排脚手架的支撑体系由剪刀撑组成。

为了防止脚手架偏斜和倾倒，对高度不大的脚手架可设置抛撑；高度较大时还必须设置能承受压力和拉力的连墙杆，以使脚手架与建筑物之间可靠连接。双排脚手架的连墙杆一般按三步、五跨的范围大小来设置。其连接形式如图 5-4 所示。

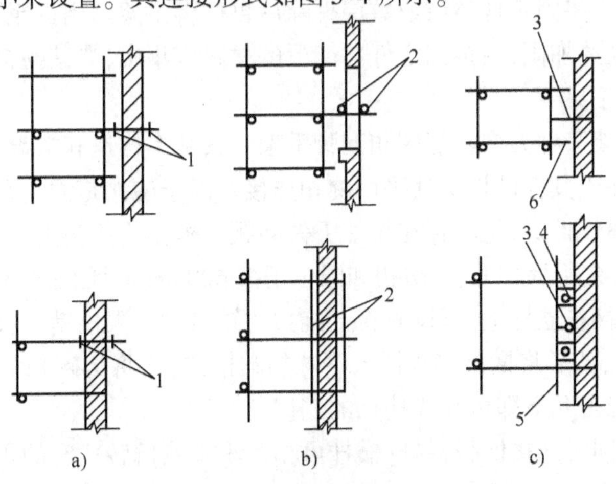

图 5-4 连墙杆的做法

1-扣件；2-两根短管；3-拉结铅丝；4-木楔；5-短管；6-横杆

钢管扣件式脚手架各杆件构造参数见表5-1。

常用双排$\phi 48\times 3.5$钢管扣件脚手架构造尺寸与最大架设高度

（连墙固定件按三步三跨布置） 表5-1

连墙固定图示	横向水平杆外伸长 a	排距 L_s	步距 h	下列施工荷载（kN/m²）时的立柱柱距（m）			脚手架最大架设高度 H_{max}（m）
				1	2	3	
				l			
	0.5	1.05	1.35	1.8	1.5	1.2	80
			1.8	2	1.5	1.2	55
			2	2	1.5	1.2	45
		1.55	1.35	1.8	1.5	1.2	75
			1.8	1.8	1.5	1.2	50
			2	1.8	1.5	1.2	40

脚手架搭设范围的地基应平整坚实，设置底座和垫板，并有可靠的排水措施，防止积水浸泡地基。杆件应按设计方案搭设，并注意搭设顺序，扣件拧紧程度要适度，且应严格控制立杆的垂直度（偏差不大于架高的1/200）和大横杆的水平度（不大于一皮砖厚）。脚手板要铺满、铺平铺稳，不得有悬空板，各杆连接都应有不小于100mm的伸缩余地，以防滑脱。禁止使用规格和质量不合格的杆配件。脚手架的搭设虽不像建筑物结构那样严格，但使用荷载变动性较大，受自然条件影响也大，因此要有足够的安全储备，以适应各种情况要求。脚手架要有可靠的安全防护措施，并严格控制使用荷载。

脚手架的拆除按由上而下，逐层向下的顺序进行。严禁上下同时作业，所有固定件应随脚手架逐层拆除。严禁先将固定件整层或数层拆除后再拆脚手架。当拆至脚手架下部最后一节立杆时，应先架临时抛撑加固，后拆固定件。卸下的材料应集中，严禁抛扔。

2. 碗扣式钢管脚手架

碗扣式钢管脚手架又称为多功能碗扣型脚手架。其基本构造和搭设要求与钢管扣件式脚手架类似，不同之处在于其杆件接头处采用碗扣连接。由于碗扣是固定在钢管上的，因此连接可靠，组成的脚手架整体性好，也不存在扣件丢失问题。碗扣式接头由上、下碗扣及横杆接头、限位销等组成，如图5-5所示。上、下碗扣和限位销按600mm间距设置在钢管立杆上，其中下碗扣和限位销直接焊接在立杆上，搭设时将上碗扣的缺口对准限位销后，即可将上碗扣向上拉起（沿立杆向上滑动），然后将横杆接头插入下碗扣圆槽内，再将上碗扣沿限位销滑下，并顺时针旋转扣紧，用小锤轻击几下即可完成接点的连接。

碗扣式接头可以同时连接四根横杆，横杆可相互垂直或偏转一定的角度，因而可以搭设各种形式的，特别是曲线型的脚手架，还可作为模板的支撑。碗扣式钢管脚手架立杆横距为1.2m，纵距根据脚手架荷载可分为1.2m、1.5m、1.8m、2.4m，步距为1.8m、2.4m。

3. 门形脚手架

门形脚手架又称多功能门形脚手架，是由钢管制成的门架、剪刀撑、水平梁架或脚手板构成基本单元，如图 5-6 所示，将基本单元通过连接棒、锁臂等连接起来即构成整片脚手架。

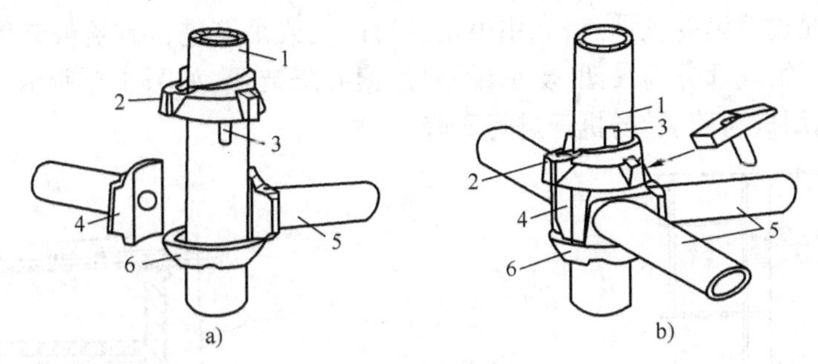

图 5-5　碗扣接头

1-立杆；2-上碗扣；3-限位销；4-横杆接头；5-横杆；6-下碗扣

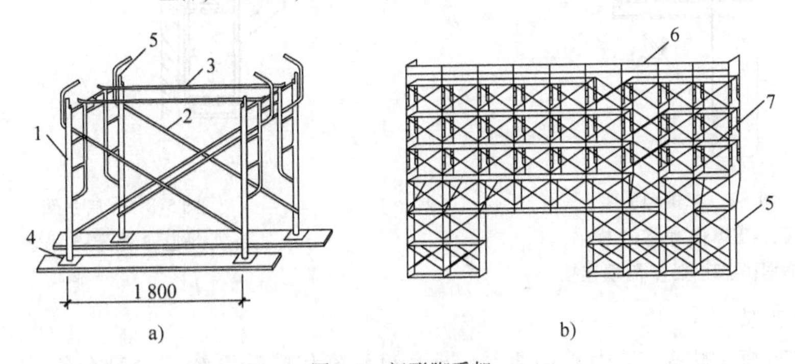

图 5-6　门形脚手架

a）基本单元；b）整片门形脚手架

1-门架；2-剪刀撑；3-水平梁架；4-螺旋基脚；5-梯子；6-栏杆；7-脚手板

门形脚手架是目前国际上应用最普遍的脚手架之一，其搭设高度一般限制在 45m 以内，该脚手架的特点是装拆方便，构件规格统一，其宽度有 1.2m、1.5m、1.6m，高度有 1.3m、1.7m、1.8m、2.0m 等规格，可根据不同要求进行组合。

搭设门形脚手架时，基底必须严格夯实抄平，并铺可调底座，以免发生塌陷和不均匀沉降。首层门形脚手架垂直度（门架竖管轴线的偏移）偏差不大于 2mm；水平度（门架平面方向和水平方向）偏差不大于 5mm。门架的顶部和底部用纵向水平杆和扫地杆固定。门架之间必需设置剪刀撑和水平梁架（或脚手板），其间连接应可靠，以确保脚手架的整体刚度。整片脚手架必须适量放置水平加固杆（纵向水平杆），底下三层要每层设置，三层以上则每隔三层设一道。在脚手架的外侧面设置长剪刀撑，使用连墙管或连墙器将脚手架与建筑结构紧密连接，连墙点的最大间距，在垂直方向为 6m，在水平方向为 8m。高层脚手架应增加连墙点的布设密度。脚手架在转角处必须做好连接和与墙拉结，并利用钢管和回转扣件把处于相交方向的门架连接来。

4. 悬挑脚手架

悬挑脚手架简称挑架，是将外脚手架分段搭设在建筑物外边缘向外伸出的悬挑结构上。如图 5-7 所示。悬挑支承结构有型钢焊接制作的三角桁架下撑式结构以及用钢丝绳先拉住水平型钢挑梁的斜拉式结构两种主要形式。在悬挑结构上搭设的双排脚手架与落地式相同。该脚手架适用于高层建筑的施工。

5. 吊脚手架

吊脚手架是通过特设的支承点，利用吊索悬吊吊架或吊篮进行砌筑或装饰工程操作的一种脚手架。其主要组成部分为吊架、支承设施、吊索升降装置，如图 5-8 所示。吊架必须牢固固定，脚手架可利用扳葫芦、卷扬机等进行升降。

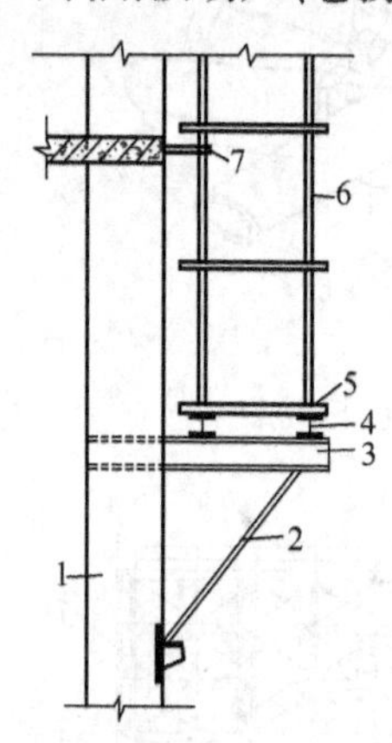

图 5-7　悬挑脚手架

1-墙；2-支撑；3-挑梁；4-横梁；5-槽钢；6-脚手架；7-附墙连接

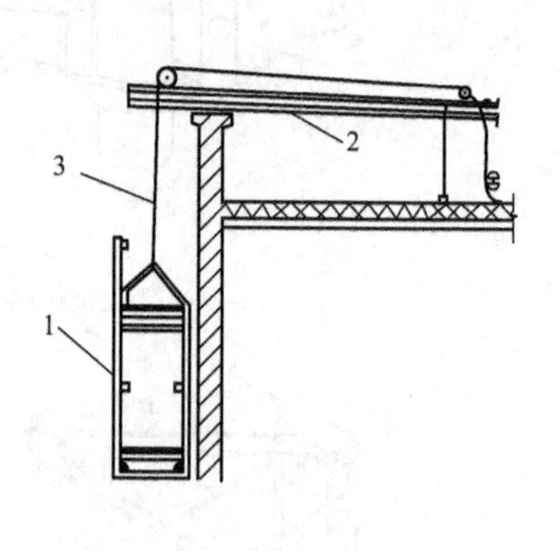

图 5-8　吊脚手架

1-吊篮；2-吊架；3-吊索

6. 爬升脚手架

爬升脚手架简称爬架，是由承力系统、脚手架系统和提升系统三个部分组成。它仅用少量不落地的附墙脚手架，以钢筋混凝土结构为承力点，利用提升设备沿建筑物的外墙上下移动。该脚手架不但可以附墙升降，而且可以节省大量的脚手架材料和人工。

爬升脚手架有多种形式，按爬升方法主要有套架升降式爬架、交错升降式爬架和整体升降式电动爬架。图 5-9 为套架升降式爬架的爬升过程。

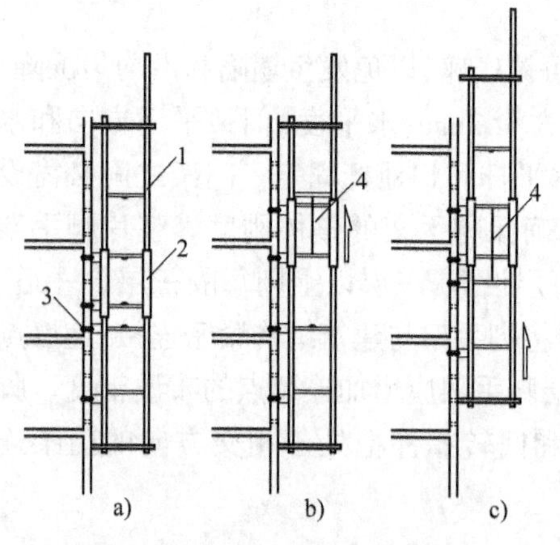

图 5-9　套架升降式爬架

a) 爬升前的位置；b) 活动架爬升；c) 固定架爬升

1-活动架；2-固定架；3-附墙螺栓；4-倒链

(二) 里脚手架

里脚手架是搭设在建筑物内部的一种脚手架，用于楼层砌筑和室内装修等，砌筑清水外墙不宜采用里脚手架。由于在使用过程中不断转移，装拆频繁，故其结构形式和尺寸应轻便灵活、装拆方便。里脚手架所用工料较少，比较经济，因而被广泛使用的类型很多，通常将其做成工具式的。

里脚手架的类型很多，按其构造型式分为折叠式、支柱式、门架式和马凳等。

1. (钢管、钢筋) 折叠式里脚手架

角钢(钢管) 折叠式里脚手架如图 5-10a) 所示，其架设间距：砌墙时宜为1 ~2m，粉刷时宜为 2. 2 ~

2.5m。可以搭设两步脚手,第一步高约1m,第二步高约1.6m。

2. 支柱式里脚手架

支柱式里脚手架如图5-10b)所示,由支柱和横杆组成,上铺脚手板, 其架设间距:砌墙时不超过2m,粉刷时不超过2.5m。

3. 竹、钢制马凳式里脚手架

木、竹、钢制马凳式里脚手架如图5-10c)所示,马凳间距不大于1.5m,上铺脚手板。

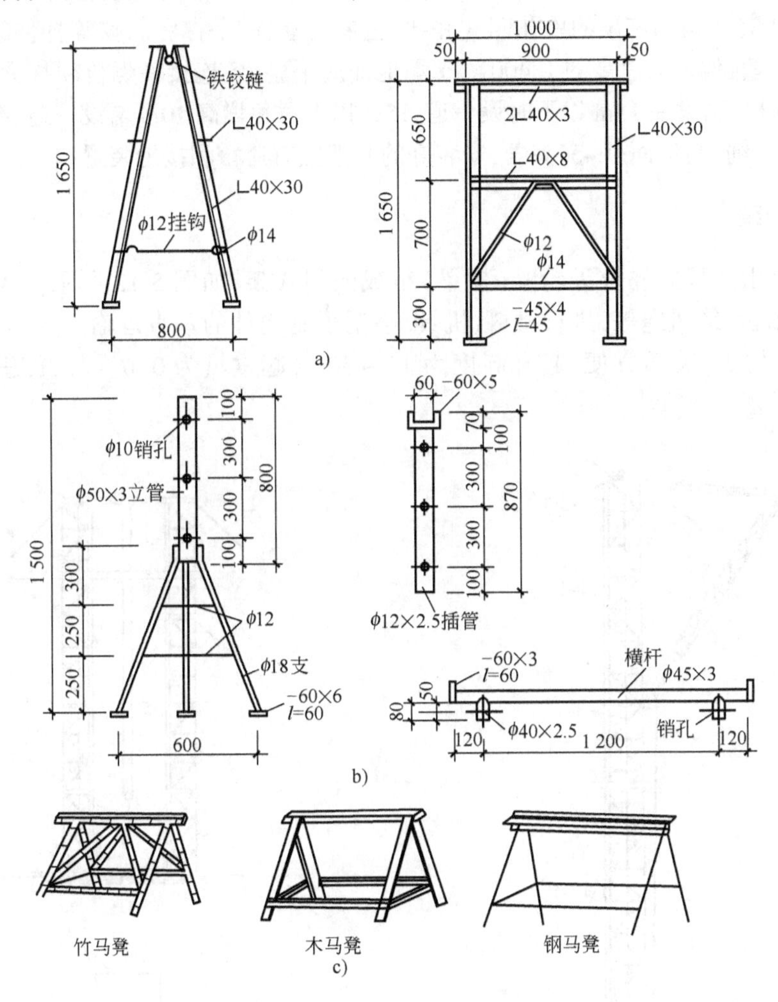

图5-10 里脚手架(尺寸单位:mm)
a)角钢折叠式;b)支柱式;c)马凳式

二 垂直运输设施

垂直运输设施指担负垂直运送材料和施工人员上下的机械设备和设施。在砌筑工程中不仅要运输大量的砖(或砌块)、砂浆,而且还要运输脚手架、脚手板和各种预制构件;不仅有垂直运输,而且有地面和楼面的水平运输。其中垂直运输是影响砌筑工程施工速度的重要因素。

目前砌筑工程采用的垂直运输设施有塔式起重机、井架、龙门架和建筑施工电梯等。

(一)井架

井架是砌筑工程垂直运输的常用设备之一。它的特点是:稳定性好、运输量大,可以搭设较大的高度。井架可为单孔、两孔和多孔,常用单孔,井架内设吊盘。井架上可根据需要设置拔杆,供吊运长度较大的构件,其起重量为0.5~1.5t,工作幅度可达10m。

井架除用型钢或钢管加工的定型井架外,也可用脚手架材料搭设而成,搭设高度可达50m以上。图5-11是用角钢搭设的单孔四柱井架,主要由立柱、平撑和斜撑等杆件组成。井架搭设要求垂直(垂直偏差≤总高的1/400),支承地面应平整,各连接件螺栓须拧紧,缆风绳一般每道不少于6根,高度在15m以下时设一道,15m以上时每增高10m增设一道,缆风绳宜采用7~9mm的钢丝绳,与地面呈45°夹角,安装好的井架应有避雷和接地装置。

(二)龙门架

龙门架是由两根立柱及天轮梁(横梁)组成的门式架,如图5-12所示。龙门架上装设滑轮、导轨、吊盘、缆风绳等,进行材料、机具、小型预制构件的垂直运输。龙门架构造简单,制作容易,用材少,装拆方便,起升高度为15~30m,起重量为0.6~1.2t,适用于中小型工程。

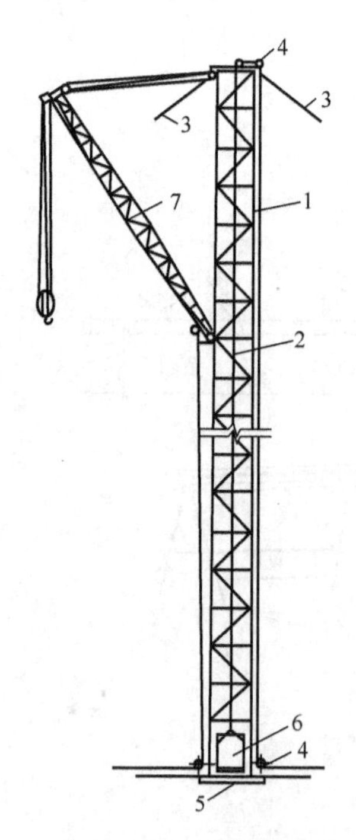

图5-11　钢井架

1-井架;2-钢丝绳;3-缆风绳;4-滑轮;5-垫梁;6-吊盘;7-辅助吊臂

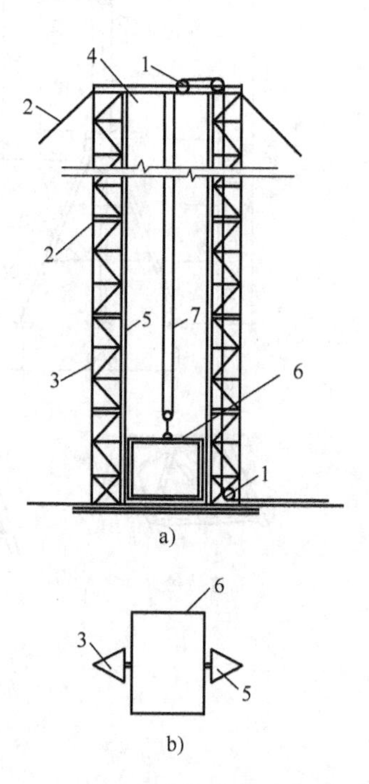

图5-12　龙门架

a)立面;b)平面

1-滑轮;2-缆风绳;3-立柱;4-横梁;5-导轨;6-吊盘;7-钢丝绳

(三)塔式起重机

塔式起重机的其重臂安装在塔身顶部且可作360°回转的起重机。它具有较高的起重高度、工作幅度和其重能力,各种速度快、生产效率高,且机械运转安全可靠,使用和装拆方便等优点,因此,广泛地用于多层和高层的工业与民用建筑的结构安装。塔式起重机按起重能力可分为轻型塔式起重机,起重量为0.5~3.0t,一般用于六层以下的民用建筑施工;中型塔式起重机,起重量为3~15t,适用于一般工业建筑与民用建筑施工;重型塔式起重机,起重量为20~40t,一般用于重工业厂房的施工和高炉等设备的吊装。

由于塔式起重机具有提升、回转和水平运输的功能,且生产效率高,在吊运长、大、重的物料时有明显的优势,故在有可能条件下宜优先采用。

塔式起重机的布置应保证其起重高度与起重量满足工程的需求,同时起重臂的工作范围应尽可能地覆盖整个建筑,以使材料运输切实到位。此外,主材料的堆放、搅拌站的出料口等均应尽可能地布置在起重机工作半径之内。

塔式起重机一般分为轨道(行走)式、爬升式、附着式、固定式等几种,如图5-13所示。

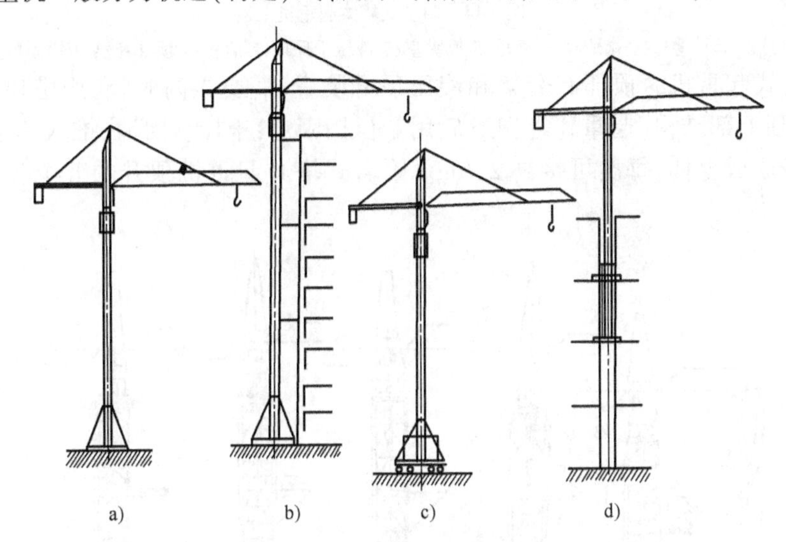

图5-13 各种类型的塔式起重机

a)固定式;b)附着式;c)行走式;d)内爬式

1. 轨道(行走)式塔式起重机

轨道(行走)式塔式起重机是一种能在轨道上行驶的起重机。这种起重机可负荷行走,有的只能在直线轨道上行驶,有的可沿"L"形或"U"形轨道上行驶。有塔身回转式和塔顶旋转式两种。

轨道(行走)式塔式起重机使用灵活,活动范围大,为结构安装工程的常用机械。

2. 附着式塔式起重机

附着式塔式起重机是固定在建筑物近旁混凝土基础上的起重机械,它可以借助顶升系统随着建筑施工进度而自行向上接高。为了减少塔身的计算高度,规定每隔20m左右将塔身与建筑物用锚固装置联结起来。这种塔式起重机宜用于高层建筑的施工。

附着式塔式起重机的外形如图 5-14 所示。

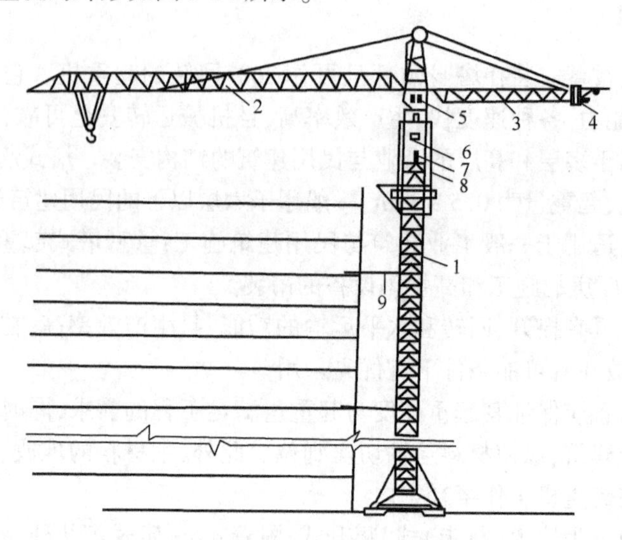

图 5-14　附着式塔式起重机

1-塔身;2-起重臂;3-平衡臂;4-平衡重;5-操纵室;6-液压千斤顶;7-活塞;8-顶升套架;9-锚固装置

附着式塔式起重机的顶部有套架和液压顶升装置,需要接高时,利用塔顶的行程液压千斤顶,将塔顶上部结构(起重臂等)顶高,用定位销固定;千斤顶回油,推入标准节,用螺栓与下面的塔身联成整体,每次可接高 2.5m。附着式塔式起重机顶升的五个步骤如图 5-15 所示。

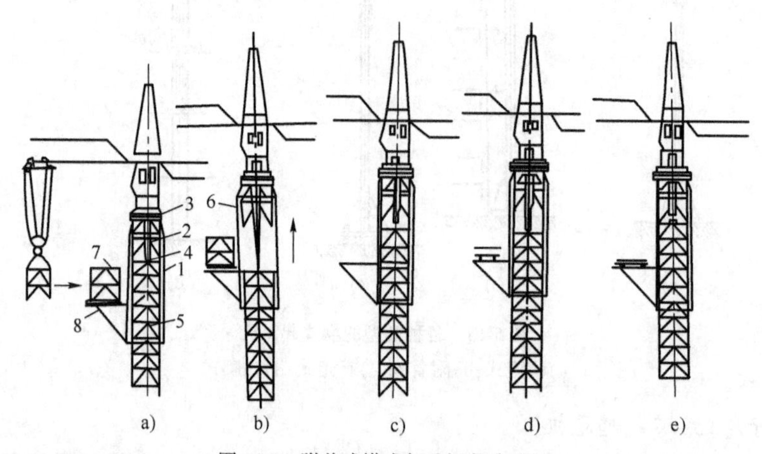

图 5-15　附着式塔式起重机爬升过程

1-顶升套架;2-液压千斤顶;3-承座;4-顶升横梁;5-定位销;6-过渡节;7-标准节;8-摆渡小车

3. 固定式塔式起重机

固定式塔式起重机的底架安装在独立的混凝土基础上,塔身不与建筑物拉结。这种起重机适用于安装大容量的油罐、冷却塔等特殊构筑物。

4. 爬升式塔式起重机

爬升式塔式起重机是一种安装在建筑物内部(电梯井或特设的开间)的结构上,借助套架托梁和爬升系统自己爬升的起重机械。一般每隔 1 ~2 层楼便爬升一次。这种起重机主要用于高层建筑的施工。

爬升过程:固定下支座→提升套架→固定套架→下支座脱空→提升塔身→固定下支座。如图 5-16 所示。

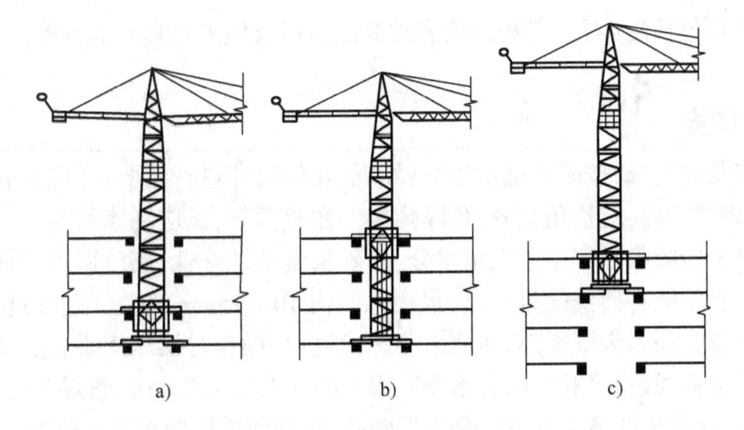

图 5-16　爬升过程示意图

(四) 建筑施工电梯

建筑施工电梯是人货两用梯,也是高层建筑施工设备中唯一可以运送人员上下的垂直运输设备,它对提高高层建筑施工效率起着关键作用。

建筑施工电梯的吊笼装在塔架的外侧。按其驱动方式建筑施工电梯可分为齿轮齿条驱动式和绳轮驱动式两种。齿轮齿条驱动式电梯是利用安装在吊箱(笼)上的齿轮与安装在塔架立杆上的齿条相咬合,当电动机经过变速机构带动齿轮转动式吊箱(笼)即沿塔架升降。齿轮齿条驱动式电梯按吊箱(笼)数量可分为单吊箱式和双吊箱式。该电梯装有高性能的限速装置具有安全可靠,能自升接高的特点,作为货梯可载重 10kN,亦可乘 12 ~15 人。其高度随着主体结构施工而接高可达 100 ~150m 以上。适用于建造 25 层特别是 30 层以上的高层建筑,如图 5-17 所示。绳轮驱动式是利用卷扬机、滑轮组,通过钢丝绳悬吊吊箱升降。该电梯为单吊箱,具有安全可靠,构造简单、结构轻巧,造价低的特点。适于适用于建造 20 层以下的高层建筑使用。

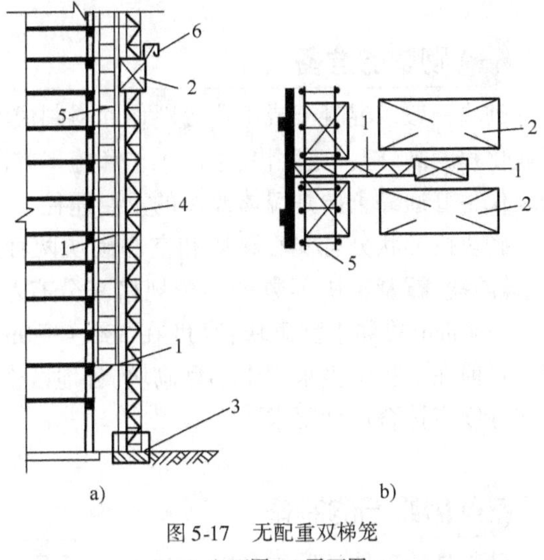

图 5-17　无配重双梯笼

a) 立面图;b) 平面图

1-附着装置;2-梯笼;3-缓冲机构;4-塔架;5-脚手架;6-小吊杆

安全保障是在垂直运输设施的使用过程中,安全保障是首要问题,必须引起高度重视。所以所有垂直运输设备都要严格按照有关规定操作使用。

第二节　砌体施工准备

砌体施工准备包括砖(石)、各种砌块和砂浆制备以及施工机具的准备等。

砖的准备

砖要按规定及时进场,按砖的强度等级、外观、几何尺寸进行验收,并应检查出厂合格证。用于清水墙、柱表面的砖,应边角整齐,色泽均匀。在常温下,砖应在砌筑前 1 ~ 2d 浇水润湿,以免在砌筑时由于砖吸收砂浆中的大量水分,使砂浆流动性降低,砌筑困难,影响砂浆的黏结强度。但也要注意不能将砖浇的过湿,以水浸入砖内 10 ~ 15mm 为宜。过湿过干都会影响施工速度和施工质量。如因天气酷热,砖面水分蒸发过快,操作时揉压困难,也可在脚手架上进行二次浇水。烧结普通砖、多孔砖的含水率宜为 10% ~ 15%;灰砂砖、粉煤灰砖的含水率宜为 8% ~ 12%。检查含水率的最简易方法是现场断砖,砖截面周围融水深度达 15 ~ 20mm 即视为符合要求。

石的准备

毛石砌体所用的石材应质地坚实、无分化剥落和裂纹。用于清水墙、柱表面的石材,应色泽均匀。石材表面的泥垢、水锈等杂质,砌筑前应清除干净,以利于砂浆和块石黏结。毛石应呈块状,其中部厚不宜小于 150mm。其强度应满足设计要求。

三 砌块的准备

砌块一般以混凝土或工业废料作原料制成实心或空心的块材。它具有自重轻、机械化和工业化程度高、施工速度快、生产工艺和施工方法简单且可大量利用工业废料等优点,因此,用砌块代替普通黏土砖是墙体改革的重要途径。

砌块按形状分有实心砌块和空心砌块两种。按制作原料分为粉煤灰、加气混凝土、混凝土、硅酸盐、石膏砌块等数种。按规格来分有小型砌块、中型砌块和大型砌块。砌块高度在 115 ~ 380mm 的称小型砌块;高度在 380 ~ 980mm 的称中型砌块;高度大于 980mm 的大型砌块。目前在工程中多采用中小型砌块,各地区生产的砌块规格不一。用于砌筑的砌块外观、尺寸和强度应符合设计要求。

四 砂浆石的制备

砂浆是砖砌体的胶结材料,它的制备质量直接影响操作和砌体的整体强度。而砂浆制备质量要由原材料的质量和拌和质量共同保证。

砂浆是由胶结材料、细骨料及水组成的混合物。按照胶结材料的不同,砂浆可分为石灰砂浆、水泥砂浆和混合砂浆,其种类选择及其等级的确定,应根据设计要求而定。一般水泥砂浆用于潮湿环境和强度要求较高的砌体;石灰砂浆主要用于砌筑干燥环境中以及强度要求不高的砌体；混合砂浆主要用于地面以上强度要求较高的砌体。

砌筑砂浆使用的水泥品种及强度等级，应根据砌体部位和所处环境来选择。水泥在进场使用前，应分批对其强度、安定性进行复验（检验批应以同一生产厂家、同一编号为一批）。水泥储存时应保持干燥。当在使用中对水泥质量有怀疑或水泥出厂超过三个月（快硬硅酸盐水泥超过一个月）时，应复查试验，并按其结果使用。不同品种的水泥，不得混合使用。生石灰应熟化成石灰膏，并用滤网过滤，为使其充分熟化，一般在化灰池中的熟化时间不少于7d，化灰池中储存的石灰膏，应防止干燥、冻结和污染，脱水硬化后的石灰膏严禁使用。细骨料宜采用中砂并过筛，不得含有害杂物，其含泥量应满足下列要求：对水泥砂浆和强度等级不小于M5的水泥混合砂浆，不应超过5%；对强度等级小于M5的水泥混合砂浆，不应超过10%。凡在砂浆中掺入有机塑化剂、早强剂、缓凝剂、防冻剂等，应经试验和试配符合要求后，方可使用。拌制砂浆用水，水质应符合国家现行标准。

砂浆的配合比应经试验确定，并严格执行。当砌筑砂浆的组成材料有变更时，其配合比应重新确定（当施工中采用水泥砂浆代替水泥混合砂浆时，应重新确定砂浆强度等级）。现场拌制砂浆时，各组分材料应采用重量计量，计量时要准确：水泥、微沫剂的配料精度应控制在±2%以内；砂、石灰膏、黏土膏、电石膏、粉煤灰的配料精度应控制在±5%以内。砂浆应采用机械搅拌，自投料完算起，搅拌时间应符合下列规定：水泥砂浆和水泥砂浆不得少于2min；水泥粉煤灰砂浆和掺用外加剂的砂浆不得少于3min；掺用有机塑化剂的砂浆，应为3～5min。拌和后的砂浆的稠度：砌筑实心砖墙、柱宜为70～100mm；砌筑平拱过梁、拱及空斗墙宜为50～70mm。分层度不应大于30mm，颜色一致。

砂浆拌成后和使用时，宜盛入储灰斗内。如砂浆出现泌水现象，在使用前应重新拌和。砂浆应随拌随用，常温下，水泥砂浆和水泥混合砂浆应分别在3h与4h内使用完毕；当施工期间最高气温超过30℃时，应分别在拌成后2h和3h内使用完毕。

砂浆的强度等级以标准养护龄期28d的试块抗压强度为准。砂浆的强度等级分为M15、M10、M7.5、M5、M2.5五个等级，各强度等级相应的抗压强度值应符合表5-2的规定。

砌筑砂浆强度等级 表5-2

强度等级	龄期28d抗压强度(MPa)	
	各组平均值不小于	最小一组平均值不小于
M15	15	11.25
M10	10	7.5
M7.5	7.5	5.63
M5	5	3.75
M2.5	2.5	1.88

对所用的砂浆应作强度检验。制作试块的砂浆，应在现场取样，每一楼层或250m³砌体中的各种强度等级的砂浆，每台搅拌机应至少检查一次，每次至少留一组试块（每组3块），其标准养护28d的抗压强度应满足设计要求。

五 施工机具的准备

砌筑施工前，一般应按施工组织设计要求组织垂直和水平运输机械、砂浆搅拌机械进场、安装、调试等工作。垂直运输多采用扣件及钢管搭设的井架，或人货两用施工电梯，或塔式起重机，而水平运输多采用手推车或机动翻斗车。对多高层建筑，还可以用灰浆泵输送砂浆。同时，还要准备脚手架、砌筑工具(如皮数杆、托线板)等。

第三节 砌 筑 施 工

一 砌体的一般要求

砌体可分为：砖砌体，主要有墙和柱；砌块砌体，多用于定型设计的民用房屋及工业厂房的墙体；石材砌体，多用于带形基础、挡土墙及某些墙体结构；配筋砌体，在砌体水平灰缝中配置钢筋网片或在砌体外部的预留槽沟内设置竖向粗钢筋的组合砌体。

砌体施工原材料质量和砌筑质量是影响砌体质量的主要因素。因此，除应采用符合质量要求的原材料外，还必须有良好的砌筑质量，以使砌体有良好的整体性、稳定性和良好的受力性能。一般要求灰缝横平竖直，砂浆饱满，厚薄均匀，砌块应上下错缝，内外搭砌，接槎牢固，墙面垂直；要预防不均匀沉降引起开裂；要注意施工中墙、柱的稳定性；冬期施工时还要采取相应的措施。

二 基础砌筑

(一)毛石基础施工

毛石基础是用毛石与水泥砂浆或水泥混合砂浆砌成。所用毛石应质地坚硬无裂纹、强度等级一般为 MU20 以上，砂浆宜用水泥砂浆，强度等级应不低于 M5。

毛石基础可作墙下条形基础或柱下独立基础。按其断面形状有矩形、阶梯形和梯形等。基础顶面宽度比墙基底面宽度要大于 200mm；基础底面宽度依设计计算而定。梯形基础坡角应大于 60°。阶梯形基础每阶高不小于 300mm，每阶挑出宽度不大于 200mm，如图 5-18 所示。

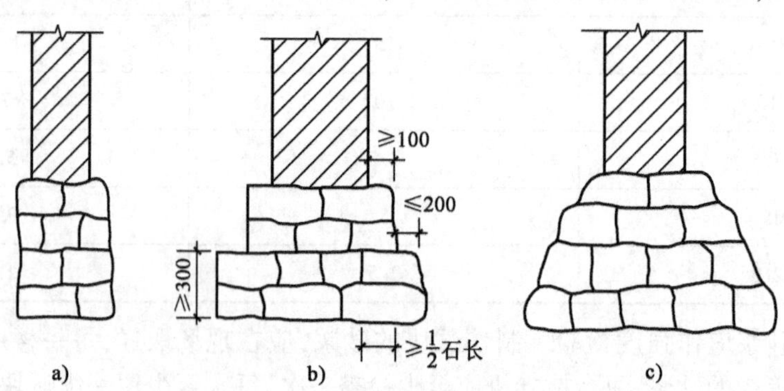

图 5-18 毛石基础(尺寸单位：mm)

a)矩形；b)阶梯形；c)梯形

毛石基础的施工要点：

(1)基础砌筑前，应先行验槽并将表面的浮土和垃圾清除干净。

(2)放出基础轴线及边线，其允许偏差应符合规范规定。

(3)毛石基础砌筑时，第一皮石块应坐浆，并大面向下；料石基础的第一皮石块应丁砌并坐浆。砌体应分皮卧砌，上下错缝，内外搭砌，不得采用先砌外面石块后中间填心的砌筑方法。

(4)石砌体的灰缝厚度：毛料石和粗料石砌体不宜大于20mm，细料石砌体不宜大于5mm，石块间较大的孔隙应先填塞砂浆后用碎石嵌实，不得采用先放碎石块后灌浆或干填碎石块的方法。

(5)为增加整体性和稳定性，应按规定设置拉结石。

(6)毛石基础的最上一皮及转角处、交接处和洞口处，应选用较大的平毛石砌筑。有高低台的毛石基础，应从低处砌起，并由高台向低台搭接，搭接长度不小于基础高度。

(7)阶梯形毛石基础，上阶的石块应至少压砌下阶石块的1/2，相邻阶梯毛石应相互错缝搭接。

(8)毛石基础的转角处和交接处应同时砌筑。如不能同时砌筑又必须留槎时，应砌成斜槎。基础每天可砌高度应不超过1.2m。

(二)砖基础施工

砖基础由垫层、大放脚和基础墙构成。基础墙是墙身向地下的延伸，大放脚是为了增大基础的承压面积，所以要砌成台阶形状，大放脚有等高式和间隔式两种砌法，如图5-19所示，等高式的大放脚是每两皮一收，每边各收进1/4砖长；间隔式大放脚是两皮一收与一皮一收相间隔，每边各收进1/4砖长，这种砌法在保证刚性角的前提下，可以减少用砖量。

基础垫层施工完毕经验收合格后，便可进行弹墙基线的工作。弹线工作可按以下顺序进行：

(1)在基槽四角各相对龙门板的轴线标钉处拉上麻线，如图5-20所示。

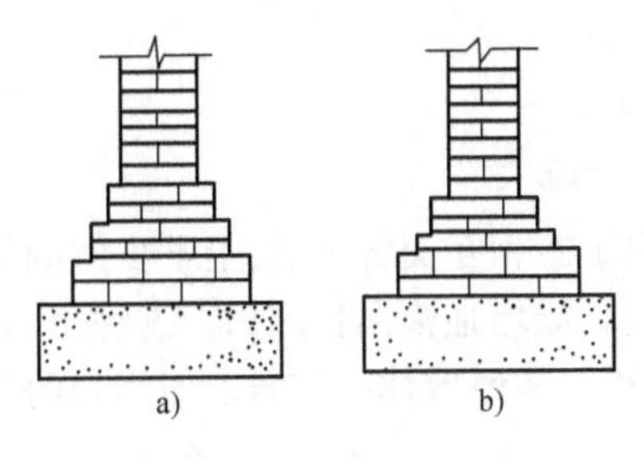

图5-19　基础大放脚形式

a)等高式；b)间隔式

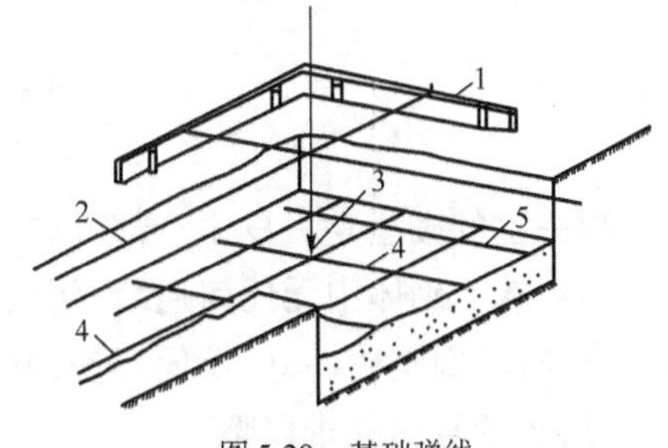

图5-20　基础弹线

1-龙门板；2-麻线；3-线锤；4-轴线；5-基础边线

(2)沿麻线挂线锤，找出麻线在垫层上的投影点。

(3)用墨汁弹出这些投影点的连线，即墙基的外墙轴线。

(4)按基础图所示尺寸，用钢尺量出各内墙的轴线位置并弹出内墙轴线。

(5)用钢尺量出各墙基大放脚外边沿线，弹出墙基边线。

(6)砌筑基础前，应校核放线尺寸，其允许偏差应符合有关规定。

砖基础的砌筑高度，是用基础皮数杆来控制的。首先根据施工图标高，在基础皮数杆上画出每皮砖及灰缝的尺寸，然后把基础皮数杆固定，即可逐皮砌筑大放脚。

当发现垫层表面的水平标高相差较大时，要先用细石混凝土或用砂浆找平后再开始砌筑。砌大放脚时，先砌转角端头，以两端为标准，拉好准线，然后按此准线进行砌筑。

大放脚一般采用一顺一丁的砌法，竖缝至少错开 1/4 砖长，十字及丁字接头处要隔皮砌通。大放脚的最下一皮及每个台阶的上面一皮应以丁砌为主。

当基底标高不同时，应从低处砌起，并应由高处向低处搭砌。当设计无要求时，搭接长度不应小于基础扩大部分的高度。

基础中的洞口、管道等，应在砌筑时正确留出或预埋。通过基础的管道的上部，应预留沉降缝隙。砌完基础墙后，应在两侧同时填土，并应分层夯实。当基础两侧填土的高度不等或仅能在基础的一侧填土时，填土的时间、施工方法和施工顺序应保证不致破坏或变形。

 三 砖墙砌筑

（一）砖砌体的组砌形式

砖砌体的组砌要求：上下错缝，内外搭接，以保证砌体的整体性；同时组砌要有规律，少砍砖，以提高砌筑效率，节约材料。实心砖墙常用的厚度有半砖、一砖、一砖半、两砖等。依其组砌形式不同，最常见的有一顺一丁、三顺一丁、梅花丁、全丁式等，如图 5-21 所示。

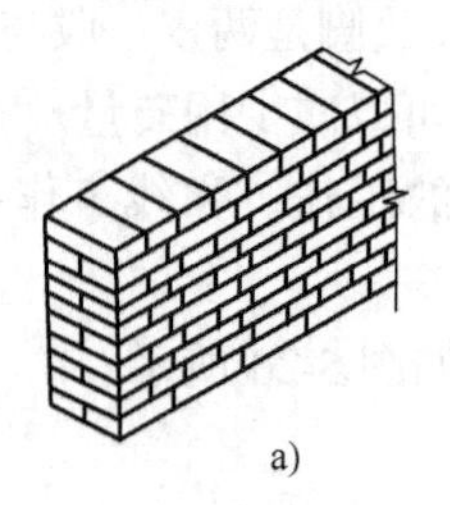
a)

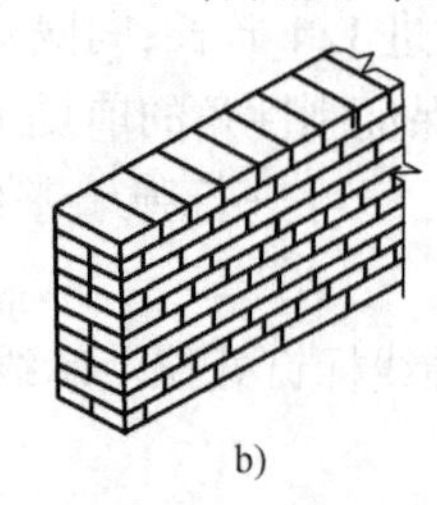
b)

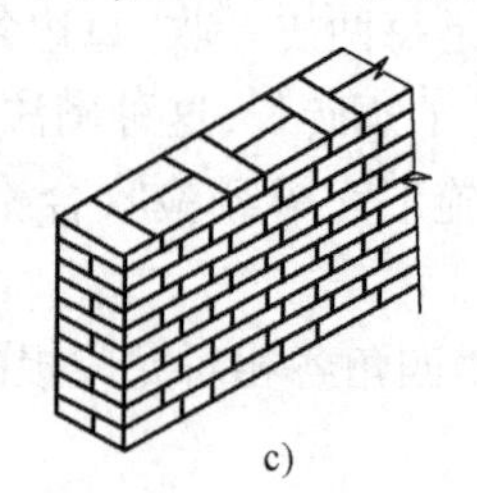
c)

图 5-21　砖墙的组砌形式

a）一顺一丁；b）三顺一丁；c）梅花丁

一顺一丁的砌法是一皮中全部顺砖与一皮中全部丁砖相互交替砌成，上下皮间的竖缝相互错开 1/4 砖。砌体中无任何通缝，而且丁砖数量较多，能增强横向拉结力。这种组砌方式，砌筑效率高，墙面整体性好，墙面容易控制平直，多用于一砖厚墙体的砌筑。但当砖的规格参差不齐时，砖的竖缝就难以整齐。

三顺一丁的砌法是三皮中全部顺砖与一皮中全部丁砖间隔砌成。上下皮顺砖间的竖缝错开 1/2 砖长；上下皮顺砖与丁砖间竖缝错开 1/4 砖长。这种砌法由于顺砖较多，砌筑效率较高，但三皮顺砖内部纵向有通缝，整体性较差，一般使用较少。宜用于一砖半以上的墙体的砌筑或挡土墙的砌筑。

梅花丁又称沙包式、十字式。梅花丁的砌法是每皮中丁砖与顺砖相隔，上皮丁砖中坐于下皮顺砖，上下皮间相互错开 1/4 砖长。这种砌法内外竖缝每皮都能错开，故整体性好，灰缝整

齐，而且墙面比较美观，但砌筑效率较低。砌筑清水墙或当砖的规格不一致时，采用这种砌法较好。

全丁砌筑法就是全部用丁砖砌筑，上下皮竖缝相互错开1/4砖长，此法仅用于圆弧形砌体，如水池、烟囱、水塔等。

为了使砖墙的转角处各皮间竖缝相互错开，必须在外角处砌七分头砖（3/4砖长）。当采用一顺一丁组砌时，七分头的顺面方向依次砌顺砖，丁面方向依次砌丁砖（图5-22a）。

砖墙的丁字接头处，应分皮相互砌通，内角相交处竖缝应错开1/4砖长，并在横墙端头处加砌七分头砖（图5-22b）。

砖墙的十字接头处，应分皮相互砌通，交角处的竖缝应错开1/4砖长（图5-22c）。

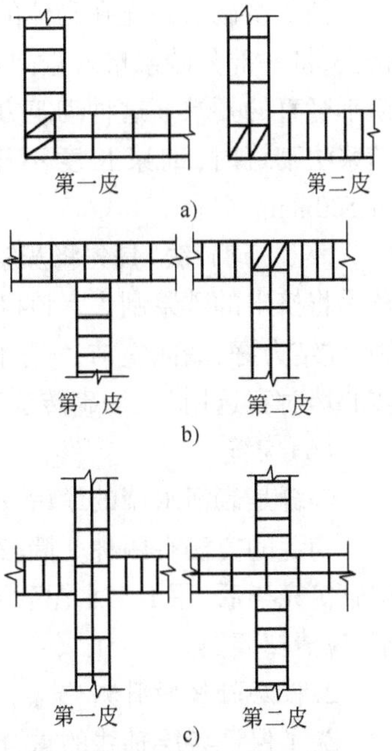

第一皮 第二皮
a)
第一皮 第二皮
b)
第一皮 第二皮
c)

图5-22 砖墙交接处组砌
a）一砖墙转角（一顺一丁）；b）一砖墙丁字交接处（一顺一丁）；c）一砖墙十字交接处（一顺一丁）

（二）砖砌体的施工工艺及技术要求

1. 砖砌体的施工工艺

砖砌体的施工过程有：抄平、放线、摆砖、立皮数杆、盘角、挂线、砌筑、勾缝、清理等工序。

（1）抄平放线

砌筑前，在基础防潮层或楼面上先用水泥砂浆找平，然后以龙门板上定位钉为标志弹出墙身的轴线、边线，定出门窗洞口的位置。

（2）摆砖

摆砖是指在放线的基面上按选定的组砌方式用砖试摆。一般在房屋外纵墙方向摆顺砖，在山墙方向摆丁砖，摆砖由一个大角摆到另一个大角，砖与砖留10mm缝隙。摆砖的目的是为了校对所放出的墨线在门窗洞口、附墙垛等处是否符合砖的模数。当偏差小时可调整砖间竖缝，使砖和灰缝的排列整齐、均匀，以尽可能减少砍砖，提高砌砖效率。摆砖结束后，用砂浆把干摆的砖砌好，砌筑时注意其平面位置不得移动。摆砖样在清水墙砌筑中尤为重要。

（3）立皮数杆

皮数杆是指在其上画有每皮砖和砖缝厚度，以及门窗洞口、过梁、梁底、预埋件等标高位置的一种木制标杆。它是砌筑时控制砌体竖向尺寸的标志，同时还可以保证砌体的垂直度。皮数杆一般立于房屋的四大角、内外墙交接处、楼梯间以及洞口多的地方，大约每隔10～15m立一根。

（4）盘角、挂线

砌筑时，应根据皮数杆先在墙角砌4～5皮砖，称为盘角，然后根据皮数杆和已砌的墙角挂准线，作为砌筑中间墙体的依据，每砌一皮或两皮，准线向上移动一次，以保证墙面平整。一砖厚的墙单面挂线，外墙挂外边，内墙挂任何一边；一砖半及以上厚的墙都要双面挂线。

（5）砌筑

砌砖的操作方法较多，不论选择何种砌筑方法，首先应保证砖缝的灰浆饱满，其次还应考虑有较高生产效率。目前常用的砌筑方法主要有铺灰挤砌法和"三一砌砖法"。

铺灰挤砌法是先在砌体的上表面铺一层适当厚度的灰浆，然后拿砖向后持平连续向砖缝挤去，将一部分砂浆挤入竖向灰缝，水平灰缝靠手的揉压达到需要的厚度，达到上齐线下齐边，横平竖直的要求。这种砌筑方法的优点是效率较高，灰缝容易饱满，能保证砌筑质量。当采用铺浆法砌筑时，铺浆长度不得超过 750mm；施工期间气温超过 30℃ 时，铺浆长度不得超过 500mm。

"三一砌砖法"是先将灰铺在砌砖位置上，随即将砖挤揉，即"一铲灰、一块砖、一挤揉"，并随手将挤出的砂浆刮去。该砌筑方法的特点是上灰后立即挤砌，灰浆不宜失水，且灰缝容易饱满、黏结力好，墙面整洁，宜于保证质量。竖缝可采用挤浆或加浆的方法，使其砂浆饱满。砌筑实心墙时宜选用"三一砌砖法"。

(6)勾缝

勾缝是砌清水墙的最后一道工序，具有保护墙面并增加墙面美观的作用。

勾缝的方法有两种。墙较薄时，可用砌筑砂浆随砌随勾缝，称为原浆勾缝；墙较厚时，待墙体砌筑完毕后，用 1:1 水泥砂浆勾缝，称为加浆勾缝。勾缝形式有平缝、斜缝、凹缝等。勾缝完毕，应清扫墙面。

2. 楼层轴线的引测

为了保证各层轴线的重合和施工方便，在弹墙身线时，应根据龙门板上标注的轴线位置将轴线引测到房屋的外墙基上。二层以上各层墙的轴线，可用经纬仪或垂球引测到楼层上去。轴线的引测是放线的关键，必须按图纸要求尺寸用钢皮尺进行校核。然后按楼层墙身中心线，弹出各墙边线，画出门窗洞口位置。

3. 各层标高的控制

墙体标高可在室内弹出水平线控制。当底层砌到一定高度(500mm 左右)后，用水准仪根据龙门板上 ±0.000 标高，引出统一标高的测量点(一般比室内地坪高 200 ~ 500mm)，在相邻两墙角的控制点间弹出水平线，作为过梁、圈梁和楼板标高的控制线。以此线到该层墙顶的高度计算出砖的皮数，并在皮数杆上画出每皮砖和砖缝的厚度，作为砌砖时的依据。此外，在建筑物外墙上引测 ±0.000 标高，画上标志，当第二层墙砌到一定高度，从底层用尺往上量出第二层的标高控制点，并用水准仪，以引上的第一个控制点为准，定出各墙面水平线，用以控制第二层楼板标高。

4. 技术要求

砖砌体是由砖块和砂浆通过各种形式的组合而搭砌成的整体，所以砌体质量的好坏取决于组成砌体的原材料质量和砌筑方法。在砌筑时应掌握正确的操作方法，做到横平竖直、砂浆饱满、错缝搭接，接槎可靠，以保证墙体有足够的强度与稳定性。

(1)横平竖直

砌体的灰缝应横平竖直，厚薄均匀。水平灰缝厚度宜为 10mm，不应小于 8mm，也不应大于 12mm。否则在垂直荷载作用下上下两层将产生剪力，使砂浆与砌块分离从而引起砌体破坏；砌体必须满足垂直度要求，否则在垂直荷载作用下将产生附加弯矩而降低砌体承载力。

砌体的竖向灰缝应垂直对齐，对不齐而错位，称为游丁走缝，会影响墙体外观质量。

要做到横平竖直，首先应将基础找平，砌筑时严格按皮数杆拉线，将每皮砖砌平，同时经常用 2m 托线板检查墙体垂直度，发现问题应及时纠正。

(2)砂浆饱满

为保证砖块均匀受力和使块体紧密接合,要求水平灰缝砂浆饱满,厚薄均匀。水平灰缝太厚在受力时,砌体的压缩变形增大,还可能使砌体产生滑移,这对墙体结构很不利。如灰缝过薄,则不能保证砂浆的饱满度,对墙体的黏结力削弱,影响整体性。砂浆的饱满程度以砂浆饱满度表示,用百格网检查,要求饱满度达到 80% 以上。同样竖向灰缝亦应控制厚度保证黏结,不得出现透明缝、瞎缝和假缝,以避免透风漏雨,影响保温性能。

(3)错缝搭接

为保证墙体的整体性和传力效果,砖块的排列方式应遵循内外搭接、上下错缝的原则。砖块的错缝搭接长度不应小于 1/4 砖长,避免出现垂直通缝,确保砌筑质量。

240mm 厚承重墙的每层墙的最上一皮砖,砖砌体的台阶水平面上及挑出层,应整砖丁砌。宜超过 1.2m。

(4)接槎可靠

整个房屋的纵横墙应相互连接牢固,以增加房屋的强度和稳定性。砖砌体的转角处和交接处应同时砌筑,严禁无可靠措施的内外墙分砌施工。对不能同时砌筑而又必须留置的临时间断处应砌成斜槎,斜槎水平投影长度不应小于高度的 2/3。非抗震设防和抗震设防烈度为 6 度、7 度地区的临时间断处,当不能留斜槎时,除转角外,可留直槎,但直槎必须做成凸槎。留直槎处应加设拉结筋,拉结钢筋的数量为每 120mm 墙厚留 1ϕ6 的拉结钢筋(120mm 厚墙放置 2ϕ6 拉结钢筋),间距沿墙高不应超过 500mm,埋入长度从留槎处算起每边均不应小于 500mm,对抗震设防烈度为 6 度、7 度的地区,不应小于 1 000mm;末端应有 90°的弯钩,如图 5-23所示。

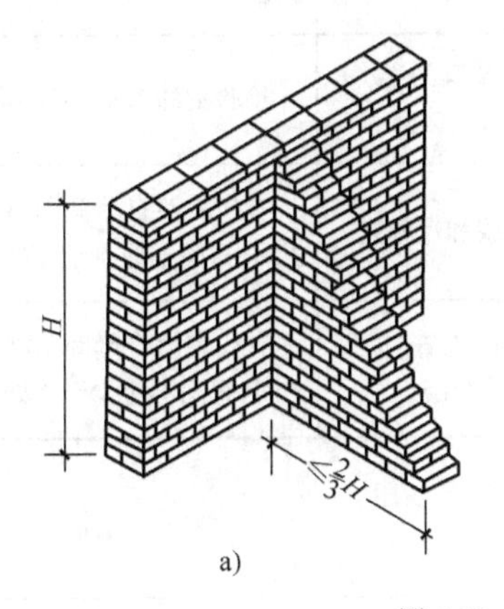

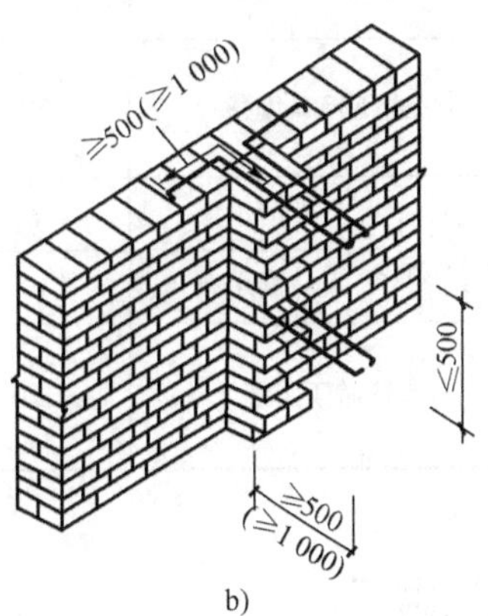

图 5-23 接槎(尺寸单位:mm)

a)斜槎砌筑;b)直槎砌筑

接槎即先砌砌体与后砌砌体之间的结合。接槎方式的合理与否,对砌体的质量和建筑物整体性影响极大。因留槎处的灰浆不易饱满,故应少留槎。接槎的方式有两种:斜槎和直砖砌体接槎时,必须将接槎处的表面清理干净,浇水润湿,并应填实砂浆,保持灰缝平直,使接槎处的前后砌体黏结牢固。

(5)减少不均匀沉降

沉降不均匀将导致墙体开裂,对结构危害很大,砌筑施工中要严加注意。砖砌体相临施工段的高差，不得超过一个楼层的高度，也不宜大于4m；临时间断处的高度差不得超过一步脚手架的高度；为减少灰缝变形而导致砌体沉降，一般每日砌筑高度不宜超过1.8m，雨天施工，不宜超过1.2m。

砖砌体的位置及垂直度允许偏差应符合表5-3的规定。砖砌体的一般尺寸允许偏差应符合表5-4的规定。

砖砌体的位置及垂直度允许偏差 表5-3

项次	项目			允许偏差(mm)	检验方法
1	轴线位置偏移			10	用经纬仪和尺检验或其他测量仪器检查
2	垂直度	每层		5	用2m托线板检查
		全高	≤10m	10	用经纬仪、吊线和尺检查，或用其他测量仪器检查
			>10m	20	

砖砌体一般尺寸允许偏差 表5-4

项次	项目		允许偏差(mm)	检验方法	抽检数量
1	基础顶面和楼面标高		±15	用水平仪和尺检查	不应少于5处
2	表面平整度	清水墙、柱	5	用2m靠尺和楔形塞尺检查	有代表性自然间10%，但不应少于3间，每间不应少于2处
		混水墙、柱	8		
3	门窗洞口高、宽(后塞口)		±5	用尺检查	检验批洞口的10%，且不应少于5处
4	外墙上下窗口偏移		20	以底层窗口为准，用经纬仪或吊线检查	检验批的10%，且不应少于5处
5	水平灰缝平直度	清水墙	7	拉10m线和尺检查	有代表性自然间10%，但不应少于3间，每间不应少于2处
		混水墙	10		
6	清水墙游丁走缝		20	吊线和尺检查，以每层第一皮砖为准	有代表性自然间10%，但不应少于3间，每间不应少于2处

四 砌块砌筑

用砌块代替普通黏土砖作为墙体材料是墙体改革的重要途径。目前工程中多采用中小型砌块。中型砌块施工，是采用各种吊装机械及夹具将砌块安装在设计位置，一般要按建筑物的平面尺寸及预先设计的砌块排列图逐块按次序吊装、就位、固定。小型砌块施工，与传统的砖砌体砌筑工艺相似，也是手工砌筑，但在形状、构造上有一定的差异。

(一)砌块安装前的准备工作

1.编制砌块排列图

砌块砌筑前，应根据施工图纸的平面、立面尺寸，并结合砌块的规格，先绘制砌块排列图，砌块排列图见图5-24。绘制砌块排列图时在立面图上按比例绘出纵横墙，标出楼板、大梁、过梁、楼梯、孔洞等位置，在纵横墙上绘出水平灰缝线，然后以主规格为主、其他型号为辅，按墙体错缝搭砌的原则和竖缝大小进行排列。在墙体上大量使用的主要规格砌块，称为主规格砌块；与它相搭配使用的砌块，称为副规格砌块。小型砌块施工时，也可不绘制砌块排列图，但必须根据砌块尺寸和灰缝厚度计算皮数和排数，以保证砌体尺寸符合设计要求。

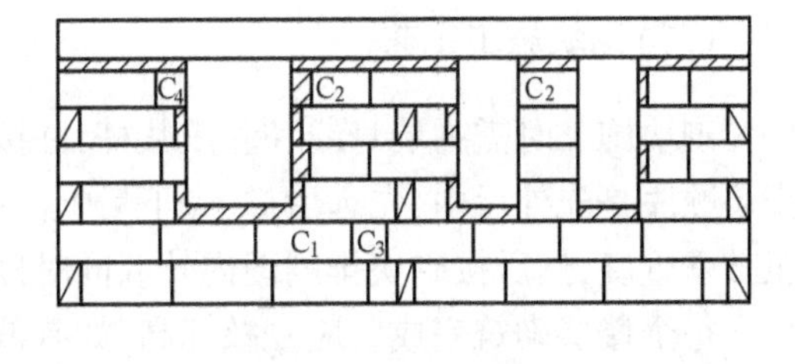

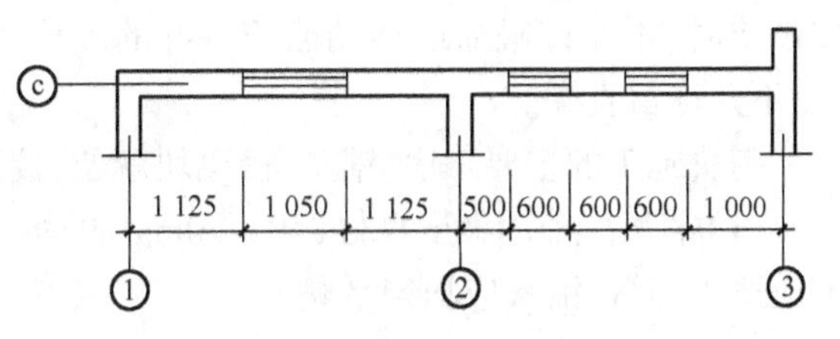

图5-24　砌块排列图(尺寸单位:mm)

若设计无具体规定，砌块应按下列原则排列：

(1)尽量多用主规格的砌块或整块砌块，减少非主规格砌块的规格与数量。

(2)砌筑应符合错缝搭接的原则，搭接长度不得小于砌块高的1/3，且不应小于150mm。当搭接长度不足时，应在水平灰缝内设置2ϕ4的钢筋网片予以加强，网片两端离该垂直缝的距离不得小于300mm。

(3)外墙转角处及纵横交接处，应用砌块相互搭接，如不能相互搭接，则每两皮应设置一道拉结钢筋网片。

(4)水平灰缝一般为10～20mm，有配筋的水平灰缝为20～25mm。竖缝宽度为15～20mm，当竖缝宽度大于40mm时应用与砌块同强度的细石混凝土填实，当竖缝宽度大于100mm时，应用砖砌死。

(5)当楼层高度不是砌块(包括水平灰缝)的整数倍时，用砖砌死。

(6)对于空心砌块，上下皮砌块的壁、肋、孔均应垂直对齐，以提高砌体的承载能力。

2. *砌块的堆放*

砌块的堆放位置应在施工总平面图上周密安排，应尽量减少二次搬运，使场内运输路线最短，以便于砌筑时起吊。堆放场地应平整夯实，使砌块堆放平稳，并做好排水工作；砌块不宜直接堆放在地面上，应堆在草袋、煤渣垫层或其他垫层上，以免砌块底面玷污。砌块的规格、数量必须配套，不同类型分别堆放。

3. *砌块的吊装方案*

砌块墙的施工特点是砌块数量多，吊次也相应的多，但砌块的重量不很大。砌块安装方案与所选用的机械设备有关，通常采用的吊装方案有两种：一是以塔式起重机进行砌块、砂浆的运输，以及楼板等构件的吊装，由台灵架吊装砌块。如工程量大，组织两栋房屋对翻流水等可采用这种方案；二是以井架进行材料的垂直运输，杠杆车进行楼板吊装，所有预制构件及材料的水平运输则用砌块车和劳动车，台灵架负责砌块的吊装。

除应准备好砌块垂直、水平运输和吊装的机械外，还要准备安装砌块的专用夹具和有关工具。

（二）砌块施工工艺

砌块施工时需弹墙身线和立皮数杆，并按事先划分的施工段和砌块排列图逐皮安装。其安装顺序是先外后内、先远后进、先下后上。砌块砌筑时应从转角处或定位砌块处开始，并校正其垂直度，然后按砌块排列图内外墙同时砌筑并且错缝搭砌。

每个楼层砌筑完成后应复核标高，如有偏差则应找平校正。铺灰和灌浆完成后，吊装上一皮砌块时，不允许碰撞或撬动已安装好的砌块。如相邻砌体不能同时砌筑时，应留阶梯形斜槎，不允许留直槎。

砌块施工的主要工序：铺灰、吊砌块就位、校正、灌缝和镶砖等。

（1）铺灰。采用稠度良好（50～70mm）的水泥砂浆，铺3～5m长的水平缝。夏季及寒冷季节应适当缩短，铺灰应均匀平整。

（2）砌块安装就位。采用摩擦式夹具，按砌块排列图将所需砌块吊装就位。砌块就位应对准位置徐徐下落，使夹具中心尽可能与墙中心线在同一垂直面上，砌块光面在同一侧，垂直落于砂浆层上，待砌块安放稳妥后，才可松开夹具。

（3）校正。用线锤和托线板检查垂直度，用拉准线的方法检查水平度。用撬棍、楔块调整偏差。

（4）灌缝。采用砂浆灌竖缝，两侧用夹板夹住砌块，超过30mm宽的竖缝采用不低于C20的细石混凝土灌缝，收水后进行嵌缝，即原浆勾缝。灌缝以后，一般不应再撬动砌块，以防破坏砂浆的黏结力。

（5）镶砖。当砌块间出现较大竖缝或过梁找平时，应镶砖。采用MU10级以上的砖，最后一皮用丁砖镶砌。镶砖工作必须在砌砖校正后即刻进行，镶砖时应注意使砖的竖缝灌密实。

五 配筋砌体施工

配筋砌体是由配置钢筋的砌体作为建筑物主要受力构件的结构。配筋砌体有网状配筋砌体柱、水平配筋砌体墙、砖砌体和钢筋混凝土面层或钢筋砂浆面层组合砌体柱（墙）、砖砌体和钢筋混凝土构造柱组合墙和配筋砌块砌体剪力墙。

（一）配筋砌体的构造要求

配筋砌体的基本构造与砖砌体相同，不再赘述；下面主要介绍构造的不同点。

1. 砖柱（墙）网状配筋的构造

砖柱（墙）网状配筋，是在砖柱（墙）的水平灰缝中配有钢筋网片。钢筋上、下保护层厚度不应小于2mm。所用砖的强度等级不低于MU10，砂浆的强度等级不应低于M7.5，采用钢筋网片时，宜采用焊接网片，钢筋直径宜采用3～4mm；采用连弯网片时，钢筋直径不应大于8mm，且网的钢筋方向应互相垂直，沿砌体高度方向交错设置。钢筋网中的钢筋的间距不应大于120mm，并不应小于30mm；钢筋网片竖向间距，不应大于五皮砖，并不应大于400mm。

2. 组合砖砌体的构造

组合砖砌体是指砖砌体和钢筋混凝土面层或钢筋砂浆面层的组合砌体构件，有组合砖柱、组合砖壁柱和组合砖墙等。

组合砖砌体构件的构造为：面层混凝土强度等级宜采用C20。面层水泥砂浆强度等级不宜低于M10，砖强度等级不宜低于MU10，砌筑砂浆的强度等级不宜低于M7.5。砂浆面层厚度宜采用30～45mm，当面层厚度大于45mm时，其面层宜采用混凝土。

3.砖砌体和钢筋混凝土构造柱组合墙

组合墙砌体宜用强度等级不低于MU7.5的普通砌墙砖与强度等级不低于M5的砂浆砌筑。

构造柱截面尺寸不宜小于240mm×240mm，其厚度不应小于墙厚。砖砌体与构造柱的连接处应砌成马牙槎。并应沿墙高每隔500mm设2ϕ6拉结钢筋，且每边伸入墙内不宜小于600mm。柱内竖向受力钢筋，一般采用HPB235级钢筋，对于中柱，不宜少于4ϕ12；对于边柱不宜少于4ϕ14，其箍筋一般采用ϕ6@200mm，楼层上下500mm范围内宜采用ϕ6@100mm。构造柱竖向受力钢筋应在基础梁和楼层圈梁中锚固。

组合砖墙的施工程序应先砌墙后浇混凝土构造桩。

4.配筋砌块砌体构造要求

砌块强度等级不应低于MU10，砌筑砂浆强度等级不应低于M7.5，灌孔混凝土强度等级不应低于C20。配筋砌块砌体柱边长不宜小于400mm，配筋砌块砌体剪力墙厚度连梁宽度不应小于190mm。

（二）配筋砌体的施工工艺

配筋砌体施工工艺的弹线、找平、排砖撂底、墙体盘角、选砖、立皮数杆、挂线、留槎等施工工艺与普通砖砌体要求相同，下面主要介绍其不同点：

1.砌砖及放置水平钢筋

砌砖宜采用“三一砌砖法”，即“一块砖、一铲灰、一揉压”，水平灰缝厚度和竖直灰缝宽度一般为10mm，但不应小于8mm，也不应大于12mm。砖墙（柱）的砌筑应达到上下错缝、内外搭砌、灰缝饱满、横平竖直的要求。皮数杆上要标明钢筋网片、箍筋或拉结筋的位置，钢筋安装完毕，并经隐蔽工程验收后方可砌上层砖，同时要保证钢筋上下至少各有2mm保护层。

2.砂浆（混凝土）面层施工

组合砖砌体面层施工前，应清除面层底部的杂物，并浇水湿润砖砌体表面。砂浆面层施工从下而上分层施工，一般应两次涂抹，第一次是刮底，使受力钢筋与砖砌体有一定保护层；第二次是抹面，使面层表面平整。混凝土面层施工应支设模板，每次支设高度一般为50～60cm，并分层浇筑，振捣密实，待混凝土强度达到30%以上才能拆除模板。

3.构造柱施工

构造柱竖向受力钢筋，底层锚固在基础梁上，锚固长度不应小于35d（d为竖向钢筋直径），并保证位置正确。受力钢筋接长，可采用绑扎接头，搭接长度为35d，绑扎接头处箍筋间距不应大于200mm。楼层上下500mm范围内箍筋间距宜为100mm。砖砌体与构造柱连接处应砌成马牙槎，从每层柱脚开始，先退后进，每一马牙槎沿高度方向的尺寸不宜超过300mm，并沿墙高每隔500mm设2ϕ6拉结钢筋，且每边伸入墙内不宜小于1m；预留的拉结钢筋应位置正确，施工中不得任意弯折。浇筑构造柱混凝土之前，必须将砖墙和模板浇水湿润（若为钢模板,不浇水,刷隔离剂),并将模板内落地灰、砖渣和其他杂物清理干净。浇筑混凝土可分段施工,每段高度不宜大于2m,或每个楼层分两次浇灌,应用插入式振动器,分层捣实。

构造柱钢筋竖向移位不应超过100mm,每一马牙槎沿高度方向尺寸不应超过300mm。钢筋竖向位移和马牙槎尺寸偏差每一构造柱不应超过两处。

六 填充墙砌体工程施工

在框架结构的建筑中,墙体一般只起围护与分隔的作用,常用体轻、保温性能好的烧结空心砖或小型空心砌块砌筑,其施工方法与施工工艺与一般砌体施工有所不同,简述如下。

砌体和块体材料的品种、规格、强度等级必须符合图纸设计要求,规格尺寸应一致,质量等级必须符合标准要求,并应有出厂合格证明、试验报告单;蒸压加气混凝土砌块和轻骨料混凝土小型砌块砌筑时的产品龄期应超过28d。蒸压加气混凝土砌块和轻骨料混凝土小型砌块应符合《建筑放射性核素限量》的规定。

填充墙砌体应在主体结构及相关分部已施工完毕,并经有关部门验收合格后进行。砌筑前,应认真熟悉图纸以及相关构造及材料要求,核实门窗洞口位置和尺寸,计算出窗台及过梁圈梁顶部标高。并根据设计图纸及工程实际情况,编制出专项施工方案和施工技术交底。

填充墙砌体施工工艺及要求如下。

1. 基层清理

在砌筑砌体前应对基层进行清理,将基层上的浮浆灰尘清扫干净并浇水湿润。块材的湿润程度应符合规范及施工要求。

2. 施工放线

放出每一楼层的轴线,墙身控制线和门窗洞的位置线。在框架柱上弹出标高控制线以控制门窗上的标高及窗台高度,施工放线完成后,应经过验收合格后,方能进行墙体施工。

3. 墙体拉结钢筋

(1)墙体拉结钢筋有多种留置方式,目前主要采用预埋钢板再焊接拉结筋(用膨胀螺栓固定先焊在铁板上的预留拉结筋)或采用植筋方式埋设拉结筋等。

(2)采用焊接方式连接拉结筋,单面搭接焊的焊缝长度应大于10d,双面搭接焊的焊缝长度应大于5d,焊接不应有边、气孔等质量缺陷,并进行焊接质量检查验收。

(3)采用植筋方式埋设拉结筋,埋设的拉结筋位置较为准确,操作简单不伤结构,但应通过抗拔试验。

4. 构造柱钢筋

在填充墙施工前应先将构造柱钢筋绑扎完毕,构造柱竖向钢筋与原结构上预留插孔的搭接绑扎长度应满足设计要求。

5. 立皮数杆、排砖

(1)在皮数杆上标出砌块的皮数及灰缝厚度,并标出窗、洞及墙梁等构造标高。

(2)根据要砌筑的墙体长度、高度试排砖,摆出门、窗及孔洞的位置。

(3)外墙壁第一皮砖摞底时,横墙应排丁砖,梁及梁垫的下面一皮砖、窗台台阶水平面上一皮应用丁砖砌筑。

6. 填充墙砌筑

(1)拌制砂浆

1)砂浆配合比应用重量比,计量精度为:水泥土2%,砂及掺和料5%,砂应计入其含水率对配料的影响。

2)宜用机械搅拌,投料顺序为砂→水泥→掺和料→水,搅拌时间不少于2min。

3)砂浆应随拌随用,水泥或水泥混合砂浆一般在拌和后3~4h内用完,气温在30℃以上时,应在2~3h内用完。

(2)浇水湿润

砖或砌块应提前1~2d浇水湿润;湿润程度以达到水浸润砖体深度15mm为宜,含水率为10%~15%。不宜在砌筑时临时浇水,严禁干砖上墙,严禁在砌筑后向墙体洒水。蒸压加气混凝土砌块含水率大于35%,只能在砌筑时洒水湿润。

(3)砌筑墙体

1)砌筑蒸压加气混凝土砌块和轻骨料混凝土小型空心砌块填充墙时,墙底部一应砌200mm高烧结普通砖、多孔砖或普通混凝土空心砌块或浇筑200mm高混凝一土坎台,混凝土强度等级宜为C20。

2)填充墙砌筑必须内外搭接、上下错缝、灰缝平直、砂浆饱满。操作过程中一要经常进行自检,如有偏差,应随时纠正,严禁事后采用撞砖纠正。

3)填充墙砌筑时,除构造柱的部位外,墙体的转角处和交接处应同时砌筑,严禁无可靠措施的内外墙分砌施工。

4)填充墙砌体的灰缝厚度和宽度应正确。空心砖、轻骨料混凝土小型空心砌块的砌体灰缝应为8~12mm,蒸压加气混凝土砌块砌体的水平灰缝厚度、竖向灰缝宽度分别为15mm和20mm。

5)墙体一般不留槎,如必须留置临时间断处,应砌成斜槎,斜槎长度不应小于高度的2/3;施工时不能留成斜槎时,除转角处外,可于墙中引出直凸槎(抗震设防地区不得留直槎)。直槎墙体每间隔高度500mm应在灰缝中加设拉结钢筋,拉结筋数量按120mm墙厚放一根拓的钢筋,埋入长度从墙的留槎处算起,两边均不应小于500mm,末端应有90°弯钩;拉结筋不得穿过烟道和通气管。

6)砌体接槎时,必须将接槎处的表面清理干净,浇水湿润,并应填实砂浆,保持灰缝平直。

7)木砖预埋:木砖经防腐处理,木纹应与钉子垂直,埋设数量按洞口高度确定;洞口高度2m时,每边放2块;高度2~3m时,每边放3~4块。预埋木砖的部位一般在洞口上下四皮砖处开始,中间均匀分布或按设计预埋。

8)设计墙体上有预埋、预留的构造,应随砌随留、随复核,确保位置正确构造合理。不得在已砌筑好的墙体中打洞;墙体砌筑中,不得搁置脚手架。

9)凡穿过砌块的水管,应严格防止渗水、漏水。在墙体内敷设暗管时,只能垂直埋设,不得水平开槽,敷设应在墙体砂浆达到强度后进行。混凝土空心砌块预埋管应提前专门作有预埋槽的砌块,不得墙上开槽。

10)加气混凝土砌块切锯时应用专用工具,不得用斧子或瓦刀任意砍劈,洞口两侧应选用规则整齐的砌块砌筑。

7. 构造柱、圈梁

(1)有抗震要求的砌体填充墙按设计要求应设置构造柱、圈梁,构造柱的宽度由设计确定,厚度一般与墙壁等厚,圈梁宽度与墙等宽,高度不应小于120mm。圈梁、构造柱的插筋宜优先预埋在结构混凝土构件中或后植筋,预留长符合设计要求。构造柱施工时按要求应留设马牙槎,马牙槎宜先退后进,进退尺寸不小于60mm,高度不宜超过300mm。当设计无要求时,构造柱应设置在填充墙的转角处、T形交接处或端部;当墙长大于5m时,应间隔设置。圈梁宜设在填充墙高度中部。

(2)支设构造柱、圈梁模板时,宜采用对拉栓式夹具,为了防止模板与砖墙接缝处漏浆,宜用双面胶条黏结。构造柱模板根部应留垃圾清扫孔。

(3)在浇灌构造柱、圈梁混凝土前,必须向柱或梁内砌体和模板浇水湿润,并将模板内的落地灰清除干净,先注入适量水泥砂浆,再浇灌混凝土。振捣时,振捣器应避免触碰墙体,严禁通过墙体传振。

第四节　砌筑工程的质量要求及安全技术

一 砌筑工程的质量要求

砌体的质量包括砌块、砂浆和砌筑质量,即在采用合理的砌体材料的前提下,关键是要有良好的砌筑质量,以使砌体有良好的整体性、稳定性和受力性能,因此砌体施工时必须要精心组织,并应严格遵循相应的施工操作规程及验收规范的有关规定,以确保质量。砌筑质量的基本要求是:横平竖直、砂浆饱满和厚薄均匀、上下错缝、内外搭砌、接槎牢固,为了保证砌体的质量,在砌筑过程中应对砌体的各项指标进行检查,将砌体的尺寸和位置的允许偏差控制在规范要求的范围内。

(1)砌体施工质量控制等级。砌体施工质量控制等级分为三级,其标准应符合表5-5的要求。

砌体施工质量控制等级　　表5-5

项　目	施工质量控制等级		
	A	B	C
现场质量管理	制度健全,并严格执行;非施工方质量监督人员经常到现场,或现场设有常驻代表;施工方有在岗专业技术管理人员,人员齐全,并持证上岗	制度基本健全,并能执行;非施工方质量监督人员间断地到现场进行质量控制;施工方有在岗专业技术管理人员,并持证上岗	有制度;非施工方质量监督人员很少作现场质量控制;施工方有在岗专业技术管理人员
砂浆、混凝土强度	试块按规定制作,强度满足验收规定,离散性小	试块按规定制作,强度满足验收规定,离散性较小	试块强度满足验收规定,离散性大
砂浆拌和方式	机械拌和;配合比计量控制严格	机械拌和;配合比计量控制一般	机械或人工拌和;配合比计量控制较差
砌筑工人	中级工以上,其中高级工不少于20%	高、中级工不少于70%	初级工以上

(2)对砌体材料的要求。砌体工程所用的材料应有产品的合格证书、产品性能检测报告。块材、水泥、钢筋、外加剂等尚应有材料主要性能的进场复验报告。严禁使用国家明令淘汰的材料。

(3)任意一组砂浆试块的强度不得低于设计强度的75%。

(4)基础放线尺寸的允许偏差。砌筑基础前,应校核放线尺寸,允许偏差应符合表5-6的规定。

放线尺寸的允许偏差 表5-6

长度L、宽度B(m)	允许偏差(mm)	长度L、宽度B(m)	允许偏差(mm)
L(或B)≤30	±5	60<L(或B)≤90	±15
30<L(或B)≤60	±10	L(或B)>90	±20

(5)砖砌体应横平竖直,砂浆饱满,上下错缝,内外搭砌,接槎牢固。

(6)砖、小型砌块砌体的允许偏差和外观质量标准应符合表5-7规定。

砖、小型砌块砌体的允许偏差和外观质量标准 表5-7

项目			允许偏差(mm)	检查方法	抽检数量
轴线位移			10	用经纬仪和尺或其他测量仪器检查	全部承重墙柱
垂直度	每层		5	用2m托线板检查	外墙全高查阳角不少于4处;每层查一处。内墙有代表性的自然间抽10%,但不少于3间,每间不少于2处,柱不少于5根
	全高	≤10m	10	用经纬仪、垂挂线和尺或其他测量仪器检查	
		>10m	20		
基础顶面和楼面标高			±15	用水准仪和尺检查	不少于5处
表面平整度	清水墙、柱		5	用2m直尺和楔形塞尺检查	有代表性的自然间抽10%,但不少于3间,每间不少于2处
	混水墙、柱		8		
水平灰缝平直度	清水墙		7	灰缝上口处拉10m线和尺检查	
	混水墙		10		
门窗洞口高、宽(后塞框)			±5	用尺检查	检验批洞口的10%,且不应少于5处
外墙上下窗口偏移			20	以底层窗口为准,用经纬仪吊线检查	检验批的10%,且不应少于5处
清水墙面游丁走缝(中型砌块)			20	用吊线和尺检查,以每层第一皮砖为准	有代表性的自然间抽10%,但不少于3间,每间不少于2处

(7)配筋砌体的构造柱位置及垂直度的允许偏差应符合表5-8的规定。

配筋砌体的构造柱位置及垂直度的允许偏差 表5-8

项次	项目			允许偏差(mm)	检查方法	抽检数量
1	柱中心线位置			10	用经纬仪和尺检查或用其他测量仪器检查	每检验批抽10%，且不应少于5处
2	柱层间错位			8	用经纬仪和尺检查或用其他测量仪器检查	
3	柱垂直度	每层		10	用2m托线板检查	
		全高	≤10m	15	用经纬仪、吊线和尺检查，或用其他测量仪器检查	
			>10m	20		

(8)填充墙砌体一般尺寸的允许偏差应符合表5-9的规定。

填充墙砌体一般尺寸的允许偏差 表5-9

项次	项目		允许偏差(mm)	检验方法
1	轴线位移		10	用尺检查
	垂直度	≤3m	5	用2m托线板或吊线、尺检查
		>3m	10	
2	表面平整度		8	用2m靠尺和楔形塞尺检查
3	门窗洞口高、宽(后塞口)		±5	用尺检查
4	外墙上、下窗口偏移		20	用经纬仪或吊线检查

(9)填充墙砌体的砂浆饱满度及检验方法应符合表5-10的规定。

填充墙砌体的砂浆饱满度及检验方法 表5-10

砌体分类	灰缝	饱满度及要求	检验方法
空心砖砌体	水平	≥80%	采用百格网检查块材底面砂浆的黏结痕迹面积
	垂直	填满砂浆，不得有透明缝、瞎缝、假缝	
加气混凝土砌块和轻骨料混凝土小砌块砌体	水平	≥80%	
	垂直	≥80%	

二 砌筑工程常见的质量事故及处理

在砌筑过程中，时有质量事故发生，故应详细分析产生事故的原因，防患于未然。常见的质量事故有砂浆强度不稳定、石砌墙体里外分层、砌块墙面渗水等。

1. 砂浆强度不稳定

砂浆强度不稳定，通常是砂浆强度低于设计要求或是砂浆的强度波动较大，匀质性差。其主要原因是：材料的计量不准；超量使用微沫剂；砂浆搅拌不均匀。所以在实际施工中要按照砂浆的配合比准确称量各种原材料；对塑化材料宜先调制成标准稠度，再进行称量；采用机械搅拌，合理确定投料顺序，以保证搅拌均匀。

2. 石砌墙体里外分层

石砌墙体里外分层是指在石墙的砌筑过程中,形成里外互不联结不能自成一体的现象。造成的原因是:毛石的块量过小,相互之间不能搭压,或搭压量过小;未设拉结石造成横截面的上下对缝,砌筑方法不当,采用了先砌外面石块后中间填心的方法。避免这种现象的方法是:不能只用大块石,而不用小块石填空,要大小块石搭配;应按规定设置拉结石;砌筑时,应分皮卧砌,上下错缝,内外搭砌。

3. 砌块墙面渗水

砌块墙面渗水是指水沿着墙体由外渗入墙内或由门窗框四周渗入。造成这种现象的原因是:砌块收缩量过大;砂浆不饱满;窗台、遮阳板等凸出墙外的构件未作好排水坡,造成倒泛水或积水。防治的方法是:砌块间的灰缝要饱满、密实;门窗框四周在嵌缝前先润湿;窗台、遮阳板等凸出墙外的构件,在抹灰时,上面要做出排水坡,下面要抹出滴水槽。

三 砌筑工程的安全与防护措施

为了避免事故的发生,做到文明施工,在砌筑过程中必须采取适当的安全措施。

砌筑操作前必须检查操作环境是否符合安全要求,脚手架是否牢固、稳定,道路是否通畅,机具是否完好,安全设施和防护用品是否齐全,经检查符合要求后方可施工。

在砌筑过程中,应注意:

(1)砌基础时,应检查和注意基坑(槽)土质的情况变化,堆放砖、石料应离坑或(槽)边1m以上。

(2)严禁站在墙顶上做画线、刮缝及清扫墙面或检查大角等工作。不得用不稳固的工具或物体在脚手板上垫高操作。

(3)砍砖时应面向内打,以免碎砖蹦出伤人。

(4)墙身砌筑高度超过1.2m时应搭设脚手架。脚手架上堆料不得超过规定荷载,堆砖高度不得超过三皮侧砖,同一块脚手板上的操作人员不得超过两人。

(5)夏季要做好防雨措施,严防雨水冲走砂浆,致使砌体倒塌。

(6)尚未施工楼板或屋面的墙或柱,当可能遇到大风时,其允许自由高度不得超过表5-11的规定。如超过表中限值时,必须采用临时支撑等有效措施。

墙和柱的允许自由高度　　表5-11

墙(柱)厚(mm)	砌体密度 >1 600kg/m³			砌体密度 1 300 ~ 1 600kg/m³		
	风载(kN/m²)			风载(kN/m²)		
	0.3(约7级风)	0.4(约8级风)	0.5(约9级风)	0.3(约7级风)	0.4(约8级风)	0.5(约9级风)
190	—	—	—	1.4	1.1	0.7
240	2.8	2.1	1.4	2.2	1.7	1.1
370	5.2	3.9	2.6	4.2	3.2	2.1
490	8.6	6.5	4.3	7	5.2	3.5
620	14	10.5	7	11.4	8.6	5.7

(7)钢管脚手架杆件的连接必须使用合格的扣件,不得使用铅丝或其他材料绑扎。

(8)严禁在刚砌好的墙上行走和向下抛掷东西。

(9)脚手架必须按楼层与结构拉结牢固,拉结点垂直距离不得超过4m,水平距离不得超过6m。拉结材料必须有可靠的强度。

(10)脚手架的搭设应符合规范的要求,每天上班前均应检查其是否牢固稳定。在脚手架的操作面上必须满铺脚手板,离墙面不得大于200mm,不得有空隙、探头板和飞跳板。并应设置护身栏杆和挡脚板,防护高度为1m。

(11)在同一垂直面内上下交叉作业时,必须设置安全隔板,下方操作人员必须戴安全帽。脚手架必须保证整体结构不变形。

(12)马道和脚手板应有防滑措施。

(13)过高的脚手架必须有防雷措施。

(14)砌体施工时,楼面和屋面堆载不得超过楼板的允许荷载值。施工层进料口楼板下,宜采取临时加撑措施。

(15)垂直运输机具(如吊笼、钢丝绳等),必须满足负荷要求。吊运时应随时检查,不得超载。对不符合规定的应及时采取措施。

第五节 砌筑工程施工方案实例

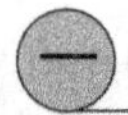

一 工程概况

某住宅楼,平面呈一字形,采用混合结构,建筑面积为1 986.45m²,层数为6层,筏板基础,±0.000以下采用烧结普通砖,±0.000以上用MU10多孔黏土砖,楼板为现浇钢筋混凝土,板厚为120mm。内墙面做法为15mm厚1:6混合砂浆打底,面刮涂料;厨房、卫生间采用瓷砖贴面。外墙为20mm厚1:3水泥砂浆打底,1:2水泥砂浆罩面,面刷防水涂料。屋面采用聚苯板保温,SBS卷材防水。

二 主体结构施工方案

(一)垂直运输设备的布置

在砌筑工程中需将砖、砂浆和脚手架的搭设材料等用至各楼层的施工点,垂直运输量很大,因此合理选择垂直运输设施是砌筑工程首先解决的问题之一。根据本工程的特点,垂直运输采用一台附着式塔式起重机和一台自升式龙门架,将塔式起重机布置在外纵墙的中部。塔式起重机的工作效率取决于垂直运输的高度、材料堆放场地的远近、场内布置的合理性、起重机驾驶员技术的熟练程度和装卸工配合等因素,因此,为了提高起重机的工作效率,可以采取以下措施:要充分利用起重机的起重能力以减少吊次;合理紧凑的布置施工平面,减少起重机每次吊运的时间;避免二次搬运,以减少总吊次;合理安排施工顺序,保证起重机连续、均衡地工作。一些零星的材料设备可通过龙门架运输,以减小塔吊的负担。

（二）施工前的准备工作

1. 组织砌筑材料、机械等进场

在基础施工的后期，按施工平面图的要求并结合施工顺序，组织主体结构使用的各种材料、机械陆续进场，并将这些材料堆放在起重机工作半径的范围内。

2. 放线与抄平

为了保证房屋平面尺寸以及各层标高的正确，在结构施工前，应仔细地做好墙、柱、楼板、门窗等轴线、标高的放线与抄平工作，要确保施工到相应部位时测量标志齐全，以便对施工起控制作用。

底层轴线：根据标志桩（板）上的轴线位置，在做好的基础顶面上，弹出墙身中线和边线。墙身轴线经核对无误后，要将轴线引测到外墙的外墙面上，画上特定的符号，并以此符号为标准，用经纬仪或吊锤向上引测来确定以上各楼层的轴线位置。

抄平：用水准仪以标志板顶的标高（±0.000）将基础墙顶面全部抄平，并以此为标准立一层墙身的皮数杆，皮数杆钉在墙角处的基础墙上，其间距不超过20m。在底层房屋内四角的基础上测出-0.10标高，以此为标准控制门窗的高度和室内地面的标高。此外，必须在建筑物四角的墙面上做好标高标志，并以此为标准，利用钢尺引测以上各楼层的标高。

画门框及窗框线：根据弹好的轴线和设计图纸上门框的位置尺寸，弹出门框并画上符号。当墙体高度将要砌至窗台底时，按窗洞口尺寸在墙面上画出窗框的位置，其符号与门框相同。门、窗洞口标高已画在皮数杆上，可用皮数杆来控制。

3. 摆砖样

在基础墙上（或窗台面上），根据墙身长度和组砌形式，先用砖块试摆，使墙体每一皮砖块排列和灰缝宽度均匀，并尽可能少砍砖。摆砖样对墙身质量、美观、砌筑效率、节省材料都有很大影响，拟组织有经验的工人进行。

（三）施工步骤

砌砖工程是一个综合性的施工过程，由泥瓦工、架子工和普工等工种共同施工完成，其特点是操作人员多，专业分工明确。为了充分发挥操作人员的工作效率，避免出现窝工或工作面闲置的现象，就必须从空间上、时间上对他们进行合理的安排，做到有组织、有秩序的施工，故在组织施工时，按本工程的特点，将每个楼层划分为两个施工层、两个施工段。其中施工层的划分是根据建筑物的层高和脚手架的每步架高（钢管扣件式脚手架宜为1.2~1.4m）而确定，以达到提高砌砖的工作效率和保证砌筑质量的目的。

本工程主体结构标准层砌筑的施工顺序安排如下：

放线→砌第一施工层墙→搭设脚手架（里脚手架）→砌第二施工层墙→支楼板与圈梁的模板→楼板与圈梁钢筋绑扎→楼板与圈梁混凝土浇筑。

1. 墙体的砌筑

砌砖先从墙角开始，墙角的砌筑质量对整个房屋的砌筑质量影响很大。

砖墙砌筑时，最好内外墙同时砌筑以保证结构的整体性。但在实际施工中，有时受施工条件的限制，内外墙一般不能同时砌筑，通常需要留槎。如在砌体施工中，为了方便装修阶段的材料运输和人员通过,需在各单元的横隔墙上留设施工洞口(在本过程中,洞口高度1.5m,宽度1.2m,在洞顶设置钢筋混凝土过梁,洞口两侧沿高每500mm设2ϕ6拉接钢筋,伸入墙内不少于500mm,端部应设有90°的弯钩)。

2. 脚手架的搭设

脚手架采用外脚手架和里脚手架两种。外脚手架从地面向上搭设,随墙体的不断砌高而逐步搭设,在砌筑施工过程时它既作为砌筑墙体的辅助作业平台,又起到安全防护作用。外脚手架主要用于在后期的室外装饰施工,采用钢管扣件式双排脚手架。里脚手架搭设在楼面上,用来砌筑墙体,在砌完一个楼层的砖墙后,搬到上一个楼层。本工程采用折叠式里脚手架。

在整个施工过程中,应注意适时地穿插进行水、电、暖等安装工程的施工。

本章小结

本章包括脚手架工程、垂直运输设施、砌体施工三部分内容。

在砌筑过程中,由于受到人操作高度的限制,一个楼层的墙体要按照人的可砌高度划分为几个施工层,同时在平面上要划分施工段,这样才能保证砌筑工程的连续进行。为此需要搭设适应施工需要的各种形式的脚手架。脚手架必须满足使用要求,同时要安全可靠、构造简单、装拆方便。脚手架是供砌体施工安全操作的场地,在脚手架的管理使用中要严格按规定执行,注意其稳定,以及脚手架与建筑物之间的连接。坑边、架上堆料要遵守安全规定,不准站在墙顶上作业。

由于在砌筑过程中材料的垂直运输量非常大,使得施工进度直接受到垂直运输的限制。因此在施工组织设计时要正确合理的选择垂直运输设施,合理地布置施工平面,使每吊次尽可能做到满载,保证施工能连续均衡地进行。

在砌体施工中,主要了解对砌筑材料的要求、砖砌体的组砌方式和施工工艺,熟悉对砌体的施工质量要求、质量的控制方法和检验方法及施工的技术要点。

复习思考题

1. 什么叫可砌高度或一步架?
2. 脚手架的作用、要求、类型有哪些?
3. 常用的脚手架有几种形式?应满足哪些要求?
4. 简述钢管扣件式脚手架的搭设要点。
5. 单排和双排的钢管扣件式脚手架在构造上有什么区别?
6. 砌筑工程的垂直运输工具有哪几种?各有何特点?
7. 单排外脚手架在哪些部位不得留脚手眼?
8. 脚手架的支撑系统包括哪些?如何设置?
9. 砌筑工程的垂直运输工具有哪几种?各有何特点?
10. 普通黏土砖砌筑前为什么要浇水?浇湿到什么程度?

11. 砖墙砌体有哪几种组砌形式?
12. 砌筑前的撂底作用是什么?
13. 简述砖墙砌筑的施工工艺和施工要点。
14. 砖墙留槎有何要求?
15. 砖砌体质量有哪些要求? 如何进行检查验收?
16. 皮数杆有何作用? 如何布置?
17. 何谓"三一砌筑法"? 其优点是什么?
18. 砖墙为什么要挂线? 怎样挂线?
19. 砌筑时为什么要做到"横平竖直、灰浆饱满"?
20. 砌筑时如何控制砌体的位置与标高?
21. 中小型砌块在砌筑前为什么要编制砌块排列图?
22. 试述中小型砌块的施工工艺和质量要求。

第六章
结构安装工程

【职业能力目标】

学完本章，你应会：

1. 组织单层和多层结构安装。
2. 编制结构安装工程施工方案。
3. 懂得工业厂房的结构安装工艺和质量要求以及安全措施。

【学习要求】

1. 了解单层厂房，多层装配式框架安装程序。
2. 了解起重机械，索具，设备的性能。
3. 掌握工业厂房的结构安装工艺。
4. 了解结构安装的质量检查验收标准。

结构安装工程，就是用起重机械将已预先在预制厂或现场预制好的构件，按照设计图纸的要求，安装到设计位置的整个施工过程，是装配式结构施工的主导工程。

结构安装工程的施工特点是：

(1)结构吊装系高空作业，且构件一般都存在着大、长、重，易发生安全事故。

(2)一些构件，如桁架、柱子等，在运输和吊装时，由于吊点和支承点的原因要加临时支撑，以免改变受力性质，导致构件被破坏。

(3)构件的外形尺寸会影响安装进度，设计时构件类型应尽量少些，重量应轻些，体积应小些。

第一节 起重机具

一 索具设备

(一)钢丝绳

钢丝绳是吊装工作中常用的绳索,具有强度高、韧性好、耐磨性好等优点。钢丝绳磨损后表面产生毛刺,容易检查发现,便于预防事故的发生。

1. 钢丝绳的构造及种类

钢丝绳是由直径相同的光面钢丝捻成钢丝股,再由六股钢丝股和一股绳芯搓捻而成。钢丝绳按每股钢丝的根数可分为三种规格:

6×19+1 即6股钢丝股,每股19根钢丝,中间加一根绳芯,钢丝粗、硬而耐磨,不易弯曲,一般用作缆风绳。

6×37+1 即为6股钢丝股,每股37根钢丝,中间加一根绳芯,钢丝细、较柔软,用于穿滑车组和作吊索。

6×61+1 即6股钢丝股,每股61根钢丝,中间加一根绳芯,质地软,用于重型起重机械。

钢丝绳按钢丝和钢丝股搓捻方向不同可分为顺捻绳和反捻绳两种。

钢丝绳按抗拉强度分为1 400N/mm²、1 550N/mm²、1 700N/mm²、1 850N/mm²、2 000N/mm²五种。

2. 钢丝绳的最大工作拉力

钢丝绳的最大工作拉力应满足下式要求:

$$S \leqslant \frac{S_{p}}{n} \tag{6-1}$$

式中:S——钢丝绳的最大工作拉力(kN);

S_{P}——钢丝绳的钢丝破断拉力总和(kN);

n——钢丝绳安全系数按表6-1取用。

钢丝绳安全系数 *n* 表6-1

用　　途	安全系数 n	用　　途	安全系数
缆风绳	3.5	吊索(无弯曲时)	6~7
手动起重设备	4.5	捆绑吊索	8~10
电动起重设备	5~6	载人升降机	14

3. 钢丝绳容许拉力

钢丝绳的容许拉力应满足下式要求:

$$S_{g} \leqslant aS \tag{6-2}$$

式中 a——钢丝绳破断拉力换算系数(或受力不均匀系数)。钢丝绳为6×19+1取0.85;6×37+1取0.82;6×61+1取0.8。

(二)吊具

1. 吊索

吊索也称千斤绳，根据形式不同可分为环状吊索、万能和开口吊索，如图 6-1 所示。

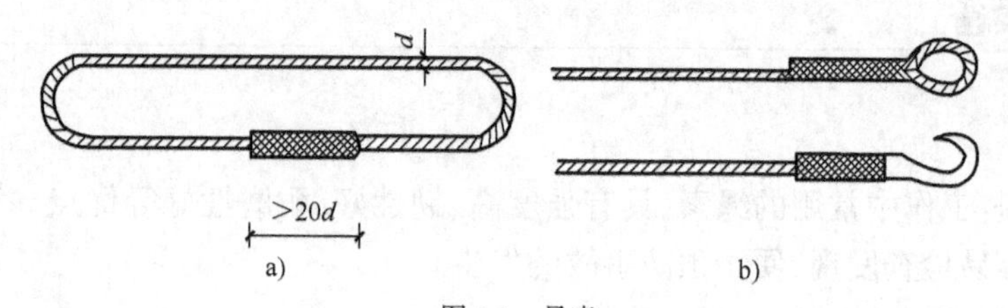

图 6-1　吊索

a) 环状吊索；b) 开口吊索

作吊索用的钢丝绳要求质地软，易弯曲，直径大于 11mm，一般用 6 × 37 + 1、6 × 61 + 1 做成。

2. 吊钩

吊钩有单钩和双钩两种，如图 6-2 所示。吊装时一般用单钩，双钩多用于桥式或塔式起重机上。使用时，要认真进行检查，表面应光滑，不得有剥裂、刻痕、锐角、裂缝等缺陷。吊钩不得直接钩在构件的吊环中；不准对磨损或有裂缝的吊钩进行补焊。

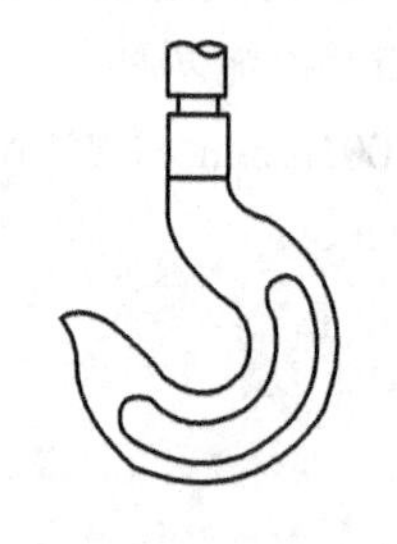

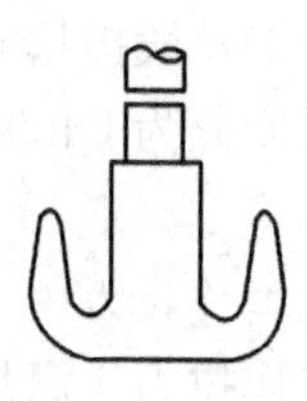

图 6-2　吊钩

3. 卡环(卸甲)

卡环用于吊索之间或吊索与构件吊环之间的连接。由弯环与销子两部分组成：弯环形式有直形和马蹄形；销子的形式有螺栓式和活络式。图 6-3 活络卡环的销子端头和弯环孔眼无螺纹，可以直接抽出，多用于吊装柱子，可以避免高空作业。活络卡环绑扎柱子如图 6-4 所示。

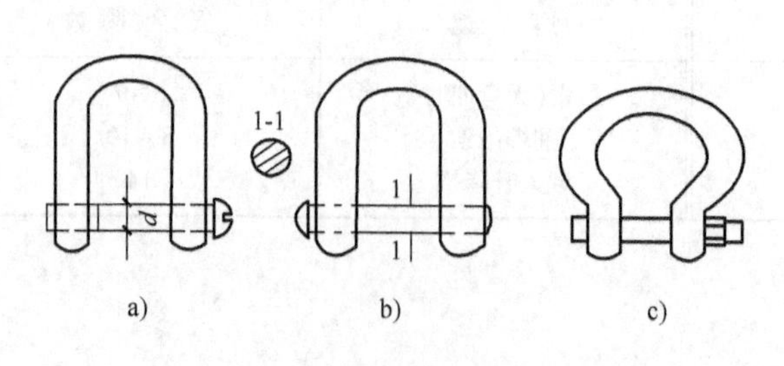

图 6-3　卡环

a) 螺栓式；b) 活络式；c) 马蹄形

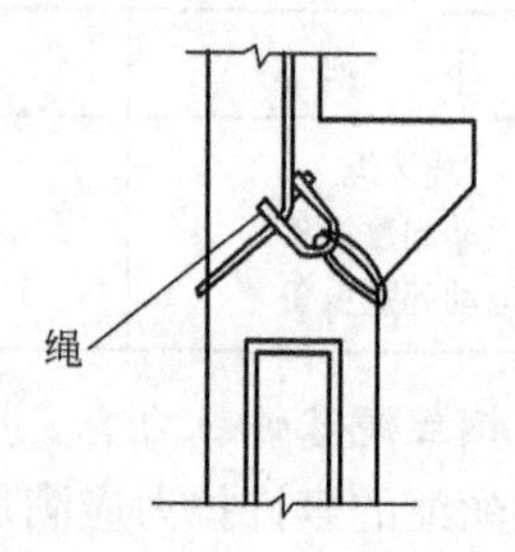

图 6-4　活络卡环绑扎柱子

4. 钢丝绳卡扣(钢丝夹头)

钢丝绳卡扣主要用来固定钢丝绳端。使用卡扣的数量和钢丝绳的粗细有关,粗绳用得较多。卡扣外形如图6-5所示。

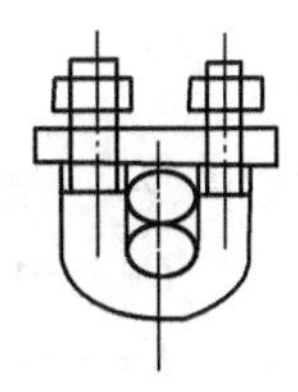

图6-5 钢丝绳卡扣

5. 横吊梁(铁扁担)

横吊梁又称铁扁担,在吊装中可减小起吊高度,满足吊索水平夹角的要求,使构件保持垂直、平衡,便于安装。图6-6为吊柱子用的横吊梁,图6-7为吊屋架用的横吊梁。

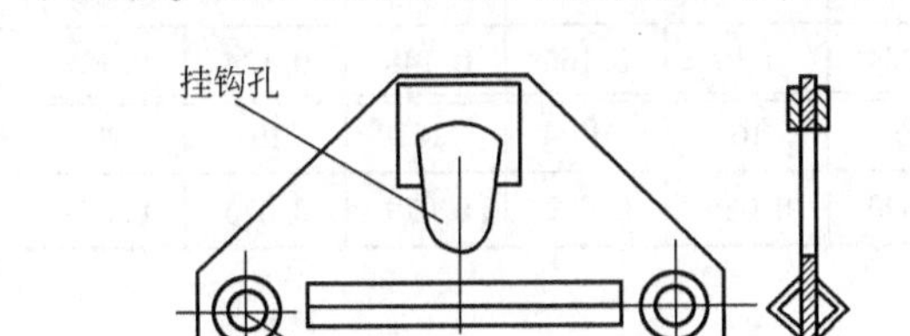

图6-6 钢板横吊梁

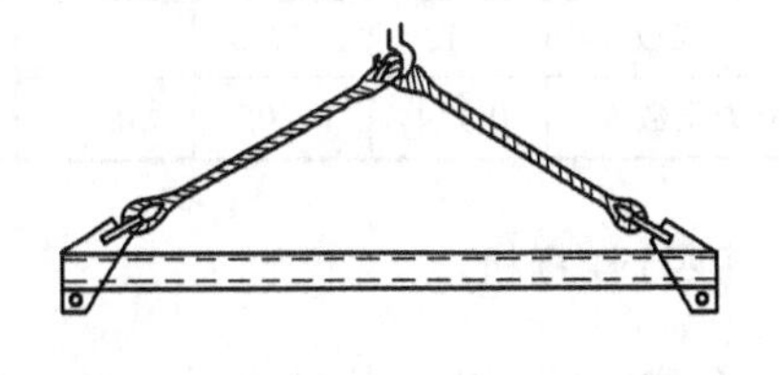

图6-7 钢管横吊梁

(三)滑轮组

滑轮组是由一定数量的定滑轮和动滑轮及绕过它们的绳索所组成,具有省力和改变力的方向的功能,是起重机械的重要组成部分。

滑轮组中共同负担构件重量的绳索根数称为工作线数,也就是在动滑轮上穿绕的绳索根数。滑轮组起重省力的多少,主要取决于工作线数和滑动轴承的摩阻力大小。滑轮组可分为绳索跑头从定滑轮引出(图6-8)和从动滑轮上引出(图6-9)两种。滑轮组引出绳头(称跑头)的拉力,可用下式计算:

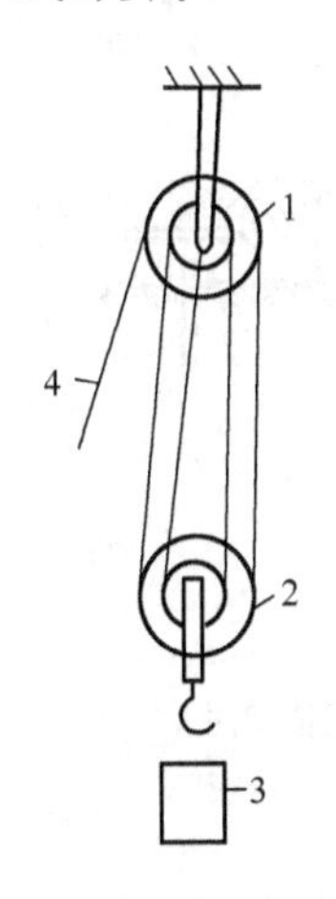

图6-8 滑轮组

1-定滑轮;2-动滑轮;3-重物;4-绳索

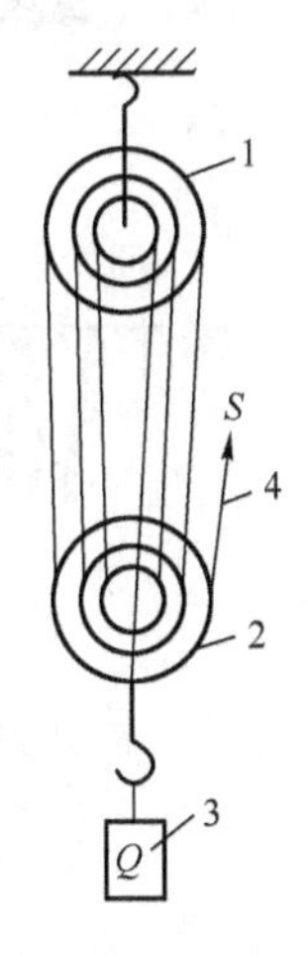

图6-9 跑头从动滑轮引出

1-定滑轮;2-动滑轮;3-重物;4-绳索跑头

$$N = KQ \tag{6-3}$$

式中：N——跑头拉力(kN)；

Q——计算荷载，等于吊装荷载与动力系数的乘积；

K——滑轮组省力系数。

起重机所用滑轮组通常都是青铜轴套，其滑轮组的省力系数 K 见表 6-2。

青铜轴套滑轮组省力系数 表 6-2

工作线数 n	1	2	3	4	5	6	7	8	9	10
省力系数 K	1.04	0.529	0.36	0.275	0.224	0.19	0.166	0.148	0.134	0.123
工作线数 n	11	12	13	14	15	16	17	18	19	20
省力系数 K	0.114	0.105	0.1	0.095	0.090	0.086	0.082	0.079	0.076	0.074

(四)卷扬机

在建筑施工中常用的电动卷扬机有快速和慢速两种。慢速卷扬机(JJM 型)，多为单筒式，其设备能力为 30 ~ 200kN，主要用于吊装结构、冷拉钢筋和张拉预应力筋；快速卷扬机(JJK 型)分为单筒和双筒两种，其设备能力为 4 ~ 50kN，主要用于垂直运输和水平运输以及打桩作业。

卷扬机在使用时必须用地锚固定，以防作业时产生滑动或倾覆。固定卷扬机的方法有螺栓锚固法、水平锚固法、立桩锚固法和压重物锚固法等四种。如图 6-10 所示。

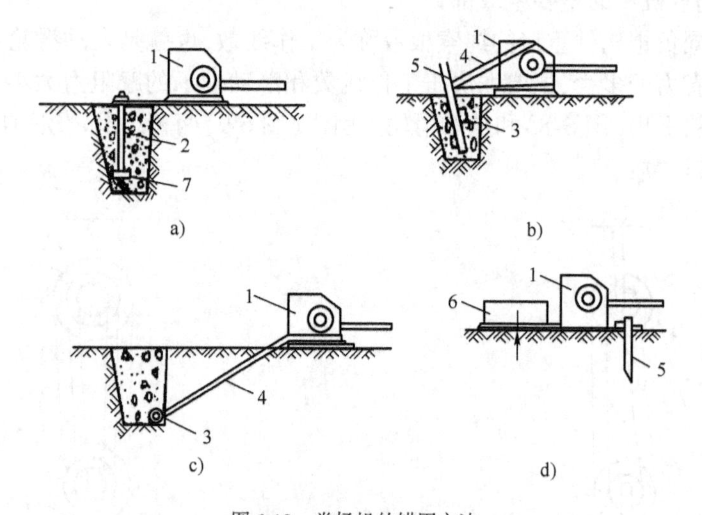

图 6-10 卷扬机的锚固方法

a)螺栓锚固法；b)水平锚固法；c)立桩锚固法；d)压重锚固法

1-卷扬机；2-地脚螺栓；3-横木；4-拉索；5-木桩；6-压重；7-压板

(五)地锚

地锚又称锚碇，用来固定缆风绳、卷扬机、导向滑车、拔杆的平衡绳索等。

常用的地锚有桩式地锚和水平地锚两种。

1. 桩式地锚

桩式地锚是将圆木打入土中承担拉力，多用于固定受力不大的缆风绳。圆木直径为 18 ~ 30cm，桩入土深度为 1.2 ~ 1.5m，根据受力大小，可打成单排、双排或三排。桩前一般埋有水平圆木，以加强锚固。这种地锚承载力 10 ~ 50kN。

桩式地锚的尺寸和承载力见表 6-3。

木桩锚碇尺寸和承载力表 表 6-3

类　型	承载力(kN)	10	15	20	30	40	50
单排	桩尖处施工上的压力(MPa)	0.15	0.2	0.23	0.31		
	a(cm)	30	30	30	30		
	b(cm)	150	120	120	120		
	c(cm)	40	40	40	40		
	d(cm)	18	20	22	26		
双排	桩尖处施工上的压力(MPa)			0.15		0.2	0.28
	a_1(cm)			30		30	30
	b_1(cm)			120		120	120
	c_1(cm)			90		90	90
	d_1(cm)			22		25	26
	a_2(cm)			30		30	30
	b_2(cm)			120		120	120
	c_2(cm)			40		40	40
	d_2(cm)			20		22	24

2. 水平地锚

水平地锚是用一根或几根圆木绑扎在一起，水平埋入土内而成。钢丝绳系在横木的一点或两点，成 30° ~ 50°斜度引出地面，然后用土石回填夯实。水平地锚一般埋入地下 1.5 ~ 3.5m，为防止地锚被拔出，当拉力大于 75kN 时，应在地锚上加压板；拉力大于 150kN 时，还要在锚碇前加立柱及垫板（板栅），以加强土坑侧壁的耐压力。水平锚碇构造如图 6-11 所示。

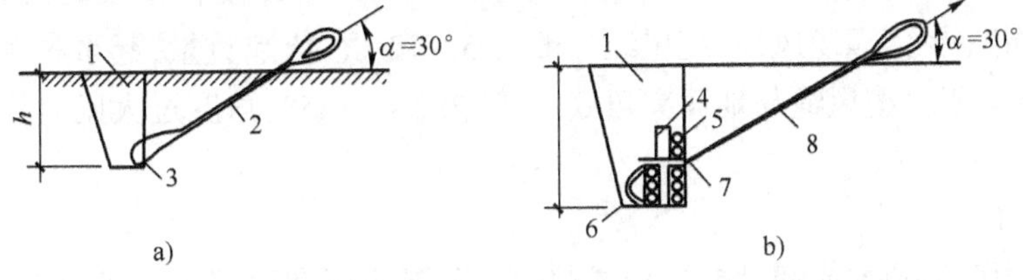

图 6-11　水平锚碇构造示意

a) 拉力 30kN 以下；b) 拉力 100 ~ 400kN

1-回填土逐层夯实；2-地龙木一根；3-钢丝绳或钢筋；4-柱木；5-挡木；6-地龙木 3 根；7-压板；8-钢丝绳圈或钢筋环

二 起重机械

在结构安装工程中，常用的起重机械主要有桅杆式起重机，自行起重机以及塔式起重机。

(一) 桅杆式起重机

桅杆式起重机可分为独脚拔杆、人字拔杆、悬臂拔杆和牵缆式桅杆起重机等。这种机械的特点是能就地取材，可以现场制作，构造简单，装拆方便，起重量可达 100t 以上，但起重半径小，移动较困难，需要设置较多的缆风绳。它适用于安装工程量集中，结构重量大，安装高度大以及施工现场狭窄的情况。

1. 独脚拔杆

独脚拔杆由拔杆，起重滑轮组、卷扬机、缆风绳和地锚等组成，如图 6-12 所示。根据独脚拔杆的制作材料不同可分为木独脚拔杆、钢管独脚拔杆和金属格构式拔杆等。

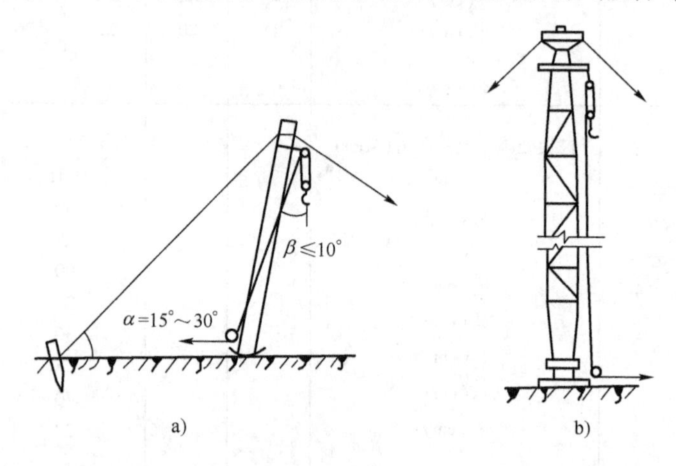

图 6-12　独脚拔杆

a) 木拔杆；b) 格构式钢拔杆

木独脚拔杆由圆木制成、圆木梢径为 200 ~ 300mm，起重高度在 15m 以内，起重量 10t 以下；钢管独脚拔杆起重量 30t 以下，起重高度在 20m 以内；金属格构式独脚拔杆起重高度可达 70m，起重量可达 100t。各种拔杆的起重能力应按实际情况验算。

独脚拔杆在使用时应保持一定的倾角（不宜大于 10°），以便在吊装时，构件不致撞碰拔杆。拔杆的稳定主要依靠缆风绳，缆风绳一般为 6 ~ 12 根，依起重量，起重高度和绳索强度而定，但不能少于 4 根。缆风绳与地面夹角 α，一般为 30° ~ 45°，角度过大则对拔杆会产生过大压力。

2. 人字拔杆

人字拔杆由两根圆木或钢管或格构式截面的独脚拔杆在顶部相交成 20° ~ 30°夹角，用钢丝绳绑扎或铁件铰接而成，如图 6-13 所示。下悬起重滑轮组，底部设有拉杆或拉绳，以平衡拔杆本身的水平推力。拔杆下端两脚距离为高度的 1/2 ~ 1/3。人字拔杆的优点是侧向稳定性好，缆风绳较少（一般不少于 5 根）；缺点是构件起吊后活动范围小，一般仅用于安装重型构件或作为辅助设备以吊装厂房屋盖体系上的轻型构件。

3. 悬臂拔杆

在独脚拔杆的2/3高度处，装上一根起重杆，即成悬臂拔杆。悬臂起重杆可以顺转和起伏，因此有较大的起重高度和相应的起重半径，悬臂起重杆，能左右摆动（120°～270°），但起重量较小，多用于轻型构件安装（图6-14）。

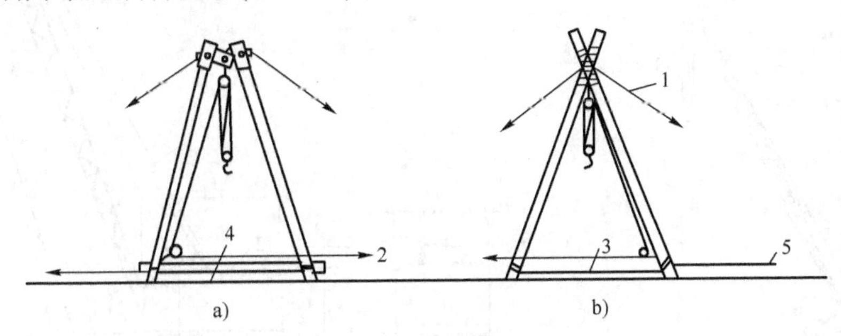

图6-13　人字拔杆

a）顶端用铁件铰接；b）顶端用绳索捆扎

1-缆风绳；2-卷扬机；3-拉绳；4-拉杆；5-锚锭

4. 牵缆式桅杆起重机

牵缆式桅杆起重机是在独脚拔杆的根部装一可以回转和起伏的吊杆而成（图6-15）。这种起重机的起重臂不仅可以起伏，而且整个机身可作全回转，因此工作范围大，机动灵活。

由钢管做成的牵缆式起重机起重量在10t左右，起重高度达25m；由格构式结构组成的牵缆式起重机起重量60t，起重高度可达80m。但这种起重机使用缆风绳较多，移动不便，用于构件多且集中的结构安装工程或固定的起重作业（如高炉安装）。

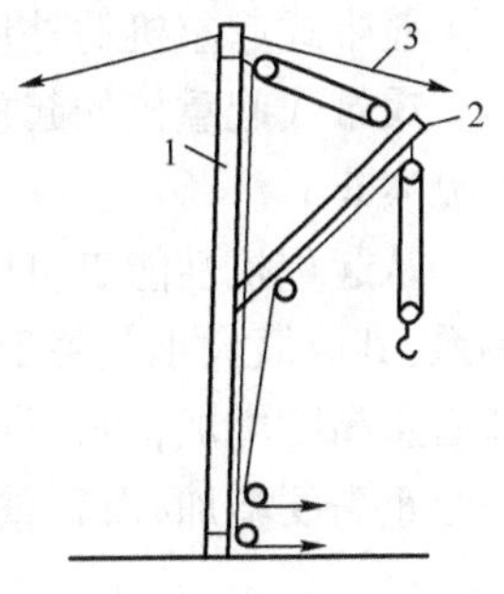

图6-14　悬臂拔杆

1-拔杆；2-起重臂；3-缆风绳

（二）自行式起重机

自行式起重机主要有履带式起重机、汽车式起重机和轮胎式起重机等。

1. 履带式起重机

履带式起重机主要由动力装置、传动机构、行走机构（履带）、工作机构（起重杆、滑轮组、卷扬机）以及平衡重等组成，如图6-16所示。是一种360°全回转的起重机，它操作灵活，行走方便，能负载行驶。缺点是稳定性较差。行走时对路面破坏较大，行走速度慢，在城市中和长距离转移时，需用拖车进行运输。目前它是结构吊装工程中常用的机械之一。

（1）常用型号和性能

常用的履带式起重机主要有国产W_1—50型、W_1—100型、W_1—200型和一些进口机械。

W_1—50型起重机的最大起重量为10t，适用于吊装跨度在18m以下，高度在10m以内的小型单层厂房结构和装卸工作。

W_1—100型起重机最大的起重量为15t，适用于吊装跨度18～24m的厂房。

W_1—200型起重机的最大起重量为50t，适用于大型厂房吊装。

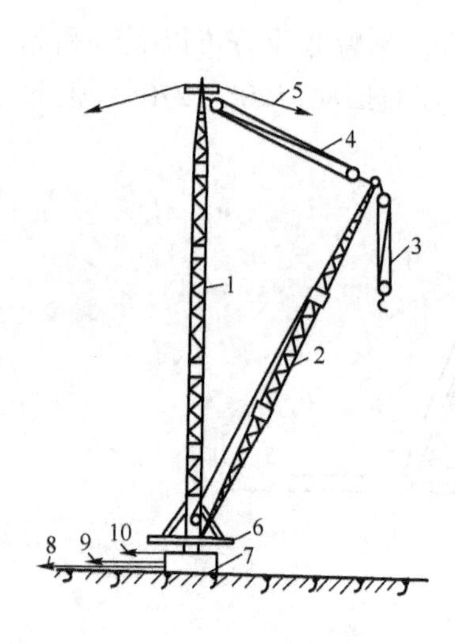

图 6-15　牵缆式桅杆起重机
1-桅杆；2-起重臂；3-起重滑轮组；4-变幅滑轮组；5-缆风绳；6-回转盘；7-底座；8-回转索；9-起重索；10-变幅索

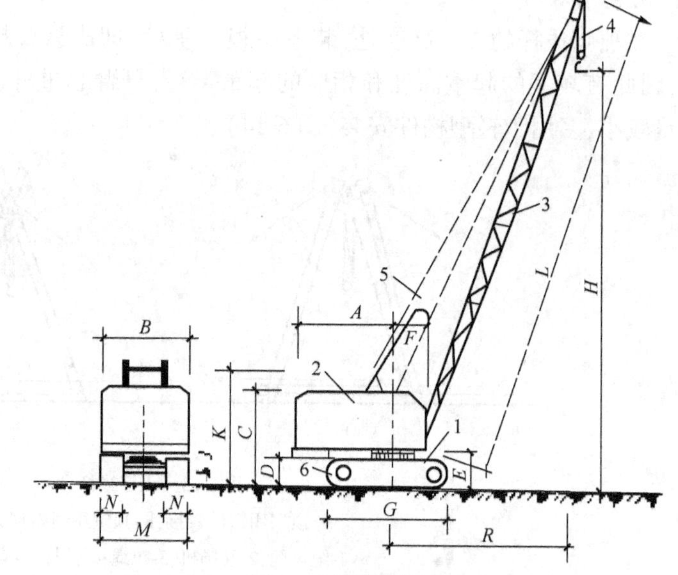

图 6-16　履带式起重机
1-底盘；2-机棚；3-起重臂；4-起重滑轮组；5-变幅滑轮组；6-履带；*A*、*B*…-外形尺寸符号；*L*-起重臂长度；*H*-起升高度；*R*-工作幅度

履带式起重机的外形尺寸见表 6-4。

履带式起重机的起重能力常用起重量、起重高度和起重半径三个数表示。三者的相互关系见表 6-5。

从起重机性能表可以看出，起重量、起重半径、起重高度三个工作参数存在着相互制约的关系，其取值大小取决于起重臂长度及其仰角。当起重臂长度一定时，随着仰角增大，起重量和起重高度增加，而起重半径减小；当起重臂的仰角不变时，随着起重臂长度的增加，起重半径和起重高度增加，而起重量减小。

履带式起重机外形尺寸（单位：mm）　　表 6-4

符　号	名　称	型　号		
		W_1—50	W_1—100	W_1—200
A	机棚尾部到回转中心距离	2 900	3 300	4 500
B	机棚宽度	2 700	3 120	3 200
C	机棚顶部距地面高度	3 220	3 675	4 125
D	回转平台底面距地面高度	1 000	1 045	1 190
E	起重臂枢轴中心距地面高度	1 555	1 700	2 100
F	起重臂枢轴中心至回转中心的距离	1 000	1 300	1 600
G	履带长度	3 420	4 005	4 950
M	履带架宽度	2 850	3 200	4 050
N	履带板宽度	550	675	800
J	行走底架距地面高度	300	275	390
K	双足支架顶部距地面高度	3 480	4 170	4 300

履带式起重机性能表 表 6-5

<table>
<tr><td colspan="2" rowspan="2">参 数</td><td rowspan="2">单位</td><td colspan="8">型 号</td></tr>
<tr><td colspan="3">W_1—50</td><td colspan="2">W_1—100</td><td colspan="3">W_1—200</td></tr>
<tr><td colspan="2">起重臂长度</td><td>m</td><td>10</td><td>18</td><td>18
带鸟嘴</td><td>13</td><td>23</td><td>15</td><td>30</td><td>40</td></tr>
<tr><td colspan="2">最大工作幅度
最小工作幅度</td><td>m
m</td><td>10
3.7</td><td>17
4.5</td><td>10
6</td><td>12.5
4.23</td><td>17
6.5</td><td>15.5
4.5</td><td>22.5
8</td><td>30
10</td></tr>
<tr><td>起重量</td><td>最小工作幅度时
最大工作幅度时</td><td>t
t</td><td>10
2.6</td><td>7.5
1</td><td>2
1</td><td>15
3.5</td><td>8
1.7</td><td>50
8.2</td><td>20
4.3</td><td>8
1.5</td></tr>
<tr><td>起升高度</td><td>最小工作幅度时
最大工作幅度时</td><td>m
m</td><td>9.2
3.7</td><td>17.2
7.6</td><td>17.2
14</td><td>11
5.8</td><td>19
16</td><td>12
3</td><td>26.8
19</td><td>36
25</td></tr>
</table>

(2)履带式起重机的稳定性验算

履带式起重机超载吊装或者接长吊杆时,需要进行稳定性验算,以保证起重机在吊装中不会发生倾倒事故。

履带式起重机稳定性应以起重机处于最不利工作状态即车身与行驶方向垂直的位置进行验算,如图 6-17 所示的情况进行验算。此时,应以履带中心A 为倾覆中心验算起重机的稳定性。当不考虑附加荷载(风荷、刹车惯性力和回转离心力等)时应满足下式要求:

$$K = \frac{\text{稳定力矩}}{\text{倾覆力矩}} \geqslant 1.4 \tag{6-4}$$

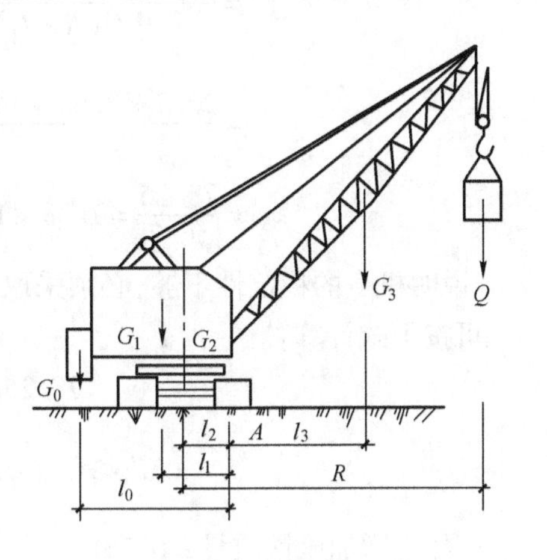

图 6-17 履带式起重机受力简图

考虑附加荷载时 $K \geqslant 1.15$。

为了简化计算,验算起重机稳定性时,一般不考虑附加荷载,由图 6-20 求得:

$$K = \frac{G_1 l_1 + G_2 l_2 + G_0 l_0 - G_3 l_3}{Q(R - l_2)} \geqslant 1.4 \tag{6-5}$$

式中: G_0——原机身平衡重;

G_1——起重机身可转动部分的重量;

G_2——起重机身不转动部分的重量;

G_3——起重杆重量,约为起重机重量 4% ~7%;

l_0、l_1、l_2、l_3——以上各部分的重心至倾覆中心 A 点的相应距离;

R——起重半径;

Q——起重量。

验算时,如不满足就采取增加配重等措施。

【例 6-1】 某建筑工地,拟用一台 W_1—100 型履带式起重机(最大起重量 15t)吊装厂房钢筋混凝土柱子,每根柱重(包括吊具)为 17.5t,试验算起重机的稳定性。

【解】 在现场测得：$G_1=20.2\text{t}$，$G_2=14.4\text{t}$，$G_0=3.0\text{t}$，$G_3=4.35\text{t}$（13m 杆长重量）。根据表 6-4 查得：

$$l_2=\frac{M}{2}-\frac{N}{2}=\frac{3.2}{2}-\frac{0.675}{2}=1.26\text{m}$$

因 $l_1=2.63\text{m}$（实测），$l_0=4.95\text{m}$（实测），$R=4.5\text{m}$（表 6-5），所以

$$l_3=R-\left(l_2+\frac{13\cos75^\circ}{2}\right)=1.56\text{m}$$

$Q=17.5\text{t}$，将以上数值代入（式 6-5）得：

$$K=\frac{G_1l_1+G_2l_2+G_0l_0-G_3l_3}{Q(R-l_2)}\geqslant 1.4$$

$$=\frac{20.2\times2.63+14.4\times1.26+3.0\times4.95-4.35\times1.56}{17.5\times(4.5-1.26)}$$

$$=\frac{78.25}{56.7}=1.38<1.4\text{，不满足要求。}$$

说明机身的稳定性不够，必须采取在车的尾部增加配重（压铁）来解决，所需增加的重量 G'_0 可按下式计算：

$$78.25+G'_0l_0\geqslant 1.4\times56.7$$

$$G'_0\geqslant(79.38-78.25)/4.59=0.25\text{t}$$

因此，增加压铁质量≥0.25t。

（3）起重臂接长验算

当起重机的起重高度或起重半径不足时，在起重臂的强度和稳定性得到保证的前提下，可将起重臂接长，接长后的起重量 Q' 按图 6-18 计算。

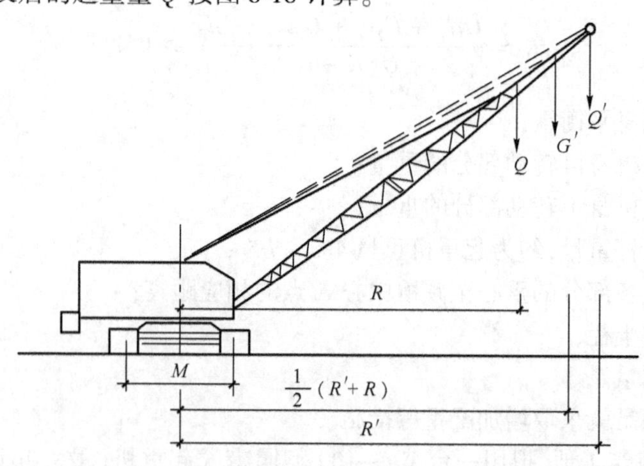

图 6-18 起重臂接长计算简图

根据力矩等量换算的原理得：

$$Q'(R'-M/2)+G'\left(\frac{R'+R}{2}-\frac{M}{2}\right)=Q(R-M/2)$$

整理后得：

$$Q'=\frac{1}{2R'-M}[Q(2R-M)-G'(R'+R-M)] \tag{6-6}$$

式中：R'——接长起重臂后的工作幅度；

G'——起重杆接长部分的重量。

其他符号同前。

当算得的 Q' 小于所吊构件重量时，必须用式（6-7）进行稳定性验算，并采取相应措施解决。如在起重臂顶端拉设缆风绳，以加强起重机稳定性。

2. 汽车式起重机

汽车式起重机是将起重机构安装在普通载重汽车或专用汽车底盘上的一种自行式回转起重机，如图 6-19 所示。常用于构件运输、装卸和结构吊装，行驶速度快，能迅速转移，对路面破坏性很小。缺点是吊重物时必须支腿，因而不能负荷行驶，也不适于在松软或泥泞的场地上工作。

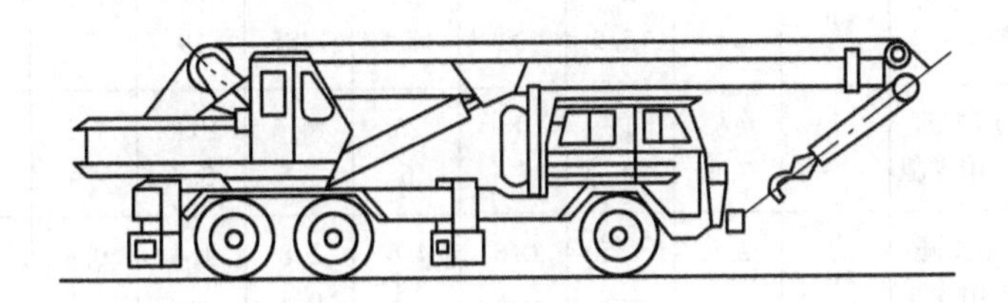

图 6-19　汽车起重机

我国生产的汽车式起重机型号有 Q_2—8、Q_2—12、Q_2—16、Q_2—32、QY40、QY65、QY100 等多种。表 6-6 为 Q_2—8、Q_2—12、Q_2—16 性能表。

汽车式起重机性能　　表 6-6

参数		单位	型号									
			Q_2—8				Q_2—12			Q_2—16		
起重臂长度		m	6.95	8.5	10.15	11.7	8.5	10.8	13.2	8.8	14.4	20
最大起重半径时		m	3.2	3.4	4.2	4.9	3.6	4.6	5.5	3.8	5.0	7.4
最小起重半径时		m	5.5	7.5	9	10.5	6.4	7.8	10.4	7.4	12	14
起重量	最小起重半径时	t	6.7	6.7	4.2	3.2	12	7	5	16	8	4
	最大起重半径时	t	1.5	1.5	1	0.8	4	3	2	4.0	1.0	0.5
起重高度	最小起重半径时	m	9.2	9.2	10.6	12	8.4	10.4	12.8	8.4	14.1	19
	最大起重半径时	m	4.2	4.2	4.8	5.2	5.8	8	8	4.0	7.4	14.2

3. 轮胎式起重机

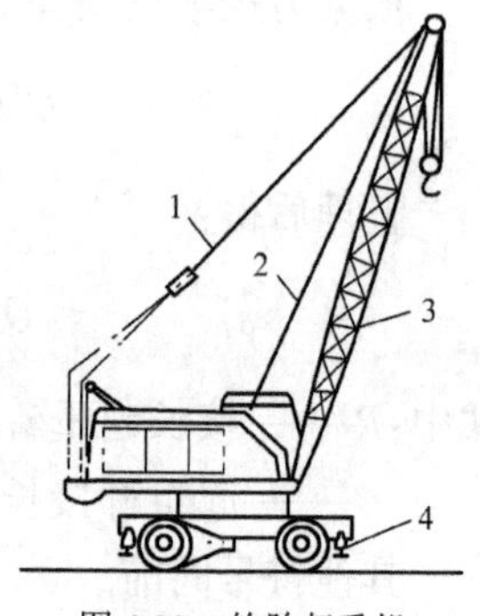

图 6-20　轮胎起重机
1-起重杆；2-起重索；3-变幅索；4-支腿

轮胎式起重机在构造上与履带式起重机基本相似，是将起重机构安装在加重型轮胎和轮轴组成的特制底盘上的全回转起重机，如图 6-20 所示。随着起重量的大小不同，底盘上装有若干根轮轴，配有 4～10 个或更多个轮胎，并有可伸缩的支腿。吊装时一般用四个支腿支撑以保证机身的稳定性。

轮胎式起重机的特点与汽车式起重机相同。国产轮胎式起重机有：QL_2—8 型、QL_3—16 型、QL_3—25 型、QL_3—40 型、QL_1—16 型等，均可用于一般工业厂房结构安装。

QL_3—16 型、QL_3—25 型、QL_1—16 型性能见表 6-7。

轮胎式起重机性能

表 6-7

参数			单位	型号									
				QL_3—16			QL_3—25					QL_1—16	
起重臂长度			m	10	15	20	12	17	22	27	32	10	15
最大起重半径时 最小起重半径时			m	4 11	4.7 15.5	8 20	4.5 11.5	6 14.5	7 19	8.5 21	10 21	4 11	4.7 15.5
起重量	最小起重半径时	用支腿 不用支腿	t	16 7.5	11 6	8 —	25 6	14.5 3.5	10.6 3.4	7.2 —	5 —	16 7.5	11 6
	最大起重半径时	用支腿 不用支腿	t	2.8 —	1.5 —	0.8 —	4.6 —	2.8 0.5	1.4 —	0.8 —	0.6 —	2.8 —	1.5 —
起重高度	最小起重半径时 最大起重半径时		m	8.3 5.3	13.2 4.6	17.95 6.85					8.3	8.3 5	13.2 4.6

(三) 塔式起重机

塔式起重机的塔身直立，起重臂安装在塔身上部可作 360°回转，它具有较大的起重高度和工作幅度和起重能力，工作速度快，生产效率高，机械运转安全可靠，操作和装拆方便等优点，广泛用于多层和高层的工业与民用建筑施工。具体内容详见第五章。

第二节　单层工业厂房结构安装

单层工业厂房的结构安装，一般要安装柱、吊车梁、连系梁、屋架、天窗架、屋面板、地基梁及支撑系统等。

 一 安装准备工作

准备工作的内容包括场地清理、道路修筑、基础准备、构件运输、堆放、拼装加固、检查清

理、弹线编号以及吊装机具的准备等。

1. 基础的准备

杯形基础的准备工作主要是在柱吊装前对杯底抄平和在杯口顶面弹线。

杯底的抄平是对杯底标高的检查和调整,以保证吊装后牛腿面标高的准确。杯底标高在制作时一般比设计要求低50mm,以便柱子长度有误差时能抄平调整。测量杯底标高,先在杯口内弹出比杯口顶面设计标高低100mm的水平线,随后用尺对杯底标高进行测量,小柱测中间一点,大柱测四个角点,得出杯底实际标高。牛腿面设计标高与杆底实际标高的差,就是柱子牛腿面到柱底的应有长度,与实际量得的长度相比,得到制作误差,再结合柱底平面的平整度,用水泥砂浆或细石混凝土将杯底抹平,垫至所需标高。例如,实测杯底标高 -1.20m,柱牛腿面设计标高 +7.80m,量得柱底至牛腿面的实际长度为8.95m,则杯底标高的调整值(抄平厚度)为

$$\Delta h = (7.80 + 1.20) - 8.95 = +0.05\text{m}$$

基础顶面弹线要根据厂房的定位轴线测出,并与柱的安装中心线相对应。一般在基础顶面弹十字交叉的安装中心线,并画上红三角(图6-21)。

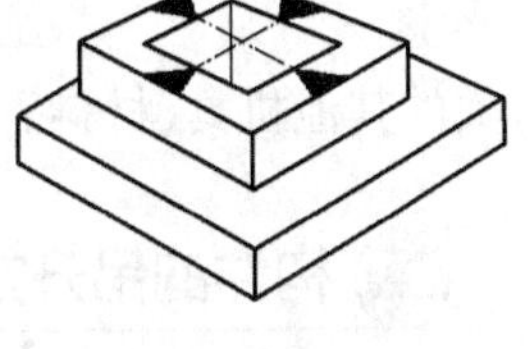

图6-21 基础准线

最后,将找平好的杯形基础的杯口部分加以覆盖,防止杂物落入其内。当检查发现杯口的定位轴线与中心线的偏差超过±10mm,或杯口上下部分的尺寸与杯基中心线相差超过规范允许值时,杯口应进行修整,以保证柱子的安装。

2. 构件的运输和堆放

(1)一些重量不大而数量很多的构件,可在预制厂制作,用载重汽车或平板拖车运至工地。

(2)构件的运输要保证构件不变形、不损坏。构件的混凝土强度达到设计强度的75%时方可运输。构件的支垫位置要正确,要符合受力情况,上下垫木要在同一垂直线上。

(3)运输道路应平整坚实,有足够的宽度和转弯半径,使车辆及构件能顺利通过。

(4)构件的运输顺序及卸车位置应按施工组织设计的规定进行,以免造成现场混乱,增加二次搬运,影响吊装工作。

(5)构件的堆放场地应平整压实,并采取有效的排水措施。构件就位时,应按设计的受力情况搁置在垫木或支架上。重叠堆放时一般梁可堆2~3层:大型屋面板不超过6块;空心板不宜超过8块。重叠的构件之间要垫上垫木,上层垫木与下层垫木之间应在同一垂直线上。构件吊环要向上,标志要向外。

3. 构件的检查与清理

预制构件在生产过程中,可能会出现外形尺寸方面的误差以及在构件表面产生一些缺陷等问题。因此对预制构件必须进行检查和清理,以保证构件吊装的质量。

(1)构件强度检查。构件吊装时混凝土强度不低于设计混凝土标准值的75%,对一些大跨度构件,如屋架则应达到100%。

(2)检查构件的外形尺寸、接头钢筋、预埋件的位置及大小。

(3)检查构件的表面。有无损伤、缺陷、变形、裂缝等。预埋件如有污物,应加以清除,以免影响构件的拼装和焊接。

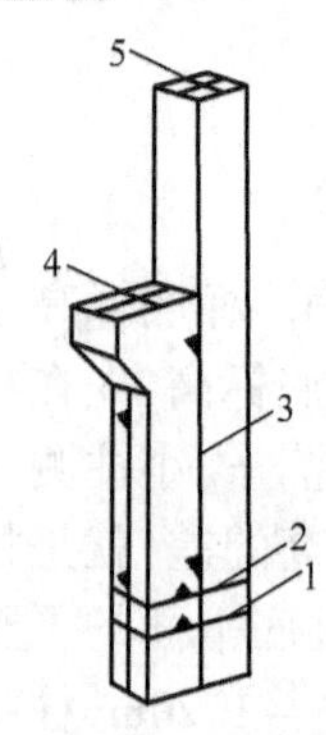

图 6-22　柱的准线
1-基础顶面线；2-地坪标高线；3-柱子中心线；4-吊车梁对位线；5-柱顶中心线

(4)检查吊环的位置，吊环有无变形损伤，吊环孔洞能否穿过钢丝索和卡环。

4. 构件的弹线与编号

在每个构件上弹出安装的定位墨线和校正所用墨线，作为构件安装、对位、校正的依据，具体做法如下：

(1)柱子：在柱身三面弹出安装中心线，所弹中心线的位置与柱基杯口面上的安装中心线相吻合。此外，在柱顶与牛腿面上还要弹出安装屋架及吊车梁的定位线(图 6-22)。

(2)屋架：屋架上弦顶面应弹出几何中心线，并从跨中向两端分别弹出天窗架、屋面板或檩条的安装定位线；在屋架两端弹出安装中心线。

(3)梁：在两端及顶面弹出安装中心线。

(4)编号：应按图纸将构件进行编号。

5. 其他机具的准备

结构吊装工程除所需的大型起重机械外，还要充分准备好与结构吊装有关的其他机具、材料。主要有电焊机、电焊条、校正用千斤顶、撑杆、缆风绳、垫铁等。

二 构件的吊升方法及技术要求

吊装过程主要有绑扎、吊升、就位、临时固定、校正、最后固定等工序。

1. 柱子的吊装

(1)柱的绑扎

柱的绑扎方法、绑扎位置和绑扎点数，应根据柱的形状、长度、截面、配筋、起吊方法和起重机性能等因素确定。由于柱起吊时吊离地面的瞬间由自重产生的弯矩最大，其最合理的绑扎点位置，应按柱子产生的正负弯矩绝对值相等的原则来确定。一般中小型柱(自重 13t 以下)大多数绑扎一点；重型柱或配筋少而细长的柱(如抗风柱)，为防止起吊过程总柱的断裂，常需绑扎两点甚至三点。对于有牛腿的柱，其绑扎点应选在牛腿以下 200mm 处；工字形断面和双肢柱，应选在矩形断面处，否则应在绑扎位置用方木加固翼缘，防止翼缘在起吊时损坏。

根据柱起吊后柱身是否垂直，分为斜吊法和直吊法，相应的绑扎方法有如下两种。

①斜吊绑扎法。如图 6-23 所示。当柱平卧起吊的抗弯强度满足要求时，可采用斜吊绑扎法。此法的特点是柱不需要翻身，吊起后呈倾斜状态，由于吊索歪在柱的一边，起重钩低于柱顶，因此起重臂可以短些。当柱身较长，起重机臂长不够时，用此法较方便，但因柱身倾斜，就位对中比较困难。

②直吊绑扎法。当柱子的宽度方向抗弯不足时，可在吊装前，先将柱子翻身后再起吊，如图 6-24 所示。起吊后，铁扁担跨在柱顶上，柱身呈直立状态，便于插入杯口，但由于铁扁担高于柱顶，需要较大的起吊高度。

③两点绑扎法。当柱身较长，一点绑扎时柱的抗弯能力不足时可采用两点绑扎起吊，如图 6-25。

④柱子有三面牛腿时的绑扎法。采用直吊绑扎法，用两根吊索分别沿柱角吊起，如图 6-26 所示。

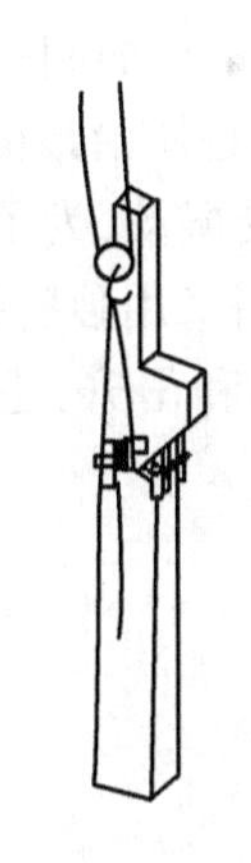

图 6-23　斜吊绑扎法

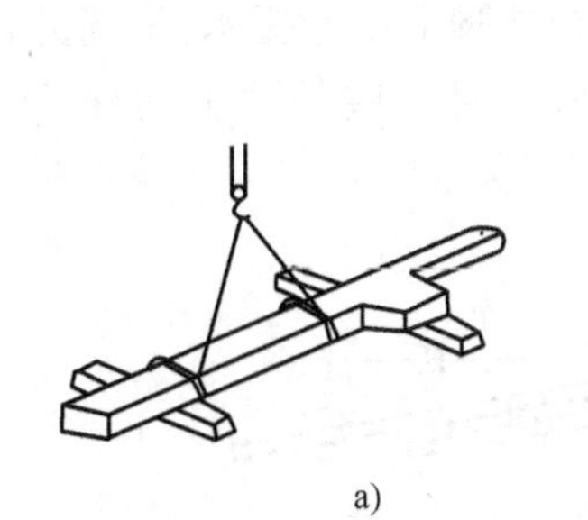

a)　　b)　　c)

图 6-24　直吊绑扎法

a）柱翻身时绑扎法；b）柱直吊绑扎法；c）柱的吊升

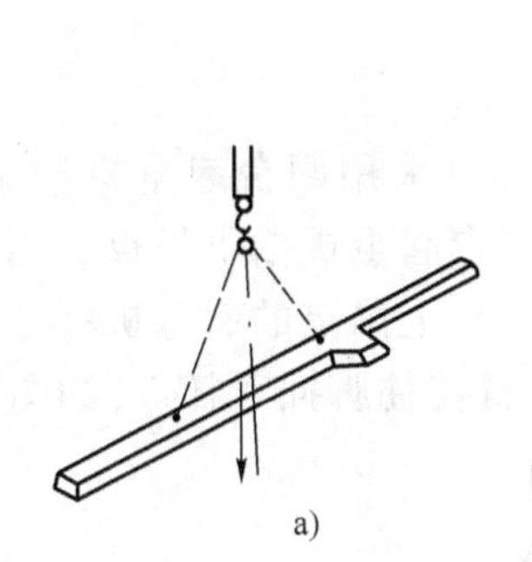

a)　　b)

图 6-25　柱的两点绑扎法

a）斜吊；b）直吊

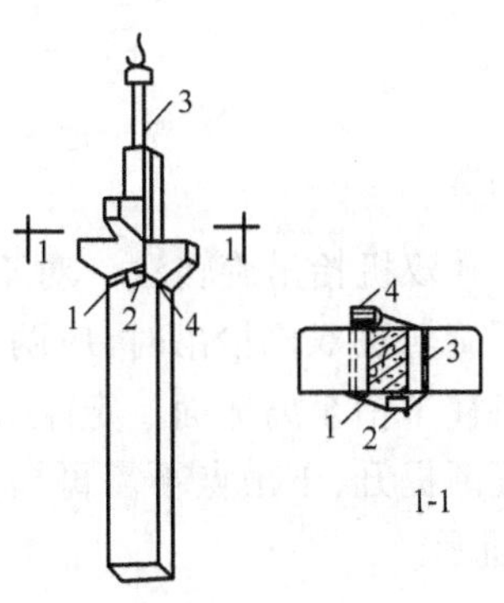

图 6-26　三面牛腿绑扎法

1-短吊绳；2-活络卡环；

3-长吊绳；4-普通卡环

（2）柱的吊升

柱子的吊升方法，根据柱子重量、长度、起重机性能和现场施工条件而定。根据柱子吊升过程中的运动特点分为旋转法和滑行法。

①旋转法吊升。如图 6-27 所示，柱的绑扎点、柱脚、杯基中心三者宜位于起重机的同一工作幅度的圆弧上，即三点共弧。起吊时，起重臂边升钩，边回转，柱顶随起重钩的运动，也边升起边回转，绕柱脚旋转起吊。当柱子呈直立状态后，起重机将柱吊离地面插入杯口。旋转法吊升柱受振动小，生产效率高，但对起重机的机动性要求高。当采用履带式、汽车式、轮胎式等起重机时，宜采用此法。

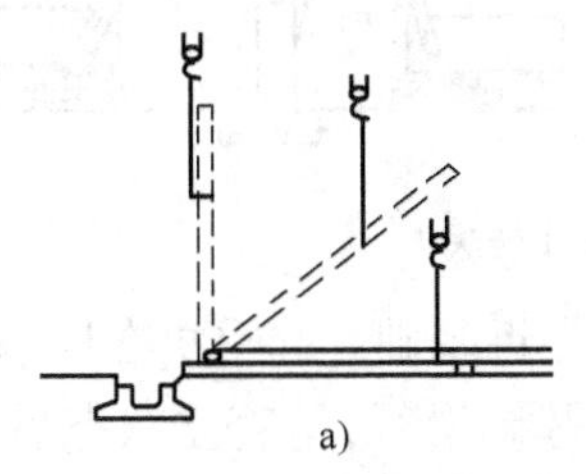

a)

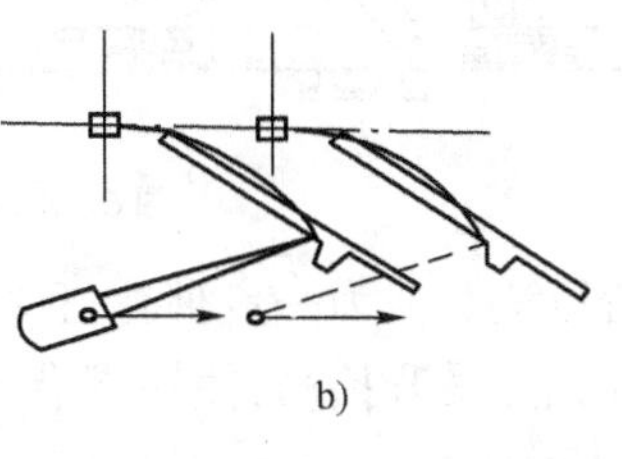

b)

图 6-27　单机旋转法吊装柱

a）柱吊升过程；b）柱平面布置

②滑行法吊升。柱的绑扎点宜靠近基础,绑扎点与杯口中心均位于起重机的同一起重半径的圆弧上,即两点共圆弧。柱子吊升时,起重机只升钩,起重臂不转动,使柱脚沿地面滑行逐渐直立,然后插入杯口,如图6-28所示。滑行法吊升时,柱在滑行过程中受振动,为了减少滑行时柱脚与地面的摩阻力,需要在柱脚下设置托木、滚筒并铺设滑行道。当采用独脚拔杆,人字拔杆吊升柱时常采用此法。另外对一些长而重的柱,为便于构件布置和吊升,也常采用此法。

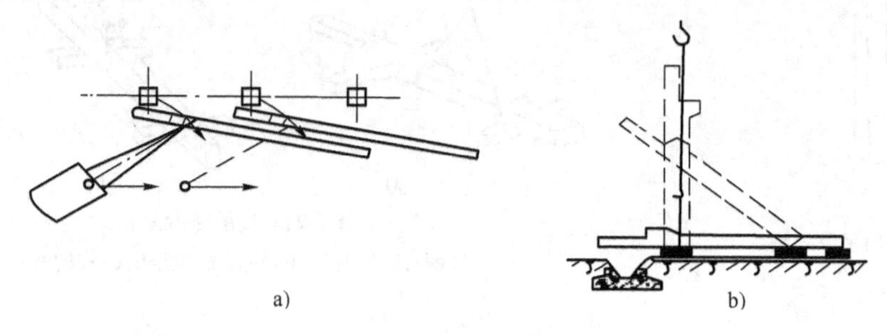

图6-28　单机滑行法吊柱

a)平面布置;b)滑行过程

③双机抬吊旋转法。对于重型柱子,一台起重机吊不起来,可采用两台起重机抬吊。采用旋转法双机抬吊时,应两点绑扎,一台起重机抬上吊点,另一台起重机抬下吊点。当双机将柱子抬至离地面一定距离(为下吊点到柱脚距离+300mm)时,上吊点的起重机将柱上部逐渐提升,下吊点不需再提升,使柱子呈直立状态后旋转起重臂使柱脚插入杯口,如图6-29所示。

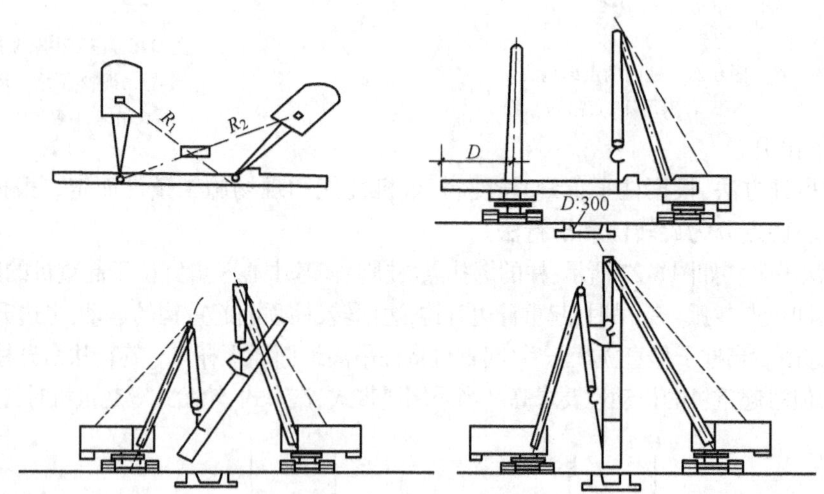

图6-29　双机抬吊旋转法

④双机抬吊滑行法。柱为一点绑扎,且绑扎点靠近基础。起重机在柱基础的两侧,两台起重机在柱的同一绑扎点吊升抬吊,使柱脚沿地面向基础滑行,呈直立状态后,将柱脚插入基础杯口内,如图6-30所示。

(3)就位和临时固定

柱子就位时,一般柱脚插入杯口后应悬离杯底 30 ~ 50mm 处。对位时用 8 只木楔或钢楔从柱的四边放人杯口,并用撬棍撬动柱脚,使柱的安装中心线对准杯口上的安装中心线,并使柱子基本保持垂直。

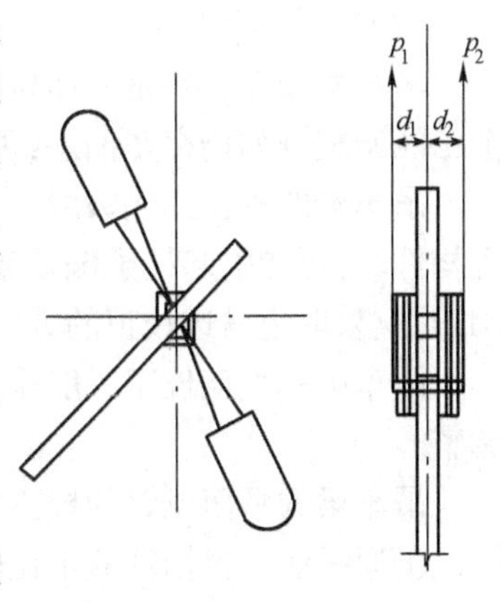

图 6-30 双机抬吊滑行法

柱对位后,应先把楔块略打紧,再放松吊钩,检查柱沉至杯底的对中情况,若符合要求,即将楔块打紧,将柱临时固定。

吊装重型柱或细长柱时,除按上述方法进行临时固定外,必要时应增设缆风绳拉锚。

(4)校正和最后固定

柱子的校正包括平面位置、垂直度和标高。标高的校正应在柱基杯底找平时同时进行,平面位置校正一般在临时固定时已校正好,垂直度校正则应在柱临时固定后进行。偏差检查是用两台经纬仪从柱相邻两面观察柱的安装中心线是否垂直。垂直度偏差要在规范允许范围内。

若超过允许偏差值,可采用钢管撑杆校正法、千斤顶校正法等进行校正,如图 6-31 所示。

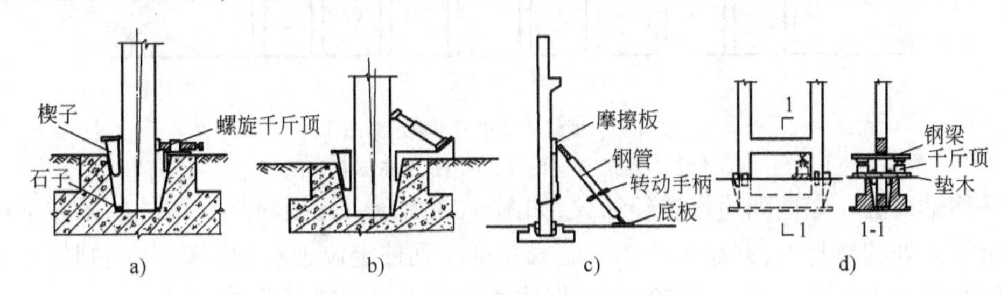

图 6-31 柱垂直度的校正方法

a)螺旋千斤顶平顶法;b)千斤顶斜顶法;c)钢管支撑斜顶法;d)千斤顶立顶法

柱子的最后固定,是在柱子与杯口的空隙用细石混凝土浇灌密实。所用的细石混凝土应比柱子混凝土强度提高一级,分两次浇筑。第一次浇至楔块底面,待混凝土强度达到 25% 时拔去楔块,再将混凝土浇满杯口,进行养护,待第二次浇筑混凝土强度达到 75% 后,方能安装上部构件。

2. 吊车梁的吊装

吊车梁的类型通常有 T 形、鱼腹式和组合式等。其长度一般有 6m、12m,质量一般为 3 ~ 5t。吊车梁的吊装必须在柱子杯口第二次浇灌混凝土强度达到设计强度的 75% 时方可进行。

(1)绑扎、吊升、就位与临时固定

吊车梁的绑扎应采用两点绑扎,对称起吊,吊钩应对称梁的重心,以便使梁起吊后保持水平,梁的两端用溜绳控制,以免在吊升过程中碰撞柱子。

吊车梁对位后,不宜用撬棍在纵轴方向撬动,因为柱在此方向刚度较差,过分撬动会使柱身弯曲产生偏差。

吊车梁对位后,由于梁本身稳定性较好,仅用垫铁垫平即可,不需采取临时固定措施,但当梁的高宽比大于 4 时,宜用铁丝将吊车梁临时绑在柱上。

(2)校正和最后固定

吊车梁校正主要是平面位置和垂直度校正。吊车梁的标高取决于柱牛腿标高,在柱吊装前已经调整。如仍存在偏差,可待安装吊车轨道时进行调整。

吊车梁的校正工作一般在屋面构件安装校正并最后固定后进行。因为在安装屋架、支撑等构件时,可能引起柱子偏差影响吊车梁的准确位置。但对重量大的吊车梁,脱钩后撬动比较困难,应采取边吊边校正的方法。

吊车梁垂直度校正一般采用吊线锤的方法检查,如存在偏差,在梁的支座处垫上薄钢板调整。

吊车梁的平面位置的校正常用通线法和平移轴线法。

①通线法。根据柱的定位轴线,在车间两端地面用木桩定出吊车梁定位轴线位置,并设置经纬仪。先用经纬仪将车间两端的四根吊车梁位置校正准确,用钢尺检查两列吊车梁之间的跨距是否符合要求,再根据校正好的端部吊车梁沿其轴线拉上钢丝通线,逐根拔正,如图6-32所示。

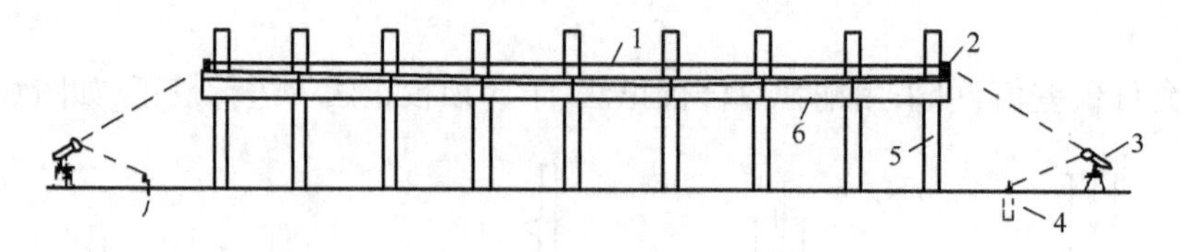

图6-32 通线法校正吊车梁示意图

1-通线;2-支架;3-经纬仪;4-木桩;5-柱;6-吊车梁

②平移轴线法。在柱列边设置经纬仪,如图6-33所示。逐根将杯口中柱的吊装准线投影到吊车梁顶面处的柱身上,并做出标志。若安装准线到柱定位轴线的距离为a,则标志距吊车梁定位轴线应为$\lambda - a$(一般$\lambda = 750\text{mm}$),据此逐根拔正吊车梁安装中心线。

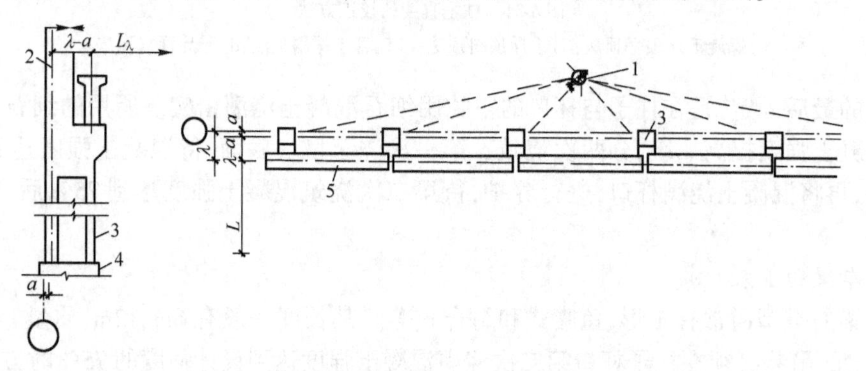

图6-33 平移轴线法校正吊车梁

1-经纬仪;2-标志;3-柱;4-柱基础;5-吊车梁

吊车梁的最后固定是将吊车梁用钢板与柱侧面、吊车梁顶面预埋铁件焊牢,并在接头处、吊车梁与柱的空隙处支模浇筑细石混凝土。

3. 屋架的吊装

屋架是屋盖系统中的主要构件,除屋架之外,还有屋面板、天窗架、支撑天窗挡板及天窗端壁板等构件。钢筋混凝土预应力屋架一般在施工现场平卧叠浇生产,吊装前应将屋架扶直、就位。屋架吊装的主要工序有绑扎、扶直与就位、吊升、对位、校正、最后固定等。

(1)绑扎

屋架的绑扎点应根据屋架的跨度和不同的类型进行选择。通常屋架的绑扎点应选在屋架上弦节点处或其附近,左右对称于屋架的重心。一般屋架跨度小于18m时两点绑扎;大于18m时四点绑扎;大于30m时,应考虑使用铁扁担,以减少绑扎高度;对刚性较差的组合屋架,因下弦不能承受压力,也采用铁扁担四点绑扎。屋架绑扎时吊索与水平面夹角不宜小于45°,否则应采用铁扁担,以减少屋架的起重高度或减少屋架所承受的压力。屋架的绑扎方法如图6-34所示。

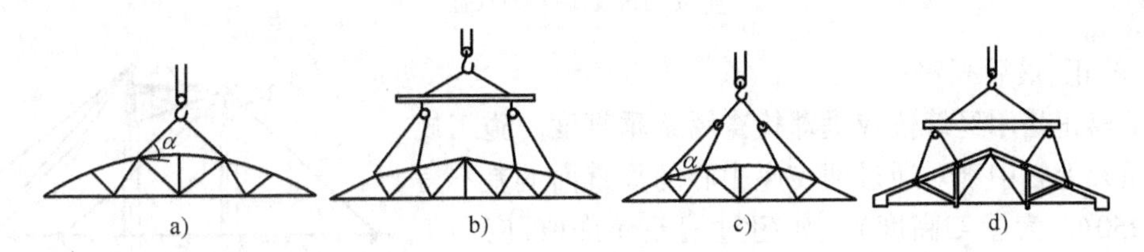

图6-34 屋架绑扎方法

a)跨度小于或等于18m时;b)跨度大于18m时;c)跨度大于30m时;d)三角形组合屋架

(2)屋架的扶直与就位

按照起重机与屋架预制时相对位置不同,屋架扶直有正向扶直和反向扶直两种。

①正向扶直。起重机位于屋架下弦杆一边,吊钩对准上弦中点,收紧吊钩后略起臂使屋架脱模,然后升钩并起臂使屋架绕下弦旋转呈直立状态,如图6-35a)所示。在扶直过程中,为防止屋架突然下滑,在屋架两端应架设枕木垛,其高度与被扶直屋架的底面平齐,同时,在屋架两端绑扎拉绳,从相反方向拉紧,防止屋架下弦滑动。

②反向扶直。起重机位于屋架上弦一边,扶直时,吊钩对准上弦中点,收紧吊钩,接着升钩并降臂,使屋架绕下弦旋转呈直立状态,如图6-35b)所示。

正向扶直与反向扶直不同之处在于前者升臂,后者降臂。升臂比降臂易于操作且比较安全,故应尽可能采用正向扶直。

屋架扶直后应按规定位置立即进行就位。屋架的就位位置与起重机性能和安装方法有关,应遵循少占地,便于吊装且应考虑吊装顺序、两头朝向等原则。当屋架就位位置与屋架的预制位置在起重机开行路线同一侧时,称同侧就位(图6-35a)。当屋架就位位置与屋架预制位置分别在起重机开行路线各一侧时,称异侧就位(图6-35b)。

(3)屋架的吊升、对位与临时固定

屋架起吊后离地面约300mm处转至吊装位置下方,再将其吊升超过柱顶约300mm,然后缓缓下落在柱顶上,力求对准安装准线。

屋架对位后,先进行临时固定,然后再使起重机脱钩。

第一榀屋架的临时固定,可用四根缆风绳从两边拉牢。因为,它既是单片结构,侧向稳定性差,又是第二榀屋架的支撑,如图6-36所示。

第二榀屋架以及以后各榀屋架可用工具式支撑临时固定到前一榀屋架上,如图6-37所示。

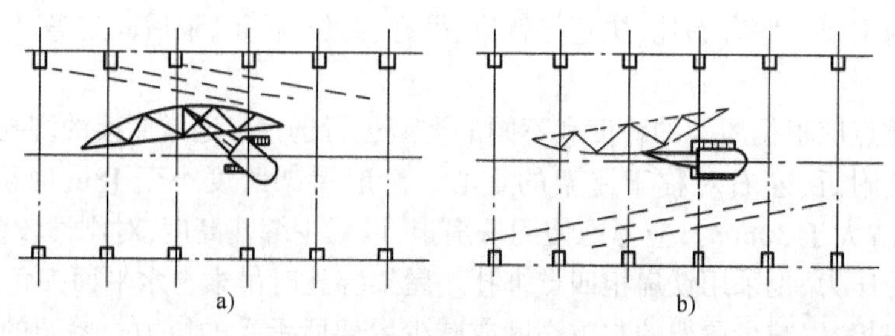

图 6-35　屋架的扶直

a) 正向扶直；b) 反向扶直

(4) 校正、最后固定

屋架校正是用经纬仪或垂球检查屋架垂直度。施工规范规定屋架上弦中部对通过两支座中心的垂直面偏差不得大于 $h/250$(h 为屋架高度)。如超过偏差允许值，应用工具式支撑加以纠正，并在屋架端部支承面垫入薄钢片。校正无误后，立即用电焊焊牢作为最后固定。

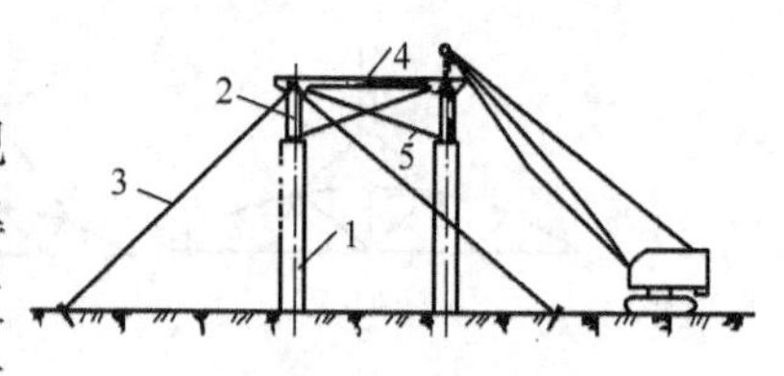

图 6-36　屋架的临时固定

1-柱子；2-屋架；3-缆风绳；4-工具式支撑；5-屋架垂直支撑

4. 屋面板的吊装

预制屋面板时，四个角一般埋有吊环。用四根带吊钩的吊索吊升。吊索应等长且拉力相等，屋面板保持水平。屋面板的吊装顺序应从两边檐口左右对称地铺向屋脊，以免屋架承受半边荷载的作用。

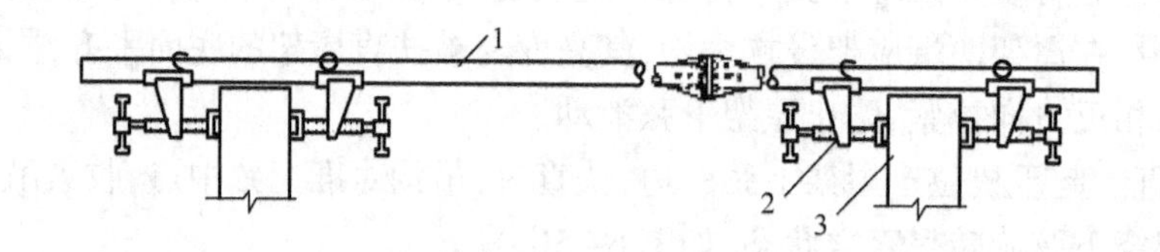

图 6-37　工具式支撑的构造

1-钢管；2-撑脚；3-屋架上弦

屋面板就位后应立即用电焊固定，每块屋面板可焊三点，最后一块只能焊两点。

三 结构吊装方案

结构吊装方案应着重解决三个方面的问题：起重机的选择、结构吊装方法及起重机开行路线。

(一) 起重机的选择

1. 起重机类型选择

起重机的选择是吊装工程的重要环节，因为它直接影响到构件吊装方法、起重机开行路线与停机点位置、构件平面布置等问题。

(1) 对于中小型厂房结构采用自行式起重机安装比较合理。

(2) 当厂房结构高度和长度较大时，可选用塔式起重机安装屋盖结构。

(3) 在缺乏自行式起重机的地方，可采用桅杆式起重机安装。

(4)大跨度的重型工业厂房,应结合设备安装来选择起重机类型。

(5)当一台起重机无法吊装时,可选用两台起重机抬吊。

2. 起重机型号和起重臂长度的选择

当起重机的类型确定之后,还需要进一步选择起重机的型号及起重臂的长度,所选的起重机三个主要参数必须满足结构吊装的要求。

(1)起重量

起重机的起重量必须满足下式要求:

$$Q \geqslant Q_1 + Q_2 \tag{6-7}$$

式中:Q——起重机的起重量(t);

Q_1——构件质量(t);

Q_2——吊索质量(t)。

(2)起重高度

起重机的起重高度必须满足构件吊装的要求,如图6-38所示。

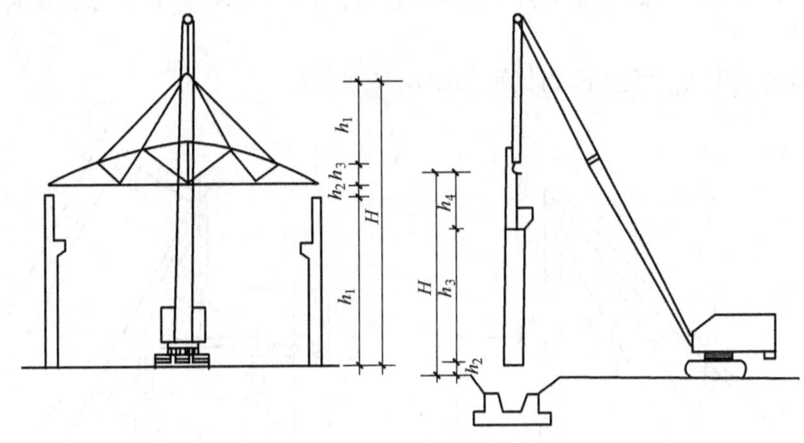

图6-38 履带式超重机起吊高度计算简图

$$H \geqslant h_1 + h_2 + h_3 + h_4 \tag{6-8}$$

式中:H——起重机的起重高度(m);

h_1——安装支座表面高度(m),从停机面算起;

h_2——安装空隙,不小于0.3m;

h_3——绑扎点至构件吊起底面的距离(m);

h_4——索具高度,自绑扎点至吊钩钩中心的距离(m)。

(3)起重半径

当起重机可以不受限制地开到所吊构件附近去吊装构件时,可不验算起重半径。当起重机受限制不能靠近安装位置去吊装构件时,则应验算。当起重机的起重半径为一定值时,起重量和起重半径是否满足吊装构件的要求,一般根据所需的起重量、起重高度值选择起重机型号,再按下式进行计算,如图6-39所示。

$$R_{\min} = F + D + 0.5b \tag{6-9}$$

式中:F——起重机枢轴中心距回转中心距离(m);

b——构件宽度(m)；

D——起重机枢轴中心距所吊构件边缘距离(m)。

可按下式计算：

$$D = g + (h_1 + h_2 + h'_3 - E)\cot\alpha \tag{6-10}$$

式中：g——构件上口边缘与起重臂的水平间隙，不小于0.5m；

E——吊杆枢轴心距地面高度(m)；

α——起重臂的倾角；

h_1、h_2——含义同前；

h'_3——所吊构件的高度(m)。

同一种型号的起重机有几种不同长度的起重臂，应选择能同时满足三个吊装工作参数的起重臂。当各种构件吊装工作参数相差较大时，可以选择几种起重臂。

(4)最小起重臂长度的确定

当起重机的起重臂需跨过屋架去安装屋面板时，为了不碰动屋架，需求出起重臂的最小杆长度。

最小起重臂长度 L_{min} 可按下式计算，如图6-40所示。

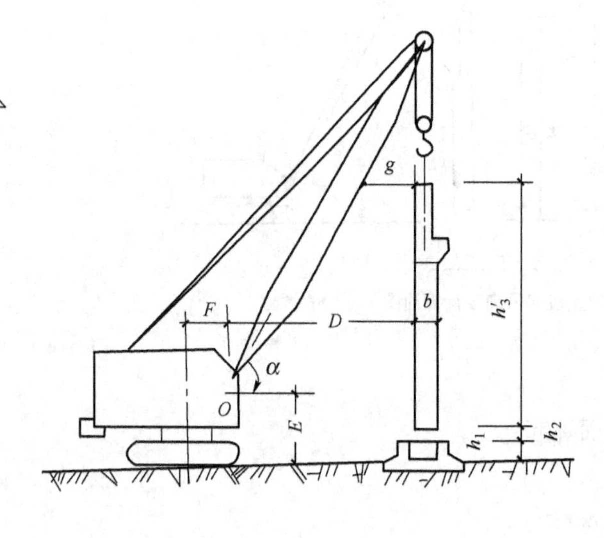

图6-39　超重半径计算简图

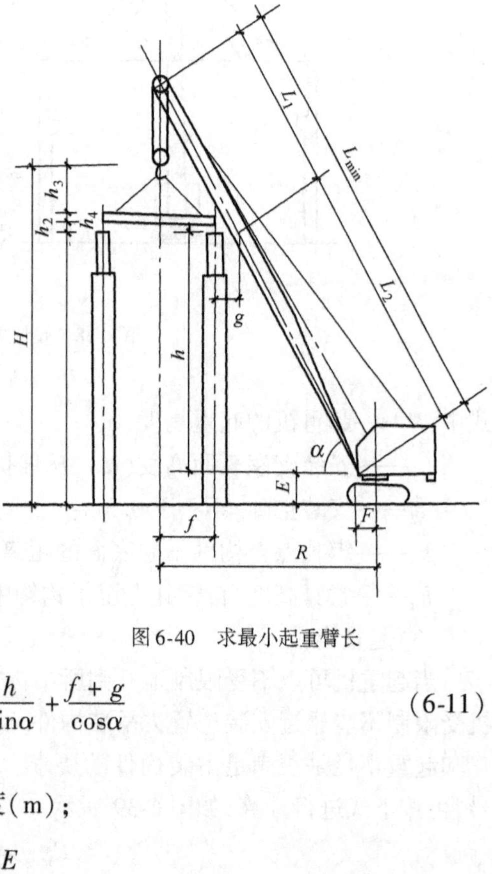

图6-40　求最小起重臂长

$$L_{min} \geqslant L_1 + L_2 = \frac{h}{\sin\alpha} + \frac{f + g}{\cos\alpha} \tag{6-11}$$

式中：L_{min}——起重臂最小长度(m)；

h——起重臂下铰至屋面板吊装支座的高度(m)；

$$h = h_1 - E$$

h_1——停机面至屋面板吊装支座的高度(m);

f——吊钩需跨过已安装好结构的距离(m);

g——起重臂轴线与已安装好结构间的水平距离,至少取1m。

为了使起重臂长度最小,需对式(6-11)进行一次微分,并令$\frac{dL}{d\alpha}=0$,即可求出α的值:

$$\alpha = \arctan\sqrt[3]{\frac{h}{f+g}} \tag{6-12}$$

将α值代入式(6-11)即可求得L_{min}的理论值。

(二)结构安装方法

单层厂房的结构安装方法主要有分件安装法和综合安装法两种。

1. 分件安装

分件安装法是指起重机在车间内每开行一次仅安装一种或两种构件,通常分三次开行。

第一次开行——安装全部柱子,并对柱子校正和最后固定;

第二次开行——安装全部吊车梁、连系梁以及柱间支撑;

第三次开行——分节间安装屋架、天窗架、屋面板及屋面支撑等。

此外,在屋架吊装之前还要进行屋架的扶直排放、屋面板的运输堆放。

分件安装法的优点是每次吊装同类构件,不需经常更换索具,操作程序基本相同,所以安装速度快,并且有充分时间校正。构件可分批进场,供应单一,平面布置比较容易,现场不致拥挤。缺点是不能为后续工程及早提供工作面,起重机开行路线长,装配式钢筋混凝土单层工业厂房多采用分件安装法。

2. 综合安装法

综合安装法是指起重机在车间内的一次开行中,分节间安装所有各种类型的构件。具体做法是先安装4~6根柱子,立即加以校正和最后固定,接着安装吊车梁、连系梁、屋架、屋面板等构件。总之,起重机在每一个停机位置,吊装尽可能多的构件。安装完一个节间所有构件后,转入安装下一个节间。

综合安装法的优点是开行路线短,起重机停机点少,可为后期工程及早提供工作面,使各工种能交叉平行流水作业。其缺点是一种机械同时吊装多类型构件,现场拥挤,校正困难。

(三)起重机开行路线及停机位置

起重机的开行路线和停机位置与起重机的性能、构件尺寸及重量、构件的平面布置、构件的供应方式、安装方法等许多因素有关。

采用分件安装时,起重机的开行路线如下:

(1)柱子吊装时应视跨度大小、柱的尺寸、重量及起重机性能,可沿跨中开行或跨边开行,如图6-41所示。

当起重半径$R \geqslant L/2$(L为厂房跨度)时,起重机在跨中开行,每个停机点吊两根柱子. 如图6-41a)所示。

当起重半径 $R \geqslant \sqrt{(L/2)^2 + (b/2)^2}$（为柱距）时，起重机跨中开行，每个停机点安装四根柱子，如图 6-41b）所示。

当 $R < L/2$ 时，起重机沿跨边开行，每个停机点，安装一根柱子，如图 6-41c）所示。

当 $R \geqslant \sqrt{(a)^2 + (b/2)^2}$ 时，a 为开行路线到跨边距离，起重机在跨内靠边开行，每个停机点可吊两根柱子，如图 6-41d）所示。

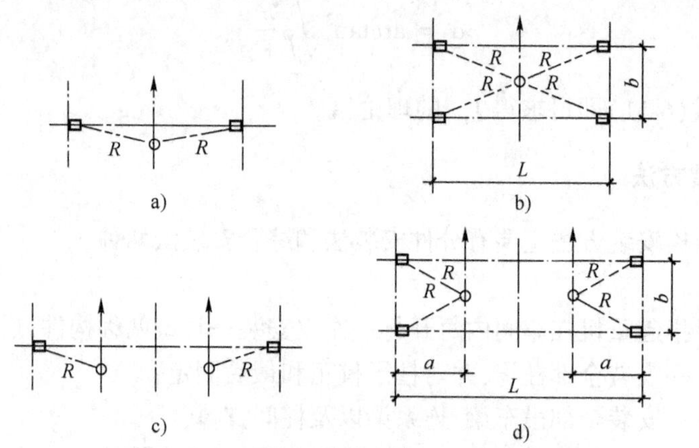

图 6-41　起重机吊装柱时的开行路线及停机位置

a）、b）跨中开行；c）、d）跨边开行

柱子布置在跨外时，起重机在跨外开行，停机位置与跨边开行相似，每个停机点可吊 1 ~ 2 根柱子。

（2）屋架扶直就位及屋盖系统吊装时，起重机大多在跨中开行。

图 6-42 所示是单跨厂房采用分件吊装法时起重机开行路线及停机位置图。起重机从Ⓐ

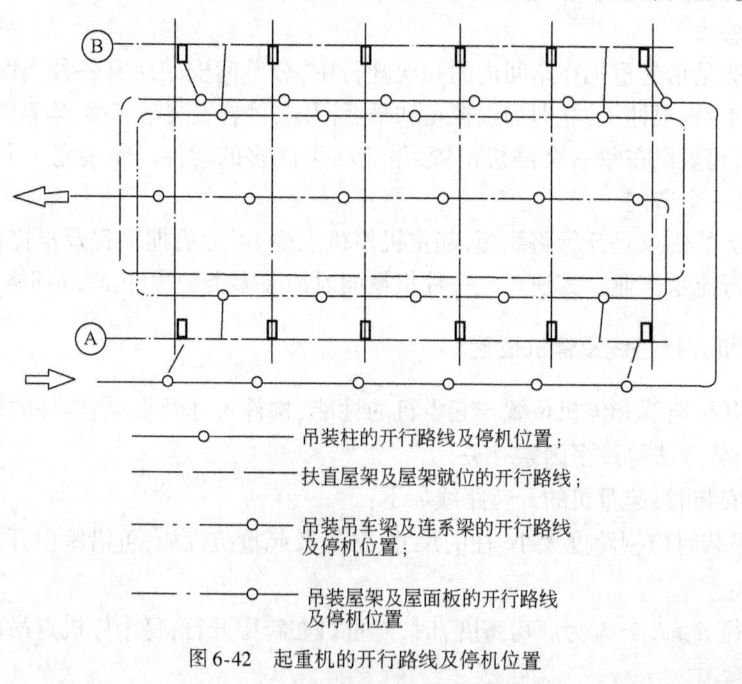

图 6-42　起重机的开行路线及停机位置

轴线进场,沿跨外开行吊装 A 列柱,再沿Ⓑ轴线跨内开行吊装Ⓑ轴列柱,然后转到Ⓐ轴线扶直屋架并将其就位,再转到Ⓑ轴线吊装 B 列吊车梁、连系梁,随后转到Ⓐ轴线吊装 A 吊车梁、连系梁,最后转到跨中吊装屋盖系统。

当单层厂房面积大或具有多跨结构时,为加快工程进度,可将建筑物划分为若干段,选用多台起重机同时施工。每台起重机可以独立作业,完成一个区段的全部吊装工作,也可以选用不同性能的起重机协同作业,有的专门吊柱,有的专门吊屋盖系统结构,组织大流水施工。

四 构件的平面布置与运输堆放

构件的平面布置合理,可以避免构件在场内的二次搬运,能充分发挥起重机的生产效率。构件的平面布置和起重机的性能、安装方法、构件的制作方法有关。在选定起重机型号,确定施工方案后,可根据施工现场实际情况制定。

(一)构件的平面布置原则

(1)每跨的构件宜尽可能布置在本跨内,如场地狭窄,布置确有困难时,也可布置在跨外便于安装的地方。

(2)首先应考虑重型构件的布置,同时构件的布置应便于支模和浇筑混凝土;对预应力构件应留有抽管,穿筋的操作场地。

(3)构件的布置还要满足安装工艺的要求,尽可能在起重机的工作半径内,减少起重机“跑吊”的距离及起伏起重杆的次数。

(4)构件的布置应力求占地最少,保证起重机、运输车辆的道路畅通。起重机回转时,机身不得与构件相碰。

(5)构件的布置要注意安装时的朝向,以免在空中调头,影响吊装进度和安全。

(6)构件应布置在坚实地基上。在新填土上布置时,土要夯实,并采取一定措施防止地基下沉,以免影响构件质量。

(二)预制阶段的构件平面布置

目前在现场预制的构件主要是柱子和屋架,其他构件均在预制厂或场外制作,运到现场吊装。

1. 柱子的布置

柱子的布置方式与场地大小、安装方法有关,一般有斜向布置、纵向布置、横向布置等三种。

(1)柱的斜向布置:采用旋转法吊装时,可按三点共弧斜向布置,其预制位置可采用作图法(图 6-43),其作图步骤如下。

①确定起重机开行路线到柱基中心线的距离 L,这段距离 L 和起重机吊装柱子时与起重机相应的起重半径 R、起重机的最小起重半径 R_{min} 有关,要求:

$$R_{min} < L \leq R \tag{6-13}$$

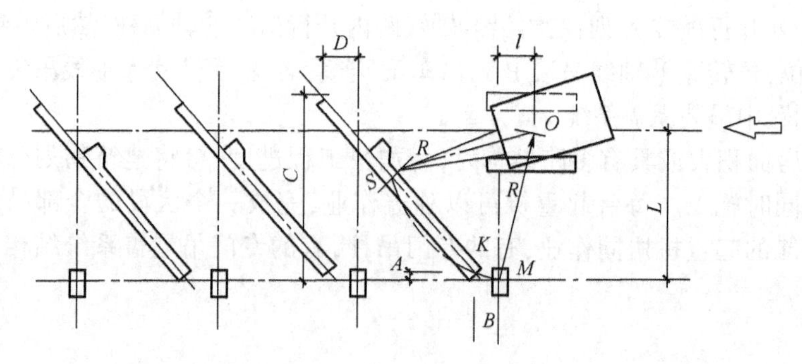

图6-43　柱子的斜向布置

同时,开行路线不要通过回填土地段,不要过分靠近构件,防止起重机回转时碰撞构件。

②确定起重机的停机位置。以所吊柱的柱基中心点 M 为圆心,以所选的吊装该柱的起重半径 R 为半径,画弧交开行路线于 O 点,O 点即为安装该柱的停机点。

③确定柱预制位置。以停机点 O 为圆心,OM 为半径画弧,在靠近柱基的弧上选点 K 点为柱脚中心点,再以 K 点为圆心,柱脚到吊点的长度为半径画弧,与 OM 半径所画的弧相交于 S,连 KS 线。得出柱中心线,即可画出柱子的模板图。同时量出柱顶,柱脚中心点到柱列纵横轴线的距离 A、B、C、D,作为支模时的参考。

柱的布置应注意牛腿的朝向,避免安装时在空中调头,当柱布置在跨内时,牛腿应面向起重机;布置在跨外时,牛腿应背向起重机。

若场地限制或柱过长,难于做到三点共弧时,可按两点共弧布置。一种是将杯口、柱脚中心点共弧,吊点放在起重半径 R 之外,如图6-44a)所示,安装时,先用较大的工作幅度 R' 吊起柱子,并抬升起重臂,当工作幅度变为尺后,停止升臂,随后用旋转法吊装。另一种是将吊点与柱基中心共弧,柱脚可斜向任意方向,如图6-44b)所示,吊装时,可用旋转法也可用滑行法。

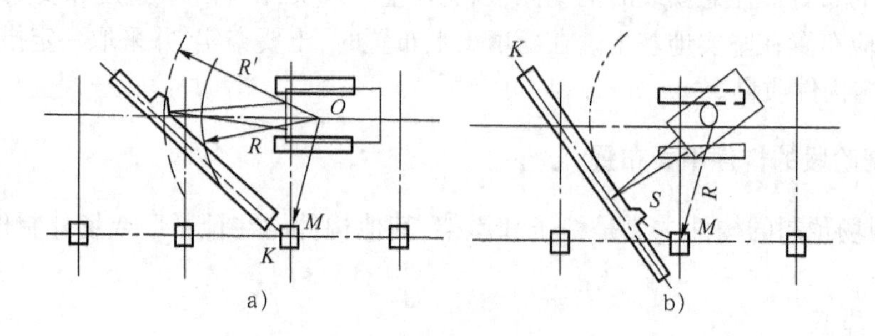

图6-44　两点共弧布置法

a)柱脚与柱基两点共弧;b)吊点与桩基两点共弧

(2)柱的纵向布置:对一些较轻的柱起重机能力有富余,考虑到节约场地,方便构件制作,可顺柱列纵向布置,如图6-45所示。

柱纵向布置时,起重机的停机点应安排在两柱基的中点,使 $OM_1 = OM_2$,这样每停机点可吊两根柱子。

柱可两根叠浇生产,层间应涂刷隔离剂,上层柱在吊点处需预埋吊环;下层柱则在底模预

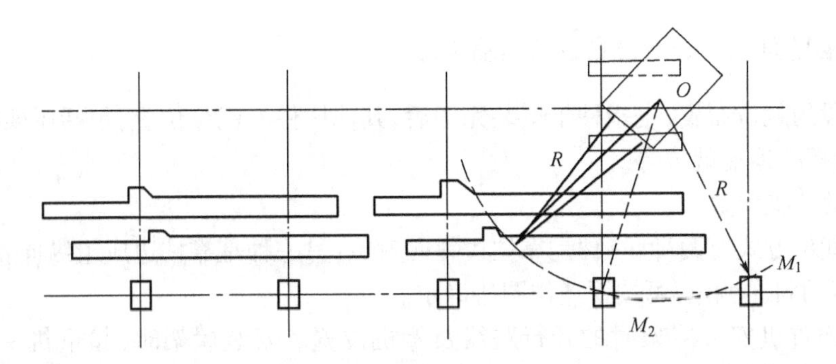

图 6-45　柱子的纵向布置

留砂孔,便于起吊时穿钢丝绳。

2. 屋架的布置

屋架一般在跨内平卧叠浇预制,每叠 3 ~4 榀,布置方式主要有正面斜向布置、正反斜向布置、正反纵向布置等三种(图 6-46)。应优先采用正面斜向布置,它便于屋架扶直就位,只有当场地限制时,才采用其他方式。

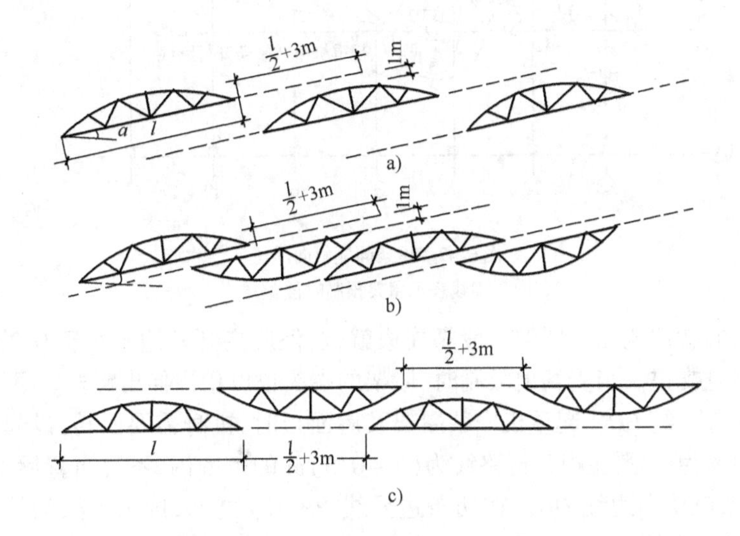

图 6-46　屋架预制时的几种布置方法

a) 正面斜向布置;b) 正反向布置;c) 正反纵向布置

屋架正面斜向布置时,下弦与厂房纵轴线的夹角 $\alpha = 10° \sim 20°$;预应力屋架的两端应留出 $(l/2) + 3\text{m}$ 的距离(l 为屋架跨度)。如用胶皮管预留孔道时,距离可适当缩短。

屋架之间的间隙可取 1m 左右以便支模及浇筑混凝土。屋架之间相互搭接的长度视场地大小及需要而定。

在布置屋架的预制位置时,还应考虑到屋架的扶直排放要求及屋架扶直的先后次序,先扶直的放在上层。对屋架两端朝向及预埋件位置,也要注意做出标记。

3. 吊车梁的布置

当吊车梁安排在现场预制时,可靠近柱基顺纵向轴线或略作倾斜布置。也可插在柱子的空当中预制,如具有运输条件,也可在场外集中预制。

(三)安装阶段构件的就位布置及运输堆放

安装阶段的就位布置,是指柱子安装完毕后,其他构件的就位位置,包括屋架的扶直就位,吊车梁、屋面板的运输就位等。

1. 屋架的扶直就位

屋架的就位方式有两种:一种是靠柱边斜向就位;另一种是靠柱边成组纵向就位。

(1)屋架的斜向就位,可按下述作图法确定。

①确定起重机安装屋架时的开行路线及停机位置。安装屋架时,起重机一般沿跨中开行,先在跨中画出平行于厂房纵轴线的开行路线。再以欲安装的某轴线(如②轴线)的屋架中心点 M_2 为圆心,以选择好的工作幅度 R 为半径画弧,交于开行路线于 O_2 点,O_2 点即为安装②轴线屋架时的停机点(图 6-47)。

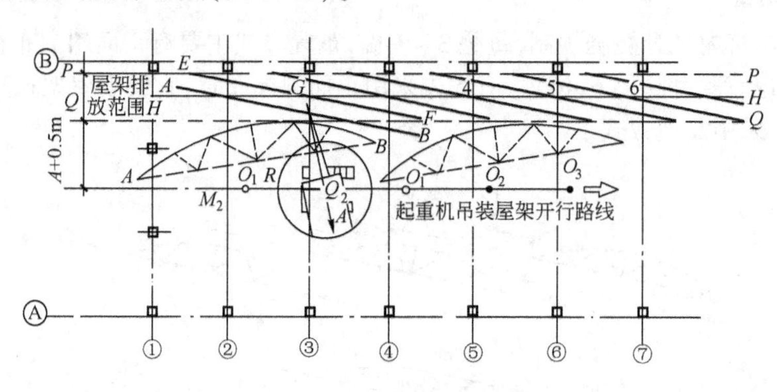

图 6-47　屋架同侧斜向就位
(虚线表示屋架预制时位置)

②确定屋架的就位范围。屋架一般靠柱边就位,但应离开柱边不小于 0.2m,并可利用柱子作为屋架的临时支撑。当受场地限制时,屋架的端头也可稍许伸出跨外。根据以上原则,确定就位范围的外边界线 PP。起重机安装屋架及屋面板时,机身需要回转,设起重机尾部至机身回转中心的距离为 A,则在距开行路线为 $(A+0.5)$m 的范围内,不宜布置屋架和其他构件。据此,可定出屋架就位内边线 QQ。在两条边界线 PP、QQ 之间,即为屋架的就位范围。但有时厂房跨度大,这个范围过宽时,可适当缩小。

③确定屋架就位的位置。屋架就位范围确定后。画出 PP、QQ 两线的中心线 HH,屋架就位后,屋架的中心点均在 HH 线上,以②轴线屋架为例,就位位置可按下述方式确定:以停机点 O_2 为圆心,吊装屋架时起重半径 R 为半径,画弧交于 HH 线于 G 点,G 点即为②轴线屋架就位后屋架的中点。再以 G 点为圆心,屋架跨度的1/2为半径,画弧交于 PP、QQ 两线于 E、F 两点,连接 EF,即为②轴线屋架就位的位置,其他屋架的就位位置均应平行此屋架,端头相距 6m。但①轴线屋架由于抗风柱阻挡,要退到②轴屋架的附近排放。

(2)屋架的纵向就位。屋架纵向就位,一般以 4 ~ 5 榀为一组靠柱边顺轴线纵向排列。屋架与屋架之间的净距均不小于 200mm,相互之间应用铅丝及支撑拉紧撑牢。每组屋架之间应留 3m 左右的间距作为横向通道。每组屋架就位中心线应安排在该组屋架倒数第二榀安装轴线之后 2m 外,这样,可避免在已安装好的屋架下绑扎和起吊屋架,起吊后不与已安装好的屋架相碰，如图 6-48 所示。

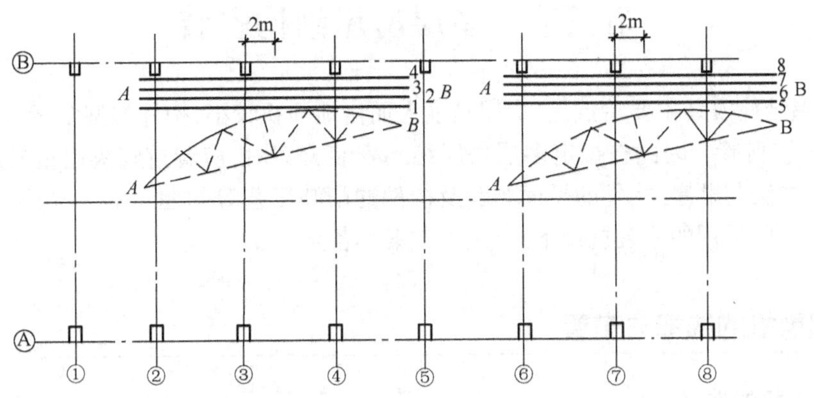

图 6-48　屋架的成组纵向排放(尺寸单位:m)
(虚线表示屋架预制时的位置)

2. 吊车梁、连系梁、屋面板的运输、就位堆放

单层厂房除柱子、屋架外，其他构件如吊车梁、连系梁、屋面板均在预制厂或附近工地的露天预制场制作，然后运至工地就位吊装。

构件运至工地后，应按施工组织设计所规定的位置，按编号及构件吊装顺序进行集中堆放。梁式构件叠放不宜过高，常取 2～3 层；大型屋面板不超过 6～8 层。

吊车梁、连系梁的就位位置，一般在其吊装位置的柱列附近，跨内跨外均可。也可以从运输车上直接吊装，不需在现场排放。屋面板的就位位置，跨内跨外均可(图 6-49)。

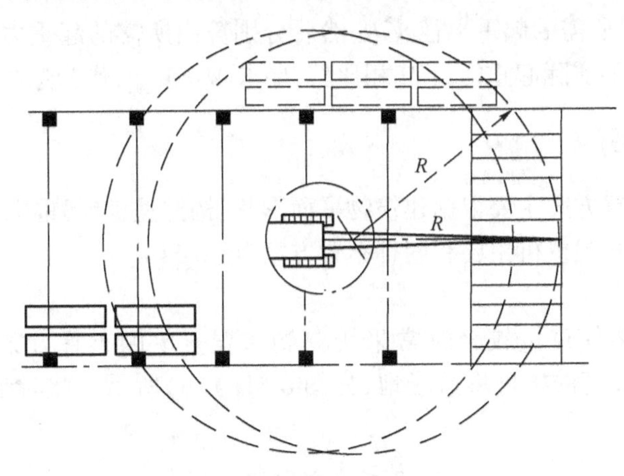

图 6-49　屋面板吊装就位布置

根据起重机吊屋面板时所需的起重半径，当屋面板在跨内排放时，大约应后退3～4节间开始排放；若在跨外排放，应后退 1～2 个节间开始排放。

实际施工中，构件的平面布置会受很多因素影响，制定时要密切联系现场实际，确定出切实可行的构件平面布置图。排放构件时，可按比例将各类构件的外形，用硬纸片剪成小模型，在同样比例的平面图上进行布置和调整。经研究可行后，给出构件平面布置图。

第三节　多层房屋结构安装

多层房屋结构安装主要特点是：房屋高度大而占地面积较小，构件类型多、数量大、接头复杂、技术要求较高等。因此在拟定多层房屋结构安装方案时，应着重解决起重机的选择及布置、结构吊装方法与顺序、构件的平面布置及构件的吊装工艺等问题。其中，吊装机械的选择是主导的环节，所采用的吊装机械不同，施工方案亦各异。

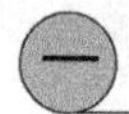 起重机的选择与布置

(一)起重机的选择

1. 起重机类型的选择

(1)5 层以下的民用建筑及高度在 18m 以下的工业厂房或外形不规则的多层厂房，宜选用自行式起重机，起重机可在跨内开行，用综合吊装法吊装；起重机也可以在跨外开行，采用分层大流水吊装。

(2)建筑物平面为长条形，宽度在 15m 以内高度在 25m 以下时，可选用轨道式塔式起重机。

(3)高层(10 层以上)装配式建筑，可选用爬升式或附着式塔式起重机。

2. 起重机型号的选择

选择起重机型号时，首先绘出建筑物的剖面示意图，如图 6-50 所示。在图上标明主要构件的起重量 Q_i 吊装时所需的起重半径及 R_i 然后分别算出所需的起重力矩 $M_i = Q_iR_i$，取其最大值 M_{max}。与起重机的实际起重能力 M 相比较，要求 $M \geqslant M_{max}$，作为选择起重机型号的依据。

(二)起重机的布置

塔式起重机的布置方案主要根据建筑物平面形状、构件重量、起重机性能及施工现场地形条件确定。轨道式塔式起重机主要有四种布置方案(图 6-51)。

1. 单侧布置

当房屋宽度小，构件重量较轻时常采用单侧布置。单侧布置方案优点是轨道长度较短，在起重机外侧有较宽的构件堆放场地，如图 6-51a)、b)所示。此时起重机的起重半径应满足：

$$R \geqslant b + a(\mathrm{m}) \tag{6-14}$$

式中：R——起重机吊装最远构件时的起重半径(m)；

b——建筑物宽度(m)；

a——建筑物外侧至塔轨中心距离，一般取 3 ~ 5m。

2. 双侧环形布置

适用于房屋宽度较大(宽度 $b > 17$m)或构件较重的情况下，采用双侧环形布置，如图 6-51c)所示。此时起重半径应满足：

$$R \geqslant \frac{b}{2} + a(\mathrm{m}) \tag{6-15}$$

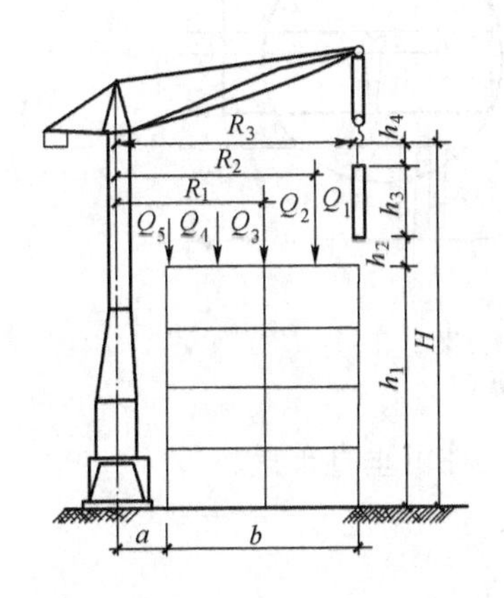

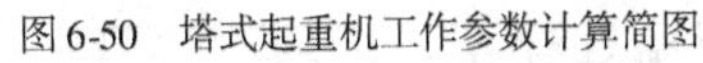

图 6-50　塔式起重机工作参数计算简图

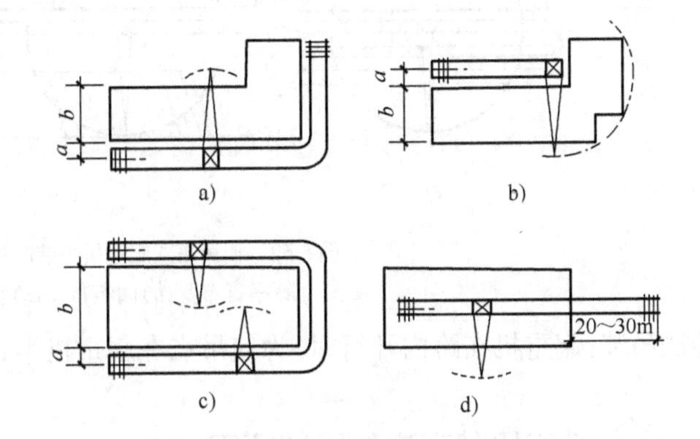

图 6-51　塔式起重机布置方案

a)、b)单侧布置;c)双侧布置;d)跨内单行布置

若吊装工程量大,且工期紧迫时,可在房屋两侧各布置一台起重机;反之,则可用一台起重机环型吊装。

3. 跨内单行布置(图 6-51d)

这种方案往往是因场地狭窄,在房屋外侧不可能布置起重机。或由于旁屋宽度较大、构件较重时才采用。

其优点是可减少轨道长度,并节约施工用地。缺点是只能采用竖向综合安装,结构稳定性差;构件多布置在起重半径之外,需增加二次搬运;对房屋外侧围护结构吊装也较困难;同时房屋的一端还应有 20 ~ 30m 的场地,作为塔吊装拆之用。

4. 跨内环形布置

当房屋较宽、构件较重、起重机跨内单行布置不能起吊全部构件,而受场地限制又不可能跨外环形布置时,则宜采用跨内环形布置。

二 构件平面布置

构件平面布置方案一般应遵守以下几个原则:

(1)重型构件应尽量布置在起重机附近,中小型构件可布置在外侧。

(2)构件布置位置应与该构件吊装到建筑物上的位置相配合,以便在吊装时减少起重机的移动和变幅。

(3)应尽量布置在起重机的起重半径范围内,避免二次搬运。

(4)如条件允许,中小型构件可考虑采用随运随吊,以减小构件堆场和装卸工序,有利于缩短工期。

多层装配式房屋柱为现场预制的主要构件,布置方式一般有与塔式起重机轨道相平行、倾斜及垂直三种方案,如图 6-52 所示。

现场预制柱一般采用平行方案布置,柱可叠层统一预制;较长的柱可斜向布置,适用于旋

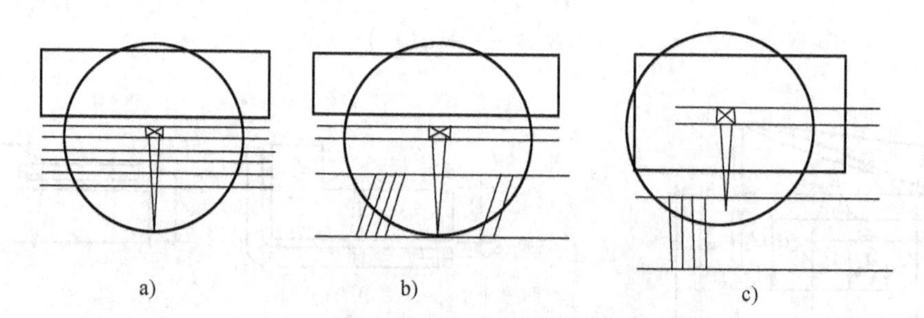

图 6-52 使用塔式起重机吊装时柱的布置方案

a)平行布置;b)倾斜布置;c)垂直布置

转法吊装;起重机在跨内开行时,为使吊点在起重机半径之内,柱可垂直布置。

三 结构吊装方法与吊装顺序

多层装配式结构吊装方法,也可分为分件安装法和综合安装法两种。

(一)分件安装法

为了保证已吊好结构的稳定性,应尽量使已吊装好的构件及早形成框架。分件安装法根据流水方式不同,可分为分层分段流水吊装法和分层大流水吊装法两种。分层分段流水法(图 6-53)是将多层房屋划分为若干施工层,每一个施工层再划分为若干吊装段,而按一个楼层组织各工序的流水。

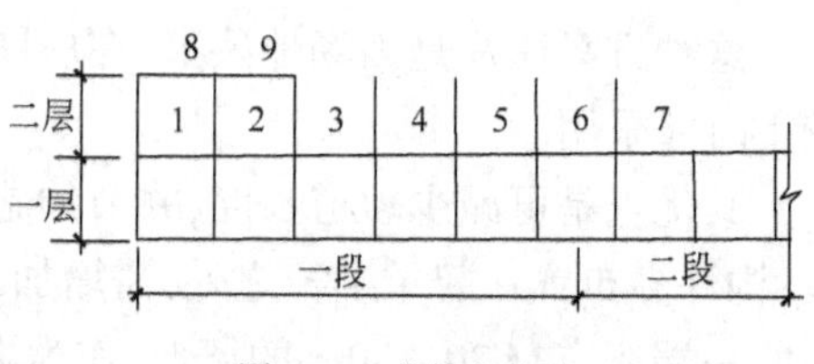

图 6-53 分件安装法

图中 1、2、3…为安装顺序

施工层的划分,则与预制柱的长度有关,当柱子长度为一个楼层高时,以一个楼层为一施工层;为两个楼层高时,以两个楼层为一施工层。由此可见,施工层的数目越多,则柱的接头数量多,安装速度就慢。因此,当起重机能力满足时,应增加柱子长度,减少施工层数。

安装段的划分,主要应考虑:保证结构安装时的稳定性;减少临时固定支撑的数量;使吊装、校正、焊接各工序相互协调,有足够的操作时间。因此,框架结构的安装段一般以 4 ~8 个节间为宜。

图 6-54 为采用 QT_1—6 型塔式起重机吊装示例。起重机在建筑物外侧环形布置。每一楼层分为四个吊装段,第一吊装段先吊柱后吊梁形成框架,再吊装楼板。

分件安装法的优点是:容易组织吊装、校正、焊接、灌浆等工序的流水作业;容易安排构件的供应和现场布置工作;每次吊装同类型构件,可减少起重机变幅和索具更换的次数,从而提高吊装速度。

(二)综合安装法

综合安装法是以一个柱网(节间)或若干个柱网(节间)为一个施工段,而以房屋的全高为一个施工层,以组织各工序的流水。起重机把一个施工段的构件吊装至房屋的全高,然后转移

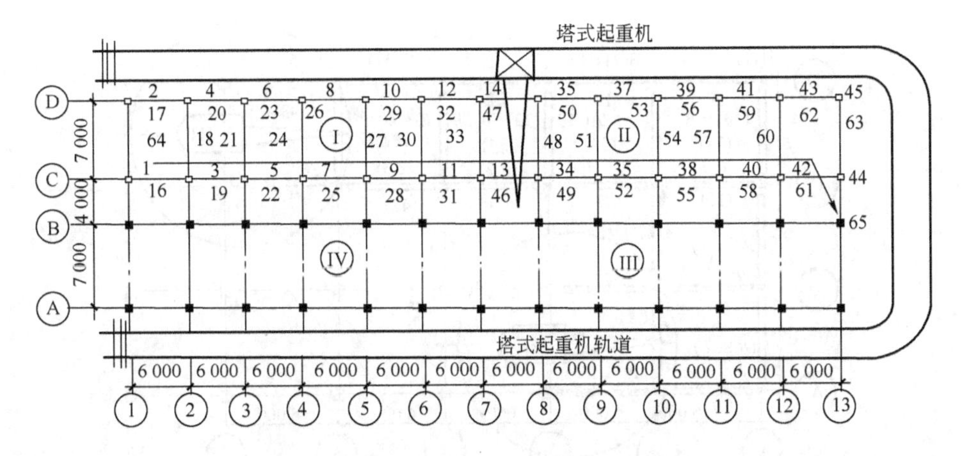

图6-54　塔式起重机跨外环形，用分层分段流水吊装法吊装梁板式结构一个楼层的顺序图(尺寸单位:mm)

Ⅰ、Ⅱ、Ⅲ、Ⅳ为吊装段编号;1、2、3……为构件吊装顺序

到下一个施工段。当采用自行式起重机(或塔式起重机)吊装框架结构时,由于建筑物四周场地狭窄而不能把起重机布置在房屋外边,或者由于房屋宽度较大和构件较重以致只有把起重机布置在跨内才能满足吊装要求时,则须采用综合吊装法。

根据所采用吊装机械的性能及流水方式不同,又可分为分层综合安装法与竖向综合安装法。

分层综合安装法(图6-55a),就是将多层房屋划分为若干施工层,起重机在每一施工层中只开行一次,首先安装一个节间的全部构件,再依次安装第二节间、第三节间等。待一层构件全部安装完毕并最后固定后,再依次按节间安装上一层构件。

竖向综合安装法,是从底层直到顶层把第一节间的构件全部安装完毕后,再依次安装第二节间、第三节间等各层的构件(图6-55b)。

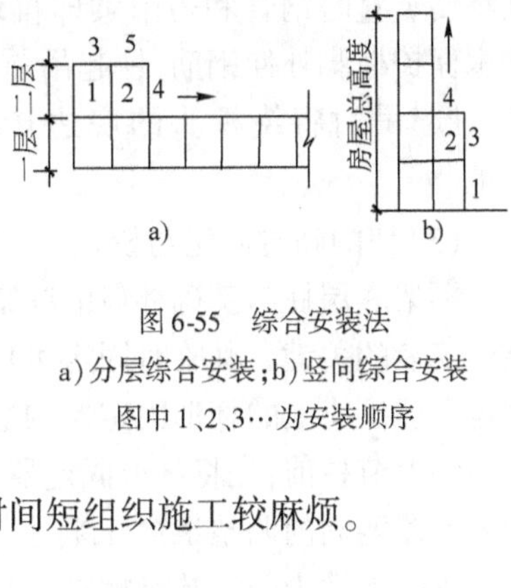

图6-55　综合安装法

a)分层综合安装;b)竖向综合安装

图中1、2、3…为安装顺序

如图6-56所示是采用履带式起重机跨内开行以综合安装法吊装两层装配式框架结构的顺序。

综合安装法的优点是结构整体稳定性好起重机开行路线短。缺点是吊装过程中吊具更换频繁,构件校正工作时间短组织施工较麻烦。

四　结构构件吊装

1. 柱的吊装

(1)绑扎

当柱子长度在12m以内时,采用一点绑扎法和旋转起吊法,对于14~20m的长柱,则应采用两点绑扎,并且应对吊点位置进行验算。应尽量避免采用多点绑扎,以防止在吊装过程中构件受力不均而产生裂缝或断裂。

(2)吊升

柱子的起吊方法与单层厂房柱吊装相同。上柱的底部都有外伸钢筋,吊装时必须采取保护措施,防止钢筋碰弯。外伸钢筋的保护方法有:用钢管保护柱脚外伸钢筋及用垫木保护外伸

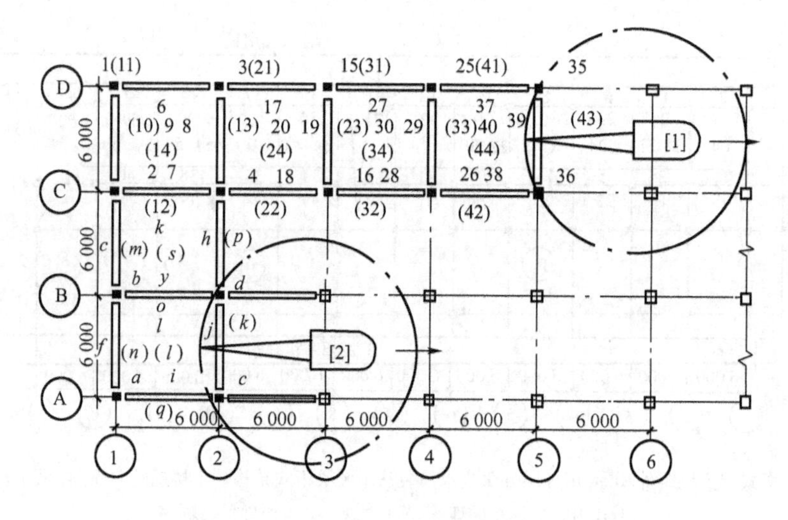

图 6-56　用综合吊装法吊装框架结构构件的顺序(尺寸单位:mm)
1、2、3、4……－[1]号起重机吊装顺序;
a、b、c、d……－[2]号起重机吊装顺序;
带( )为第二层梁板吊装顺序

钢筋。用钢管保护柱脚外伸钢筋是柱起吊前将两根钢管用两根短吊索套在柱子两侧,起吊时钢筋始终着地,柱将要竖直时钢管和短吊索即自动落下(图 6-57)。用垫木保护柱脚外伸钢筋,柱起吊前用垫木将榫式接头垫实,柱起吊时将绕榫头的底边转为竖直,外伸钢筋不着地。

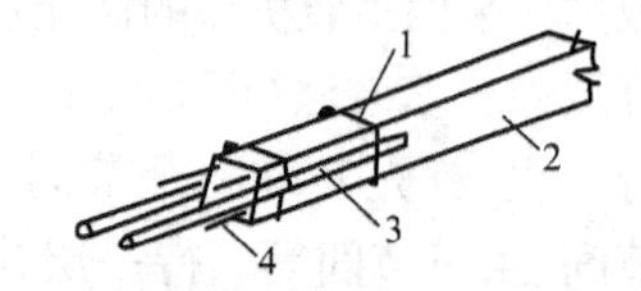

图 6-57　用钢管保护柱脚外伸钢筋
1-钢丝绳;2-柱;3-钢管;4-外伸钢筋

(3)柱的临时固定与校正

框架底层柱与基础杯口的联结做法与单层工业厂房相同。上下两节柱的连接是多层框架结构安装的关键。其临时固定可用杯形固定器和管式支撑进行临时固定。如图 6-58 所示是固定在柱接头上的杯形固定器构造图。它是由两个对称的组合件构成,用固定螺栓 4 相拼合。在吊装上节柱前,先将杯形固定器安装在下节柱头上,形成一个"杯口"。待上节柱就位后,拧紧固定器四周的调整螺栓 6,将上节柱固定,同时调整柱的水平位置。

管式支撑为两端装有螺杆的铁管,上端与套在柱上的夹箍相连,下端与楼板的预埋件相连,用来撑住柱并校正柱的垂直度。图 6-59 为双管式支撑。

柱的校正需要进行 2～3 次。首次在脱钩后电焊前进行初校;在电焊后进行二校,观测焊接应力变形所引起的偏差;此外在梁和楼板安装后还需检查一次,以消除焊接应力和荷载产生的偏差。柱在校正时,力求下节柱准确,以免导致上层柱的积累偏差,但当下节柱经最后校正仍存在偏差,若在允许范围内可以不再进行调整。在这种情况下吊装上节柱时,一般可使上节柱底部中心线对准下节柱顶部中心线和标准中心线的中点(图 6-60),即 $a/2$ 处,而上节柱的顶部,在校正时仍以标准中心线为准,以此类推。在柱的校正过程中,当垂直度和水平位移有偏差时,若垂直度偏差较大,则应先校正垂直度,后校正水平位移,以减少柱顶倾覆的可能性。对细而长的框架柱,在阳光的照射下,温差对垂直度的影响较大,在校正时,必须考虑温差的影响。

柱的垂直度允许偏差值≤$H/1\,000$（H 为柱高），且不大于 10mm，水平位移允许在 5mm 以内。

(4)柱接头施工

柱与柱的接头首先应能够传递轴向压力，其次是弯矩和剪力。要求接头及其附近区段的强度不低于构件强度。柱接头形式有榫式接头、插入式接头和浆锚式接头三种。

①榫式接头，如图 6-61 所示。其做法是将上节柱的下端混凝土做成榫头状来承受施工荷载。上柱和下柱安装时使外露的受力钢筋对准，用剖口焊接，然后配置一定数量的箍筋，用高强度等级水泥或微膨胀水泥拌制的比柱子混凝土设计强度高 25% 的细石混凝土进行接头灌筑。待接头混凝土达到 75% 设计强度后，再吊装上层构件。榫式接头，要求柱预制时最好采用通长钢筋，以免钢筋错位难以对接；钢筋焊接时，应注重焊接质量和施焊方法，避免产生过大的焊接应力造成接头偏移和构件裂缝；接头灌浆要求饱满密实，不致下沉、收缩而产生空隙或裂纹。

这种接头的整体性好，安装校正方便，耗钢量少，施工质量有保证，但钢筋容易错位；钢筋电焊对柱的垂直度影响较大；二次灌筑混凝土量较大，混凝土收缩后在接缝处易形成收缩裂缝。

②插入式接头，如图 6-62 所示。将上柱做成榫头，下柱顶部做成杯口，上柱插入杯口后用水泥砂浆灌筑填实。这种接头上下柱连接不需焊接，无焊接应力影响，吊装固定方便。在截面较大的小偏心受压柱子中使用比较合适。缺点是在大偏心受压时，受拉边有构造上的张拉裂缝，需要采取附加措施。接头处灌浆的方法有压力灌浆和自重挤浆两种，压力灌浆的压力一般保持 0.2 ~ 0.3MPa。采用压力灌浆法，宜分层分段进行，即一层或一段安装完毕后一次压灌。自重挤浆是先在杯口内放入砂浆，然后落下上柱自重挤出砂浆，装进杯口砂浆体积为接缝空隙体积的 1.5 倍。

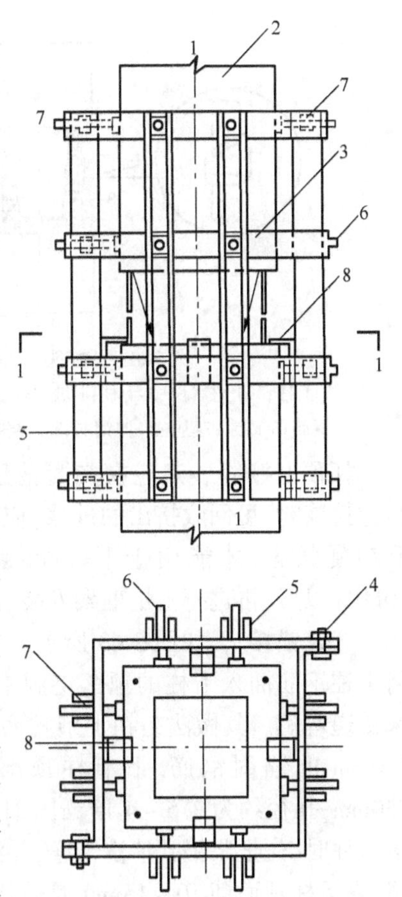

图 6-58　杯形固定器构造图

1-下节柱；2-上节柱；3-环箍；4-固定螺栓；5-竖杆；6-调整螺栓；7-螺母；8-支承角钢

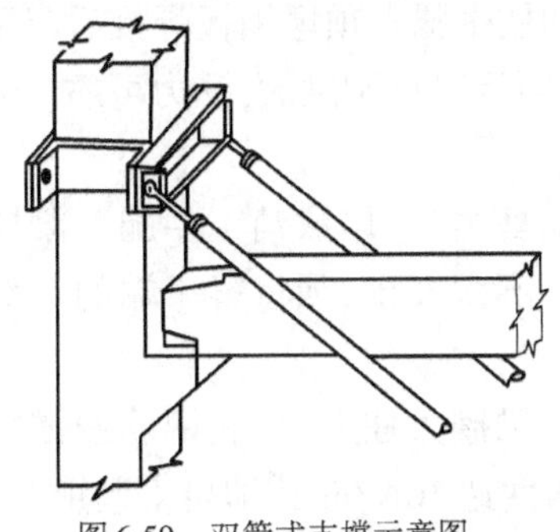
图 6-59　双管式支撑示意图

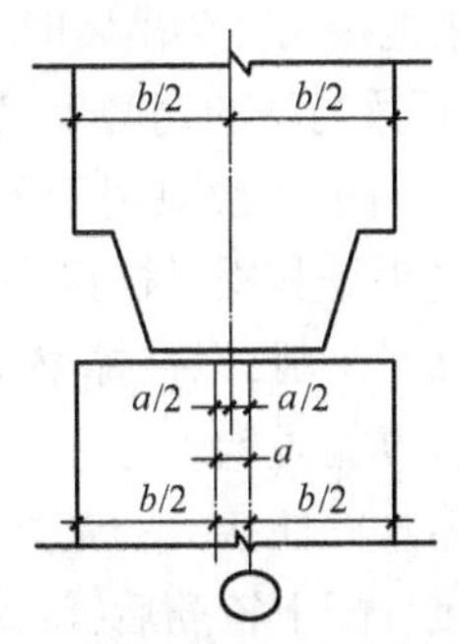

图 6-60　上下节柱校正时中心线偏差调整

a-下节柱顶部中心线偏差；b-柱宽

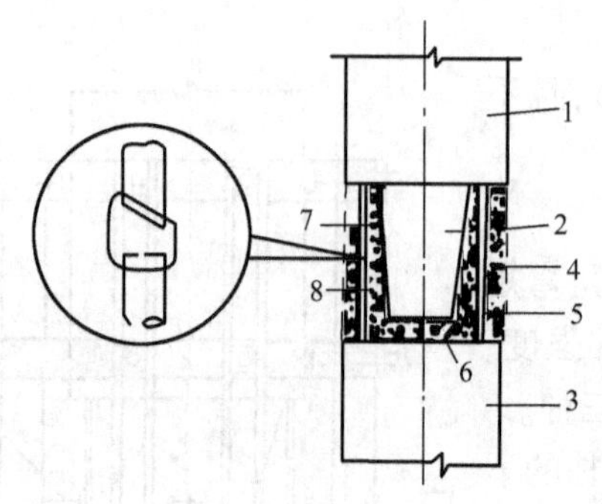

图 6-61　榫接头

1-上柱;2-上柱榫头;3-下柱;4-坡口焊;5-下柱外伸钢筋;6-砂浆;7-上柱外伸钢筋;8-后浇接头混凝土

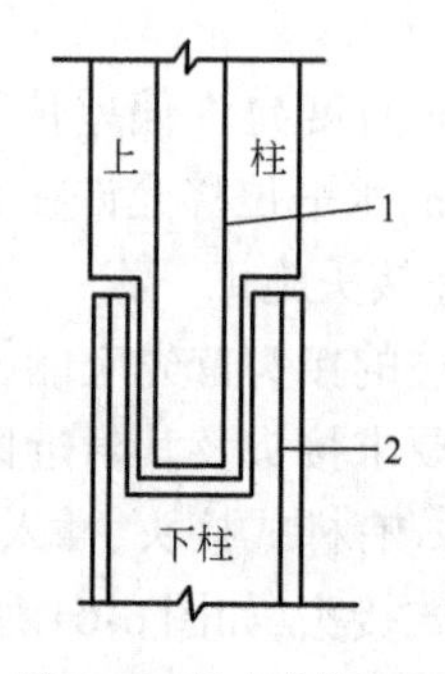

图 6-62　插入式接头

1-榫头纵向钢筋;2-下柱钢筋

杯顶上接缝砂浆应在初凝前压实抹光,并浇水养护。自重挤浆时,可回收挤出的砂浆,应注意保持砂浆洁净及达到初凝状态,才能用于下一个接缝。接缝砂浆强度达20MPa以后,再进行上层框架安装。

③浆锚接头,如图6-63所示。与插入式接头类似,只是将上柱钢筋插入下柱的预留空洞中,借助于钢筋锚固长度来传递弯矩。其做法是在上节柱底部伸出四根长约300～700mm的锚固钢筋,下节柱顶部预留四个深约350～750mm,孔径约为2.5～4倍锚固钢筋直径的浆锚孔。安装上节柱时,先把浆锚孔清洗干净,并灌入M40以上的快凝砂浆;在下柱顶面铺10～15mm厚砂垫层,然后把上节柱的锚固钢筋插入孔内,使上下柱连成整体。

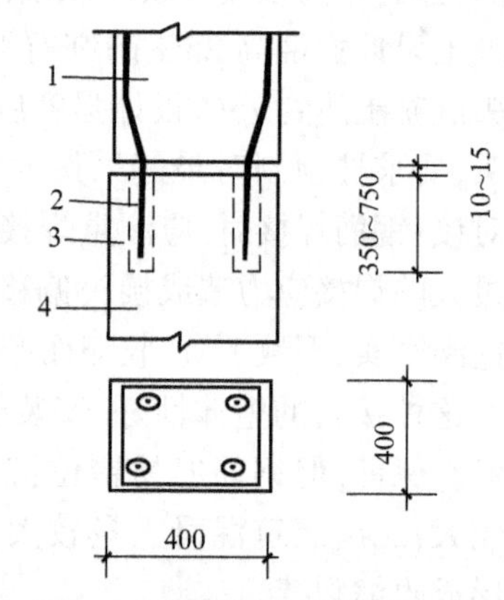

图 6-63　浆锚接头(尺寸单位:mm)

1-上柱;2-上柱外伸锚固钢筋;3-浆锚孔;4-下柱

浆锚接头也可采用后灌浆或压浆工艺,即在上节柱的外伸锚固钢筋插入下节柱的浆锚孔后再进行灌浆,或用压力泵把砂浆压入。

2. 梁柱接头

装配式框架的梁与柱的接头可以做成刚接,也可以做成铰接。铰接接头只考虑承受垂直剪力,不承担弯矩。刚性接头即承受竖向剪力又承担弯矩,甚至可以抵抗地震水平力。梁柱接头的做法很多,常用的有明牛腿刚性接头、齿槽式接头、浇筑整体式接头等,如图6-64所示。

明牛腿刚性接头在梁吊装时,只要将梁端预埋钢板和柱牛腿上预埋钢板焊接后起重机即可脱钩,然后进行梁与柱的钢筋焊接。这种接头安装方便,而且节点刚度大,受力可靠。但明牛腿占去了一部分空间,一般只用于多层工业厂房。

齿槽式接头是利用梁柱接头处设的齿槽来传递梁端剪力,所以取消了牛腿。梁柱接头处设角钢作为临时牛腿,以支撑梁采用。角钢支承面积小,不太安全,须将梁一端的上部接头钢筋焊好两根后方能脱钩。

浇注整体式梁柱接头的基本做法是:柱为每层一节,梁搁大柱上,梁底钢筋按锚固长度要求上弯或焊接。配上箍筋后,浇筑混凝土至楼板面,待强度达10N/mm^2 即可安装上节柱,上节柱与榫接头柱相似,但上下柱的钢筋用搭接而不用焊接,搭接长度大于20倍柱钢筋直径。然后第二次浇筑混凝土到上柱的榫头上方并留 35mm 空隙用细石混凝土捻缝。

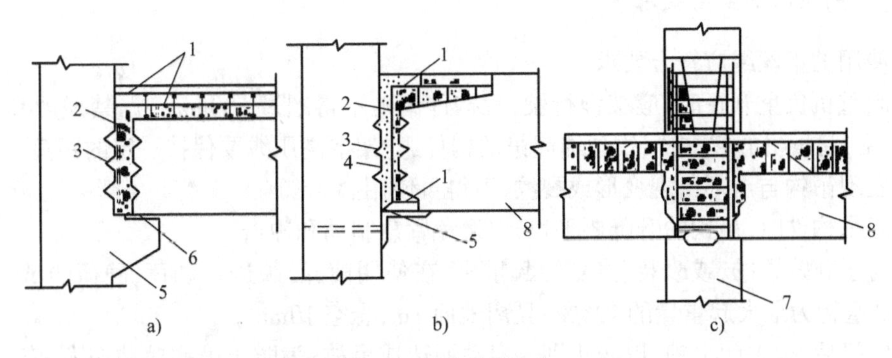

图 6-64　梁与柱的接头

a)明牛腿式刚性接头;b)齿槽式接头;c)浇注整体式接头

1-剖口焊钢筋;2-浇榫细石混凝土;3-齿槽;4-附加钢筋;5-牛腿;6-垫板;7-柱;8-梁

第四节　结构安装的质量要求及安全措施

一　操作中的质量要求

(1)当混凝土的强度超过设计强度 75% 以上,以及预应力构件孔道灌浆的强度在 15MPa 以上,方可吊装。

(2)安装构件前,在构件上应标注中心线或安装准线;要用仪器校核结构及预制构件的标高及平面位置。

(3)在吊装装配式框架结构时,只有当接头和接缝的混凝土强度大于 10MPa 时,才能吊装上一层结构的构件。

(4)构件就位后,要进行临时固定,使之稳定。

(5)在安装构件时,力求准确;即使有误差。也应在允许范围以内,如表 6-16 所示。

二　操作中的安全要求

(一)保证人身安全的要求

(1)患心脏病和高血压的人。不宜高空作业,以免发生头昏眼花而造成人身安全事故。

(2)不准酒后作业。

(3)进入施工现场的人员,必须戴好安全帽和手套;高空作业还要系好安全带;所带工具要用绳子扎牢或放入工具包内。

(4)在高空进行电焊焊接,要系安全带,着防护面罩;潮湿地点作业,要穿绝缘胶鞋。

(5)进行结构安装时,要统一用哨声、红绿旗、手势等指挥,有条件的工地,可用对讲机、移动手机进行指挥。

（二）使用机械的安全要求

（1）使用的钢丝绳应符合要求。

（2）起重机负重开行时，应缓慢行驶，且构件离地不得超过500mm。严禁碰触高压电线。为安全起见，起重机的起重臂、钢丝绳起吊的构件，与架空高压线要保持一定的距离。

（3）发现吊钩与卡环出现变形或裂纹，不得再使用。

（4）起吊构件时，吊钩的升降要平稳，以避免紧急制动和冲击。

（5）对于新购置的，或改装、修复的起重机，在使用前，必须进行动荷、静荷的试运行。试验时，所吊重物为最大起重量的125%，且离地面1m，悬空10min。

（6）停机后，要关闭上锁，以防止别人启动而造成事故；为防止吊钩摆动伤人，应空钩上升一定高度。

（三）确保安全的设施

（1）吊装现场，禁止非工作人员入内。地面操作人员，应尽量避免在高空作业面的正下方停留或通过，也不得在起重机的起重臂或正在吊装的构件下停留或通过。

（2）高空作业时，尽可能搭设临时操作平台，并设爬梯，供操作人员上下。如需在悬空的屋架上弦行走时，应在其上设置安全栏杆。

（3）在雨期或冬期里，必须采取防滑措施。如扫除构件上的冰雪、在屋架上捆绑麻袋、在屋面板上铺垫脑筋草袋等。

三 质量的通病及防治的措施

（一）安装柱子的质量通病及防治的措施

1.质量通病

（1）柱子的实际轴线与标准轴线不重合。

（2）由于各种原因，使柱子产生的裂缝超过允许值。

（3）有牛腿的柱子，其垂直度发生偏差超过允许值。

（4）柱的垂直度不符要求，双肢柱的底脚出现裂缝。

2.防治措施

（1）柱的相对两面的中心线要在同一平面上，且要准确。吊装前，还要检查杯口的尺寸。

（2）柱子就位后，当第一次所灌的混凝土其强度达到10MPa后，才能拆除楔块。

（3）当柱子的强度达到设计强度的75%后，才能运到工地；强度达到100%时，方可起吊安装。

（4）用经纬仪校正变截面柱子。一般柱子可用线锤初校正垂直度。

（5）对柱子绑扎点，不能形成头重脚轻，否则，将头部放松，打入木楔，移动吊点。

（二）安装梁的质量通病及防治措施

1.质量通病

（1）跨度较大的梁，在跨中容易出现裂缝。

(2)由于在安装柱时,轴线有误差,使吊车梁跨距不等。

(3)安装吊车梁,标高不准确,出现扭曲或使吊车梁不呈水平线。

(4)梁的垂直度偏差超过允许值。

2. 防治措施

(1)对于大跨度的梁或带悬臂板的梁,在不产生负弯矩的前提下,可在跨中或两端临时支顶方木,以增加稳定性。

(2)校核梁的中心线与垂直度,应同时进行。

(三)安装屋架的质量通病及防治措施

1. 质量通病

(1)屋架的垂直度发生偏差。

(2)扶直屋架时,由于操作不当,产生侧向弯曲,易出现裂缝。

2. 防治措施

(1)先将屋架的一侧绑上衫木杆,再扶直;再绑上另一侧的衫木杆,方可起吊,且吊索与水平成大于45°的夹角。

(2)用振动法使重叠生产的屋架脱离开。

(四)安装板的质量通病及防治措施

1. 质量通病

(1)安装大型屋面板时,板边压线发生位移。

(2)焊接板角时,焊缝的长度和厚度不足。

(3)板的两端搁置长度不够,且存在一端长,另一端短。

(4)板缝之间灌细石混凝土时,没有设钢筋,造成交工后出现裂缝。

2. 防治措施

(1)各种板出厂前,应检查是否有裂缝、鼓胀、掉边、缺角。

(2)板与板之间的缝隙要留足,以便灌混凝土时,好放钢筋。

(3)调整板的两端搁置长度,使之符合要求。

(4)板上的预埋件,不得突出板面。

(5)梁上用水泥砂浆找平,如空隙较大,要用细石混凝土垫密实。

(6)安装悬臂板时,加设临时支撑,以增强施工时的刚度和稳定性。

第五节　结构安装工程施工方案实例

一　工程概况

某厂金工车间,跨度18m,长54m,柱距6m,共9个节间,建筑面积1 002.36m²。主要承重结构采用装配式钢筋混凝土工字形柱,预应力混凝土折线形屋架,1.5m×6m大型屋面板,T形吊车梁,车间平面位置如图6-65所示。

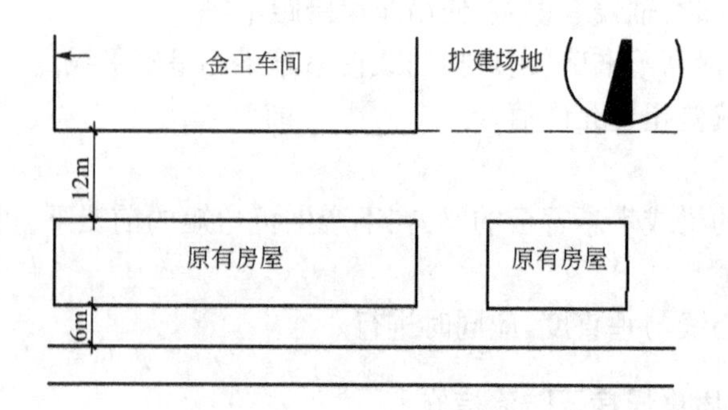

图 6-65　金工车间平面位置图

车间的结构平面图、剖面图如图 6-66 所示。

二 施工方案

根据施工图,其主要构件数量、质量、长度、安装标高分别列表 6-8,以便计算时查阅。

主要承重结构一览表　　表 6-8

项次	跨度	轴线	构件名称及编号	构件数量	构件质量(t)	构件长度(m)	安装标高(m)
1	Ⓐ~Ⓑ	Ⓐ、Ⓑ	基础梁 YJL	18	1.13	5.97	
2	Ⓐ~Ⓑ	Ⓐ、Ⓑ ②~⑨ ①~② ⑨~⑩	联系数 YLL_1 YLL_2	42 12	0.79 0.73	5.97 5.97	+3.9 +7.8 +10.78
3	Ⓐ~Ⓑ	Ⓐ~Ⓑ ②~⑨ ①、⑩ ①/Ⓐ、②/Ⓐ	柱 Z_1 Z_2 Z_3	16 4 2	6 6 5.4	12.25 12.25 14.4	-1.25 -1.25
4	Ⓐ~Ⓑ		屋架 YWY_{18-1}	10	4.28	17.7	+11.0
5	Ⓐ~Ⓑ	Ⓐ、Ⓑ ②~⑨ ①~② ⑨~⑩	吊车梁 $DCL_{6-4}Z$ $DCL_{6-4}B$	14 4	3.38 3.38	5.97 5.97	+7.8 +7.6
6	Ⓐ~Ⓑ		屋面板 YWB_1	108	1.1	5.97	+13.9
7	Ⓐ~Ⓑ	Ⓐ、Ⓑ	天沟	18	0.653	5.97	+11.6

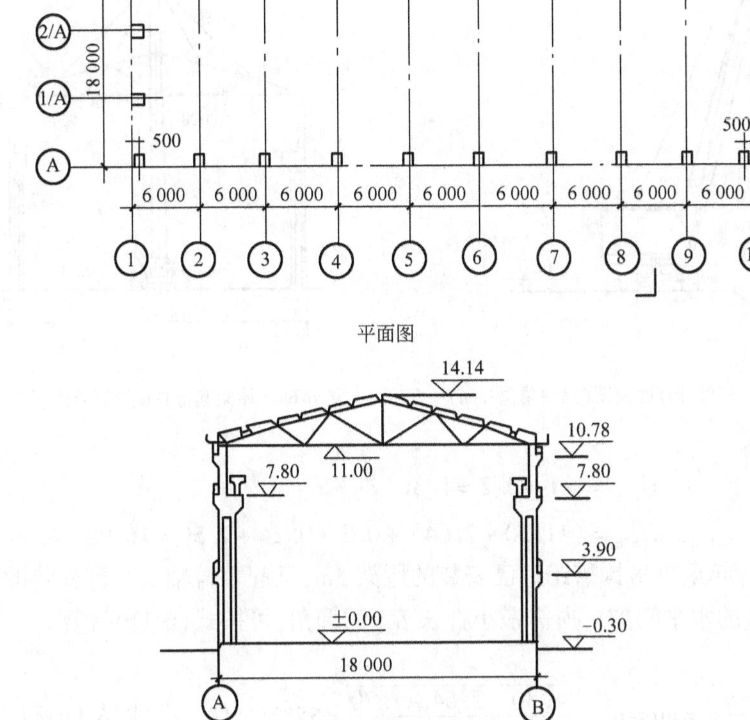

图6-66　某厂金工车间结构平面图及剖面图(尺寸单位:mm)

(一)起重机选择及工作参数计算

选择履带式起重机进行结构吊装,现将该工程各种构件所需的工作参数计算如下:

1. 柱子安装:采用斜吊绑扎法吊装(图6-67)

Z_1 柱起重量　$Q_{min}=Q_1+Q_2=6.0+0.2=6.2t$

起重高度　$H_{min}=h_1+h_2+h_3+h_4=0+0.3+8.55+2.00=10.85m$

Z_3 柱起重量　$Q_{min}=Q_1+Q_2=5.4+0.2=5.6t$

起重高度　$H_{min}=h_1+h_2+h_3+h_4=0+0.3+11.0+2.0=13.30m$

2. 屋架安装(图6-68)

起重量　$Q_{min}=Q_1+Q_2=4.28+0.2=4.48t$

起重高度　$H_{min}=h_1+h_2+h_3+h_4=11.3+0.3+1.14+6.0=18.74m$

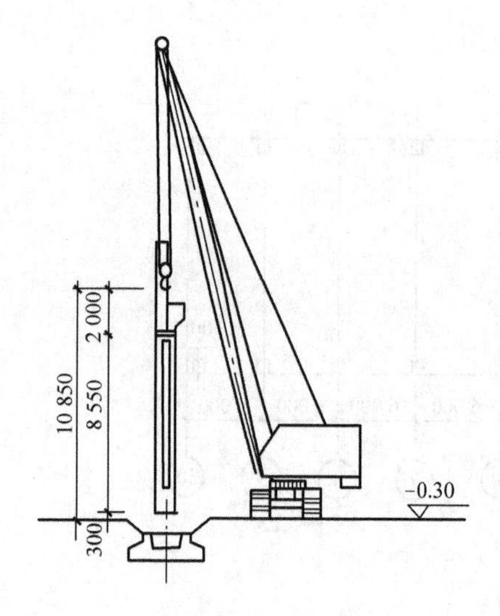

图6-67　Z1 柱起重高度计算面简图(尺寸单位:mm)

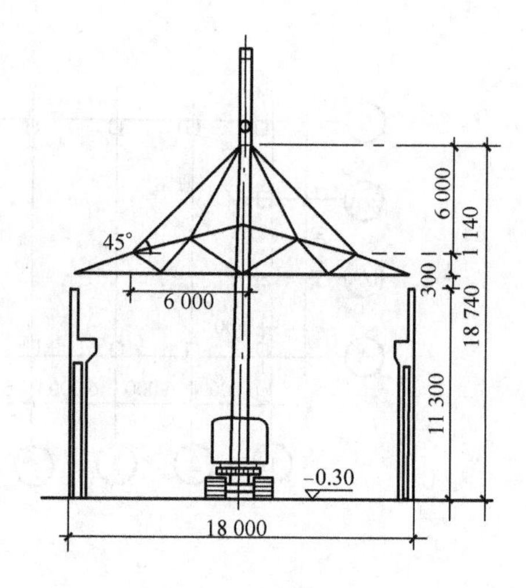

图6-68　屋架起重高度计算简图(尺寸单位:mm)

3. *屋面板安装*

起重量　　　　$Q_{min} = 1.1 + 0.2 = 1.3\text{t}$

起重高度　　　$H_{min} = (11.30 + 2.64) + 0.3 + 0.24 + 2.50 = 16.98\text{m}$

安装屋面板时起重机吊钩需跨过已安装的屋架 3m,且起重臂轴线与已安装的屋架上弦中线最少需保持 1m 的水平间隙。所需最小杆长 L_{min} 的仰角,可按式(6-12)计算。

$$\alpha = \arctan\sqrt[3]{\frac{h}{f+g}} = \arctan\sqrt[3]{\frac{11.30 + 2.64 - 1.70}{3+1}} = 55°25'$$,代入公式(6-11)可得

$$L_{min} = \frac{h}{\sin a} + \frac{f+g}{\cos a} = \frac{12.24}{\sin 55°25'} + \frac{4.00}{\cos 55°25'} = 21.95\text{m}$$

选用 W_1—100 型起重机,采用杆长 $L = 23\text{m}$,设 $\alpha = 55°$,再对起重机高度进行核算。

假定起重杆顶端至吊钩的距离 $d = 3.5$,则实际的起重高度为:

$$H = L\sin 55° + E - d = 23\sin 55° + 1.7 - 3.5 = 17.04\text{m} > 16.98\text{m}$$

即 $d = 23\sin 55° + 1.7 - 16.98 = 3.56\text{m}$,满足要求。

此时起重机吊板的起重半径为:

$$R = F + L\cos\alpha = 1.3 + 23\cos 55° = 14.49\text{m}$$

再以选定的 23m 长起重臂及 $\alpha = 55°$ 倾角用作图法来复核一下能否满足吊装最边缘一块屋面板的要求。

在图6-69 中,以最边缘一块屋面板的中心 K 为圆心,以 $R = 14.49\text{m}$ 为半径画弧,交起重机开行路线于 O_1 点,O_1 点即为起重机吊装边缘一块屋面板的停机位置。用比例尺量 $KQ = 3.8\text{m}$。过 O_1K 按比例作 2-2 剖面。从 2-2 剖面可以看出,所选起重臂及起重仰角可以满足吊装要求。

屋面板吊装工作参数计算及屋面板的就位布置图如表6-9 和图6-69 所示。

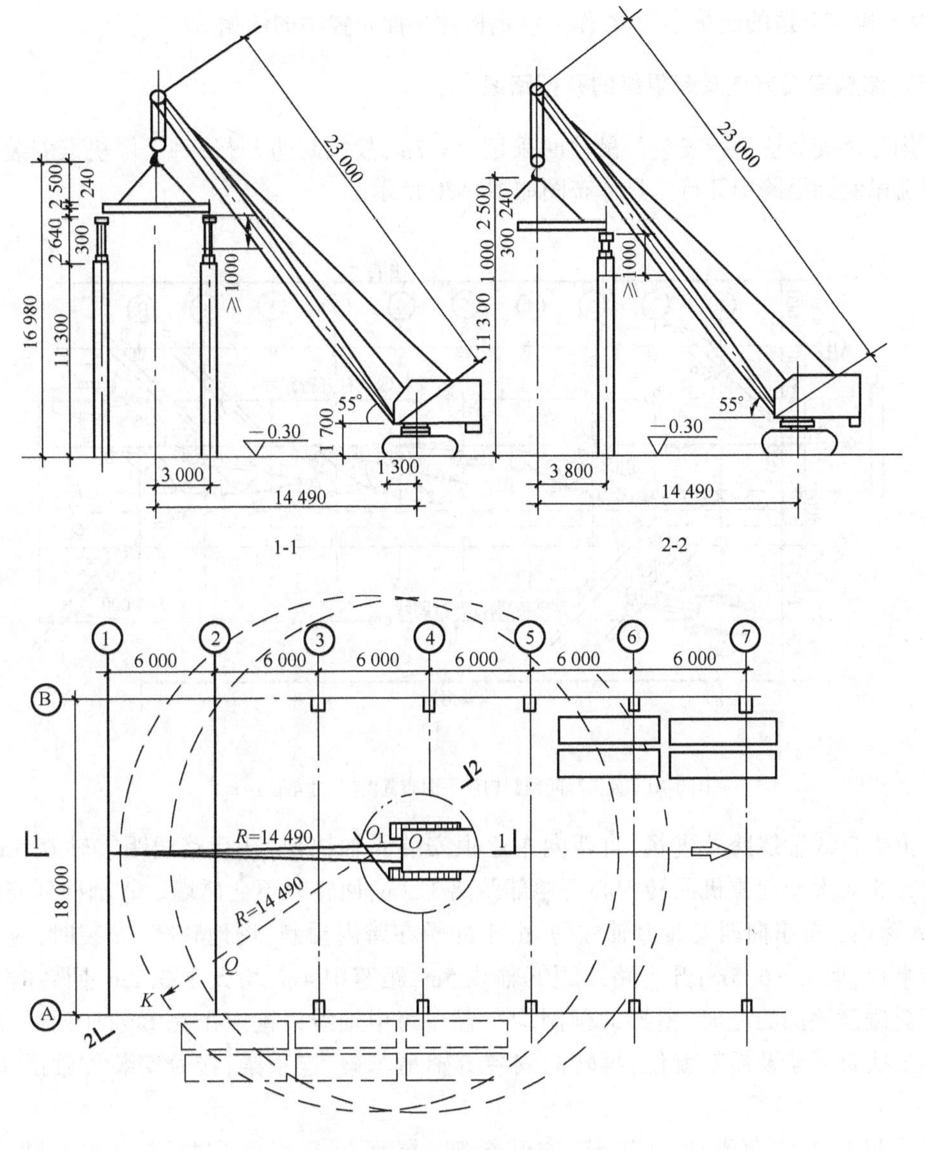

图6-69　屋面板吊装工作参数计算简图及屋面板的排放布置图(尺寸单位:mm)

结构吊装工作参数表　　　　表6-9

构件名称	Z_1 柱			Z_3 柱			屋架			屋面板		
吊装工作参数	Q(t)	H(m)	R(m)	Q(t)	H(m)	R(m)	Q(t)	H(m)	R(m)	Q(t)	H(m)	R(m)
计算所需工作参数	6.2	10.85		5.6	13.3		4.48	18.74		1.3	16.94	
采用数值	7.2	19	7	6	19	8	4.9	19	9	2.3	17.30	14.49

根据以上各种吊装工作参数计算，确定选用23m长度的起重臂，并查 W_1—100 型起重机性能曲线，确定合适的起重半径 R，作为制定构件平面布置图的依据。

(二)结构安装方法及起重机的开行路线

采用分件安装法进行安装。吊柱时采用 $R=7\text{m}$，故须跨边开行，每一停机点安装一根柱子。屋盖吊装则沿跨中开行。具体布图如图 6-70 所示。

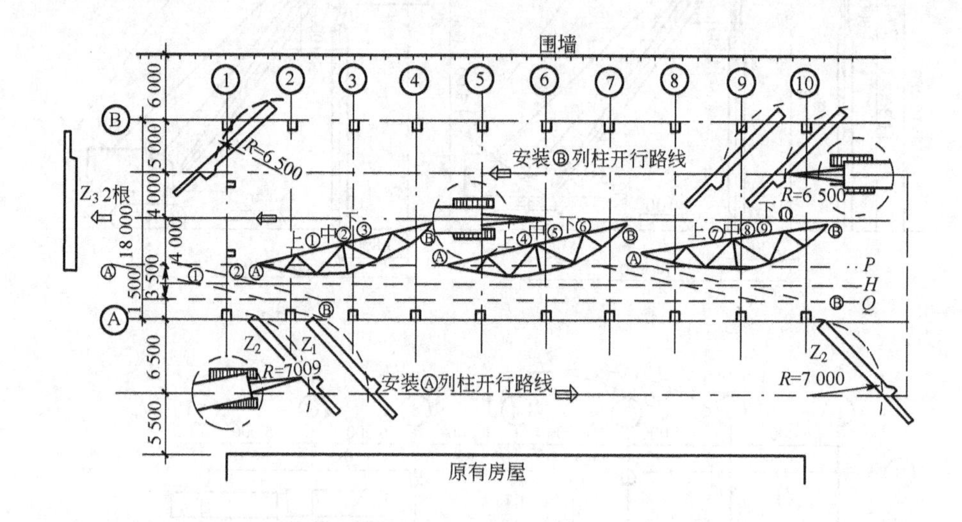

图 6-70　金工车间预制构件平面布置图(尺寸单位:mm)

起重机自Ⓐ轴线跨外进场，自西向东逐根安装Ⓐ轴柱列，开行路线距Ⓐ轴 6.5m，距原有房屋5.5m，大于起重机回转中心至尾部距离 3.2m，回转时不会碰墙。Ⓐ轴柱列安装完毕后，转入跨内，自东向西安装Ⓑ轴柱列，由于柱子在跨内预制，场地狭窄，安装时，应适当缩小回转半径，取 $R=6.5\text{m}$；开行路线距Ⓑ轴线 5m，距跨中 4m，均大于 3.2m，回转时起重机尾部不会碰撞叠浇的屋架，屋架的预制均布置在跨中轴线以南。吊完Ⓑ轴柱列后，起重机自西向东扶直屋架及屋架就位；再转向安装Ⓑ轴吊车梁、连系梁，接着安装Ⓐ轴吊车梁、连系梁。

起重机自东向西沿跨中开行、安装屋架、屋面板及屋面支撑等。在安装①轴线的屋架前，应先安装西端头的两根抗风柱，安装屋面板，起重机即可拆除起重杆退场。

(三)现场预制构件平面布置

(1)Ⓐ轴柱列，由于跨外场地较宽，采取跨外预制，用三点共弧的安装方法布置。

(2)Ⓑ轴柱列，距围墙较近，只能在跨内预制，因场地狭窄，不能用三点共圆弧斜向布置，用两点共弧的方法布置。

(3)屋架采用正面斜向布置，每 3 ~ 4 榀为一叠，靠④轴线斜向就位。

本章小结

本章主要介绍装配式钢筋混凝土单层工业厂房结构和多层装配式框架结构安装中常用的起重机械类型、性能及使用特点;构件的吊装工艺及平面布置;结构安装方案的拟订。重点分析了起重机的选择及个参数间的关系、起重机开行路线及构件平面布置的关系以及影响结构安装方案的因素,着重阐述了起重机稳定性验算。

本章在学习的过程中,要求:

1. 了解起重机械的类型、构造及原理,重点掌握起重参数及相互关系,能正确地选择起重机。

2. 了解单层工业厂房结构安装工作的全过程,掌握柱、吊车梁、屋架等主要构件的安装工艺及平面布置,能拟定吊装方案。

3. 了解多层装配式框架结构安装的特点及吊装方案,掌握对柱校正和构件接头的基本要求。

复习思考题

1. 滑轮组有何作用?钢丝绳规格如何表示?
2. 起重机械的种类有哪些?试说明其优缺点及适用范围。
3. 试述履式起重机的起重高度、起重半径与起重量之间的关系。
4. 在什么情况下对履带式起重机进行稳定性验算?如何验算?
5. 柱子吊装前应进行哪些准备工作?
6. 试说明旋转法和滑行法吊装时特点及适用范围。
7. 试述柱按三点共弧进行斜向布置的方法。
8. 怎样对柱进行临时固定和最后固定?
9. 怎样校正吊车梁的安装位置?
10. 屋架的排放有哪些方法?要注意哪些问题?
11. 构件的平面布置应遵守哪些原则?
12. 分件安装法和综合安装法各有什么优缺点?
13. 预制阶段柱的布置方式有几种?各有什么特点?
14. 屋架在预制阶段布置的方式有几种?
15. 屋架在安装阶段的扶直有几种方法?如何确定屋架的就位范围和就位位置?
16. 多层装配式框架结构吊装方案有哪几种?对起重机和构件平面布置有何要求?
17. 试述多层装配式框架柱的吊装、校正和接头方法。
18. 试述装配式框架节点构造及施工要点。
19. 在结构安装过程中,如何保证人身安全?
20. 在结构安装过程中,如何保证柱、梁、板的质量?

综合练习题

1. 已知某车间，跨度为24m，柱距6m，采用W_1—100型履带式起重机安装柱子，起重半径为7.5m，起重机分别沿纵轴线跨内和跨外开行，距离为6m，试对柱子作三点共弧斜向布置，并确定停机点位置。

2. 某单层工业厂房跨度21m，柱距6m，10个节间，选用W_1—100型履带式起重机进行结构安装，吊装屋架时起重半径为8m，试分别绘制屋架斜向就位图和纵向就位图。

第七章
钢结构工程

【职业能力目标】

学完这章，你应会：

1. 编制简单钢结构工程施工方案。
2. 组织简单钢结构施工。

【学习要求】

1. 了解钢结构工程的特点与应用范围。
2. 熟悉钢结构工程的材料和构件。
3. 掌握钢结构的制作和安装工艺方法。
4. 掌握钢结构施工的质量检验和质量要求。

第一节　概　　述

一　钢结构工程的特点

1. 强度高，质量轻

钢材与其他建筑材料相比，强度要高得多，弹性模量也高，因此结构构件质量轻且截面小，特别适用于跨度大、荷载大的构件和结构。

2. 材料均匀，塑性、韧性好，抗震性能优越

由于钢材组织均匀，接近各向同性。钢材塑性好、韧性好，使钢结构较能适应振动荷载，地震区的钢结构比其他材料的工程结构更耐震，钢结构一般是地震中损坏最少的结构。

3. 制造简单，工业化程度高，施工周期短

钢结构所用的材料多是成品或半成品材料，加工比较简单，钢构件一般在专业化的金属结构加工厂制作而成，精度高，质量稳定，劳动强度低。钢构件还可以在地面拼装成较大的单元后再进行吊装，缩短施工工期。

4. 构件截面小,有效空间大

由于钢材的强度高,构件截面小,所占空间小,有效增加了房屋的层间净高。

5. 节能、环保

钢结构房屋的墙体多采用新型轻质复合墙板或轻质砌块、复合夹心墙板、幕墙等;楼(屋)面多采用复合楼板,符合建筑节能和环保的要求。

6. 钢结构的密闭性能好

钢结构的钢材和连接(如焊接)的水密性和气密性较好,适宜于制作要求密闭性高的结构,如高压容器、油库、气柜、管道等。

7. 钢材耐火性差,耐腐蚀性差

钢材不耐火,随着温度升高而强度降低。有特殊防火要求的建筑,钢结构更需要用耐火材料围护,对于钢结构住宅或高层建筑钢结构,应根据建筑物的重要性等级和防火规范加以特别处理。钢材在潮湿环境中易于锈蚀,处于有腐蚀性介质的环境中更易生锈。

 二 钢结构的应用范围

1. 重型工业厂房

吊车起重量较大或工作较繁重的车间多采用钢骨架。如冶金厂房的平炉、转炉车间,混铁炉车间,初轧车间;重型机械厂的铸钢车间、水压机车间、锻压车间等。

2. 大跨度结构

如飞机装配车间、飞机库、干煤棚、体育馆、展览馆等皆需大跨度结构,其结构体系可采用网架、悬索、拱架以及框架等。

3. 高耸结构

如电视塔、微波塔、输电线塔、钻井塔、环境大气监测塔、无线电天线揽杆、广播发射桅杆等。

4. 多层和高层建筑

近二十多年来,钢结构在我国多层和高层建筑中的应用也得到了很大的发展,如上海的金茂大厦总高度达到了420m。

5. 承受振动荷载的结构

如设有较大锻锤的车间,对抗震要求较高的结构等宜采用钢结构。

6. 其他特种结构

如栈桥、管道支架、井架和海上采油平台等。

7. 可拆卸或移动的结构

如建筑工地的生产、生活辅助用房,临时展览馆等可以拆迁,塔式起重机、龙门起重机等为移动结构。

8. 轻型钢结构

如轻型门式刚架房屋钢结构、冷弯薄壁型钢结构以及钢管结构等,这些结构可用于使用荷载或跨度较小的建筑,如仓库、办公室、工业厂房及体育设施等。

第二节　钢结构材料与构件

钢结构材料

1. 钢材

我国钢结构钢材主要有以下四个牌号：Q235、Q345、Q390、和 Q420。Q235 属于普通碳素结构钢，其余为低合金高强度结构钢。钢结构构件宜优选用国产型材，型材有热轧和冷成型两类。当型材尺寸不合适时，则以钢板、型材制作。钢结构常用板材、型材如下：

(1)钢板和钢带

钢结构使用的钢板(钢带)按轧制方法分有冷轧板和热轧板。钢板按其厚度分为薄钢板(厚度不大于 4mm)和厚钢板(厚度大于 4mm)。

(2)普通型材

普通型材有工字钢、槽钢及角钢等。角钢有等边角钢和不等边角钢两大类。

(3)热轧 H 型钢和焊接 H 型钢

H 型钢由工字钢发展而来。热轧 H 型钢分三类：宽翼缘 H 型钢 HW，中翼缘 H 型钢 HM，窄翼缘 H 型钢 HN。

(4)热轧剖分 T 型钢

热轧剖分 T 型钢由热轧 H 型钢剖分后而成，分宽翼缘剖分 T 型钢(TW)、中翼缘剖分 T 型钢(TM)、窄翼缘剖分 T 型钢(TN)三类。

(5)冷弯型钢

冷弯型钢是用可加工变形的冷轧或热轧钢带在连续辊式冷弯机组上生产的冷加工型材，有通用冷弯开口型钢和结构用冷弯空心型钢两种。

(6)结构用钢管

结构用钢管有热轧无缝钢管和焊接钢管。结构用无缝钢管按《结构用无缝钢管》(GB/T 8162—87)规定，分热轧(挤压、扩)和冷拔(轧)两种。

2. 焊接材料

钢结构中焊接材料的选用，需适应焊接场地(工厂焊接或工地焊接)、焊接方法等，特别是要与焊件钢材的强度和材质要求相适应。

建筑钢结构中手工焊接时，使用的焊条分为碳钢焊条和低合金焊条。Q235 钢的焊接采用碳钢焊条 E43 系列，Q345 钢采用低合金钢焊条 E50 系列。焊条的类型根据熔渣的特性可分为酸性焊条及碱性焊条(低氢型焊条)。

3. 普通螺栓

(1)普通螺栓的钢号与规格

建筑钢结构中常用的普通螺栓钢号为 Q235，很少采用其他牌号的钢材制作。建筑钢结构中使用的普通螺栓，一般为六角头螺栓。螺栓的标记通常为 $Md \times l$，其中 d 为螺栓规格(即直径)、l 为螺栓的公称长度。普通螺栓的通用规格为 M8、M10、M12、M16、M20、M24、M30、M36、M42、M48、M56 和 M64 等。

(2)普通螺栓的质量等级

普通螺栓质量等级按螺栓加工制作的质量及精度公差分A、B、C三个等级;A级的加工精度最高,C级最差。A,B级螺栓为精制螺栓,C级为粗制螺栓。A、B级螺栓的应用与规格有关:A级适用于小规格螺栓,直径$d \leq$M24,长度$L \leq 150$mm及$L \leq 10d$;B级适用于大规格螺栓,$d >$M24,长度$L > 150$mm及$L > 10d$。C级螺栓:C级螺栓是用未经加工的圆钢制成,杆身表面粗糙,加工精度低,尺寸不准。C级螺栓可用于承受静载结构中的次要连接,以及临时固定用的安装连接。

4.高强螺栓

(1)高强度螺栓的类型

高强度螺栓根据其受力特征可分为两种受力类型:摩擦型高强度螺栓和承压型高强度螺栓,承压型高强度螺栓宜用于承受静载的结构。常用的高强度螺栓有大六角头高强度螺栓和扭剪型高强度螺栓两种类型。

(2)高强度螺栓的性能等级

高强度螺栓的螺杆、螺母和垫圈均采用高强度钢材制成,其成品应再经热处理,以进一步提高强度。常用的高强度螺栓性能等级有下列两种:

8.8级——用于大六角头高强度螺栓,其制作用的原材料钢材牌号为45号钢、35号钢。

10.9级——用于扭剪型高强度螺栓时,其原材料钢号为20MnTiB钢。大六角头高强度螺栓也可达到10.9级,其制作的原材料钢材牌号为:20MnTiB钢、40B钢及35VB钢。

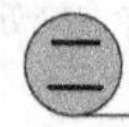

5.锚栓

锚栓主要用作钢柱脚与钢筋混凝土基础之间的锚拉连接件,宜采用Q235钢及Q345钢等塑性性能较好的钢号制作,不宜采用高强度钢材。

6.圆柱头焊钉

圆柱头焊钉(带头栓钉)是高层建筑钢结构中用量较大的连接件。圆柱头焊钉作为钢构件与混凝土构件之间的抗剪连接件。圆柱头焊钉需采用专用焊机焊接,并配置焊接瓷环。圆柱头焊钉与钢梁焊接时,应在所焊的母材上设置焊接瓷环,以保证圆柱头焊钉的焊接质量。

二 钢结构构件

(一)钢柱

钢柱根据受力不同分为轴心受力和偏心受力两种,前者可称为轴心受力构件,后者称为拉弯或压弯构件。

1.钢柱的截面形式

轴心受力构件和拉弯、压弯构件的截面形式甚多,一般可分为型钢截面和组合截面两种。型钢截面有圆钢、圆管、方管、角钢、槽钢、工字钢、宽翼缘H型钢、T型轴等,它们只需经过少量加工就可直接用作构件,如图7-1a)所示。组合截面是由型钢或钢板连接而成,按其形式还可分为实腹式组合截面(图7-1b)和格构式组合截面(图7-1c)两种。轴心压杆一般做成双轴对称的截面；对拉弯、压弯构件，也可根据受力不同做成双轴对称和单轴对称截面格构式截面。

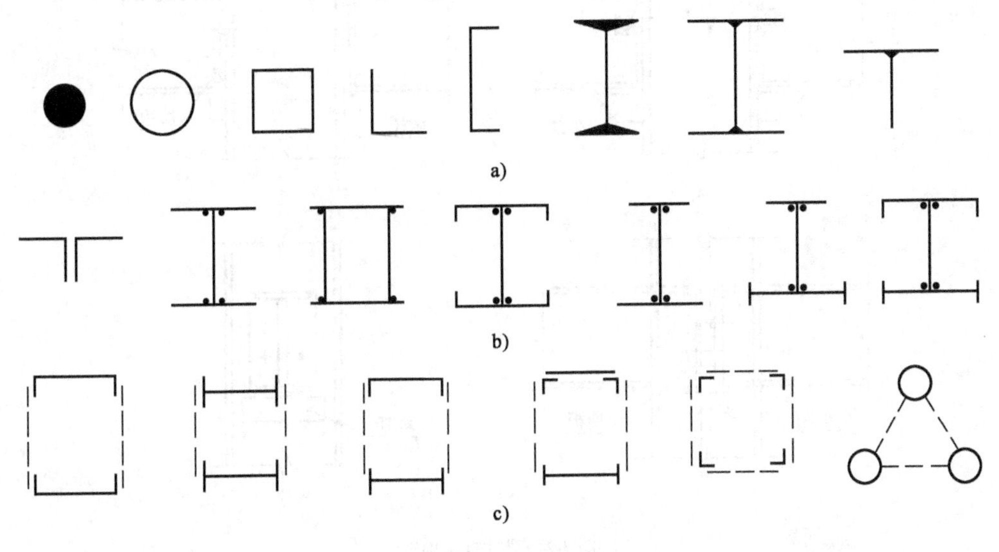

图 7-1　钢柱截面形式

2. 钢柱的构造节点

钢柱的主要节点就是柱头和柱脚，以及梁柱的接头。

(1)柱头

柱头是柱上端与梁的连接构造，它的作用是将上部荷载准确地传给柱身。柱头顶板一般厚度 16 ~ 20mm，与柱焊接并与梁用普通螺栓相连，梁的支承加劲肋对准柱的翼缘。在相邻梁之间留有间隙并用夹板和构造螺栓相连。这种构造形式简单、受力明确，但当两侧梁的反力不等时，易引起柱的偏心受力。

(2)梁柱接头

梁柱接头一般是梁连接在柱的侧面。如图 7-2a)所示将梁直接搁置于柱侧的承托上，用普通螺栓连接。梁与柱侧面之间留有间隙，用角钢和构造螺栓相连，这种连接方式最简便，适用于梁所传递的反力较小时。如图 7-2b)所示的方案是用厚钢板作承托，直接焊于柱侧。梁与柱侧仍留有空隙，梁装就位后，用填板和构造螺栓将柱翼缘和梁端板连接起来。当梁沿柱翼缘平面方向与柱相连时，采用如图 7-2c)所示的连接方式。在柱腹板上直接设置承托，梁端板支承在承托上，梁安装就位后，用填板和构造螺栓将梁端与柱腹板连接起来。这种连接方式使梁端反力直接传递给柱腹板。

(3)柱脚

轴心受压柱与基础的连接结构称为柱脚。柱脚可以分为刚接和铰接两种不同的形式。这里只介绍铰接柱脚的构造。铰接柱脚主要用于轴心受压柱。其常用的构造形式如图 7-3 所示。其中图 7-3a)为最简单的单块底板的形式，可用于柱轴力较小时。可以在底板上加焊梁靴，如图 7-3b)所示。当轴力更大时，还可以再加焊隔板和肋板，如图 7-3c)、d)所示。

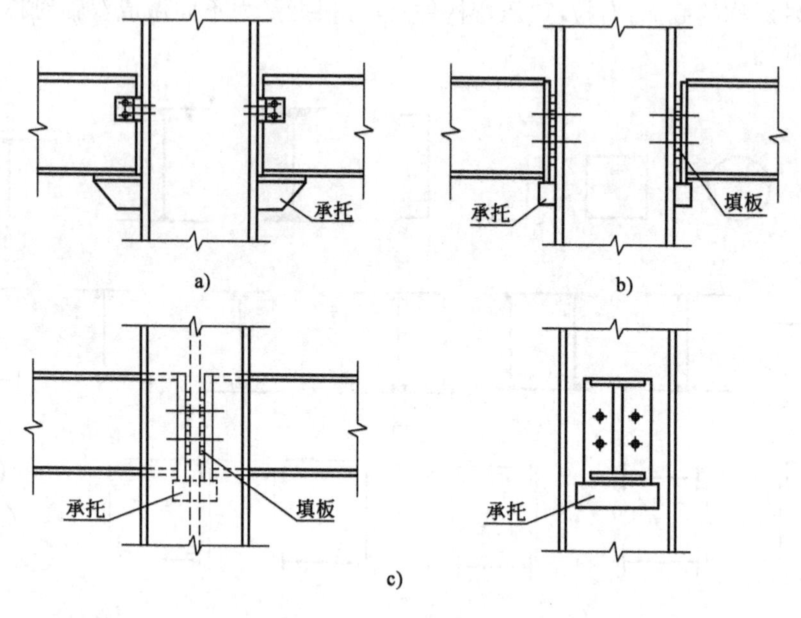

图 7-2　梁柱接头构造

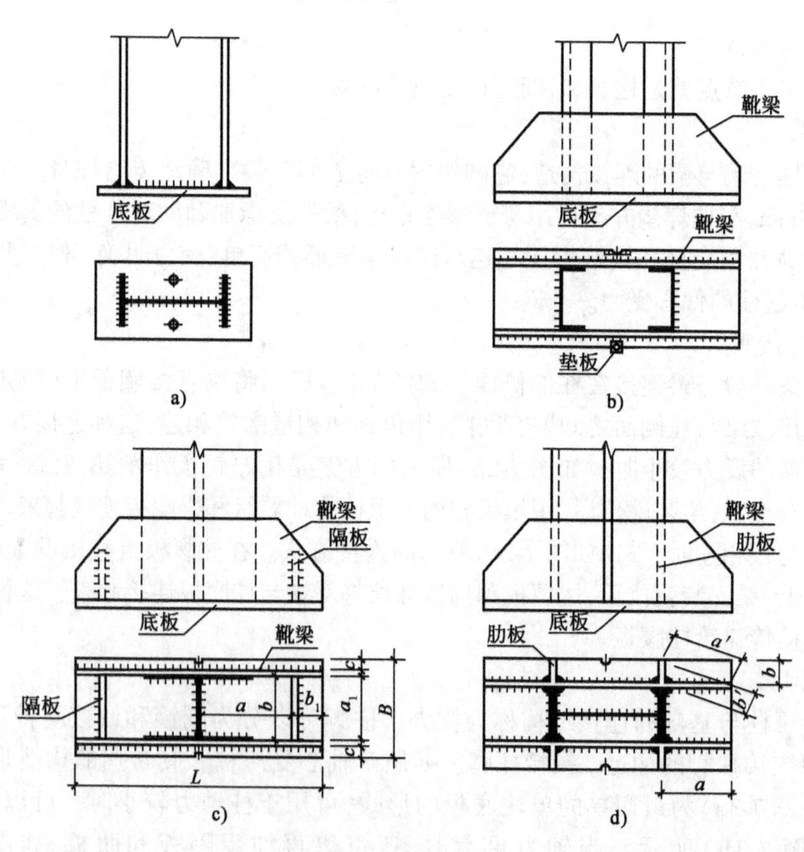

图 7-3　铰接柱脚构造

(二)钢梁

1. 钢梁的截面形式

钢梁的截面形式有型钢梁和组合梁。型钢梁制造方便,加工简单,成本较低,当梁的跨度及荷载较小时可优先采用。常用的型钢梁有工字钢、槽钢和 H 型钢。当梁的跨度和荷载较大时则需采用由钢板焊接的组合梁。常采用的钢梁截面如图 7-4 所示。

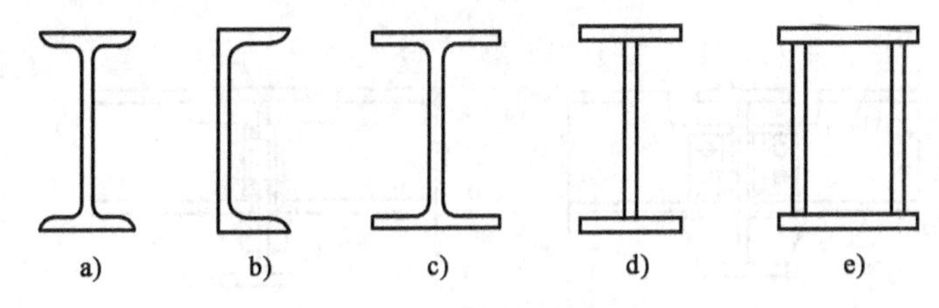

图 7-4 钢梁的截面形式

2. 钢梁的种类

钢梁按照使用功能分为楼盖梁、屋盖梁、车间的工作平台及墙梁、吊车梁、檩条等。按照支承情况可分为简支梁、连续梁、伸臂梁和框架梁等。按受力不同分为单向弯曲梁和双向弯曲梁。平台梁、楼盖梁等属于前者,吊车梁、檩条、墙梁等则属于后者。

3. 钢梁的连接

(1)梁的拼接

梁的拼接分工厂拼接和工地拼接两种,工厂拼接是由于钢板规格尺寸的限制,必须在工厂把钢板接长或接宽而进行的拼接。由于运输或安装条件限制,梁需分段制造,运到现场进的拼接为工地拼接。

(2)梁的连接

梁的连接指钢结构中次梁与主梁的连接。

次梁为简支梁时,与主梁的连接形式有平接和叠接两种,叠接是将次梁直接搁置在主梁上,如图 7-5a)所示,用螺栓或焊缝固定,构造简单,但建筑高度较大,现在很少采用。次梁与主梁平接是将次梁通过连接材料在侧面与主梁连接(图 7-5b ~ e)。图 7-5b)和图 7-5c)的连接方式用于反力较小的次梁,可采用螺栓连接或焊缝,计算时应考虑到此连接并非完全铰接及荷载的偏心影响,宜将次梁支座反力提高 20% ~30% 后再计算连接焊缝或螺栓。当次梁的支座反力较大时,宜采用图 7-5d)和图 7-5e)的连接方式,设置支托来支承次梁。

次梁为连续梁时,与主梁的连接有叠接和侧面平接两种形式。

(三)压型钢板(瓦楞板、波形钢板)

压型钢板按表面处理情况分为镀锌压型钢板、涂层压型钢板和锌铝复合涂层压型钢板。压型钢板根据其波型截面分:高波板,波高大于 75mm,适用于作屋面板;中波板,波高 50 ~ 75mm,适用于作楼面板及中小跨度的屋面板;低波板,波高小于 50mm,适用于作墙面板。选用压型钢板时,应根据荷载及使用情况选用已有的定型产品。

压型钢板的屋面坡度可在 1/6 ~ 1/20 间采用,当屋面排水面积较大或地处大雨量区及板

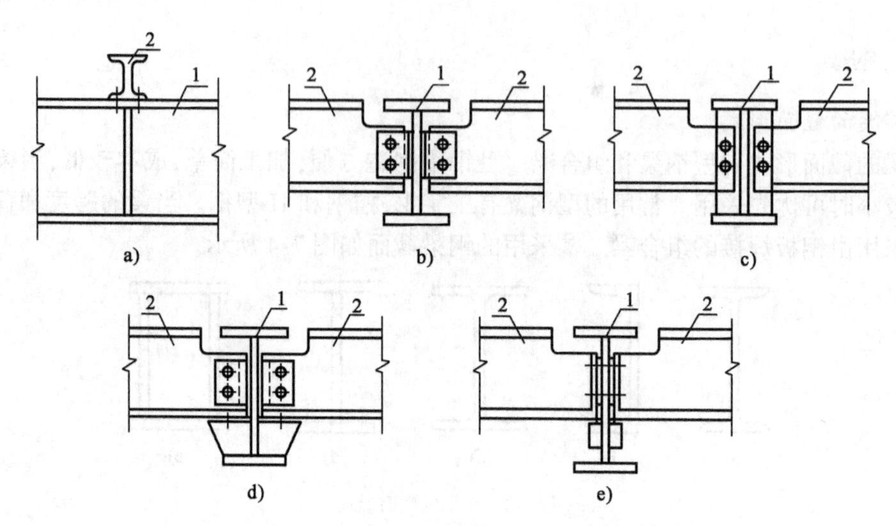

图 7-5　次梁与主梁的铰接连接(1-主梁;2-次梁)

型为中波板时,宜选用 1/10 ~ 1/12 的坡度;当选用长尺高波板时,可采用 1/15 ~ 1/20 的屋面坡度;当为扣压式或咬合式压型板(无穿透板面紧固件)时,可用 1/20 的屋面坡度;对暴雨或大雨量地区的压型板屋面尚应进行排水验算。

(四)钢屋架

1. 常用屋架形式

钢屋架按外形可分为三角形屋架、梯形屋架和平行弦屋架三种形式。

(1)三角形屋架

当屋面坡度大($i>1/3$)时采用三角形桁架(图 7-6)。三角形桁架由于跨中高度较大,它的外形不能很好地与弯矩图配合,故支座附近的弦杆内力较大,而跨中较小。此外,腹杆的长度也较大,用于中小跨度的轻屋面较适宜,若屋面太重或跨度很大,采用三角形桁架不经济。

(2)梯形屋架

图 7-7a)、b)为陡坡梯形桁架,与三角形桁架比较,其受力情况较好。一般用于屋面坡度小于 1/3 而跨度又较大的情况。图 7-7c)、d)为坡度较平的梯形桁架,当采用卷材防水屋面时,由于坡度很小($i=1/8\sim1/12$),宜采用这种形式的桁架。梯形桁架上弦节点间长度应与屋面板尺寸相配合(一般为 1.5 m 或 3m),尽可能使荷载作用于节点上。如果上弦节点间距太长,可以沿屋架全长或局部布置再分式腹杆。

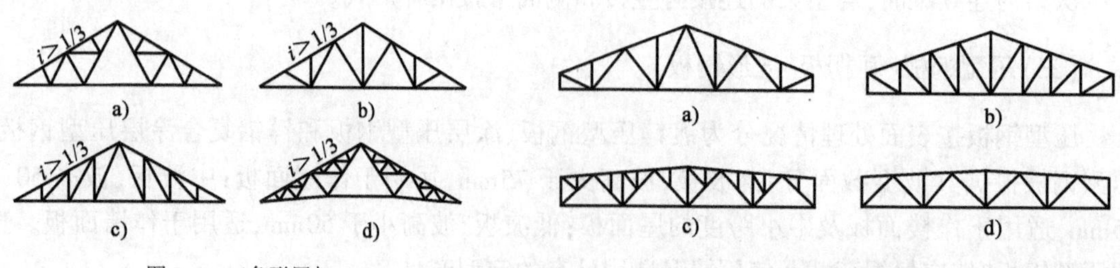

图 7-6　三角形屋架

图 7-7　梯形屋架

(3)平行弦屋架

当上下弦互相平行时为平行弦桁架。它的优点是上、下弦和腹杆等同类型的杆件长度一致,节点的构造类型少,上、下弦的拼接数量可减少,因而能符合建筑工业化制造的要求。目前,这种桁架在屋盖结构中常用作托架。

2. 屋架支撑

(1)刚架支撑的设置

刚架支撑体系有上弦横向水平支撑、下弦横向水平支撑、下弦纵向水平支撑、垂直支撑、系杆。

横向水平支撑宜采用 X 形,其构件可采用张紧的圆钢,也可采用角钢等刚度较大的截面形式;垂直支撑一般布置在设有横向支撑的开间内,也可采用角钢等类型截面;系杆分刚性系杆和柔性系杆两种。刚性系杆一般由两个角钢或钢管组成,能承受压力和拉力。柔性系杆则常由单角钢或圆钢组成,只能承受拉力。

(2)支撑的连接构造

支撑与屋架的连接一般采用 M20 螺栓（C 级),支撑与天窗架的连接可采用 M16 螺栓（C 级）。有重级工作制吊车或有较大振动设备的厂房,支撑与屋架的连接宜采用高强螺栓连接,或用 C 级螺栓再加安装焊缝的连接方法将节点固定。上弦横向水平支撑的角钢肢尖宜朝下,以方便屋面材料的安装。支撑连接构造如图 7-8 所示。

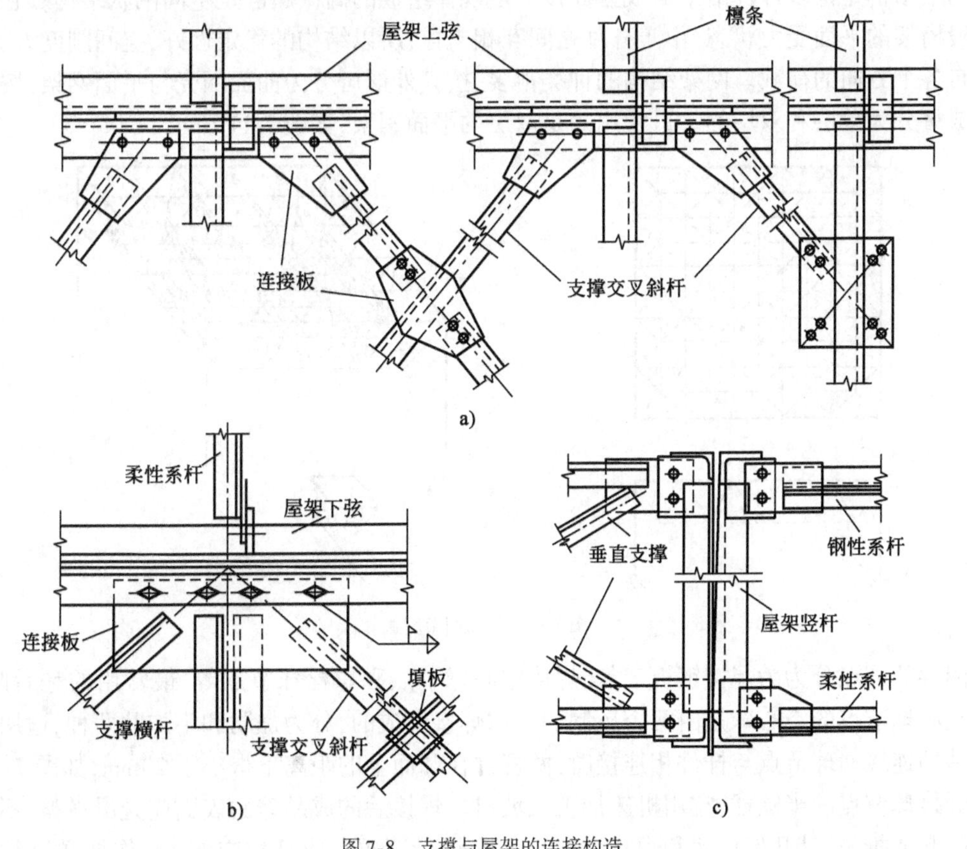

图 7-8　支撑与屋架的连接构造

3. 屋架钢檩条

在实际工程中,冷弯薄壁型钢檩条的使用比较普遍,常用截面形式有实腹式和格构式两种。

实腹式檩条可选用现成的冷弯薄壁 Z 形型钢或 C 形槽钢制成,见图 7-9。这种檩条主要用于跨度不大、屋面荷载较轻的情况。它构造简单,制作、安装方便,耗钢量较格构式檩条大,但比普通热轧型钢檩条小。卷边 Z 型钢檩条适用于屋面坡度 $i \geqslant 1/3$ 的情况,卷边 C 形槽钢檩条适用于屋面坡度 $i < 1/3$ 的情况。

当屋面荷载较大或檩条的跨度、檩距较大时,采用实腹式檩条就显得不经济且也受到截面规格的限制,此时宜选用格构式檩条。目前常用的格构式檩条有以下三种:平面桁架式檩条(图 7-10)、下撑式檩条和空腹式檩条。

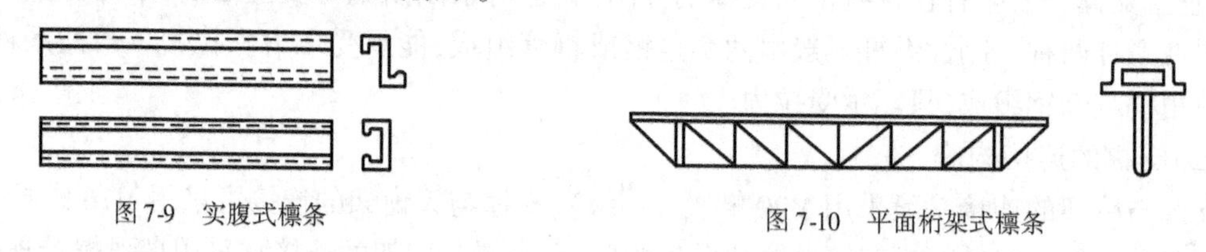

图 7-9　实腹式檩条　　图 7-10　平面桁架式檩条

(五)钢网架

网架结构是许多杆件沿平面成立面按一定规律组成的高次超静定空间网状结构。它改变了一般桁架的平面受力状态,由于杆件之间互相支撑,所以结构的稳定性好,空间刚度大,能承受来自各个方向的荷载。网架结构的种类很多,按其外形可分为曲面网壳与平面网架,按其结构组成可分为单层和双层的。最常用的是双层的平面网架,如图 7-11 所示。

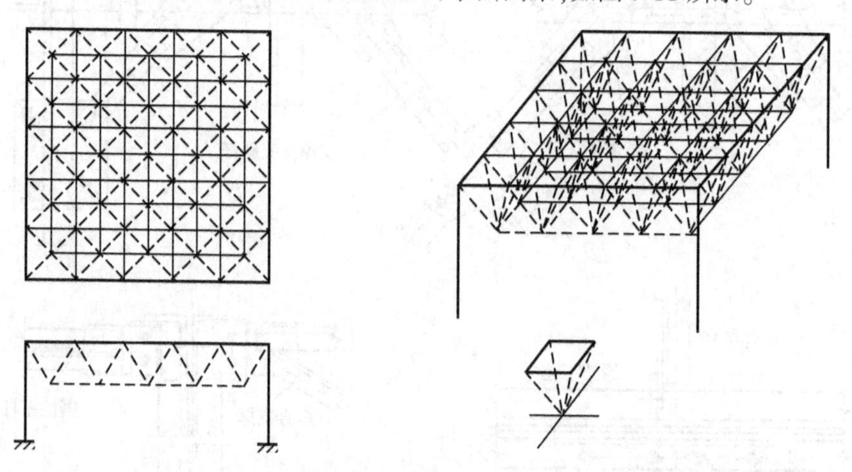

图 7-11　平面网架屋盖

网架的节点分为为焊接钢板节点、焊接空心球节点和螺栓球节点等,最常用的是后两种。焊接空心球节点的空心球是由两个压制的半球焊接而成的,分为加肋和不加肋两种,适用于钢管杆件的连接。球节点与杆件相连接时,两杆件在球面上的距离不得小于 20mm,如图 7-12 所示。焊接球节点的半圆球,宜用机床加工成坡口。焊接后的成品球的表面应光滑平整,不得有局部凸起或折皱,其几何尺寸和焊接质量应符合设计要求。成品球应按 1% 作抽样进行无损检查。

螺栓球节点系通过螺栓将管形截面的杆件和钢球连接起来的节点，一般由螺栓、钢球、销子、套管和锥头或封板等零件组成，如图 7-13 所示。螺栓球节点毛坯不圆度的允许制作误差为 2mm，螺栓按 3 级精度加工。

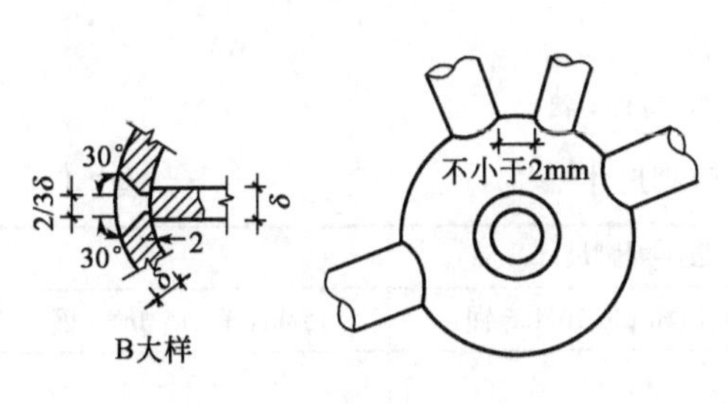

图 7-12　螺空心球节点示意

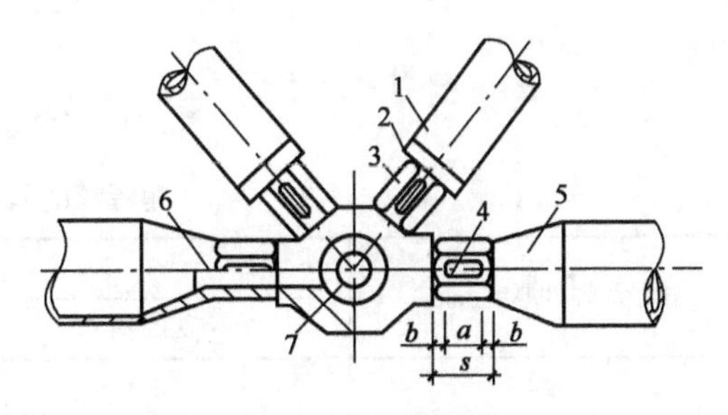

图 7-13　栓球节点图

1-钢管；2-封板；3-套管；4-销子；5-锥头；6-螺栓；7-钢球

第三节　钢结构的制作与安装

一 钢结构的连接

钢结构的连接方法可分为焊缝连接、螺栓连接和铆钉连接等。

(一)焊接连接

1. 焊接连接的形式

焊接连接常用的焊接方法主要有电弧焊(又分为手工电弧焊、半自动埋弧焊、自动埋弧焊和气体保护焊)、电阻焊、电渣焊、接触焊。按照被连接构件间的相对位置,焊接连接的形式通常可分为平接、搭接 T 形连接和角接连接等。这些连接所采用的焊缝形式主要有对接焊缝和角焊缝两种。

2. 焊缝连接的构造要求

(1)焊接金属应与基本金属相适应。

(2)不得任意加大焊缝;同时焊缝的布置应尽可能对称于杆件或构件重心,并尽可能使焊缝截面的重心与杆件或构件重心相重合。

(3)钢板的拼接采用对接焊缝时,纵横两方向的对接焊缝,可采用十字形交叉和 T 形交叉;当为 T 形交叉时,交叉点的间距不得小于 200mm。

(4)在对接焊缝的连接处,当焊件的宽度不同或厚度相差 4mm 以上时,应分别在宽度方向或厚度方向从一侧或两侧作成坡度不大于 1/4 的斜角(图 7-14);当厚度不同时,焊缝坡口形式应根据较薄焊件厚度的要求取用。

(5)在对接焊缝的两端应设置弧板(引弧板的坡口形式应与主材相同),焊后将引弧板切除,并用砂轮或其他方法将焊缝端部表面加工平整。

(6)角焊缝的最小焊脚尺寸可参照表 7-1 采用。

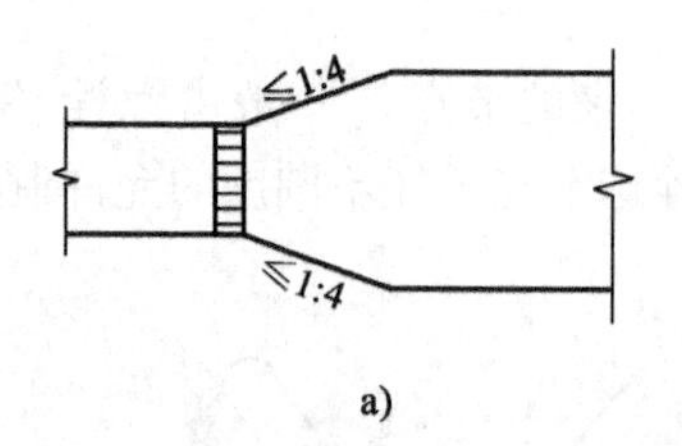

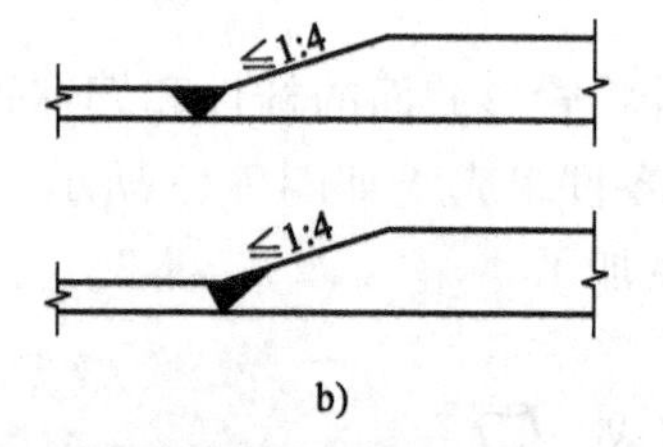

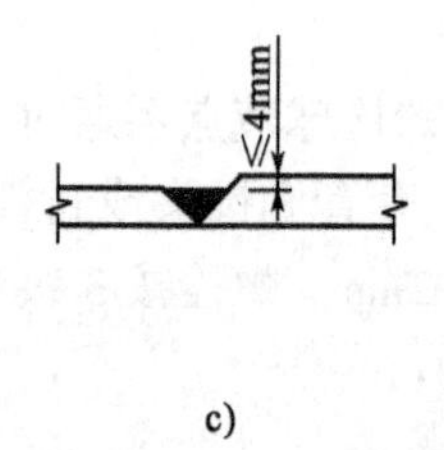

a)　　　　b)　　　　c)

图 7-14　不同宽度或厚度的焊件对接

角焊缝的常用最小焊脚尺寸　　表 7-1

较厚的焊件厚度(mm)	最小焊脚尺寸(mm)		
	Q235 钢	16Mn 钢、16Mnq 钢	15MnV 钢、15MnVq 钢
≤4	4	4	4
5 ~ 10	5	6	6
11 ~ 17	6	8	8
18 ~ 24	8	10	10
25 ~ 32	10	12	12
34 ~ 46	12	14	14
48 ~ 60	14	16	16

(7)杆件与节点板的连接焊缝,一般宜采用两面侧焊缝,也可采用三面围焊缝,对内力较小的角钢杆件也可采用工形围焊缝,所有围焊的转角处必须连续施焊。

(8)在搭接连接中,搭接长度不得小于焊件较小厚度的 5 倍,并不得小于 25mm。

(二)螺栓连接

普通螺栓和高强度螺栓在构件上连接的构造要求如下:

(1)每一杆件在节点上或拼接连接的一侧,永久性的螺栓数目不宜少于两个。对组合构件的缀条,其端部连接可采用一个螺栓。对抗震结构,每一杆件在节点上或拼接连接的一侧,永久性的螺栓数目不应少于 3 个。

(2)高强度螺栓孔应采用钻成孔。摩擦型高强度螺栓的孔径比螺栓公称直径大 1.5 ~ 2mm;承压型或受拉型高强度螺栓的孔径比螺栓公称直径大 1 ~ 1.5mm。

(3)在高强度螺栓连接范围内,构件接触面的处理方法应在施工图中说明。

(4)普通螺栓和高强度螺栓通常采用并列和错列的布置形式。螺栓行列之间以及螺栓与构件边缘的距离,应符合表 7-2 的要求。

螺栓的最大、最小容许间距　　表 7-2

名　　称	位置和方向			最大容许距离(取两者的较小者)	最小容许距离
中心间距	任意方向	外排			$8d_0$
		中间排	构件受压力	$12d_0$ 或 18t	
			构件受拉力	$16d_0$ 或 24t	

续上表

名　称	位置和方向			最大容许距离（取两者的较小者）	最小容许距离
中心至构件边缘距离	顺内力方向			$4d_0$ 或 8t	$2d_0$
	垂直内力方向	切割边			$1.5d_0$
		轧制边	高强度螺栓 普通螺栓		$1.2d_0$

注：1. d_0 为螺栓的孔径，t 为外层较薄板件的厚度。

2. 钢板边缘与刚性构件（如角钢、槽钢等）相连的螺栓的最大间距，可按中间排的数值采用。

（三）拼接连接

1. 钢材的工厂焊接拼接

在构件制造中，当材料的长度不能满足构件的长度要求时，必须进行接长拼接。材料的工厂拼接一般是采用焊接连接。

钢板的拼接应满足下列要求：凡能保证连接焊缝强度与钢材强度相等时，可采用对接正焊缝（垂直于作角力方向的焊缝）进行拼接；连接焊缝的强度低于钢材强度时，则应采用对接斜焊缝（与作用力方向的夹角为45°～55°的斜焊缝）进行拼接；组合工字形或H形截面的翼缘板和腹板的拼接，一般宜采用完全焊透的坡口对接焊缝进行拼接；拼接连接焊缝的位置宜设在受力较小的部位，并应采用引弧板施焊，以消除弧坑的影响。

采用双角钢组合的T形截面杆件，其角钢的接长拼接通常是采用拼接角钢，并应将拼接角钢的背棱切角，使其紧贴于被拼接角钢的内侧（图7-15）。拼接角钢通常是采用同号角钢切割制成，切去后的截面削弱由垫板补强。拼接角钢的长度根据连接焊缝的计算长度确定。

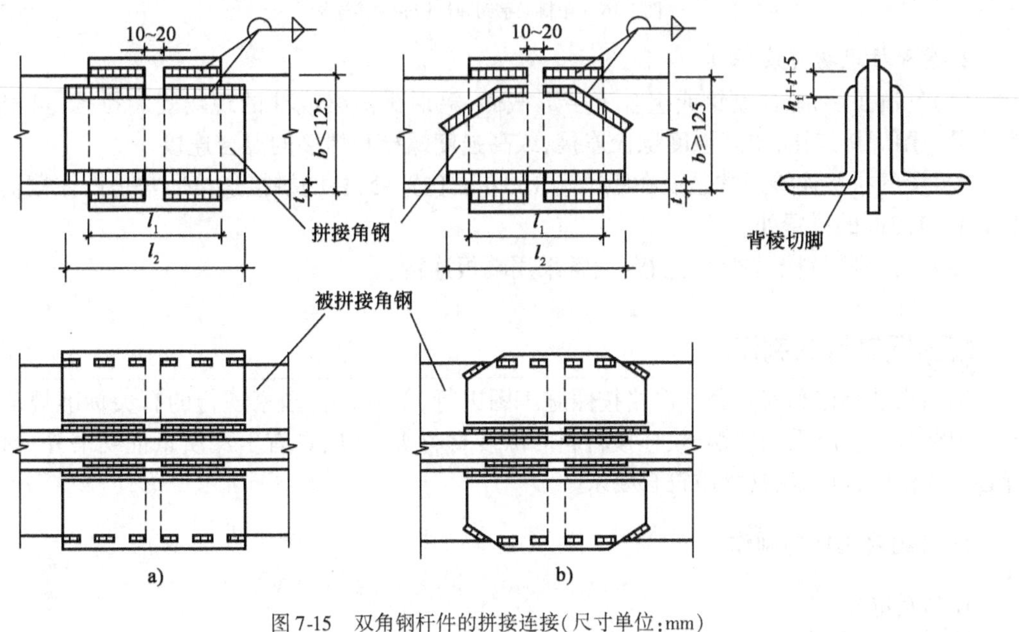

图7-15　双角钢杆件的拼接连接（尺寸单位：mm）

单角钢杆件的拼接除可采用角钢拼接外,也可采用钢板拼接。此时拼接角钢或钢板应按被拼接角钢截面面积的等强度条件来确定。

轧制工字钢、槽钢的焊接拼接,一般采用拼接连接板,并按被拼接的工字钢、槽钢截面面积的等强度条件来确定(图7-16)。轧制H型钢的焊接拼接,通常是采用完全焊透的坡口对接焊缝的等强度连接。

圆钢管的拼接连接,通常是采用设置衬环或垫板的等强度对接焊缝连接和设置外套筒的等强度角焊缝连接。在采用对接正焊缝的拼接连接中,无论有无衬管或衬环,均须保证完全焊透。

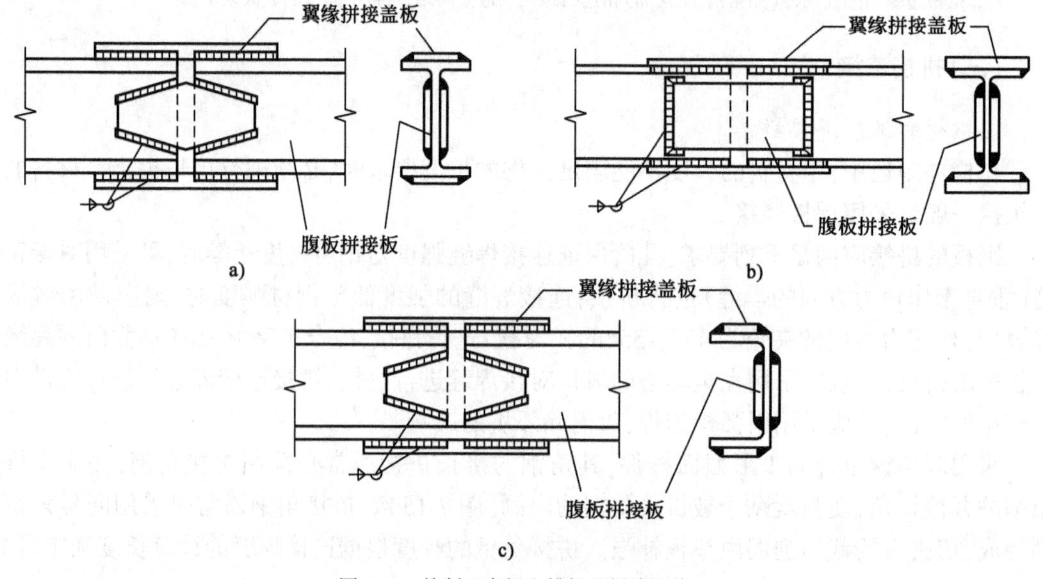

图7-16 轧制工字钢和槽钢的拼接连接

2. 梁和柱现场安装拼接

(1)轧制工字钢、H型钢或组合工字形截面、箱形截面梁或柱的现场安装拼接,可根据具体情况采用焊接连接,或高强度螺栓连接,或高强度螺栓和焊接的混合连接。

(2)梁的拼接连接通常是设在距梁端1m左右位置处;柱的拼接连接通常是设在楼板面以上1.1~1.3m的位置处。

(3)门式刚架斜梁与柱的连接,通常采用端板连接。

二 钢结构的制作

钢结构的制作和安装必须严格按照施工图进行,并应符合国家现行的有关标准规范的规定。钢结构工程所采用的钢材、连接材料和涂装材料等,除应具有出厂质量证明书外,尚应进行必要的检验,以确认其材质符合要求。

(一)组合构件的制作

1. 生产准备

钢构件在制作前,应进行设计图纸的自审和互审工作,并应按工艺规程做好各道工序的工艺准备工作。上岗操作人员应进行培训和考核,特殊工种应进行资格确认,并做好各道工序的技术交底工作。

2.放样和号料

(1)放样是根据施工详图,以1:1的比例在样板台上弹出实样,求取实长,根据实长制成样板(样杆)。放样应采用经过计量检定的钢尺,并将标定的偏差值计入量测尺寸。尺寸划法应先量全长后分尺寸,不得分段丈量相加,避免偏差积累。放样和样板(样杆)是号料的基础。样板、样杆可采用厚度为0.3~0.5mm的薄钢板制作。

(2)号料是以样板为依据,在材料上划出实样并打上各种加工记号。号料应使用经过检查合格的样板(样杆),避免直接用钢尺所造成的过大偏差或看错尺寸而引起的不必要损失。

号料过程中发现原料有质量问题,则需要另行调换或和技术部门及时联系。当材料有较大幅度弯曲而影响号料质量时,可先矫正平直,再号料。

3.切割

机械切割后钢材不得有分层,断面上不得有裂纹,并应清除切口处的毛刺或熔渣和飞溅物。钢材的下料切割方法通常可根据具体要求和实际条件,参照表7-3选用。

各种切削方法的特点及适用范围　　表7-3

类　别	使用设备	特点及适用范围
机械切割	剪板机型 钢冲剪机	切割速度快、切口整齐、效率高,适用薄钢板,压型钢板、冷弯檩条的切削
	无齿锯	切割速度快、可切割不同形状、不同对的各类型钢、钢管和钢板,切口不光洁,噪声大,适于锯切精度要求较低的构件或下料留有余量最后尚需精加工的构件
	砂轮锯	切口光滑、生刺较薄易消除、噪声大,粉尘多,适于切割薄壁钢及小型钢管。切割材料的厚度不宜超过4mm
	锯床	切割精度高,适于切割各类型及梁、柱等型钢构件
气割	自动切割	切割精度高,速度快,在其数控气割时可省去放样、划线等工序而直接切割。适于钢板切割
	手工切割	设备简单、操作方便、费用低、切口精度较差,能够切割各种厚度的钢材
等离子切割	等离子切割机	切割温度高,冲刷力大,切割边质量好,变形小,可以切割任何高熔点金属。特别是不锈钢、铝、铜及其合金等

4.矫正和成型

在钢结构制作过程中,由于原材料变形,气割、剪切变形,钢结构成型后焊接变形,运输变形等,影响构件的制作及安装质量,一般须采用机械或火焰矫正。

5.制孔

轻钢结构中一般有高强螺栓孔,普通螺栓孔,地脚螺栓孔等,高强螺栓孔应采用钻成孔,檩条等结构上的孔可采用冲孔,地脚螺栓孔与螺栓间的间隙较大,当孔径超过50mm时也可用火焰割孔。制孔后应用磨光机清除孔边生制,并不得损伤母材。螺栓孔的允许偏差超过上述规定时,不得采用钢块填塞,可采用与母材材质相匹配的焊条补焊,打磨平整后重新制孔。

6.组装

钢结构构件的组装是按照施工图的要求,把已加工完成的零件或半成品装配成独立的成品构件。零部件在组装前应矫正其变形并在控制偏差范围以内,接触表面应无毛刺、污垢和杂物,除工艺要求外零件组装间隙不得大于1mm,顶紧接触面应有75%以上的面积紧贴,用0.3mm塞尺检查,其塞入面积应小于25%,边缘间隙不应大于0.8mm,板叠上所有螺栓孔、铆钉孔等应采用量规检查。组装出首批构件后,必须由质检部门进行全面检查,经合格认可后方可进行继续组装。

7.焊接

梁、柱结构一般由H型钢组成,适于采用自动埋孤焊机、船形焊接。H型钢冀缘板只允许在长度方向拼接,腹板则长度、宽度均可拼接,拼接缝可为"十"字形或"T"字形,上下翼缘板和腹板的拼装缝应错开200mm以上;拼接焊接应在H型钢组装前进行。

8.摩擦面处理

摩擦面处理方法有喷砂(或抛丸)后生赤锈、喷砂后涂无机富锌漆、砂轮打磨、钢线刷消除浮锈、火焰加热清理氧化皮、酸洗等。其中,以喷砂(抛丸)为最佳处理方法。施工过程中,应注意摩擦面的保护,防止构件运输、装卸、堆放、二次搬运、翻吊时连接板的变形。安装前,应处理好被污染的连接面表面。

(二)钢檩条的制作

轻钢结构中的钢檩条通常采用卷边槽型和带斜卷边的Z型冷弯薄壁型钢,一般采用自动数控檩条机,将冷薄板通过剪切、辊压成型、冲孔等过程一次性完成。

(三)压型金属板的制作

压型金属板的制作是采用钢金属板压型机,将彩涂钢卷通过连续完成开卷、剪切、辊压成型等过程完成。成型后的压型钢板及泛水板、包角板的基板不得有裂纹,漆膜应无裂纹、剥落和擦痕等缺陷。

三 钢结构的安装

钢结构安装前,应做好施工准备如下工作:钢结构安装应具备的设计文件,应进行图纸自审和会审,钢结构安装应编制施工组织设计、施工方案或作业设计,进行技术交底、基础的检测与验收等。

(一)柱子安装

(1)吊点选择

吊点位置及吊点数量,应根据钢柱形状、端面、长度、起重机性能等具体情况确定。一般钢柱采用一点正吊,吊耳放在柱顶处,柱身垂直、易于对线校正。通过柱重心位置,受起重机臂杆长度限制,吊点也可放在柱长1/3处,采用斜吊时,由于钢柱倾斜,对线校正较难。对细长钢柱,为防止钢柱变形,可采用二点或三点绑扎吊装。

(2)起吊方法

一般钢柱吊装可采用单机吊装,对于重型工业厂房中又重又长的大型钢柱,可根据起重机配备和现场条件确定单机、双机、三机吊装。起吊方法有旋转法和滑行法两种,分别如图7-17、图7-18所示。

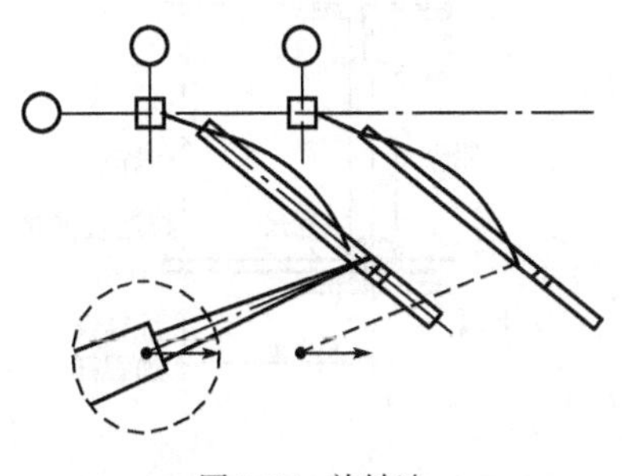
图7-17 旋转法

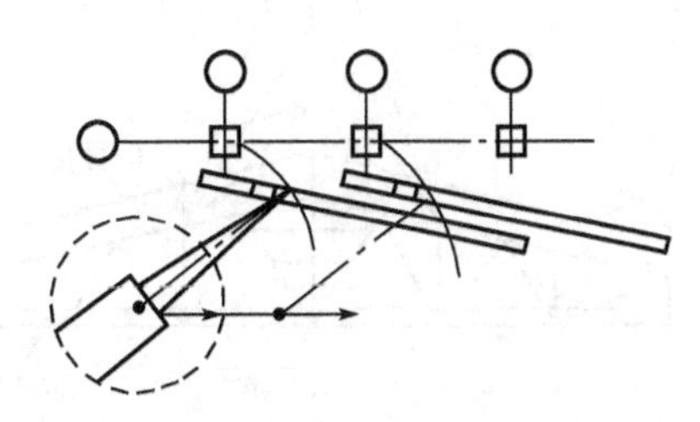
图7-18 滑行法

(3)钢柱校正

钢柱校正工作有柱基标高调整,对准纵横十字线,柱身垂直度。

(1)柱基标高调整。根据钢柱实际长度,柱底平整度,钢牛腿顶部距柱底部距离,重点要保证钢牛腿顶部标高值,来决定基础标高的调整数值。具体做法是:首层柱安装时,可在钢柱底板下的地脚螺栓上加一个调整螺母,螺母上表面的标高调整到与柱底板标高齐平,放上柱子后,利用底板下的螺母控制柱子标高,精度可达±1mm以内。柱子底板下预留的空隙,可用无收缩砂浆以捻浆法填实。

(2)纵横十字线。钢柱底部制作时,在柱底板侧面,用钢冲打出互相垂直的四个面,每个面一个点,用三个点与基础面十字线对准即可,达到点线重合。利用90°对线方法,在起重机不脱钩的情况下,将三面线对准缓慢降落至标高位置。

(3)柱身垂直度校正。采用缆风校正方法,用两台呈90°的经纬仪找垂直,在校正过程中不断调整柱底板下螺母,直至校正完毕,将柱底板上面的2个螺母拧上,缆风绳松开不受力,柱身呈自由状态,再用经纬仪复核,如有小偏差,调整下螺母,无误后将上螺母拧紧。地脚螺栓螺母一般可用双螺母,也可在螺母拧紧后,将螺母与螺杆焊实。

(二)钢屋架安装

钢屋架的侧向刚度较差,安装前需要加固。单机吊(加铁扁担法)常加固下弦;双机抬吊,应加固上弦。

屋架的绑扎点,必须绑扎在屋架节点上。第一榀屋架起吊就位后,应在屋架两侧设缆风绳固定。如果端部有抗风柱校正后可与抗风柱固定。第二榀屋架起吊就位后,每坡用一个屋架调整器,进行屋架垂直度校正,两端支座处用螺栓固定或焊接固定,然后安装垂直支撑与水平支撑,检查无误,成为样板间,以此类推继续安装。为减少高空作业,提高生产效率,可在地面上将天窗架预先拼装在屋架上,并将吊索两面绑扎,把天窗架夹在中间,以保证整体安装的稳定,如图7-19虚线表示。

钢屋架垂直度校正方法。在屋架下弦一侧拉一根通长钢丝,同时在屋架上弦中心线设置一个同等距离的标尺,用线锤校正,如图7-20所示。也可用一台经纬仪,放在柱顶一侧,与轴线平移a距离,在对面柱子上同样有一距离为a的点,从屋架中线处用标尺挑出a距离,三点在一条线上,即可使屋架垂直,如图7-20将线锤和通长钢丝换成经纬仪即可。

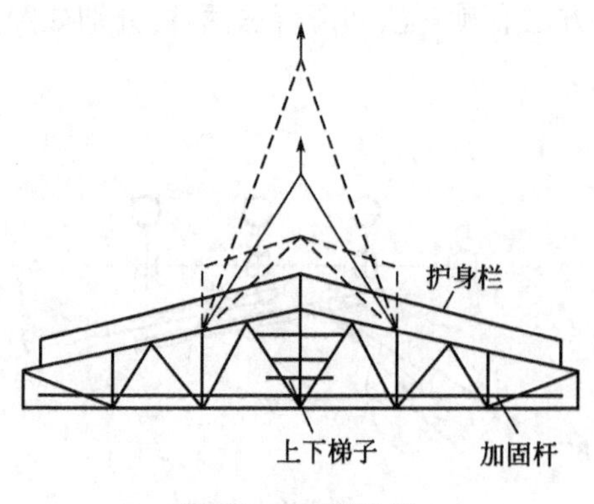

图 7-19　钢屋架吊装

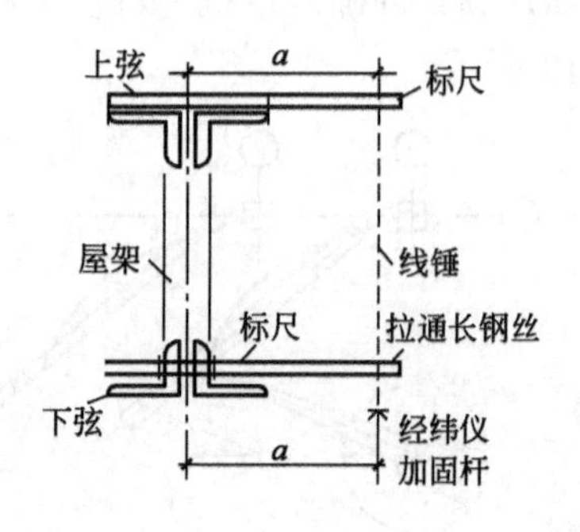

图 7-20　钢屋架垂直度校正

(三)钢梁安装

1. 钢吊车梁安装

根据吊车梁重量,起重机能力,现场施工条件,工期要求,因地制宜,选用最佳方案。吊车梁的安装应在柱子第一次校正和柱间支撑安装后进行。吊车梁的安装应从有柱间支撑的跨间开始,吊装后的吊车梁应进行临时固定。吊车梁的校正应在屋面系统构件安装并永久连接后进行,其内容包括标高、纵横轴线(包括轴线和轨距)和垂直度。

2. 高层及超高层钢结构钢梁安装

原则上竖向构件由下向上逐件安装,由于上部和周边都处于自由状态,易于安装测量保证质量。习惯上同一列柱的钢梁从中间跨开始对称地向两端扩展,同一跨钢梁,先安上层梁再安装中下层梁。在安装和校正柱与柱之间的主梁时,再把柱子撑开。测量必须跟踪校正,预留偏差值,留出接头焊接收缩量,这时柱子产生的内力,焊接完毕焊缝收缩后也就消失。

柱与柱接头和梁与柱接头的焊接,以互相协调为好,一般可以先焊一节柱的顶层梁,再从下向上焊各层梁与柱的接头,柱与柱的接头可以先焊,也可以最后焊。

3. 轻型钢结构斜梁安装

门式刚架斜梁在地面组装好后吊起就位,并与柱连接。可选用单机两点或三、四点起吊或用铁扁担以减小索具所产生的对斜梁压力,或者双机抬吊,防止斜梁侧向失稳。大跨度斜梁吊点须经计算确定。吊点部位要防止构件局部变形和损坏,放置加强肋板或用木方子填充好,进行绑扎。

(四)钢网架的安装

网架的制造与安装分三个阶段,首先是制备杆件及节点,然后拼装成基本单元体,最后在现场安装。杆件与节点的制备都在工厂中进行,和一般钢结构的制造相同。基本单元体的拼装可在工厂或施工现场附近进行,单元体的大小视网格尺寸及运输条件而定,可以是一个网格,也可以是几个网格。网架的安装方法有高空散装法、整体安装法、分条分块法、高空滑移法、顶升法等。下面主要介绍高空散装法和整体安装法。

1. 高空散装法

高空散装法是指运输到现场的运输单元体(平面桁架或锥体)或散件,用起重机械吊升到高空对位拼装成整体结构的方法,适用于螺栓球或高强螺栓连接节点的网架结构。它在拼装过程中始终有一部分网架悬挑着,当网架悬挑拼接成为一个稳定体系时,不需要设置任何支架来承受其自重和施工荷载。当跨度较大、拼接到一定悬挑长度后,设置单肢柱或支架,支承悬挑部分,以减少或避免因自重和施工荷载而产生的挠度。

支架既是网架拼装成型的承力架,又是操作平台支架,所以支架搭设位置必须对准网架下弦节点。支架一般用扣件和钢管搭设。它应具有整体稳定性和足够的刚度;应将支架本身的弹性压缩、接头变形、地基沉降等引起的总沉降值控制在5mm以下,如果地基情况不良,要采取夯实加固等措施,并且要用木板铺地以分散支柱传来的集中荷载。因此,为了调整沉降值和卸荷方便,可在网架下弦节点与支架之间设置调整标高用的千斤顶。

网架拼装成整体并检查合格后,即拆除支架,拆除时应从中央逐圈向外分批进行,每圈下降速度必须一致,应避免个别支点集中受力,造成拆除困难。对于大型网架,每次拆除的高度可根据自重挠度值分成若干批进行。

拼装操作总的拼装顺序是从建筑物一端开始向另一端以两个三角形同时推进,待两个三角形相交后,则按人字形逐榀向前推进,最后在另一端的正中合拢。每榀块体的安装顺序,在开始两个三角形部分是由屋脊部分分别向两边拼装,两三角形相交后,则由交点开始同时向两边拼装,见图7-21,吊装分块(分件)用2台履带式或塔式起重机进行,拼装支架用钢制,可局部搭设做成活动式,亦可满堂红搭设。分块拼装后,在支架上分别用方木和千斤顶顶住网架中央竖杆下方进行标高调整,见图7-21c),其他分块则随拼装随拧紧高强螺栓,与已拼好的分块连接即可。

当采取分件拼装时,一般采取分条进行,顺序为:支架抄平、放线→放置下弦节点垫板→按格依次组装下弦、腹杆、上弦支座(由中间向两端,一端向另一端扩展)→连接水平系杆→撤出下弦节点垫板→总拼精度校验→油漆。每条网架组装完,经校验无误后,按总拼顺序进行下条网架的组装,直至全部完成。

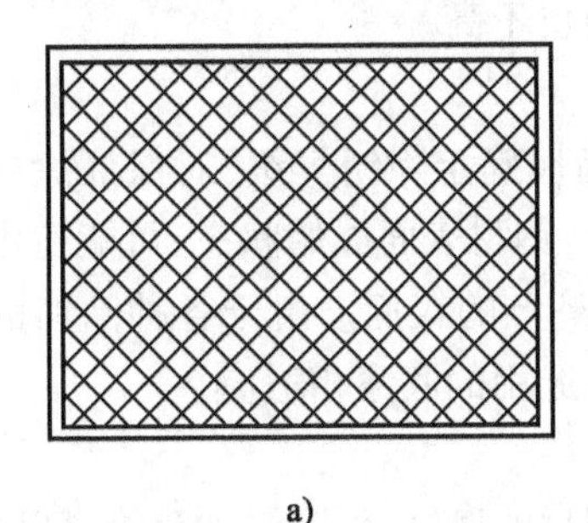
a)

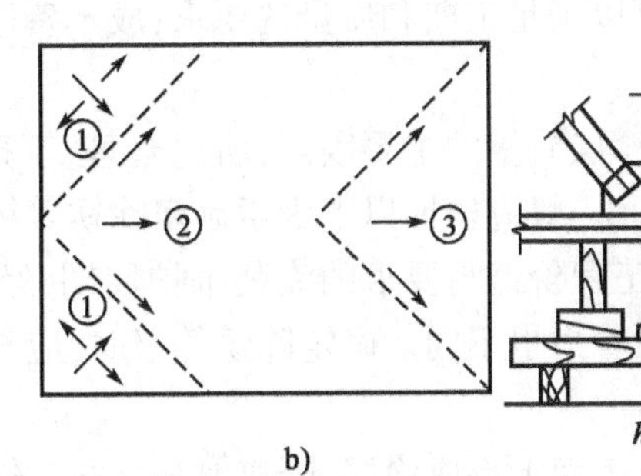

b)

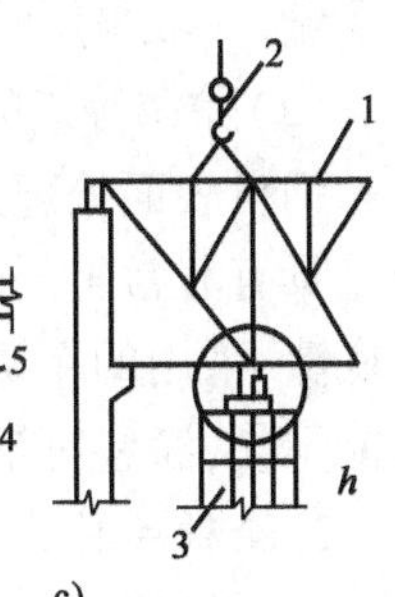

c)

图7-21　高空散装法安装网架

1-第一揣网架块体;2-吊点;3-支架;4-枕木;5-液压千斤顶;①、②、③-安装顺序

2. 整体吊装法

整体吊装法是指在设计位置的地面上错位将网架拼装成整体后,采用单(或多)根拔杆或单(多)台起重机进行吊装吊升超过设计标高,空中移位后落位固定。此法不需要搭设高的拼装架,高空作业少,易于保证接头焊接质量,但需要起重能力大的设备,吊装技术也复杂。此法以吊装焊接球节点网架为宜,尤其是三向网架的吊装。根据吊装方式和所用的起重设备不同,可分为多机抬吊及独脚拔杆。

(五)高强螺栓施工

高强螺栓组装时,组装时应用钢钎、冲子等校正孔位,为了接合部钢板间摩擦面贴紧,结合良好,可先用临时普通安装螺栓和手动扳手紧固、达到贴紧为止。待结构调整就位以后穿入高强度螺栓,并用带把扳手适当拧紧,再用高强度螺栓逐个取代安装螺栓。

高强度螺栓连接副的拧紧应分为初拧、终拧。对于大型节点应分为初拧、复拧、终拧。复拧扭矩等于初拧扭矩。初拧、复拧、终拧应在24h内完成。施拧一般应按由螺栓群节点中心位置顺序向外拧紧的方法进行初(复)拧、终拧后并应做好标志。

四 钢结构的防腐与防火

(一)钢结构的防腐

钢结构在使用过程中由于受到各种介质的作用而容易腐蚀。为了减轻或防止钢结构的腐蚀,目前国内外基本采用涂装方法进行防护。采用防护层的方法防止金属腐蚀是目前应用得最多的方法。常用的保护层有金属保护层、化学保护层、非金属保护层。

1. 除锈方法的选择和除锈等级的确定

(1)除锈方法的选择

钢材表面处理的除锈方法主要有手工工具除锈、手工机械除锈、喷射或抛射除锈、酸洗(化学)除锈和火焰除锈等。选择除锈方法时,除要根据各种方法的特点和防护效果外,还要根据涂装的对象、目的、钢材表面的原始状态、要求的除锈等级、现有的施工设备和条件以及施工费用等,进行综合考虑和比较,最后才能确定。

对钢结构涂装来讲,由于工程量大、工期紧,钢材的原始表面状态复杂,又要求有较高的除锈质量,一般采用酸洗法可以满足工期和质量的要求,成本费用也不高。

(2)除锈等级的确定

钢材表面处理是影响涂层质量的主要因素,所以合理、正确地确定除锈等级,对保证涂层质量具有非常重要的作用。一般应根据以下因素确定除锈等级:钢材表面原始状态,可能适用的底漆,采用的除锈方法,工程价值与要求的涂装维护周期,经济上的权衡。由于各种涂料的性能不同,涂料对钢材的附着力也不同。确定除锈等级时,应与选用的底漆相适应。

2. 涂料品种的选择

涂料经施工后,在钢材表面上形成涂层,隔离腐蚀介质对钢材的腐蚀,但隔离的程度,即防护效果,因选用涂料品种的不同而不同。涂料选用正确,涂层具有较长时期的防护作用和较高的防护效果,选用不当,则防护作用时间短和防护效果低。因此,涂料品种的选择取决于对涂料性能的了解程度,预测环境对钢结构及其涂层的腐蚀情况以及经济条件。

3. 涂层厚度

涂层厚度,一般是由基本涂层厚度、防护涂层厚度和附加涂层厚度组成。

基本涂层厚度,是指涂料在钢材表面上形成均匀、致密、连续漆膜所需的最薄厚度(包括填平粗糙度波峰所需的厚度);防护涂层厚度,是指涂层在使用环境中,在维护周期内受到腐蚀、粉化、磨损等所需的厚度;附加涂层厚度,是指因以后涂装维修困难和留有安全系数所需的厚度。

涂层厚度应根据需要来确定,过厚虽然可增强防腐力,但附着力和机械性能都要降低;过薄易产生肉眼看不到的针孔和其他缺陷,起不到隔离环境的作用。钢结构涂装涂层厚度,可参考表7-4确定。

钢结构涂装涂层厚度 表7-4

各种底漆	基木涂层和防护涂层					附加涂层
	城镇大气	工业大气	化工大气	海洋大气	高温大气	
醇酸漆	100~150	125~175	—	—	—	25~50
沥青漆	—	—	150~210	180~240	—	30~60
环氧漆	—	—	150~200	75~225	150~200	25~50
过氯乙烯漆	—	—	160~200	—	—	20~40
丙烯酸漆	—	100~140	120~160	140~180	—	20~40
聚氨酯漆	—	100~140	120~160	140~180	—	20~40
氯化橡胶漆	—	120~160	140~180	160~200	—	20~40
氯磺化聚乙烯漆	—	120~160	140~180	160~200	120~160	20~40
有机硅漆	—	—	—	—	100~140	20~40

(二)钢结构防火

(1)防火涂料防火。钢结构防火涂料分为薄涂型和厚涂型两类,对室内裸露钢结构,轻型屋盖钢结构及有装饰要求的钢结构,当规定其耐火极限在1.5h以下时,应选用薄涂型钢结构防火材料。室内隐蔽钢结构、高层钢结构及多层厂房钢结构,当其规定耐火极限在1.5h以上时,应选用厚涂型钢结构防火涂料。

(2)构造形式防火。钢结构构件的防火构造可分为外包混凝土材料、外包钢丝网水泥砂浆、外包防火板材、外喷防火涂料等几种构造形式。喷涂钢结构防火涂料防火与其他构造方式相比较具有施工方便,不过多增加结构自重、技术先进等优点,目前被广泛应用于钢结构防火工程中。

第四节 钢结构的质量要求与通病防治

一 钢结构的质量要求

1.钢结构的制作

(1)在进行钢结构制作之前,应对各种型钢进行检验,以确保钢材的型号符合设计要求。

(2)受拉杆件的细长比不得超过250。

(3)若杆件用角钢制作时,宜采用肢宽而薄的角钢,以增大回转半径。

(4)一榀屋架内,不得选用肢宽相同而厚度不同的角钢。

(5)钢结构所用的钢材,型号规格尽量统一,以便于下料。

(6)钢材的表面,应彻底除锈,去油污,且不得出现伤痕。

(7)采用焊接的钢结构,其焊缝质量的检查数量和检查方法,应按规范进行。

(8)焊接的焊缝表面的焊波应均匀,且不得有裂缝、焊瘤、夹渣、弧坑、烧穿和气孔等现象。

(9)桁架各个杆件的轴线必须在同一平面内,且各个轴线都为直线,相交于节点的中心。

(10)荷载都作用在节点上。

2. 钢结构的安装质量要求

(1)各节点应符合设计要求,传力可靠。

(2)各杆件的重心线应与设计图中的几何轴线重合,以避免各杆件出现偏心受力。

(3)腹杆的端部应尽量靠近弦杆,以增加桁架外的刚度。

(4)截断角钢,宜采用垂直于杆件轴线直切。

(5)在装卸、运输和堆放的过程中,均不得损坏杆件,并防止其变形。

(6)扩大扩装时,应作强度和稳定性验算。

(7)为了使两个角钢组成"┐ ┌"形或"X"字形截面杆件共同工作,在两个角钢之间,每隔一定的距离应焊上一块钢板。

(8)对钢结构的各个连接头,在经过检查合格后,方可紧固和焊接。

(9)用螺栓连接时,其外露丝扣不应少于2~3扣,以防止在振动作用下,发生丝扣松动。

(10)采用高强螺栓组接时,必须当天拧紧完毕,外露丝扣不得少于两扣。对欠拧、漏打的,除用小锤逐个检查探紧外,还要用小锤划缝,以免松动。

二 钢结构常见的质量通病原因及其预防

1. 构件运输、堆放变形

构件制作时因焊接而产生变形和构件在运输过程中因碰撞会产生变形,一般用千斤顶或其他工具校正或辅以氧乙炔火焰烘烤后校正。

2. 构件拼装扭曲

节点型钢不吻合,缝隙过大,拼接工艺不合理。节点处型钢不吻合,应用氧乙炔火焰烘烤或用杠杆加压方法调直。拼装构件一般应设拼装工作台,如在现场拼装,则应放在较坚硬的场地上并用水平仪找平。拼装时构件全长应拉通线,并在构件有代表性的点上用水平尺找平,符合设计尺寸后用电焊固定,构件翻身后也应进行找平,否则构件焊接后无法校正。

3. 构件起拱或制作尺寸不准确

构件尺寸不符合设计要求或起拱数值偏小。构件拼装时按规定起拱,构件尺寸应在允许偏差范围内。

4. 钢柱、钢屋架、钢吊车梁垂直偏差过大

在制作或安装过程中,误差过大或产生较大的侧向弯曲。制作时检查构件几何尺寸,吊装时按照合理的工艺吊装,吊装后应加设临时支撑。

第五节　钢结构安装工程施工案例

一　工程概况

武汉市某公司生产车间钢结构工程，钢柱、钢梁等构件均采用焊接型钢，屋面钢檩条上安装压型钢板，接头采用高强度螺栓连接。试确定施工方案。

二　钢结构安装工程施工方案

1. 编制依据

(1)甲方所发招标文书；

(2)招标文书提供的主要技术参数及要求；

(3)公司提供的结构方案设计图；

(4)规范、规程及其代号。

2. 施工准备总则

(1)根据工程规模和工期要求，组织高素质的管理和技术人员，成立专项工程项目经理部，由项目经理负责成立施工管理组织机构，配备精湛的、有丰富施工经验的施工队伍。

(2) 由项目经理主持，组织和管理人员，对工程设计图纸进行会审，制定相应的施工方案。

(3)会同建设单位、设计单位、土建和监理对施工方案进行审查和完善，依既定方案商定施工顺序与交叉作业等配合事宜。

(4)根据现场情况，绘制施工平面图，落实施工现场的临建、库房材料的堆放贮存场地和机具设备的安置。

(5)根据设计图纸、技术要求、工期要求编制施工组织设计。

(6)按照设计图纸及工期要求，编制工程材料用量计划，由公司供应部门迅速订货送货，及时发运。

(7)按照施工方案，制定工程施工所需机具和设备使用计划，由公司设备管理科按计划准备，对设备进行测试，确保机具设备以优良性能按时投入使用。

(8)制定现场人员管理组织机构，由项目经理负责，落实生产岗位责任制，要求在场人员遵守规章制度，听从指挥、恪守职责、密切配合，向全体施工人员进行技术交底、安全交底、交质量、交任务、交措施。

(9)对现场情况再考察，了解现场情况，落实机具、设备和人员的食宿、办公条件，以保证机具、人员按时进场。

3. 制造技术

(1)钢构件制作

公司对所有钢构件采取工厂化生产。生产车间配有全自动的H型钢生产线，钢构件从下料、切割、焊接、矫正均为自动化生产，能从硬件上得到充分的保证；先进的设备和生产工艺、严格的质量管理体系、高质量的员工队伍都确保制造出优质的产品。

钢构件制作的每一道工序都经过严格检查,且所用计量器为合格并定期送计量检验部门进行检定,保证在检定期内使用。

(2)关键工序的控制和手段

1)H型钢需拼装时,翼缘板按长度方向拼接,腹板拼接可为十字形或T字形,但间距应大于200mm;

2)焊接区域焊前须清理干净,角焊缝转角处宜连续绕施焊,起、落弧点距焊缝端部要大于10mm,不得有弧坑;

3)用砂轮打磨处理摩擦面进,打磨范围不应小于螺栓孔径的4倍,打磨方向与构件受力方向垂直;

4)高强度螺栓连接板的钻孔须制作专用胎具,来保证制作和安装时的精度;

5)屋面梁在工厂分段制作好后,在工厂须进行预拼装除检查各部分尺寸外,还应用试孔器检查板叠孔的通过率,做好记录以指导工地安装;

6)为保证彩板与檩条的可靠连接,除使用抽芯铆钉连接外还生产专用防风扣件进行固定。

4.钢结构吊装方案

1)总体钢结构吊装方案

吊装作业线,按照设计施工图中指定的吊装顺序,以汽车起重机为主,配套卸车和相拼钢构件的辅助吊机,以单体构件和节间形式综合吊装,施工流水如下:

地面浇筑混凝土预埋铁件安装→中央柱焊临时牛腿→中央柱吊装→中央柱打临时三角支撑与地面预埋件连接→四周小柱吊装→梁吊装→梁端打人字支撑→次梁吊装→一层部分檩条间隔安装→二层柱吊装→屋面梁吊装→屋面次梁吊装→一、二层屋面檩条安装→基础二次灌浆→拆除临时支撑→油漆涂料施工→屋面板安装→竣工收尾→交工验收。

2)吊装机械选择

中央柱吊装作业选用1台20t起重机,承担屋面梁的就位吊装和综合吊装,另选用1台10t起重机,承担构件卸车、一层梁就位、围护结构吊装。

5.主要钢结构吊装施工工艺

(1)钢柱吊装

1)钢柱安装之前预先检测钢柱底脚标高,并可采用标高块和调节地脚螺母标高的方法找准钢柱底标高。

2)钢柱安装之前预先检测其外形尺寸并记录在案,发现问题及时报告。

3)钢柱就位时必须使用道木垫实,吊装采用回转法。即在钢柱底部垫实后,千斤吊装顶部,由此旋转到位。

4)检测其垂直度时,使用两台J2经纬仪在互为垂直的两个方向检查其偏差,使其误差控制在$L/1\,000$,轴线位移小于3mm。当超出偏差时可使用缆风绳校正。

5)安装结束时应复测柱顶标高和与相邻钢柱的间距并及时调整。

(2)钢梁吊装

钢梁吊装在柱子复核完成后进行,钢梁吊装时采用两点对称绑扎起吊就位安装。钢梁起吊后距柱基准面100mm时徐徐就位,待钢梁吊装就位后进行对接调整校正,然后固定连接。

钢梁吊装时随吊随用经纬仪校正,有偏差随时纠正。

(3)檩条安装

檩条截面较小,重量较轻,采用一钩多吊或成片吊装的方法吊装。檩条的校正主要是间距尺寸及自身平直度。间距检查用样杆顺着檩条杆件之间来回移动,如有误差,放松或拧紧螺栓进行校正。平直度用拉线和钢尺检查校正,最后用螺栓固定。

(4)高强度螺栓施工工艺

1)钢构件摩擦面处理:

①本工程钢构件摩擦面系数按设计方要求执行。

②摩擦面要求:有少量微锈的,可用钢丝除锈,锈蚀比较严重且面积比较大的,须用角向砂轮除锈,连接面严禁有浮锈、油污、油漆等杂质,否则应用溶剂清理法清理。

③由构件加工厂提供三组摩擦面试件,现场按有关规程进行摩擦面试验,摩擦系数必须大于等于设计提供的数值,否则请重新摩擦试件处理。

2)螺栓安装:

①对孔与扩孔。安装螺栓时,应用冲钉对整上、下、前、后连接板的螺孔,使螺栓能自由投入。若连接板螺栓孔误差大时,属调整螺栓孔无效或剩余下局部螺孔位置不正,可用电动铰刀进行扩孔,扩孔产生的卷刺、铁屑等清除。

②临时螺栓安装。使用冲钉对整后,选用普通标准螺栓作构件临时安装连接之用并使用扳手拧紧。临时螺栓数量为每一节点螺孔的1/2有至少两枚。投入后使用扳手拧紧后拔出冲钉。

③高强螺栓的安装。高强螺栓应由专业工种施工,施工前,应对参加本工种人员进行36小时以上的培训,熟悉螺栓及专用工具性能、操作要领等,确认为合格后方可上岗作业。在余下的螺孔中投满高强螺栓并用扳手拧紧,然后将临时安装螺栓逐一换成高强螺栓并拧紧。

(5)压型板安装

施工工艺流程为:搭设满堂脚手架至二层梁底1 700处→油漆及装饰施工→安装二层屋面顶板及天沟→安装二层屋面底板→拆除一层以上的脚手架至一层底1 700处→安装一层屋面板及天沟→安装一层屋面底板→拆除脚手架→竣工收尾→交工验收。

1)压型钢板的起吊:

①每捆金属压型板应有两条缆绳,分别捆于两端1/4处。

②吊料前需先核对捆号内容及吊料之位置,包装是否稳固。

③起吊时先试吊,以检查重心是否稳定,缆绳是否滑动,待安全无误时方可正式吊料。

④吊运以由上向下楼层顺序吊料为原则。

2)压型钢板的铺设:

①除非为配合钢结构安装之进度或业主之要求等因素,金属压型板的铺设应由上层屋面向下层屋面顺序施工。

②铺设前需确认钢结构已完成校正、焊接、检测后方可施工。

③铺设前需确认需要开孔,各式补强构件已完工后,方可施工。

④铺设时以压型钢材母扣边为基准起始边依次铺设,母扣中心至钢梁翼缘边为15~50mm,压型板安排铺图对号铺设,再按顺序确保每块板的宽度,对压型板进行安装定位。

⑤压型板铺设的纵向末端不足处,其空隙在25cm以内时,应用收边板填充处理。

⑥压型钢板端部垂直钢梁且搁置在钢梁翼缘上时,其搁置长度不得大于50mm。

⑦柱边或梁柱接头所需金属压型板切口需在收尾方式前用电动切割具(或业主同意之切割工具)完成切割作业,且切口平直。

6. 施工现场安全管理制度

(1)坚决贯彻执行国家颁发的《建筑安装安全技术操作规程》。

(2)切实做好现场施工管理工作,道路要平整畅通,材料构件应堆放平稳、整齐。

(3)安全"三件宝"必须坚持贯彻使用,并经常检查与督促。

(4)加强冬、雨季施工管理,现场应采取防滑措施。

(5)电工、电焊工、起重工、驾驶员和机动驾驶员必须经过专门的培训、学习、训练,经考试合格,领到操作证后,方可独立操作。

(6)正确使用个人防护用品,坚决贯彻安全防护措施,进入现场必须戴好安全帽,严禁穿拖鞋、赤膊或光脚上班,小孩不准进入现场。

(7)为了加强安全生产贯彻"强化管理、落实责任、严肃法规消灭违章"的要求,根据本项目具体情况,实行每周召开一次班组安全例会,进行不少于两次的安全检查,做好记录,发现问题要提出针对性的意见,及时整改。

本章小结

本项目包括钢结构材料与构件,钢结构的制作与安装,钢结构的质量检验与施工安全等内容。

钢结构具有强度高,自重轻,材质均匀,塑性好,施工速度快的优点,它最适合于大(跨度)、高(耸)、重(型)、动(力荷载)结构,随着我国城市建设的发展,钢结构的应用范围也扩大到轻型工业厂房和民用住宅等。

钢结构的结构形式比较多,有独有的特点和使用范围。

钢结构的连接方法有铆钉连接、焊接和螺栓连接,本章着重介绍了焊接工艺。

钢结构的制造和安装分为三个阶段首先是制备杆件及节点,然后拼装成基本单元体,最后是现场安装。对于网架结构常用整体安装和悬挑拼装两种方法。

钢结构安装施工前的准备工作是关系到安装工作是否顺利进行的关键;熟悉钢结构材料与构件的基本性质与构造,掌握钢结构的制作工艺以及常见构件的吊装工艺,会进行结构安装方案设计是学习的基本要求。

钢结构安装过程中的质量标准和安全要求是工程施工中时刻必须满足的,也是确保工程质量的基本保证。

复习思考题

1. 简述钢结构的特点及应用。
2. 钢结构常用的板材、型材的种类有哪些?

3. 高强螺栓有哪些种类？
4. 简述柱头与两端接头的构造。
5. 常用钢梁的种类有哪些？
6. 简述压型钢板的连接构造要求。
7. 钢屋架的类型和使用范围。
8. 钢结构连接的方法有哪些？
9. 简述组合钢结构制作的程序。
10. 柱子的起吊方法有哪几种？校正内容有哪些？
11. 简述钢网架的吊装方法。
12. 钢结构常用的防腐方法有哪些？
13. 钢结构常用的防火措施有哪些？
14. 简述钢结构质量要求和质量通病。

第八章 防水工程

【职业能力目标】

学完本章,你应会:

1. 组织屋面防水、地下防水以及卫生间防水施工。
2. 编制防水工程施工方案。
3. 新型防水材料和防水工程常见的质量事故及处理办法。

【学习要求】

1. 了解屋面防水、地下防水、卫生间防水的几种方案。
2. 了解新型防水材料在工程的使用。
3. 掌握柔性防水、刚性防水的施工工艺。
4. 掌握屋面防水、地下防水以及卫生间防水因施工问题而造成渗漏的原因及堵漏技术。
5. 掌握防水工程常见的质量事故及处理办法。

防水技术是保证工程结构不受水侵蚀的一项专门技术,是房屋建筑施工中的重要组成部分。防水工程质量的好坏,不仅影响着建(构)筑物的使用寿命,而且直接影响到人们的生产、生活活动能否正常进行。因此,为了保证建筑防水工程的质量,除必须有合理的构造设计、正确的防水材料的选择外,更要有严格遵守有关操作规程精心组织的施工。

防水工程按其构造做法可分为结构自防水和防水层防水两大类。结构自防水主要是依靠建筑物构件材料自身的密实性及其某些构造措施(如坡度、埋设止水带等),使结构构件起到防水作用;防水层防水是在建筑物构件的迎水面或背水面以及接缝处,使用附加防水材料做成的防水层,以起到防水作用,如卷材防水、涂膜防水、刚性防水等。防水工程又可分为柔性防水(如卷材防水、涂膜防水等)和刚性防水(如细石混凝土、结构自防水等)。

防水工程按其部位又可分为屋面防水、地下防水、卫生间防水等。

第一节　屋面防水施工

防水是屋面的主要功能之一，若屋面出现渗漏或积水现象，将是最大的弊病。国家标准《屋面工程质量验收规范》（GB 50207—2002）根据建筑物的性质、重要程度、使用功能要求以及防水层耐用年限等，将屋面防水分为四个等级，并按不同等级进行设防，见表8-1。屋面工程应根据工程特点、地区自然条件等，按照屋面防水等级的设防要求，进行防水构造设计。

屋面防水等级和设防要求　　表8-1

项　目	屋面防水等级			
	Ⅰ	Ⅱ	Ⅲ	Ⅳ
建筑物类别	特别重要或对防水有特殊要求的建筑	重要的建筑和高层建筑	一般的建筑	非永久性的建筑
防水层合理使用年限	25年	15年	10年	5年
防水层选用材料	宜选用合成高分子防水卷材、高聚物改性沥青防水卷材、金属板材、合成高分子防水涂料、细石混凝土等材料	宜选用高聚物改性沥青防水卷材、合成高分子防水卷材、金属板材、合成高分子防水涂料、高聚物改性沥青防水涂料、细石混凝土、平瓦、油毡瓦等材料	宜选用三毡四油沥青防水卷材、高聚物改性沥青防水卷材、合成高分子防水卷材、金属板材、高聚物改性沥青防水涂料、合成高分子防水涂料、细石混凝土、平瓦、油毡瓦等材料	可选用二毡三油沥青防水卷材、高聚物改性沥青防水涂料等材料
设防要求	三道或三道以上防水设防	两道防水设防	一道防水设防	一道防水设防

屋面防水工程按所用材料不同，常用的有卷材防水屋面、涂料防水屋面和刚性防水屋面。屋面工程所使用的材料均应符合设计要求和质量标准的规定。

一　卷材防水屋面

卷材防水屋面是用胶粘剂粘贴卷材形成一整片防水层的屋面。所用的卷材有石油沥青防水卷材、高聚物改性沥青防水卷材、高分子防水卷材等三大系列，其特点是卷材本身具有一定的韧性，可以适应一定程度的胀缩和变形，不易开裂，属于柔性防水。粘贴层的材料取决于选用卷材的种类：石油沥青防水卷材用沥青胶作粘贴层，该做法目前已很少采用；高聚物改性沥青防水卷材则用改性沥青胶；合成橡胶树脂类卷材和合成高分子防水系列卷材则需用与其配套的胶粘剂。

卷材屋面一般由结构层、隔汽层、保温层、找平层、防水层和保护层组成，其构造如图8-1所示。隔汽层能阻止室内水蒸气进入保温层，以免影响保温效果；保温层的作用是隔热保温，找平层用以找平保温层或结构层；防水层主要防止雨雪水向屋面渗透；保护层是保护防水层免受外界因素的影响而遭受损坏。

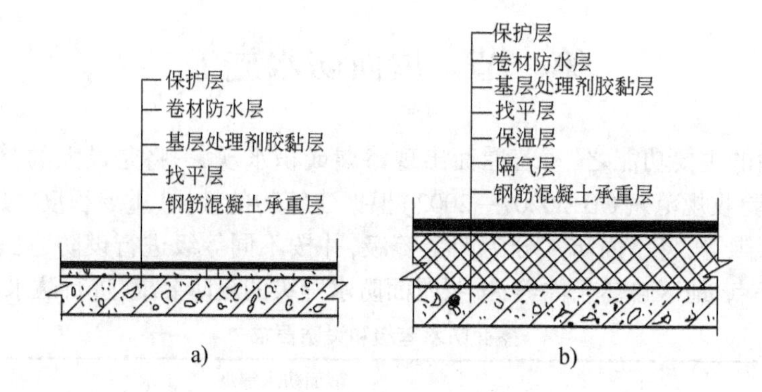

图 8-1　卷材屋面构造层次示意图

a)不保温卷材屋面；b)保温卷材屋面

(一)石油沥青卷材防水屋面

石油沥青卷材防水屋面防水层的施工包括基层的准备、沥青胶的调制、卷材铺贴前的处理及卷材铺贴等工序。

1. 基层要求

凡防水层以下的各层均称为基层。基层处理的好坏，直接影响到屋面的施工质量，故要求基层要有足够的结构整体性和刚度，承受荷载时不产生显著变形。找平层的排水坡度应符合设计要求一般采用水泥砂浆(体积比为水泥：砂 =1∶2.5 ~1∶3，水泥的强度等级不得低于 32.5 级)、沥青砂浆(质量比为沥青：砂 =1∶8)和细石混凝土(强度等级不得低于 C20)找平层作基层。找平层的排水坡度应符合设计要求。平屋面采用结构找坡不应小于 3%，采用材料找坡宜为 2%；天沟、檐沟纵向找坡不应小于 1%，沟底水落差不得超过 200mm。基层的平整度，应用 2m 靠尺检查，面层与直尺间最大空隙不应大于 5mm。基层表面不得有酥松、起皮起砂、空裂缝等现象。平面与突出物连接处和阴阳角等部位的找平层应抹成圆弧。

为了增强卷材与基层之间的黏结力，在防水层施工前，预先在基层上涂刷基层处理剂。基层处理剂的选择应与卷材的材性相容。待基层处理剂干燥后，方可铺设卷材。

2. 卷材的铺贴顺序与方向

防水层施工应在屋面上其他工程(如砌筑、烟囱、设备管道等)完工后进行；卷材铺贴应采取先高后低、先远后近的施工顺序：即高低跨屋面，先铺高跨后铺低跨；等高的大面积屋面，先铺离上料地点远的部位，后铺较近部位，由屋面最低标高处向上施工。铺贴卷材的方向应根据屋面坡度或屋面是否受震动而确定。当屋面坡度小于 3% 时，宜平行于屋脊铺贴；屋面坡度在 3% ~ 15% 时，卷材可平行于或垂直于屋脊铺贴；当屋面坡度大于 15% 或屋面受震动时，为防止卷材下滑，应垂直于屋脊铺贴；上下层卷材不得相互垂直铺贴。大面积铺贴卷材前，应先做好节点和屋面排水比较集中的部位(屋面与水落口连接处、檐口、天沟、变形缝、管道根部等)的处理，通常采用附加卷材或防水涂料、密封材料作附加增强处理。

3. 搭接要求

铺贴卷材应采用搭接方法，即上下两层及相邻两卷材的搭接接缝均应错开。各层卷材的搭接宽度：长边不应小于 70mm，短边不应小于 100mm，上下两层卷材的搭接接缝均应错开 1/3

或 1/2 幅宽,相邻两幅卷材的短边搭接缝应错开不小于 300mm 以上,如图 8-2 所示。平行于屋脊的搭接缝,应顺水流方向搭接;垂直于屋脊的搭接缝,应顺主导风向搭接。

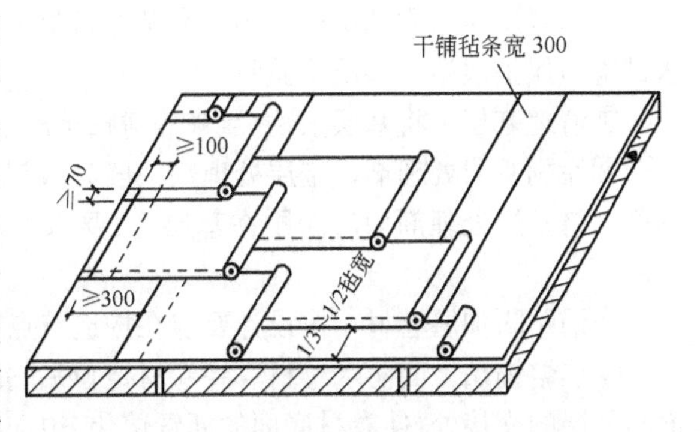

图 8-2　卷材水平铺贴搭接要求(尺寸单位:mm)

4. 卷材的铺贴

为保证铺贴的卷材平整顺直,搭接尺寸准确,不发生扭曲,在铺贴卷材时,应先在屋面标高的最低处开始弹出第一块卷材的铺贴基准线,然后按照所规定的搭接宽度边铺边弹基准线。卷材铺贴方法常用的有浇油粘贴法和刷油粘贴法。浇油粘贴法是用带嘴油壶将沥青胶浇在基层上,然后用力将卷材往前推滚。刷油粘贴法是用长柄棕刷(或粗帆布刷)将沥青胶均匀涂刷在基层上,然后迅速铺贴卷材。施工时,要严格控制沥青胶的厚度,底层和里层宜为 1 ~ 1.5mm,面层宜为 2 ~ 3mm。卷材的搭接缝应黏结牢固,密封严密,不得有皱折、翘边和鼓泡等缺陷;防水层的收头应与基层黏结牢固,缝口封严,不得翘边。

5. 保护层施工

保护层应在油毡防水层完工并经验收合格后进行,施工时应做好成品的保护。具体做法是在卷材上层表面浇一层 2 ~ 4mm 厚的沥青胶,趁热撒上一层粒径为 3 ~ 5mm 的小豆石(绿豆砂),并加以压实,使豆石与沥青胶黏结牢固,未黏结的豆石随即清扫干净。

(二)高聚物改性沥青卷材防水屋面

所谓“改性”,即改善沥青性能,也就是在石油沥青中掺入适量聚合物,特别是橡胶,可以降低沥青的脆点,并提高其耐热性,采用这类聚合物改性的材料,可以延长屋面的使用期限。目前使用较为普遍的是 SBS 改性沥青卷材、APP 改性沥青卷材、PVC 改性沥青卷材和再生胶改性沥青卷材等,其施工工艺流程与普通卷材防水层基本相同。

高聚物改性沥青防水卷材施工,可以采取单层外露或双层外露两种构造作法,有冷粘贴、热熔法及自粘法三种施工方法,目前使用最多的是热熔法。

1. 热熔法施工

热熔法施工是指将卷材背面用喷灯或火焰喷枪加热熔化,靠其自身熔化后黏性与基层黏结在一起形成防水层的施工方法。

(1)施工条件

改性沥青防水卷材热熔施工可在 -10℃气温下进行,施工不受季节限制,但雨天、风天不得施工;基层必须干燥,局部稍潮可用火焰喷枪烘烤干燥;施工操作易着火,除施工中注意防火外,施工现场不得有其他明火作业。

(2)材料要求

进场的改性沥青防水卷材应有合格证,其外观质量、规格和物理性能经复验均应符合标准、规范的规定要求。采用改性沥青涂料或胶粘剂作为基层处理剂。

(3)施工工艺流程及操作要点

清理基层→涂刷基层处理剂→铺贴卷材附加层→热熔铺贴大面防水卷材→热熔封边→蓄水试验→保护层施工→质量验收。

①清理基层。将基层杂物、浮灰等清扫干净。

②涂刷基层处理剂。基层处理剂一般为溶剂型橡胶改性沥青防水涂料或橡胶改性沥青胶粘剂。将基层处理剂均匀涂刷在基层上,要求厚薄一致。基层处理剂干燥后,才能进行下道工序。

③铺贴附加层卷材。按设计要求在构造节点部位铺贴附加层卷材。

④热熔铺贴大面防水卷材。将卷材定位后,重新卷好,点燃火焰喷枪(喷灯)烘烤卷材底面与基层的交接处,使卷材底面的沥青熔化,边加热,边向前滚动卷材并用压辊滚压,使卷材与基层黏结牢固。应注意调节火焰的大小和移动速度,以卷材表层刚刚熔化为佳(此时沥青温度在200~230℃之间)。火焰喷枪与卷材的距离约0.5m。若火焰太大或距离太近,会烤透卷材,造成粘连,打不开卷;反之,卷材表面会熔化不够,与基层黏结不牢。

⑤热熔封边。把卷材搭接缝处用抹子挑起,用火焰喷枪烘烤卷材搭接处,火焰方向应与施工人员前进方向相反,随即用抹子将接缝处熔化的沥青抹平。

⑥蓄水试验。屋面防水层完工后,应做蓄水试验或淋水试验。一般有女儿墙的平屋面做蓄水试验,坡屋面做淋水试验。蓄水高度根据工程而定,在不超过屋面允许荷载前提下,尽可能使水没过屋面。蓄水24h以上屋面无渗漏为合格。若进行淋水试验,淋水时间应不少于2h,屋面无渗漏为合格。

⑦保护层施工,上人屋面按设计要求铺方砖。不上人屋面在卷材防水层表面涂改性沥青胶结剂,边撒石片(最好先筛过,将石片中的粉除去),撒布要均匀,用压辊滚压,使其黏结牢固。待干透粘牢后,将未粘牢的石片扫掉。

2. 冷粘贴施工

冷粘贴施工是利用毛刷将胶粘剂涂刷在基层或卷材上,然后直接铺贴卷材,使卷材与基层、卷材与卷材黏结,不需要加热施工。

冷粘贴施工要求:胶粘剂涂刷应均匀、不漏底、不堆积;排汽屋面采用空铺法、条粘法、点粘法应按规定位置与面积涂刷;铺贴卷材时,应排除卷材下的空气,并辊压粘贴牢固;根据胶粘剂的性能,应控制胶粘剂与卷材的间隔时间;铺贴卷材时应平整顺直,搭接尺寸准确,不得扭曲、皱折;搭接部位接缝胶应满涂、辊压黏结牢固,溢出的胶粘剂随即刮平封口;也可以热熔法接缝。接缝口应用密封材料封严,宽度不小于10mm。

3. 自粘法施工

自粘型卷材防水施工是指采用带有自粘胶的防水卷材,不用热施工,也不需涂胶结材料而进行黏结的方法。施工时在基层表面均匀涂刷基层处理剂,将卷材背面隔离纸撕净,将卷材粘贴于基层上形成防水层。在此不予详细介绍。

高聚物改性沥青防水卷材施工时,其细部做法如檐沟、檐口、泛水、变形缝、伸出屋面管道、水落口等处以及对排水屋面施工要求与沥青防水卷材施工相同。

(三)高分子卷材防水屋面

高分子防水卷材有橡胶、塑料和橡塑共混三大系列,这类防水卷材与传统的石油沥青卷材相比,具有单层结构防水、冷施工、使用寿命长等优点。合成高分子卷材主要品种有:三元乙丙橡胶防水卷材,氯化聚乙烯—橡胶共混防水卷材、氯化聚乙烯防水卷材和聚氯乙烯防水卷材等。

合成高分子卷材防水施工方法分为冷粘贴施工、热熔(或热焊接)法施工及自粘型法施工三种,使用最多的是冷贴法。

冷粘贴防水施工是指以合成高分子卷材为主体材料,配以与卷材同类型的胶粘剂及其他辅助材料,用胶粘剂贴在基层形成防水层的施工方法。下面以三元乙丙橡胶防水卷材为例介绍冷粘贴法施工。

三元乙丙橡胶防水卷材一般用于高档工程屋面单层外露防水工程。卷材厚度宜选用1.5mm 或 1.2mm 厚。

1. 施工条件

三元乙丙橡胶防水卷材冷粘贴施工时,下雨、预期下雨或雨后基层潮湿均不得进行施工;冬季负温时,由于胶结剂中的溶剂挥发较慢不宜施工;施工现场 100m 以内不得有火源或焊接作业。

2. 材料要求

三元乙丙橡胶防水卷材的类型及尺寸要求应符合有关规定,其外观应平直,不应有破损、断裂、砂眼、折皱等缺陷。

3. 施工工艺流程及操作要点

清理基层→涂刷基层处理剂→铺贴附加层卷材→涂刷基层胶粘剂→粘贴防水卷材→卷材接缝的黏接→卷材末端收头的处理→蓄水试验→保护层施工→质量验收。

(1)清理基层

将基层杂物、浮灰等清扫干净。

(2)涂刷基层处理剂

基层处理剂一般用低黏度聚氨酯,其配合比为:甲料: 乙料: 二甲苯 = 1:1.5:1.5。

将各种材料按比例配合并搅拌均匀涂刷于基层上,其目的是为了隔绝基层的潮气,提高卷材与基层的黏结强度。在大面积涂刷前,先用油漆刷在阴阳角、管根部、水落口等部位涂刷一道,然后再用长把滚刷在基层满刷一道,涂刷要厚薄均匀,不得见白露底。一般在涂刷 4h 以后或根据气候条件待处理剂渗入基层且表面干燥后,才能进行下道工序。

(3)铺贴附加层卷材

在檐口、屋面与立面的转角处、水落口周围、管道根部等构造节点部位先铺一层卷材附加层,天沟宜铺两层。

(4)涂刷基层胶粘剂

一般采用氯丁系胶粘剂(如 CX-404 胶),需在基层和防水卷材表面分别涂刷。涂胶前,先在准备铺贴第一幅卷材的位置弹好基准线,用长把滚刷将胶结剂涂刷在铺贴卷材的范围内。同时,将卷材用潮布擦净浮灰,用笔划出长边及短边各 100mm 不涂胶的接缝部位,然后在画线范围内均匀涂刷胶粘剂。涂刷应厚薄均匀,不得有露底、凝胶现象。

(5)粘贴防水卷材

胶结剂涂刷后,需凉置 20min 左右,待基本干燥(手触不粘手)后方可进行卷材的粘贴。

(6)卷材接缝的黏接

在卷材接缝 100mm 宽的范围内,把丁基黏结剂 A 料、B 料按 1:1 的比例配合搅拌均匀,用油漆刷均匀涂刷在卷材接缝处的两个粘接面上,涂胶后 20min 左右(手触不粘手时)即可进行粘贴。粘贴从一端开始,顺卷材长边方向粘贴,并用手持压辊滚压粘牢。

(7)卷材末端收头的处理

为了防止卷材末端收头处剥落,卷材的收头及边缝处应用密封膏(常用聚氨酯密封膏或氯磺化聚乙烯封膏)嵌严。

(8)蓄水试验

同高聚物改性沥青防水卷材施工。

(9)保护层施工

蓄水试验合格后,应立即进行保护层施工,保护卷材免受损伤。不上人屋面涂刷配套的表面着色剂,着色剂呈银色,分水乳型和溶剂型两种。涂刷前要将卷材表面的浮灰清理干净,用长把滚刷依次涂刷均匀,两道成活,干燥前不许上人走动。上人屋面应按设计要求铺方砖,方砖下铺 10 ~ 20mm 厚干砂,方砖之间的缝隙用水泥砂浆灌实。要求板面平整,横竖缝整齐。在女儿墙周围及每隔一定距离应留适当宽度的伸缩缝。

二 涂料防水屋面

涂料防水屋面是采用防水涂料在屋面基层(找平层)上现场喷涂、刮涂或涂刷抹压作业,涂料经过自然固化后形成一层有一定厚度和弹性的无缝涂膜防水层,从而使屋面达到防水的目的。这种屋面具有施工操作简单,无污染,冷操作,无接缝,能适应复杂基层,防水性能好,温度适应性强,容易修补等特点。防水涂料应采用高聚物防水涂料或高分子防水涂料,有薄质涂料和厚质涂料两类施工方法。

(一)薄质防水涂料施工

1. 对基层的要求

涂料防水屋面的结构层、找平层的施工与卷材防水屋面基本相同。如采用预制板,对屋面的板缝处理应遵守有关规定。该屋面要求基层具有一定的强度和刚度,表面要平整、密实,不应有起砂、起壳、龟裂、爆皮等现象,表面平整度应用 2m 的直尺检查,最大间隙不应超过 5mm,间隙仅允许平缓变化。基层与屋面凸出屋面结构连接处及基层转角处应做成圆弧或钝角。按设计要求做好排水坡度,不得有积水现象。在基层干燥后,先将其清扫干净,再在上面涂刷基层处理剂,要涂刷均匀,完全覆盖。

2. 特殊部位的附加增强处理

在排水口、檐口、管道根部、阴阳角等容易渗漏的薄弱部位,应先增涂一布二油附加层,宽度为 300 ~ 450mm。

3. 涂料防水层施工

基层处理剂干燥后方可进行涂膜的施工。薄质防水涂料屋面一般有三胶、一毡三胶、二毡四胶、一布一毡四胶、二布五胶等做法。防水涂料和胎体增强材料必须符合设计要求(检验方法：检查出厂合格证、质量检验报告和现场抽样复验报告）。涂膜应根据防水涂料的品种分层分遍涂布，不得一次涂成。涂膜的厚度必须达到有关标准、规范规定和设计要求。涂料的涂布顺序为：先高跨后低跨，先远后近，先立面后平面。同一屋面上先涂布排水较集中的水落口、天沟、檐口等节点部位，再进行大面积涂布。涂层应厚薄均匀、表面平整，待先涂的涂层干燥成膜后，方可涂布后一遍涂料。涂层中夹铺增强材料（玻璃棉布或毡片，其主要目的是增强防水层）时，宜边涂边铺胎体，应采用搭接法铺贴，其长边搭接宽度不得小于50mm，短边搭接宽度不得小于70mm。采用两层胎体增强材料时，上下不得相互垂直铺设，搭接缝应错开，其间距不应小于1/3幅宽。涂膜防水层收头应用防水涂料多遍涂刷或用密封材料封严。涂膜防水层与基层应黏结牢固，表面平整，涂刷均匀，无流淌、皱折、鼓泡、露胎体和翘边等缺陷。在涂膜未干前，不得在防水层上进行其他施工作业。

4. 保护层施工

涂膜防水屋面应设置保护层，保护层材料根据设计规定或涂料的使用说明书选定，一般可采用细砂、蛭石、云母、浅色涂料、水泥砂浆或块材等。当采用水泥砂浆或块材时，应在涂膜与保护层之间设隔离层。当用细砂、蛭石、云母时，应在最后一遍涂料涂刷后随即撒上，并随即用胶辊滚压，使之粘牢，隔日将多余部分扫去。涂层刷浅色涂料时，应在涂膜固化后进行。

（二）厚质防水涂料施工

石灰乳化沥青属于厚质的防水涂料，采用抹压法施工，要求基层干燥密实、坚固干净，无松动现象，不得起砂、起皮。石灰乳化沥青应搅拌均匀，其稠度为50～100mm，铺抹前，宜根据不同季节和气温高低决定涂刷不同的冷底子油。当日最高气温≥30℃时，应先用水将屋面基层冲洗干净，然后刷稀释的石灰乳化沥青冷底子油（汽油：沥青＝7：3），必要时应通过试抹确定冷底子油的种类和配合比。待冷底子油干燥后，立即铺抹石灰乳化沥青，厚度为5～7mm，待表面收水后，用铁抹子压实抹光，施工气温以5～30℃为宜。

三 刚性防水屋面

刚性防水屋面是指用细石混凝土、块体材料或补偿收缩混凝土等刚性材料作为防水层的屋面。它主要是依靠混凝土自身的密实性，并采取一定的构造措施（如增加钢筋、设置隔离层、设置分格缝，油膏嵌缝等）以达到防水目的。

刚性防水屋面所用材料易得，价格低廉、耐久性好、维修方便，但对地基不均匀沉降、温度变化、结构振动等因素都非常敏感，因而容易产生变形开裂，且防水层与大气直接接触，表面易碳化和风化，如处理不当，极易发生渗漏水现象，所以刚性防水屋面适用于Ⅰ～Ⅲ级的屋面防水；不适用于设有松散材料保温层以及受较大震动或冲击的和坡度大于15%的建筑屋面。

（一）材料要求

防水层的细石混凝土宜用普通硅酸盐水泥或硅酸盐水泥，用矿渣硅酸盐水泥时应采取减少泌水性的措施。水泥的强度等级不宜低于32.5级。不得使用火山灰质水泥。水泥储存时应防止受潮,存放期不得超过三个月,否则必须重新检验,确定其强度等级。在防水层的细石混凝土和砂浆中,粗骨料的最大粒径不宜大于15mm,含泥量不应大于1%,细骨料应采用粗砂或中砂,含泥量不应大于2%;拌和用水应是不含有害物质的洁净水。防水层细石混凝土使用的膨胀剂、减水剂、防水剂等外加剂,应根据不同品种的适用范围及技术要求选定。防水层内配置的钢筋宜采用冷拔低碳钢丝。细石混凝土应按防水混凝土的要求设计,每立方米混凝土的水泥用量不得少于330kg;含砂率为35%~40%;灰砂比为1∶2~1∶2.5;水灰比不应大于0.55;混凝土强度等级不应低于C20。

(二)施工工艺

1. 基层要求

刚性防水屋面的结构层宜为整体现浇的钢筋混凝土。刚性防水屋面的坡度宜为2%~3%,并应采用结构找坡。如采用装配式钢筋混凝土时,应用强度等级不小于C20的细石混凝土灌缝,灌缝的细石混凝土宜掺微膨胀剂。当屋面板板缝宽度大于40mm或上窄下宽时,板缝内必须设置构造钢筋,板端缝应进行密封处理。

2. 隔离层施工

细石混凝土防水层与结构层宜设隔离层。隔离层可选用干铺卷材、砂垫层、低强度等级砂浆等材料,以起到隔离作用,使结构层和防水层的变形互不受制约,以减少因结构变形对防水层的不利影响。干铺卷材隔离层的做法是在找平层上干铺一层卷材,卷材的接缝均应粘牢;表面涂两道石灰水或掺10%水泥的石灰浆(防止日晒卷材发软),待隔离层干燥有一定强度后进行防水层施工。

3. 现浇细石混凝土防水层施工

(1)分格缝的设置

为了防止大面积的防水层因温差、混凝土收缩等影响而产生裂缝,应按设计要求设置分格缝,分格缝处可采用嵌填密封材料并加贴防水卷材的办法进行处理,以增加防水的可靠性。分格缝的一般做法是在施工刚性防水层前,先在隔离层上定好分格缝的位置,再放分格条,分格条应先浸水并涂刷隔离剂,用砂浆固定在隔离层上。

(2)钢筋网施工

钢筋网铺设应按设计要求,设计无规定时,一般配置ϕ^b4,间距为100~200mm双向钢丝网片,网片可采用绑扎或点焊成型,其位置宜居中偏上为宜,保护层不小于15mm。分格缝钢筋必须断开。

(3)浇筑细石混凝土

混凝土厚度不宜小于40mm。混凝土搅拌应采用机械搅拌,其质量应严格保证。应注意防止混凝土在运输过程中漏浆和分层离析,浇筑时应按先远后近,先高后低的原则进行。一个分格缝内的混凝土必须一次浇筑完成,不得留施工缝。从搅拌到浇筑完成应控制在2h以内。

(4)表面处理

用平板振动器振捣至表面泛浆为宜,将表面刮平,用铁抹子压实压光,达到平整并符合排水坡度的要求。抹压时严禁在表面洒水、加水泥浆或撒干水泥。当混凝土初凝后,拆出分格条并修整。混凝土收水后应进行两次表面压光,并在终凝前三次压光成活。

(5)养护

混凝土浇筑 12 ~24h 后进行养护，养护时间不应少于 14d，养护初期屋面不允许上人。养护方法可采取洒水湿润，也可覆盖塑料薄膜、喷涂养护剂等，但必须保证细石混凝土处于湿润状态。

四 常见屋面渗漏及防治方法

对屋面工程的综合治理，应该体现“材料是基础，设计是前提，施工是关键，管理维护要加强”的原则。屋面的天沟、檐沟、水落口、泛水、变形缝和伸出屋面管道的防水构造，是屋面工程中最容易出现渗漏的薄弱环节，调查表明，在渗漏的屋面工程中，70% 以上是节点渗漏。因此，在屋面细部的防水构造处必须精心施工，才能保证质量。

1. 山墙、女儿墙和突出屋面的烟囱等墙体与防水层相交处渗漏

(1)原因：节点做法过于简单，垂直面卷材与屋面卷材没有很好地分层搭接，经过冻融的交替作用，使开口增大，并延伸至屋面基层，造成漏水；基层与突出屋面结构的转角处找平层未做成圆弧、钝角或角太小；女儿墙、山墙的抹灰或压顶开裂使雨水从裂缝渗入；女儿墙泛水的收头处理不当产生翘边现象，使雨水从开口处渗入防水层下部。

(2)防治方法：如女儿墙压顶开裂，可铲除开裂压顶的砂浆，重抹 1:2 ~1:2.5 水泥砂浆，并做好滴水线；在基层与突出屋面结构(山墙、女儿墙、天窗壁、变形缝、烟囱等)的交接处以及基层转角处，均应按规定做成圆弧，并在该部位增铺卷材或防水涂膜附加层，垂直面与屋面的卷材应分层搭接。卷材在泛水处应采用满粘，防止立面卷材下滑，收头处要密封处理，如砖墙上的卷材收头可直接铺压在女儿墙压顶下；也可以压入砖墙凹槽内固定密封，凹槽距屋面找平层不应小于 250mm，凹槽上部的墙体应做防水处理；涂膜防水层应直接涂刷至女儿墙的压顶下，收头处理应用防水涂料多遍涂刷封严，压顶应做防水处理。混凝土墙上的卷材收头应采用金属压条钉压，并用密封材料封严。对已漏水的部位，可将转角渗漏处的卷材割开，并分层将旧卷材烤干剥离，清除原有的沥青胶，再按规定步骤进行施工。

2. 天沟、檐沟漏水

(1)原因：天沟、檐沟长度大，纵向坡度小，水落口少，水落口杯四周卷材粘贴不严，排水不畅，使沟中积水，造成渗漏。

(2)防治方法：天沟、檐沟的纵向坡度不能过小，否则施工找坡困难造成积水，防水层长期被水浸泡会加速损坏，所以沟底的水落差应不超过 200mm，即雨水口离天沟分水线不得超过 20m 的要求；沟内附加层在天沟、檐沟与屋面交接处宜空铺，空铺宽度不应小于 200mm，卷材防水层应由沟底翻上至沟外檐顶部，卷材收头应用水泥钉固定，并用密封材料封严。

3. 挑檐、檐口处漏水

(1)原因：檐口处密封材料未压住卷材，造成封口处卷材张口，檐口砂浆开裂，下口滴水线未做好而造成漏水。

(2)防治方法：铺贴檐口 800mm 范围内的卷材时应采取满粘法；天沟、檐沟卷材收头的端部应裁齐，塞入预留的凹槽内，用金属压条钉压规定，最大钉距不应大于 900mm，并用密封材料嵌填封严；檐口的下端应抹出鹰嘴或滴水槽。

4. 屋面变形缝处漏水

(1)原因:泛水处构造处理不当。如泛水高度不够,钢盖板装反等。

(2)防治方法:屋面变形缝处的泛水高度不应小于250mm,防水层应铺贴到变形缝两侧砌体的上部,缝内应填充聚苯乙烯泡沫塑料,上部填放衬垫材料,并用卷材封盖;变形缝顶部应加扣混凝土或金属盖板,混凝土盖板的接缝应用密封材料嵌填。

5. 水落口漏水

(1)原因:水落口杯安装过高,排水坡度不够,周围密封不严,使雨水顺着落水口杯外侧留入室内,造成渗漏。

(2)防治方法:水落口杯上口的标高应设置在沟底的最低处,与基层接触处应留宽20mm、深20mm的凹槽;水落口周围直径500mm范围内的坡度不应小于5%,并采用防水涂料或密封材料涂封,其厚度不应小于2mm;防水层贴入水落口杯内不应小于50mm。

6. 伸出屋面的管道根部漏水

(1)原因:防水层包管高度不够,或卷材上口未封盖严密,雨水沿着管道根部进入室内造成渗漏。

(2)防治方法:管道根部直径500mm范围内,找平层应抹出高度不小于30mm的圆台;其周围与找平层或细石混凝土防水层之间,应预留20mm×20mm的凹槽,并用密封材料嵌填严密;管道根部四周应增设附加层,宽度和高度均不应小于300mm,管道上的防水层收头处应用金属箍紧固,并用密封材料封严。

第二节 地下防水施工

由于地下工程常年受潮湿和地下水及水中有害物质的影响,所以对地下工程的防水处理比屋面工程的防水要求更高,技术难度更大。国家标准《地下工程防水技术规范》(GB 50208—2002)按地下工程围护结构防水要求,分为四个防水等级,见表8-2。

地下工程防水等级标准　　表8-2

防水等级	标　准
1级	不允许渗水,结构表面无湿渍
2级	不允许漏水,结构表面可有少量湿渍;工业与民用建筑:湿渍总面积不大于总工程防水面积的0.1%,单个湿渍面积不大于0.1m^2,任意100m^2防水面积不超过1处;其他地下工程:湿渍总面积不大于总防水面积的0.6%,单个湿渍面积不大于0.2m^2,任意100m^2防水面积不超过4处
3级	有少量漏水点,不得有线流和漏泥砂,单个湿渍面积不大于0.3m^2,单个漏水点的漏水量不大于2.5L/d,任意100m^2防水面积不超过7处
4级	有漏水点,不得有线流和漏泥砂,整个工程平均漏量不大于2L/(m^2·d),任意100m^2防水面积的平均漏水量不大于4L/(m^2·d)

一 防水方案

地下工程的防水方案,大致可分为以下三类:防水混凝土结构、结构表面附加防水层(水泥砂浆、卷材)、渗排水措施。

1. 防水混凝土结构

防水混凝土结构是以调整混凝土配合比或在混凝土中掺入外加剂或使用新品种水泥等方法来提高混凝土本身的憎水性、密实性和抗渗性,使其具有一定防水能力的整体现浇混凝土和钢筋混凝土结构。它将防水、承重和围护合为一体,具有施工简单、工期短、造价低的特点,应用较为广泛。

2. 结构表面附加防水层(水泥砂浆、卷材)

即在地下结构物的表面另加防水层,使地下水与结构隔离,以达到防水的目的。常用的防水层有水泥砂浆、卷材、沥青胶结材料和金属防水层等。可根据不同的工程对象、防水要求及施工条件选用。

3. 渗排水防水

利用盲沟、渗排水层等措施来排除附近的水源以达到防水目的。适用于形状复杂、受高温影响、地下水为上层滞水且防水要求较高的地下建筑。

二 细部构造的防水处理

防水混凝土的变形缝、施工缝、后浇缝等是防水的薄弱环节,处理不当,极易引起渗漏,因此对这些部位的细部构造处理应予以足够的重视。

(一)变形缝

地下结构物的变形缝应满足密封防水、适应变形、施工方便、检查容易等要求。选用变形缝的构造形式和材料时,应综合考虑工程特点、地基或结构变形情况以及水压、水质影响等因素,以适应防水混凝土结构的伸缩和沉降的需要,并保证防水结构不受破坏。变形缝的宽度宜为20~30mm,通常采用止水带、遇水膨胀橡胶腻子止水条等高分子防水材料和接缝密封材料。对压力大于0.3MPa,变形量为20~30mm、结构厚度大于和等于300mm的变形缝,应采用中埋式橡胶止水带;对环境温度高于50℃、结构厚度大于和等于300mm的变形缝,可采用2mm厚的紫铜片或3mm厚的不锈钢等中间呈圆弧形的金属止水带;需要增强变形缝的防水能力时,可采用两道埋入式止水带,或采用嵌缝式、粘贴式、附贴式、埋入式等复合使用。其中埋入式止水带不得设在结构转角处。如图8-3所示。

(二)后浇缝

当地下室为大面积防水混凝土结构时,为防止结构变形、开裂而造成渗漏水时,在设计与施工时需留设后浇缝,缝内的结构钢筋不能断开。混凝土后浇缝是一种刚性接缝,应设在受力和变形较小的部位,宽度以1m为宜,其形式有平直缝、阶梯缝和企口缝,如图8-4所示。后浇缝的混凝土施工,应在其两侧混凝土浇筑完毕并养护6个星期,待混凝土收缩变形基本稳定后再进行,浇筑前应将接缝处混凝土表面凿毛,清洗干净,保持湿润。浇

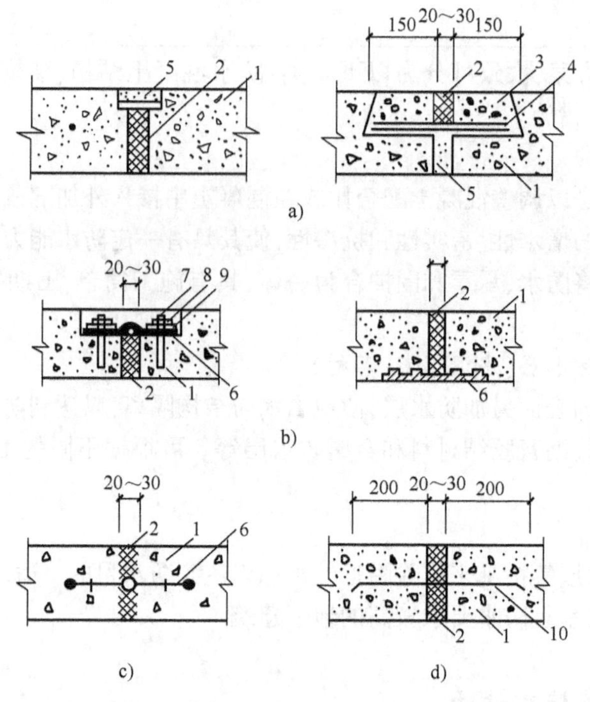

图 8-3　变形缝防水处理(尺寸单位:mm)

a)嵌缝式、粘贴式变形缝;b)附贴式止水带变形缝;c)埋入式橡胶止水带变形缝;d)埋入式金属止水带变形缝

1-围护结构;2-填缝材料;3-细石混凝土;4-橡胶片;5-嵌缝材料;6-止水带;7-螺栓;8-螺母;9-压铁;10-金属止水带

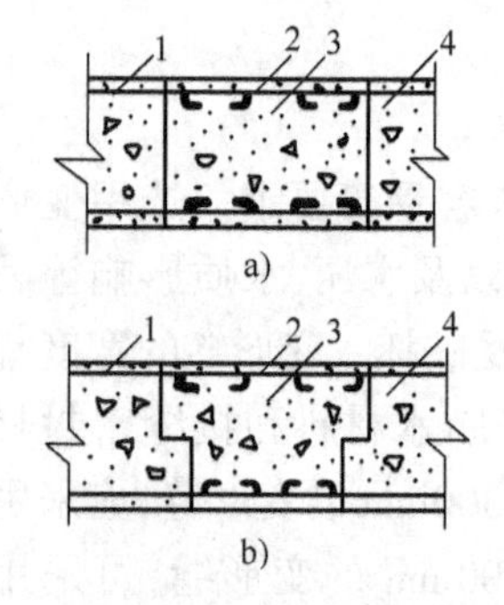

图 8-4　混凝土后浇缝示意图

a)平直缝;b)阶梯缝

1-主钢筋;2-附加钢筋;3-后浇混凝土;4-先浇混凝土

筑后浇缝的混凝土应优先选用补偿收缩的混凝土,其强度等级与两侧混凝土相同。后浇缝混凝土的施工温度应低于两侧混凝土施工时的温度,而且宜选择在气温较低的季节施工,以保证先后浇筑的混凝土相互黏结牢固,不出现缝隙。后浇缝的混凝土浇筑完成后应保持在潮湿条件下养护 4 周以上。

(三)穿墙管

当结构变形或管道伸缩量较小时,穿墙管可采用直接埋入混凝土内的固定式防水法,主管应满焊止水环;当结构变形或管道伸缩量较大或有更换要求时,应采用套管式防水法,套管与止水环满焊;当穿墙管线较多且密时,宜相对集中,采用穿墙盒法。盒的封口钢板应与墙上的预埋角钢焊严,并从钢板的浇筑孔注入密封材料。穿过地下室外墙的水、暖、电的管周应填塞膨胀橡胶泥,并与外墙防水层连接。

三 卷材防水层施工

因为卷材防水层具有较好的韧性和延伸性,能适应一定的侧压力、振动和变形,所以地下室卷材防水是常用的防水处理方法。卷材有沥青防水卷材、高聚物防水卷材和合成高分子防水卷材,利用胶结材料通过冷粘、热熔黏结等方法形成防水层。地下室卷材防水层施工大多采用外防水法(卷材防水层粘贴在地下结构的迎水面)。而外防水中,依保护墙的施工先后及卷材铺贴位置,可分为外防外贴法和外防内贴法。

(一)外防外贴法施工

外防外贴法是在垫层铺贴好底板卷材防水层后,进行地下需防水结构的混凝土底板与墙体的施工,待墙体侧模拆除后,再将卷材防水层直接铺贴在墙面上,如图8-5所示。

外防外贴法的施工程序是:首先浇筑需防水结构的底面混凝土垫层,并在垫层上砌筑部分永久性保护墙,墙下干铺油毡一层,墙高不小于 $B+200\sim500$mm(B 为底板厚度)。在永久性保护墙上用石灰砂浆砌临时保护墙,墙高为 150mm×(油毡层数+1);在永久性保护墙上和垫层上抹 1:3 水泥砂浆找平层,临时保护墙用石灰砂浆找平;待找平层基本干燥后,即在其上满涂冷底子油,然后分层铺贴立面和平面卷材防水层,并将顶端临时固定。在铺贴好的卷材表面做好保护层后,再进行需防水结构的底板和墙体施工。需防水结构施工完成后,将临时固定的接槎部位的各层卷材揭开并清理干净,再在此区段的外墙表面上补抹水泥砂浆找平层,找平层上满涂冷底子油,将卷材分层错槎搭接向上铺贴在结构表面上,并及时做好防水层的保护结构。

(二)外防内贴法施工

外防内贴法是在垫层四周先砌筑保护墙,然后将卷材防水层铺贴在垫层和保护墙上,最后再进行地下需防水结构的混凝土底板与墙体的施工,如图 8-6 所示。

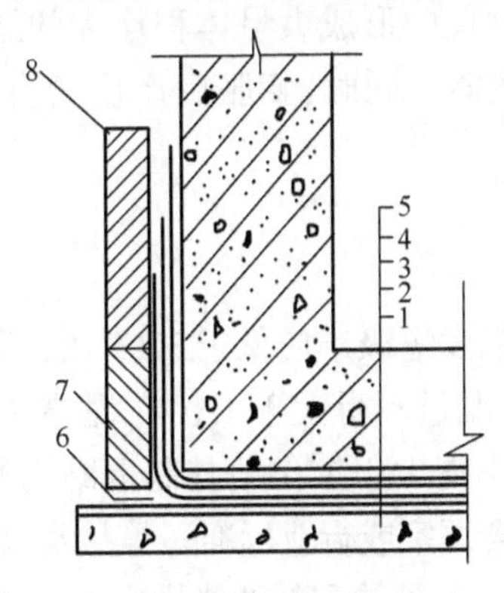

图 8-5 外贴法

1-垫层;2-找平层;3-卷材防水层;4-保护层;5-构筑物;6-油毡;7-永久保护墙;8-临时性保护墙

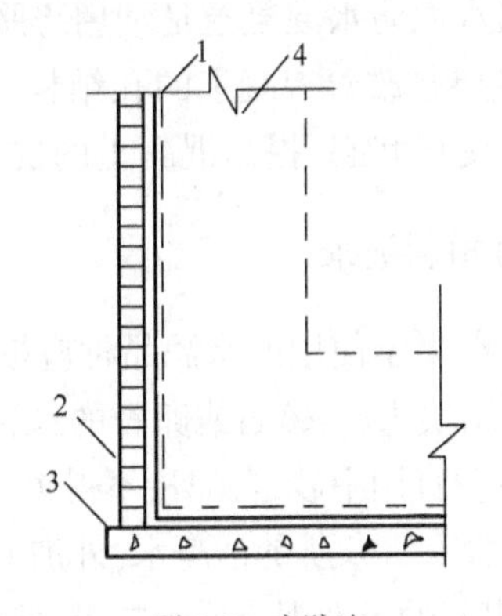

图 8-6 内贴法

1-卷材防水层;2-保护层;3-垫层;4-尚未施工的构筑物

外防内贴法的施工程序是:先铺设底板的垫层,在垫层四周砌筑永久性保护墙,然后在垫层及保护墙上抹1:3水泥砂浆找平层,待其基本干燥并满涂冷底子油,沿保护墙与底层铺贴防水卷材。铺贴完毕后,在立面防水层上涂刷最后一层沥青胶时,趁热粘上干净的热砂或散麻丝,待冷却后,立即抹一层 10~20mm 后的 1:3 水泥砂浆找平层;在平面上铺设一层 30~50mm 厚的水泥砂浆或细石混凝土保护层,最后再进行防水结构的混凝土底板和墙体的施工。

卷材防水层的施工要求是:铺贴卷材的基层表面必须牢固、平整、清洁和干燥。阴阳角处均应做成圆弧或钝角,在粘贴卷材前,基层表面应用与卷材相容的基层处理剂满涂。铺贴卷材时,胶结材料应涂刷均匀。外贴法铺贴卷材时应先铺平面,后铺立面,平立面交接处应交叉搭接;内贴法宜先铺立面,后铺平面;铺贴立面卷材时,应先铺转角,后铺大面。卷材的搭接长度,要求长边不应小于100mm,短边不应150mm。上下两层和相邻两幅卷材的接缝应相互错开1/3幅宽,并不得相互垂直铺贴。在立面和平面的转角处,卷材的接缝应留在平面上距离立面不小于600mm处。所有转角处均应铺贴附加层。卷材与基层和各层卷材间必须黏结紧密。搭接缝要仔细封严。

四 防水混凝土结构的施工

(一)防水混凝土的种类

目前,常用的防水混凝土主要有普通防水混凝土、外加剂或掺和料防水混凝土和膨胀水泥防水混凝土三类。

普通防水混凝土即在普通混凝土骨料级配的基础上,通过调整和控制配合比的方法,提高自身密实度和抗渗性的一种混凝土。

掺外加剂的防水混凝土是在混凝土拌和物中加入少量改善混凝土抗渗性的有机物,如减水剂、防水剂、引气剂等外加剂;掺和料防水混凝土是在混凝土拌和物中加入少量硅粉、磨细矿渣粉、粉煤灰等无机粉料,以增加混凝土密实性和抗渗性。防水混凝土中的外加剂和掺和料均可单掺,也可以复合掺用。

膨胀水泥防水混凝土是利用膨胀水泥在水化硬化过程中形成大量体积增大的结晶(如钙矾石),主要是改善混凝土的孔结构,提高混凝土抗渗性能。同时,膨胀后产生的自应力使混凝土处于受压状态,提高混凝土的抗裂能力。

(二)材料要求

防水混凝土使用的水泥品种应按设计要求选用,其强度等级不应低于32.5级,不得使用过期或受潮结块水泥;碎石或卵石的粒径宜为5~40mm,含泥量不得大于1.0%,泥块含量不得大于0.5%;砂宜用中砂,含泥量不得大于3.0%,泥块含量不得大于1.0%;拌制混凝土所用的水,应采用不含有害杂质的洁净水;外加剂的技术性能,应符合国家或行业标准一等品及以上的质量要求;粉煤灰的级别不应低于二级;硅粉掺量不应大于3%,其他掺和料的掺量应通过试验确定。

防水混凝土首先必须满足设计的抗渗等级要求,同时适应强度要求,所以防水混凝土的配合比必须由试验室根据实际使用的材料及选用的外加剂(或外掺料)通过试验确定,其抗渗等级应比设计要求提高0.2MPa;水泥用量不得少于300kg/m^3,掺有活性掺和料时,水泥用量不得少于280kg/m^3;砂率宜为35%~45%,灰砂比宜为1:2~1:2.5,水灰比不得大于0.55;普通防水混凝土坍落度不宜大于50mm,泵送时入泵坍落度宜为100~140mm。

(三)防水混凝土的施工

防水混凝土质量的好坏,施工是关键。因此,对施工中的各主要环节,如混凝土搅拌、运输、浇筑、振捣及养护等都要严把质量关,使大面积的防水混凝土以及每一细部节点均不渗不漏。

防水混凝土配料必须按重量配合比准确称量,采用机械搅拌。在运输和浇筑过程中,应防止漏浆和离析,坍落度不损失。浇筑时必须做到分层连续进行,采用机械振捣,严格控制振捣时间,不得欠振漏振,以保证混凝土的密实性和抗渗性。

施工缝是防水结构容易发生渗漏的薄弱部位,应连续浇筑宜少留施工缝。墙体一般只允许留水平施工缝,其位置应留在高出底板上表面300mm的墙身上,其形式见图8-7。在施工缝处继续浇筑混凝土时,应将施工缝处的混凝土表面凿毛,清理浮粒和杂物,用水冲洗干净,保持湿润,再铺一层20~25mm厚的水泥砂浆,捣压实后再继续浇筑混凝土。

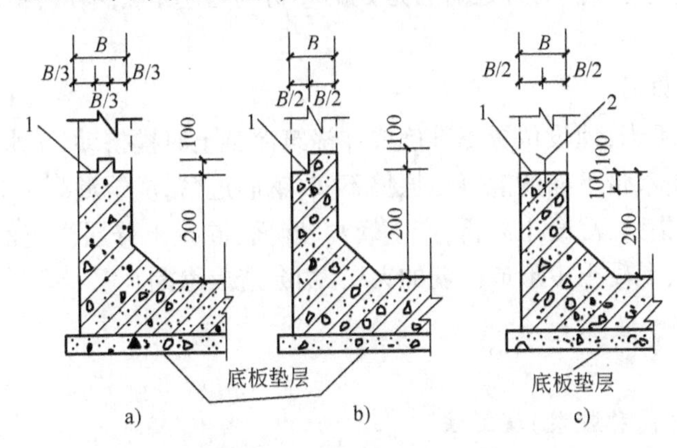

图8-7　施工缝接缝形式(尺寸单位:mm)

a)、b)企口式(适于壁厚300mm以上的结构);c)止水片施工缝(适于壁厚300mm以上的结构)

1-施工缝;2-2~4mm金属止水片

防水混凝土的养护对其抗渗性能影响极大,因此,必须加强养护,一般混凝土进入终凝后(浇筑后4~6h)即应覆盖,浇水湿润不少于14d,不宜采用电热养护和蒸汽养护。

防水混凝土养护达到设计强度等级的70%以上,且混凝土表面温度与环境温度之差不大于15℃时,方可拆模,拆模后应及时回填土,以免温差产生裂缝。

五 地下防水工程渗漏及防治方法

地下工程的防水包括两部分内容:一是主体防水,二是细部构造防水。任何一方处理不当,都会引发渗漏。目前,主体防水效果尚好,而细部构造(施工缝、变形缝、后浇带等)的渗漏水现象最为普遍,有"十缝九漏"之称。渗漏水的形式主要有孔洞漏水、裂缝漏水、防水面渗水或是上述几种渗漏水的综合。因此,堵漏前必须分析、查明其原因,确定其位置,弄清水压大小,予以修补堵漏。堵漏的原则是先把大漏变小漏、缝漏变点漏、片漏变孔漏,然后堵住漏水。堵漏的方法和材料较多,如水泥胶浆、环氧树脂、丙凝、甲凝、氰凝等。下面简要介绍几种常用堵漏方法。

(一)渗漏部位及原因

1.防水混凝土结构渗漏的部位及原因

由于模板表面粗糙或清理不干净,模板浇水湿润不够,脱模剂涂刷不均匀,接缝不严,振捣混凝土不密实等原因，致使混凝土出现蜂窝、空洞、麻面而引起渗漏。墙板和底板及墙板与墙板间的施工缝处理不当而造成地下水沿施工缝渗入。由于混凝土中砂石含泥量大，养护不及时等，产生干缩和温度裂缝而造成渗漏。混凝土内的预埋件及管道穿墙处未作认真处理而致使地下水渗入。

2. 卷材防水层渗漏部位及原因

由于保护墙和地下工程主体结构沉降不同，致使黏在保护墙上的防水卷材被撕裂而造成漏水。卷材的压力和搭接宽度不够，搭接不严，结构转角处卷材铺贴不严实，后浇或后砌结构时卷材被破坏，也会产生渗漏，另外还有管道处的卷材与管道黏结不严，出现张口翘边现象而引起渗漏。

3. 变形缝处渗漏原因

止水带固定方法不当，埋设位置不准确或在浇筑混凝土时被挤动，止水带两翼的混凝土包裹不严，特别是底板止水带下面的混凝土振捣不实；钢筋过密，浇筑混凝土时下料和振捣不当，造成止水带周围骨料集中、混凝土离析，产生蜂窝、麻面；混凝土分层浇筑前，止水带周围的木屑杂物等未清理干净，混凝土中形成薄弱的夹层，均会造成渗漏。

(二)堵漏技术

1. 快硬水泥胶浆(简称胶浆)堵漏法

这种胶浆直接用水泥和促凝剂按1:0.5~1拌和，其凝结时间很快，能达到迅速堵住渗漏水的目的。胶浆应先做试配，一般从开始拌和到操作使用以1~2min为宜。

(1)堵塞法

堵塞法适用于孔洞漏水或裂缝漏水时的修补处理。堵漏时，应根据水压和漏水大小，采取不同的操作方法：

1)孔洞漏水的处理

当水压不大(水位在2m以下)，漏水孔洞较小时，可采用"直接堵塞法处理"。操作时，先将漏水孔洞处剔槽，槽壁必须与基面垂直，并用水刷洗干净，随即将配制好的快凝水泥胶浆捻成与槽直径相接近的锥形团，在胶浆开始凝固时，迅速用手压入槽内，并挤压密实，保持半分钟左右即可。堵塞完后，要检查有无渗水现象时，再抹上一层素灰和一层水泥砂浆保护，并将砂浆表面扫成毛纹。待砂浆层有一定强度后(一般24h)，再按四层做法做防水层(对已抹好防水层的孔洞处理，只需抹上两层做法的防水层即可)。

当水压较大(水位2~4m)，漏水孔洞较大时，可采用"下管堵漏法"处理，如图8-8所示。操作时，首先将漏水处空鼓面层及黏结不牢的石子剔除，并剔成上下基本垂直的孔洞，其深度视漏水情况决定，漏水严重的，可直接剔至基层下的垫层。在孔洞底部铺碎石一层，碎石上面盖一层与孔洞大小相同的油毡(或铁皮)，油毡中间留一小孔，将胶皮管插入孔内，水即顺管流出，使管的周围水压降低。如地面孔洞漏水，需在孔洞四周砌筑挡水墙，将水引出墙外，以利操作。然后用快凝水泥胶浆填塞孔洞并压实，厚度略低于地面10mm。经检查无渗水时，再在胶浆表面抹一层素灰和一层砂浆。待砂浆有一定强度后，将管拔出，按"直接堵塞法"的要求将管孔堵塞。最后拆除挡水墙，清理干净后，再做防水层。

2）裂缝漏水的处理

当水压较小裂缝漏水时，可采用"裂缝直接堵塞法"。操作时，沿裂缝剔成八字形边坡的沟槽，并刷洗干净后，用快凝水泥砂浆直接堵塞。经检查无渗水时，再做保护层和防水层。

当水压较大，裂缝较长时，可采用"下绳堵漏法"，如图8-9所示。操作时，先剔好沟槽，在槽底沿裂缝处放置一根导水用的小绳，使水沿小绳流出，以降低水压。绳的直径大小根据漏水量而定，绳长为200～300mm。较长的裂缝要分段进行堵塞。每段长度为100～150mm，段间留有10～20mm空隙。将快硬水泥胶浆填塞于每段槽内压实后，即可把小绳抽出。渗漏水这样把"缝漏"变成"点漏"。待各段胶浆凝固后，再按"孔洞直接堵塞法"的要求，将段间空隙堵塞好。

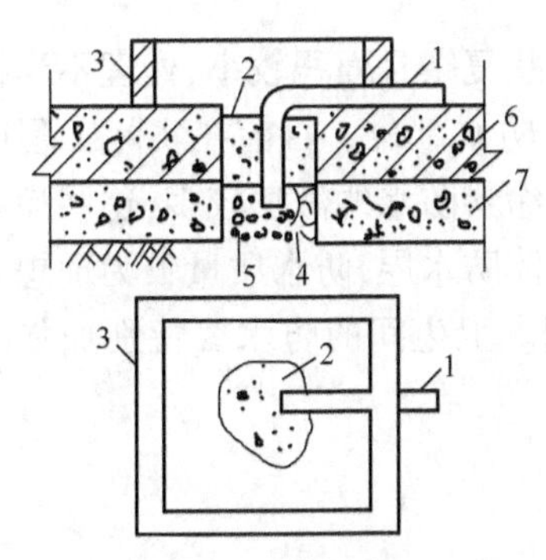

图8-8　下管堵漏法

1-胶皮管；2-快凝胶浆；3-挡水墙；4-油毡一层；5-碎石；6-构筑物；7-垫层

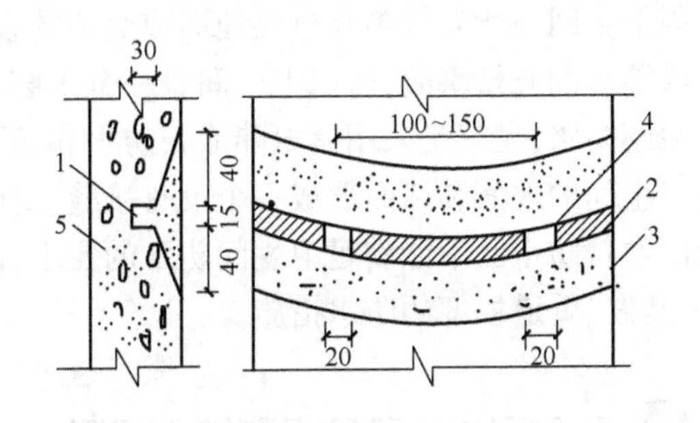

图8-9　下绳堵漏法（尺寸单位：mm）

1-小绳（导水用）；2-快凝胶浆填缝；3-砂浆层；4-暂留小孔；5-构筑物

（2）抹面法

对于较大面积的渗水面，一般可采用先降低水压或降低地下水位，将基层处理好，然后用抹面法做刚性防水层修补处理。降低渗水面的水压，通常是在渗水面上选取漏水较严重的部位，用凿子剔出半贯穿性的孔眼，并刷洗干净后，在孔眼中插进胶皮管将水导出。这样就把"片渗"变为"点渗"，将大片渗水面的水压降低下来。然后，可在渗水面上做刚性防水层修补处理。待修补的防水层砂浆凝固后，拔出胶皮管，再按"孔洞直接堵塞法"的要求将管孔堵塞好。对于较大面积渗水面的补漏处理，在可能条件下，最好采用降低地下水位，使补漏处理在没有水压情况下进行，则更能保证施工质量。

2. 化学灌浆堵漏法

（1）灌浆材料

氰凝（聚氨酯）是一种常用的灌浆堵漏材料。氰凝的主体成分是以多异氰酸酯与含羟基的化合物（聚酯、聚醚）制成的预聚体。使用前，在预聚体内掺入一定量的副剂（表面活性剂、乳化剂、增塑剂、溶剂与催化剂等），搅拌均匀即配制成氰凝浆液。氰凝浆液不遇水不发生化学反应，稳定性好；当浆液灌入漏水部位后，立即与地下水发生化学反应，生成不溶于水的凝胶体；同时放出二氧化碳气体，使浆液发泡膨胀，再向四周渗透扩散，直至反应结束时才停止膨胀和渗透。由于氰凝遇水反应有膨胀特点，氰凝就产生了二次渗透现象，因而具有较大的渗透半径，最终形成容积大、强度高、抗渗性好的固结体。

(2)灌浆堵漏施工

灌浆堵漏施工,可分为混凝土表面处理、布置灌浆孔、埋设灌浆嘴、封闭漏水部位、压水实验、灌浆、封孔等工序。

灌浆孔的间距一般为1m左右,并要交错布置;将灌浆嘴埋入灌浆孔中,进行灌浆。灌浆是整个灌浆堵漏施工的重要的环节。灌浆前应对灌浆系统全面检查,认为灌浆机具运转正常、道路畅通后方可进行灌浆。灌浆结束,待浆液固结后,拔出灌浆嘴并用水泥砂浆封闭灌浆孔。灌浆完毕后,应立即清洗灌浆机具。

第三节　卫生间防水施工

因卫生间一般有较多穿过楼地面或墙体的管道,平面形状复杂且面积较小,处理不当极易发生渗漏水的质量事故,所以卫生间是一个不容忽视的重要防水部位。目前在实际工程中多采用涂膜防水,尤其是采用聚氨酯涂膜防水和氯丁胶乳沥青涂料防水的做法较多,这些涂膜可以使卫生间的地面和墙面形成一个没有接缝、封闭严密的整体防水层,防水质量较为理想。而传统的卷材防水已不能满足卫生间防水的要求,已很少采用。卫生间的防水要特别加强卫生洁具、地漏、管道根部的防水措施。

一　卫生间楼地面聚氨酯防水施工

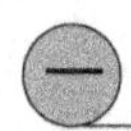

聚氨酯涂膜防水材料是双组分化学反应固化形的高弹性防水涂料,多以甲、乙双组分形式使用。主要材料有聚氨酯涂膜防水材料甲组分、聚氨酯涂膜防水材料乙组分和无机铝盐防水剂等。施工用辅助材料应备有二甲苯(清洗工具用)、二月桂酸二丁基锡(凝固过慢时,作促凝剂用)、苯磺酰氯(凝固过快时,作缓凝剂用)等。

(一)基层处理

卫生间的防水基层必须用1∶3的水泥砂浆找平,要求抹平压光无空鼓,表面要坚实,不应有起砂、掉灰现象。在抹找平层时,凡遇到管子根部周围要使其略高于地面;在地漏的周围应做成略低于地面的洼坑。找平层的坡度以1%~2%为宜,凡遇到阴、阳角处,要抹成半径不小于10mm的小圆弧。穿过楼地面或墙壁的管件(如套管、地漏等)及卫生洁具等,必须安装牢固,收头必须圆滑,并按设计要求用密封膏嵌固。基层必须基本干燥,一般在基层表面均匀泛白无明显水印时,才能进行涂膜防水层施工。施工前要把基层表面的尘土杂物彻底清扫干净。

(二)施工工艺

1.清理基层

施工前,先将基层表面的突出物、砂浆疙瘩等异物铲除,并进行彻底清扫。如发现有油污、铁锈等,要用钢丝刷、砂布和有机溶剂等彻底清扫干净。

2.涂布底胶

将聚氨酯甲、乙组分和二甲苯按1∶1.5∶2的比例(质量比)配合搅拌均匀,再用小滚刷均匀涂布在基层表面上。干燥4h以上,才能进行下一道工序。

3. 配制聚氨酯涂膜防水涂料

将聚氨酯甲、乙组分和二甲苯按1∶1.5∶0.3的比例配合,用电动搅拌器强力搅拌均匀备用。涂料应随配随用,一般在2h内用完。

4. 涂膜防水层施工

用小滚刷或油漆刷将已配好的防水混合材料均匀涂布在底胶已干涸的基层表面上。涂布时要求厚薄均匀一致,平刷3~4度为宜。防水涂膜的总厚度不小于1.5mm为合格。涂完第一度涂膜后,一般需固化5h以上,在基本不黏手时,再按上述方法涂布第二、三、四度涂膜,并使后一度与前一度的涂布方向相垂直。对管子根部和地漏周围以及下水管转角墙部位,必须认真涂刷,涂刷厚度不小于2mm。在涂刷最后一度涂膜固化前及时稀撒少许干净的粒径为2~3mm的小豆石,使其与涂膜防水层黏结牢固,作为与水泥砂浆保护层黏结的过渡层。

5. 做好保护层

当聚氨酯涂膜防水层完全固化和通过蓄水试验并检验合格后,即可铺设一层厚度为15~25mm的水泥砂浆保护层,然后可根据设计要求铺设饰面层。

(三)质量要求

聚氨酯涂膜防水材料的技术性能应符合设计要求或标准规定,并应附有质量证明文件和现场取样进行检验的试验报告以及其他有关质量的证明文件。涂膜厚度应均匀一致,总厚度不应小于1.5mm。涂膜防水层必须均匀固化,不应有明显的凹坑、气泡和渗漏水的现象。

二 卫生间楼地面氯丁胶乳沥青防水涂料施工

氯丁胶乳沥青防水涂料是氯丁橡胶乳液与乳化沥青混合加工而成,它具有橡胶和石油沥青材料的双重优点。该涂料与溶剂型的同类涂料相比,成本较低,基本无毒,不易燃,不污染环境,成膜性好,涂膜的抗裂性较强,适宜于冷施工。

(一)基层处理

与聚氨酯涂膜防水施工要求相同。

(二)施工工艺

1. 阴角、管子根部和地漏等部位的施工

这些部位易发生渗漏,必须先铺一布二油进行附加补强处理。即将涂料用毛刷均匀涂刷在需要进行附加补强处理的部位,再按形状要求把剪好的玻璃纤维布或聚酯纤维无纺布粘贴好,然后涂刷涂料。待干燥后,再按要求进行一布四油施工。

2. 一布四油施工

在洁净的基层上均匀涂刷第一遍涂料,待涂料表面干燥后(4h以上),即可铺贴的玻璃纤维布或聚酯纤维无纺布,接着涂刷第二遍涂料。施工时可边铺边涂刷涂料。聚酯纤维无纺布的搭接宽度不应小于70mm。铺布过程中要用毛刷将布铺刷平整,彻底排除气泡,并使涂料浸透布纹,

不得有白茬、折皱，垂直面应贴高250mm以上，收头处必须粘贴牢固，封闭严密。然后再涂刷第二遍涂料，待干燥(24h以上)后，再均匀涂刷第三遍涂料，待表面干燥(4h以上)后再涂刷涂料。

3. 蓄水试验

第四遍涂料涂刷干燥(24h以上)后，方可进行蓄水试验，蓄水高度一般为50~100mm，蓄水时间24~48h，当无渗漏现象时，方可进行刚性保护层施工。

(三)质量要求

水泥砂浆找平层做完后，应对其平整度、坡度和干燥程度进行预验收。防水涂料应有产品质量证明书以及现场取样的复检报告。施工完成后的氯丁胶乳沥青防水涂膜不得有起鼓、裂纹、孔洞等缺陷。末端收头部位应粘贴牢固，封闭严密，形成一个整体的防水层。做完防水层的卫生间，经24h以上的蓄水检验，无渗漏现象方为合格。要提供检查验收记录，连同材料质量证明文件等技术资料一并归档备查。

三 卫生间涂膜防水施工注意事项

施工用材料有毒性，存放材料的仓库和施工现场必须通风良好，无自然通风条件的地方必须安装机械通风设备。

施工材料多属易燃物质，存放、配料以及施工现场必须严禁烟火，现场要配备足够的消防器材。

在施工过程中，严禁上人踩踏未完全干燥的涂膜防水层。施工人员应穿平底胶布鞋，以免损坏涂膜防水层。

凡需做附加补强层的部位应先施工，然后再进行大面防水层施工。

已完工的涂膜防水层，必须经蓄水试验无渗漏现象后，方可进行行刚性保护层的施工。进行刚性保护层施工时，切勿损坏防水层，以免留下渗漏隐患。

四 卫生间渗漏及堵漏措施

卫生间的渗漏常发生在板面和墙面、楼板的管道等部位。

1. 板面及墙面渗水

(1)原因：混凝土、砂浆施工的质量不良，存在微孔渗漏；板面、隔墙出现轻微裂缝；防水涂层施工质量不好或被损坏。

(2)堵漏措施：拆除卫生间渗漏部位饰面材料，涂刷防水涂料；如有开裂现象，则应对裂缝先进行增强防水处理，再刷防水涂料。增强处理一般采用贴缝法、填缝法和填缝加贴缝法。贴缝法主要适用于微小的裂缝，可刷防水涂料并加贴纤维材料或布条，作防水处理。填缝法主要用于较显著的裂缝，施工时要先进行扩缝处理，将缝扩展成15mm×15mm左右的V形槽，清理干净后刮填嵌缝材料。填缝加贴缝法除采用填缝处理外，在缝表面再涂刷防水涂料，并粘纤维材料处理。

当渗漏不严重，饰面拆除困难，也可直接在其表面刮涂透明或彩色聚氨酯防水涂料。

2. 卫生洁具及穿楼板管道、排水管口等部位渗漏

(1)原因：细部处理方法欠妥，卫生洁具及管口周边填塞不严；由于振动及砂浆、混凝

土收缩等原因,出现裂隙;卫生洁具及管口周边未用弹性材料处理,或施工时嵌缝材料及防水材料黏结不牢;嵌缝材料及防水涂层被拉裂或拉离黏结面。

(2)堵漏措施:将漏水部位彻底清理,刮填弹性嵌缝材料;在渗漏部位涂刷防水涂料,并粘贴纤维材料处理增强。

第四节　防水工程常见的质量事故及处理

一 卷材防水工程常见的质量事故及处理

沥青卷材防水层最容易产生的质量问题是防水层起鼓、开裂、沥青流淌、老化、屋面漏水等。

(一)卷材防水层开裂

1.现象

沿预制板支座、变形缝、挑檐处出现规律性或不规则裂缝。

2.产生原因

结构层变形、找平层开裂;屋面刚度不够,建筑物不均匀下沉;沥青胶流淌、卷材接头错动;卷材质量低劣,老化脆裂;沥青胶韧性差,发脆,熬制温度过高,老化等。

3.防治和修补

在预制板接缝处铺一层卷材作缓冲层;做好砂浆找平层,并留分格缝;严格控制原材料和铺设质量,改善沥青胶配合比;采取措施,控制耐热度和提高韧性,防止老化;严格认真操作,采取洒油法粘贴。

4.修补方法

在开裂处补贴卷材。

(二)沥青胶流淌

1.现象

沥青胶软化、使卷材移动而形成皱褶或被拉空、沥青胶在下部堆积或流淌。

2.产生原因

沥青胶的耐热度过低,天热软化;沥青胶涂刷过厚,产生蠕动;未作绿豆砂保护层,或绿豆砂保护层脱落,辐射温度过高,引起软化;屋面坡度过陡,而采用平行屋脊铺贴卷材。

3.防止措施

根据实际最高辐射温度、厂房内热源、屋面坡度合理选择沥青胶的型号,控制熬制质量和涂刷厚度(小于2mm),作好绿豆砂保护层,减低辐射温度;屋面坡底过陡,采用垂直屋脊铺贴卷材。

4.修补方法

可采取局部切割重铺卷材。

(三)防水层鼓泡

1. 现象

防水层出现大量大小不等的鼓泡、气泡,局部卷材与基层或下层卷材脱空。

2. 产生原因

屋面基层潮湿,未干就刷冷底子油或铺卷材;基层窝有水分或卷材受潮,在受到太阳照射后,水汽蒸发,体积膨胀,造成鼓泡;基层不平整,粘贴不实,空气没有排净;卷材铺贴扭歪、皱褶不平,或刮压不紧,雨水潮气浸入;室内有蒸汽,而屋面未作隔气层。

3. 防治和修补

严格控制基层含水率在6%以内;避免雨、雾天施工;防止卷材受潮;加强操作程序和控制,保证基层平整,涂油均匀,封边严密,各层卷材粘贴平顺严实,把卷材内的空气赶净;潮湿基层上铺设卷材,采取排气屋面做法。

4. 修补方法

将鼓泡处卷材割开,采取打补丁办法,重新加贴小块卷材护盖。

(四)沥青胶老化、龟裂

1. 现象

沥青胶出现变质、裂缝等情况。

2. 产生原因

沥青胶的标号选用过低;沥青胶配制时,熬制温度过高,时间过长,沥青碳化;沥青胶涂刷过厚;未作绿豆砂保护层或绿豆砂撒铺不匀;沥青胶使用年限已到。

3. 防止措施

根据屋面坡度、最高温度合理选择沥青胶的型号;逐锅检验软化点;严格控制沥青胶的熬制和使用温度,熬制时间不要过长;做好绿豆砂保护层,免受辐射作用;减缓老化,做好定期维护检修。

4. 修补方法

清除脱落绿豆砂,表面加做保护层;翻修。

(五)变形缝漏水

1. 现象

变形缝处出现脱开、拉裂、反水、渗水等情况。

2. 产生原因

屋面变形缝,如伸缩缝、沉降缝等没有按规定附加干铺卷材,或铁皮凸棱安反,铁皮向中间泛水,造成变形缝漏水;变形缝缝隙塞灰不严;铁皮没有泛水;铁皮未顺水流方向搭接,或未安装牢固,被风掀起;变形缝在屋檐部位未断开,卷材直铺过去,变形缝变形时,将卷材拉裂、漏水。

3. 防止措施

变形缝严格按设计要求和规范施工,铁皮安装注意顺水流方向搭接,做好泛水并钉装牢固;缝隙填塞严密;变形缝在屋檐部分应断开,卷材在断开处应有弯曲以适应变形伸缩需要。

4. 修补方法

变形缝铁皮高低不平，可将铁皮掀开，将基层修理平整，再铺好卷材，安好铁皮顶罩（或泛水），卷材脱开拉裂按"开裂"处理。

二 油膏防水工程常见的质量事故及处理

油膏防水工程常见的质量事故有开裂、脱落、起泡、破损、渗漏等。

（一）屋面板板面开裂

1. 现象

屋面板板面出现各类形状大小不一的裂缝。

2. 产生原因

找平层或混凝土水灰比过大，密实性差，受温度、干缩影响而造成裂缝；预应力板由于放张、卡模、反拱等原因，引起板面出现横向或四角斜向裂缝；基层刚度不够，抗变形能力差，未按规定留设分格缝，都会引起防水层开裂。

3. 防止措施

制作屋面板时，严格控制水灰比，加强捣实，控制温差，以减轻温度收缩应力，防止开裂；预应力板避免放张卡模，张拉控制应力不要过大；屋面按规定留分格缝。

4. 治理方法

裂缝用环氧树脂胶泥或加贴玻璃纤维布封闭。

（二）渗漏

1. 现象

防水屋面在接缝或板面出现渗漏现象。

2. 产生原因

基层处理不当，灌缝不满，粘贴不牢；防水涂料质量差，涂层过早老化、脱裂、起皮，不能起到保护板面、防渗的作用；板缝油膏脱开，失去嵌缝防水作用。

3. 防止措施

板的安装接缝严格按设计要求和规范规定进行；板缝必须洁净、干燥、涂刷冷底子油，干后及时冷嵌或热灌油膏，使其粘贴牢固；选用质量稳定，性能优良的嵌缝材料和防水涂料。

4. 治理方法

板面涂料质量不好，应铲除重刷防水涂料，板缝油膏脱开，清理干净，预热基层，重新浇注油膏。

（三）脱落

1. 现象

板面防水涂料或毡片粘贴不牢，产生脱落现象。

2. 产生原因

基层表面不平整，不洁净，涂料成膜厚度不够；基层过分潮湿，水分蒸发缓慢，不利于成膜；

涂料变质,或施工时遇雨淋;采用连续作业施工,工序之间未经必要的间歇。

3. 防止措施

基层做到平整、密实、清洁,涂料一次成膜厚度不宜大小 0.3mm,亦不大于 0.5mm;砂浆达到 0.5MPa 以上强度才允许涂刷涂料;基层表面不得有水珠,同时避免雾天、雨天施工;避免使用变质失效的涂料;防水层每道工序之间保持有 12 ~24h 的间歇;防水层施工完后应自然干燥 7d 以上。

4. 治理方法

清除脱落处的残痕,重涂油膏。

(四)起泡

1. 现象

板面防水涂层出现大小不一的鼓泡、气泡,造成局部涂层与基层脱离或空鼓。

2. 产生原因

基层过分潮湿(有水珠)或在阴雨天气施工;涂料施工时温度过高,或涂刷过厚,表面结膜过快,内层的水分难以逸出而形成气泡。

3. 防止措施

基层应平整,表面不过分潮湿;选择在晴朗和干燥的天气施工,避免在炎热天气中午操作;涂料涂刷厚度要适度,一次成膜的湿厚度应小于 1mm。

4. 治理方法

将气泡部位铲除,重涂刷油膏。

(五)破损

1. 现象

防水涂层局部破损露出基层或板面。

2. 产生原因

施工程序安排不当;涂料防水层较薄,施工中未加保护;对涂料防水层未进行养护。

3. 防止措施

坚持按施工程序施工,待屋面上各道工序完成后,再做防水涂层;防水层施工完后,作好养护、保护,一周内严禁上人。

4. 治理方法

将已破损的防水涂层清除干净后,在其上用涂料进行修补。

三 水泥砂浆、细石混凝土屋面防水工程常见的质量事故及处理

水泥砂浆、细石混凝土屋面防水工程常见的质量事故有防水层开裂、起砂及渗漏等问题。

(一)开裂

1. 现象

砂浆、混凝土防水层出现各种形状不一的微细裂缝,造成屋面渗漏。

2. 产生原因

防水层较薄，受基层沉降变形、温差变化等的影响，而引起防水层开裂；温度分格缝未按规定设置或设置不当；在砂浆、混凝土配合比设计时，水泥用量或水灰比过大；施工压抹或振捣不密实，由于养护不周造成早期脱水。

3. 防止措施

在混凝土防水层下设置纸筋灰、麻刀灰或卷材隔离层，以减少温度收缩变形对防水层的影响；防水层进行分格，分格缝设在装配式结构的板端、现浇混凝土整体结构的支座处、屋面转折处、间距控制不大于6m；严格控制水泥用量和水灰比，加强抹压与捣实，混凝土养护时间不少于14d，以减少收缩，提高抗拉强度。

4. 治理方法

将裂缝处凿槽，清理干净，刷冷底子油，再嵌补防水油膏，上面再铺条状防水卷材一层盖缝。

（二）渗漏

1. 现象

山墙、女儿墙、檐口、天沟等处出现渗漏水现象。

2. 产生原因

山墙、女儿墙、檐口、天沟等节点处理不当，造成与屋面板变形不一致；屋面分格缝未与板端缝对齐，在荷载作用下板端上翘，使防水层开裂；分格缝嵌油膏时，未将缝中杂物清理干净，冷底子油漏涂，使油膏黏结不实而渗漏；嵌缝材料黏结性、柔韧性和抗老化性能差，失去嵌缝作用；屋面板缝浇灌不密实，整体性、抗渗性差；混凝土本身质量差，出现蜂窝麻面渗水；屋面未按设计要求找坡或找坡不正确，造成局部积水而引起渗漏。

3. 防止措施

认真做好山墙、女儿墙等与屋面板接缝处的细部处理，除填灌砂浆或混凝土外，并在上部加做油膏嵌缝防水，再按常规做法做卷材泛水；分格缝应和板缝对齐，板缝应设吊模用细石混凝土填灌密实；嵌缝时将基层清理干净、干燥、刷冷底子油，采用优质油膏填塞密实；选用优质嵌缝材料；烟囱、雨水管穿过防水层处，用砂浆填实，压光，严格按设计作防水处理；屋面按设计挂线，找坡、避免积水。

4. 治理方法

开裂渗漏同“开裂”处置方法；分格缝中的油膏如嵌填不实或已变质，应剔除干净，按操作规程重新嵌填。

（三）起壳、起砂

1. 现象

砂浆、混凝土防水层与基层脱离，造成脱壳，或表面出现一层松动的水泥砂浆。

2. 产生原因

基层未清理干净，施工前未洒水湿润，与防水层黏结不良；防水层施工质量差，未很好压光和养护；防水层表面发生碳化现象；所用水泥的体积安定性不合格。

3. 防止措施

认真清理基层(无隔离层防水层),施工前洒水湿润,以保证良好黏结;防水层施工切实做好摊铺,压抹(或碾压),收光、抹平和护养等工序;为防表面碳化,在表面加作防水涂料一层;在使用水泥前,一定要做安定性试验。

4. 治理方法

对轻微起壳、起砂,可表面扫净、湿润、加抹10mm厚掺少量107胶的1:2水泥砂浆、压光。

第五节 防水工程施工方案实例

一 工程概况

某医院综合病房楼工程,建筑面积50 019m^2,地下1层、地上16层,建筑物檐高67.04m,基础采用筏片基础,地下室防水采用微膨胀混凝土自防水和外贴双层SBS卷材防水相结合,主体为框架—剪力墙体系。屋面采用两道SBS卷材防水,上铺麻刀灰隔离层,面贴缸砖保护。该屋面防水工程经质量检验坡度合理,排水通畅,女儿墙、泛水收头顺直、规矩,管道根部制作精致,经过一个夏季的考验,未发现有渗漏现象,防水效果较好。

二 屋面构造层次

(1)缸砖面层,1:1水泥砂浆嵌缝;

(2)麻刀灰隔离层;

(3)III + IIISBS卷材防水层;

(4)20mm厚1:3水泥砂浆找平层;

(5)1:6水泥焦砟找坡层,最薄处30mm厚,坡度为3%;

(6)60mm厚聚苯板保温层;

(7)现浇混凝土楼板。

三 施工工艺流程

屋面防水层的施工工艺流程为:基层清理→涂刷基层处理剂→细部节点处理→铺贴防水卷材→收头密封→蓄水试验→隔离层施工→保护层施工。

(1)清理基层。铲除基层表面的凸起物、砂浆疙瘩等杂物,并将基层清理干净。在分格缝处埋设排气管,排气管要安装牢固、封闭严密;排气道必须纵横贯通,不得堵塞,排气孔设在女儿墙的立面上,如图8-10所示。

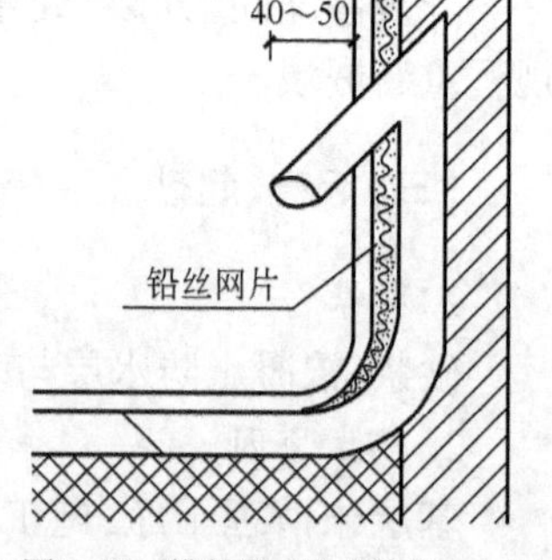

图8-10 排气孔(尺寸单位:mm)

(2)涂布基层处理剂。基层处理剂采用溶剂型橡胶改性沥青防水涂料,涂刷时要厚薄均匀,在基层处理剂干燥后,才能进行下一道工序。

(3)细部节点处理。在大面积铺贴卷材防水层之前,应对所有的节点部位先进行防水增强处理。

(4)铺贴防水卷材。采用热熔法施工,火焰加热器加热卷材时应均匀,不得过分加热或烧穿卷材;卷材表面热熔后应立即滚铺卷材,卷材下面的空气应排尽,并辊压黏结牢固,不得空鼓;卷材接缝部位必须溢出热熔的改性沥青胶;铺贴的卷材应平整顺直,搭接尺寸准确,不得扭曲、皱折。

(5)收头密封。防水层的收头应与基层黏结并固定牢固,缝口封严,不得翘边。

(6)蓄水试验。按标准试验方法进行。

(7)隔离层、保护层施工。将防水层表面清理干净,铺设缸砖保护层。保护层与女儿墙、山墙之间应预留宽度为30mm的缝隙,并用密封材料嵌填密实。

四 质量要求

1. 材料要求

所用防水材料的各项性能指标均必须符合设计要求(检查出厂合格证、质量检验报告和试验报告)。

2. 找平层质量要求

找平层必须坚固、平整、粗糙,表面无凹坑、起砂、起鼓或酥松现象,表面平整度,以2m的直尺检查,面层与直尺间最大间隙不应大于5mm,并呈平缓变化;要按照设计的要求准确留置屋面坡度,以保证排水系统的通畅;在平面与突出物的连接处和阴阳角等部位的找平层应抹成圆弧,以保证防水层铺贴平整、黏结牢固;防水层作业前,基层应干净、干燥。

3. 卷材防水层铺贴工艺要求

铺贴工艺应符合标准、规范的规定和设计要求,卷材搭接宽度准确。防水层表面应平整,不应有孔洞、皱折、扭曲、损烫伤现象。卷材与基层之间、边缘、转角、收头部位及卷材与卷材搭接缝处应粘贴牢固,封边严密,不允许有漏熔、翘边、脱层、滑动、空鼓等缺陷。

4. 细部构造要求

水落口、排气孔、管道根部周围、防水层与突出结构的连接部位及卷材端头部位的收头均应粘贴牢固、密封严密。

5. 质量控制

施工过程中应坚持"三检制"(自检、互检、专检),即每一道防水层完成后,应由专人进行检查,合格后方可进行下一道防水层的施工。竣工的屋面防水工程应进行闭水或淋水试验,不得有渗漏和积水现象。

五 劳动组织与安全

(1)由经过上岗培训合格的防水专业操作人员施工,5人为一个操作组:1人定位铺设卷材、2人持枪热熔卷材,1人辊压排气,1人封边。

(2)施工用防水材料及辅助材料属于易燃品,故在存料库及现场一定要严禁烟火,并应配备灭火器材,对操作人员进行灭火器具使用和灭火知识培训。

(3)向加热器具内灌燃料时要避免溢出或洒在地面上,防止点火时引起火灾。

(4)汽油火焰枪的点火枪嘴不得面对人,以免造成烫伤事故。

(5)在挑檐、檐口等危险部位施工时,施工人员必须佩带安全带。

(6)操作范围内有电力线路四周应设防护,以免触电。

(7)垂直运输材料时,应采取防护措施防止高空坠落等事故发生。施工班组应设有安全员,并建立相应的施工安全制度。施工前安全员应对班组进行安全交底。

本章小结

本章内容包括屋面防水工程、地下防水工程以及卫生间防水三部分。建筑防水按采用防水材料和施工方法不同分为柔性防水和刚性防水,柔性防水是采用柔性材料,主要包括各种防水卷材和防水涂料,经施工将其铺贴或涂布在防水工程的迎水面,达到防水目的;刚性防水采用的材料主要是普通细石混凝土、补偿收缩混凝土和块体刚性材料等,依靠混凝土自身的密实性并配合一定的构造措施达到防水的目的。各种防水工程质量的好坏,除与各种防水材料的质量有关外,主要取决于各构造层次的施工质量,因此要严格按照相关的施工操作规程和规范的规定进行施工,严格把好质量关。

建筑防水工程的质量应在施工过程中进行控制,每一道工序经检查合格之后方可进行下一道工序的施工,这样才能达到工程的各部位不漏水、不积水的要求。防水工程的质量检验包括材料的质量检验和防水施工的检验。

屋面防水工程存在高空、高温、有毒和易燃等不安全因素,在施工中要特别重视安全防护,以防止火灾、中毒、烫伤、坠落等事故的发生。

复习思考题

1. 试述卷材防水屋面的构造和各层的作用。
2. 卷材防水层对基层有什么要求?为什么找平层要留分格缝?
3. 卷材的铺贴方向是如何确定的?
4. 卷材防水屋面的质量要求有哪些?
5. 沥青卷材屋面防水层最容易产生的质量问题有哪些?如何处理?
6. 卷材屋面保护层有哪几种做法?
7. 试述刚性防水屋面的构造。如何预防刚性防水屋面的开裂和渗漏?
8. 屋面工程施工时要注意哪些安全问题?
9. 地下室卷材防水层施工中外防外贴法施工顺序是什么?试述其施工要点。
10. 地下工程防水方案有哪些?
11. 地下防水层的卷材铺贴方案有哪些?各具什么特点?
12. 在防水混凝土施工中应注意哪些问题?
13. 试述防水混凝土的防水原理、配制?
14. 卫生间防水施工有哪些特点?

第九章
装饰装修工程

【职业能力目标】

学完本章,你应会:

1. 组织抹灰工程、饰面工程、油漆和涂料、裱糊等施工。
2. 编制装饰工程施工方案。
3. 懂得装饰工程质量要求和通病的防治。

【学习要求】

1. 熟悉抹灰、饰面、油漆、刷浆、裱糊等施工工艺。
2. 掌握各种装饰材料在施工中的质量要求及通病防治。

建筑的装饰工程内容包括工业与民用建筑的内外抹灰工程、饰面安装工程、轻质隔墙的墙面和顶棚罩面工程、油漆涂料工程、刷浆工程、裱糊以及玻璃工程和用于装饰工程的新型固结技术等。在工程中装饰材料通过不同的饰面施工技术饰于墙壁、地面、顶棚表面,作为主体结构的面层。装饰工程的功能和作用有两种:一是实用;二是美观。它能保护建筑物(构筑物)的结构部分免受自然界的风雨、潮气、日晒等的侵蚀,改善清洁卫生和采光的要求,延长建筑物的寿命,保证建筑物的使用功能,具有隔热、隔音、防潮、美化环境的作用。装饰的效果是通过质感、线形和色彩三个方面体现的。

装饰工程的特点是:劳动量大,劳动量约占整个建筑物劳动总量的30%~40%;工期长,约占整个建筑物施工期的一半以上;占建筑物的总造价高;尤其是近几年来,随着经济势力的逐步增长,对建筑物的装饰工程无论对材料上的要求还是对装饰质量的要求都有了大幅度的提高。装饰工程的项目多,装饰材料品种多,工序复杂。因此,大力发展新技术、新工艺,研制装饰新材料,在保证质量的前提下,改进操作工艺和劳动生产率,降低成本,节约材料,符合我国节约型社会的新形式,具有重要的现实意义。伴随着建材工业和建筑施工技术的进步,我国的建筑装饰材料和饰面技术有了新的提高和发展。

第一节　抹灰工程施工

抹灰工程按面层不同分为一般抹灰和装饰抹灰。一般抹灰的面层材料有石灰砂浆、水泥砂浆、混合砂浆、聚合物水泥砂浆、膨胀珍珠岩水泥砂浆、麻刀灰、石膏灰等。装饰抹灰的底层和中层与一般抹灰做法基本相同，其面层主要材料有水刷石、水磨石、斩假石、干粘石、喷涂、滚涂、弹涂、仿石和彩色抹灰等。

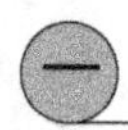 一般抹灰工程

（一）一般规定

抹灰一般分为三层，即底层、中层和面层。底层主要是起与基层黏结的作用，厚度一般为5～9mm，要求砂浆有较好的保水性，其稠度较中层和面层大，砂浆的组成材料要根据基层的种类不同选择相应的配合比，底层砂浆的强度不能高于基层强度，以免抹灰砂浆在凝结过程中产生较强的收缩应力，破坏强度较低的基层，从而产生空鼓、裂缝、脱落等质量问题；中层抹灰起找平作用，砂浆的种类基本与底层相同，只是稠度稍小，中层抹灰较厚时应分层，每层厚度应控制在5～9mm；面层起装饰作用，要求涂抹光滑、洁净，因此要求用细砂，或用麻刀、纸筋灰浆。各层砂浆的强度要求应为底层 > 中层 > 面层，并不得将水泥砂浆抹在石灰砂浆或混合砂浆上。

抹灰层的平均厚度不得大于下列规定：

（1）顶棚：板条、空心砖、现浇混凝土为15mm，预制混凝土为18mm，金属网为20mm；

（2）内墙：普通抹灰为18mm，高级抹灰为25mm；

（3）外墙为20mm，勒角及墙面部分为25mm；

（4）石墙为35mm。

涂抹水泥砂浆每遍厚度宜为5～7 mm；涂抹砂浆和水泥混合砂浆每遍厚度宜为7～9 mm。面层抹灰经赶平压实后的厚度，麻刀灰不得大于3 mm；纸筋石灰、石膏灰不得大于2 mm。

（二）施工准备

1. 材料准备

抹灰工程所需用的材料、成品、半成品等应按照材料的质量标准要求，具备材料合格证书并进行现场抽样检测。

（1）水泥：应采用硅酸盐水泥、普通硅酸盐水泥，其质量必须符合先行国家标准《硅酸水泥、普通硅酸盐水泥》（GB 175），强度等级不小于32.5，水泥应有出厂质量保证书，使用前必须对水泥的凝结时间和安定性进行复验。不同品种、不同质量的水泥不得混用。

（2）砂：应采用中砂，质量符合《普通混凝土用砂质量标准及检验方法》（JGJ 52），含泥量不应大于3%，使用前应过筛。

（3）石灰膏：石灰膏使用前应经熟化，时间一般不少于15d，用于罩面的磨细石灰粉熟化时间不应少于3d。石灰膏应细腻洁白，不得使用含有未熟化颗粒，已冻结风化的石灰膏不得使

用。使用未经熟化的过火石灰，会发生爆灰和开裂的质量问题。因此石灰浆应在储灰池中常温陈伏不少于15d（如果用于罩面抹灰时，应不少于30d），在陈伏期间，石灰浆表面应保留一层水，以使其与空气隔离而避免炭化。同时应防止冻结和污染。

（4）水：宜用饮用水，当采用其他水源时，水质应符合国家饮用水标准。

2. 抹灰工程的主要机具

砂浆搅拌机、手推车、筛子、铁锹、灰盘、灰箱、托灰板、抹子、压子、阳角抹子、阴角抹子、捋角器、刮杆、方尺等。

3. 施工现场要求

（1）主体结构已完成，脚手架眼已堵完，主体结构工程验收合格；墙体内预埋管线已完成并验收合格。

（2）所有材料进场检验完成，达到质量要求；机械设备就位运行正常。

（三）施工工艺

1. 工艺流程（图9-1）

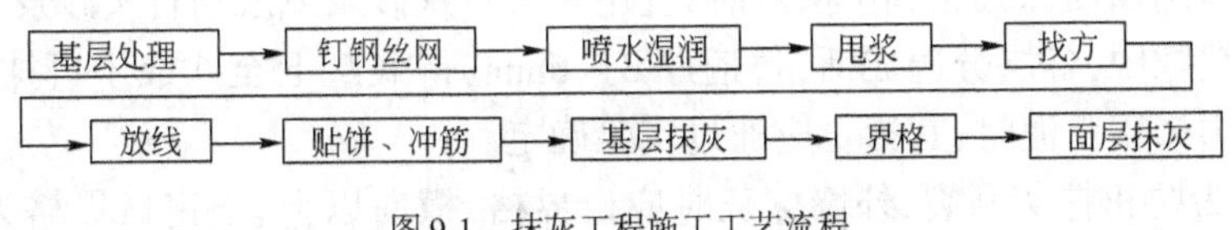

图9-1　抹灰工程施工工艺流程

2. 施工工艺

（1）基层处理：基层表面要保持平整洁净，无浮浆、油污、碱膜等，表面凹凸太大的部位要先剔平或用1∶3水泥砂浆补齐，表面太光滑的要剔毛，混凝土表面拆模时随即凿毛处理，或用掺10%108胶水的1∶1水泥浆满刮一层，或用混凝土截面剂处理。门窗洞口与木门窗框交接处用水泥砂浆嵌填密实，脚手架眼要先堵塞严密，水暖、通风管道通过的墙洞、凿剔墙后安装的管道必须用1∶3水泥砂浆堵严。

（2）钉钢丝网：基层处理完后，在砌体与框架柱、梁、构造柱、剪力墙等交接处钉钢丝网。钢丝网的规格要符合设计要求，当无设计要求时应满足下列规定：直径不小于1.6mm，网眼为20×20钢丝网，用钢钉或射钉每200～300mm加铁片固定，钢丝网的宽度不应小于220mm，与不同基层的搭接宽度每边不少于100mm，挂网要做到均匀、牢固，在砌体上不得用射钉固定。

（3）喷水湿润：用水将墙体湿润，喷水要均匀，不得遗漏，墙体表面的吸水深度控制在20mm左右。

（4）甩浆：用界面剂∶水泥∶过筛细砂＝1∶1∶1.5的水泥砂浆做甩浆液，要使墙壁面布点均匀，不应有漏涂。浇水养护24h，待水泥浆达到一定强度后再抹灰。

基层为混凝土时，抹灰前应先刮素水泥浆一道；在加气混凝土或粉煤灰砌块基层抹石灰砂浆时，应先刷108胶∶水＝1∶5溶液一道，抹混合砂浆时，应先刷108胶（掺量为水泥重量的10%～15%）水泥浆一道。

（5）找方：先以跨度较大的两面墙体所在的轴线各找出一条控制线，然后以这两条控制线确定其他两条较短的控制线，相邻控制线间要互相垂直。内墙天棚抹灰用超平管在四周墙上及框架梁侧面弹出水平标高线，作为控制线。

(6)放线:根据控制线将线引到墙体、楼地面或易识别的物体上,外墙可从楼顶的四角向下悬垂线进行放线,同时在窗口上下悬挂水平通线用于控制水平方向的抹灰。

(7)贴饼、冲筋:根据所放垂线和水平线,确定抹灰厚度,在每一面墙上抹灰饼(与有门窗口垛角处要补做灰饼),灰饼厚度即底层抹灰厚度,然后拉通线冲筋,冲筋的宽度和厚度与灰饼相同,抹灰和冲筋的砂浆材料配合比同基层抹灰材料配合比。

(8)基层抹灰:基层抹灰要在界面剂水泥砂浆达到一定强度后(以甩浆48h后为宜)开始抹底灰。室内墙面、柱面和门洞口的阳角应先抹出护角,当设计无要求时,应采用1:2水泥砂浆做高度不低于2m,每侧宽不少于50mm度的暗护角。对外墙窗台、窗楣、雨篷、阳台、压顶和突出腰线等,上面应做成流水坡度,下面做滴水线或滴水槽,滴水槽的深度和宽度均不应小于10mm,要求整齐一致。底灰应分层涂抹,每层厚度不应大于10mm,必须在前一层砂浆凝固后再抹下一层。当抹灰厚度大于35mm时要采取加强措施,一般采用钢丝网。

在加气混凝土基层上抹底灰的强度宜与加气混凝土强度接近,中层灰的配合比亦宜与底灰基本相同。底灰宜用粗砂,中层灰和面灰宜用中砂。

板条或钢丝网墙面抹底层和中层灰时,宜用麻刀石灰砂浆或纸筋石灰砂浆,砂浆要挤入板条或钢丝网的缝隙中,各层分遍成活,每遍厚3~6mm,待底灰七至八成干再抹第二遍灰。钢丝网抹灰砂浆中掺用水泥时,其掺量应通过实验确定。

(9)界格:为防止抹灰开裂,外墙抹灰时应设界格,横向以上、下窗口界格为宜,竖向界格以间距不超过3m为宜,外墙界格缝间距一般为1m左右。界格材料及方法根据设计而定。

(10)面层抹灰:采用水泥砂浆面层时,须将底子灰表面扫毛或划出纹道,面层应注意接茬,表面压光不少于两遍,罩面后次日进行喷水养护。纸筋灰或麻刀灰罩面,宜在底子灰五至六成干时进行,底子灰如过于干燥应先浇水润湿,罩面分两遍压实赶光。

(11)顶棚抹灰:钢筋混凝土楼板顶棚抹灰前,应用清水润湿并刷素水泥浆一道,抹灰前在四周墙上弹出水平线,以墙上水平线为依据,先抹顶棚四周,圈边找平。在地方性工艺规程中对于大模板施工的顶棚,在处理好模板接缝及阴角处的表面后可不再抹灰。其他板条、钢丝网顶棚抹灰要求,与墙面抹灰相同。

3. 一般抹灰的施工要点

(1)墙面抹灰

抹底层灰可用托灰板盛砂浆,用力将砂浆推抹到墙面上,一般应从上而下进行,在两标筋之间的墙面砂浆抹满后,即用长刮尺两头靠着标筋,从上而下进行刮灰,使抹上的底层灰与标筋面相平。再用木抹来回抹压,去高补低,再用铁抹压平一遍。

中层砂浆抹灰应待水泥砂浆(或水泥混合砂浆)底层凝结后或石灰砂浆底层灰七八成干后,方可进行。

中层砂浆抹灰时,应先在底层灰上洒水,待其收水后,即可将中层砂浆抹上去,一般应从上而下,自左向右涂抹,不用再作标志及标筋,整个墙面抹满后,用木抹来回搓抹,去高补低,再用铁抹压抹一遍,使抹灰层平整、厚度一致。

面层灰应待中层灰凝固后才能进行。先在中层灰上洒水湿润,将面层砂浆(或灰浆)均匀地抹上去,一般应从上而下,自左向右涂抹整个墙面,抹满后,即用铁抹分遍压抹,使面层灰平整、光滑,厚度一致。铁抹运行方向应注意:最后一遍抹压宜是垂直方向,各部分之间应互相垂直抹压。墙面上半部与墙面下半部面层灰接头处应压抹理顺，不留抹印。

两墙面相交的阴角、阳角抹灰方法，一般按下述步骤进行：

①用阴角方尺检查阴角的直角度；用阳角方尺检查阴角的直角度。用线锤检查阴角或阳角的垂直度。根据直角度及垂直度的误差，确定抹灰层厚薄。阴、阳角处洒水湿润。

②将底层抹于阴角处，用木阳角器压住抹灰层并上下搓动，使阴角的抹灰基本上达到直角。如靠近阴角处有已结硬的标筋，则木阴角器应沿着标筋上下搓动，基本搓平后，再用阴角抹子上下抹压，使阴角线垂直。

③将底层灰抹于阳角处，用木阳角器压住抹灰层并上下搓动，使阳角触抹灰基本上达到直角。在用阳角抹子上下抹压，使阳角线垂直。

④在阴角、阳角处底层灰凝结后，洒水湿润，将面层灰抹于阴角、阳角处，分别用阴角抹、阳角抹上下压抹，使中层灰达到平整光滑。

阴阳角找方应与墙面抹灰同时进行，即墙面抹底层灰时，阴、阳角抹底层找方。

(2)顶棚抹灰

钢筋混凝土楼板下的顶棚抹灰，应待上层楼板地面面层完成后才能进行。板条、金属网顶棚抹灰，应待板条、金属网装钉完成，并经检查合格后，方可进行。

顶棚抹灰不用做标志、标筋，只要在顶棚周围的墙面弹出顶棚灰层的面层高线，此标高线必须从地面量起，不可从顶棚底向下量。

顶棚抹灰应搭设满堂脚手架。脚手板面至顶棚的距离以操作方便为准。

抹底灰前，应扫尽钢筋混凝土楼板底的浮灰、砂浆残渣，去除油污及隔离剂剩料，并喷水润湿楼板底。

在钢筋混凝土楼板抹底灰，铁抹抹压方向应与模板纹路或预制板缝相垂直，在板条、金属网顶棚上抹底灰，铁抹抹压方向应与板条长度方向相垂直，在板条缝处要用力压抹，使底层灰压入板条缝或网眼内，形成转角以使结合牢固。底层灰要抹得平整。

抹中层灰时，铁抹抹压方向宜与底层灰抹压方向相垂直。高级顶棚抹灰，应加钉长350~450mm的麻束，间距为400mm，并交错布置，分遍按放射状梳理抹进中层灰内，所以中层灰应抹得平整、光洁。

抹面层灰时，铁抹抹压方向宜平行于房间进光方向。面层灰应抹得平整、光滑，不见抹印。

顶棚抹灰应待前一层灰凝结后才能抹上后一层灰，不可紧接进行。顶棚面积较小时，整个顶棚抹上灰后再进行压平、压光；顶棚面积较大时可分段分块进行抹灰、压平、压光，但在结合处必须理顺；底层灰全部抹压后，才能抹中层灰，中层灰全部抹压后，才能抹面层灰。

二 装饰抹灰

装饰抹灰与一般抹灰的主要操作程序和工艺基本相同，主要区别在于装饰面层的不同，即装饰抹灰对材料的基本要求、主要机具的准备、施工现场的要求以及工艺流程与一般抹灰相同，其面层根据材料及施工方法的不同而具有不同的形式。

目前装饰抹灰使用较少，下面仅以斩假石为例介绍其施工工艺。

斩假石又称剁斧石，是在水泥砂浆基层上涂抹水泥石子浆，待硬化后，在其表面上用斩琢加工，使其类似天然花岗岩、玄武岩、青条石的表面形态，即为斩假石。它常用于公共建筑的外墙和园林建筑等，是一种装饰效果颇佳的装饰抹灰。其施工要点为：在凝固的底层灰上弹线，洒水湿润后粘分格条。待分格条粘牢后，刮一道水灰比为0.37～0.40的素水泥浆（内掺水量3%～5%的108胶），随即抹上1:1.25水泥石子浆，并压实抹干，24h后，洒水护养。待面层水泥石子浆护养到试剁不掉石屑时，就可以开始斩剁。斩剁前，应在分格条内先用粉线弹出平行部位和垂直部位的控制线，按线操作以免剁纹跑斜，从上而下进行。斩剁时必须保持墙面湿润，剁斧的纹路应均匀，剁纹的方向即深度应一致，一般要斩剁两遍成活。已剁好的分格周围就要起出分格条。全部斩剁完后，清扫斩假石表面。

三 喷涂、滚涂和弹涂

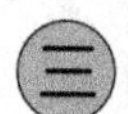

（一）喷涂

喷涂是利用砂浆泵或喷斗将聚合物水泥砂浆经喷枪均匀地喷涂在水泥砂浆底层上，在外墙面形成的装饰抹灰。根据砂浆的稠度和压力的大小，以质感区分，可喷成砂浆饱满、呈波纹状的“波面喷涂”和表面布满点状颗粒的“粒状喷涂”；还有在波面喷涂单色饰面层上，再喷射不同花色的水泥砂浆花点的“花点喷涂”。聚合物水泥砂浆具有良好的保水性和黏结力，增加涂层的柔韧性、减少开裂的倾向，具有防水、防污染性能。

喷涂饰面的底层一般为10～13mm厚1:3水泥砂浆，如为滑升模板或大模板施工的混凝土墙体，可以不抹底层砂浆，只做局部找平，但表面必须平整。喷涂前，先刷1:3（胶:水）107水溶液一道，以保证喷涂层与底层黏结牢固。接着喷涂厚度为3～4mm的饰面层，要求三遍成活，每遍不宜太厚，不得流坠，饰面层收水后，在分格缝处用铁皮刮子沿着靠尺刮去面层，露出底层，做成分格缝，缝内涂刷聚合物水泥浆。最后待面层干燥后，在涂层表面喷一层有机硅憎水剂，以提高涂层的耐久性和减少墙面污染。

喷涂应注意以下几点：

（1）窗和不做喷涂的部位应在喷涂前做好遮盖，防止污染；

（2）干燥的底灰应洒水润湿；

（3）喷涂时的操作环境不宜低于－5℃；

（4）喷涂必须连续进行，不宜接槎，大面积喷涂，应预先粘贴分格条，在分格区内连续进行，面层结硬后取出分格条，用少许砂浆勾缝。

（二）滚涂

滚涂是在底层上均匀地抹一层厚为2～3mm带色的聚合物水泥浆，随即用平面或刻有花纹的橡胶、泡沫塑料磙子在罩面层上直上直下施滚涂拉，并一次成活滚出所需花纹。滚涂方法有干滚和湿滚两种。干滚法是磙子上下一个来回后再向下滚一遍，达到表面均匀拉毛即可，滚出的花纹较粗，但功效较高；湿法为磙子蘸水水上墙，并保持整个表面水量一致，滚出的花纹较细，但比较费工。待面层干燥后，喷涂有机硅水溶液形成饰面。滚涂砂浆的配合比为水泥: 骨料(砂子、石屑或珍珠岩)=1∶0.5~1,再掺入占水泥用量20%的108胶和0.3%的木钙减水剂。滚涂工作效率较喷涂低,但便于小面积局部应用。

(三)弹涂

弹涂时在基层上喷刷一遍掺有108胶的聚合物水泥色浆涂层,然后用弹涂器分几遍将不同色彩的聚合物水泥浆弹在已涂刷的涂层上,形成1~3mm大小的扁圆花点。通过不同颜色的组合和浆点所形成的质感,相互交错,有近似于干粘石的装饰效果;也有做成色光面、细麻面、小拉毛拍平等多种花色。

弹涂做法是:在1∶3水泥砂浆打底的底层砂浆面上,洒水湿润,待干至60%~70%时进行弹涂。先喷底色浆一道,弹分格线,贴分格条,弹头道色点,待稍干后即弹两道色点,最后进行个别修弹,再进行喷射树脂罩面层。

弹涂应注意以下几点:

(1)涂层应干燥、平整、棱角规矩。

(2)如为平整的混凝土基层,可以直接刷底色浆后弹涂。

(3)弹涂应自上而下,从左到右进行。先弹深色浆,后弹浅色浆。

(4)颜色一致,花纹大小均匀,不宜接槎。

第二节 门窗工程施工

门窗按材料分为木门窗、金属门窗、塑料门窗、全玻门窗、复合门窗五大类。下面主要介绍前三类门窗的施工。

一 木制门窗制作安装

木门窗大多由专业的木材加工厂制作。

施工现场主要以安装木门窗框和内扇为主要施工内容。首先应按设计图纸提出木门窗的加工计划,木材加工厂制作,产品进场后应按设计图纸检查门窗的品种、规格、开启方向及组合件,对其外形及平整度进行检查校正。而后进行安装。

门窗的安装有立口(先立门窗框)和后塞口(后立门窗框)两种安装方法。

(1)立口安装:在墙砌到地面时立门框,砌到窗台时立窗框。立门窗框前,要看清门、窗框在施工图上的位置、标高、型号、规格、门窗扇开启方向门窗框是里平、外平或是立在墙中等。立门窗框时要注意拉通线,即在地面(或墙面)画出门(窗)框的中线及边线,而后将门窗立上,用临时支撑撑牢,并用线锤找直,调正校正门窗框的垂直度及上、下槛水平。

立门窗框时要注意门窗的开启方向和墙面装饰层的厚度,各门框进出一致,上、下层窗框对齐。在砌两旁墙时,墙内应砌经防腐处理的木砖。垂直距离0.5~0.7m一块,木砖大小为115mm×115mm×53mm。

(2)塞口安装:是在砌墙时先留出门窗洞口,然后把门窗框装进去,洞口尺寸要比门窗框尺寸每边大20mm,门窗框塞入后,先用木楔固定,经校正无误后,将门窗框钉牢在砌于墙内的木砖上。

(3)木门窗扇的安装:木门窗扇安装前要先测量好门窗框的裁口尺寸,根据所测准确尺寸来修刨门窗扇,使其符合实际尺寸要求。扇的两边要同时修刨。门窗扇的冒头的修刨是先刨平下冒头,依此为准再修刨上冒头,修刨时要注意留出风缝。将修刨好的扇放入框中试装合格后,按扇高1/8~1/10,在框上按铰链(合页)大小画线并剔出铰链槽后,将门窗扇装上。门窗扇应开关灵活,不能过紧或过松,不能出现自开和自关的现象。

(4)玻璃安装:清理门窗裁口,在玻璃底面与门窗裁口之间,沿着口的全长均匀涂抹1~3mm的底灰,用手将玻璃摊铺平正,轻压玻璃使部分底灰挤出槽口,待油灰初凝后,顺裁口刮平底灰,然后用1/2~1/3寸的小圆钉沿玻璃四周固定,钉距200mm,最后抹表面油灰即可。油灰与玻璃、裁口接触的边缘平齐,四角成规则八字形。

(5)木门窗安装的留缝宽度和允许偏差见表9-1和表9-2。

木门窗安装的留缝宽度　　表9-1

项　次	项　目		留缝宽度
1	门窗扇对口缝、扇与框间立缝		1.5~2.5
2	工业厂房双扇大门对口缝		2~5
3	框与扇间上缝		1.5
4	窗扇与下坎间缝		2~3
5	门窗与地面间缝	外门	4~5
		内门	6~8
		卫生间门	10~12
		厂房大门	10~20

木门窗安装的允许偏差　　表9-2

项　次	项　目	允许偏差(mm)	
		Ⅰ级	Ⅱ、Ⅲ级
1	框的正、侧面垂直度	3	3
2	框对角线长度	2	3
3	框与扇接触面平整度	2	2

二 金属门窗安装

建筑中的金属门窗主要有钢门窗、铝合金门窗和涂色钢板门窗三大类。

(一)钢门窗

建筑中应用较多的钢门窗有:薄壁空腹钢门窗和空腹钢门窗。钢门窗在工厂加工制作后整体运到现场进行安装。

钢门窗现场安装前应按照设计要求,核对型号、规格、数量、开启方向及所带五金零件是否齐全,凡有翘曲、变形者,应调直修复后方可安装。

钢门窗采用后塞口方法安装。可在洞口四周墙体预留孔埋设铁脚连接件固定,或在结构内预埋铁件,安装时将铁脚焊在预埋件上。

钢门窗制作时将框与扇连成一体,安装时用木楔临时固定。然后用线锤和水准尺校正垂直与水平,做到横平竖直,成排门窗应上、下高低一致,进出一致。

门窗位置确定后,将铁脚与预埋件焊接或埋入预留墙洞内,用1:2水泥砂浆或细石混凝土将洞口缝隙填实。铁脚尺寸及间隙按设计要求留设,每边不得少于2个,铁脚离端角距离约180mm。

大面组合钢窗可在地面上先拼装好,为防止吊运过程中变形,可在钢窗外侧用木方或钢管加固。

砌墙时门窗洞口应比钢门窗框每边大15~30mm,作为嵌填砂浆的留量。其中,清水砖墙不小于15mm,水泥砂浆抹面混水墙不小于20mm,水刷石墙不小于25mm,贴面砖或板材墙不小于30mm。

钢门窗的安装精度要求和检验方法见表9-3。

钢门窗的安装精度要求和检验方法 表9-3

项次	项目		允许偏差(mm)	检验方法
1	门窗框两对角线长度差	≤2 000mm	5	用钢卷尺检查,量里角
		>2 000mm	6	
2	窗框扇配合间隙的限值	铰链面	≤2	用2×50塞片检查,量铰链面
		执手面	≤1.5	用1.5×20塞片检查,量框大面
3	窗框扇搭接的限值	实腹窗	≥2	用钢针划线和深度尺检查
		空腹窗	≥4	
4	门窗框(含拼樘料)正、侧面的垂直度		3	用1m托线板检查
5	门窗框(含拼樘料)的水平度		3	用1m水平尺和楔形塞尺检查
6	门无下槛时,内门扇与地面间留缝限值		4~8	用楔形塞尺检查
7	双层门扇内外框,梃(含拼樘料)的中心距		5	用钢板尺检查

(二)铝合金门窗

铝合金门窗是用经过表面处理的型材,通过下料、打孔、铣槽、攻丝和制窗等加工过程而制成的门窗框料构件,再与连接件、密封件和五金配件一起组装而成。

安装要点:

1. 弹线

铝合金门、窗框一般是用后塞口方法安装。在结构施工期间，应根据设计将洞口尺寸留出。门窗框加工的尺寸应比洞口尺寸略小，门窗框与结构之间的间隙，应视不同的饰面材料而定。抹灰面一般为20mm；大理石、花岗石等板材，厚度一般为50mm。以饰面层与门窗框边缘正好吻合为准，不可让饰面层盖住门窗框。

弹线时应注意：

(1)同一立面的门窗在水平与垂直方向应做到整齐一致。安装前，应先检查预留洞口的偏差。对于尺寸偏差较大的部位，应剔凿或填补处理。

(2)在洞口弹出门、窗位置线。安装前一般是将门窗立于墙体中心线部位。也可将门窗立在内侧。

(3)门的安装，须注意室内地面的标高。地弹簧的表面，应与室内地面饰面的标高一致。

2. 门窗框就位和固定

按弹线确定的位置将门窗框就位，先用木楔临时固定，待检查立面垂直、左右间隙、上下位置等符合要求后，用射钉将铝合金门窗框上的铁脚与结构固定。

3. 填缝

铝合金门窗安装固定后，应按设计要求及时处理窗框与墙体缝隙。若设计未规定具体堵塞材料时，应采用矿棉或玻璃棉毡分层填塞缝隙，外表面留 5 ~ 8mm 深槽口，槽内填嵌缝油膏或在门窗两侧作防腐处理后填 1∶2 水泥砂浆。

4. 门、窗扇安装

门、窗扇的安装，需在土建施工基本完成后进行，框装上扇后应保证框扇的立面在同一平面内，窗扇就位准确，启闭灵活。平开窗的窗扇安装前应先固定窗，然后再将窗扇与窗铰固定在一起；推拉式门窗扇，应先装室内侧门窗扇，后装室外侧门窗扇；固定扇应装在室外侧，并固定牢固，确保使用安全。

铝合金门窗安装质量的允许偏差见表9-4。

铝合金门窗安装质量的允许偏差 表9-4

项次	项　目		允许偏差(mm)	检验方法
1	门窗槽口宽度、高度	≥2 000mm	±1.5	用3m 钢卷尺检查
		>2 000mm	±2	
2	门窗槽口对边尺寸之差	≤2 000mm	≤2	用3m 钢卷尺检查
		>2 000mm	≤2.5	
3	门窗槽口对角线尺寸之差	≤2 000mm	≤2	用3m 钢卷尺检查
		>2 000mm	≤3	
4	门窗框(含拼樘料)的垂直度	≤2 000mm	≤2	用线坠、水平靠尺检查
		>2 000mm	≤2.5	

续上表

项次	项目		允许偏差(mm)	检验方法
5	门窗框(含拼樘料)的水平度	≤2 000mm	≤1.5	用水平靠尺检查
		>2 000mm	≤2	
6	门窗框扇搭接宽度差	≤$2m^2$	±1	用深度尺或钢板尺检查
		>$2m^2$	±1.5	
7	门窗开启力	≤60N		用100N弹簧秤检查
8	门窗横框标高	≤5		用钢板尺检查
9	门窗竖向偏离中心	≤5		用线坠、钢板尺检查
10	双层门窗内外框、框(含拼樘料)中心距	≤4		用钢板尺检查

(三)涂色镀锌钢板门窗安装

1. 施工材料及主要机具准备

(1)涂色镀锌钢板门窗规格、型号应符合设计要求,且应有出厂合格证。

(2)涂色镀锌钢板门窗所用的五金配件,应与门窗型号相匹配,并用五金喷塑铰链,并用塑料盒装饰。

(3)门窗密封采用橡胶密封胶条,断面尺寸和形状均应符合设计要求。

(4)门窗连接采用塑料插件螺钉,把手的材质应按图纸要求而定。

(5)焊条的型号根据施焊铁件的厚度决定,并应有产品的合格证。

(6)嵌缝材料、密封膏的品种、型号应符合设计要求。

(7)32.5以上普通硅酸盐水泥或矿渣水泥。中砂过5mm筛,筛好备用。豆石少许。

(8)防锈漆、铁纱(或铝纱)、压纱条、自攻螺丝等配套准备,并有产品合格证。

(9)膨胀螺栓、塑料垫片、钢钉等备用。

(10)主要机具:螺丝刀、粉线包、托线板、线坠、扳手、手锤、钢卷尺、塞尺、毛刷、刮刀、扁铲、铁水平、丝锥、扫帚、冲击电钻、射钉枪、电焊机、面罩、小水壶等。

2. 作业条件

(1)结构工程已完,经验收后达到合格标准,已办理了工种之间交接检。

(2)按图示尺寸弹好窗中线及+50cm的标高线,核对门窗口预留尺寸及标高是否正确,如不符,应提前进行处理。

(3)检查原结构施工时门窗两侧预留铁件的位置是否正确,是否满足安装需要,如有问题应及时调整。

(4)开包检查核对门窗规格、尺寸和开启方向是否符合图纸要求;检查门窗框扇梃有无变形,玻璃及零附件是否损坏,有如破损,应及时修复或更换后方可安装。

3. 施工工艺

(1)工艺流程(图9-2)

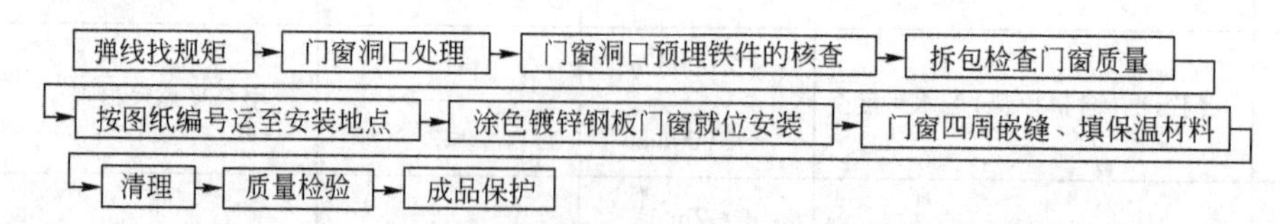

图9-2　涂色镀锌钢板门窗安装工艺流程

(2)弹线找规矩

在最高层找出门窗口边线,用大线坠将门窗口边线引到各层,并在每层窗口处划线、标注,对个别不直的口边应进行处理。高层建筑可用经纬仪打垂直线。

门窗口的标高尺寸应以楼层+50cm水平线为准往上返,这样可分别找出窗下皮安装标高及门口安装标高位置。

(3)墙厚方向的安装位置

根据外墙大样及窗台板的宽度,确定涂色镀锌钢板门窗安装位置,安装时应同一房间窗台板外露宽度相同来掌握。

(4)与墙体固定

与墙体固定的两种方法:

1)带副框的门窗安装

带副框的门窗安装如图9-3所示。

①按门窗图纸尺寸在工厂组装好副框,运到施工现场,用M5×12的自攻螺丝将连接件铆固定在副框上。

②按图纸要求的规格、型号运送到安装现场。

③将副框装入洞口,并与安装位置线齐平,用木楔临时固定,校正副框的正、侧面垂直度及对角线的长度无误后,用木楔牢固固定。

④将副框的连接件逐件用电焊焊牢在洞口的预埋铁件上。

⑤嵌塞门窗副框四周的缝隙,并及时将副框清理干净。

⑥在副框与门窗的外框接触的顶、侧面贴上密封胶条,将门窗装入副框内,适当调整,自攻螺钉将门窗外框与副框连接牢固,扣上孔盖;安装推拉窗时,还应调整好滑块。

⑦副框与外框、外框与门窗之间的缝隙,应填充密封胶。

⑧做好门窗的防护,防止碰撞、损坏。

2)不带副框的安装

不带副框的安装如图9-4所示。

①按设计图的位置在洞口内弹好门窗安装位置线,并明确门窗安装的标高尺寸。

②按门窗外框上膨胀螺栓的位置,在洞口相应位置的墙体上钻膨胀螺栓孔。

③将门窗装入洞口安装线上,调整门窗的垂直度、标高及对角线长度,合格后用木楔固定。

④门窗与洞口用膨胀螺栓固定好,盖上螺钉盖。

⑤门窗与洞口之间的缝隙按设计要求的材料嵌塞密实,表面用建筑密封胶封闭。

三 塑料门窗

塑料门窗及其附件应符合国家标准，按设计选用。塑料门窗不得有开焊、断裂等损坏现象，如有损坏，应予以修复或更换。塑料门窗进场后应存放在有靠架的室内并与热源隔开，以免受热变形。

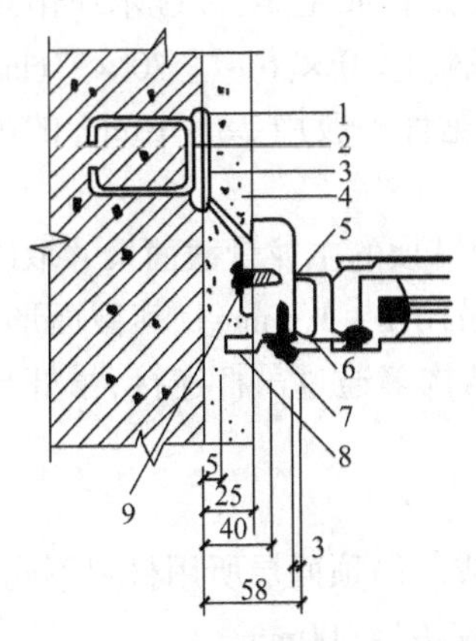

图9-3 带副框涂色镀锌钢板门窗安装节点示意图（尺寸单位：mm）

1-预埋铁板；2-预埋件 ϕ10 圆铁；3-连接件；4-水泥砂浆；5-密封膏；6-垫片；7-自攻螺钉；8-副框；9-自攻螺钉

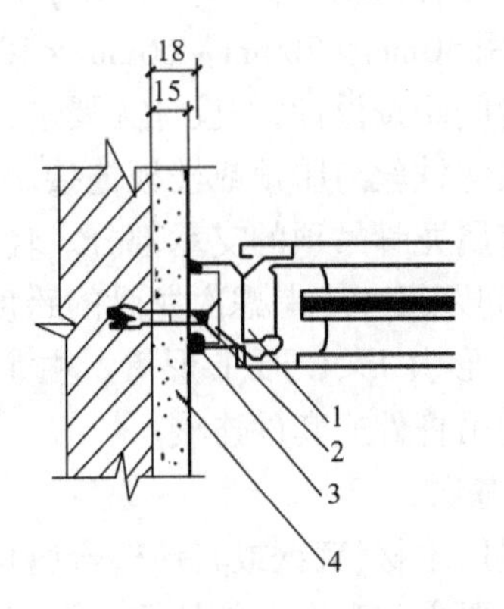

图9-4 不带副框涂色镀锌钢板门窗安装节点示意图（尺寸单位：mm）

1-塑料盖；2-膨胀螺钉；3-密封膏；4-水泥砂浆

塑料门窗在安装前，先装五金配件及固定件。由于塑料型材是中空多腔的，材质较脆，因此，不能用螺丝直接锤击拧入，应先用手电钻钻孔，后用自攻螺丝拧入。钻头直径应比所选用自攻螺丝直径小0.5～1mm，这样可以防止塑料门窗出现局部凹隐、断裂和螺丝松动等质量问题，保证零附件及固定件的安装质量。

与墙体连接的固定件应用自攻螺钉等紧固于门窗框上，严禁用射钉固定。将五金配件及固定件安装完工并检查合格的塑料门窗框，放入洞口内，调整至横平竖直后，用木楔将塑料框料四角塞牢做临时固定，但不宜塞得过紧以免外框变形。然后用尼龙胀管螺栓将固定件与墙体连接牢固。

塑料门窗框与洞口墙体的缝隙，用软质保温材料填充饱满，如泡沫塑料条、泡沫聚氨酯条、油毡卷条等，但不得填塞过紧，因过紧会使框架受压发生变形；但也不能填塞过松，否则会使缝隙密封不严，在门窗周围形成冷热交换区发生结露现象，影响门窗防寒、防风的正常功能和墙体寿命。最后将门窗框四周的内外接缝用密封材料嵌缝严密。

第三节 吊顶和隔墙工程施工

吊顶工程

吊顶是采用悬吊方式将装饰顶棚支承于屋顶或楼板下面。

1. 吊顶的构造组成

吊顶主要由支承、基层和面层三个部分组成。

(1)支承

吊顶支承由吊杆(吊筋)和主龙骨组成。

①木龙骨吊顶的支承。木龙骨吊顶的主龙骨又称为大龙骨或主梁,传统木质吊顶的主龙骨,多采用50mm×70mm～60mm×100mm方木或薄壁槽钢、∟60×6～∟70×7mm角钢制作。龙骨间距按设计,如设计无要求,一般按1m设置。主龙骨一般用ϕ8～10mm的吊顶螺栓或8号镀锌铁丝与屋顶或楼板连接。

②金属龙骨吊顶的支承部分。轻钢龙骨与铝合金龙骨吊顶的主龙骨截面尺寸取决于荷载大小,其间距尺寸应考虑次龙骨的跨度及施工条件,一般采用1～1.5mm。其截面形状较多,主要有U形、T形、C形、L形等。主龙骨与屋顶结构楼板结构多通过吊杆连接,吊杆与主龙骨用特制的吊杆件或套件连接。

(2)基层

基层用木材、型钢或其他轻金属材料制成的次龙骨组成。吊顶面层所用材料不同,其基层部分的布置方式和次龙骨的间距大小也不一样,但一般不应超过600mm。

吊顶的基层要结合灯具位置、风扇或空调透风口位置等进行布置,留好预留洞穴及吊挂设施等,同时应配合管道、线路等安装工程施工。

(3)面层

传统的木龙骨吊顶,其面层多用人造板(如胶合板、纤维板、木丝板、刨花板),面层或板条(金属网)抹灰面层。轻钢龙骨、铝合金龙骨吊顶,其面板多用装饰吸声板(如纸面石膏板、钙塑泡沫板、纤维板、矿棉板、玻璃丝棉板等)制作。

2. 吊顶施工工艺

(1)木质吊顶施工

①弹水平线。首先将楼地面基准线弹在墙上,并以此为起点,弹出吊顶高度水平线。

②主龙骨的安装。主龙骨与屋顶结构或楼板结构连接主要有三种方式:用屋面结构或楼板内预埋铁件固定吊杆,用射钉将角铁等固定于楼底面固定吊杆,用金属膨胀螺栓固定铁件再与吊杆连接(图9-5)。

主龙骨安装后,沿吊顶标高线固定沿墙木龙骨,木龙骨的底边与吊顶标高线齐平。一般是用冲击电钻在标高线以上10mm处墙面打孔,孔内塞入木楔,将沿墙龙骨钉固于墙内木楔上。然后将拼接组合好的木龙骨架托到吊顶标高位置,整片调正调平后,将其与沿墙龙骨和吊杆连接(图9-6)。

③罩面板的铺钉。罩面板多采用人造板,应按设计要求切成方形、长方形等。板材安装前,按分块尺寸弹线,安装时由中间向四周呈对称排列,顶棚的接缝与墙面交圈应保持一致。面板应安装牢固且不得出现折裂、翘曲、缺棱掉角和脱层等缺陷。

(2)轻金属龙骨吊顶施工

轻金属龙骨按材料分为轻钢龙骨和铝合金龙骨。

①轻钢龙骨装配式吊顶施工。利用薄壁镀锌钢板带经机械冲压而成的轻钢龙骨即为吊顶的骨架型材。轻钢吊顶龙骨有U形和T形两种。

U 形上人轻钢龙骨安装方法如图 9-7 所示。

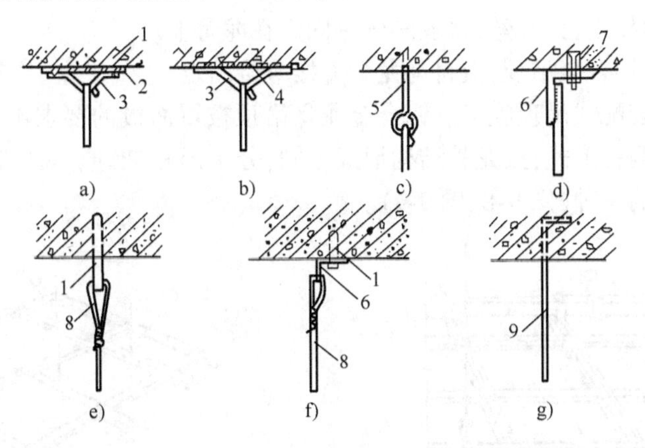

图 9-5　吊杆固定

a)射钉固定;b)预埋件固定;c)预埋 ϕ6 钢筋吊环;d)金属膨胀螺丝固定;e)射钉直接连接钢丝(或 8 号铁丝);f)射钉角铁连接法;g)预埋 8 号镀锌铁丝

1-射钉;2-焊板;3-钢筋吊环;4-预埋钢板;5-钢筋;6-角钢;7-金属膨胀螺丝;8-铝合金丝(8 号、12 号、14 号);9-8 号镀锌铁丝

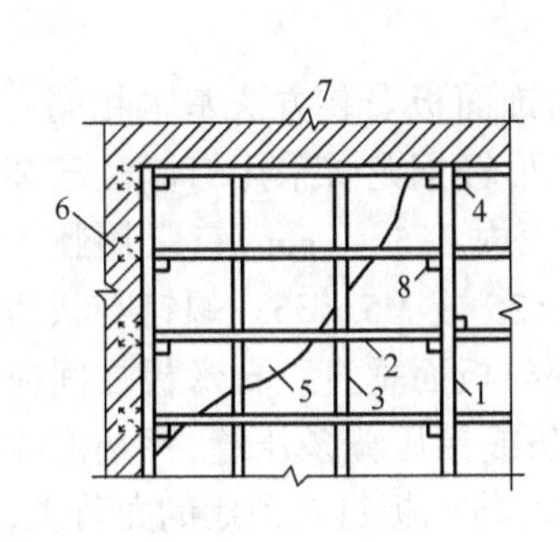

图 9-6　木龙骨吊顶

1-吊筋;2-纵撑龙骨;3-横撑龙骨;4-吊筋;5-罩面板;6-木砖;7-砖墙;8-吊木

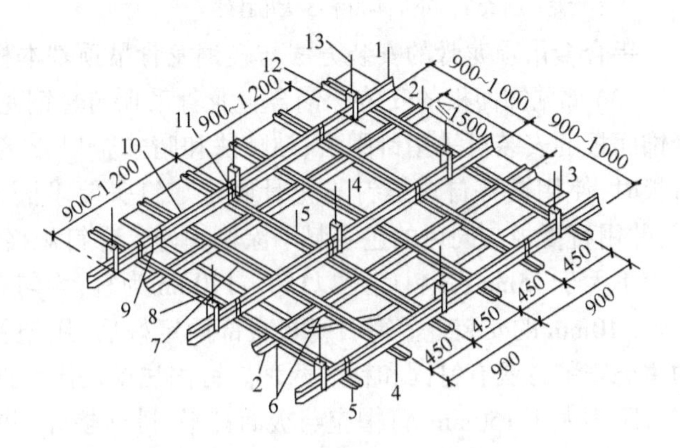

图 9-7　U 形龙骨吊顶示意图(尺寸单位:mm)

1-BD 大龙骨;2-UZ 横撑龙骨;3-吊顶板;4-UZ 龙骨;5-UX 龙骨;6-UZ_3支托连接;7-UZ_2 连接件;8-UX_2 连接件;9-BD_2 连接件;10-UX_1 吊挂;11-UX_2 吊件;12-BD_1 吊件;13-UX_3 吊杆 $\phi 8\sim10$

施工前,先按龙骨的标高在房间四周的墙上弹出水平线,再根据龙骨的要求按一定间距弹出龙骨的中心线,找出吊点中心,将吊杆固定在埋件上。吊顶结构未设埋件时,要按确定的节点中心用射钉固定螺钉或吊杆,吊杆长度计算好后,在一端套丝,丝口的长度要考虑紧固的余量,并分别配好紧固用的螺母。

主龙骨的吊顶挂件连在吊杆上校平调正后,拧紧固定螺母,然后根据设计和饰面板尺寸要求确定的间距,用吊挂件将次龙骨固定在主龙骨上,调平调正后安装饰面板。

饰面板的安装方法有:

搁置法:将饰面板直接放在 T 形龙骨组成的格框内。有些轻质饰面板,考虑刮风时会被掀起(包括空调口,通风口附近),可用木条、卡子固定。

嵌入法:将饰面板事先加工成企口暗缝,安装时将 T 形龙骨两肢插入企口缝内。

粘贴法：将饰面板用胶粘剂直接粘贴在龙骨上。

钉固法：将饰面板用钉、螺丝，自攻螺丝等固定在龙骨上。

卡固法：多用于铝合金吊顶，板材与龙骨直接卡接固定。

②铝合金龙骨装配式吊顶施工。铝合金龙骨吊顶按罩面板的要求不同，分龙骨底面不外露和龙骨底面外露两种形式；按龙骨结构形式不同，分T形和TL形。TL形龙骨属于安装饰面板后龙骨底面外露的一种（图9-8、图9-9）。

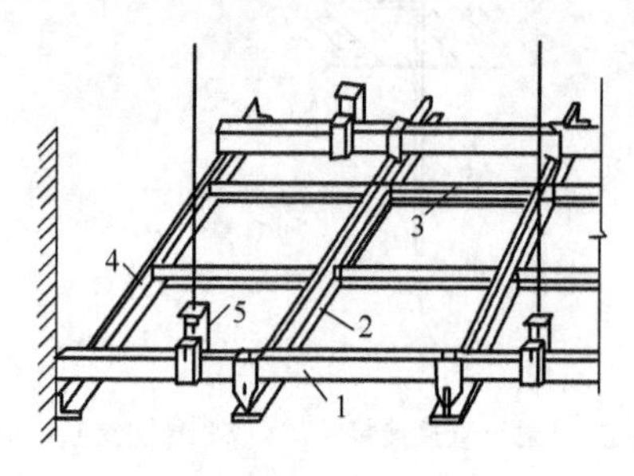

图9-8　TL形铝合金吊顶

1-大龙骨；2-大T；3-小T；4-角条；5-大吊挂件

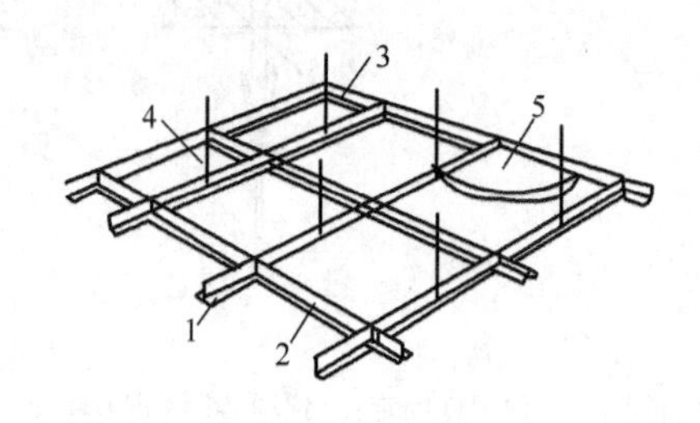

图9-9　TL形铝合金不上人吊顶

1-大T；2-小T；3-吊件；4-角条；5-饰面板

铝合金吊顶龙骨的安装方法与轻钢龙骨吊顶基本相同。

（3）常见饰面板的安装。铝合金龙骨吊顶与轻钢龙骨吊顶饰面板安装方法基本相同。石膏饰面板的安装可采用钉固法、粘贴法和暗式企口胶接法。U形轻钢龙骨采用钉固法安装石膏板时，使用镀锌自攻螺钉与龙骨固定。钉头要求嵌入石膏板内0.5～1mm，钉眼用腻子刮平，并用石膏板与同色的色浆腻子涂刷一遍。螺钉规格为M5×25或M5×35。螺钉与板边距离应不大于15mm，螺钉间距以150～170mm为宜，均匀布置，并与板面垂直。石膏板之间应留出8～10mm的安装缝。待石膏板全部固定好后，用塑料压缝条或铝压缝条压缝，钙塑泡沫板的主要安装方法有钉固和粘贴两种。钉固法即用圆钉或木螺丝，将面板钉在顶棚的龙骨上，要求钉距不大于150mm，钉帽应与板面齐平，排列整齐，并用与板面颜色相同的涂料装饰。钙塑板的交角处，用木螺丝将塑料小花固定，并在小花之间沿板边按等距离加钉固定。用压条固定时，压条应平直，接口严密，不得翘曲。钙塑泡沫板用粘贴法安装时，胶粘剂可用401胶或氧丁胶浆——聚异氧酸酯胶（10∶1）涂胶后应待稍干，方可把板材粘贴压紧。胶合板、纤维板安装应用钉固法：要求胶合板钉距80～150mm，钉长25～35mm，钉帽应打扁，并进入板面0.5～1mm，钉眼用油性腻子抹平；纤维板钉距80～120mm，钉长20～30mm，钉帽进入板面0.5mm，钉眼用油性腻子抹平；硬质纤维板应用水浸透，自然阴干后安装。矿棉板安装的方法主要有搁置法、钉固法和粘贴法。顶棚为轻金属T型龙骨吊顶时，在顶棚龙骨安装放平后，将矿棉板直接平放在龙骨上，矿棉板每边应留有板材安装缝，缝宽不宜大于1mm。顶棚为木龙骨吊顶时，可在矿棉板每四块的交角处和板的中心用专门的塑料花托脚，用木螺丝固定在木龙骨上；混凝土顶面可按装饰尺寸做出平顶木条，然后再选用适宜的胶粘剂将矿棉板粘贴在平顶木条上。金属饰面板主要有金属，条板、金属方板和金属格栅。板材安装方法有卡固法和钉固法。卡固法要求龙骨形式与条板配套；钉固法采用螺钉固定时，后安装的板块压住前安装的板块，将螺钉遮盖，拼缝严密。方形板可用搁置法和钉固法，也可用铜丝绑扎固定。格栅安装方法有两种，一种是将单体构件先用卡具连成整体，然后通过钢管与吊杆相连接；另一种是用带卡口的吊管将单体物体卡住，然后将吊管用吊杆悬吊。金属板吊顶与四周墙面空隙，应用同材质的金属压缝条找齐。

3. 吊顶工程质量要求

吊顶工程所用的材料品种、规格、颜色以及基层构造、固定方法等应符合设计要求。罩面板与龙骨应连接紧密，表面应平整，不得有污染、折裂、缺棱掉角、锤伤等缺陷，接缝应均匀一致，粘贴的罩面不得有脱层，胶合板不得有刨透之处，搁置的罩面板不得有漏、透、翘角现象。吊顶罩面板工程质量的允许偏差，应符合表 9-5 的规定。

吊顶罩面板工程质量允许偏差 表 9-5

项次	项目	允许偏差(mm)											检验方法
		石膏板			无机纤维板		木质板		塑料板				
		石膏装饰板	深浮雕嵌式装饰石膏板	纸面石膏板	矿棉装饰吸声板	超细玻璃棉板	胶合板	纤维板	钙塑装饰板	聚氯乙烯塑料板	纤维水泥加压板	金属装饰板	
1	表面平整	3			2		2	3	3	2		2	用 2m 靠尺和楔形塞尺检查观感平整
2	接缝平直	3			3		3		4	3		<1.5	拉 5m 线检查，不足 5m 拉通线检查
3	压条平直	3			3		3		3		3	3	
4	接缝高低	1			1		0.5		1		1	1	用直尺和楔形塞尺检查
5	压条间距	2			2		2		2		2	2	用尺检查

二 轻质隔墙工程

1. 隔墙的构造类型

隔墙依其构造方式，可分为砌块式、立筋式和板材式。砌块式隔墙构造方式与黏土砖墙相似，装饰工程中主要为立筋式和板材式隔墙。立筋式隔墙骨架多为木材或型钢（轻钢龙骨、铝合金骨架），其饰面板多为人造板（如胶合板、纤维板、木丝板、刨花板、玻璃等）。板材式隔墙采用高度等于室内净高的条形板材进行拼装，常用的板材有加气混凝土条板、石膏空心条板、碳化石灰板、石膏珍珠岩板等。这种板材自重轻、安装方便，而且能锯、能刨、能钉。

2. 轻钢龙骨纸面石膏板隔墙施工

轻钢龙骨纸面石膏板墙体具有施工速度快、成本低、劳动强度小、装饰美观及防火、隔声性能好等特点。因此其应用广泛，具有代表性。

用于隔墙的轻钢龙骨有 C_{50}、C_{75}、C_{100} 三种系列，各系列轻钢龙骨由沿顶沿地龙骨、竖向龙骨、加强龙骨和横撑龙骨以及配件组成（图 9-10）。

轻钢龙骨墙体的施工操作工序有：

弹线→固定沿地、沿顶龙骨→龙骨架装配及校正→石膏板固定→饰面处理。

(1)弹线。根据设计要求确定隔墙的位置、隔墙门窗的位置，包括地面位置、墙面位置、

高度位置以及隔墙的宽度。并在地面和墙面上弹出隔墙的宽度线和中心线，按所需龙骨的长度尺寸，对龙骨进行划线配料。按先配长料，后配短料的原则进行。量好尺寸后，用粉饼或记号笔在龙骨上画出切截位置线。

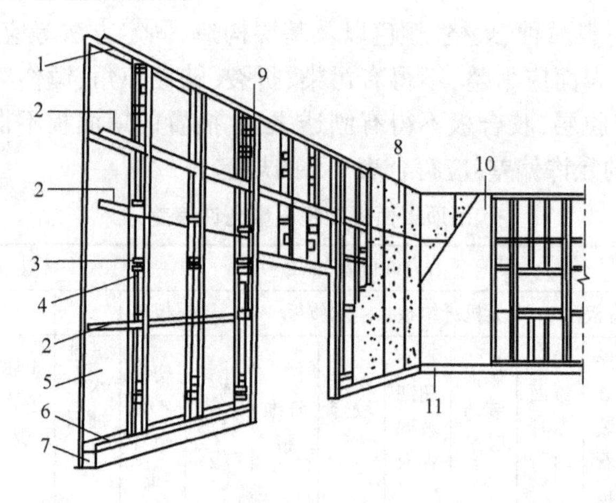

图 9-10　轻钢龙骨纸面石膏板隔墙

1-沿顶龙骨；2-横撑龙骨；3-支撑卡；4-贯通孔；5-石膏板；6-沿地龙骨；7-混凝土踢脚座；8-石膏板；9-加强龙骨；10-塑料壁纸；11-踢脚板

(2)固定沿地沿顶龙骨。沿地沿顶龙骨固定前，将固定点与竖向龙骨位置错开，用膨胀螺栓和打木楔钉、铁钉与结构固定，或直接与结构预埋件连接。

(3)骨架连接。按设计要求和石膏板尺寸，进行骨架分格设置，然后将预选切裁好的竖向龙骨装入沿地、沿顶龙骨内，校正其垂直度后，将竖向龙骨与沿地、沿顶龙骨固定起来，固定方法用点焊将两者焊牢，或者用连接件与自攻螺钉固定。

(4)石膏板固定。固定石膏板用平头自攻螺钉，其规格通常为 M4 × 25 或 M5 × 25 两种，螺钉间距 200mm 左右。安装时，将石膏板竖向放置，贴在龙骨上用电钻同时把板材与龙骨一起打孔，再拧上自攻螺丝。螺钉要沉入板材平面2 ~ 3mm。

石膏板之间的接缝分为明缝和暗缝两种做法。明缝是用专门工具和砂浆胶合剂勾成立缝。明缝如果加嵌压条，装饰效果较好。暗缝的做法首先要求石膏板有斜角，在两块石膏板拼缝处用嵌缝石膏腻子嵌平，然后贴上 50mm 的穿缝纸带，再用腻子补一道，与墙面刮平。

(5)饰面。待嵌缝腻子完全干燥后，即可在石膏板隔墙表面裱糊墙纸、织物或进行涂料施工。

3. 合金隔墙施工技术

铝合金隔墙是用铝合金型材组成框架，再配以玻璃等其他材料装配而成。其主要施工工序为：弹线→下料→组装框架→安装玻璃。

(1)弹线。根据设计要求确定隔墙在室内的具体位置、墙高、竖向型材的间隔位置等。

(2)划线。在平整干净的平台上，用钢尺和钢划针对型材划线，要求长度误差 ±0.5mm，同时不要碰伤型材表面。下料时先长后短，并将竖向型材与横向型材分开。沿顶、沿地型材要划出与竖向型材的各连接位置线。划连接位置线时，必须划出连接部位的宽度。

(3)铝合金隔墙的安装固定。半高铝合金隔墙通常先在地面组装好框架后再竖立起来固定，全封铝合金隔墙通常是先固定竖向型材，再安装横档型材来组装框架。铝合金型材相互连接主要用铝角和自攻螺钉，它与地面、墙面的连接，则主要用铁脚固定法。

(4)玻璃安装。先按框洞尺寸缩小3～5mm裁好玻璃，将玻璃就位后，用与型材同色的铝合金槽条，在玻璃两侧夹定，校正后将槽条用自攻螺钉与型材固定。安装活动窗口上的玻璃，应与制作铝合金活动窗口同时安装。

4.隔墙的质量要求

(1)隔墙骨架与基体结构连接牢固，无松动现象。

(2)墙体表面应平整，接缝密实、光滑，无凸凹现象，无裂缝。

(3)石膏板铺设方向正确，安装牢固。

(4)隔墙饰面板工程质量允许偏差，应符合表9-6的要求。

隔断罩面板工程质量允许偏差　　表9-6

项次	项目	允许偏差(mm)				检验方法
		石膏板	胶合板	纤维板	石膏条板	
1	表面平整	3	2	3	4	用2m直尺和楔形塞尺检查
2	立面垂直	3	3	4	5	用2m托线板检查
3	接缝平直		3	3		拉5m线检查，不足5m拉通线检查
4	压条平直		3	3		
5	接缝高低	0.5	0.5	1		用直尺和楔形塞尺检查
6	压条间距		2	2		用尺检查

第四节　饰面工程施工

饰面工程是指把块料面层镶贴(或安装)在墙柱表面以形成装饰层。块料面层的种类基本可分为饰面砖和饰面板两大类。饰面砖分有釉和无釉两种，包括釉面瓷砖、外墙面砖、陶瓷锦砖、玻璃锦砖、劈离砖以及耐酸砖等；饰面板包括天然石饰面板(如大理石、花岗石和青石板等)、人造石饰面板(如预制水磨板，合成石饰面板等)、金属饰面(如不锈钢板、涂层钢板、铝合金饰面板等)、玻璃饰面、木质饰面板(如胶合板、木条板)、裱糊墙纸饰面等。

一　建筑墙面石材装饰施工

1.小规格饰面板的安装

小规格大理石板、花岗石板、青石板、预制水磨石板，板材尺寸小于300mm×300mm，板厚8～12mm，粘贴高低于3m，用以装饰踢脚线板、勒脚、窗台板等，可采用水泥砂浆粘贴的方法安装。

(1)踢脚线粘贴

用1:3水泥砂浆打底,找规矩,厚约12mm,用刮尺刮平,划毛。待底子灰凝固后,将经过湿润的饰面板背面均匀地抹上厚2~3mm的素水泥浆,随即将其贴于墙面,用木槌轻敲,使其与基层黏结紧密。随之用靠尺找平,使相邻各块饰面板接缝齐平,高差不超过0.5mm,并将边口和挤出拼缝的水泥擦净。

(2)窗台板安装

安装窗台板时,先校正窗台的水平,确定窗台的找平层厚度,在窗口两边按图纸要求的尺寸在墙上剔槽。多窗口的房屋剔槽时要拉通线,并将窗口找平。

清除窗台上的垃圾杂物,洒水润湿。用1:3干硬性水泥砂浆或细石混凝土抹找平层,用刮尺刮平,均匀地撒上干水泥,待水泥充分吸水呈水泥浆状态,再将湿润后的板材平稳地安上,用木槌轻轻敲击,使其平整并与找平层有良好黏结。在窗口两侧墙上的剔槽处要先浇水润湿,板材伸入墙面的尺寸(进深与左右)要相等。板材放稳后,应用水泥砂浆或细石混凝土将嵌入墙内的部分塞密堵严。窗台板接槎处注意平整,并与窗下槛同一水平。

若有暗炉片槽,且窗台板长向由几块拼成,在横向挑出墙面尺寸较大时,应先在窗台板下预埋角铁,要求角铁埋置的高度、进出尺寸一致,其表面应平整,并用较高强度等级的细石混凝土灌注,过一周后再安装窗台板。

(3)碎拼大理石

大理石厂生产光面和镜面大理石时,裁割的边角废料,经过适当的分类加工,可作为墙面的饰面材料,能取得较好的装饰效果。如矩形块料、冰裂状块料、毛边碎块等各种形体的拼贴组合,都会给人以乱中有序、自然优美的感觉。主要是采用不同的拼法和嵌缝处理,来求得一定的饰面效果。

2.湿法铺贴工艺

湿法铺贴工艺适用于板材厚为20~30mm的大理石、花岗石或预制水磨石板,墙体为砖墙或混凝土墙。

湿法铺贴工艺是传统的铺贴方法,即在竖向基体上预挂钢筋网(图9-11),用铜丝或镀锌铁丝绑扎板材并灌水泥砂浆粘牢。这种方法的优点是牢固可靠,缺点是工序繁琐,卡箍多样,板材上钻孔易损坏,特别是灌注砂浆易污染板面和使板材移位。

采用湿法铺贴工艺,墙体应设置锚固体。砖墙体应在灰缝中预埋ϕ6钢筋钩,钢筋钩中距为500mm或按板材尺寸,当挂贴高度大于3m时,钢筋钩改用ϕ10钢筋,钢筋钩埋入墙体内深度应不小于120mm,伸出墙面30mm,混凝土墙体可射入$\phi 3.7 \times 62$的射钉,中距亦为500mm或按材尺寸,射钉打入墙体内30mm,伸出墙面32mm。

挂贴饰面板之前,将ϕ6钢筋网焊接或绑扎于锚固件上。钢筋网双向中距为500mm或按板材尺寸。

在饰面板上、下边各钻不少于两个ϕ5的孔。孔深15mm,清理饰面板的背面。用双股18号铜丝穿过钻孔,把饰面板绑牢于钢筋网上。饰面板的背面距墙面应不小于50mm。

饰面板的接缝宽度可垫木楔调整,应确保饰面板外表面平整、垂直及板的上沿平顺。

每安装好一行横向饰面板后,即进行灌浆。灌浆前,应浇水将饰面板背面及墙体表面湿润,在饰面板的竖向接缝内填塞 15～20mm 深的麻丝或泡沫塑料条以防漏浆(光面、镜面和水磨石饰面板的竖缝,可用石膏灰临时封闭,并在缝内填塞泡沫塑料条)。

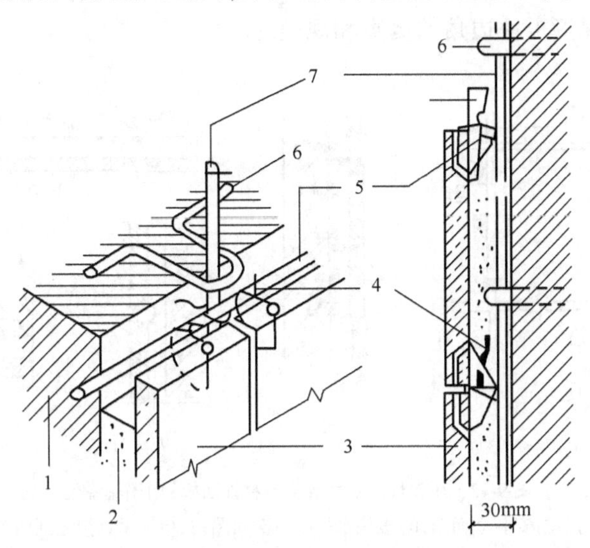

图 9-11 饰面板钢筋网片固定及安装方法

1-墙体;2-水泥砂浆;3-大理石板;4-铜丝;5-横筋;6-铁环;7-立筋

拌和好 1∶2.5 水泥砂浆,将砂浆分层灌注到饰面板背面与墙面之间的空隙内,每层灌注高度为 150～200mm,且不得大于板高的 1/3,并插捣密实。待砂浆初凝后,应检查板面位置,如有移动错位应拆除重新安装;若无移位,方可安装上一行板。施工缝应留在饰面板水平接缝以下 50～100mm 处(图 9-11)。

凸出墙面的勒脚饰面板安装,应待墙面饰面板安装完工后进行。

待水泥砂浆硬化后,将填缝材料清除。饰面板表面清洗干净。光面和镜面的饰面经清洗晾干后,方可打蜡擦亮。

3. 干法铺贴工艺

干法铺贴工艺,通常称为干挂法施工,即在饰面板材上直接打孔或开槽,用各种形式的连接件与结构基体用膨胀螺栓或其他架设金属连接而不需要灌注砂浆或细石混凝土。饰面板与墙体之间留出 40～50mm 的空腔。这种方法适用于 30m 以下的钢筋混凝土结构基体上,不适用于砖墙和加气混凝土墙。

干法铺贴工艺的主要优点是:

(1)在风力和地震作用时,允许产生适量的变位,而不致出现裂缝和脱落。

(2)冬季照常施工,不受季节限制。

(3)没有湿作业的施工条件,既改善了施工环境,也避免了浅色板材透底污染的问题以及空鼓、脱落等问题的发生。

(4)可以采用大规格的饰面石材铺贴,从而提高了施工效率。

(5)可自上而下拆换、维修厂无损于板材和连接件,使饰面工程拆改翻修方便。

干法铺贴工艺主要采用扣件固定法,如图 9-12 所示。

扣件固定法的安装施工步骤如下：

(1)板材切割。按照设计图图纸要求在施工现场进行切割,由于板块规格较大,宜采用石材切割机切割,注意保持板块边角的挺直和规矩。

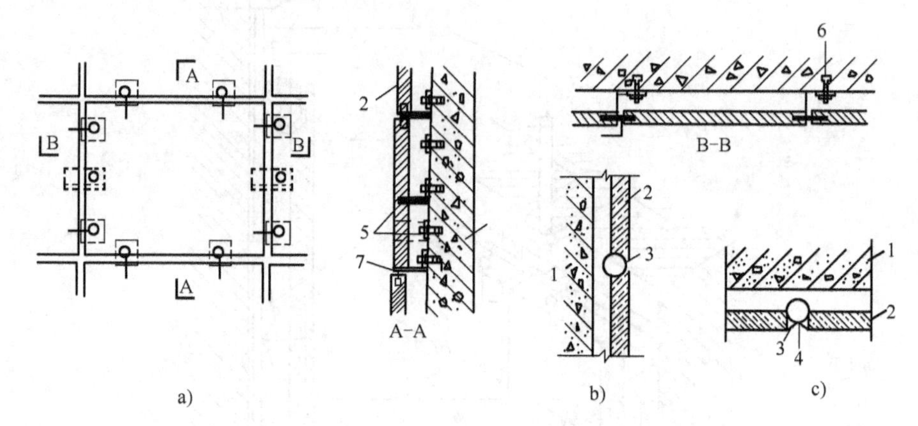

图 9-12 用扣件固定大规格石材饰面板的干作业做法

a)板材安装立面图;b)板块水平接缝剖面图;c)板块垂直接缝剖面图

1-混凝土外墙;2-饰面石板;3-泡沫聚乙烯嵌条;4-密封硅胶;5-钢扣件;6-胀铆螺栓;7-销钉

(2)磨边。板材切割后,为使其边角光滑,可采用手提式磨光机进行打磨。

(3)钻孔。相邻板块采用不锈钢销钉连接固定,销钉插在板材侧面孔内。孔径5mm,深度12mm,用电钻打孔。由于它关系到板材的安装精度,因而要求钻孔位置准确。

(4)开槽。由于大规格石板的自重大,除了由钢扣件将板块下口托牢以外,还需在板块中部开槽设置承托扣件以支承板材的自重。

(5)涂防水剂。在板材背面涂刷一层丙烯酸防水涂料,以增强外饰面的防水性能。

(6)墙面修整。如果混凝土外墙表面有局部凸出处会影响扣件安装时,须进行凿子修整。

(7)弹线。从结构中引出楼面标高和轴线位置,在墙面上弹出安装板材的水平和垂直控制线,并做出灰饼以控制板材安装的平整度。

(8)墙面涂刷防水剂。由于板材与混凝土墙身之间不填充砂浆,为了防止因材料性能或施工质量可能造成的渗漏,在外墙面上涂刷一层防水剂,以加强外墙的防水性能。

(9)板材安装。安装板块的顺序是自下而上进行,在墙面最下一排板材安装位置的上下口拉两条水平控制线,板材从中间或墙面阳角开始就位安装。先安装好第一块作为基准,其平整度以事先设置的灰饼为依据,用线垂吊直,经校准后加以固定。一排板材安装完毕,再进行上一排扣件固定和安装。板材安装要求四角平整,纵横对缝。

(10)板材固定。钢扣件和墙身用胀铆螺栓固定,扣件为一块钻有螺栓安装孔和销钉孔的平钢板,根据墙、面与板材之间的安装距离,在现场用手提式折压机将其加工成角型钢。扣件上的孔洞均呈椭圆形,以便安装时调节位置。

(11)板材接缝的防水处理。石板饰面接缝处的防水处理采用密封硅胶嵌缝。嵌缝之前先在缝隙内嵌入柔性条状泡沫聚乙烯材料作为衬底,以控制接缝的密封深度和加强密封胶的黏接力。

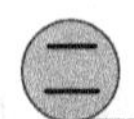

饰面砖施工

1. 施工准备

饰面砖的基层处理和找平层砂浆的涂抹方法与装饰抹灰基本相同。

饰面砖在镶贴前，应根据设计对釉面砖和外墙面砖进行选择，要求挑选规格一致，形状平整方正，不缺棱掉角，不开裂和脱釉，无凹凸扭曲，颜色均匀的面砖及各种配件。按标准尺寸检查饰面砖，分出符合标准尺寸和大于或小于标准尺寸三种规格的饰面砖，同一类尺寸应用于同一层间或同一面墙上，以做到接缝均匀一致。陶瓷锦砖应根据设计要求选择好色彩和图案，统一编号，便于镶贴时依号施工。

釉面砖和外墙面砖镶贴前应先清扫干净，然后置于清水中浸泡。釉面砖浸泡到不冒气泡为止，一般约2～3h。外墙面砖则需隔夜浸泡、取出晾干。以饰面砖表面有潮湿感，但手按无水迹为准。

饰面砖镶贴前应进行预排，预排时应注意同一墙面的横竖排列，均不得有一行以上的非整砖。非整砖应排在最不醒目的部位或阴角处，用接缝宽度调整。

外墙面砖预排时应根据设计图纸尺寸，进行排砖分格并绘制大样图。一般要求水平缝应与旋脸、窗台齐平，竖向要求阴角及窗口处均为整砖，分格按整块分均，并根据已确定的缝子大小做分格条和划出皮数杆。对墙、墙垛等处要求先测好中心线、水平分格线和阴阳角垂直线。

2. 釉面砖镶贴

(1)墙面镶贴方法。釉面砖的排列方法有"对缝排列"和"错缝排列"两种(图9-13)。

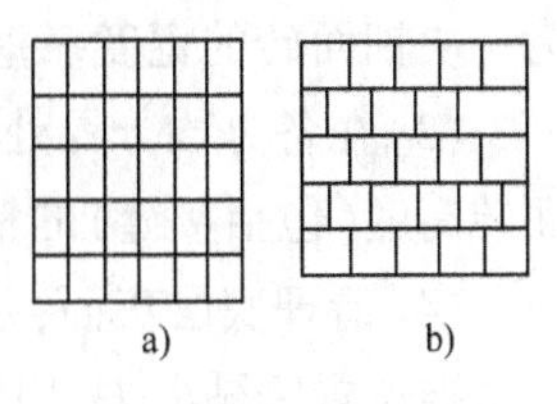

图9-13　釉面镶贴形式

a)矩形砖对缝；b)方形砖错缝

①在清理干净的找平层上，依照室内标准水平线，校核地面标高和分格线。

②所弹地平线为依据，设置支撑釉面砖的地面木托板，加木托板的目的是为防止釉面砖因自重向下滑移，木托板表面应加工平整，其高度为非整砖的调节尺寸。整砖的镶贴，就从木托板开始自下而上进行。每行的镶贴宜以阳角开始，把非整砖留在阴角。

③调制糊状的水泥浆，其配合比为水泥: 砂 = 1: 2(体积比)另掺水泥质量3% ～4%的107胶水；掺时先将107胶用两倍的水稀释，然后加在搅拌均匀的水泥砂浆中，继续搅拌至混合为止。也可按水泥: 107胶水: 水 = 100: 5: 26的比例配制纯水泥浆进行镶贴。镶贴时，用铲刀将水泥砂浆或水泥浆均匀涂抹在釉面砖背面(水泥砂浆厚度6～10mm，水泥浆厚度2～3mm为宜)，四周刮成斜面，按线就位后，用手轻压，然后用橡皮锤或小铲把轻轻敲击，使其与中层贴紧，确保釉面砖四周砂浆饱满，并用靠尺找平。镶贴釉面砖宜先沿底尺横向贴一行，再沿垂直线竖向贴几行，然后从下往上从第二横行开始，在已贴的釉面砖口间拉上准线(用细铁丝)，横向各行釉面砖依准线镶贴。

釉面砖镶贴完毕后，用清水或棉纱，将釉面砖表面擦洗干净。室外接缝应用水泥浆或水泥砂浆勾缝，室内接缝宜用与釉面砖相同颜色的石灰膏或白水泥色浆擦嵌密实，并将釉面砖表面擦净。全部完工后，根据污染的不同程度，用棉纱或稀盐酸刷洗并及时用清水冲净。

镶贴墙面时应先贴大面,后贴阴阳角、凹槽等难度较大、耗工较多的部位。

(2)顶棚镶贴方法。镶贴前,应把墙上的水平线翻到墙顶交接处(四边均弹水平线),校核顶棚方正情况,阴阳角应找直,并按水平线将顶棚找平。如果墙与顶棚均贴釉面砖时,则房间要求规方,阴阳角都须方正,墙与顶棚成90°直角,排砖时,非整砖应留在同一方向,使墙顶砖缝交圈。镶贴时应先贴标志块,间距一般为1.2m,其他操作与墙面镶贴相同。

3. 外墙釉面砖镶贴

外墙釉面砖镶贴由底层灰、中层灰、结合层及面层组成。

外墙釉面砖的镶贴形式由设计而定。外墙面砖应进行预排,预排时应根据设计图纸尺寸,进行排砖分格并绘制大样图。一般要求水平缝应与旋脸、窗台齐平,竖向要求阴角及窗口处均为整砖,分格按整块分均,并根据已确定的缝子大小做分格条和划出皮数杆。对墙、墙垛等处要求先测好中心线、水平分格线和阴阳角垂直线。

矩形釉面砖宜竖向镶贴;釉面砖的接缝宜采用离缝,缝宽不大于10mm;釉面砖一般应对缝排列,不宜采用错缝排列。

(1)外墙面贴釉面砖应从上而下分段,每段内应自下而上镶贴。

(2)在整个墙面两头各弹一条垂直线,如墙面较长,在墙面中间部位再增弹几条垂直线,垂直线之间距离应为釉面砖宽的整倍数(包括接缝宽),墙面两头垂直线应距墙阳角(或阴角)为一块釉面砖的宽度。垂直线作为竖行标准。

(3)在各分段分界处各弹一条水平线,作为贴釉面砖横行标准。各水平线的距离应为釉面砖高度(包括接缝)的整倍数。

(4)清理底层灰面,并浇水湿润,刷一道素水泥浆,紧接着抹上水泥石灰砂浆,随即将釉面砖对准位置镶贴上去,用橡胶锤轻敲,使其贴实平整。

(5)每个分段中宜先沿水平线贴横向一行砖,再沿垂直线贴竖向几行砖,从下往上第二横行开始.应在垂直线处已贴的釉面砖上口间拉上准线,横向各行釉面砖依准线镶贴。

(6)阳角处正面的釉面砖应盖住侧面的釉面砖的端边,即将接缝留在侧面,或在阳角处留成方口,以后用水泥砂浆勾缝。阴角处应使釉面砖的接缝正对阴角线。

(7)镶贴完一段后,即把釉面砖的表面擦洗干净,用水泥细砂浆勾缝,待其干硬后,再擦洗一遍釉面砖面。

(8)墙面上如有突出的预埋件时,此处釉面砖的镶贴,应根据具体尺寸用整砖裁割后贴上去,不得用碎块砖拼贴。

(9)同一墙面应用同一品种、同一色彩、同一批号的釉面砖,并注意花纹倒顺。

三 饰面工程施工质量控制要点

1. 主控项目

(1)饰面砖的品种、规格、图案、颜色和性能应符合设计要求。

检验方法:观察;检查产品合格证书、性能检测报告、进场验收记录和复验报告。

(2)饰面砖粘贴工程的找平、防水、黏结和勾缝材料及施工方法应符合设计要求及国家现行产品标准和工程技术标准的规定。

检验方法:检查产品合格证书、复验报告和隐蔽工程验收记录。

(3)饰面砖粘贴必须牢固。

检验方法:检查样板件黏结强度检测报告和施工记录。

(4)满粘法施工的饰面砖工程应无空鼓、裂缝。

检验方法:观察;用小锤轻击检查。

2.一般项目

(1)饰面砖表面应平整、洁净、色泽一致、无裂痕和缺损。

检验方法:观察。

(2)阴阳角处搭接方式、非整瓠使用部位应符合设计要求。

检验方法:观察。

(3)墙面凸出物周围的饰面砖应整砖套割吻合,边缘应整齐。墙裙、贴脸凸出墙面的厚度应一致。

检验方法:观察;尺量检查。

(4)饰面砖接缝应平直、光滑,填嵌应连续、密实;宽度和深度应符合设计要求。

检验方法:观察;尺量检查。

(5)有排水要求的部位应做滴水线(槽)。滴水线(槽)应顺直,流水坡向应正确坡度应符合设计要求。

检验方法:观察;用水平尺检查。

第五节 地面工程施工

所谓楼地面是指房屋建筑底层地坪与楼层地坪的总称。由面层、垫层和基层等部分构成。楼地面根据面层材料的不同分有:土、灰土、三合土、菱苦土、水泥砂浆混凝土、水磨石、马赛克、木、砖和塑料地面等。按面层结构分有:整体面层(如灰土、菱苦土、三合土、水泥砂浆、混凝土、现浇水磨石、沥青砂浆和沥青混凝土、三合土等),块料面层(如缸砖、塑料地板、拼花木地板、马赛克、水泥花砖、预制水磨石块、大理石板材、花岗石板材等)和涂布地面等。

一 基层施工

(1)抄平弹线,统一标高。检测各个房间的地坪标高,并将同一水平标高线弹在各房间四壁上,离地面500mm处。

(2)楼面的基层是楼板,应做好楼板板缝灌浆、堵塞工作和板面清理工作。

(3)地面的基层多为土。地面下的填土应采用素土分层夯实。土块的粒径不得大于50mm,每层虚铺厚度:用机械压实不应大于300mm,用人工夯实不应大于200mm,每层夯实后的干密度应符合设计要求。回填土的含水率应按照最佳含水率进行控制,太干的土要洒水湿

润，太湿的土应晾干后使用，遇有橡皮土必须挖除更换，或将其表面挖松 100 ~ 150mm，掺入适量的生石灰（其粒径小于 5mm，每平方米约掺 6 ~ 10kg），然后再夯实。

用碎石、卵石或碎砖等作地基表面处理时，直径应为 40 ~ 60mm，并应将其铺成一层，采用机械压进适当湿润的土中，其深度不应小于 400mm，在不能使用机械压实的部位，可采用夯打压实。

淤泥、腐殖土、冻土、耕植土、膨胀土和有机含量大于 8% 的土，均不得用作地面下的填土。

地面下的基土，经夯实后的表面应平整，用 2m 靠尺检查，要求其土表面凹凸不大于 10mm，标高应符合设计要求，水平偏差不大于 20mm。

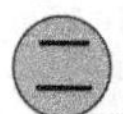

二 垫层施工

1. 刚性垫层

刚性垫层指用水泥混凝土、水泥碎砖混凝土、水泥炉渣混凝土和水泥石灰炉渣混凝土等各种低强度等级混凝土做的垫层。

混凝土垫层的厚度一般为 60 ~ 100mm。混凝土强度等级不宜低于 C10，粗骨料粒径不应超过 50mm，并不得超过垫层厚度的 2/3，混凝土配合比按普通混凝土配合比设计进行试配。其施工要点如下：

（1）清理基层，检测弹线。

（2）浇筑混凝土垫层前，基层应洒水湿润。

（3）浇筑大面积混凝土垫层时，应纵横每 6 ~ 10m 设中间水平桩，以控制厚度。

（4）大面积浇筑宜采用分仓浇筑的方法，要根据变形缝位置、不同材料面层的连接部位或设备基础位置情况进行分仓，分仓距离一般为 3 ~ 4m。

2. 柔性垫层

柔性垫层包括用土、砂、石、炉渣等散状材料经压实的垫层。砂垫层厚度不小于 60mm，应适当浇水并用平板振动器振实；砂石垫层的厚度不小于 100mm，要求粗细颗粒混合摊铺均匀，浇水使砂石表面湿润，碾压或夯实不少于三遍至不松动为止。

根据需要可在垫层上做水泥砂浆、混凝土、沥青砂浆或沥青混凝土找平层。

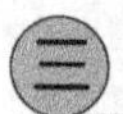

三 整体面层施工

（一）水泥砂浆地面

水泥砂浆地面面层的厚度应不小于 20mm，一般用硅酸盐水泥、普通硅酸盐水泥，水泥强度等级不低于 42.5 级，用中砂或粗砂配制，配合比为 1:2 ~ 1:2.5（体积比）。

面层施工前，先按设计要求测定地坪面层标高，校正门框，将垫层清扫干净洒水湿润，表面比较光滑的基层，应进行凿毛，并用清水冲洗干净。铺抹砂浆前，应在四周墙上弹出一道水平基准线，作为确定水泥砂浆面层标高的依据。面积较大的房间，应根据水平基准线在四周墙角处每隔 1.5 ~ 2m 用 1:2 水泥砂浆抹标志块，以标志块的高度做出纵横方向通长的标筋来控制面层厚度。

面层铺抹前，先刷一道含4% ~5%的108胶素水泥浆，随即铺抹水泥砂浆，用刮尺赶平，并用木抹子压实，在砂浆初凝后终凝前，用铁抹子反复压光三遍。砂浆终凝后铺盖草袋、锯末等浇水养护。当施工大面积的水泥砂浆面层时，应按设计要求留分格缝，防止砂浆面层产生不规则裂缝。

水泥砂浆面层强度小于5MPa之前，不准上人行走或进行其他作业。

（二）细石混凝土地面

细石混凝土地面可以克服水泥砂浆地面干缩较大的弱点。这种地面强度高，干缩值小。与水泥砂浆面层相比，它的耐久性更好，但厚度较大，一般为30 ~40mm。混凝土强度等级不低于C20，所用粗骨料要求级配适当，粒径不大于15mm，且不大于面层厚度的2/3。用中砂或粗砂配制。

细石混凝土面层施工的基层处理和找规矩的方法与水泥砂浆面层施工相同。

铺细石混凝土时，应由里向门口方向进行铺设，按标志筋厚度刮平拍实后，稍待收水，即用钢抹子预压一遍，待进一步收水，即用铁滚筒滚压3 ~5遍或用表面振动器振捣密实，直到表面泛浆为止，然后进行抹平压光。细石混凝土面层与水泥砂浆基本相同，必须在水泥初凝前完成抹平工作，终凝前完成压光工作，要求其表面色泽一致，光滑无抹子印迹。

钢筋混凝土现浇楼板或强度等级不低于C15的混凝土垫层兼面层时，可用随捣随抹的方法施工，在混凝土楼地面浇捣完毕，表面略有吸水后即进行抹平压光。混凝土面层的压光和养护时间和方法与水泥砂浆面层同。

（三）现制水磨石地面

水磨石地面构造层如图9-14所示。

水磨石地面面层施工，一般是在完成顶棚、墙面等抹灰后进行。也可以在水磨石楼、地面磨光两遍后再进行顶棚、墙面抹灰，但对水磨石面层应采取保护措施。

水磨石地面施工工艺流程如下：

基层清理→浇水冲洗湿润→设置标筋→铺水泥砂浆找平层→养护→嵌分格条→铺抹水泥石子浆→养护→研磨→打蜡抛光。

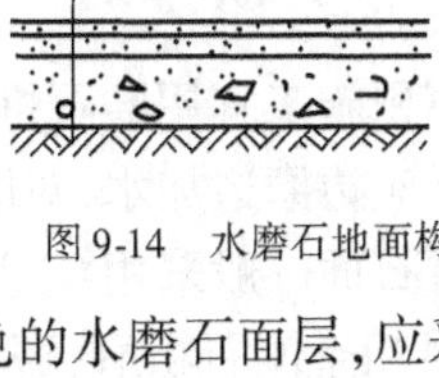

图9-14　水磨石地面构造层次

水磨石面层所用的石子应用质地密实、磨面光亮，如硬度不大的大理石、白云石、方解石或质地较硬的花岗岩、玄武岩、辉绿岩等。石子应洁净无杂质，石子粒径一般为4 ~12mm；白色或浅色的水磨石面层，应采用白色硅酸盐水泥，深色的水磨石面层应采用普通硅酸盐水泥或矿渣硅酸盐水泥，其强度等级不低于42.5级，水泥中掺入的颜料应选用遮盖力强、耐光性、耐候性，耐水性和耐酸碱性好的矿物颜料。掺量不大于水泥用量的12%为宜。

（1）嵌分格条

在找平层上按设计要求的图案弹出墨线，然后按墨线固定分格条（铜条或玻璃条），如图9-15所示，嵌条宽度与水磨石面层厚度相同，分格条正确的粘嵌方法是纯水泥浆黏嵌玻璃条成八分角,略大于分格条的 1/2 高度,水平方向以 30°角为准。分格条交叉处应留出 15 ~ 20mm 的空隙不填水泥浆,这样在铺设水泥石子浆时,石粒能靠近分格条交叉处。分格条应平直、牢固、接头严密。

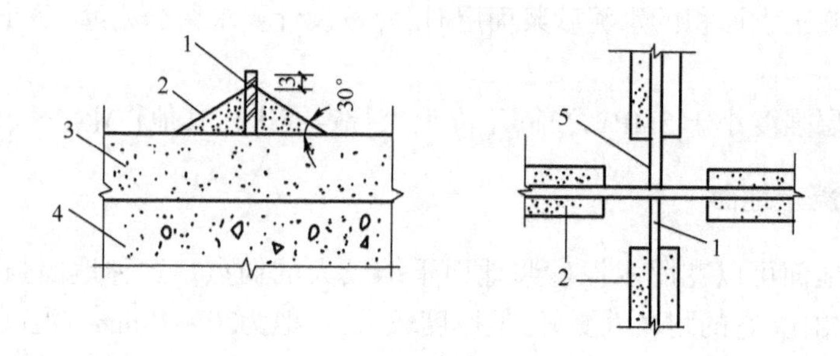

图 9-15　分格嵌条设置(尺寸单位:mm)

1-分格条;2-素水泥浆;3-水泥砂浆找平层;4-混凝土垫层;5-40 ~ 50mm 内不抹素水泥浆

(2)铺水泥石子浆

分格条粘嵌养护 3 ~ 5d 后,将找平层表面清理干净,刷素水泥浆一道,随刷随铺面层水泥石子浆。水泥石子浆的虚铺厚度比分格条高 3 ~ 5mn,以防在滚压时压弯铜条或压碎玻璃条。铺好后,用滚筒滚压密实,待表面出浆后,再用抹子抹平。在滚压过程中,如发现表面石子偏少,可补撒石子并拍平。如在同一平面上有几种颜色的水磨石,应先做深色,后做浅色;先做大面,后做镶边。待前一种色浆凝固后,再抹后一种色浆。

(3)研磨

水磨石的开磨时间与水泥强度和气温高低有关,应先试磨,在石子不松动方可开磨。一般开磨时间见表 9-7。

水磨石面层开磨参考时间表　　表 9-7

平 均 温 度 (℃)	开磨时间(d)	
	机磨	人工磨
20 ~ 30	2 ~ 3	1 ~ 2
10 ~ 20	3 ~ 4	1. 5 ~ 2. 5
5 ~ 10	5 ~ 6	2 ~ 3

大面积施工宜用磨石机研磨,小面积、边角处,可用小型湿式磨光机研磨或手工研磨,研磨石磨盘下应边磨边加水,对磨下的石浆应及时清除。

水磨石面一般采用“二浆三磨”法,即整修研磨过程中磨光三遍,补浆两次。第一遍先用 60 ~ 80 号粗金刚石粗磨,磨石机走“8”字形,边磨边加水冲洗,要求磨匀磨平,随时用 2m 靠尺板进行平整度检查。磨后把水泥浆冲洗干净,并用同色水泥浆涂抹,填补研磨过程中出现的小孔隙和凹痕,洒水养护 2 ~ 3d。第二遍用 120 ~ 150 号金刚石再平磨,方法同第一遍,磨光后再补一次浆,第三遍用 180 ~ 240 号油石精磨,要求打磨光滑,无砂眼细孔,石子颗颗显露,高级水磨石面层应适当增加磨光遍数及提高油石的号数。

(4)抛光

在影响水磨石面层质量的其他工序完成后,将地面冲洗干净,涂上 10% 浓度的草酸溶液,随即用280～320号油石进行细磨或把布卷固定在磨石机上进行研磨，直至表面光滑为止。用水冲洗、晾干后，在水磨石面层上满涂一层蜡，稍干后再用磨光机研磨，或用钉有细帆布的木块代替油石，装在磨石机上研磨出光亮后，再涂蜡研磨一遍，直到光滑洁亮为止。

四 板块面层施工

块材地面是在基层上用水泥砂浆或水泥浆铺设块料面层（如水泥花砖、预制水磨石板、花岗石板、大理石板、马赛克等）形成的楼地面，如图9-16所示。

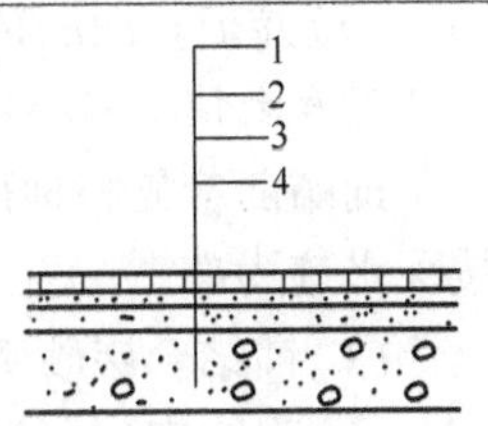

图9-16 块材地面

1-块材面层；2-结合层；3-找平层；4-基层（混凝土垫层或钢筋混凝土楼板）

1. 施工准备

铺贴前，应先挂线检查地面垫层的平整度，弹出房间中心"十"字线，然后由中央向四周弹出分块线，同时在四周墙壁上弹出水平控制线。按照设计要求进行试拼试排，在块材背面编号，以便安装时对号入座，根据试排结果，在房间的主要部位弹上互相垂直的控制线并引至墙上，用以检查和控制板块的位置。

2. 大理石板、花岗石板及预制水磨石板地面铺贴

（1）板材浸水。施工前应将板材（特别是预制水磨石板）浸水湿润，并阴干码好备用，铺贴时，板材的底面以内潮外干为宜。

（2）摊铺结合层。先在基层或找平层上刷一遍掺有4%～5% 107胶的素水泥浆，水灰比为0.4～0.5。随刷随铺水泥砂浆结合层，厚度10～15mm，每次铺2～3块板面积为宜，并对照拉线将砂浆刮平。

（3）铺贴。正式铺贴时，要将板块四角同时着浆，四角平稳下落，对准纵横缝后，用木槌敲击中部使其密实、平整，准确就位。大理石、花岗石不大于1mm，预制水磨石板不大于2mm。

（4）灌缝。要求嵌铜条的地面板材铺贴，先将相邻两块板铺贴平整，留出嵌条缝隙，然后向缝内灌水泥砂浆，将铜条敲入缝隙内，使其外露部分略高于板面即可，然后擦净挤出的砂浆。

对于不设镶条的地面，应在铺完24h后洒水养护，2d后进行灌缝，灌缝力求达到紧密。

（5）上蜡磨亮。板块铺贴完工，待结合层砂浆强度达到60%～70%即可打蜡抛光，3d内禁止上人走动。

3. 水泥花砖和混凝土板地面施工

铺贴方法与预制水磨石板铺贴基本相同，板材缝隙宽度为：水泥花砖不大于2mm，预制混凝土板不大于6mm。

4. 陶瓷锦砖地面施工

（1）铺贴。结合层砂浆养护2～3d后开始铺贴，先将结合层表面用清水湿润，刷素水泥浆一道，边刷边按控制线铺陶瓷锦砖。从房屋地面中间向两边铺贴。

（2）拍实。整个房间铺完后，由一端开始用木槌或拍板依次拍实拍平所铺陶瓷锦砖，拍至水泥浆填满陶瓷锦砖缝隙为宜。

（3）揭纸。面层铺贴完毕30min后，用水润湿背纸，15min后，即可把纸揭掉并用铲刀清理干净。

(4)灌缝、拨缝。揭纸后应及时灌缝拨缝,先用1:1水泥细砂(砂要过窗纱筛)把缝隙灌满扫严。适当淋水后,用橡皮锤和拍板拍平。拍板要前后左右平移找平,将陶瓷锦砖拍至要求高度。然后用刀先调整竖缝后拨横缝,边拨边拍实。地漏处必须将陶瓷锦砖剔裁镶嵌顺平。最后用板拍一遍并局部调拨不均匀的缝隙,然后用棉丝轻轻擦掉余浆,如湿度太大,可用干水泥扫一遍,用锯木屑擦净。

(5)养护。面层铺贴24h后应铺锯木屑等养护,4~5d后方可上人。

5. 陶瓷铺地砖与墙地砖面层施工

铺贴前应先将地砖浸水湿润后阴干备用,阴干时间一般3~5d,以地砖表面有潮湿感但手按无水迹为准。

(1)铺结合层砂浆。提前一天在楼地面基体表面浇水湿润后,铺1:3水泥砂浆结合层。

(2)弹线定位。根据设计要求弹出标高线和平面中线,施工时用尼龙线或棉线在墙地面拉出标高线和垂直交叉的定位线。

(3)铺贴地砖。用1:2水泥砂浆摊抹于地砖背面,按定位线的位置铺于地面结合层上,用木槌敲击地砖表面,使之与地面标高线吻合贴实,边贴边用水平尺检查平整度。

(4)擦缝。整幅地面铺贴完成后,养护2d后进行擦缝,擦缝时用水泥(或白水泥)调成干团,在缝隙上擦抹,使地砖的拼缝内填满水泥,再将砖面擦净。

6. 塑料地面施工

塑料地面按其材料的外形分为块材或卷材两种;按材质来分有软质、半硬质和硬质三种;按材料的结构分有单层、双层复合、多层复合三种。它是利用胶粘剂粘贴在牢固、坚实、平整的基层上而形成的地面。

(1)半硬质聚氯乙烯塑料地板(PVC地板)施工

塑料地板块材应平整、光滑、无裂缝、色泽均匀、厚薄一致、边缘平直,板内不允许有杂物、气泡,并符合相应产品的各项技术指标。

胶粘剂常与地板配套供应,一般可按使用说明使用,铺贴时使用的主要工具有梳形刮刀、橡胶双滚筒(或单滚筒)、橡皮榔头、橡胶压边滚筒、裁切刀、划线器等(图9-17)。

塑料板材地面要求基层必须平整、结实,有足够强度,阴阳角方正,干燥(含水率不大于8%),无污垢灰尘或其他杂质。

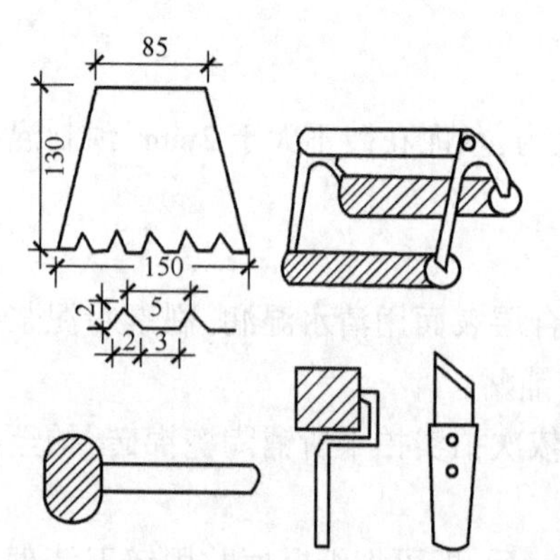

图9-17　塑料地板铺贴工具(尺寸单位:mm)

塑料地板铺贴的施工工艺流程为:基层清理→弹线→涂胶→地板→铺贴→踢脚板铺贴→表面清理

1)弹线、分格、定位。以房间中心点为基准,弹出相互垂直的两条定位线。定位线有丁字、十字和对角等形式。然后根据板块尺寸和房间的长度尺寸,弹出分格线和四周加条边线。

2)脱脂除蜡、裁切、试铺。将塑料板放进75℃左右的热水中浸泡10~20min,取出晾干,再用棉纱蘸1:8的丙酮汽油混合溶液涂刷进行脱脂除蜡。

根据分格情况,在塑料地板脱脂除蜡后进行试铺,对靠墙处不是整块或异形部位用划线器划线,按线裁切所需的塑料板。试铺合格后,按顺序编号,以备正式铺贴。

3)涂胶。将基层清理干净后先涂刷一层薄而均匀的底子胶(按原胶粘剂的重量加10%汽油和10%的醋酸乙酯搅拌均匀而成),干燥后将胶粘剂用梳齿形涂胶刀均匀地涂刮在塑料地板背面和基层上,要求涂刮均匀,齿锋明显,涂刮面积一次不宜过大,一般以一排地板的宽度为宜。胶粘剂涂刮后在室温下暴露在空气中,使溶剂部分挥发,至胶层表面手触不粘手时,即可进行铺贴。

4)地板铺贴。铺贴顺序是:先铺定位块和定位带,而后由里向外,或由中心向四周进行。铺贴时,将板材正面向上,轻轻放在已刮胶的基层上再双手向下挤出,相邻两块的接缝要平整严密。铺设后,板材边缘溢出的胶液应及时用油灰刀铲去,以防下次涂胶时重叠,造成板面高度不平。每铺贴2~3排后,及时用橡胶滚筒滚压,将黏结层中的气体赶出,以增强块材与基层的黏结力。

5)踢脚板铺贴。踢脚板上口应弹线,在踢脚板粘贴面和墙面上同时刮胶,胶晾干后从门口开始铺贴。最好三人一组,一人伸开踢脚板,一人铺贴,另一个保护刚贴好的阴阳角处。遇阴角时,踢脚板下口应剪去一个三角形切口,以保证贴的平整。

6)表面清理。铺贴结束后,根据粘贴种类用毛巾或棉纱蘸松香水或工业酒精等擦拭表面残留或多余的胶液,用橡胶压边滚筒再一次压平压实,养护3d后打蜡即可。

(2)软质聚氯乙烯卷材地面施工

软质塑料卷材地面胶粘剂,基层处理,刮胶和铺贴的方法与半硬质块材基本相同。

软质聚氯乙烯卷材在铺前应做预热处理,放入75℃左右热水浸泡约10~20min,至板面全部变软并伸平后取出晾干待用,但不得用炉火或电热炉预热。

塑料卷材应根据卷材幅度、每卷长度、花饰、设计要求和房间尺寸决定纵铺或横铺。一般以缝少为好。在地面弹好搭接线;根据实际尺寸下料。下料时将塑料卷材铺在地面上用刀裁割,然后进行预拼铺贴。接缝如需焊接,边缘应割成平滑坡口(用V形缝,切口用刀割),两边拼合的坡口角度约55°,一般须在铺贴后经48h方可施焊,并应采用热空气焊,空气压力应控制在0.08~0.1N/mm^2,温度控制在180~250℃,焊条宜选择等边三角形或圆形截面。焊缝应用斜槎搭接,焊缝凸起部分应予修平。

塑料卷材刮胶后,刮胶的方法与上述相同,铺贴时四人分两边同时将卷材提起,按预先弹好的搭接线,先将一端放下,再逐渐顺线铺置,若离线时应立即掀起移动调整,铺正后从中间往两边用手和橡胶滚筒滚压赶平,若有未赶出的气泡,应将前端掀起赶出。

五 木质地面施工

木质地面施工通常有架铺和实铺两种。架铺是在地面上先做出木搁栅,然后在木搁栅上铺贴基面板,最后在基面板上镶铺面层木地板。实铺是在建筑地面上直接拼铺木地板(图9-18a)。

1.基层施工

(1)高架木地板基层施工

①地垄墙或砖墩。地垄墙应用42.5水泥砂浆砌筑,砌筑时要根据地面条件设地垄墙的基础。每条地垄墙、内横墙和暖气沟墙均需预留120mm×120mm的通风洞两个,而且要在一条直线上,以利通风。暖气沟墙的通风洞口可采用缸瓦管与外界相通。外墙每隔3~5m应预

留不小于180mm×180mm的通风孔洞,洞口下皮距室外地坪标高不小于200mm,孔洞应安设篦子。如果地垄不易做通风处理,需在地垄顶部铺设防潮油毡。

②木搁栅。木搁栅通常是方框或长方框结构,木搁栅制作时,与木地板基板接触的表面一定要刨平,主次木方的连接可用榫结构或钉、胶结合的固定方法。无主次之分的木搁栅,木方的连接可用半槽式扣接法。通常在砖墩上预留木方或铁件,然后用螺栓或骑马铁件将木搁栅连接起来。

(2)一般架铺地板基层施工

一般架铺地板是在楼面上或已有水泥地坪的地面上进行(图9-18b)。

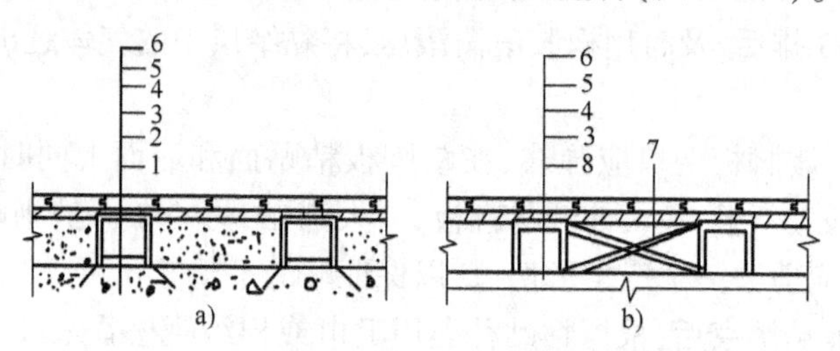

图9-18　双层企口硬木地板构造

a)实铺法;b)空铺法

1-混凝土基层;2-预埋铁(铁丝或钢筋);3-木搁栅;4-防腐剂;5-毛地板;6-企口硬木地板;7-剪刀撑;8-垫木

①地面处理。检查地面的平整度,做水泥砂浆找平层,然后在找平层上刷两遍防水涂料或乳化沥青。

②木搁栅。直接固定于地面的木搁栅所用的木方,可采用截面尺寸为30mm×40mm或40mm×50mm的木方。组成木搁栅的木方统一规格,其连接方式通常为半槽扣接,并在两木方的扣接处涂胶加钉。

③木搁栅与地面的固定。木搁栅直接与地面的固定常用埋木楔的方法,即用$\phi16$的冲击电钻在水泥地面或楼板上钻洞,孔洞深40mm左右,钻孔位置应在地面弹出的木搁栅位置线上,两孔间隔0.8m左右。然后向孔洞内打入木楔长钉将木搁栅固定在打入地面的木楔上。

(3)实铺木地板的基层要求

木地板直接铺贴在地面时,对地面的平整度要求较高,一般地面应采用防水水泥砂浆找平或在平整的水泥砂浆找平层上刷防潮。

2.面层木地板铺设

木地板铺在基面或基层板上,铺设方法有钉接式和黏结式两种。

(1)钉接式

木地板面层有单层和双层两种。单层木地板面层是在木搁栅上直接钉直条企口板;层木地板面层是在木搁栅架上先钉一层毛地板,再钉一层企口板。

双层木地板的下层毛地板,其宽度不大于120mm,铺设时必须清除其下房空间内的刨花等杂物。毛地板应与木搁栅成30°或45°斜面钉牢,板间的缝隙不大于3mm,以免起鼓,毛地板与墙之间留10~20mm的缝隙,每块毛地板应在其下的每根木搁栅上各用两个钉固结,钉的长度应为板厚的2.5倍,面板铺钉时,其顶面要刨平,侧面带企口,板宽不大于120mm,地板应与木搁栅或毛地板垂直铺钉,并顺进门方向。接缝均应在木搁栅中心部位,且间隔错开。木板应材心朝上铺钉。木板面层距墙10~20mm,以后逐块紧铺钉,缝隙不超过1mm,圆钉长度为板厚2.5倍,钉帽砸扁,钉从板的侧边凹角处斜向钉入(图9-19),板与搁栅交处至少钉一颗。钉到最后一块,可用明铺钉牢,钉帽砸扁冲入板内30~50mm。硬木地板面层铺钉前应先钻7/10~4/5圆钉直径的孔,然后铺钉。双层板面层铺钉前应在毛板上先铺一层沥青油纸或油毡隔潮。

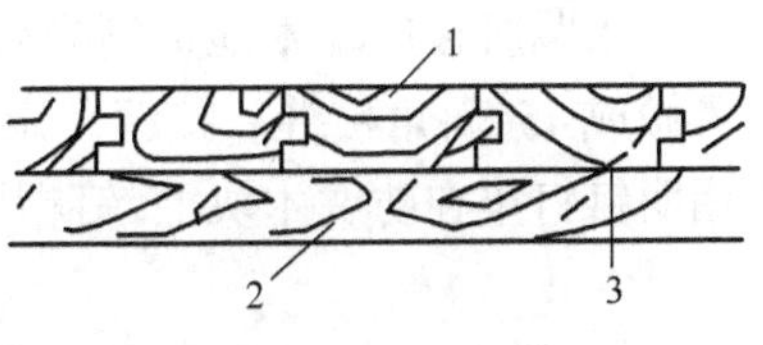

图9-19 企口板钉设
1-毛地板;2-木搁栅;3-圆钉

木板面层铺完后,清扫干净。先按垂直木纹方向粗刨一遍,再顺木纹方向细刨一遍,然后磨光,待室内装饰施工完毕后再进行油漆并上蜡。

(2)黏结式

黏结式木地板面法,多用实铺式,将加工好的硬木地板块材用黏结材料直接粘贴在楼地面基层上。

拼花木地板粘贴前,应根据设计图案和尺寸进行弹线。对于成块制作好的木地板块材,应按所弹施工线试铺,以检查其拼缝高低、平整度、对缝等。符合要求后进行编号,施工时按编号从房中间向四周铺贴。

①沥青胶铺贴法。先将基层清扫干净,用大号鬃板刷在基层上涂刷一层薄而匀的冷底子油待一昼夜后,将木地板背面涂刷一层薄而匀的热沥青,同时在已涂刷冷底子油的基层上涂刷热沥青一道,厚度一般为2mm,随涂随铺。木地板应水平状态就位,同时要用力与相邻的木地板压得严密无缝隙,相邻两块木地板的高差不应超过+1.5~-1mm,缝隙不大于0.3mm,否则重铺。铺贴时要避免热沥青溢出表面,如有溢出应及时刮除并擦拭干净。

②胶粘剂铺贴法。先将基层表面清扫干净,用鬃刷在基层上涂刷一层薄而匀的底子胶。底子胶应采用原粘剂配制。待底子胶干燥后,按施工线位置沿轴线由中央向四面铺贴。其方法是按预排编号顺序在基层上涂刷一层厚约1mm的胶粘剂,再在木地板背面涂刷一层厚约0.5mm的胶粘剂,待表面不粘手时,即可铺贴。铺贴时,人员随铺贴随往后退,要用力推紧、压平,并随即用砂袋等物压6~24h,其质量要求与前述沥青胶黏结法相同。

3. 木踢脚板的施工

木地板房间的四周墙脚处应设木踢脚板,踢脚板一般高100~200mm,常用150mm,厚20~25mm。所用木板一般也应与木地板面层所用的材质品种相同。踢脚板应预先刨光,上口刨成线条。为防止翘曲,在靠墙的一面应开成凹槽,当踢脚板高100mm时开一条凹槽,150mm时开两条凹槽,超过150mm时开三条凹槽,凹槽深度为3~5mm。为了防潮通风,木踢脚板每隔1~1.5m设一组通风孔,一般采用ϕ6孔。在墙内每隔400mm砌入防腐木砖。在防腐木砖上钉防腐木垫块。一般木踢脚板与地面转角处安装木压条或安装圆角成品木条,其构造做法如图9-20所示。

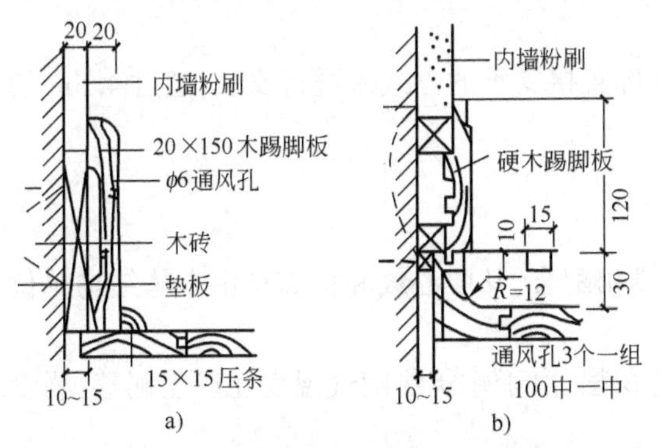

图9-20 木踢脚板做法示意图(尺寸单位:mm)
a)压条做法;b)圆角做法

木踢脚板应在木地板刨光后安装。木踢脚板接缝处应做暗榫或斜坡压槎，在90°转角处可做成45°斜角接缝。接缝一定要在防腐木块上。安装时木踢脚板与立墙贴紧，上口要平直，用明钉钉牢在防腐木块上，钉帽要砸扁并冲入板内2～3mm。

第六节　玻璃幕墙工程施工

玻璃幕墙主要由饰面玻璃和固定玻璃的骨架组成。其主要特点是：建筑艺术效果好，自重轻，施工方便，工期短。但玻璃幕墙造价高，抗风、抗震性能较弱，能耗较大，对周围环境可能形成光污染。

1. 玻璃幕墙分类

(1)明框玻璃幕墙

其玻璃板镶嵌在铝框内，成为四边有铝框的幕墙构件，幕墙构件镶嵌在横梁上，形成横梁、主框均外露且铝框分格明显的立面。

明框玻璃幕墙构件的玻璃和铝框之间必须留有空隙，以满足温度变化和主体结构位移所必需的活动空间。空隙用弹性材料（如橡胶条）充填，必要时用硅酮密封胶（耐候胶）予以密封。

(2)隐框玻璃幕墙

隐框玻璃幕墙是将玻璃用结构胶黏结在铝框上，大多数情况下不再加金属连接件。因此，铝框全部隐蔽在玻璃后面，形成大面积全玻璃镜面。

隐框幕墙的节点大样如图9-21所示，玻璃与铝框之间完全靠结构胶黏结。结构胶要承受玻璃的自重及玻璃所承受的风荷载和地震作用、温度变化的影响，因此，结构胶的质量好坏是隐框幕墙安全性的关键环节。

(3)半隐框玻璃幕墙

半隐框玻璃幕墙是将玻璃两对边嵌在铝框内，另两对边用结构胶黏在铝框上，形成半隐框玻璃幕墙。立柱外露，横梁隐蔽的称竖框横隐幕墙；横梁外露，立柱隐蔽的称为竖隐横框幕墙。

(4)全玻幕墙

为游览观光需要，在建筑物底层，顶层及旋转餐厅的外墙，使用玻璃板，其支承结构采用玻璃肋，称之为全玻幕墙。

高度不超过4.5m的全玻璃幕墙，可以用下部直接支承的方式来进行安装，超过4.5m的全玻幕墙，宜用上部悬挂方式安装（图9-22）。

2. 玻璃幕墙的安装要点

(1)定位放线

玻璃幕墙的测量放线应与主体结构测量放线相配合，其中心线和标高点由主体结构单位提供并校核准确。

水平标高要逐层从地面基点引上，以免误差积累，由于建筑物随气温变化产生侧移，测量应每天定时进行。

放线应沿楼板外沿弹出墨线或用钢琴线定出幕墙平面基准线，从基准线测出一定距离为幕墙平面。以此线为基准确定立柱的前后位置，从而决定整片幕墙的位置。

(2)骨架安装

骨架安装在放线后进行。骨架的固定是用连接件将骨架与主体结构相连。固定方式一般有两种:一种是在主体结构上预埋铁件,将连接件与预埋铁件焊牢;另一种是主体结构上钻孔,然后用膨胀螺栓将连接件与主体结构相连。

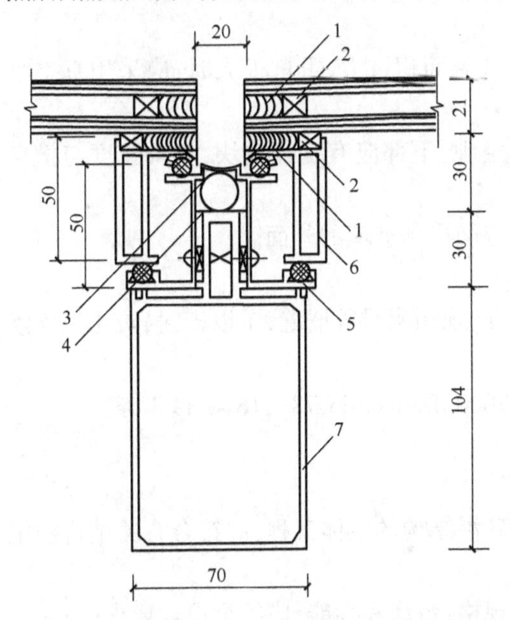

图9-21 隐框幕墙节点大样示例(尺寸单位:mm)

1-结构胶;2-垫块;3-耐候胶;4-泡沫棒;5-胶条;6-铝框;7-主柱

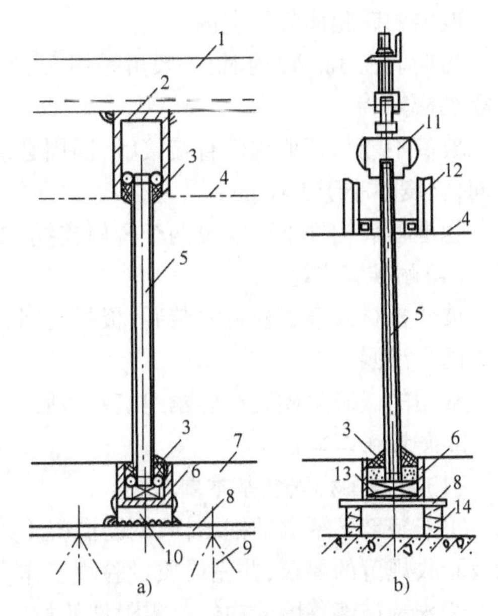

图9-22 结构玻璃幕墙构造

a)整块玻璃小于4.5m高时用;b)整块玻璃大小4.5m高时用

1-顶部角铁吊架;2-5mm厚钢顶框;3-硅胶嵌缝;4-吊顶面;5-15mm厚玻璃;6-钢底框;7-地平面;8-铁板;9-M12螺栓;10-垫铁;11-夹紧装置;12-角钢;13-定位垫块;14-减震垫块

连接件一般用型钢加工而成,其形状可因不同的结构类型,不同的骨架形式,不同的安装部位而有所不同,但无论何种形状的连接件,均应固定在牢固可靠的位置上,然后安装骨架。骨架一般是先安竖向杆件(立柱),待竖向杆件就位后,再安装横向杆件。

1)立柱的安装

立柱先连接好连接件,再将连接件(铁码)点焊在主体结构的预埋钢板上,然后调整位置,立柱的垂直度可用锤球控制,位置调整准确后,将支撑立柱的钢牛腿焊牢在预埋件上。

立柱一般根据施工运输条件,可以是一层楼高或两层楼高为一整根。接头应有一定空隙,采用套筒连接法。

2)横梁的安装

横向杆件的安装,宜在竖向杆件安装后进行。如果横竖杆件均是型钢一类的材料,可以采用焊接,也可以采用螺栓或其他办法连接。当采用焊接时,大面积骨架需焊接的部位较多,由于受热不均,容易引起骨架变形,故应注意焊接的顺序及操作。如有可能,应尽量减少现场的焊接工作量。螺栓连接是将横向杆件用螺栓固定在竖向杆件的铁码上。

铝合金型材骨架,其横梁与竖框的连接,一般是通过铝拉铆钉与连接件进行固定。连接件多为角铝或角钢,其中一条肢固定在横梁上,另一条肢固定竖框。对不露骨架的隐框玻璃幕

墙,其立柱与横梁往往采用型钢,使用特制的铝合金联结板与型钢骨架用螺栓连接,型钢骨架的横竖杆件采用联结件连接隐蔽于玻璃背面。

(3)玻璃安装

在安装前,应清洁玻璃,四边的铝框也要清除污物,以保证嵌缝耐候胶可靠黏结。

玻璃的镀膜面应朝室内方向。

当玻璃在 $3m^2$ 以内时,一般可采用人工安装。玻璃面积过大,重量很大时,应采用真空吸盘等机械安装。

玻璃不能与其他构件直接接触,四周必须留有空隙,下部应有定位垫块,垫块宽度与槽口相同,长度不小于100mm。

隐框幕墙构件下部应设两个金属支托,支托不应凸出到玻璃的外面。

(4)耐候胶嵌缝

玻璃板材或金属板材安装后,板材之间的间隙,必须用耐候胶嵌缝,予以密封,防止气体渗透和雨水渗漏。

常用的嵌缝耐候胶有硅酮建筑密封胶。如GE2000\Dowcorning783,Tosseal381等。

3.安装施工工艺

(1)幕墙工程安装基本要求

①安装玻璃幕墙的钢结构、钢筋混凝土结构及砖混结构的主体工程,应符合有关结构构施工及验收规范的要求,并完成质量验收工作。

②安装玻璃幕墙的构件及零附件的材料品种、规格、色泽和性能,应符合设计要求。

③玻璃幕墙的安装施工应单独编制施工组织设计方案。

(2)单元式玻璃幕墙的安装工艺流程

单元式玻璃幕墙的现场安装工艺流程见图9-23。

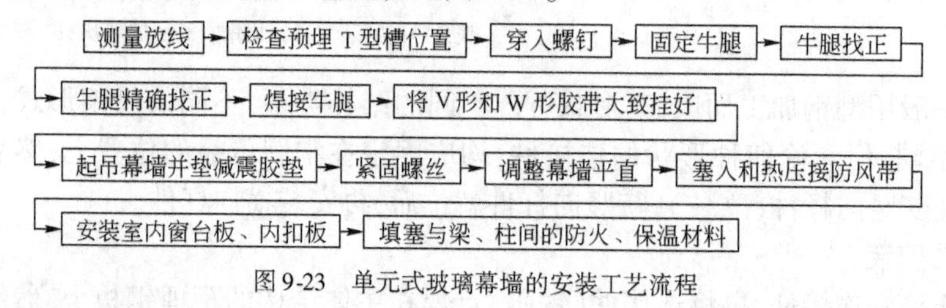

图9-23 单元式玻璃幕墙的安装工艺流程

(3)构件式玻璃幕墙的安装工艺

①明框玻璃幕墙安装工艺流程见图9-24。

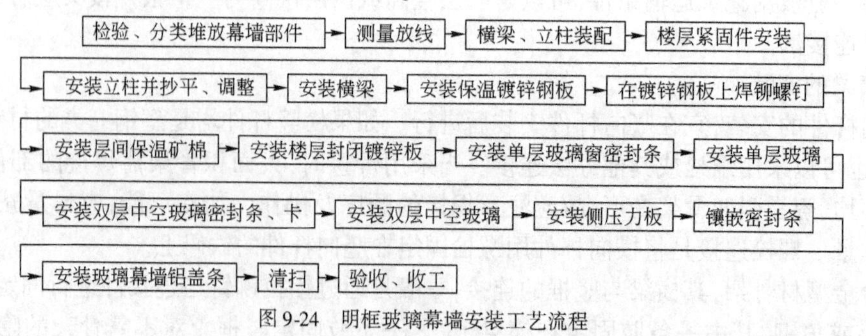

图9-24 明框玻璃幕墙安装工艺流程

②隐框玻璃幕墙安装工艺顺序见图 9-25。

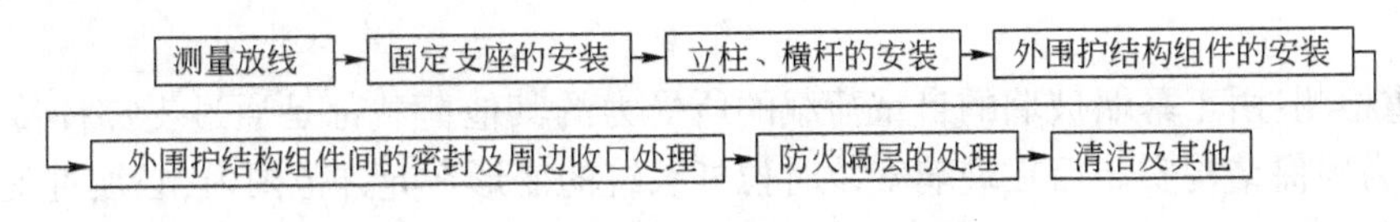

图 9-25　隐框玻璃幕墙的安装工艺流程

4. 点支承玻璃幕墙的安装工艺

(1) 钢结构的安装

①安装前,应根据甲方提供的基础验收资料复核各项数据,并标注在检测资料上。预埋件、支座面和地脚螺栓的位置、标高的尺寸偏差应符合相关的技术规定及验收规范,钢柱脚下的支承预埋件应符合设计要求,需填垫钢板时,每叠不得多于 3 块。

②钢结构的复核定位应使用轴线控制控制点和测量的标高基准点,保证幕墙主要竖向构件及主要横向构件的尺寸允许偏差符合有关规范及行业标准。

③构件安装时,对容易变形的构件应作强度和稳定性验算,必要时采取加固措施,安装后,构件应具有足够的强度和刚度。

④确定几何位置的主要构件,如柱、桁架等应吊装在设计位置上,在松开吊挂设备后应做初步校正,构件的连接接头必须经过检查合格后,方可紧固和焊接。

⑤对焊缝要进行打磨,消除棱角和夹角,达到光滑过渡。钢结构表面应根据设计要求喷涂防锈、防火漆,或加以其他表面处理。

⑥对于拉杆及拉索结构体系,应保证支承杆位置的准确,一般允许偏差在 ±1mm,紧固拉杆(索)或调整尺寸偏差时,宜采用先左后右,由上至下的顺序,逐步固定支承杆位置,以单元控制的方法调整校核,消除尺寸偏差,避免误差积累。

⑦支承钢爪安装:支承钢爪安装时,要保证安装位置偏差在 ±1mm 内,支承钢爪在玻璃重量作用下,支承钢系统会有位移,可用以下两种方法进行调整:如果位移量较小,可以通过驳接件自行适应,则要考虑支承杆有一个适当的位移能力;如果位移量大,可在结构上加上等同于玻璃重量的预加载荷,待钢结构位移后再逐渐安装玻璃。无论在安装时,还是在偶然事故时,都要防止在玻璃重量下,支承钢爪安装点发生过大位移,所以支承钢爪必须能通过高抗张力螺栓、销钉、楔销固定。支承钢爪的支承点宜设置球铰,支承点的连接方式不应阻碍面板的弯曲变形。

(2) 拉索及支撑杆的安装

①拉索和支撑杆的安装过程中要掌握好施工顺序,安装必须按"先上后下,先竖后横"的原则进行安装。

②支撑杆的定位、调整:在支撑杆的安装过程中必须对杆件的安装定位几何尺寸进行校核,前后索长度尺寸严格按图纸尺寸调整,保证支撑连接杆与玻璃平面的垂直度。调整以按单元控制点为基准对每一个支撑杆的中心位置进行核准。确保每个支撑杆的前端与玻璃平面保持一致,整个平面度的误差应控制在≤mm/3m。在支撑杆调整时要采用"定位头"来保证支撑杆与玻璃的距离和中心定位的准确。

③拉索的预应力设定与检测:用于固定支撑杆的横向和竖向拉索在安装和调整过程中必

须提前设置合理的内应力值,才能保证在玻璃安装后受自重荷载的作用下结构变形在允许的范围内。

④配重检测:由于幕墙玻璃的自重荷载的所受力的其他荷载都是通过支撑杆传递到支承结构上的,为确保结构安装后在玻璃安装时拉杆系统的变形在允许范围内,必须对支撑杆上进行配重检测。

(3)玻璃的安装

①安装前应检查校对钢结构的垂直度、标高、横梁的高度和水平度等是否符合设计要求,特别要注意安装孔位的复查。

②安装前必须用钢刷局部清洁钢槽表面及底泥土,灰尘等杂物,点支承玻璃底部U形槽应装入氯丁橡胶垫块,对应于玻璃支承面宽度边缘左右1/4处各放置垫块。

③安装前,应清洁玻璃及吸盘上的灰尘,根据玻璃重量及吸盘规格确定吸盘个数。

④安装前,应检查支承钢爪的安装位置是否准确,确保无误后,方可安装玻璃。

⑤现场安装玻璃时,应先将支承头与玻璃在安装平台上装配好,然后再与支承钢爪进行安装。为确保支承处的气密性和水密性,必须使用扭矩扳手。应根据支承系统的具体规格尺寸来确定扭矩大小,按标准安装玻璃时,应始终将玻璃悬挂在上部的两个支承头上。

⑥现场组装后,应调上下左右的位置,保证玻璃水平偏差在允许范围内。

⑦玻璃全部调整好后,应进行整体里面平整度的检查,确认无误后,才能进行打胶密封。

5.全玻幕墙的安装工艺

(1)安装固定主支承器

根据设计要求和图纸位置用螺栓连接或焊接的方式将主支承器固定在预埋件上。检查各螺丝钉的位置及焊接口,涂刷防锈油漆。

(2)安装玻璃底槽

①安装固定角码。

②临时固定钢槽,根据水平和标高控制线调整好钢槽的水平高低精度。

③检查合格后进行焊接固定。

(3)安装玻璃吊夹

根据设计要求和图纸位置用螺栓将玻璃:吊夹与预埋件或上部钢架连接。检查吊夹与玻璃底槽的中心位置是否对应,吊夹是否调整合格后方能进行玻璃安装。

(4)安装面玻璃

将相应规格的面玻璃搬入就位,调整玻璃的水平及垂直位置,定位校准后夹紧固定,并检查接触铜块与玻璃的摩擦粘牢度。

(5)安装肋玻璃

将相应规格的肋玻璃搬入就位,同样对其水平及垂直位置进行调整,并校准与面玻璃之间的间距,定位校准后夹紧固定。

(6)检查

所有吊夹的紧固度、垂直度、粘牢度是否达到要求,否则进行调整;检查所有连接器的松紧度是否达到要求,否则进行调整。

第七节　涂饰工程施工

涂料工程

涂料敷于建筑物表面并与基体材料很好地黏结，干结成膜后，既对建筑物表面起到一定的保护作用，又能起到建筑装饰的效果。

涂料主要由胶粘剂、颜料、溶剂和辅助材料等组成。涂料的品种繁多，按装饰部位不同有内墙涂料、外墙涂料、顶棚涂料、地面涂料；按成膜物质不同有油性涂料（也称油漆）、有机高分子涂料、无机高分子涂料、有机无机复合涂料；按涂料分散介质不同有：溶剂型涂料、水性涂料、乳液涂料（乳胶漆）。

1. 基层处理

混凝土和抹灰表面：基层表面必须坚实，无酥板、脱层、起砂、粉化等现象，否则应铲除。基层表面要求平整，如有孔洞、裂缝，须用同种涂料配制的腻子批嵌，除去表面的油污、灰尘、泥土等，清洗干净。对于施涂溶剂型涂料的基层，其含水率应控制在6%以内，对于施涂水溶性和乳液型涂料的基层，其含水率应控制在10%以内，pH值在10以下。

木材表面：应先将木材表面上的灰尘，污垢应清除，并把木材表面的缝隙、毛刺等用腻子填补磨光。

金属表面：将灰尘、油渍、锈斑、焊渣、毛刺等清除干净。

2. 涂料施工

涂料施工主要操作方法有：刷涂、滚涂、喷涂、刮涂、弹涂、抹涂等。

（1）刷涂。是人工用刷子蘸上涂料直接涂刷于被饰涂面。要求：不流、不挂、不皱、不漏、不露刷痕。刷涂一般不少于两道，应在前一道涂料表面干后再涂刷下一道。两道施涂间隔时间由涂料品种和涂刷厚度确定，一般为2～4h。

（2）滚涂。是利用涂料辊子蘸上少量涂料，在基层表面上下垂直来回滚动施涂。阴角及上下口一般需先用排笔、鬃刷刷涂。

（3）喷涂。是一种利用压缩空气将涂料制成雾状（或粒状）喷出，涂于被饰涂面的机械施工方法。其操作过程为：

①将涂料调至施工所需黏度，将其装入贮料罐或压力供料筒中。

②打开空压机，调节空气压力，使其达到施工压力，一般为0.4～0.8MPa。

③喷涂时，手握喷枪要稳，涂料出口应与被涂面保持垂直，喷枪移动时应与喷涂面保持平行。喷距500mm左右为宜，喷枪运行速度应保持一致。

④喷枪移动的范围不宜过大，一般直接喷涂700～800mm后折回，再喷涂下一行，也可选择横向或竖向往返喷涂。

⑤涂层一般两遍成活，横向喷涂一遍，竖向再涂一遍。两遍之间间隔时间由涂料品种及喷涂厚度而定，要求涂膜应厚薄均匀、颜色一致、平整光滑，不出现露底、皱纹、流挂、钉孔、气泡和失光现象。

(4)刮涂。是利用刮板,将涂料厚浆均匀地批刮于涂面上,形成厚度为1~2mm的厚涂层。这种施工方法多用于地面等较厚层涂料的施涂。

刮涂施工的方法为:

①腻子一次刮涂厚度一般不应超过0.5mm,孔眼较大的物面应将腻子填嵌实,并高出物面,待干透后再进行打磨。待批刮腻子或者厚浆涂料全部干燥后,再涂刷面层涂料。

②刮涂时应用力按刀,使刮刀与饰面成50°~60°角刮涂。刮涂时只能来回刮1~2次,不能往返多次刮涂。

③遇有圆、菱形物面可用橡皮刮刀进行刮涂。刮涂地面施工时,为了增加涂料的装饰效果,可用划刀或记号笔刻出席纹、仿木纹等各种图案。

(5)弹涂。先在基层刚涂1~2道底涂层,待其干燥后通过机械的方法将色浆均匀地溅在墙面上,形成1~3mm左右的圆状色点。弹涂时,弹涂器的喷出口应垂直正对被饰面,距离300~500mm,按一定速度自上而下,由左至右弹涂。选用压花型弹涂时,应适时将彩点压平。

(6)抹涂。先在基层刷涂或滚涂1~2道底涂料,待其干燥后,使用不锈钢抹灰工具将饰面涂料抹到底层涂料上。一般抹1~2遍,间隔1h后再用不锈钢抹子压平。涂抹厚度内墙为1.5~2mm,外墙2~3mm。

在工厂制作组装的钢木制品和金属构件,其涂料宜在生产制作阶段施工,最后一遍安装后在现场施涂。现场制作的构件,组装前应先施涂一遍底子油(干油性且防锈的涂料),安装后再施涂。

3.喷塑涂料施工

(1)喷塑涂料的涂层结构

按喷塑涂料层次的作用不同,其涂层构造分为封底涂料、主层涂料、罩面涂料。按使用材料分为底油、骨架和面油。喷塑涂料质感丰富、立体感强,具有乳雕饰面的效果。

①底油:底油是涂布在基层上的涂层。它的作用是渗透到基层内部,增强基层的强度,同时又对基层表面进行封闭,并消除基层表面有损于涂层附着的因素,增加骨架涂料与基层之间的结合力。作为封底涂料,可以防止硬化后的水泥砂浆抹灰层可溶性盐渗出而破坏面层。

②骨架:骨架是喷塑涂料特有的一层成型层,是喷塑涂料的主要构成部分。使用特制大口径喷枪或喷斗,喷涂在底油之上,再经过滚压,即形成质感丰富,新颖美观的立体花纹图案。

③面油:面油是喷塑涂料的表面层。面油内加入各种耐晒彩色颜料,使喷塑涂层具有理想的色彩和光感。面油分为水性和油性两种,水性面油无光泽,油性面油有光泽,但目前大都采用水性面油。

(2)喷塑涂料施工

喷涂程序:刷底油→喷点料(骨架材料)→滚压点料→喷涂或刷涂面层。

底油的涂刷用漆刷进行,要求涂刷均匀不漏刷。

喷点施工的主要工具是喷枪,喷嘴有大、中、小三种,分别可喷出大点、中点和小点。施工时可按饰面要求选择不同的喷嘴。喷点操作的移动速度要均匀,其行走路线可根据施工需要由上向下或左右移动。喷枪在正常情况下其喷嘴距墙50~60cm为宜。喷头与墙面成60°~90°夹角，空压机压力为0.5MPa。如果喷涂顶棚，可采用顶棚喷涂专用喷嘴。

如果需要将喷点压平，则喷点后5~10min便可用胶辊蘸松节水，在喷涂的圆点上均匀地轻轻滚，将圆点压扁，使之成为具有立体感的压花图案。

喷涂面油应在喷点施工12min分进行，第一道滚涂水性面油，第二道可用油性面油，也可用水性面油。

如果基层有分格条，面油涂饰后即行揭去，对分格缝可按设计要求的色彩重新描绘。

4. 多彩喷涂施工

多彩喷涂具有色彩丰富、技术性能好、施工方便、维修简单、防火性能好、使用寿命长等特点，因此运用广泛。

多彩喷涂的工艺可按底涂、中涂、面涂或底涂、面涂的顺序进行。

底涂：底层涂料的主要作用是封闭基层，提高涂膜的耐久性和装饰效果。底层涂料为溶剂性涂料，可用刷涂、滚涂或喷涂的方法进行操作。

中涂：中层为水性涂料，涂刷1~2遍，可用刷涂、滚涂及喷涂施工。

面涂（多彩）喷涂：中层涂料干燥约4~8h后开始施工。操作时可采用专用的内压式喷枪，喷涂压力0.15~0.25MPa，喷嘴距墙300~400mm，一般一遍成活，如涂层不均匀，应在4h内进行局部补喷。

5. 聚氨酯仿瓷涂料层施工

这种涂料是以聚氨酯—丙烯酸树脂溶液为基料，加入优质大白粉、助剂等配制而成的双组分固化型涂料。涂膜外观是瓷质状，其耐沾污性、耐水性及耐候性等性能均较优异。可以涂刷在木质、水泥砂浆及混凝土饰面上，具有优良的装饰效果。

聚氨酯仿瓷复层涂料一般分为底涂、中涂和面涂三层，其操作要点如下：

(1)基层表面应平整、坚实、干燥、洁净，表面的蜂窝、麻面和裂缝等缺陷应采用相应的腻子嵌平。金属材料表面应除锈，有油渍斑污者，可用汽油，二甲苯等溶剂清理。

(2)底涂施工。底涂施工可采用刷涂、滚涂、喷涂等方法进行。

(3)中涂施工。中涂一般均要求采用喷涂，喷涂压力依照材料使用说明，喷嘴口径一般为4mm。根据不同品种，将其甲乙组份进行混合调制或直接采用配套中层涂料均匀喷涂，如果涂料太稠，可加入配套溶液或醋酸丁酯进行稀释。

(4)面涂施工。面涂可用喷涂、滚涂或刷涂方法施工，涂层施工的间隔时间一般在2~4h之间。

仿瓷涂料施工要求环境温度不低于5℃，相对湿度不大于85%，面涂完成后保养3~5d。

6. 涂料工程的安全技术

涂料材料和所用设备，必须要有经过安全教育的专人保管，设置专用库房，各类储油原料的桶必须封盖。

涂料库房与建筑物必须保持一定的安全距离，一般在2m以上。库房内严禁烟火，且有足够的消防器材。

施工现场必须具有良好的通风条件，通风不良时须安置通风设备，喷涂现场的照明灯应加

保护罩。

使用喷灯，加油不得过满，打气不能过足，使用时间不宜过长，点火时火嘴不准对人。

使用溶剂时，应做好眼睛、皮肤等的防护，并防止中毒。

二 刷浆工程

1. 刷浆材料

刷浆所用材料主要是指石灰浆、水泥浆、大白浆：和可赛银浆等，石灰浆和水泥浆可用于室内外墙面，大白浆和可赛银浆只用于室内墙面。

(1)石灰浆。用生石灰块或淋好的石灰膏加水调制而成，可在石灰浆内加0.3%～0.5%的食盐或明矾，或20%～30%的108胶，目的在于提高其附着力。如需配色浆，应先将颜料用水化开，再加入石灰浆内拌匀。

(2)水泥浆。由于素水泥浆易粉化、脱落，一般用聚合物水泥浆，其组成材料有：白水泥、高分子材料、颜料、分散剂和憎水剂。高分子材料采用107胶时，一般为水泥用量的20%。分散剂一般采用六偏磷酸钠，掺量约为水泥用量的1%，或木质素磺酸钙，掺量约为水泥用量的0.3%，憎水剂常用甲基硅醇钠。

(3)大白浆。由大白粉加水及适量胶结材料制成，加入颜料，可制成各种色浆。胶结材料常用108胶(掺入量为大白粉的15%～20%)或聚酯酸乙烯液(掺入量为大白粉的8%～10%)，大白浆适于喷涂和刷涂。

(4)可赛银粉。由碳酸钙、滑石粉和颜料研磨，再加入干酪素胶粉等混合配制而成。

2. 施工工艺

(1)基层处理和刮腻子。刷浆前应清理基层表面的灰尘、污垢、油渍和砂浆流痕等。在基层表面的孔眼、缝隙、凸凹不平处应用腻子找补并打磨齐平。

对室内中、高级刷浆工程，在局部找补腻子后，应满刮1～2道腻子，干后用砂纸打磨表面。大白浆和可赛银粉要求墙面干燥，为增加大白浆韵附着力，在抹灰面未干前应先刷一道石灰浆。

(2)刷浆。刷浆一般用刷涂法、滚涂法和喷涂法施工。其施工要点同涂料工程的涂饰施工。

聚合物水泥浆刷浆前，应先用乳胶水溶液或聚乙烯醇缩甲醛胶水溶液湿润基层。

室外刷浆在分段进行时，应以分格缝、墙角或水落管等处为分界线。同一墙面应用相同的材料和配合比，浆料必须搅拌均匀。

三 涂饰工程施工质量要求

涂料工程应待涂层完全干燥后，方可进行验收。验收时，应检查所用的材料品种、颜色应符合设计和选定的样品要求。

施涂薄涂料表面的质量，应符合表9-8的规定；施涂厚涂料表面的质量，应符合表9-9的规定；施涂复层涂料表面的质量，应符合表9-10的规定；施涂溶剂型混色涂料表面的质量，应符合表9-11的规定；施涂清漆涂料表面的质量，应符合表9-12的规定。

薄涂料表面的质量要求　　表 9-8

项　次	项　目	普通级薄涂料	中级薄涂料	高级薄涂料
1	掉粉、起皮	不允许	不允许	不允许
2	漏刷、透底	不允许	不允许	不允许
3	反碱、咬色	允许少量	允许轻微少量	不允许
4	流坠、疙瘩	允许少量	允许轻微少量	不允许
5	颜色、刷纹	颜色一致	颜色一致,允许有轻微少量砂眼,刷纹通顺	颜色一致,无砂眼,无刷纹
6	装饰线、分色线平直(拉5m线检查,不足5m拉通线检查)	偏差不大于3mm	偏差不大于2mm	偏差不大于1mm
7	门窗、灯具等		洁净	洁净

厚涂料表面质量要求　　表 9-9

项　次	项　目	普通级厚涂料	中级厚涂料	高级厚涂料
1	漏涂、透底起皮	不允许	不允许	不允许
2	反碱、咬色	允许少量	允许轻微少量	不允许
3	颜色、点状分布	颜色一致	颜色一致,疏密均匀	颜色一致,疏密均匀
4	门窗、灯具等	洁净	洁净	洁净

复层涂料表面质量要求　　表 9-10

项　次	项　目	水泥系复层涂料	合成树脂乳液复层涂料	硅溶胶类复层涂料	反应固化型复层涂料
1	漏涂、透底	不允许	不允许		
2	掉粉、起皮	不允许	不允许		
3	反碱、咬色	允许轻微	不允许		
4	喷点疏密程度	疏密均匀	疏密均匀,不允许有连片现象		
5	颜色	颜色一致	颜色一致		
6	门窗、玻璃、灯具等	洁净	洁净		

溶剂型混色涂料表面质量要求　　表 9-11

项　次	项　目	普通级涂料	中级涂料	高级涂料
1	脱皮、漏刷、反锈	不允许	不允许	不允许
2	透底、流坠、皱皮	大面不允许	大面和小面明显处不允许	不允许

续上表

项　次	项　目	普通级涂料	中级涂料	高级涂料
3	光亮和光滑	光亮均匀一致	光亮光滑均匀一致	光亮足，光滑无挡手感
4	分色裹棱	大面不允许，小面允许偏差3mm	大面不允许，小面允许2mm	不允许
5	装饰线、分色线平直（拉5m线检查，不足5m拉通线检查）	偏差不大于3mm	偏差不大于2mm	偏差不大于1mm
6	颜色刷纹	颜色一致	颜色一致刷纹通顺	颜色一致，无刷纹
7	五金、玻璃等	洁净	洁净	洁净

清漆表面质量要求　　表9-12

项　次	项　目	中级涂料（清漆）	高级涂料
1	漏刷、脱皮、斑迹	不允许	不允许
2	木纹	棕眼刮平、木纹清楚	棕眼刮平、木纹清楚
3	光亮和光滑	光亮足、光滑	光亮柔和、光滑无挡手感
4	裹棱、滚坠、皱皮	大面不允许，小面明显处不允许	不允许
5	颜色、刷纹	颜色基本一致，无刷纹	颜色一致，无刷纹
6	五金、玻璃等	洁净	洁净

对于刷浆工程质量应符合表9-13的规定。

刷浆工程质量要求表　　表9-13

项　次	项　目	普通刷浆	中级刷浆	高级刷浆
1	掉粉、脱皮	不允许	不允许	不允许
2	漏刷、透底	不允许	不允许	不允许
3	反碱、咬色	允许有少量	允许有轻微少量	不允许
4	喷点、刷纹	2m正视喷点均匀、刷纹通顺	1.5m正视喷点均匀、刷纹通顺	1m正视喷点均匀、刷纹通顺
5	流坠、疙瘩、溅沫	允许有少量	允许有轻微少量	不允许
6	颜色、砂眼		颜色一致，允许有轻微少量砂眼	颜色一致，无砂眼
7	装饰线、分色线平直（拉5m线检查，不足5m拉通线检查）		偏差不大于3mm	偏差不大于2mm
8	门窗、灯具等	洁净	洁净	洁净

第八节　裱糊工程施工工艺

施工准备

1. 材料要求

(1)石膏粉、钛白粉、滑石粉、聚酯酸乙烯乳液、梭甲基纤维素、108胶及各种型号的壁纸、胶粘剂等材料符合设计要求和国家标准。

(2)壁纸:为保证裱糊质量,各种壁纸、墙布的质量应符合设计要求和相应的国家标准。

(3)胶粘剂、嵌缝腻子、玻璃网络布等,应根据设计和基层的实际需要提前备齐。但胶粘剂应满足建筑物的防火要求,避免在高温下因胶粘剂失去黏结力使壁纸脱落而引起火灾。

2. 主要机具

裁纸工作台、钢板尺(1m长)、壁纸刀、毛巾、塑料水桶、塑料脸盆、油工刮板、拌腻子槽、小辊、开刀、毛刷、排笔、擦布或棉丝、粉线包、小白线、铁制水平尺、托线板、线坠、盒尺、钉子、锤子、红铅笔、笤帚、工具袋等。

3. 作业条件

(1)混凝土和墙面抹灰已完成,且经过干燥,含水率不高于8%;木材制品不得大于12%。

(2)水电及设备、安装已完成,顶墙上预留预埋件已做好。

(3)门窗油漆已完成。

(4)有水磨石地面的房间,出光、打蜡已完,并将面层磨石保护好。

(5)墙面清扫干净,如有凸凹不平、缺棱掉角或局部面层损坏者,提前修补好并应干燥,预制混凝土表面提前刮石膏腻子找平。

(6)事先将凸出墙面的设备部件等卸下收存好,待壁纸粘贴完后再将其部件重新装好复原。

(7)如基层色差大,设计选用的又是易透底的薄型壁纸,粘贴前应先进行基层处理,使其颜色一致。

(8)对湿度较大的房间和经常潮湿的墙体表面,如需做裱糊时,应采用有防水性能的壁纸和胶合剂等材料。

(9)如房间较高的应提前准备好脚手架,房间不高,应提前钉设木凳。

(10)对施工人员进行技术交底时,应强调技术措施和质量要求。大面积施工前应先做样板间,经质检部门鉴定合格后,方可组织班组施工。

4. 技术准备

(1)应备有设计施工图纸和施工要求说明。

(2)质量技术要求施工要求和图纸说明编制施工方案。

(3)根据施工要求编制施工、组织设计、准备材料和组织安排施工技术人员。

二 施工工艺

1. 工艺流程（图 9-26）

原则上是先裱糊顶棚后裱糊墙面。

基层处理 → 吊直、套方、找规矩、弹线 → 计算用料、裁纸 → 粘贴壁纸 → 壁纸修整

图 9-26　裱糊工程施工工艺流程

2. 裱糊顶棚壁纸工艺

（1）基层处理：清理混凝土顶面，满刮腻子：首先将混凝土顶上的灰渣、浆点、污物等清刮干净，并用笤帚将粉尘扫净，满刮腻子一道。腻子的体积配合比为聚酯酸乙烯乳液，石膏或滑石粉 5.9，羧甲基纤维素溶液 3.5。腻子干后磨砂纸，满刮第二遍腻子，待腻子干后用砂纸磨平、磨光。

（2）吊直、套方、找规矩、弹线：首先应将顶子的对称中心线通过吊直、套方、找规矩的办法弹出中心线，以便从中间向两边对称控制。墙顶交接处的处理原则：凡有挂镜线的按挂镜纸，没有挂镜线则按设计要求弹线。

（3）计算用料、裁纸：根据设计要求决定壁纸的粘贴方向，然后计算用料、裁纸。应按所量尺寸每边留出 2 ~ 3cm 余时，如采用塑料壁纸，应在水槽内先浸泡 2 ~ 3min，拿出，抖出余水，把纸面用净毛巾沾干。

（4）刷胶、糊纸：在纸的背面和顶棚的粘贴部位刷胶，应注意按壁纸宽度刷胶，不宜过宽，铺贴时应从中间开始向两边铺粘。第一张一定要按自己弹好的线找直粘牢，应注意纸的两边各甩出 1 ~ 2cm 不压死，以满足第与第二张铺粘时的拼花压槎对缝的要求。然后依上法铺粘第二张，两张纸搭接 1 ~ 2cm，用钢板尺比齐，两人将尺按紧，一人用劈纸刀裁切，随即将搭槎处两张纸条撕去，用刮板带胶将缝隙压实刮牢。随后将顶子两端阴角处用钢板尺比齐、拉直，用刮板及辊子压实，最后用湿温毛巾将接缝处辊压出的胶痕擦净，依次进行。

（5）修整：壁纸粘贴完后，应检查是否有空鼓不实之处，接槎是否平顺，有无翘边现象，胶痕是否擦净，有无气泡，表面是否平整，多余的胶是否清擦干净等，直至符合要求为止。

3. 裱糊墙面壁纸工艺

（1）基层处理：如混凝土墙可根据原基层质量的好坏，在清扫干净的墙面上满刮 1 ~ 道石膏腻子，干后用砂纸磨平、磨光；若为抹灰墙面，可满刮大白腻子1 ~ 2 道找平、磨光，但不可磨破灰皮；石膏板墙用嵌缝腻子将缝堵实堵严，粘贴玻璃网格布或丝绸条、绢条等，然后局部刮腻子补平。

（2）吊垂直、套方、找规矩、弹线：首先应在房间四角的阴阳角通过吊垂直、套方、找规矩，并确定从哪个阴角开始按照壁纸的尺寸进行分块弹线控制（习惯做法是进门左阴角处开始铺贴第一张）。有挂镜线的按挂镜线，没有挂镜线的按设计要求弹线控制。

（3）计算用料、裁纸：按已量好的墙体高度放大 2 ~ 3cm，按此尺寸计算用料、裁纸，一般应在案子上裁割，将裁好的纸用湿温毛巾擦后，折好待用。

（4）刷胶、糊纸：应分别在纸上及墙上刷胶，其刷胶宽度应相吻合，墙上刷胶一次不应过宽。糊纸时从墙的阴角开始铺贴第一张，按已画好的垂直线吊直，并从上往下用手铺平，刮板刮实，并用小辊子将上、下阴角处压实。第一张粘好留1~2cm(应拐过阴角约2cm)，然后粘铺第二张，依同法压平、压实，与第一张搭槎1~2cm，要自上而下对缝，拼花要端正，用刮板刮平，用钢板尺在第一、第二张搭槎处切割开，将纸边撕去，边槎处带胶压实，并及时将挤出的胶液用湿温毛巾擦净，然后用同法将接顶、接踢脚的边切割整齐，并带胶压实。墙面上遇有电门、插销盒时，应在其位置上破纸作为标记。在裱糊时，阳角不允许甩槎接缝，阴角处必须裁纸搭缝，不允许整张纸侧贴，避免产生空鼓与皱折。

(5)花纸拼接：纸的拼缝处花形要对接拼搭好；铺贴前应注意花形及纸的颜色力求一致；墙与顶壁纸的搭接应根据设计要求而定，一般有挂镜线的房间应以挂镜线为界，无挂镜线的房间则以弹线为准；花形拼接如出现困难时，错槎应尽量甩到不显眼的阴角处，大面不应出现错槎和花形混乱的现象；花形拼接如出现困难时，错槎应尽量甩到不显眼的阴角处，大面不应出现错槎和花形混乱的现象。

(6)壁纸修整：糊纸后应认真检查，对墙纸的翘边翘角、气泡、皱折及胶痕未擦净等，应修整，使之完善。

4. 冬期施工

(1)冬期施工应在采暖条件下进行，室内操作温度不应低于5℃。

(2)做好门窗缝隙的封闭，并设专人负责测温、排湿、换气，严防寒气进入冻坏成品。

本章小结

装饰工程是建筑工程的最后一道工序，根据装饰的位置和要求不同，装饰工程的种类比较繁多，本章主要介绍了八项装饰工程。主要掌握：

1. 对材料的质量要求；

2. 各工程的施工工艺和流程；

3. 各工程的施工要点；

4. 常见的质量通病，及处理措施；

5. 工程的质量验收标准和检验方法；

6. 随着科技的进步和对建筑装饰工程要求的提高，对新材料新工艺的装饰工程特别注意，例如特种门窗安装、玻璃幕墙的各种施工方法等。

复习思考题

1. 装饰工程的作用及施工特点。

2. 简述装饰工程的合理施工顺序。

3. 一般抹灰分几级？具体有哪些要求？

4. 简述喷涂、滚涂、弹涂的施工要点。

5. 常用的饰面板(砖)有哪些？如何选用？

6. 简述水刷石、水磨石、斩假石的施工要点。

7. 简述大理石、花岗石饰面的施工方法和要点。
8. 简述铝合金板墙面施工要点。
9. 试述不锈钢饰面板施工要点。
10. 试述玻璃幕墙施工要点。
11. 试述裱糊工程的主要施工工序。
12. 试述水泥砂浆地面、细石混凝土地面的施工方法和要点。
13. 试述木龙骨吊顶、铝合金龙骨吊顶、轻刚龙骨吊顶的构造和施工要点。
14. 试述室内刷浆的主要施工工序。
15. 试述木门窗的安装方法及注意事项。
16. 试述铝合金门窗的安装方法及注意事项。

第十章
建筑节能工程

【职业能力目标】

学完这章,你应会:
1. 编制建筑节能工程施工方案。
2. 组织建筑节能工程施工。

【学习要求】

1. 熟悉墙体节能工程施工工艺方法。
2. 熟悉屋面节能工程施工工艺方法。
3. 熟悉掌握节能施工的质量检验和质量要求。

建筑节能是指通过采取合理的建筑设计和选用符合节能要求的墙体材料、屋面隔热材料、门窗、空调等措施,在保证相同的室内热舒适环境条件下,提高电能利用效率,减少建筑能耗。

第一节 墙体节能工程施工

保温节能工程按其设置部位不同分为墙体保温、屋面保温、楼地面保温。墙体节能工程是建筑节能工程的重要组成部分,节能墙体的类型主要分为单一材料墙体和复合墙体两大类。单一材料墙体主要包括空心砖墙、加气混凝土墙和轻骨料混凝土墙,其施工方法与砌体结构相同;复合墙体主要包括外墙外保温和外墙内保温两种类型。本节主要介绍 EPS 板薄抹灰外墙外保温墙体和胶粉聚苯颗粒外墙外保温的施工要点。

EPS 板薄抹灰外墙外保温

(一) EPS 板薄抹灰外墙外保温构造

EPS 板薄抹灰外墙外保温,是由 EPS 板(阻燃型模塑聚苯乙烯泡沫塑料板)、聚合物黏结

砂浆(必要时使用锚栓辅助固定)、耐碱玻璃纤维网格布(也称玻纤网)及外墙装饰面层组成的外墙外保温系统,其基本构造如图10-1所示。EPS板薄抹灰外墙外保温适用于新建房屋的保温隔热及旧房改建;无论是在钢筋混凝土现浇基层上,还是在其他各类墙体上,均可获得良好的施工效果。

(二)施工条件

1.墙体基层的质量

(1)确保外墙外表面不能有空鼓和开裂,基层有良好的附着力,即达到规范要求基层的附着力0.30MPa。如果基层墙体的附着力不能满足上述要求,必须对墙面做彻底的清理,如增加黏结面积或加设锚栓等。

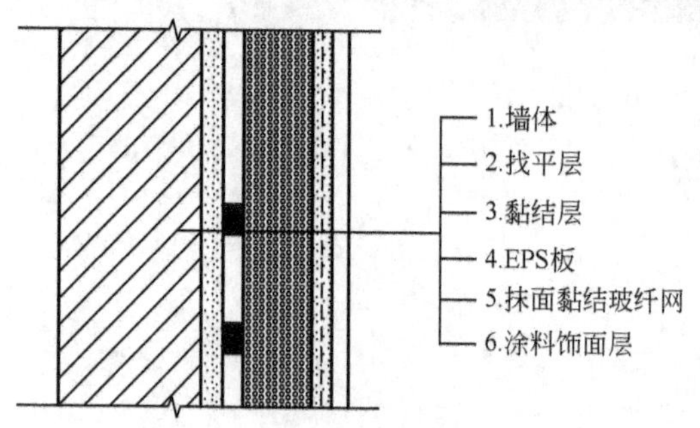

图10-1　EPS板外墙保温系统构造图

(2)墙体的基层表面应清洁、干燥、平整、坚固,无污染、油渍、油漆或其他有害的材料。平整度小于等于3mm,墙体的阴、阳角须方正;局部不平整的部位可用1∶2水泥砂浆找平。

(3)墙体的门窗洞口要经过验收,墙外的消防梯、水落管、防盗窗预埋件或其他预埋件、人口管线或其他预留洞口,应按设计图纸或施工验收规范要求提前施工。

(4)建筑物中的伸缩缝在外墙外保温系统中必须留设。

2.施工中的天气条件

(1)施工时温度不应低于5℃,而且施工完成后,24h内气温应高于5℃。夏季高温时,不宜在强光下施工,必要时可在脚手架上搭设防晒布,遮挡墙壁。

(2)5级风以上或雨天不能施工,如施工时遇降雨,应采取有效措施,防止雨水冲刷墙壁。

3.施工材料准备

材料进场后,应按各种材料的技术要求进行验收,并分类挂牌存放。EPS板应成捆平放,注意防雨防潮;玻纤网要防潮存放,聚合物水泥基应存放于阴凉干燥处,防止过期硬化。

(三)施工技术指标

1.EPS板的技术指标(表10-1)

EPS板的技术指标　　表10-1

表观密度 (kg/m^3)	导热系数 [W/(m·K)]	吸水率 (%)	氧指数 (%)	厚度偏差 (mm)
18~25	≤0.041	≤4	≥30	±2

EPS板在避光的条件下至少应存放40d或60℃干养护5d方可使用。实际上,一般厂家在出厂前已经对该项进行处理,运到施工现场后即可使用。

2. 聚合物黏结砂浆技术指标(表 10-2)

聚合物黏结砂浆技术指标 表 10-2

聚合物黏结砂浆	常温常态	耐水,水中取出7d
与基体的黏结力	≥1.00MPa	≥0.70MPa
与EPS板的黏结力	≥0.10MPa	≥0.10MPa

3. 抹面层砂浆技术指标

(1)与EPS板的黏结力,见表10-3。

抹面层砂浆技术指标 表 10-3

抹面层砂浆	常温常态	耐水,水中取出7d
与EPS板的黏结力	≥0.10MPa	≥0.10MPa

(2)吸水率:防护层24h后的吸水率低于0.5kg/m²。

(3)水汽透过性:水蒸气透过湿流密度大于1.0g/(m²·h)。

(4)抗风压:负压4 500Pa,正压5 000Pa以上,系统无裂缝。

4. 玻纤网的技术指标(表 10-4)

玻纤网的技术指标 表 10-4

项目	要求	项目	要求
网眼尺寸	4~6mm	质量	>150g/m²
宽度	>90cm	交货时的抗撕裂强度	>1.6kN/5cm

5. 锚栓的技术指标

通常情况下有金属螺钉和塑料钉两种,金属钉应采用不锈钢或经过表面防锈处理的金属制成,塑料钉和带圆盘的塑料膨胀套管应采用聚乙烯或聚丙烯制成。锚栓有效锚固深度应不小于25mm,塑料圆盘直径应不小于50mm,其单个锚栓抗拉承载力标准值不小于0.3kN。

(四)施工工艺要点

施工顺序主要根据工程特点决定,一般采用自下往上、先大面后局部的施工方法。施工程序:

墙体基层处理→弹线→基层墙体湿润→配制聚合物黏结砂浆→粘贴EPS板一铺设玻纤网→面层抹聚合物砂浆→找平修补→成品保护→外饰面施工。

1. 墙体基层处理

(1)墙体基层必须清洁、平整、坚固,若有凸起、空鼓和疏松部位应剔除,并用1:2水泥砂浆进行修补找平。

(2)墙面应无油渍、涂料、泥土等污物或有碍黏结的材料,若有上述现象存在,必要时可用高压水冲洗,或化学清洗、打磨、喷砂等进行清除污物和涂料。

(3)若墙体基层过干时,应先喷水湿润。喷水应在贴聚苯板前根据不同的基层材料适时进行,可采用喷浆泵或喷雾器喷水,但不能喷水过量,不准向墙体泼水。

(4)对于表面过干或吸水性较高的基层,必须先做粘贴试验,可按如下方法进行:

用聚合物黏结砂浆黏结 EPS 板,5min 后取下聚苯板,并重新贴回原位,若能用手揉动则视为合格,否则表明基层过干或吸水性过高。

(5)抹灰基层应在砂浆充分干燥和收缩稳定后,再进行保温施工,对于混凝土墙面必要时应采用界面剂进行界面处理。

2. 弹线

根据设计图纸的要求,在经过验收处理的墙面上沿散水标高,用墨线弹出散水及勒脚水平线。当图纸设计要求需设置变形缝时,应在墙面相应位置,弹出变形缝及宽度线,标出 EPS 板的粘贴位置。粘贴 EPS 板前,要挂水平和垂直通线。

3. 配制聚合物黏结砂浆

(1)配制聚合物黏结砂浆必须有专人负责,以确保搅拌质量。

(2)拌制聚合物黏结砂浆时,要用搅拌器或其他工具将胶粘剂重新搅拌,避免胶粘剂出现分离现象,以免出现质量问题。

(3)聚合物黏结砂浆的配合比为:聚合物胶粘剂,32.5 级普通硅酸盐水泥,砂子(用 16 目筛底)=1:1.88:4.97(质量比)。

(4)将水泥、砂子用量桶称好后倒入铁灰槽中进行混合,搅拌均匀后按配合比加人胶粘剂,搅拌必须均匀,避免出现离析,呈粥状。根据和易性可适当加水,加水量为胶粘剂的 5%,水为混凝土用水。

(5)聚合物黏结砂浆应随用随配,配好的聚合物砂浆最好在 2h 之内用光。聚合物黏结砂浆应于阴凉放置,避免阳光曝晒。

4. 粘贴 EPS 板

(1)挑选 EPS 板。EPS 板应是无变形、翘曲,无污染、破损,表面无变质的整板;EPS 板的切割应采用适合的专用工具切割,切割面应垂直。

(2)从外墙阳角及勒脚部位开始,自下而上沿水平方向横向铺贴 EPS 板,竖缝应逐行错缝 1/2 板长,在墙角处要交错拼接,同时应保证墙角垂直度。外墙转角及勒脚部位的做法如图 10-2、图 10-3 所示。

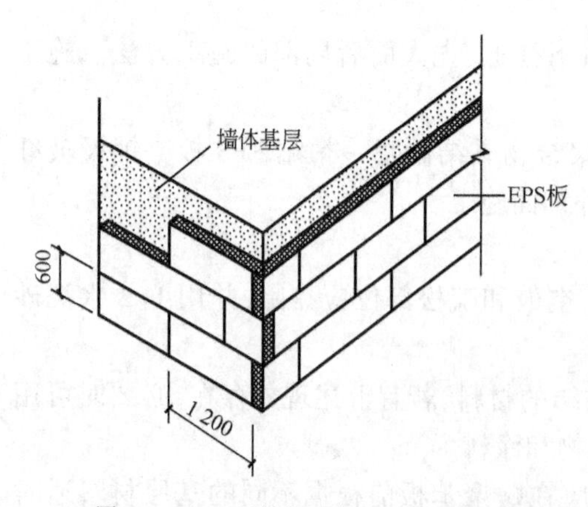

图 10-2　EPS 板转角示意图(尺寸单位:mm)

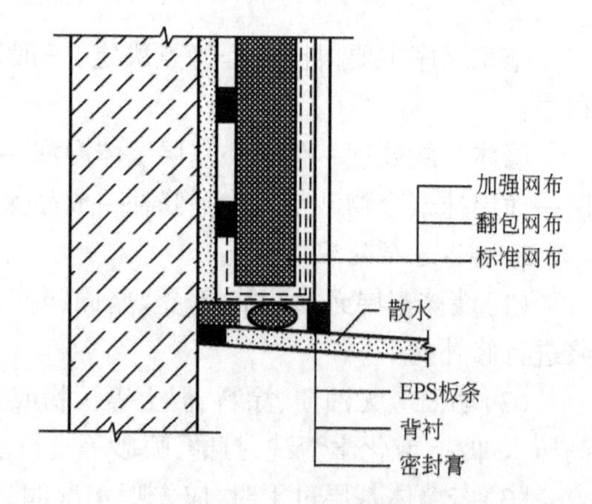

图 10-3　勒脚做法详图

(3)EPS板粘贴可采用条粘法和点粘法。

条粘法:条粘法用于平整度小于5mm的墙面,用专用锯齿抹子在整个EPS板背面满涂黏结浆,保持抹子和板面呈450,紧贴EPS板并刮除多余的黏结浆,使板面形成若干条宽度为10mm、厚度为10mm、中心距为25mm的浆带,如图10-4所示。

点粘法:沿EPS板周边用抹子涂抹配制好的黏结浆形成宽度为50mm、厚度为10mm的浆带,当采用整板时,应在板面中间部位均匀布置8个黏结点,每点直径不小于140mm、厚度为10mm,中心距为200mm的黏结点;当采用非整板尺寸时,板面中间部位可涂抹4~6个黏结点,如图10-5所示。

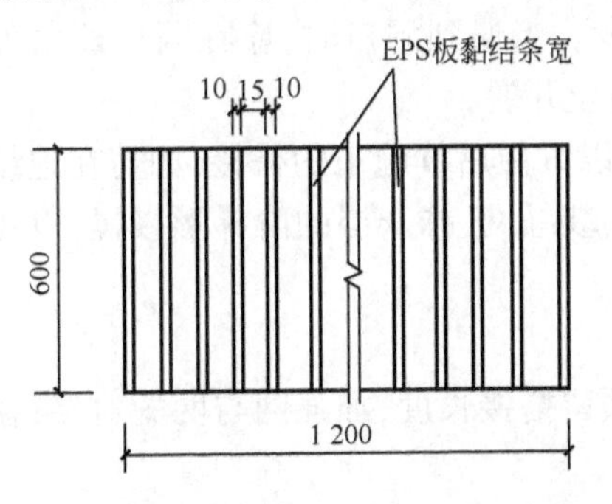

图10-4　条粘法示意图(尺寸单位:mm)

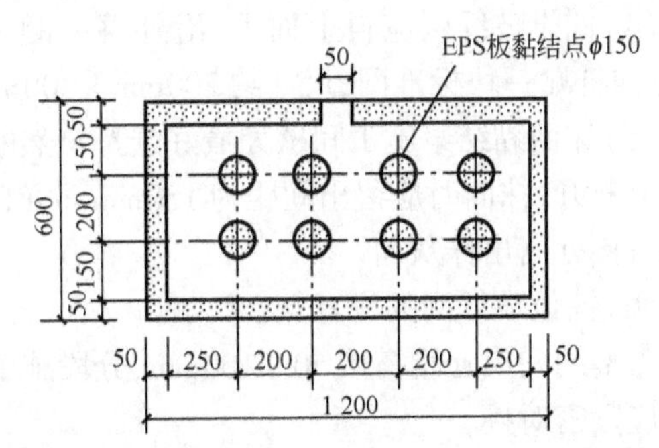

图10-5　点粘法示意图(尺寸单位:mm)

无论采用条粘法还是点粘法进行铺贴施工,其涂抹的面积与EPS板的面积之比都不得小于40%。黏结浆应涂抹在EPS板上,黏结点应按面积均布,且板的侧边不能涂浆。

(4)将EPS板抹完黏结砂浆后,应立即将板平贴在墙体基层上,滑动就位。粘贴时,动作要轻柔,不能局部按压、敲击,应均匀挤压。为了保持墙面的平整度,应随时用一根长度为2m的铝合金靠尺进行整平操作,贴好后应立即刮除板缝和板侧面残留的黏结浆。

(5)粘贴时,EPS板与板之间应挤压紧密,当板缝间隙大于2mm,应用EPS板条将缝塞满,板条不用黏结;当板间高差大于1mm,应使用专用工具在粘贴完工24h后,再打磨平整,并随时清理干净泡沫碎屑。

(6)粘贴预留孔洞时,周围要采用满黏施工;在外墙的变形缝及不再施工的成品节点处,应进行翻包。

(7)当饰面层为贴面砖时,在粘贴EPS板前应先在底部安装托架,并采用膨胀螺栓与墙体连接,每个托架不得少于两个ϕ10膨胀螺栓,螺栓嵌入墙壁内不少于60mm。

(8)锚栓的安装:

①锚固:标高20m以上的部位应采用锚钉辅助固定,尤其在墙壁转角等受风压较大的部位,锚栓数量为3~4个/m^2。

②锚栓在EPS板粘贴24h后开始安装,在设计要求的位置打孔,以确保牢固可靠,不同的基层墙体锚固深度应按实际情况而定。

③锚栓安装后其塑料托盘应与EPS板表面齐平,或略低于板面,并保证与基层墙体充分锚固。

5. 铺设玻纤网

(1)铺设玻纤网前,应先检查EPS板表面是否平整、干燥,同时应去除板面的杂物如泡沫

碎屑或表面变质部分。

(2)抹面黏结浆的配制:抹面黏结浆的配制过程应计量准确,采用机械搅拌,确保搅拌均匀。每次配制的黏结浆不得过多,并在2h内用完,同时要注意防晒、避风,以免水分蒸发过快,造成表面结皮、干裂。

(3)铺设玻纤网:用抹刀在EPS板表面均匀涂抹一道厚度为2~3mm的抹面浆,立即将玻纤网压人黏结浆中,不得有空鼓、翘边等现象。在第一遍黏结浆八成干燥时,再抹上第二遍黏结浆,直至全部覆盖玻纤网,使玻纤网处在两道黏结浆中间的位置,两遍抹浆总厚度不宜超过5mm。

(4)铺设玻纤网应自上而下,沿外墙一圈一圈铺设。当遇到洞口时,应在洞口四角处沿45°方向补贴一块标准网,尺寸约200mm×300mm,以防止开裂。

(5)抹面黏结浆施工间歇处最好选择自然断开处,以方便后续施工的搭接,如需在连续的墙面上断开,抹面时应留出间距为150mm的EPS板面、玻纤网、抹灰层的阶梯形接槎,以免玻纤网搭接处高出抹灰面。

(6)铺设玻纤网的注意点:

①整网间应互相搭接50~100mm,分段施工时应预留搭接长度,加强网与网的对接,在对接处应紧密对接。

②在墙体转角处,应用整网铺设,并从每边双向绕角后包墙的宽度不小于200mm,加强网应顶角对接铺设。

③铺设玻纤网时,网的弯曲面朝向墙面,抹平时从中央向四周抹,直至玻纤网完全嵌入抹面黏结浆内,不得有裸露的玻纤网。

④玻纤网铺设完毕后,应静置养护不少于24h,方可进行下一道工序的施工。当施工环境处于低温潮湿条件下,应适当延长养护时间。

6.细部构造施工

(1)装饰线条的安装

1)当装饰线条凸出墙面时,应在EPS板粘贴完后,按设计要求用墨线弹出装饰件的具体位置,然后将装饰线条用黏结浆贴在该位置上,最后用黏结浆铺贴玻纤网,并留出不小于100mm的搭接长度。

2)当装饰线条凹进墙面时,应在EPS板粘贴完后,按设计要求用墨线弹出装饰件的具体位置,用开槽机按图纸要求切出凹线或图形,凹槽处的EPS板的实际厚度不得小于20mm。然后在凹槽内及四周100mm范围内,抹上黏结浆,再压入玻纤网,凹槽周边甩出的玻纤网与墙面粘贴的应搭接牢固。

3)线条凸出墙面100mm时应加设机械固定件后,直接粘贴在墙体基层上;小于100mm时可粘贴在保温层上,线条表面可按普通外墙保温做法处理。

4)当有滴水线时,要使用开槽机开出滴水槽,余下可参照凹进墙体的装饰线做法处理。

(2)变形缝的施工

1)伸缩缝处先做翻包玻纤网,然后再抹防护面层砂浆,缝内可填充聚乙烯材料,再用柔性密封材料填充缝隙。

2)沉降缝处应根据缝宽和位置设置金属盖板,可参照普通沉降缝做法施工,但须做好防锈处理。

7. 找平修补

保温墙面的修补应按以下方法进行：

(1)修补时应用同类的 EPS 板和玻纤网按照损坏部位的大小、形状和厚度切割成形，并在损坏处划定修补范围。

(2)割除损坏范围内的保温层，使其露出与割口表面相同大小的洁净的墙体基层面，并在割口周边外 80mm 宽范围内磨去面层，直至露出原有的玻纤网。

(3)在修补范围外侧贴盖防污胶带后，再粘贴修补 EPS 板和玻纤网。修补面整平后，应经过 24h 养护方可进行外墙装饰层的施工。

8. 成品保护

玻纤网粘完后应防止雨水冲刷，保护面层施工后 4h 内不能被雨淋；容易碰撞的阳角、门窗应采取保护措施，上料口部位采取防污染措施，发生表面损坏或污染必须立即处理。保护层终凝后要及时喷水养护，当昼夜平均气温高于 15℃时不得少于 48h，低于 15℃时不得少于 72h。

9. 饰面层的施工

(1)施工前，应首先检查抹面黏结浆上玻纤网是否全部嵌入，修补抹面黏结浆的缺陷或凹凸不平处，凹陷过大的部位应再铺贴玻纤网，然后抹灰。

(2)在抹面黏结浆层表干后，即可进行柔性腻子和涂料施工，做法同普通墙面涂料施工，按设计及施工规范要求进行。

(五)施工质量验收

EPS 外墙外保温工程应按现行国家标准《建筑工程施工质量验收统一标准》(GB 50300—2001)规定进行施工质量验收。

EPS 外墙外保温工程可划分为 5 个分项工程，即：基层处理、粘贴 EPS 板、抹面层、变形缝施工、饰面层。每个分项工程应以每 500 ~ 1 000m^2 划分为一个检验批，不足 500m^2 也应划分为一个检验批；每个检验批每 100m^2 应至少抽查一处，每处不得小于 10m^2。

主控项目和一般项目的验收应符合相关规范和设计要求，基层墙体处理、EPS 板背面黏结浆、锚栓固定的位置及数量、玻纤网的铺设等必须办理隐蔽工程验收记录，经验收合格后方可进行下一分项工程施工。

二 胶粉聚苯颗粒外墙外保温

胶粉聚苯颗粒外墙外保温采用胶粉聚苯颗粒保温浆料保温隔热材料，抹在基层墙体表面，保温浆料的防护层为嵌埋有耐碱玻璃纤维网格布增强的聚合物抗裂砂浆，属薄型抹灰面层。

1. 胶粉聚苯颗粒外墙外保温的特点

(1)采用预混合干拌技术，将保温胶凝材料与各种外加剂混合包装，聚苯颗粒按袋分装，到施工现场以袋为单位配合比加水混合搅拌成膏状材料，计量容易控制，保证配比准确。

(2)采用同种材料冲筋，保证保温层厚度控制准确，保温效果一致。

(3)从原材料本身出发,采用高吸水树脂及水溶性高分子外加剂,解决了一次抹灰太薄的问题,保证一次抹灰4~6cm,黏结力强,不滑坠,干缩小。

(4)抗裂防护层增强保温抗裂能力,杜绝质量通病。

2.胶粉聚苯颗粒外墙外保温施工工艺要点

胶粉聚苯颗粒外墙外保温施工工艺流程:基层墙体处理→涂刷界面剂→吊垂、套方、弹控制线→贴饼、冲筋、作口→抹第一遍聚苯颗粒保温浆料→(24h后)抹第二遍聚苯颗粒保温浆料→(晾干后)划分格线、开分格槽、粘贴分格条、滴水槽→抹抗裂砂浆→铺压玻纤网格布→抗裂砂浆找平、压光→涂刷防水弹性底漆→刮柔性耐水腻子→验收。施工要点为:

(1)基层墙体表面应清理干净,无油渍、浮尘,大于10mm的突起部分应铲平。经过处理符合要求的基层墙体表面,均应涂刷界面砂浆,如为褐土砖可浇水淋湿。

(2)保温隔热层的厚度,不得出现偏差。保温浆料每遍抹灰厚度不宜超过25mm,需分多遍抹灰时,施工的时间间隔应在24h以上,抗裂砂浆防护层施工,应在保温浆料充分干燥固化后进行。

(3)抗裂砂浆中铺设的耐碱玻璃纤维网格布时,其搭接长度不小于100mm,采用加强网格布时,只对接,不搭接(包括阴、阳墙角部分)。网格布铺贴应平整、无褶皱。砂浆饱满度应为100,严禁干搭接。

(4)饰面如为面砖时,则应在保温层表面铺设一层与基层墙体拉牢的四角钢镀锌丝网(丝径1.2mm,孔径20mm×20mm,网边搭接40mm,用双股镀锌钢丝绑扎,间距150mm),再抹抗裂砂浆作为防护层,面砖用胶粘剂粘贴在防护层上。

涂料饰面时,保温层分为一般型和加强型。加强型用于建筑物高度大于30m而且保温层厚度大于60mm,加强型的做法是在保温层中距外表面20mm铺设一层六角镀锌钢丝网(丝径0.8mm,孔径25mm×25mm)与基层墙体拉牢。

(5)墙面分格缝可根据设计要求设置,施工时应符合现行的国家和行业标准、规范、规程的要求。

(6)变形缝盖板可采用1mm厚铝板或0.7mm厚镀锌薄钢板。凡盖缝板外侧抹灰时,均应在与抹灰层相接触的盖缝板部位钻孔,钻孔面积大约应占接触面积的25%左右,增加抹灰层与基础的咬合作用。

(7)抹灰、抹保温浆料及涂料的环境温度应大于5℃,严禁在雨中施工,遇雨或雨期施工应有可靠的保证措施,抹灰、抹保温浆料应避免阳光暴晒和5级以上大风天气施工。

(8)施工完工后,应做好成品保护工作,防止施工污染;拆卸脚手架或升降外挂架时,应保护墙面免受碰撞;严禁踩踏窗台、线脚;损坏部位的墙面应及时修补。

第二节　屋面节能工程施工

保温屋面的种类一般分现浇类和保温板类两种,现浇类包括现浇膨胀珍珠岩保温屋面、现浇水泥蛭石保温屋面,保温板类包括硬质聚氨酯泡沫塑料保温屋面、饰面聚苯板保温屋面和水泥聚苯板保温屋面等。

一 现浇膨胀珍珠岩保温屋面施工

(一)现浇膨胀珍珠岩保温屋面的材料要求

现浇膨胀珍珠岩保温屋面用料规格及用料配合比,如表10-5所示。

现浇膨胀珍珠岩保温屋面用料规格及用料配合比　　表10-5

用料体积比		密度 (kg/m^3)	抗压强度 (MPa)	热导率λ [W/(m·K)]
水泥 (42.5级)	膨胀珍珠岩 (密度:120~160kg/m^3)			
1	6	548	1.65	0.121
1	8	610	1.95	0.085
1	10	389	1.15	0.08
1	12	360	1.05	0.074
1	14	351	1	0.071
1	16	315	0.85	0.064

用做保温隔热层的用料体积配合比一般采用1:12左右。

(二)施工工艺要点

1. 拌和水泥珍珠岩浆

水泥和珍珠岩按设计规定的配合比用搅拌机或人工干拌均匀,再加水拌和。水灰比不宜过高,否则珍珠岩将由于体轻而上浮,发生离析现象。灰浆稠度以外观松散,手捏成团不散,挤不出灰浆或只能挤出极少量灰浆为宜。

2. 铺设水泥珍珠岩浆

根据设计对屋面坡度和不同部位厚度要求,先将屋面各控制点处的保温层铺好,然后根据已铺好的控制点的厚度拉线控制保温层的虚铺厚度。铺设厚度与设计厚度的百分比称为压缩率,一般采用130%左右。而后进行大面积铺设。铺设后可用木夯轻轻夯实,以铺设厚度夯至设计厚度为控制标准。

3. 铺设找平层

珍珠岩灰浆浇捣夯实后,做厚度为7~10mm、1:3水泥砂浆一层,可在保温层完成后2~3d做找平层。整个保温隔热层包括找平层在内,抗压强度应达到1MPa以上。

4. 屋面养护

由于珍珠岩灰浆含水率较少,且水分散发较快,保温层应在浇捣完毕一周以内浇水养护。在夏季,保温层施工完毕10天后,即可完全干燥,铺设卷材。

二 硬质聚氨酯泡沫塑料保温屋面施工

(一)硬质聚氨酯泡沫塑料保温屋面的材料要求

硬质聚氨酯泡沫塑料是把含有轻基的聚醚或聚酯树脂与异氰酸酯反应构成聚氨酯主体,

并由异氰酸酯与水反应生成的二氧化碳作为发泡剂，或用低沸点的氟氢化烷烃为发泡剂，生产出内部具有无数小气孔的一种塑料制品。

在保温屋面施工时，将液体聚氨酯组合料直接喷涂在屋面板上，使硬质聚氨酯泡沫塑料固化后与基层形成无拼接缝的整体保温层。

（二）施工工艺要点

1. 施工准备

直接喷涂硬质聚氨酯泡沫塑料保温屋面，必须待屋面其他工程全部完工后方可进行。穿过屋面的管道、设备或预埋件，应在直接喷涂前安装好。待喷涂的基层表面应牢固、平整、干燥，无油污和尘灰、杂物。

2. 屋面坡度要求

建筑找坡的屋面（坡度10°～30°）及檐口、檐沟、天沟的基层排水坡度必须符合设计要求。结构找坡的屋面檐口、檐沟、天沟的纵向排水坡度不宜小于5%。

一般于基层上用1:3水泥砂浆找坡，亦可利用水泥砂浆保护层找坡。在装配式屋面上，为避免结构变形将硬质聚氨酯泡沫塑料层拉裂，应沿屋面板的端缝铺设一层宽为300mm的油毡条，然后直接喷涂硬质聚氨酯泡沫塑料层。

3. 喷涂要求

（1）屋面与凸出屋面结构的连接处，喷涂在立面上的硬质聚氨酯泡沫塑料层高度不宜小于250mm。

（2）直接喷涂硬质聚氨酯泡沫塑料的边缘尺寸界限要求是：

檐口：喷涂到距檐口边缘100mm处。

檐沟：现浇整体檐沟喷涂到檐沟内侧立面与檐沟底面交接处。

预制装配式檐沟：其沟内两侧立面和底面均要喷涂，并与屋面的硬质聚氨酯泡沫塑料层连接成一体。

天沟：内侧3个面均要喷涂，并与屋面的硬质聚氨酯泡沫塑料层连接成一体。

水落口：喷涂到水落口周围内边缘处。

4. 保护层要求

硬质聚氨酯泡沫塑料保温层面上应做水泥砂浆保护层。施工时，水泥砂浆保护层应分格，分格面积小于等于9m^2，分格缝可用防腐木条，其宽度不大于15mm。

三 现浇水泥蛭石保温屋面施工

（一）现浇水泥蛭石保温屋面的材料要求

现浇水泥蛭石保温屋面所用材料主要有水泥和蛭石。其中水泥的强度等级应不低于32.5级，一般选用42.5级普通硅酸盐水泥；膨胀蛭石可选用5～20mm的大颗粒级配。水泥与膨胀蛭石的体积比一般为1:12，水灰比（体积比）一般为1:2.4～2.6。现场检查方法是：将拌好的水泥蛭石浆用手紧捏成团不散，并稍有水泥浆滴下时为宜。

（二）施工工艺要点

1. 拌和水泥蛭石浆

水泥蛭石浆一般采用人工拌和的方式。拌和时，先将一定数量的水与水泥调成水泥净浆，然后用小桶将水泥浆均匀地泼在膨胀蛭石上，随泼随拌，拌和均匀。

2. 设置分仓缝

铺设屋面保温隔热层时，应设置分仓缝，以控制温度应力对屋面的影响。分仓施工时，每仓宽度宜为700～900mm。一般采用木板分隔，亦可采用特制的钢筋尺控制宽度和铺设厚度。

3. 铺设水泥蛭石浆

由于膨胀蛭石吸水较快，施工时宜将原材料运至铺设地点，随拌随铺，以确保水灰比准确和施工质量。铺设厚度一般为设计厚度的130%，应尽量使膨胀蛭石颗粒的层理平面与铺设平面平行，铺设后应用木拍板拍实抹平至设计厚度。

4. 铺设找平层

水泥蛭石砂浆压实抹平后，应立即抹找平层，不得分两个阶段施工。找平层砂浆配合比为：42.5级水泥∶粗砂，细砂＝1∶2∶1，稠度为70～80mm，找平层抹好后，一般可不必洒水养护。

四 水泥聚苯板保温屋面施工

水泥聚苯板是由聚苯乙烯泡沫塑料下脚料及回收的旧包装破碎的颗粒，加入适量水泥、EC起泡剂和EC胶粘剂，经成形养护而成的板材。

水泥聚苯板保温屋面施工工艺要点为：

1. 基层准备

铺设水泥聚苯板前，宜于隔汽层上均匀涂刷界面处理剂，其配合比为，水∶TY胶粘剂＝1∶1。

2. 铺设保温板材

铺板施工时，先于界面处理剂上，铺10mm厚1∶3水泥砂浆结合层，然后将保温板材平稳地铺压其上。板与板间自然接铺，对缝或错缝铺砌均可，缝隙用砂浆填塞。为防止大面积屋面热胀冷缩引起开裂，施工时按小于等于700m^{2}的面积断开，并做通气槽和通气孔，以确保质量。

3. 铺设水泥砂浆找平层

水泥聚苯板上抹水泥砂浆找平层，是在板材铺设半天后，在板面适量洒水湿润，再在其上刷界面处理剂，其配合比为1∶2.5。第一遍厚8～10mm，用刮杆摊平，木抹压实；第二遍在24h后抹灰，厚度为15～20mm。找平层分格缝（纵横间距）按60mm设置，缝宽20mm，缝内填塞防水油膏。完工后7d内必须浇水养护，以防裂缝产生。

五 屋面节能工程质量要求及检查方法

屋面节能工程施工中，应及时对屋面基层、保温隔热层、保护层、防水层、面层等材料和构造进行检查。其主要检查内容包括：①基层；②保温层的敷设方式、厚度，板材缝隙填充质量；

③屋面热桥部位;④隔汽层。

一般屋面基层施工完毕,才进行屋面保温隔热工程的施工,因此,应先检查屋面基层的施工质量。常见的屋面保温材料包括松散保温材料、现浇保温材料、喷涂保温材料、板材、块材等,为避免保温隔热层受潮、浸泡或受损,屋面保温隔热层施工完成后,应及时进行找平层和防水层的施工。

(一)主控项目质量要求及检查方法

(1)用于屋面节能工程的保温隔热材料,可通过观察、尺量检查及核查质量证明文件等方法进行检查,宜确保其品种、规格应符合设计要求和相关标准的规定。

(2)屋面节能工程使用的保温隔热材料,可通过核查其质量证明文件及进场复验报告的方法检查,以保证其导热系数、密度、抗压强度或压缩强度、燃烧性能应符合设计要求。

(3)屋面节能工程使用的保温隔热材料,可采取随机抽样送检,核查复验报告等方法,在材料进场时,对其导热系数、密度、抗压强度或压缩强度、燃烧性能进行复验。

(4)屋面保温隔热层的敷设方式、厚度、缝隙填充质量及屋面热桥部位的保温隔热做法,可采取观察、尺量检查等方法,使其符合设计要求和有关标准的规定。

(5)屋面的通风隔热架空层,其架空高度、安装方式、通风口位置及尺寸应符合设计及有关标准要求。架空层内不得有杂物。架空面层应完整,不得有断裂和露筋等缺陷。可采用观察、尺量检查等方法进行检查。

(6)采光屋面的传热系数、遮阳系数、可见光透射比、气密性应符合设计要求。节点的构造做法、采光屋面可开启部位应符合设计和相关标准的要求。可采取核查质量证明文件、观察检查等方法进行检查。

(7)采光屋面的安装应牢固,坡度正确,封闭严密,嵌缝处不得渗漏。可采取观察、尺量检查,淋水检查,核查隐蔽工程验收记录等方法进行控制。

(8)屋面的隔汽层位置应符合设计要求,隔汽层应完整、严密。可通过对照设计观察检查、核查隐蔽工程验收记录等方法进行检查。

(二)一般项目质量要求及检查方法

(1)屋面保温隔热层应按施工方案施工,并应符合下列规定:

①松散材料应分层敷设,按要求压实,表面平整、坡向正确;

②现场采用喷、浇、抹等工艺施工的保温层,其配合比应计量准确,搅拌均匀、分层连续施工,表面平整,坡向正确。

③板材应粘贴牢固、缝隙严密、平整。

其检查方法是:观察、尺量、称重。

(2)金属板保温夹芯屋面应铺装牢固、接口严密、表面洁净、坡向正确。可通过观察、尺量检查和核查隐蔽工程验收记录的方法进行检查。

(3)坡屋面、内架空屋面当采用敷设于屋面内侧的保温材料做保温隔热层时,保温隔热层应有防潮措施,其表面应有保护层,保护层的做法应符合设计要求。可通过观察检查和核查隐蔽工程验收记录的方法进行检查。

本 章 小 结

本章讲授了聚苯板薄抹灰系统、胶粉聚苯颗粒保温浆料系统以及屋面节能系统各自的特点、施工方法、施工要点。保证施工方案有可靠质量,所用的保温材料主要性能指标应符合规范的要求。

聚苯板薄抹:聚苯板粘贴是主体结构完工后用胶粘剂黏结聚苯板。它的防护层为嵌埋耐碱玻璃纤维网格和抹聚合物抗裂砂浆,饰面一般为涂料。

胶粉聚苯颗粒保温浆料系统:保温浆料由胶粉料和聚苯颗粒混合而成,分多遍抹在外墙上并嵌埋耐碱玻璃纤维网格和抹聚合物砂浆,饰面可以为涂料,但大多数情况下饰面贴面砖。

为解决外墙外保温工程热桥部位及热桥影响。本章对屋面保温做法简要介绍。实际工作中应按工程具体设计要求施工。

复习思考题

1. 外墙外保温有什么特点?
2. 什么叫 EPS 板薄抹灰外墙外保温系统 ?
3. EPS 板薄抹灰外墙外保温的施工条件。
4. EPS 板薄抹灰外墙外保温的施工工艺要点。
5. 胶粉聚苯颗粒外墙外保温的施工条件。
6. 胶粉聚苯颗粒外墙外保温的施工工艺要点。
7. 现浇膨胀珍珠岩保温屋面的材料要求。
8. 现浇膨胀珍珠岩保温屋面的施工工艺要点。
9. 硬质聚氨酯泡沫塑料保温屋面的材料要求。
10. 硬质聚氨酯泡沫塑料保温屋面的施工工艺要点。
11. 外墙外保温工程验收标准。
12. 外墙外保温工程主控项目、一般项目应如何验收?

第十一章 季节性施工

【职业能力目标】

学完本章,你应会:
1. 组织冬期施工,雨季施工。
2. 编制季节性施工方案。
3. 季节性施工措施和注意事项。

【学习要求】

1. 了解冬期和雨季施工的特点。
2. 熟悉冬期和雨季施工的注意事项。
3. 掌握冬期和雨季施工所采取的措施。

第一节 冬期施工

我国疆域辽阔,地域广大,很多地区受内陆(海上)高低压及季风交替的影响,气候变化较大。在华北、东北、西北、青藏高原,每年都有较长的低温季节。沿海一带城市,受海洋暖湿气流影响,春夏之交雨水频繁,并伴有台风、暴雨和潮汛。冬期的低温和雨期的降水,给施工带来很大的困难,常规的施工方法已不能适应。在冬期和雨期施工时,必须从具体条件出发,选择合理的施工方法,制订具体的措施,确保工程质量,降低工程的费用。

一 冬期施工的基本知识

冬期施工所采取的技术措施,是以气温作为依据。各分项工程冬期施工的起始日期确定,在有关施工规范中均作了明确的规定。

1. 冬期施工的特点

(1)冬期施工期是质量事故多发期。在冬期施工中,长时间的持续负低温、大的温差、强风、降雪和反复的冰冻,经常造成建筑施工的质量事故。据资料分析,有三分之二的工程质量事故发生在冬期,尤其是混凝土工程。

(2)冬期施工质量事故发现的滞后性。冬期发生质量事故往往不易觉察,到春天解冻时,一系列质量问题才暴露出来。这种事故的滞后性给处理解决质量事故带来很大的困难。

(3)冬期施工的计划性和准备工作时间性很强。冬期施工时,常由于时间紧促,仓促施工,因而发生质量事故。

2. 冬期施工的原则

为了保证冬期施工的质量,在选择分项工程具体的施工方法和拟定施工措施时,必须遵循下列原则:确保工程质量;经济合理,使增加的措施费用最少;所需的热源及技术措施材料有可靠的来源,并使消耗的能源最少;工期能满足规定要求。

3. 冬期施工的准备工作

(1)搜集有关气象资料作为选择冬期施工技术措施的依据。

(2)抓好施工组织设计的编制,在入冬前应组织专人编制冬期施工方案,将不适宜冬期施工的分项工程安排在冬期前后完成。

(3)凡进行冬期施工的工程项目,必须会同设计单位复核施工图纸,核对其是否能适应冬期施工要求。如有问题应及时提出并修改设计。

(4)根据冬期施工工程量提前准备好施工的设备、机具、材料及劳动防护用品。

(5)冬期施工前对配制外掺剂的人员、测温保温人员、锅炉工等,应专门组织技术培训,经考试合格后方准上岗。

二 土方工程的冬期施工

在结冻时土的机械强度大大提高,使土方工程冬期施工造价增高,工效降低,寒冷地区土方工程施工一般宜在入冬前完成。若必须在冬期施工时,其施工方法应根据本地区气候、土质和冻结情况并结合施工条件进行技术经济比较后确定。施工前应周密计划,做好准备,做到连续施工。

(一)冻土的定义、特性及分类

当温度低于0℃,且含有水的各类土称为冻土。我们把冬季土层冻结的厚度叫冻结深度。

土在冻结后,体积比冻前增大的现象称为冻胀。通常用冻胀量和冻胀率来表示冻胀的大小。

土的冻胀量反映了土冻结后平均体积的增量,用下式进行计算:

$$\Delta V = V_i - V_0 \tag{11-1}$$

式中:ΔV——冻胀量(cm^3);

V_i——冻后土的体积(cm^3);

V_0——冻前土的体积(cm^3)。

土的冻胀率反映了土体冻胀后体积增大的百分率,用 K_a 表示:

$$K_a = \frac{V_i - V_0}{V_0} \times 100\% = \frac{\Delta V}{V_0} \times 100\% \tag{11-2}$$

式中：K_a——冻胀率。

按季节性冻土地基冻胀量的大小及其对建筑物的危害程度，将地基土的冻胀性分为四类。

I类：不冻胀。冻胀率 $K_a \leq 1\%$，对敏感的浅基础均无危害。

II类：弱冻胀。冻胀率 $K_a = 1\% \sim 3.5\%$，对浅埋基础的建筑物也无危害，在最不利条件下，可能产生细小的裂缝，但不影响建筑物的安全。

III类：冻胀。$K_a = 3.5\% \sim 6\%$，浅埋基础的建筑物将产生裂缝。

IV类：强冻胀。$K_a > 6\%$，浅埋基础将产生严重破坏。

（二）地基土的保温防冻

地基土的保温防冻是在冬季来临时土层未冻结之前，采取一定的措施使基础土层免遭冻结或减少冻结的一种方法。在土方冬期开挖中，土的保温防冻法是最经济的方法之一。常用做法有松土防冻法、覆盖雪防冻和隔热材料防冻等。

1. 松土防冻法

松土防冻法是在土壤冻结之前，将预先确定的冬季土方作业地段上的表土翻松耙平，利用松土中的许多充满空气的孔隙来降低土壤的导热性，达到防冻的目的。翻耕的深度一般在25～30cm。

松土防冻法处理的土层，经 z 昼夜的冻结，土的冻结深度 H(cm) 可按下列公式求得：

$$H = A(4p - p^2) \tag{11-3}$$

式中：A——土的防冻计算系数，可由表 11-1 查得；

p——用公式$\frac{\sum zt}{1\,000}$求得；

z——土的冻结时间(d)；

t——土冻结时的外部空气温度(℃)。

如计算结果不能满足施工要求时，可采用其他综合防冻方法。

防冻计算系数 *A* 值表 表 11-1

地面保温方法	*p* 值											
	0.1	0.2	0.3	0.4	0.5	0.6	0.7	0.8	0.9	1.0	1.5	2
耕松 25cm 并耙平	15	16	17	18	20	22	24	26	28	30	30	30
覆盖松土不少于 50cm	35	36	37	39	41	44	47	51	55	59	60	60

2. 覆雪防冻结

在积雪量大的地方，可以利用雪的覆盖作保温层来防止土的冻结。覆雪防冻的方法可视土方作业的特点而定。对大面积的土方工程可在地面上设篱笆，或筑雪堤，其高度为 0.5～1m，其间距为高度的 10～15 倍，设置时应使其长边垂直于主导风向，如图 11-1 所示。对面积较小的基槽(坑)。土方开挖，可在土冻结前，初次降雪后在地面上挖积雪沟，沟深 30～50cm，宽与槽(坑)相同，在挖好的沟内，应很快用雪填满，以防止未挖土层的冻结，如图 11-1、图 11-2所示。

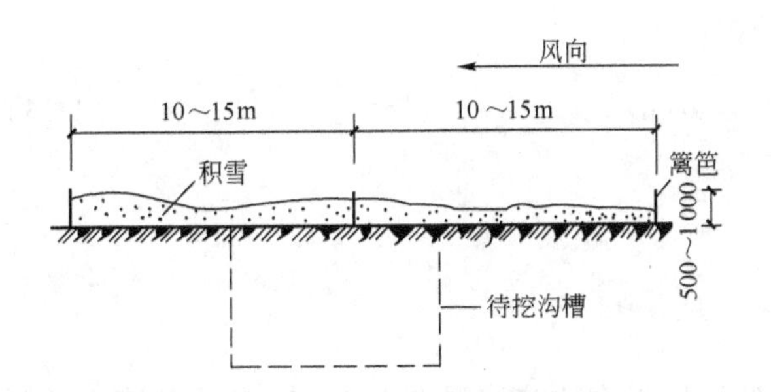

图 11-1　挡雪防冻法(尺寸单位:mm)

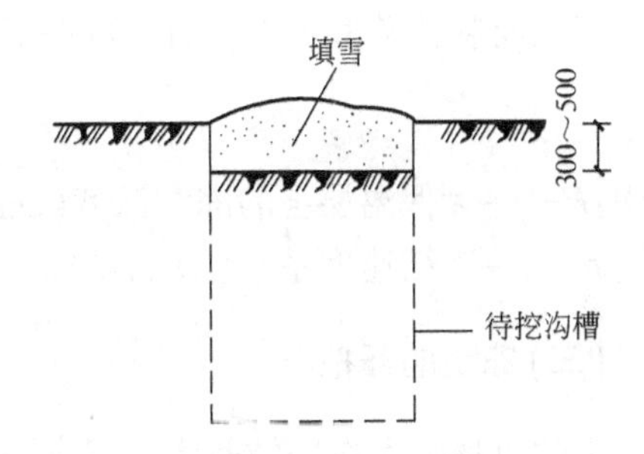

图 11-2　挖沟填雪防冻法(尺寸单位:mm)

覆雪层对冻结深度 H(cm)的影响,可用下列公式估算:

$$H = 60(4p - p^2)/K_1 - \lambda h_{sH} \tag{11-4}$$

式中:λ——雪的影响系数,对松雪取 3,堆雪取 2,初融雪取 1.5;

K_1——冻结速度系数,见表 11-2;

h_{sH}——雪的覆盖平均厚度(cm)。

冻结速度系数 K_1 的取值　　表 11-2

土的性质	木质的保温材料			炉渣		泥灰末	松散土	密实土
	树叶	刨花	锯末	干的	湿的			
尘砂土	3.3	3.2	2.8	2.0	1.6	2.8	1.4	1.12
细砂土	3.1	3.1	2.7	1.9	1.6	2.7	1.3	1.08
砂质黏土	2.7	2.6	2.3	1.6	1.3	2.3	1.2	1.06
黏土	2.2	2.1	1.9	1.3	1.1	1.9	1.2	1

注:表中的 K_1 值,对于地下水位低的(比冻结低 1m)土有效,对地下水位高的土(饱和水的),其值接近于 1。

3. *保湿材料覆盖法*

面积较小的基槽(坑)的防冻,可直接用保温材料覆盖。常用保温材料有炉渣、锯末、膨胀珍珠岩、草袋、树叶等。在已开挖的基槽(坑)中,靠近基槽(坑)壁处覆盖的保温材料需加厚,以使土壤不致受冻或冻结轻微(图 11-3)。对未开挖的基坑,保温材料铺设宽度为两倍的土层冻结深度与基槽(坑)底宽度之和,如图 11-4 所示。

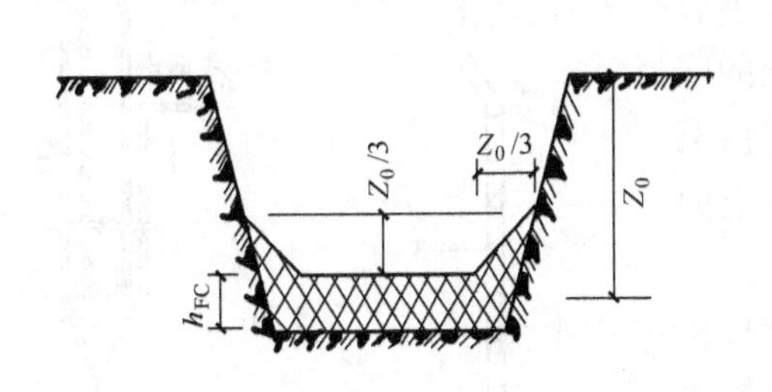

图 11-3　已挖基坑保温法

h_{FC}-覆盖材料厚度;Z_0-最大冻结深度

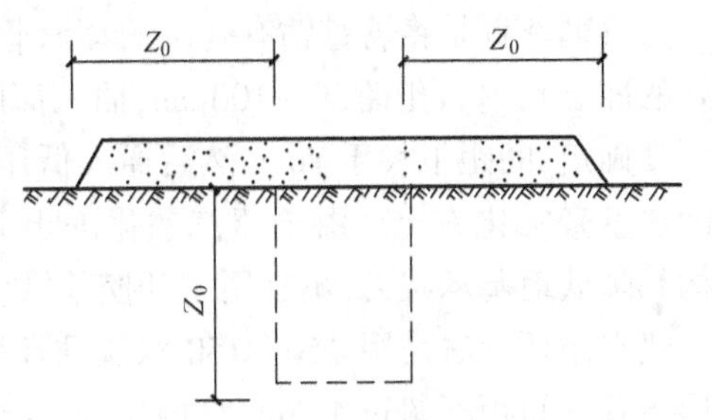

图 11-4　未开挖基坑

Z_0-最大冻结深度

保温材料覆盖厚度 h_{FC}(cm)可按下式计算：

$$h_{FC} = H/K_1 \tag{11-5}$$

式中：H——无保温层土的冻结深度(cm)；

K_1——冻结速度系数(表11-2)。

(三)冻土的开挖

土的机械强度在冻结时大大提高，冻土的抗压强度比抗拉强度大2~3倍，因此冻土的开挖宜采用剪切法。冬期土方施工可采取先将冻土破碎或利用热源将冻土融化，然后挖掘。开挖方法一般有人工法、机械法和爆破法三种。

1. 冻土的融化

为了有利于冻土挖掘，可利用热源将冻土融化。融化冻土的方法有焖火烘烤法、循环针法和电热法三种，后两种方法因耗用大量能源，施工费用高，使用较少，只用在面积不大的工程施工中。

融化冻土的施工方法应根据工程量大小、冻结深度和现场条件综合选用。融化时应按开挖顺序分段进行，每段大小应适应当天挖土的工程量，冻土融化后，挖土工作应昼夜连续进行，以免因间歇而使地基土重新冻结。

开挖基槽(抗)或管沟时，必须防止基础下的基土遭受冻结。如基槽(坑)开挖完毕至地基与基础施工或埋设管道之间有间歇时间，应在基坑底标高以上预留适当厚度的松土或用其他保温材料覆盖，厚度可通过计算求得。冬期开挖土方时，如可能引起邻近建筑物的地基或其他地下设施产生冻结破坏时，应采取防冻措施。

(1)焖火烘烤法

焖火烘烤法适用于面积较小、冻土不深，且燃料便宜的地区。常用锯末、谷壳和刨花等作燃料。在冻土上铺上杂草、木柴等引火材料，燃烧后撒上锯末，上面压数厘米的土，让它不起火苗地燃烧，这样有250mm厚的锯末，其热量经一夜可融化冻土300mm左右，开挖时分层分段进行。烘烤时应做到有火就有人，以防引起火灾。

(2)循环针法

循环针分蒸汽循环针和热水循环针两种(图11-5)。

蒸汽循环针是将管壁钻有孔眼的蒸汽管，插入事后钻好的冻土孔内。孔径50~100mm，插入深度视土的冻结深度确定，间距不大于1m。然后通入低压蒸汽，借蒸汽的热量来融化冻土。由于蒸汽融化冻土会破坏土的结构和降低地基承载力，不宜用于开挖基槽(坑)。

热水循环针法是用 $\phi60 \sim 150$ 双层循环热水管按梅花形布置。间距不超过1.5m，管内用40~50℃的热水循环供热。

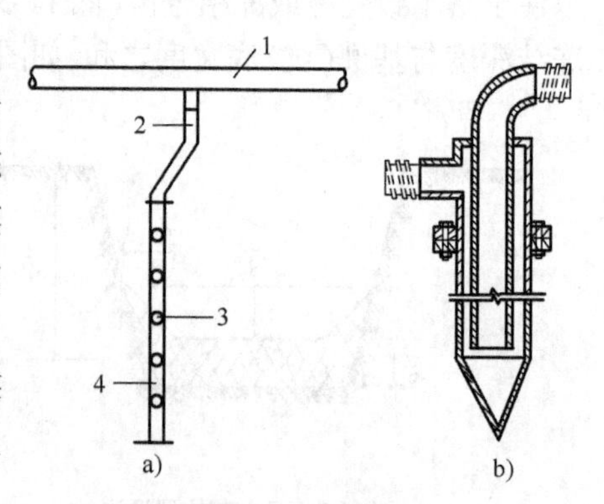

图11-5　循环针

a)蒸汽循环针；b)热水循环针

1-主管；2-连接胶管；3-蒸汽孔；4-支管

(3)电热法

电热法通常用 $\phi6 \sim 22$ 钢筋作电极，将电极打到冻土层以下 150 ~ 200mm 深度，作梅花形布置，间距 400 ~ 800mm，加热时间视冻土厚度、土的温度、电压高低等条件而定。通电加热时，可在冻土上铺 100 ~ 150mm 锯末，用浓度为 0.2% ~ 0.5% 的氯盐溶液浸湿，以加快表层冻土的融化。

电热法效果最佳，但能源消耗量大、费用高。仅在土方工程量不大和急需工程上采用这种方法施工。

采用此法时，必须有周密的安全措施，应由电气专业人员担任通电工作，工作地点应设置警戒区，通电时严禁人员靠近，防止触电。

2. 人工法开挖

人工开挖冻土适用开挖面积较小和场地狭窄，不具备用其他方法进行土方破碎、开挖。开挖时一般用大铁锤和铁楔子劈冻土（图 11-6）。施工中一人掌楔，2 ~ 3 人轮流打大锤，一个组常用几个铁楔，当一个铁楔打入土中而冻土尚未脱离时，再把第二个铁楔在旁边的裂缝上加进去，直至冻土剥离为止。为防止震手或误伤，铁楔宜用粗铁丝作把手。

施工时掌铁楔的人与掌锤的不能脸对着脸，必须互成 90°。同时要随时注意去掉楔头打出的飞刺，以免飞出伤人。

3. 机械法开挖

当冻土层厚度为 0.25m 以内时，可用推土机或中等动力的普通挖掘机施工开挖。

当冻土层厚度为 0.30m 以内时，可用拖拉机牵引的专用松土机破碎冻土层。

当冻土层厚度为 0.4m 以内时，可用大马力的挖土机（斗容量 ≥ $1m^3$）开挖土体。

当冻土层厚度为 0.4 ~ 1.0m 时，可用松碎冻土的打桩机进行破碎（图 11-7）。

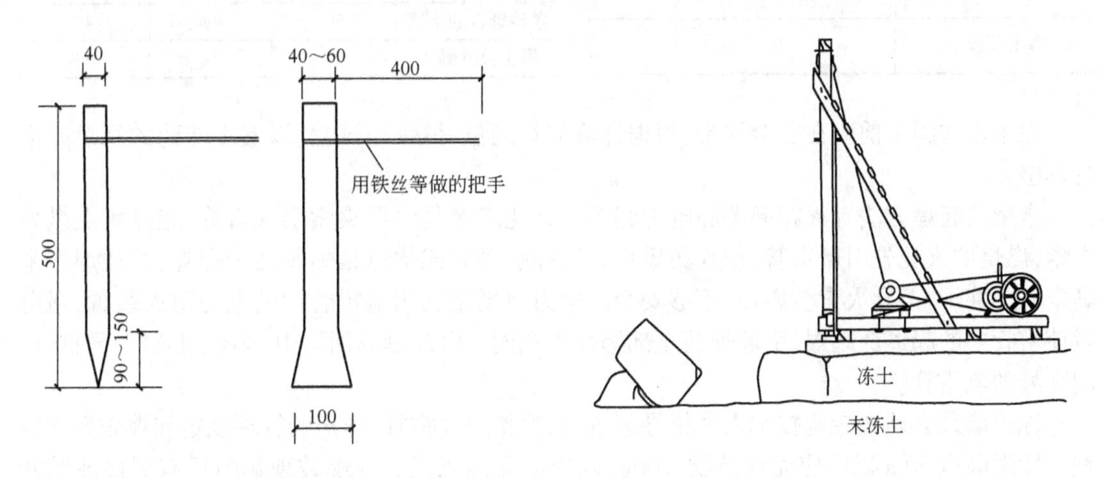

图 11-6 松冻土的铁楔子（尺寸单位：mm）

图 11-7 松冻土的打桩机

最简单的施工方法是用风镐将冻土破碎，然后用人工和机械挖掘运输。

4. 爆破法开挖

爆破法适用于冻土层较厚，面积较大的土方工程，这种方法是将炸药放入直立爆破孔中或水平爆破孔中进行爆破，冻土破碎后用挖土机挖出，或借爆破的力量向四周崩出，做成需要的沟槽。

冻土深度在2m以内时，可以采用直立爆破孔（图11-8a）。冻土深度超过2m时，可采用水平爆破孔（图11-8b）。

爆破孔断面的形状一般是圆形，直径30～75mm，排列成梅花式，爆破孔的深度约为冻土厚度的0.7～0.8。爆破孔的间距等于1～2倍最小抵抗线长度，排距等于1.5倍最小抵抗线长度（药包中心至地面最短距离）。爆破孔可用电钻、风钻、钢钎钻打而成。

爆破冻土所用炸药有黑色炸药、硝铵炸药及TNT炸药等，工地上通常所用的硝铵炸药呈淡黄色，燃点在270℃以上，比较安全。

硝铵炸药装药量Q(kg)可按下式估算：

$$Q = N_B \cdot W^3 \tag{11-6}$$

式中：N_B——计算系数，见表11-3；

W——最小抵抗线(m)。

爆破冻土耗用硝铵炸药的用量可参考表11-4。

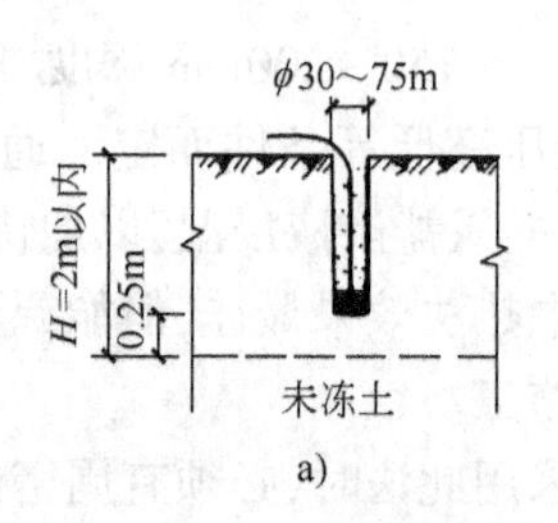

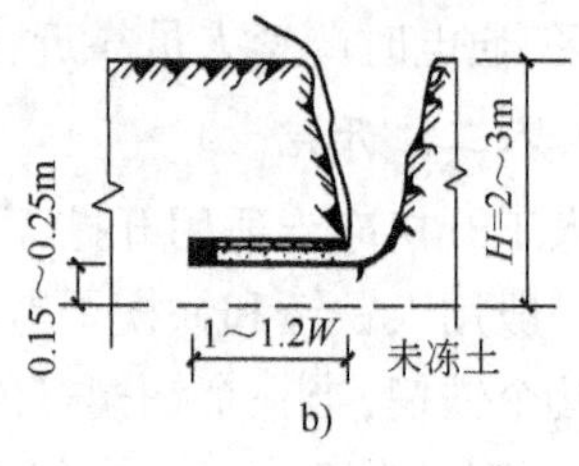

图11-8　爆破法和土层冻结深度的关系
a）直立爆破孔；b）水平爆破孔
H-冻土层厚度；W-最小抵抗线

硝铵炸药N_B取值表　表11-3

土 的 种 类	用直立爆破孔爆破时的N_B值
黏质土	0.8～1
含小石土	0.6～0.8
黑土及砂土	0.4～0.3

爆破100m³冻土消耗的硝铵炸药用量（单位：kg）　表11-4

冻 土 种 类	冻层厚度(m)		
	0.5	1	1.5
黏土、建筑垃圾	67	60	60
含砂砾石的土壤	50	48	48
黑土及砂砾土	39	34	34

在未正式施工前应在安全地带，根据计算的炸药量，做爆炸试验，以鉴定炸药的用量并进行调整。

常用的起爆方法有火花起爆和电力起爆。火花起爆是将导火索引入雷管，起爆时点燃导火索，燃烧的火花先引爆雷管，使炸药爆炸。这种引爆方式优点是炮眼逐个爆炸，可凭炮声来确定有无瞎炮，但导火索会燃烧，不够安全。电力引爆是利用电雷管中的电力引火装置，通电后使雷管中的起爆药起爆，引起炸药全部爆炸。在同一电起爆的网络中，必须用同厂、同批号、同牌号的电雷管。

冻土爆破必须在专业技术人员指导下进行，严格遵守雷管、炸药的管理规定和爆破操作规程。距爆破点50m以内应无建筑物，200m以内应无高压线。当爆破现场附近有居民或精密仪表等设备怕振动时，应提前做好疏散及保护工作。冬季施工严禁使用任何甘油类炸药，因其在低温凝固时稍受振动即会爆炸，十分危险。

（四）冬期回填土施工

由于土冻后即成为坚硬的土块，在回填过程中不易压实，土解冻后就会造成大量的下沉。冻胀土壤的沉降量更大，为了确保冬季冻土回填的施工质量，必须按施工及验收规范中对用冻土回填的规定组织施工。

冬期回填土应尽量选用未受冻的、不冻胀的土壤进行回填施工。填土前，应清除基础上的冰雪和保温材料；填方边坡表层1m以内，不得用冻土填筑；填方上层应用未冻的、不冻胀的或透水性好的土料填筑。冬期填方每层铺土厚度应比常温施工时减少20%～25%，预留沉降量应比常温施工时适当增加。用含有冻土块的土料作回填土时，冻土块粒径不得大于150mm；铺填时，冻土块应均匀分布、逐层压实。

冬期施工室外平均气温在-5℃以上时，填方高度不受限制；平均气温在-5℃以下时填方高度不宜超过表11-5的规定。用石块和不含冰块的砂土（不包括粉砂）、碎石类土填筑时，填方高度不受限制。

冬期填方高度限制 表11-5

平均气温（℃）	填方高度（m）
-5～-10	4.5
-11～-15	3.5
-16～-20	2.5

室外基槽（坑）或管沟可用含有冻土块的土回填，但冻土块体积不得超过填土总体积的15%，而且冻土块的粒径应小于150mm；室内的基槽（坑）或管沟的回填土不得含有冻土块；管沟底至管顶0.5m范围内不得用含有冻土块的土回填；回填工作应连续进行，防止基土或已填土层受冻。

三 砌筑工程的冬期施工

当室外日平均气温连续5d稳定低于5℃时，砌筑工程的施工应按照冬期施工技术的有关规定进行。冬期施工期限以外，当日最低气温低于0℃时，也应按冬期施工的有关规定进行。气温可根据当地的气象预防或历年气象资料估计。

砌筑工程的冬期施工方法有掺外加剂法和暖棚法等。

砌筑工程的冬期施工应以掺外加剂法为主。对保温、绝缘、装饰等方面有特殊要求的工程，可采用其他施工方法。

（一）掺外加剂法

1. 掺外加剂法的原理

掺外加剂法就是在砌筑砂浆内掺入一定数量的抗冻剂，来降低水的冰点，以保证砂浆中有液态水存在，使水泥水化反应应能在一定负温下进行，砂浆强度在负温下能够继续缓慢增长。同时，由于降低了砂浆中水的冰点，砌体的表面不会立即结冰而形成冰膜，故砂浆和砌体能较好的黏结。

掺外加剂中的抗冻剂，目前主要是以氯化钠和氯化钙为主。其他还有亚硝酸钠、碳酸钾和硝酸钙等。

2. 掺外加剂的适用范围

掺外加剂法具有施工方便，费用低，在砌体工程冬期施工中普遍使用掺外加剂法施工。但是，由于氯盐砂浆吸湿性大，使结构保温性能和绝缘性能下降，并有析盐现象等。对下列有特殊要求的工程不允许采用掺外加剂法施工。

（1）接近高压电路的建筑物，如发电站、变电所等工程；

（2）对装饰有特殊要求的工程；

(3)使用湿度大于80%的工程；

(4)热工要求高的建筑物；

(5)经常处于水位变化的工程，以及在水下未设防水保护层的结构；

(6)配有受力钢筋而未作防腐处理的砌体。

3. 对砂浆的要求

(1)对砌体工程冬期施工所用材料的规定

①砌体，在砌筑前，应清除冻霜；

②砂浆应选用普通硅酸盐水泥拌制；

③石灰膏等应防止受冻，如遭冻结，经融化后，方可使用；

④拌制砂浆所用的砂中，不得含有冰块和直径大于10mm的冻结块；

⑤拌制砂浆时，水的温度不得超过80℃，砂的温度不得超过40℃。

(2)砂浆的配制

掺外加剂配制时，应按不同负温界限控制掺盐量。当砂浆中氯盐掺量过少，砂浆内会出现大量冻结晶体，水化反应极其缓慢，会降低早期强度。如果氯盐掺量大于10%，砂浆的后期强度会显著降低，同时导致砌体析盐量过大，增大吸湿性，降低保温性能。当气温过低时，可掺用双盐（氯化钠和氯化钙同时掺入）来提高砂浆的抗冻性。不同气温时掺外加剂规定的掺盐量见表11-6。

掺外加剂的掺盐量（占用水量的%）　　表11-6

日最低气温（℃）			≥-10	-11～-15	-16～-20
单盐	食盐	砌砖	3	5	7
		砌石	4	7	10
双盐	食盐	砌砖			5
	氯化钙				2

注：掺量以无水盐计。

掺外加剂法的砂浆使用温度不应低于5℃。

当日最低气温等于或低于-15℃时，对砌筑承重砌体的砂浆强度等级应按常温施工时提高一级，同时应以热水搅拌砂浆；当水温超60℃时，应先将水和砂拌和，然后再投放水泥。

掺外加剂中掺入微沫剂时，盐溶液和微沫剂在砂浆拌和过程中先后加入。砂浆应采用机械进行拌和，搅拌的时间应比常温季节增加一倍。拌和后的砂浆应注意保温。

4. 砌筑施工工艺

掺外加剂法砌筑砖砌体，应采用“三一砌砖法”进行砌筑，要求砌体灰浆饱满，灰缝厚度均匀，水平缝和垂直缝的厚度和宽度应控制在8～10mm。

普通砖和空心砖在正常温度条件下砌筑时，应采用随浇水随砌筑的办法；负温度条件下，只要有可能应该尽量浇热盐水。当气温过低，浇水确有困难，则必须适当增大砂浆的稠度。抗震设计裂度为九度的建筑物，普通砖和空心砖无法浇水湿润时，无特殊措施，不得砌筑。

采用掺外加剂法砌筑砌体时，在砌体转角处和内外墙交接处应同时砌筑，对不能同时砌筑而又必须留置的临时间断处，应砌成斜槎，砌体表面不应铺设砂浆层，宜采用保温材料加以覆盖。继续施工前，应先用扫帚扫净砖表面，然后再施工。

(二)砌体冬期施工的其他施工方法简介

对有特殊要求的工程冬期施工可供选用的其他施工方法还有蓄热法、暖棚法、快硬砂浆法等。

1. 蓄热法

蓄热法是在施工过程中,先将水和砂加热,使拌和后的砂浆在上墙时保持一定正温,以推迟冻结的时间,在一个施工段内的墙体砌筑完毕后,立即用保温材料覆盖其表面,使砌体中的砂浆在正温下达到其砌体强度的20%。

蓄热法可用于冬期气温不太低的地区(温度在-5~-10℃之间),以及寒冷地区的初冬或初春季节。特别适用于地下结构。

2. 暖棚法

暖棚法是利用简易结构和廉价的保温材料,将需要砌筑的工作面临时封闭起来,使砌体在正温条件下砌筑和养护。

采用暖棚法要求棚内的温度不得低于5℃,故经常采用热风装置或蒸汽进行加热。

由于搭暖棚需要大量的材料、人工,加温时要消耗能源,所以暖棚法成本高、效率低,一般不宜多用。主要适用于地下室墙、挡土墙、局部性事故修复工程的砌筑工程。

3. 快硬砂浆法

快硬砂浆法是用快硬硅酸盐水泥、加热的水和砂拌和制成的快硬砂浆,在受冻前能比普通砂浆获得较高的强度。适用于热工要求高、湿度大于60%及接触高压输电线路和配筋的砌体。

四 钢筋混凝土结构工程的冬期施工

(一)混凝土冬期施工的特点

根据当地多年气温资料,室外日平均气温连续5d稳定低于5℃时,混凝土结构工程应按冬期施工要求组织施工。冬期施工时,气温低,水泥水化作用减弱,新浇混凝土强度增长明显地延缓,当温度降至0℃以下时,水泥水化作用基本停止;混凝土强度亦停止增长。特别是温度降至混凝土冰点温度(新浇混凝土冰点为-0.3~-0.5℃)以下时,混凝土中的游离水开始结冻,结冰后的水体积膨胀约9%。在混凝土内部产生冰胀应力,使强度尚低的混凝土结构内部产生微裂隙,同时降低了水泥与砂石和钢筋的黏结力,导致结构强度降低。受冻的混凝土在解冻后,其强度虽能继续增长,但已不能达到原设计的强度等级。试验证明,混凝土的早期冻害是由于内部的水结冰所致。混凝土在浇筑后立即受冻,抗压强度约损失50%,抗拉强度约损失40%。受冻前混凝土养护时间愈长,所达到的强度愈高,水化物生成愈多,能结冰的游离水就愈少,强度损失就愈低。试验还证明,混凝土遭受冻结带来的危害与遭冻的时间早晚、水灰比、水泥强度等级、养护温度等有关。

混凝土受冻后而不致使其各项性能遭到损害的最低强底称为混凝土受冻临界强度。我国现行规范规定:冬期浇筑的混凝土抗压强度,在受冻前,硅酸盐水泥或普通硅酸盐水泥配制的

混凝土不得低于其设计强度标准值的30%；矿渣硅酸盐水泥配制的混凝土不得低于其设计强度标准值的40%；C10及以下的混凝土不得低于5.0N/mm²。掺防冻剂的混凝土，温度降低到防冻剂规定温度以下时，混凝土的强度不得低于3.5N/mm²。

(二)混凝土冬期施工的要求

1. 对材料的要求及加热

(1)冬期施工中配制混凝土用的水泥，应优先选用活性高、水化热大的硅酸盐水泥和普通硅酸盐水泥。水泥的强度等级不应低于42.5级，最小水泥用量不宜少于300kg/m³。水灰比不应大于0.6。使用矿渣硅酸盐水泥时，宜采用蒸汽养护，使用其他品种水泥，应注意其中掺和材料对混凝土抗冻抗渗等性能的影响。掺用防冻剂的混凝土，严禁使用高铝水泥。

(2)混凝土所用骨料必须清洁，不得含有冰雪等冰结物及易冻裂的矿物质。冬期骨料所用贮备场地应选择地势较高不积水的地方。

冬期施工拌制混凝土的砂、石温度要符合热工计算需要温度。骨料加热的方法有，将骨料放在底下加温的铁板上面直接加热；或者通过蒸汽管、电热线加热等。但不得用火焰直接加热骨料，并应控制加热温度(表11-7)。加热的方法可因地制宜，但以蒸汽加热法为好。其优点是加热温度均匀，热效率高。缺点是骨料中的含水率增加。

拌和水及骨料的最高湿度 表11-7

项　目	水泥强度等级	拌和水(℃)	骨料(℃)
1	强度等级小于52.5的普通硅酸盐水泥、矿渣硅酸盐水泥	80	60
2	强度等级等于和大于52.5的普通硅酸盐水泥、硅酸盐水泥	60	40

(3)冬期施工对组成混凝土材料的加热，应优先考虑加热水，因为水的热容量大，加热方便，但加热温度不得超过表11-7所规定的数值。水的常用加热方法有三种：用锅烧水、用蒸汽加热水、用电极加热水。

(4)钢筋冷拉可在负温下进行，但冷拉温度不宜低于-20℃。当采用控制应力方法时，冷拉控制应力较常温下提高30N/mm²；采用冷拉率控制方法时，冷拉率与常温时相同。钢筋的焊接宜在室内进行。如必须在室外焊接，其最低气温不低于-20℃，且应有防雪和防风措施。刚焊接的接头严禁立即碰到冰雪，避免造成冷脆现象。

(5)冬期浇筑的混凝土，宜使用无氯盐类防冻剂，对抗冻性要求高的混凝土，宜使用引气剂或引气减水剂。

2. 混凝土的搅拌、运输和浇筑

(1)混凝土的搅拌

混凝土不宜露天搅拌，应尽量搭设暖棚，优先选用大容量的搅拌机，以减少混凝土的热量损失。搅拌前，用热水或蒸汽冲洗搅拌机。混凝土的拌和时间比常温规定时间延长50%。经加热后的材料投料顺序为：先将水和砂石投入拌和，然后加入水泥。这样可防止水泥与高温水接触时产生假凝现象。混凝土拌和物的出机温度不宜低于10℃。

(2)混凝土的运输

混凝土的运输过程是热损失的关键阶段，应采取必要的措施减少混凝土的热损失，同时应保证混凝土的和易性。常用的主要措施为减少运输时间和距离;使用大容积的运输工具并采取必要的保温措施。保证混凝土入模温度不低于5℃。

(3)混凝土的浇筑

混凝土在浇筑前,应清除模板和钢筋上的冰雪和污垢,尽量加快混凝土的浇筑速度,防止热量散失过多。当采用加热养护时,混凝土养护前的温度不得低于2℃。

冬期不得在强冻胀性地基土上浇筑混凝土,当在弱冻胀性地基土上浇筑混凝土时,地基土应进行保温,以免遭冻。对加热养护的现浇混凝土结构,混凝土的浇筑程序和施工缝的位置,应能防止在加热养护时产生较大的温度应力。当分层浇筑厚大的整体结构时,已浇筑层的混凝土温度,在被上一层混凝土覆盖前,不得低于按热工计算的温度,且不得低于2℃。

冬期施工混凝土振捣应用机械振捣,振捣时间应比常温时有所增加。

(三)混凝土的养护

冬期施工混凝土养护方法的选择,应根据当地历年气象资料和近期的气象预报,结构的特点、施工进度要求、原材料及能源情况和施工现场条件等因素综合地进行研究,在初选一至两种施工方法通过热工计算及技术经济比较后确定。常用的养护方法有蓄热法、外加剂法、人工加热法等。

在选择养护方法时,应保证混凝土尽快达到临界强度,避免遭受冻害;承重结构的混凝土,要迅速达到出模强度,加强模板周转,一般情况下,应优先考虑蓄热法或蓄热法与外加剂相结合的方法进行养护,只有在上述方法不能满足时,才选用人工外部加热法进行养护。

1.蓄热法

蓄热法是利用加热混凝土组成材料的热量及水泥的水化热,并用保温材料(如草帘、草袋、锯末、炉渣等)对混凝土加以适当的覆盖保温,使混凝土在正温条件下硬化或缓慢冷却,并达到抗冻临界强度或预期的强度要求。

蓄热法施工方法简单,费用低廉,较易保证质量。当室外最低温度不低于-15℃时,地面以下的工程或表面系数不大于15mm^{-1}的结构,应优先采用蓄热法养护。

2.外加剂法

在混凝土中加入适量的抗冻剂、早强剂、减水剂及加气剂,使混凝土在负温下能继续水化,增长强度。使混凝土冬期施工工艺简化,节约能源,降低冬期施工费用,是冬期施工有发展前途的施工方法。

(1)混凝土冬期施工中常用外加剂的种类

1)减水剂:能改善混凝土的和易性及拌和用水量,降低水灰比,提高混凝土的强度和耐久性。常用的减水剂有木质素系减水剂、萘磺酸盐系减水剂、水溶性树脂减水剂。

2)早强剂:早强剂是加速混凝土早期强度发展的外加剂,可以在常温、低温或负温(不低于-5℃)条件下加速混凝土硬化过程。常用的早强剂主要有氯化钠($NaCl$)、氯化钙($CaCl_2$)、硫酸钠(Na_2SO_4)、亚硝酸钠($NaNO_3$)、三乙醇胺[$NH_3(C_2H_4OH)_2$]、碳酸钾(K_2CO_3)等。

大部分早强剂同时具有降低水的冰点,使混凝土在负温情况下继续水化,增强强度,起到防冻的作用。

3)引气剂:引气剂是指在混凝土搅拌过程中,引入无数微小气泡,改善混凝土拌和物的和易性和减少用水量,显著提高混凝土的抗性和耐久性。常用的引气剂有松香热聚物、松香皂、烷基苯磺酸盐等。

4)阻锈剂:氯盐类外加剂对混凝土中的金属预埋件有锈蚀作用,阻锈剂能在金属表面形成一层氧化膜,阻止金属的锈蚀。常用的阻锈剂有亚硝酸钠、重铬酸钾等。

(2)混凝土中外加剂的应用

混凝土冬期施工中外加剂的配用,应满足抗冻、早强的需要,对结构钢筋无锈蚀作用,对混凝土后期强度和其他物理力学性能无不良影响,同时应适应结构工作环境的需要。单一的外加剂常不能完全满足混凝土冬期施工的要求,一般宜采用复合配方。常用的复合配方有下面几种类型:

1)氯盐类外加剂:氯化钠、氯化钙价廉、易购买,但对钢筋有锈蚀作用,一般钢筋混凝土中其掺量按无水状态计算不得超过水泥质量的1%;无筋混凝土中,采用热材料拌制的混凝土,氯盐掺量不得大于水泥质量的3%;采用冷材料拌制时,氯盐掺量不得大于拌和水质量的15%。掺用氯盐的混凝土必须振捣密实,且不宜采用蒸汽养护。在下列工作环境中的钢筋混凝土结构中不得掺用氯盐:

①在高湿度空气环境中使用的结构;

②处于水位升降部位的结构;

③露天结构或经常受水淋的结构;

④有镀锌钢材或与铝铁相接触部位的结构,以及有外露钢筋、预埋件而无防护措施的结构;

⑤与含有酸、碱和硫酸盐等侵蚀性介质相接触的结构;

⑥使用过程中经常处于环境温度为60℃以上的结构;

⑦使用冷拉钢筋或冷拔低碳钢丝的结构;

⑧薄壁结构、中级或重级工作制吊车梁、屋架、落锤或锻锤基础等结构;

⑨电解车间和直接靠近直流电源的结构;

⑩直接靠近高压(发电站、变电所)的结构;

⑪预应力混凝土结构。

2)硫酸钠—氯化钠复合外加剂:由硫酸钠2%、氯化钠1%~2%和亚硝酸钠1%~2%组成。当气温在-3~-5℃时,氯化钠和亚硝酸钠掺量分别为1%;当气温在-5~-8℃时,其掺量分别为2%。这种配方的复合外加剂不能用于高温湿热环境及预应力结构中。

3)亚硝酸钠—硫酸钠复合外加剂:由2%~8%的亚硝酸钠加2%的硫酸钠组成。当气温分别为-3℃、-5℃、-8℃、-10℃时,亚酸钠的掺量分别为水泥质量的2%、4%、6%、8%。亚硝酸钠—硫酸钠复合外加剂在负温下有较好的促凝作用,能使混凝土强度较快增长,且对混凝土有塑化作用,对钢筋无锈蚀作用。

使用硫酸钠复合外加剂时,宜先将其溶解在30~50℃的温水中,配成浓度不大于20%的溶液。施工时混凝土的出机温度不宜低于10℃,浇筑成型后的温度不宜低于5℃,在有条件时,应尽量提高混凝土的温度,浇筑成型后应立即覆盖保温,尽量延长混凝土的正温养护时间。

4)三乙醇胺复合外加剂:由三乙醇胺0.5%、氯化钠0.5%~1%、亚硝酸钠0.5%~1.5%

组成，当气温低于 -15℃时，还可掺入 1.0% ~1.5% 的氯化钙。三乙醇胺在早期正温条件下起早强作用，当混凝土内部温度下降到0℃以下时，氯盐又在其中起抗冻作用使混凝土继续硬化。混凝土浇筑入仓温度应保持在 15℃以上，浇筑成型后应马上覆盖保温，使混凝土在0℃以上温度达 72h 以上。

混凝土冬期掺外加剂法施工时，混凝土的搅拌、浇筑及外加剂的配制必须设专人负责，严格执行规定的掺量。搅拌时间应与常温条件下适当延长，按外加剂的种类及要求严格控制混凝土的出机温度，混凝土的搅拌、运输、浇筑、振捣、覆盖保温应连续作业，减少施工过程中的热量损失。

3. 外部加热法

外部加热法养护是利用外部热源加热浇筑后的混凝土，让其温度保持在0℃以上，为混凝土在正温下硬化创造条件。这种方法的最大优点是混凝土强度增长迅速，短期内可达到拆模条件。但费用较高，只有在蓄热养护法达不到要求时才采用。也可将人工加热与保温蓄热或外加剂法相结合，常能取得较好的效果。

外部加热法根据热源种类及加热方法不同，分为蒸汽加热法、电流加热法、远红外加热法和暖棚法等。

(1)蒸汽加热法

蒸汽加热法是甲低压饱和蒸汽养护新浇筑的混凝土，在混凝土周围造成湿热环境来加速混凝土硬化的方法。

1)蒸汽加热法种类

蒸汽加热方法有内部通气法、毛管法和汽套法。常用的是内部通气法，即在混凝土内部预留孔道，让蒸汽通入孔道加热混凝土。预留孔道可采用预埋钢管和橡皮管的方法进行，成孔后拔出。蒸汽养护结束后将孔道用水泥砂浆填实。此法节省蒸汽，温度易控制，费用较低。但要注意冷凝水的处理。内部通气法常用于厚度较大的构件和框架结构，是混凝土冬期施工中的一种较好的方法。

毛管法是在混凝土模板中开成适当的通气槽，蒸汽通法汽槽加热混凝土；汽套法是在混凝土模板外加密闭、不透风的套板，模板与套板中间留出 15cm 空隙，通过蒸汽加热混凝土。但上述两种方法设备复杂，耗汽量大，模板损失严重，故很少采用。

2)蒸汽加热法施工

①蒸汽孔道的留设：内部通气法留孔的方法与后张法预应力筋埋管留孔法很相似。混凝土终凝后抽出预埋管，形成通气孔洞，再用短管连接蒸汽管道。管道布置的原则是使加热温度均匀，埋设施工方便，留孔位置应在受力最小的部位，孔道的总截面面积不应超过结构截面面积的 2.5%。梁、柱留孔方法如图 11-9 所示。

②留孔数量的计算：通气孔道的数量，主要取决于加热混凝土时孔壁传热表面积和孔道直径，常用下式计算：

孔壁面积
$$F_r = \frac{F_p \cdot K_p(T_d - T_a)}{a_n(T_k - T_d)} \tag{11-7}$$

式中：F_r——在每米长的构件内孔壁面积的总和(m^2)；

F_p——在每米长的构件混凝土的外围面积(m^2)；

K_p——混凝土围护层(模板及保温层)的传热系数[$W/(m^2 \cdot K)$]；

a_n——孔壁表面传热系数,取 8.72W/(m^2·K);

T_d——混凝土等温加热的温度(℃);

T_k——蒸汽温度(℃);

T_a——室外大气温度(℃)。

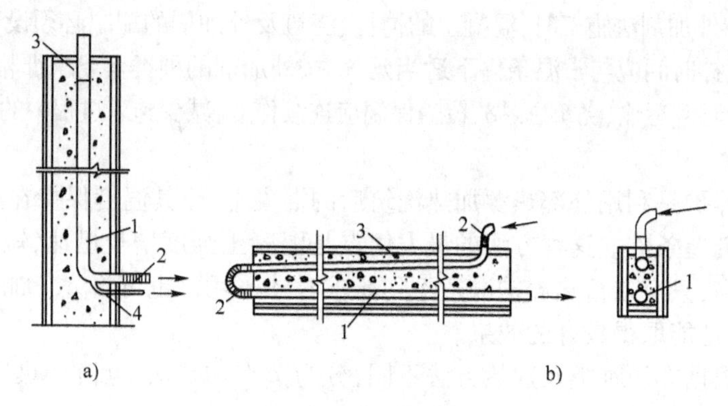

图 11-9　柱梁留孔形式

a)柱留孔形式;b)梁留孔形式

1-蒸汽管;2-胶皮连接管;3-湿锯末;4-冷凝水排出管

留孔数量

$$n = \frac{F_t}{\pi \cdot R} \tag{11-8}$$

式中:n——每米长留孔数量;

R——孔道直径(m)。

(2)电热法

电热法施工是利用低压电流通过混凝土产生的热量,加热养护混凝土。电热法施工设备简单,操作方便,但耗电量较多。

1)电热法施工的分类

电热法分为电极法、表面电热法、电磁感应加热法等。常用的电极法按电极布置的不同以及通电方式的差异又分为:表面电极法、棒形电极法和弦形电极法。

①电极法:电极法又称电极加热法,将电极放入混凝土内,通以低压电流。由于混凝土的电阻作用,使电能变为热能,产生热量对混凝土加热。电热法应采用交流电加热混凝土,不允许使用直流电,因直流电会引起电解、锈蚀。一般宜采用的工作电压为 50~110V,在无筋结构和每 m^3 混凝土含钢量不大于 50kg 的结构中,可采用 120~220V 的电压。

②表面电热法:用 $\phi6$ 的钢筋或 20~40mm 宽的白铁皮做电极,固定在模板内侧,混凝土浇筑后通电加热养护混凝土。电极的间距:钢筋电极 200~300mm,白铁皮电极 100~150mm。现在也有把电热毯固定在钢模板外侧作为电热元件对混凝土进行加热养护。

表面电热法常用于墙、梁、板、基础等结构混凝土的养护。

③电磁感应加热法:电磁感应加热法是在结构模板的表面缠上连续的感应线圈,线圈中通入交流电后,即在钢模板及钢筋中都会有涡流循环磁场。感应加热就是利用在电磁场中铁质材料发热的原理,使钢模板及混凝土中的配筋发热,并将热量传至混凝土而达到养护目的。用这种工艺加热混凝土,温度均匀,控制方便,热效率高,但须专用模板。

2)电极的布置

电极法是电热法中常用的施工方法。电极布置时应保证混凝土温度均匀,电极与钢筋之间应留有 50 ~ 100mm 的间距。在梁、柱内棒形电报的设置可参见图 11-10,图中电极的同极间距 h 和异极间距 b 可由表 11-8 取值。

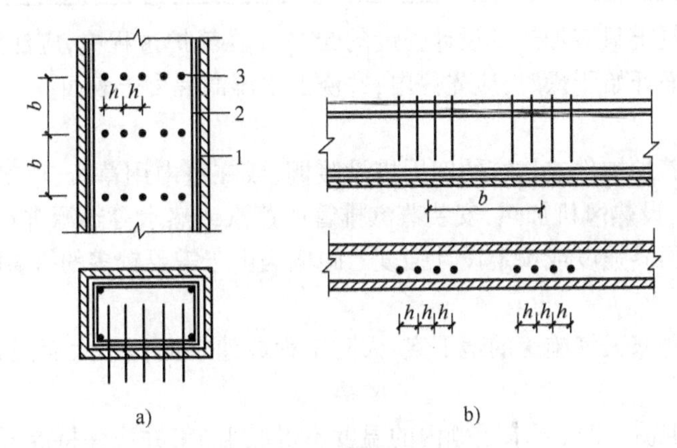

图 11-10　柱梁棒形电极布置

a)柱内棒形电极布置;b)梁内棒形电极布置

1-模板;2-钢筋;3-电极;b-电极组间距;h-电极间距

同极间距 h 和电极组间距 b 的取值　　表 11-8

电压(V)	距离(cm)	最大功率(kW/m³)								
		2.5	3	4	5	6	7	8	9	10
51	b	39	36	32	28	26	25	23	22	21
	h	15	13	12	10	10	10	8	7	7
65	b	51	48	42	37	34	32	30	28	24
	h	14	13	11	10	9	8	8	7	7
87	b	71	65	57	51	47	43	41	38	36
	h	13	13	11	10	9	8	8	7	7
106	b	89	81	71	69	58	54	51	48	76
	h	14	12	11	9	9	8	7	7	7
220	b	192	175	152	146	124	115	108	102	96
	h	13	12	10	9	8	8	7	7	7

注:1. 电压为开始电热加热时使用的电压。

2. 使用单相电时,b 值不变,h 值减少 10% ~15%。

3)电热法养护注意事项

用电加热混凝土应在混凝土浇筑完毕,外露表面覆盖后立即进行。混凝土升温和降温速度应按表 11-10 决定,电热养护温度应符合表 11-9 的要求。

电热养护混凝土的温度(单位:℃)　　表 11-9

水泥强度等级	结构表面系数(m^{-1})		
	<10	10 ~ 15	>15
42.5	40	40	35

电热法加热混凝土只应加热到设计强度的55%。在养护过程中,应注意观察混凝土外露表面的温度。当表面开始干燥时,应先停电,并浇温水湿润混凝土表面。

(3)暖棚法

暖棚法是在被养护构件或建筑的四周搭设暖棚,或在室内用草帘、草垫等将门窗堵严,采用棚(室)内生火炉;设热风机加热,安装蒸汽排管通蒸汽或热水等热源进行采暖,使混凝土在正温环境下养护至临界强度或预定设计强度。暖棚法由于需要较多的搭盖材料和保温加热设施,施工费用较高。

暖棚法适用于严寒天气施工的地下室、人防工程或建筑面积不大而混凝土工程又很集中的工程。

用暖棚法养护混凝土时,要求暖棚内的温度不得低于5℃并应保持混凝土表面湿润。

(四)混凝土的拆模和成熟度

1. 混凝土的拆模

混凝土养护到规定时间,应根据同条件养护的试块试压。证明混凝土达到规定拆模强度后方可拆模。对加热法施工的构件模板和保温层,应在混凝土冷却到5℃后方可拆模。当混凝土和外界温差大于20℃时,拆模后的混凝土应注意覆盖,使其缓慢冷却。

在拆除模板过程中发现混凝土有冻害现象,应暂停拆模,经处理后方可抗拆模。

2. 混凝土的成熟度

由于热工计算的数据是根据以往的气象资料和气象预报,实际养护温度与计算温度可能有较大的出入。为了使选定的冬期施工方案对混凝土早期强度的增长处于正常的控制状态,用成熟度方法可以很方便地对其进行预测,作为施工中掌握混凝土强度增长情况的参考数据。所谓混凝土早期强度是指混凝土浇筑完毕后1 ~3d的强度。成熟度的定义是温度和时间的乘积,单位为℃ · h或℃ · d。其原理是:相同配合比的混凝土,在不同的温度和时间下养护,只要成熟度相等,其强度大致相同。因此只要事先对不同配合比的混凝土分别作出在20℃标准养护条件下的强度—时间曲线,以共查用。

成熟度的计算公式:

$$M = \sum (T + 10)\Delta t \tag{11-9}$$

式中:M——混凝土的成熟度(℃ · h或℃ · d);

T——硬化温度(℃);

Δt——测温间隔时间(h或d)。

按上式求出混凝土成熟度后,由成熟度换算出相当于20℃标准养护条件下的养护时间,由标准养护条件的强度—时间曲线查出相对强度。如无试验数据,对于普通混凝土可按下列公式计算:

$$f_c = K(M - 200) \tag{11-10}$$

式中：f_c——在成熟度为 M 时的强度(MPa)；

K——与强度等级、水泥品种有关的系数，按表11-10选用。

M-f_c 方程中 K 值表 表11-10

水泥品种	混凝土强度 / 强度等级	C20	C30
矿渣硅酸盐水泥	42.5	0.0067	0.0075
	52.5	0.0075	0.010
普通硅酸水泥	42.5	0.0075	0.010
	52.5	0.010	0.015

(五)混凝土的温度测量和质量检查

1. 混凝土的温度测量

为了保证冬期施工混凝土的质量，必须对施工全过程的温度进行测量监控。对施工现场环境温度每天在2:00、8:00、14:00、20:00定时测量四次；对水、外加剂、骨料的加热温度和加入搅拌机时的温度，混凝土自搅拌机卸出时和浇筑时的温度每一工作班至少应测量四次；如果发现测试温度和热工计算要求温度不符合时，应马上采取加强保温措施或其他措施。

在混凝土养护时期除按上述规定监测环境温度外，同时应对掺用防冻剂的混凝土养护温度进行定点定时测量。采用蓄热法养护时，在养护期间至少每6h一次；对掺用防冻剂的混凝土，在强度未达到3.5N/mm^{2}以前每2h测定一次，以后每6h测定一次；采用蒸汽法或电热法时，在升温、降温期间每1h一次，在恒温期间每2h一次。

常用的测量工具有温度计、各种温度传感器、热电偶等。

在混凝土养护期间，温度是决定混凝土能否顺利达到"临界强度"的决定因素。为获得可靠的混凝土强度值，应在最有代表性的测温点测量温度。采用蓄热法施工时，应在易冷却的部位设置测温点；采取加热养护时，应在距离热源的不同部位设置测温点；厚大结构在表面及内部设置测试点；检查拆模强度的测温点应布置在应力最大的部位。温度的测温点应编号画在测温平面布置图上，测温结果应填写在"混凝土工程施工记录"和"混凝土冬期施工日报"上。

测温人员应同时检查覆盖保温情况，并了解结构的浇筑日期、养护期限以及混凝土最低温度。测量时，测温表插入测温管中，并立即加以覆盖，以免受外界气温的影响，测温仪表留置在测温孔内的时间不小于3min，然后取出，迅速记下温度。如发现问题应立即通知有关人员，以便及时采取措施。

2. 混凝土的质量检查

冬期施工时，混凝土质量检查除应遵守常规施工的质量检查规定之外，尚应符合冬期施工的规定。要严格检查外加剂的质量和浓度；混凝土浇筑后应增加两组与结构同条件养护的试块，一组用以检验混凝土受冻前的强度，另一组用以检验转入常温养护28d的强度。

混凝土试块不得在受冻状态下试压，当混凝土试块受冻时，对边长为150mm的立方体试块，应在15～20℃室温下解冻5～6h，或浸入10℃的水中解冻6h，将试块表面擦干后进行试压。

第二节 雨季施工

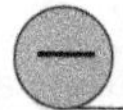

一 部署雨季施工的原则

雨期施工以防雨、防台风、防汛为依据,做好各项准备工作。

1. 雨期施工特点

(1)雨期施工的开始具有突然性。由于暴雨山洪等恶劣气象往往不期而至,这就需要雨期施工的准备和防范措施及早进行。

(2)雨期施工带有突击性。因为雨水对建筑结构和地基基础的冲刷或浸泡,具有严重的破坏性,必须迅速及时地防护,才能避免给工程造成损失。

(3)雨期往往持续时间很长,阻碍了工程(主要包括土方工程、屋面工程等)顺利进行,拖延工期。对这一点应事先有充分估计并做好合理安排。

2. 雨期施工的要求

(1)编制施工组织计划时,要根据雨期施工的特点,将不宜在雨期施工的分项工程提前或拖后安排。对必须在雨期施工的工程应制定有效的措施,进行突击施工。

(2)合理进行施工安排。做到晴天抓紧室外工作,雨天安排室内工作,尽量缩短雨天室外作业时间和减小工作面。

(3)密切注意气象预报,做好抗台防汛等准备工作,必要时应及时加固在建的工作。

(4)做好建筑材料防雨防潮的围护工作。

二 雨季施工的准备工作

(1)现场排水。施工现场的道路、设施必须做到排水畅通,尽量做到雨停水干。要防止地面水排入地下室、基础、地沟内。要做好对危石的处理,防止滑坡和塌方。

(2)应做好原材料、成品、半成品的防雨工作。水泥应按"先收先用"、"后收后用"的原则,避免久存受潮而影响水泥的性能。木门窗等易受潮变形的半成品应在室内堆放,其他材料也应注意防雨及材料堆放场地四周排水。

(3)在雨期前应做好施工现场房屋、设备的排水防雨措施。

(4)备足排水需用的水泵及有关器材,准备适量的塑料布、油毡等防雨材料。

雨季施工时施工现场重点应解决好截水和排水问题。截水是在施工现场的上游设截水沟,阻止场外水流入施工现场。排水是在施工现场内合理规划排水系统,并修建排水沟,使雨水按要求排至场外。各工种施工根据施工特点不同,要求也不一样。

(一)土方和基础工程

大量的土方开挖和回填工程应在雨期来临前完成。如必须在雨期施工的土方开挖工程,其工作面不宜过大,应逐级逐片的分期完成。开挖场地应设一定的排水坡度,场地内不能积水。

基槽(坑)或管沟开挖时,应注意边坡稳定。必要时可适当放缓边坡坡度或设置支撑。施工时要加强对边坡和支撑的检查。对可能被雨水冲塌的边坡,为防止边坡被雨水冲塌,可在边坡上挂钢丝网片,外抹50mm厚的细石混凝土,为了防止雨水对基坑漫泡,开挖时要在坑内设排水沟和集水井;当挖在基础标高后,应及时组织验收并浇筑混凝土垫层。

填方工程施工时,取土、运土、铺填、压实等各道工序应连续进行,雨前应及时压完已填土层,将表面压光并做成一定的排水坡度。

对处于地下的水池或地下室工程,要防止水对建筑的浮力大于建筑物自重时造成地下室或水池上浮。基础施工完毕,应抓紧基坑四周的回填工作。停止人工降水时,应验算箱形基础抗浮稳定性和地下水对基础的浮力。抗浮稳定系数不宜小于1.2,以防止出现基础上浮或者倾斜的重大事故。如抗浮稳定系数不能满足要求时,应继续抽水,直到施工上部结构荷载加上后能满足抗浮稳定系数要求为止。当遇上大雨,水泵不能及时有效的降低积水高度时,应迅速将积水灌回箱形基础之内,以增加基础的抗浮能力。

(二)砌体工程

(1)砖在雨期必须集中堆放,不宜浇水。砌墙时要求干湿砖块合理搭配。砖湿度较大时不可上墙。砌筑高度不宜超过1.2m。

(2)雨期遇大雨必须停工。砌体停工时应在砖墙顶盖一层干砖,避免大雨冲刷灰浆。大雨过后受雨冲刷过的新砌墙体应翻砌最上面两皮砖。

(3)稳定性较差的窗间墙、独立砖柱,应加设临时支撑或及时浇筑圈梁,以增加墙体稳定性。

(4)砌体施工时,内外墙要尽量同时砌筑,并注意转角及丁字墙间的搭接。遇台风时,应在与风向相反的方向加临时支撑,以保持墙体的稳定。

(5)雨后继续施工,须复核已完工砌体的垂直度和标高。

(三)混凝土工程

(1)模板隔离层在涂刷前要及时掌握天气预报,以防隔离层被雨水冲掉。

(2)遇到大雨应停止浇筑混凝土,已浇部位应加以覆盖。浇筑混凝土时应根据结构情况和可能,多考虑几道施工缝的留设位置。

(3)雨期施工时,应加强对混凝土粗细骨料含水率的测定,及时调整混凝土的施工配合比。

(4)大面积的混凝土浇筑前,要了解2~3d的天气预报,尽量避开大雨。混凝土浇筑现场要预备大量防雨材料,以备浇筑时突然遇雨进行覆盖。

(5)模板支撑下部回填土要夯实,并加好垫板,雨后及时检查有无下沉。

(四)吊装工程

(1)构件堆放地点要平整坚实,周围要做好排水工作,严禁构件堆放区积水、浸泡,防止泥土粘到预埋件上。

(2)塔式起重机路基,必须高出自然地面15cm,严禁雨水浸泡路基。

(3)雨后吊装时,要先做试吊,将构件吊至1m左右,往返上下数次稳定后再进行吊装工作。

(五)屋面工程

(1)卷材层面应尽量在雨季前施工,并同时安装屋面的落水管。

(2)雨天严禁进行油毡屋面施工,油毡、保温材料不准淋雨。

(3)雨天屋面工程宜采用"湿铺法"施工工艺,"湿铺法"就是在"潮湿"基层上铺贴卷材,先喷刷1~2道冷底子油,喷刷工作宜在水泥砂浆凝结初期进行操作,以防基层浸水。如基层浸水,应在基层表面干燥后方可铺贴油毡。如基层潮湿且干燥有困难时,可采用排汽屋面。

(六)抹灰工程

(1)雨天不准进行室外抹灰,至少应能预计1~2d的大气变化情况。对已经施工的墙面,应注意防止雨水污染。

(2)室内抹灰尽量在做完屋面后进行,至少做完屋面找平层,并铺一层油毡。

(3)雨天不宜作罩面油漆。

第三节　冬季与雨季施工的安全技术

冬期的风雪冰冻,雨期的风雨潮汛,给建筑施工带来了一定的困难,影响和阻碍了正常的施工活动。为此必须采取切实可行的防范措施,以确保施工安全。

一 冬期施工的安全技术

冬期施工主要应做好防火、防寒、防毒、防滑、防爆等工作。

(1)冬期施工前各类脚手架要加固,要加设防滑设施,及时清除积雪。

(2)易燃材料必须经常注意清理;必须保证消防水源的供应,保证消防道路的畅通。

(3)严寒时节,施工现场应根据实际需要和规定配设挡风设备。

(4)要防止一氧化碳中毒,防止锅炉爆炸。

二 雨期施工的安全技术

雨期施工主要应做好防雨、防风、防雷、防电、防汛等工作。

(1)基础工程应开设排水沟、基槽、坑沟等,雨后积水应设置防护栏或警告标志,超过1m的基槽、井坑应设支撑。

(2)一切机械设备应设置在地势较高、防潮避雨的地方,要搭设防雨棚。机械设备的电源线路绝缘要良好,要有完善的保护接零装置。

(3)脚手架要经常检查,发现问题要及时处理或更换加固。

(4)所有机械棚要搭设牢固,防止倒塌漏雨。机电设备采取防雨、防淹措施,并安装接地安全装置。机械电闸箱的漏电保护装置要可靠。

(5)雨期为防止雷电袭击造成事故,在施工现场高出建筑物的塔吊、人货电梯、钢脚手架等必须装设防雷装置。

施工现场的防雷装置一般是由避雷针、接地线和接地体三个部分组成。

①避雷针应安装在高出建筑的塔吊、人货电梯、钢脚手架的最高顶端上。

②接地线可用截面积不小于6mm^2 的铝导线,或用截面不小于12mm^2 的铜导线,也可用直径不小于8mm 的圆钢。

③接地体有棒形和带形两种。棒形接地体一般采用长度1.5m、壁厚不小于2.5mm的钢管或5mm×50mm 的角钢。将其一端打尖并垂直打入地下,其顶端离地平面不小于50cm。带形接地可采用截面积不小于50mm^2,长度不小于3m 的扁钢,平卧于地下500mm 处。

(6)防雷装置的避雷针、接地线和接地体必须焊接(双面焊),焊缝长度应为圆钢直径的6倍或扁钢厚度的2 倍以上,电阻不宜超过10Ω。

本章小结

本章季节性施工讲了冬期施工和雨期施工的技术特点,要重点掌握的内容有:

1. 冬期施工的特点和冬期施工的原则。
2. 土方工程冬期施工中地基土的保温防冻和冻土开挖的方法。
3. 冬期砌筑工程的施工方法有掺盐法和冻结法,掌握其施工工艺。
4. 冬期钢筋混凝土结构施工的特点和施工要求。
5. 雨期施工的特点和施工原则。
6. 根据不同的施工项目雨期施工的准备工作各有特点,掌握好砌体、混凝土、屋面抹灰等工程的准备工作。
7. 冬期和雨期施工中的安全技术措施。

复习思考题

1. 冬期施工和雨期应遵守哪些原则?
2. 试述地基土保温防冻的方法?
3. 混凝土冬期施工的主要方法有哪些?
4. 何谓混凝土冬期施工的临界强度?
5. 混凝土冬期施工常用的外加剂有哪几种?
6. 对砌体进行冻结法施工应注意哪些问题?
7. 雨期施工应注意哪些原则?
8. 掺盐砂浆法施工中应注意哪些问题?
9. 蓄热法热工计算步骤如何?
10. 何谓混凝土的成熟度?
11. 各分项工程雨期施工有什么要求?